해커스 주택관리사

KB167974

기본이론 단과강의 20% 할인쿠폰

A47DD833FCBEWKLA

해커스 주택관리사 사이트(house.Hackers.com)에 접속 후 로그인
▶ [나의 강의실 – 결제관리 – 쿠폰 확인] ▶ 본 쿠폰에 기재된 쿠폰번호 입력

1. 본 쿠폰은 해커스 주택관리사 동영상강의 사이트 내 2025년도 기본이론 단과강의 결제 시 사용 가능합니다.
2. 본 쿠폰은 1회에 한해 등록 가능하며, 다른 할인수단과 중복 사용 불가합니다.
3. 쿠폰사용기한 : **2025년 9월 30일** (등록 후 7일 동안 사용 가능)

무료 온라인 전국 실전모의고사 응시방법

해커스 주택관리사 사이트(house.Hackers.com)에 접속 후 로그인
▶ [수강신청 – 전국 실전모의고사] ▶ 무료 온라인 모의고사 신청

* 기타 쿠폰 사용과 관련된 문의는 해커스 주택관리사 동영상강의 고객센터(1588-2332)로 연락하여 주시기 바랍니다.

해커스 주택관리사 인터넷 강의 & 직영학원

인터넷 강의
1588-2332
house.Hackers.com

강남학원
02-597-9000
2호선 강남역 9번 출구

[강남서초교육지원청 제10319호 해커스 공인중개사·주택관리사학원] | 교습과목, 교습비 등 자세한 내용은 https://house.hackers.com/gangnam/에서 확인하실 수 있습니다.

해커스 주택관리사
기본서

1차 공동주택시설개론

해커스 주택관리사

송성길

약력		저서

약력

현 | 해커스 주택관리사학원 공동주택시설개론 대표강사
해커스 주택관리사 공동주택시설개론 동영상강의 대표강사

전 | 여주대학교 외래교수 역임
노량진 · 종로 · 일산 박문각 공동주택시설개론 강사 역임
안산 · 수원 한국법학원 공동주택시설개론 강사 역임
수원 랜드스터디 공동주택시설개론 강사 역임
랜드윈 공동주택시설개론 강사 역임
동탄행정고시학원 공동주택시설개론 강사 역임

저서

건축사예비시험 건축계획 기본서, 에듀피디, 2018
건축사예비시험 건축계획 총정리, 한솔아카데미, 2009~2018
건축(산업)기사 건축계획 기본서, 한솔아카데미, 2009~2018
건축(산업)기사 건축계획 총정리, 한솔아카데미, 2009~2018
공동주택시설개론(기본서), 랜드비전아카데미, 2013~2014
공동주택시설개론(문제집), 랜드비전아카데미, 2013~2014
공동주택시설개론(기본서), 무크랜드, 2018
공동주택시설개론(문제집), 무크랜드, 2018
공동주택시설개론(기본서), 해커스패스, 2019~2023, 2025
공동주택시설개론(문제집), 해커스패스, 2019~2023
기초입문서(공동주택시설개론) 1차, 해커스패스, 2021~2023, 2025
핵심요약집(공동주택시설개론) 1차, 해커스패스, 2023
기출문제집(공동주택시설개론) 1차, 해커스패스, 2023

2025 해커스 주택관리사(보) 1차 기본서
공동주택시설개론

개정6판 1쇄 발행	2024년 8월 26일
지은이	송성길, 해커스 주택관리사시험 연구소
펴낸곳	해커스패스
펴낸이	해커스 주택관리사 출판팀
주소	서울시 강남구 강남대로 428 해커스 주택관리사
고객센터	1588-2332
교재 관련 문의	house@pass.com
	해커스 주택관리사 사이트(house.Hackers.com) 1 : 1 수강생 상담
학원강의 및 동영상강의	house.Hackers.com
ISBN	979-11-7244-298-9(13540)
Serial Number	06-01-01

주택관리사 시험 전문,
해커스 주택관리사 house.Hackers.com

해커스 주택관리사

- 해커스 주택관리사학원 및 인터넷강의
- 해커스 주택관리사 무료 온라인 전국 실전모의고사
- 해커스 주택관리사 무료 학습자료 및 필수 합격정보 제공
- 해커스 주택관리사 동영상 기본이론 단과강의 20% 할인쿠폰 수록

주택관리사 합격을 위한 **필수 기본서**
기초부터 실전까지 **한 번에!**

주택관리사 공동주택시설개론은 다른 과목과는 달리 이론이 광범위하고, 문제 난이도의 폭도 크기 때문에 수험생들이 학습하기에 쉽지 않은 과목입니다.

또한 주택관리사 자격시험의 횟수가 거듭될수록 한층 더 상세하고 깊이 있는 문제가 출제되고 있어 더욱더 많은 노력이 요구되고 있습니다.

오랫동안 강의를 하면서 수험생들이 어떻게 하면 본 과목의 내용을 쉽게 이해하고 완전하게 학습된 상태에서 시험을 볼 수 있을까 하는 생각을 한시도 놓아 본 적이 없습니다.

어떠한 형태의 시험문제이든지 좋은 점수를 얻으려면 방대한 분량의 이론을 체계적으로 간단명료하면서도 쉽게 정리하여야 합니다. 이 점을 고려하여 본 교재는 핵심이론을 거의 빠짐없이 부담 없는 분량으로 정리하고, 중요 기출문제를 해당 이론 사이사이에 배치함으로써 이론과 기출문제를 함께 학습할 수 있도록 하였습니다. 또한 이론 학습 후에는 확인문제를 통해 출제예상문제와 과거에 출제된 문제들을 풀어 보게 함으로써 앞으로 시행될 시험의 경향을 예측하면서 시험에 만전을 기하도록 하였습니다.

본 교재는 다음의 내용에 중점을 두어 구성하였습니다.

1 시험에 꼭 필요한 중요이론을 담았습니다.

2 이론을 학습하면서 문제유형을 파악할 수 있도록 핵심 기출문제를 수록하였습니다.

3 단원마무리의 OX 문제와 확인문제를 통하여 학습한 내용을 점검할 수 있도록 하였습니다.

4 다양한 그림을 제시함으로써 수험생 여러분의 이해를 돕고자 하였습니다.

이외에도 전달하고 싶은 내용들이 많지만 지면의 한계로 담지 못한 사항은 강의를 통해 전달할 것을 약속드리며, 본 교재가 수험생 여러분들에게 좋은 길잡이가 되었으면 하는 바람입니다.

더불어 주택관리사(보) 시험 전문 해커스 주택관리사(house.Hackers.com)에서 학원강의나 인터넷 동영상 강의를 함께 이용하여 꾸준히 수강한다면 학습효과를 극대화할 수 있을 것입니다.

끝으로 주택관리사(보) 시험을 준비하시는 모든 수험생분들의 목표가 꼭 달성되기를 기원합니다.

2024년 8월
송성길, 해커스 주택관리사시험 연구소

이 책의 차례

이 책의 특징

1 합격의 완성, 2025 주택관리사(보) 합격을 위한 필수 기본서

2025년도 제28회 주택관리사(보) 시험 대비를 위한 필수 기본서로서 꼭 필요한 기본이론을 엄선하여 수록하고, 보다 효율적인 학습이 가능하도록 구성하였습니다. 또한 기출문제와 중요 지문을 풍부하게 수록하여 기초부터 실전 대비까지 한 번에 완성할 수 있도록 하였습니다.

2 기본기를 탄탄하게 다지는 체계적인 학습구성

단원열기 PART(미리보기)

이론학습 전 전체적인 흐름을 파악하고 중점을 두고 학습하여야 하는 부분을 미리 확인할 수 있도록 각 단원의 목차와 출제포인트를 연계하여 구성하였습니다. 여기에 '단원길라잡이'를 구체적으로 제시하여 앞으로의 학습방향을 효율적으로 세울 수 있도록 하였습니다.

기본이론 PART(이해하기)

기초용어부터 심화이론까지 풍부한 내용을 효과적으로 이해할 수 있도록 다양한 학습장치를 수록하였습니다. 이를 통하여 이론을 차근차근 학습할 수 있으며, 실제 출제경향을 엿볼 수 있는 요소들을 적절히 배치하여 주택관리사(보) 시험에 최적한 학습이 이루어지도록 하였습니다.

단원마무리 PART(점검하기)

완성도 높은 마무리학습을 할 수 있도록 앞서 공부한 내용을 되짚어 볼 수 있는 '2단계 마무리 STEP'을 수록하였습니다. 출제빈도가 높은 지문들을 다시 한 번 점검하고, 다양한 유형의 문제를 통하여 실제 시험이 어떻게 출제되는지를 확인함으로써 학습성과를 점검할 수 있도록 하였습니다.

3 최신 개정법령 및 출제경향 반영

최신 개정법령 및 시험 출제경향을 철저하게 분석하여 이론과 문제에 모두 반영하였습니다. 또한 기출문제의 경향과 난이도가 충실히 반영된 문제들을 수록하여 주택관리사(보) 시험의 최신 경향을 익히고 실전에 충분히 대비할 수 있도록 하였습니다.

4 전략적 학습을 위한 3주/8주 완성 학습플랜 제공

학습자의 수준과 상황에 따라 활용할 수 있는 3주/8주 완성 학습플랜을 수록하였습니다. 개인의 전략에 맞춰 과목별 3주 완성 학습플랜과 전 과목 8주 완성 학습플랜 중 선택하여 학습할 수 있도록 구성하였으며, 제시된 학습플랜에 따라 매일 계획적으로 학습하여 공부의 흐름을 놓치지 않도록 하였습니다.

5 학습효과의 극대화를 위한
명쾌한 온·오프라인 강의 제공(house.Hackers.com)

체계적으로 학습하여 한 번에 합격을 이루고자 하는 학습자들을 위하여 해커스 주택관리사학원에서는 주택관리사 전문 교수진의 쉽고 명쾌한 강의를 제공하고 있습니다. 해커스 주택관리사(house.Hackers.com)에서는 학원강의를 온라인으로 학습할 수 있도록 동영상강의를 제공하고 있으며, 1:1 학습문의를 통하여 교수님에게 직접 질문하고 답변을 받으며 현장강의를 듣는 것과 같은 학습효과를 얻을 수 있습니다.

6 다양한 무료 학습자료 및
필수 합격정보 제공(house.Hackers.com)

해커스 주택관리사(house.Hackers.com)에서는 제27회 기출문제 동영상 해설강의, 무료 온라인 전국 실전모의고사 그리고 각종 무료 강의 등 다양한 무료 학습자료와 시험안내자료, 시험가이드 등 필수 합격정보를 무료로 제공하고 있습니다. 이러한 유용한 자료와 정보들을 효과적으로 얻어 시험 관련 내용에 빠르게 대처할 수 있도록 하였습니다.

이 책의 구성

01

눈에 쏙! 흐름분석

단원별 출제비중과 구조 등을 시각적으로 제시하여 본격적으로 이론학습을 시작하기 전 단원의 출제경향과 흐름파악을 통한 전략적인 학습이 가능하도록 하였습니다.

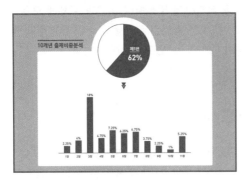

10개년 출제비중분석

최근 10개년의 출제비중을 시각적으로 제시하여 이론학습 전에 해당 편·장의 출제비중을 한눈에 확인할 수 있도록 하였습니다.

목차 내비게이션 / 단원길라잡이

'목차 내비게이션'을 통하여 학습하고 있는 편의 구조와 장의 위치 및 구성을 파악할 수 있으며, '단원길라잡이'를 통하여 중점적으로 학습하여야 할 핵심 내용을 먼저 확인한 후 학습의 방향을 잡을 수 있도록 하였습니다.

02

개념 쏙! 이론학습

학습에 도움을 줄 수 있는 다양한 코너를 마련하여 출제가 예상되는 중요 이론을 효과적으로 정리하고 실력을 쌓을 수 있도록 하였습니다.

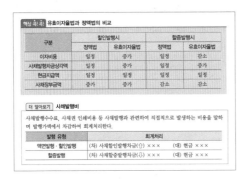

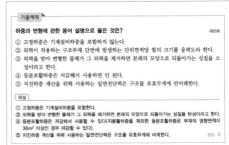

핵심 콕! 콕! / 더 알아보기

'핵심 콕! 콕!'을 통하여 출제 가능성이 높은 중요 이론을 확실히 이해하고 정리할 수 있도록 하였고, '더 알아보기'를 통하여 이론을 더욱 충실히 학습할 수 있도록 하였습니다.

기출예제

'기출예제'를 통하여 이론이 실제로 어떻게 출제되는지 바로 확인하며 출제유형을 파악하고, 이론에 대한 이해도를 높일 수 있도록 하였습니다.

03

실력 쏙! 확인학습

시험 출제경향과 난이도를 충실히 반영한 2단계 단원마무리를 통하여 학습한 내용을 확실히 점검하고 실전에 충분히 대비할 수 있도록 하였습니다.

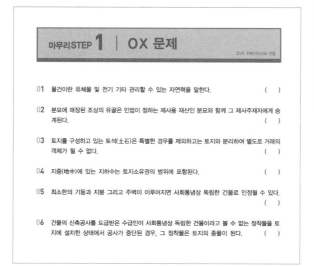

마무리STEP 1 OX 문제

출제빈도가 높은 중요 지문으로 구성된 OX 문제를 단원별로 제공하여 중요 내용을 다시 한 번 확인할 수 있도록 하였습니다.

마무리STEP 2 확인문제

해당 단원에서 자주 출제되는 기출문제를 엄선하여 수록하였으며, 기출유형 분석으로 출제 가능성이 높은 예상문제를 수록하여 실전에 충실히 대비할 수 있도록 하였습니다.

주택관리사 (보) 안내

주택관리사(보)의 정의

주택관리사(보)는 공동주택을 안전하고 효율적으로 관리하고 공동주택 입주자의 권익을 보호하기 위하여 운영 · 관리 · 유지 · 보수 등을 실시하고 이에 필요한 경비를 관리하며, 공동주택의 공용부분과 공동소유인 부대시설 및 복리시설의 유지 · 관리 및 안전관리 업무를 수행하기 위하여 주택관리사(보) 자격시험에 합격한 자를 말합니다.

주택관리사의 정의

주택관리사는 주택관리사(보) 자격시험에 합격한 자로서, 다음의 어느 하나에 해당하는 경력을 갖춘 자로 합니다.

① 사업계획승인을 받아 건설한 50세대 이상 500세대 미만의 공동주택(「건축법」 제11조에 따른 건축허가를 받아 주택과 주택 외의 시설을 동일 건축물로 건축한 건축물 중 주택이 50세대 이상 300세대 미만인 건축물을 포함)의 관리사무소장으로 근무한 경력이 3년 이상인 자
② 사업계획승인을 받아 건설한 50세대 이상의 공동주택(「건축법」 제11조에 따른 건축허가를 받아 주택과 주택 외의 시설을 동일 건축물로 건축한 건축물 중 주택이 50세대 이상 300세대 미만인 건축물을 포함)의 관리사무소 직원(경비원, 청소원, 소독원은 제외) 또는 주택관리업자의 직원으로 주택관리 업무에 종사한 경력이 5년 이상인 자
③ 한국토지주택공사 또는 지방공사의 직원으로 주택관리 업무에 종사한 경력이 5년 이상인 자
④ 공무원으로 주택 관련 지도 · 감독 및 인 · 허가 업무 등에 종사한 경력이 5년 이상인 자
⑤ 공동주택관리와 관련된 단체의 임직원으로 주택 관련 업무에 종사한 경력이 5년 이상인 자
⑥ ①~⑤의 경력을 합산한 기간이 5년 이상인 자

주택관리사 전망과 진로

주택관리사는 공동주택의 관리 · 운영 · 행정을 담당하는 부동산 경영관리분야의 최고 책임자로서 계획적인 주택관리의 필요성이 높아지고, 주택의 형태 또한 공동주택이 증가하고 있는 추세로 볼 때 업무의 전문성이 높은 주택관리사 자격의 중요성이 높아지고 있습니다.

300세대 이상이거나 승강기 설치 또는 중앙난방방식의 150세대 이상 공동주택은 반드시 주택관리사 또는 주택관리사(보)를 채용하도록 의무화하는 제도가 생기면서 주택관리사(보)의 자격을 획득 시 안정적으로 취업이 가능하며, 주택관리시장이 확대됨에 따라 공동주택관리업체 등을 설립 · 운영할 수도 있고, 주택관리법인에 참여하는 등 다양한 분야로의 진출이 가능합니다.

공무원이나 한국토지주택공사, SH공사 등에 근무하는 직원 및 각 주택건설업체에서 근무하는 직원의 경우 주택관리사(보) 자격증을 획득하게 되면 이에 상응하는 자격수당을 지급받게 되며, 승진에 있어서도 높은 고과점수를 받을 수 있습니다.

정부의 신주택정책으로 주택의 관리측면이 중요한 부분으로 부각되고 있는 실정이므로, 앞으로 주택관리사의 역할은 더욱 중요해질 것입니다.

① 공동주택, 아파트 관리소장으로 진출
② 아파트 단지 관리사무소의 행정관리자로 취업
③ 주택관리업 등록업체에 진출
④ 주택관리법인 참여
⑤ 주택건설업체의 관리부 또는 행정관리자로 참여
⑥ 한국토지주택공사, 지방공사의 중견 간부사원으로 취업
⑦ 주택관리 전문 공무원으로 진출

주택관리사의 업무

구분	분야	주요업무
행정관리업무	회계관리	예산편성 및 집행결산, 금전출납, 관리비 산정 및 징수, 공과금 납부, 회계상의 기록유지, 물품구입, 세무에 관한 업무
	사무관리	문서의 작성과 보관에 관한 업무
	인사관리	행정인력 및 기술인력의 채용·훈련·보상·통솔·감독에 관한 업무
	입주자관리	입주자들의 요구·희망사항의 파악 및 해결, 입주자의 실태파악, 입주자간의 친목 및 유대 강화에 관한 업무
	홍보관리	회보발간 등에 관한 업무
	복지시설관리	노인정·놀이터 관리 및 청소·경비 등에 관한 업무
	대외업무	관리·감독관청 및 관련 기관과의 업무협조 관련 업무
기술관리업무	환경관리	조경사업, 청소관리, 위생관리, 방역사업, 수질관리에 관한 업무
	건물관리	건물의 유지·보수·개선관리로 주택의 가치를 유지하여 입주자의 재산을 보호하는 업무
	안전관리	건축물설비 또는 작업에서의 재해방지조치 및 응급조치, 안전장치 및 보호구설비, 소화설비, 유해방지시설의 정기점검, 안전교육, 피난훈련, 소방·보안경비 등에 관한 업무
	설비관리	전기설비, 난방설비, 급·배수설비, 위생설비, 가스설비, 승강기설비 등의 관리에 관한 업무

주택관리사[보] 시험안내

응시자격

1. 응시자격: 연령, 학력, 경력, 성별, 지역 등에 제한이 없습니다.
2. 결격사유: 시험시행일 현재 다음 중 어느 하나에 해당하는 사람은 주택관리사 등이 될 수 없으며, 그 자격이 상실됩니다.
   - 피성년후견인 또는 피한정후견인
   - 파산선고를 받은 사람으로서 복권되지 아니한 사람
   - 금고 이상의 실형을 선고받고 그 집행이 끝나거나(집행이 끝난 것으로 보는 경우 포함) 집행이 면제된 날부터 2년이 지나지 아니한 사람
   - 금고 이상의 형의 집행유예를 선고받고 그 유예기간 중에 있는 사람
   - 주택관리사 등의 자격이 취소된 후 3년이 지나지 아니한 사람
3. 주택관리사(보) 자격시험에 있어서 부정한 행위를 한 응시자는 그 시험을 무효로 하고, 당해 시험시행일로부터 5년간 시험 응시자격을 정지합니다.

시험과목

구분	시험과목	시험범위
1차 (3과목)	회계원리	세부과목 구분 없이 출제
	공동주택시설개론	• 목구조 · 특수구조를 제외한 일반 건축구조와 철골구조, 장기수선계획 수립 등을 위한 건축적산 • 홈네트워크를 포함한 건축설비개론
	민법	• 총칙 • 물권, 채권 중 총칙 · 계약총칙 · 매매 · 임대차 · 도급 · 위임 · 부당이득 · 불법행위
2차 (2과목)	주택관리관계법규	다음의 법률 중 주택관리에 관련되는 규정 「주택법」, 「공동주택관리법」, 「민간임대주택에 관한 특별법」, 「공공주택 특별법」, 「건축법」, 「소방기본법」, 「소방시설 설치 및 관리에 관한 법률」, 「화재의 예방 및 안전관리에 관한 법률」, 「승강기 안전관리법」, 「전기사업법」, 「시설물의 안전 및 유지관리에 관한 특별법」, 「도시 및 주거환경정비법」, 「도시재정비 촉진을 위한 특별법」, 「집합건물의 소유 및 관리에 관한 법률」
	공동주택관리실무	시설관리, 환경관리, 공동주택 회계관리, 입주자관리, 공동주거관리이론, 대외업무, 사무 · 인사관리, 안전 · 방재관리 및 리모델링, 공동주택 하자관리(보수공사 포함) 등

* 시험과 관련하여 법률 · 회계처리기준 등을 적용하여 정답을 구하여야 하는 문제는 시험시행일 현재 시행 중인 법령 등을 적용하여 그 정답을 구하여야 함
* 회계처리 등과 관련된 시험문제는 한국채택국제회계기준(K-IFRS)을 적용하여 출제됨

시험시간 및 시험방법

구분	시험과목 수		입실시간	시험시간	문제형식
1차 시험	1교시	2과목(과목별 40문제)	09:00까지	09:30~11:10(100분)	객관식 5지 택일형
	2교시	1과목(과목별 40문제)		11:40~12:30(50분)	
2차 시험	2과목(과목별 40문제)		09:00까지	09:30~11:10(100분)	객관식 5지 택일형 (과목별 24문제) 및 주관식 단답형 (과목별 16문제)

*주관식 문제 괄호당 부분점수제 도입
 1문제당 2.5점 배점으로 괄호당 아래와 같이 부분점수로 산정함
 • 3괄호: 3개 정답(2.5점), 2개 정답(1.5점), 1개 정답(0.5점)
 • 2괄호: 2개 정답(2.5점), 1개 정답(1점)
 • 1괄호: 1개 정답(2.5점)

원서접수방법

1. 한국산업인력공단 큐넷 주택관리사(보) 홈페이지(www.Q-Net.or.kr/site/housing)에 접속하여 소정의 절차를 거쳐 원서를 접수합니다.
2. 원서접수 시 최근 6개월 이내에 촬영한 탈모 상반신 사진을 파일(JPG 파일, 150×200픽셀)로 첨부하여 인터넷 회원가입 후 접수합니다.
3. 응시수수료는 1차 21,000원, 2차 14,000원(제27회 시험 기준)이며, 전자결제(신용카드, 계좌이체, 가상계좌) 방법을 이용하여 납부합니다.

합격자 결정방법

1. 제1차 시험: 과목당 100점을 만점으로 하여 모든 과목 40점 이상이고, 전 과목 평균 60점 이상의 득점을 한 사람을 합격자로 합니다.
2. 제2차 시험
 • 1차 시험과 동일하나, 모든 과목 40점 이상이고 전 과목 평균 60점 이상의 득점을 한 사람의 수가 선발예정인원에 미달하는 경우 모든 과목 40점 이상을 득점한 사람을 합격자로 합니다.
 • 2차 시험 합격자 결정 시 동점자로 인하여 선발예정인원을 초과하는 경우 그 동점자 모두를 합격자로 결정하고, 동점자의 점수는 소수점 둘째 자리까지만 계산하며 반올림은 하지 않습니다.

최종합격자 발표

시험시행일로부터 1차 약 1달 후, 2차 약 2달 후 한국산업인력공단 큐넷 주택관리사(보) 홈페이지(www.Q-Net.or.kr/site/housing)에서 확인 가능합니다.

학습플랜

8주 완성 학습플랜

- 일주일 동안 3과목을 번갈아 학습하여, 8주에 걸쳐 1차 과목을 1회독할 수 있는 학습플랜입니다.
- 주택관리사(보) 시험 공부를 처음 시작하는 수험생, 학원강의 커리큘럼에 맞추어 공부하는 수험생에게 추천합니다.

구분	월 회계원리	화 공동주택 시설개론	수 민법	목 회계원리	금 공동주택 시설개론	토 민법
1주차	1편 1장	1편 1장	1편 1장~ 3장 2절 1관	1편 2장	1편 2장	1편 3장 2절 2관~3절
2주차	1편 3장	1편 3장	1편 3장 문제~4장	1편 4장	1편 4장	1편 5장 1절~ 5장 본문
3주차	1편 5장	1편 5장~6장	1편 5장 문제~7절	1편 6장~7장	1편 7장~8장	1편 5장 8절~6장
4주차	1편 8장	1편 9장~10장	1편 7장	1편 9장	1편 11장~12장	2편 1장~2장
5주차	1편 10장	2편 1장	2편 3장 본문	1편 11장~12장	2편 2장~3장	2편 3장 문제~4장
6주차	1편 13장~14장	2편 4장~5장	2편 5장	1편 15장	2편 6장	3편 1장~ 3장 본문
7주차	2편 1장~2장	2편 7장	3편 3장 문제~5장	2편 3장~4장	2편 8장 1절~4절	3편 6장~ 4편 2장 3절
8주차	2편 5장~6장	2편 8장 5절~8절	4편 2장 4절~ 3장 2절	2편 7장~9장	2편 9장~10장	4편 3장 3절~5장

3주 완성 학습플랜 - [공동주택시설개론]

- 한 과목을 3주에 걸쳐 1회독할 수 있는 학습플랜입니다.
- 한 과목씩 집중적으로 공부하고 싶은 수험생에게 추천합니다.

구분	월	화	수	목	금	토
1주차	1편 1장	1편 2장	1편 3장	1편 4장	1편 5장	1편 6장~7장
2주차	1편 8장	1편 9장~10장	1편 11장~12장	2편 1장	2편 2장	2편 3장
3주차	2편 4장	2편 5장	2편 6장~7장	2편 8장	2편 9장	2편 10장

학습플랜 이용 Tip

- 본인의 학습 진도와 상황에 적합한 학습플랜을 선택한 후, 매일·매주 단위의 학습량을 확인합니다.
- 목표한 분량을 완료한 후에는 ☑과 같이 체크하며 학습 진도를 스스로 점검합니다.

[1회독 시]
- 8주 완성 학습플랜에 따라 학습합니다.
- 처음부터 완벽하게 이해하려 하기보다는 용어와 흐름을 파악한다는 생각으로 학습하는 것이 좋습니다.
- 본문의 별색으로 표시된 부분을 위주로 이해하고, 이론과 연계된 기출문제를 확인하며 주요 내용을 파악합니다.

[2회독 시]
- 8주 완성 학습플랜에 따라 학습하되 1회독에서 이해한 내용을 바탕으로 체계를 잡고 주요 내용을 요약하며 학습합니다.
- '핵심 콕! 콕!'을 중심으로 중요한 내용의 체계를 잡고, 기출예제를 통하여 주요 내용을 점검하며 빈출되는 출제포인트를 익힙니다.

[3회독 시]
- 과목별 학습 진도와 상황을 고려하여 8주 완성 또는 3주 완성 학습플랜에 따라 학습합니다.
- 2회독까지 정리한 내용을 단원마무리 문제에 적용하여 출제경향을 파악하고 실전감각을 익히며 중요한 부분을 선별해 집중 학습하도록 합니다.

출제경향분석 및 수험대책

제27회(2024년) 시험 총평

제27회 시험은 전체적으로 보았을 때 제26회 시험과 비슷한 수준으로 출제되었습니다.

건축구조는 기본서와 출제예상문제집에서 늘 다루어 왔던 문제가 출제되었고, 건축설비에서는 수도법령상 절수설비와 절수기기의 종류 및 기준, 피난용 승강기의 설치기준과 화재안전성능기준상 배관에 관한 문제가 새롭게 3문제 출제되었지만, 나머지는 늘 다루어 왔던 일반적인 수준의 문제들이었습니다.

최근 3년간 출제 난이도가 상 15~20%, 중 50~55%, 하 30%의 비중으로 출제되었지만, 제27회 시험은 상 20%, 중 70%, 하 10%의 비중으로 출제되었습니다.

전년도와 비교하면 '상' 수준의 문제는 비슷하지만 '중' 수준의 문제가 증가하였고 '하' 수준의 문제가 상대적으로 적게 출제되어 수험생들 입장에서는 다소 어렵게 느껴졌을 수 있습니다.

계산문제는 건축구조에서 1문제, 건축설비에서 2문제가 출제되었지만 늘 강의시간에 다루어 왔던 문제들이기에 성실하게 준비한 수험생이라면 70점 이상의 점수를 받을 수 있을 시험 수준이었습니다.

제27회(2024년) 출제경향분석

구분		제18회	제19회	제20회	제21회	제22회	제23회	제24회	제25회	제26회	제27회	계	비율(%)
건축구조	건축구조 총론	1	1	2	2	2	2	2	1	2	2	17	4.25
	기초구조	1	2	2	2	2	2	1	1	1	1	15	3.75
	조적식 구조	2	2	1	1	1	1	1	1	3	1	14	3.5
	철근콘크리트구조	5	3	3	3	3	4	4	3	3	4	35	8.75
	철골구조	2	2	2	2	2	1	2	4	2	2	21	5.25
	지붕공사		2	1	1	1	1	1	1		1	9	2.25
	방수공사	2	2	2	2	2	1	2	2	2	2	19	4.75
	미장 및 타일공사	3	2	2	2	2	2	2	1	2	2	20	5
	창호 및 유리공사	1	2	2	2	2	2	2	3	2	2	20	5
	수장공사						1		1			2	0.5
	도장공사	1	1	1	1	1	1	1		1	1	9	2.25
	건축적산	2	1	2	2	2	2	1	2	2	2	18	4.5
	기타 공사							1				1	0.25
건축설비	급수설비	2	2	4	3	5	3	4	3	5	4	35	8.75
	급탕설비		4	2	1	1	2	2	1	1	2	16	4
	배수 및 통기설비	2	1	1	1	2	4	4	1	1	2	19	4.75
	위생기구 및 배관용 재료	3	1	1	1	1	1		3		1	12	3
	오물정화설비	1	1		1				1		1	5	1.25
	소화설비	2	3	3	2	1	1	2	3	2	2	21	5.25
	가스설비	1		1	1	1	1	1	1		1	8	2
	냉난방설비	6	4	2	4	4	3	2	4	4	5	38	9.5
	전기설비	2	3	5	6	4	3	4	2	5	2	36	9
	수송설비	1	1	1		1	1		1	1	1	8	2
	기타 설비						1	1				2	0.5
총계		40	40	40	40	40	40	40	40	40	40	400	100

❶ 건축구조

기초구조, 조적식 구조, 지붕공사, 도장공사에서 1문제씩, 건축구조 총론, 철골구조, 방수공사, 미장 및 타일공사, 창호 및 유리공사, 건축적산에서 2문제씩, 철근콘크리트구조에서 4문제가 출제되었는데, 출제빈도가 높았던 조적식 구조에서는 1문제가 출제되었습니다. 하지만 전체적으로 큰 어려움 없이 풀 수 있는 문제들로 구성되었다고 볼 수 있습니다.

❷ 건축설비와 배수 및 통기설비

급탕설비, 배수 및 통기설비, 소화설비, 전기설비에서 2문제씩, 급수설비 4문제, 냉난방설비 5문제, 그 외 단원에서 각 1문제씩 출제되었고, 특이하게 출제빈도가 높았던 전기설비에서는 2문제만 출제되어 한 해씩 걸러서 5문제에서 2문제로 번갈아 출제되는 경향을 보이고 있습니다. 전체적으로 큰 어려움 없이 풀 수 있는 문제들이었다고 볼 수 있습니다.

❸ 건축설비와 기출 난이도 분석

기출문제를 전체적으로 분석해 보면 좀 더 폭넓고 깊이 있게 출제되고 있다는 것을 알 수 있습니다.

제28회(2025년) 수험대책

공동주택시설개론은 최근 3년간 기출문제와 이번 제27회 기출문제를 확인해 보면, 암기보다는 기본적인 내용과 관련하여 각각의 세부적인 내용을 이해하는 방식으로 기본서를 공부해 나간다면 충분히 고득점할 수 있으리라 예상합니다.
이번 제27회 시험에서도 확인되었듯이, 기본적인 내용과 관련하여 전체적인 부분을 체계적으로 정리하는 학습이 필요합니다.

❶ 이해 중심의 학습

암기보다는 이해 및 원리 중심으로 학습해야 합니다.

❷ 반복 중심의 학습

이해 후 반복학습(기본서 정독, 출제예상 문제풀이 등)을 해야 합니다.

❸ 그림과 사진을 활용한 서브노트

자신만의 그림 위주의 서브노트를 구성하면 효과적으로 학습할 수 있습니다.

기출문제를 전체적으로 분석해 보면 좀 더 폭넓고, 깊게 그리고 새로운 문제들이 출제되고 있다는 것을 알 수 있습니다. 따라서 출제빈도가 지속적으로 높았던 문제유형을 중심으로 학습하되, 불필요한 학습량을 줄이고 출제 가능성이 높은 부분을 반복적으로 학습하여 기본점수를 확보하는 것이 가장 바람직한 학습방향입니다.

10개년 출제비중분석

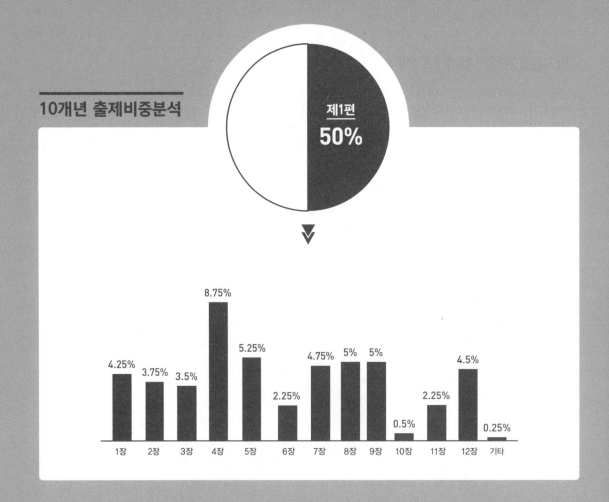

제1편
50%

1장	2장	3장	4장	5장	6장	7장	8장	9장	10장	11장	12장	기타
4.25%	3.75%	3.5%	8.75%	5.25%	2.25%	4.75%	5%	5%	0.5%	2.25%	4.5%	0.25%

제1편

건축구조

제 1 장 건축구조 총론

📖 단원길라잡이

'건축구조 총론'에서는 2문제 정도가 출제되고 있는데, 주로 건축구조의 분류와 하중과 응력에 대한 문제가 출제된다. 문제가 쉽게 출제될 경우 건축구조와 관련된 용어의 정의에 관한 문제가 출제되는 경우도 있다. 따라서 각 구조의 분류와 하중과 응력에 대한 내용을 상세하게 정리하여야 한다.

🔍 출제포인트

- 건축구조의 분류
- 하중과 응력

01 건축물

건축물이란 토지에 정착(定着)하는 공작물 중 지붕과 기둥 또는 벽이 있는 것과 이에 딸린 시설물, 지하나 고가(高架)의 공작물에 설치하는 사무소·공연장·점포·차고·창고 그 밖에 대통령령으로 정하는 것을 말한다.

> **더 알아보기** | **주요구조부**
>
> 주요구조부란 내력벽(耐力壁), 기둥, 바닥, 보, 지붕틀 및 주계단(主階段)을 말한다. 다만, 사이기둥, 최하층 바닥, 작은보, 차양, 옥외계단 그 밖에 이와 유사한 것으로 건축물의 구조상 중요하지 아니한 부분은 제외한다.

02 건축구조

① 건축구조(構造)란 여러 가지 재료를 사용하여 건물이나 구조물 따위를 세우거나 만드는 것을 말한다.

② 건축물을 구성하는 건축물 자체와 적재물의 무게 및 지진이나 풍압력 등과 같은 외부로 부터의 힘에 대한 저항을 주목적으로 설치되는 것으로 기둥, 보, 벽 등 건축물의 뼈대를 말한다.

건물 부위별 용어

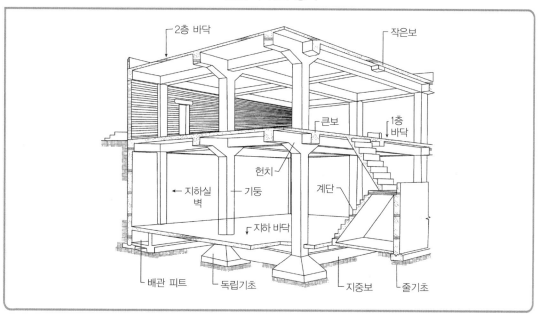

건축물의 구조에 관한 설명으로 옳지 않은 것은? 제22회

① 커튼월은 공장생산된 부재를 현장에서 조립하여 구성하는 비내력 외벽이다.
② 조적구조는 벽돌, 석재, 블록, ALC 같은 조적재를 결합재 없이 쌓아 올려 만든 구조이다.
③ 강구조란 각종 형강과 강판을 볼트, 리벳, 고력볼트, 용접 등의 접합방법으로 조립한 구조이다.
④ 기초란 건축물의 하중을 지반에 안전하게 전달시키는 구조 부분이다.
⑤ 철근콘크리트구조는 철근과 콘크리트를 일체로 결합하여 콘크리트는 압축력, 철근은 인장력에 유효하게 작용하는 구조이다.

해설

조적구조는 벽돌, 석재, 블록, ALC 같은 조적재를 결합재(모르타르)로 쌓아 올려 만든 구조이다. 정답: ②

---

03 기초(基礎, footing)

① 건물의 상부구조물을 지지하고 고정시켜 그 하중을 직접 땅으로 전달하는 구조체계의 한 부분을 말한다.
② 반복되는 동결과 해빙 주기로 인한 건물 손상을 막기 위하여 기초의 바닥은 동결선 아래쪽에 위치하여야 한다.

04 기둥(柱, column)

① 지붕, 바닥, 보 등의 상부하중을 지지하여 하부구조로 전하는 수직부재이다.
② 기둥은 높이가 최소단면치수의 3배 이상인 수직부재로, 주로 압축력에 저항한다.

05 벽(壁, wall)

① 벽은 공간을 구획하는 수직부재이다.
② 벽에는 상부에서 오는 하중을 받을 수 있는 내력벽과, 철근콘크리트구조체 내에 설치되어 자체중량만을 지지하는 비내력벽(장막벽)이 있다.

06 슬래브(slab)

① 바닥이나 지붕을 한 장의 판처럼 콘크리트로 부어 만든 구조물을 말한다.
② 슬래브는 수평부재로, 장변과 단변의 비에 따라 1방향 슬래브, 2방향 슬래브로 구분된다.

07 보(girder, beam)

① 수직재의 기둥에 연결되어 하중을 지탱하고 있는 수평구조부재로, 축에 직각방향의 힘을 받아 주로 휨에 의하여 하중을 지탱하는 것이 특징이다.

② 지지방법에 따라 양단지지의 단순보, 중간에 받침점을 만든 연속보, 연속보의 중간을 핀(pin)으로 연결한 게르버보, 양단을 고정한 고정보, 고정보의 일단을 해방한 캔틸레버보 등으로 나뉜다.

08 천장(天障, ceiling)

① 지붕의 안쪽이나 상층의 바닥을 감추기 위하여 그 밑에 설치한 덮개를 말한다.

② 구조체를 감추어 별도의 의장(意匠)을 할 수 있으며, 벽·바닥과 같이 외부로부터의 영향을 어느 정도 차단 또는 흡수할 수 있다는 이점이 있다.

제2절　건축구조의 분류

01 구성양식에 의한 분류

(1) 가구식(架構式) 구조

① 목재·강재 등과 같이 비교적 가늘고 긴 부재를 조립하여 뼈대를 구축한 구조이다.

② 종류: 나무구조, 철골구조

| 목조 가구식 | 철골조 가구식 |

③ 각 부재의 접합 및 짜임새에 따라 구조체의 강도가 좌우된다.

④ 비내화적이다.

⑤ 건식구조이다.

(2) 조적식(組積式) 구조

① 단일 개체(예 벽돌, 시멘트블록, 돌 등)를 교착제를 써서 쌓아 구성한 구조이다.

② **종류:** 벽돌구조, 시멘트블록구조, 돌구조

| 벽돌구조 | 시멘트블록구조 | 돌구조 |

③ 전체 강도는 단일 개체의 강도, 교착제의 강도, 쌓기법에 의하여 좌우된다.

④ 횡력(수평력) · 부동침하 등에 취약하고, 균열이 가기 쉽다.

⑤ 습식구조이다.

(3) 일체식(一體式) 구조

① 원하는 형태의 거푸집에 콘크리트를 부어 넣어 전 구조체가 한 덩어리가 되도록 만든 구조이다.

② **종류:** 철근콘크리트구조, 철골 · 철근콘크리트구조

| 철근콘크리트구조 | 철골 · 철근콘크리트구조 |

③ 각 부분의 구조가 일체화되어 비교적 균일한 강도를 가진다.

④ 내화 · 내진 · 내구적이다.

⑤ 습식구조이다.

(4) 입체식(立體式) 구조

① 외력에 대하여 3차원적으로 저항할 수 있도록 구성된 구조이다.

② 종류: 입체트러스구조, 절판구조, 쉘구조, 현수구조, 막구조 등

입체트러스구조　　　　　　절판구조　　　　　　쉘구조

현수구조　　　　　　　막구조

③ 일반적으로 대공간의 지붕구조에 많이 사용한다.

02 건축재료에 의한 분류

(1) 나무구조(wooden construction)

주요구조부가 목재로 이루어진 것을 말하며, 건물에 작용하는 하중을 목재가 담당하는 구조이다.

장점	단점
① 외관이 아름답다. ② 비중에 비하여 강도가 크고 내진적이다. ③ 건식구조이므로 동절기 공사가 가능하고, 공사기간(이하 '공기'라 함)을 단축할 수 있다.	① 비내화적이다. ② 내식성이 작아서 부패하기 쉽고, 건조시 뒤틀림현상이 발생한다. ③ 고층·대규모 건축물에 부적합하다.

(2) 철골구조(steel skeleton construction)

강판 및 형강 등을 리벳, 볼트, 용접 등의 접합방식으로 조립한 구조 및 건축물을 철골구조 또는 강구조라고 한다.

장점	단점
① 내진적이다.	① 열에 취약하다(비내화적).
② 해체 · 수리 · 보강 등이 용이하다.	② 내식성이 작아 방식처리를 하여야 한다.
③ 구조강성이 커서 기둥이나 보의 단면을 줄일 수 있으므로 유효공간을 크게 할 수 있다.	③ 공사비가 고가이다.
④ 고층건물이나 경간(span)이 큰 건물에 사용할 수 있다.	④ 부재가 세장(細長)하므로 변형이나 **좌굴에 취약하다.**
⑤ 건식구조이므로 동절기 공사가 가능하고, 공기를 단축할 수 있다.	

(3) 벽돌구조(brick construction)

외벽 전체 면적의 4분의 3 이상을 벽돌로 축조한 구조이다.

장점	단점
① 내화(耐火) · 내구적(耐久的)이다.	① **횡력**(지진 · 바람 등)**에 약하다.**
② 외관이 장중 · 미려하다.	② 벽체에 균열이 생기기 쉽다.
③ 구조 및 시공법이 간단하다.	③ 벽체 두께가 두껍기 때문에 실내공간의 면적이 줄어든다.
	④ 벽체에 습기가 차기 쉽다.

(4) 블록구조(block construction)

모르타르 또는 콘크리트블록을 만들어서 벽돌구조와 같은 방법으로 벽체를 구축하는 구조이다.

장점	단점
① 내구 · 내화적이다.	① **횡력에 약하다.**
② 단열 · 방음효과가 크다.	② 벽체에 균열이 생기기 쉽다.
③ 시공이 간편하여 공기를 단축하고 공사비를 절감할 수 있다.	③ 고층 · 대규모 건물에 부적합하다.

(5) 돌구조(stone construction)

건물의 뼈대가 되는 주요 벽체에 돌을 쌓아올려 만든 구조이다.

장점	단점
① 내구 · 내화적이다.	① 가공이 어렵고 시공이 까다롭다.
② 외관이 장중하고 아름답다.	② 공사기간이 길고 공사비가 많이 든다.
③ 방한(防寒) · 방서(防暑)적이다.	③ 횡력에 약하고 자체중량이 무겁다.

(6) 철근콘크리트구조(reinforced concrete construction)

철근을 배근(配筋)한 후 거푸집 안에 콘크리트를 부어 넣어 철근과 콘크리트를 결합시켜 일체화시킨 구조로서 라멘구조 또는 RC조라고 부르기도 한다. 이 구조는 철근과 콘크리트의 선팽창계수가 거의 같아 서로 잘 부착되는 성질을 이용하여 서로의 단점을 보완하도록 결합한 구조이다. 즉, 철근은 인장력에 약한 콘크리트의 단점을 보완하고, 콘크리트는 열에 약하고 녹슬기 쉬운 철근의 단점을 보완해 준다.

장점	단점
① 내구 · 내화 · 내진(耐震) · 내풍(耐風)적이다. ② 형태가 자유롭고, 유지 · 관리가 쉽다. ③ 고층건물, 지하 및 수중 구축이 가능하다. ④ 재료가 풍부하다.	① 습식구조이므로 동절기 공사가 어렵고, 공사 기간이 길다. ② 자체중량이 무겁고 시공이 복잡하다. ③ 철거 · 파괴가 어렵다. ④ 거푸집 등 가설비용이 들고 재료의 재사용이 어렵다.

(7) 철골 · 철근콘크리트구조(steel framed reinforced concrete construction)

철골 뼈대 주위에 철근을 배치하고 콘크리트를 타설한 구조로서 합성구조라고도 한다. 철근콘크리트구조는 내화성은 좋으나 자중(自重)이 무겁고, 고층이 될수록 기둥이 굵어지고 유효면적이 작아지는 결점이 있다. 반대로 철골구조는 자중은 철근콘크리트에 비하여 가볍지만 내화성이 부족하므로 값비싼 내화피복을 필요로 한다. 철골 · 철근콘크리트구조는 이들의 결점을 보완하여 내화성이 좋고 자중이 가벼운 구조이다.

장점	단점
① 내구 · 내진 · 내화적이다. ② 부재의 휨강성이 증가한다. ③ 진동에 대하여 우수한 성능을 보인다. ④ 인장부재의 처짐이 감소한다. ⑤ 콘크리트의 균열 또는 중성화 방지에 효과적 이다.	① 공사비가 고가이다. ② 시공이 복잡하고 공사기간이 길다. ③ 철거 · 해체가 용이하지 않다. ④ 철골구조에 비하여 무겁다.

03 시공과정에 의한 분류

(1) 습식구조(濕式構造)

① 건축현장에서 물을 사용하는 공정으로 만들어진 구조로서 조적식 구조와 일체식 구조가 이에 속한다.

② 겨울철 공사가 어렵고, 공사기간이 길어진다.

(2) 건식구조(乾式構造)

① 물을 사용하지 않는 공정으로 만들어진 구조로서 가구식 구조가 이에 속한다.

② 겨울철 공사가 가능하고 공사기간이 단축되며, 대량생산이 가능하다.

(3) 현장구조(現場構造)

건축자재를 현장에서 제작 · 가공하여 조립 · 설치하는 구조이다.

(4) 조립식 구조(組立式構造, precast structure)

건축자재와 부품을 공장에서 생산하여 현장으로 운반해 조립하는 구조로서 공장구조라고도 한다.

장점	단점
① 대량생산이 가능하다.	① **접합부의 일체화가 어렵다.**
② 공기를 단축할 수 있다.	② 횡력(수평력)에 취약하다.
③ 기후의 영향을 받지 않는다.	③ 획일적이다.

기출예제

건물 구조형식에 관한 설명으로 옳지 않은 것은?   제27회

① 건식구조는 물을 사용하지 않는 구조로 일체식 구조, 목구조 등이 있다.

② 막구조는 주로 막이 갖는 인장력으로 저항하는 구조이다.

③ 현수구조는 케이블의 인장력으로 하중을 지지하는 구조이다.

④ 벽식 구조는 벽체와 슬래브에 의해 하중이 전달되는 구조이다.

⑤ 플랫플레이트슬래브는 보와 지판이 없는 구조이다.

해설

건식구조는 물을 사용하지 않는 구조로 철골구조, 목구조 등이 있으며 일체식 구조는 습식구조이다.

정답: ①

---

04 특수구조

(1) 입체트러스구조(立體構造, space truss structure)

① 선재(線材)를 입체적으로 결합하여 만든 트러스구조로 외력에 대하여 축방향력으로 저항한다.

② 체육관, 박물관 같은 넓은 공간을 덮는 데 많이 사용된다.

③ **종류:** 트임멜 맨돔, 디스커버리 돔, 평면트러스집합 돔, 다이아몬드 셀(구형) 등

(2) 절판구조(折板構造, folded plate structure)

① 수평형태의 슬래브와 수직형태의 슬래브를 합친 건축구조로, 수직과 수평하중에 저항
   하는 수직의 벽, 절판지붕과 절판벽의 결합은 지붕에 많이 사용된다.

② 판을 주름지게 하여 휨에 대한 저항능력을 향상시키는 구조이다.

입체트러스구조

절판구조

기출예제

건물 구조형식에 관한 설명으로 옳은 것은?

제24회

① 이중골조구조: 수평력의 25% 미만을 부담하는 가새골조가 전단벽이나 연성모멘트 골조와
   조합되어 있는 구조
② 전단벽구조: 전단벽이 캔틸레버 형태로 나와 외곽부의 기둥을 스트럿(strut)이나 타이
   (tie)처럼 거동하게 함으로써 응력 및 하중을 재분배시키는 구조
③ 골조-전단벽구조: 수평력을 전단벽과 골조가 각각 독립적으로 저항하는 구조
④ 절판구조: 판을 주름지게 하여 휨에 대한 저항능력을 향상시키는 구조
⑤ 플랫슬래브구조: 슬래브의 상부하중을 보와 슬래브로 지지하는 구조

[해설]

① 이중골조구조는 수평력의 25% 이상을 부담하는 보통(연성)모멘트골조가 전단벽이나 가새골조와 조합
   되어 있는 구조방식이다.
② 전단벽구조는 주로 공간이 일정한 면적으로 분할·구획되는 고층아파트, 호텔 등에 적용되는 구조시스
   템으로 수평하중에 따른 전단력을 벽체가 지지하도록 구성된 구조시스템이다.
③ 골조-전단벽구조는 수평력을 전단벽과 골조가 함께 저항하는 구조이다.
⑤ 플랫슬래브구조는 수직재의 기둥에 연결되어 하중을 지탱하고 있는 수평구조 부재인 보(beam)가 없이
   기둥과 슬래브로 구성된다.

정답: ④

---

(3) 쉘구조(曲面構造, shell structure)

① 조개껍질의 원리를 응용한 얇은 곡면판(曲面板)구조이다.

② 외력을 (곡)면내응력으로 처리하여 대공간을 만들 수 있다.

(4) 현수구조(懸垂構造, suspension structure)

① 케이블(cable)을 주 구조로 사용하고, 구조물의 주요부를 지점 또는 지주에 매다는 구조
형식이다(케이블에는 인장력이 작용한다).

② 공간을 형성하는 주요한 부재가 인장재로, 대경간의 교량이나 대공간의 건축 곡면구조
등에 유효하게 사용된다.

쉘구조

현수구조

(5) 막구조(膜構造, membrane structure)

① 막 재료를 사용하여 공간을 구성하는 형식으로, 막이 가지는 인장력만으로 외력에 저항
하는 구조이다.

② 막구조는 인장력을 주는 방식에 따라 텐트구조와 막구조로 구분된다.

③ 종류: 텐트구조, 뼈대막구조, 서스펜션막구조, 공기막구조 등

막구조

건축구조 형식에 관한 설명으로 옳지 않은 것은? 제20회

① 라멘구조는 기둥과 보가 강접합되어 이루어진 구조이다.
② 트러스구조는 가늘고 긴 부재를 강접합해서 삼각형의 형상으로 만든 구조이다.
③ 플랫슬래브구조는 보가 없는 구조이다.
④ 아치구조는 주로 압축력을 전달하게 하는 구조이다.
⑤ 내력벽식구조는 내력벽과 바닥판에 의해 하중을 전달하는 구조이다.

해설

트러스구조는 가늘고 긴 부재를 핀접합해서 삼각형의 형상으로 만든 구조이다. 정답: ②

제3절 하중과 응력

01 하중(荷重, load)

(1) 개요

① 건축물에 작용하는 힘을 하중 또는 외력(外力, external force)이라 하며, 하중은 크게 장기하중과 단기하중으로 구분된다.
② 장기하중은 고정하중과 활하중으로, 단기하중은 설하중(적설하중), 풍하중, 지진하중 등으로 나뉜다.
③ 다설지역에서의 설하중(적설하중)은 장기하중에 포함된다.

더 알아보기 **다설지역(heavy snow fall area)**

적설량이 많고 장기간 눈이 쌓이는 지역으로서, 수직적설심도가 1m 이상으로 특정 행정관청에서 지정한 지역을 말한다.

하중과 변형에 관한 용어 설명으로 옳은 것은? 제26회

① 고정하중은 기계설비하중을 포함하지 않는다.
② 외력이 작용하는 구조부재 단면에 발생하는 단위면적당 힘의 크기를 응력도라 한다.
③ 외력을 받아 변형한 물체가 그 외력을 제거하면 본래의 모양으로 되돌아가는 성질을 소성이라고 한다.
④ 등분포활하중은 저감해서 사용하면 안 된다.
⑤ 지진하중 계산을 위해 사용하는 밑면전단력은 구조물 유효무게에 반비례한다.

해설

① 고정하중은 기계설비하중을 포함한다.
③ 외력을 받아 변형한 물체가 그 외력을 제거하면 본래의 모양으로 되돌아가는 성질을 탄성이라고 한다.
④ 등분포활하중은 저감해서 사용할 수 있다(지붕활하중을 제외한 등분포활하중은 부재의 영향면적이 $36m^2$ 이상인 경우 저감할 수 있다).
⑤ 지진하중 계산을 위해 사용하는 밑면전단력은 구조물 유효무게에 비례한다.

정답: ②

(2) 고정하중(固定荷重, fixed load)

① 구조물의 자중 및 구조물에 상시 고정되어 있는 하중으로, 사하중(dead load)이라고도 부른다.
② 구조물의 존재기간 중 지속적으로 구조물에 작용하는 하중이며 수직하중이다.

(3) 활하중(活荷重, live load)

① 구조물에 작용하는 힘이 영구적이지 않은 하중으로, 사람·가구·설비기계 등의 적재하중이다.
② 활하중은 등분포활하중과 집중활하중으로 분류할 수 있다.
③ 공동주택의 경우 발코니의 활하중($3kN/m^2$)은 거실의 활하중($2kN/m^2$)보다 큰 값을 사용한다.

건축물 주요 실의 기본등분포활하중(kN/m^2)의 크기가 가장 작은 것은? 제27회

① 공동주택의 공용실
② 주거용 건축물의 거실
③ 판매장의 상점
④ 도서관의 서고
⑤ 기계실의 공조실

구분	기본등분포활하중(kN/m²)의 크기
공동주택의 공용실	5.0
주거용 건축물의 거실	2.0
판매장의 상점	5.0
도서관의 서고	7.5
기계실의 공조실	5.0

정답: ②

(4) 설하중(雪荷重, snow load)

① 적설의 중량이 구조물에 외력으로서 작용하는 것으로, 적설하중(積雪荷重)이라고도 한다.

② 설하중(적설하중)은 단기하중이지만 다설지역에서는 장기하중에 포함된다.

기출예제

건축물의 구조설계에 적용하는 하중에 관한 설명으로 옳은 것은? 제22회

① 기본지상적설하중은 재현기간 100년에 대한 수직 최심적설깊이를 기준으로 한다.
② 지붕활하중을 제외한 등분포활하중은 부재의 영향면적이 30m² 이상인 경우 저감할 수 있다.
③ 고정하중은 점유·사용에 의하여 발생할 것으로 예상되는 최대하중으로, 용도별 최솟값을 적용한다.
④ 풍하중에서 설계속도압은 공기밀도에 반비례하고 설계풍속에 비례한다.
⑤ 지진하중 산정시 반응수정계수가 클수록 지진하중은 증가한다.

해설

② 지붕활하중을 제외한 등분포활하중은 부재의 영향면적이 36m² 이상인 경우 저감할 수 있다.
③ 활하중은 점유·사용에 의하여 발생할 것으로 예상되는 최대하중으로, 용도별 최솟값을 적용한다.
④ 풍하중에서 설계속도압은 공기밀도에 비례하고 설계풍속의 제곱에 비례한다.
⑤ 지진하중 산정시 반응수정계수가 클수록 지진하중은 감소한다.

정답: ①

(5) 풍하중(風荷重, wind load)

① 바람에 의하여 구조물에 가해지는 하중이다.

② 풍하중은 주골조 설계용 수평풍하중, 지붕풍하중과 외장재 설계용 풍하중으로 구분한다.

③ 풍하중은 각각의 설계풍압에 유효수압면적을 곱하여 계산한다.

(6) 지진하중(地震荷重, seismic load)

① 구조물에 작용하는 지진의 효과를 설계용 외력으로 평가한 것이다.
② 고정하중과 적재하중의 합에 수평진도를 곱하여 구한다.

---

01 건축물에 작용하는 하중에 관한 설명으로 옳은 것은? 제20회

① 마감재의 자중은 고정하중에 포함하지 않는다.
② 풍하중은 설계풍압에 유효수압면적을 합하여 산정한다.
③ 하중을 장기하중과 단기하중으로 구분하는 경우 지진하중은 장기하중에 포함된다.
④ 조적조 칸막이벽은 고정하중으로 간주하여야 한다.
⑤ 기본지상적설하중은 재현기간 10년에 대한 수직 최심적설깊이를 기준으로 하며 지역에 따라 다르다.

해설

① 마감재의 자중은 고정하중에 포함된다.
② 풍하중은 설계풍압에 유효수압면적을 곱하여 산정한다.
③ 지진하중은 단기하중에 포함된다.
⑤ 기본지상적설하중은 재현기간 100년에 대한 수직 최심적설깊이를 기준으로 하며 지역에 따라 다르다.

정답: ④

02 지진하중 산정에 관련되는 사항으로 옳은 것을 모두 고른 것은? 제25회

㉠ 반응수정계수	㉡ 고도분포계수
㉢ 중요도계수	㉣ 가스트영향계수
㉤ 밑면전단력	

① ㉠, ㉡, ㉣
② ㉠, ㉢, ㉣
③ ㉠, ㉢, ㉤
④ ㉡, ㉢, ㉤
⑤ ㉡, ㉣, ㉤

해설

㉡ 풍속 고도분포계수: 지표면의 고도에 따라 기준경도 풍높이까지의 풍속의 증가 분포를 지수법칙에 의해 표현했을 때의 수직방향 분포계수이다.
㉣ 가스트영향계수: 바람의 난류로 인해서 발생하는 구조물의 동적 거동성분을 나타내는 것으로, 평균 변위에 대한 최대변위의 비를 통계적인 값으로 나타내는 계수이다.

정답: ③

---

02 응력

외부에서 하중이 작용할 때 부재나 구조물의 내부에서 하중에 저항하여 본래의 모양을 지키려는 힘이다.

구분	하중 및 외력에 대하여 작용하는 상태	일반지역	다설지역
장기응력	상시	D + L	D + L + S
단기응력	적설시	D + L + S	D + L + S
	폭풍시	D + L + W	D + L + S + W
	지진시	D + L + E	D + L + S + E

● D: 자중에 의한 응력, L: 적재하중에 의한 응력, S: 적설하중에 의한 응력
W: 풍하중에 의한 응력, E: 지진하중에 의한 응력

제4절 내진설계

지진에 저항할 수 있도록 건물을 설계하는 방법으로, 건물의 붕괴를 막아 인명이나 시설물 등의 손상을 막기 위한 목적이 있다.

01 내진설계 적용대상

2층(목조건축물의 경우 3층) 이상 또는 연면적 200m² (목조건축물의 경우 500m²) 이상인 건축물

02 내진설계구조의 종류

(1) 내진구조

① 지진이 발생하여도 전체적인 구조나 내부 시설물이 파손되지 않도록 튼튼하게 설계하는 것을 말한다.
② 건축물 내부에 철근콘크리트의 내진벽과 같은 부재를 설치하여 강한 흔들림에도 붕괴되지 않게 한다.

(2) 제진구조

① 다양한 종류의 제진장치를 이용하여 지진에너지를 낮추는 방법이다.
② 지진이 발생하면 관성에 의하여 건물이 진동하게 되는데, 제진장치가 건물의 강성 감쇠 등을 제어하여 건물의 피해를 줄인다.

(3) 면진구조

① 지반과 건물을 분리하여 지진력의 전달을 감소하는 방법이다.

② 면진장치(적층 고무베어링, 고무블럭 등)를 지면과 건물 사이에 배치하여 지반의 흔들림이 면진장치를 통해 완화되어 전달되기 때문에 비교적 안전한 구조이다.

03 내진설계방법의 비교

(1) 지진 발생시 흔들림 정도

일반 건물 > 내진구조 > 제진구조 > 면진구조

(2) 건물의 손상 정도

일반 건물 > 내진구조 > 제진구조 > 면진구조

(3) 내진설계방법의 성능 · 비용 비교

일반 건물 < 내진구조 < 제진구조 < 면진구조

04 내진구조 계획시 주의사항

① 평면 계획시 비정형보다 정형으로 계획하여 비틀림효과를 억제한다.

② 기둥파괴보다는 보파괴를 유도하고, 전단파괴보다는 휨파괴를 유도한다.

③ 건축물은 취성(brittle)파괴보다는 연성(ductility)파괴로 유도한다.

④ 기초의 형태와 지중구조시스템을 가능한 한 단순한 것으로 한다.

⑤ 반력으로 작용하는 무게가 작을수록 지진력이 작아지기 때문에 불필요한 구조물의 무게를 최대한 줄이는 것이 좋다.

01 가구식 구조는 각 부재의 접합 및 짜임새에 따라 구조체의 강도가 좌우된다. (　　)

02 습식구조는 겨울철 공사가 어렵지만, 공사기간이 짧아진다. (　　)

03 조적식 구조는 단일개체를 교착제를 사용하여 쌓아 구성한 구조이며, 횡력 · 부동침하 등에 취약하고 균열이 가기 쉽다. (　　)

04 철근콘크리트구조는 인장에 강한 콘크리트와 압축에 강한 철근을 일체화하여 만든 구조이다. (　　)

05 전단벽식구조는 보와 기둥 없이 슬래브와 벽체로 하중을 지지하는 구조이다. (　　)

06 플랫슬래브구조는 내부에 보를 사용하지 않고 기둥에 의하여 바닥슬래브를 직접 지지하는 구조이다. (　　)

07 조립식 구조는 건축자재와 부품을 공장에서 생산하여 현장으로 운반해 조립하는 구조로서 현장구조라고도 한다. (　　)

---

01 ○

02 × 습식구조는 겨울철 공사가 어렵고, 공사기간이 길어진다.

03 ○

04 × 철근콘크리트구조는 인장에 강한 철근과 압축에 강한 콘크리트를 일체화하여 만든 구조이다.

05 ○

06 ○

07 × 조립식 구조는 건축자재와 부품을 공장에서 생산하여 현장으로 운반해 조립하는 구조로서 공장구조라고도 한다.

08 강도설계법은 안전성을 확보하기 위하여 하중에는 감소계수를, 강도에는 증가계수를 사용한다.
( )

09 입체트러스구조는 선재(線材)를 입체적으로 결합하여 만든 트러스구조로, 외력에 대하여 축방향력으로 저항한다.
( )

10 쉘구조는 외력을 곡면내응력으로 처리하여 대공간을 만들 수 있다. ( )

11 현수구조는 케이블(cable)을 주 구조로 사용하고, 구조물의 주요부를 지점 또는 지주에 매다는 구조형식이며 케이블에는 인장력이 작용한다.
( )

12 장기하중에는 고정하중과 활하중이 있고, 단기하중에는 설하중(적설하중), 풍하중, 지진하중 등이 있다.
( )

13 고정하중은 구조물의 존재기간 중 지속적으로 구조물에 작용하는 하중이며 수평하중이다.
( )

14 공동주택의 경우 발코니의 활하중은 거실의 활하중보다 작은 값을 사용한다. ( )

15 내진구조 계획에서 평면 계획시 비정형보다 정형으로 계획하여 비틀림효과를 억제하고, 기둥파괴보다는 보파괴를 유도하고 전단파괴보다는 휨파괴를 유도하며, 건축물은 취성(brittle)파괴보다는 연성(ductility)파괴로 유도한다.
( )

---

08 × 강도설계법은 안전성을 확보하기 위하여 하중에는 증가계수를, 강도에는 감소계수를 사용한다.

09 ○

10 ○

11 ○

12 ○

13 × 고정하중은 구조물의 존재기간 중 지속적으로 구조물에 작용하는 하중이며 수직하중이다.

14 × 공동주택의 경우 발코니의 활하중($3kN/m^2$)은 거실의 활하중($2kN/m^2$)보다 큰 값을 사용한다.

15 ○

01 용어에 관한 설명으로 옳지 않은 것은?

① 건축구조는 건축물을 구성하는 건축물 자체와 적재물의 무게 및 지진이나 풍압력 등과 같은 외부로부터의 힘에 대한 저항을 주목적으로 설치되는 것으로 기둥, 보, 벽 등 건축물의 뼈대를 말한다.

② 기초는 반복되는 동결과 해빙 주기로 인한 건물 손상을 막기 위하여 기초의 바닥은 동결선 아래쪽에 위치하여야 한다.

③ 기둥은 높이가 최소 단면치수의 3배 이상인 수직부재로서 주로 인장력에 저항한다.

④ 벽에는 상부에서 오는 하중을 받을 수 있는 내력벽과 철근콘크리트구조체 내에 설치되어 자체중량만을 지지하는 비내력벽(장막벽)이 있다.

⑤ 보는 수직재의 기둥에 연결되어 하중을 지탱하고 있는 수평구조부재로 축에 직각방향의 힘을 받아 주로 휨에 의하여 하중을 지탱하는 것이 특징이다.

정답 | 해설

01 ③ 기둥은 높이가 최소 단면치수의 3배 이상인 수직부재로서 <u>압축력에 저항한다</u>.

02 건축물의 구조에 관한 설명으로 옳지 않은 것은? 제22회

① 커튼월은 공장생산된 부재를 현장에서 조립하여 구성하는 비내력 외벽이다.

② 조적구조는 벽돌, 석재, 블록, ALC 같은 조적재를 결합재 없이 쌓아 올려 만든 구조이다.

③ 강구조란 각종 형강과 강판을 볼트, 리벳, 고력볼트, 용접 등의 접합방법으로 조립한 구조이다.

④ 기초란 건축물의 하중을 지반에 안전하게 전달시키는 구조 부분이다.

⑤ 철근콘크리트구조는 철근과 콘크리트를 일체로 결합하여 콘크리트는 압축력, 철근은 인장력에 유효하게 작용하는 구조이다.

03 건축구조와 관련된 용어의 설명으로 옳지 않은 것은? 제15회

① 구조내력이란 구조부재 및 이와 접하는 부분 등이 견딜 수 있는 부재력을 말한다.

② 라멘(rahmen)구조는 기둥과 보로 이루어진 골조가 건물의 하중을 지지하는 구조이다.

③ 캔틸레버(cantilever)보는 한쪽만 고정시키고 다른 쪽은 돌출시켜 하중을 지지하도록 한 구조이다.

④ 고정하중은 구조체에 지속적으로 작용하는 수직하중으로 구조부재에 부착된 비내력 부분과 각종 설비 등의 중량은 제외된다.

⑤ 활하중은 건물의 사용 및 점용에 의해서 발생되는 하중으로 사람, 가구, 이동칸막이, 창고의 저장물, 설비기계 등의 하중을 말한다.

04 건축물 부재에 관한 설명으로 옳지 않은 것은? 제16회

① 보는 슬래브 등을 지지하는 수평부재로 큰보, 작은보가 있다.

② 벽은 공간을 구획하는 수직부재로 장막벽, 내력벽 등이 있다.

③ 기둥은 높이가 단면치수의 3배 이상인 수직부재로 주로 인장력에 저항한다.

④ 기초는 상부구조의 하중을 지반에 전달하는 부재로 기초판과 지정을 포함한다.

⑤ 슬래브는 수평부재로 장변과 단변의 비에 따라 1방향 슬래브, 2방향 슬래브가 있다.

05 건축구조의 분류에 따른 기술 중 옳지 않은 것은?

① 가구식 구조는 각 부재의 접합 및 짜임새에 따라 구조체의 강도가 좌우된다.
② 일체식 구조는 각 부분의 구조가 일체화되어 비교적 균일한 강도를 가진다.
③ 조립식 구조는 건축자재와 부품을 현장에서 생산하여 현장으로 운반해 조립하는 구조로서 현장구조라고도 한다.
④ 조적식 구조는 횡력·부동침하 등에 취약하고, 균열이 가기 쉽다.
⑤ 습식구조는 겨울철 공사가 어렵고, 공사기간이 길어진다.

06 건축구조의 분류에 관한 설명으로 옳지 않은 것은?

① 가구식 구조는 목재·강재 등과 같이 비교적 가늘고 긴 부재를 조립하여 뼈대를 구축한 구조이다.
② 조적식 구조는 단일 개체를 교착제를 써서 쌓아 구성한 구조이다.
③ 일체식 구조는 원하는 형태의 거푸집에 콘크리트를 부어 넣어 전 구조체가 한 덩어리가 되도록 만든 구조이다.
④ 입체식 구조는 외력에 대하여 3차원적으로 저항할 수 있도록 구성된 구조이다.
⑤ 조립식 구조는 건축자재를 현장에서 제작·가공하여 조립·설치하는 구조이다.

정답 | 해설

02 ② 조적구조는 벽돌, 석재, 블록, ALC 같은 조적재를 결합재(모르타르)로 쌓아 올려 만든 구조이다.
03 ④ 고정하중은 구조체에 지속적으로 작용하는 수직하중으로 구조부재에 부착된 비내력 부분과 각종 설비 등의 중량을 포함한다.
04 ③ 기둥은 높이가 단면치수의 3배 이상인 수직부재로 주로 압축력에 저항한다.
05 ③ 조립식 구조는 건축자재와 부품을 공장에서 생산하여 현장으로 운반해 조립하는 구조로서 공장구조라고도 한다.
06 ⑤ 조립식 구조는 건축자재와 부품을 공장에서 생산하여 현장으로 운반해 조립하는 구조로서 공장구조라고도 한다.

07 하중에 관한 설명으로 옳지 않은 것은?

① 건축물에 작용하는 힘을 하중 또는 외력이라 하며, 하중은 크게 장기하중과 단기하중으로 구분된다.
② 고정하중은 구조물의 존재기간 중 지속적으로 구조물에 작용하는 하중이며 수직하중이다.
③ 활하중은 등분포활하중과 집중활하중으로 분류할 수 있다.
④ 설하중(적설하중)은 단기하중이지만 다설지역에서는 장기하중에 포함된다.
⑤ 지진하중은 고정하중과 적재하중의 합에 수평진도를 더하여 구한다.

08 건축물에 작용하는 하중에 관한 설명으로 옳지 않은 것은?   제18회

① 적설하중은 구조물이 위치한 지역의 기상조건 등에 많은 영향을 받는다.
② 활하중은 분포 특성을 파악하기 어렵고, 건축물의 사용용도에 따라 변동폭이 크다.
③ 지진하중은 건물 지붕의 형상 및 경사 등에 영향을 크게 받는다.
④ 풍하중은 구조골조용, 지붕골조용, 외장마감재용으로 분류된다.
⑤ 고정하중은 자중, 고정된 기계설비 등의 하중으로, 고정칸막이벽과 같은 비구조부재의 하중도 포함한다.

09 건축물의 구조설계에 적용하는 하중에 관한 설명으로 옳은 것은?   제22회

① 기본지상적설하중은 재현기간 100년에 대한 수직 최심적설깊이를 기준으로 한다.
② 지붕활하중을 제외한 등분포활하중은 부재의 영향면적이 $30m^2$ 이상인 경우 저감할 수 있다.
③ 고정하중은 점유·사용에 의하여 발생할 것으로 예상되는 최대하중으로, 용도별 최솟값을 적용한다.
④ 풍하중에서 설계속도압은 공기밀도에 반비례하고 설계풍속에 비례한다.
⑤ 지진하중 산정시 반응수정계수가 클수록 지진하중은 증가한다.

10 건축물에 작용하는 하중에 관한 설명으로 옳은 것은? 제24회

① 고정하중과 활하중은 단기하중이다.

② 엘리베이터의 자중은 활하중에 포함된다.

③ 기본지상적설하중은 재현기간 100년에 대한 수직 최심적설깊이를 기준으로 한다.

④ 풍하중은 건축물 형태에 영향을 받지 않는다.

⑤ 반응수정계수가 클수록 산정된 지진하중의 크기도 커진다.

11 건축물에 작용하는 하중에 관한 설명으로 옳은 것을 모두 고른 것은? 제23회

> ㉠ 풍하중과 지진하중은 수평하중이다.
> ㉡ 고정하중과 활하중은 단기하중이다.
> ㉢ 사무실 용도의 건물에서 가동성 경량칸막이벽은 고정하중이다.
> ㉣ 지진하중 산정시 반응수정계수가 클수록 지진하중은 감소한다.

① ㉠, ㉡   ② ㉠, ㉣

③ ㉡, ㉢   ④ ㉠, ㉢, ㉣

⑤ ㉡, ㉢, ㉣

정답 | 해설

07 ⑤ 지진하중은 고정하중과 적재하중의 합에 수평진도를 <u>곱하여</u> 구한다.

08 ③ 건물 지붕의 형상 및 경사 등에 영향을 받는 하중은 <u>설하중(적설하중)</u>이다.

09 ① ② 지붕활하중을 제외한 등분포활하중은 부재의 영향면적이 <u>36m² 이상</u>인 경우 저감할 수 있다.
　　③ 고정하중은 점유·사용에 의하여 발생할 것으로 예상되는 최대하중으로, 용도별 <u>최댓값</u>을 적용한다.
　　④ 풍하중에서 설계속도압은 공기밀도에 <u>비례</u>하고 <u>설계풍속의 제곱</u>에 비례한다.
　　⑤ 지진하중 산정시 반응수정계수가 클수록 지진하중은 <u>감소</u>한다.

10 ③ ① 고정하중과 활하중은 <u>장기</u>하중이다.
　　② 엘리베이터의 자중은 <u>고정하중</u>에 포함된다.
　　④ 풍하중은 건축물 형태에 영향을 <u>받는다</u>.
　　⑤ 반응수정계수가 클수록 산정된 지진하중의 <u>크기는 작아진다</u>.

11 ② ㉡ 고정하중과 활하중은 <u>장기하중</u>이다.
　　㉢ 사무실 용도의 건물에서 가동성 경량칸막이벽은 <u>활하중</u>이다.

12 내진구조 계획시 주의사항으로 옳지 않은 것은?

① 평면 계획시 비정형보다 정형으로 계획하여 비틀림효과를 억제한다.

② 기둥파괴보다는 보파괴를 유도하고, 전단파괴보다는 휨파괴를 유도한다.

③ 건축물은 연성(ductility)파괴보다는 취성(brittle)파괴로 유도한다.

④ 기초의 형태와 지중구조시스템을 가능한 한 단순한 것으로 한다.

⑤ 반력으로 작용하는 무게가 작을수록 지진력이 작아지기 때문에 불필요한 구조물의 무게를 최대한 줄이는 것이 좋다.

13 내진설계에 관한 사항으로 옳지 않은 것은?

① 지진에 저항할 수 있도록 건물을 설계하는 방법으로 건물의 붕괴를 막아 인명이나 시설물 등의 손상을 막기 위한 목적이 있다.

② 2층 이상 또는 연면적 $200m^2$ 이상인 건축물은 내진설계 적용대상이다.

③ 제진구조는 다양한 종류의 제진장치를 이용하여 지진에너지를 높이는 방법이다.

④ 면진구조는 지반과 건물을 분리하여 지진력의 전달을 감소하는 방법이다.

⑤ 내진구조는 지진이 발생하여도 전체적인 구조나 내부시설물이 파손되지 않도록 튼튼하게 설계하는 것을 말한다.

정답 | 해설

12 ③ 건축물은 취성(brittle)파괴보다는 연성(ductility)파괴로 유도한다.

13 ③ 제진구조는 다양한 종류의 제진장치를 이용하여 지진에너지를 낮추는 방법이다.

house.Hackers.com

제 **2** 장 **기초구조**

📖 단원길라잡이

'기초구조'에서는 1~2문제가 출제되고 있으며, 보통 2문제가 출제되는 경우가 많다. 지반조사방법, 지내력, 기초파기, 부동침하 등에서 자주 출제되고 있으므로 각 부문별로 상세하게 정리해 두어야 한다.

📑 출제포인트

- 지반조사방법
- 지내력
- 기초파기
- 부동침하

01 기초의 정의

건물의 최하부에 있어 건물의 각종 하중을 받아 이것을 지반에 안전하게 전달하는 구조 부분을 말하며, 넓은 의미로는 지정을 포함한다.

기초 및 지정

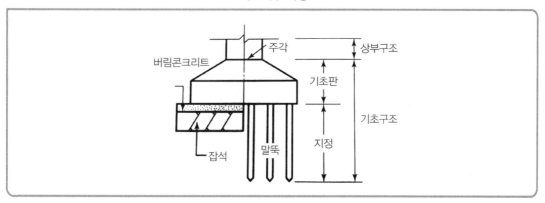

(1) 기초구조부

기초 부분의 주각 부분을 경계로 하여 그 위를 상부구조라 하고, 아래를 하부구조 또는 기초구조라 한다.

(2) 기초판

상부구조의 응력을 지반 또는 지정에 전달하고자 만든 구조 부분이다.

(3) 지정

기초 자체나 지반의 지지력을 보강하여 기초를 지탱하는 부분으로 잡석지정 · 모래지정 · 자갈지정 · 말뚝지정이 있다.

> **더 알아보기** **동결선과 동결선 깊이**
>
> 1. 동결선은 겨울철에 땅이 어는 깊이를 말한다.
>   - 기초 저면은 동결선 아래에 위치하여야 한다.
>   - 동결선 깊이는 지하수위 변동과 관계가 없다.
> 2. 동결선 깊이는 지방에 따라 다르다.
>   - **북부지방**: 120cm
>   - **중부지방**: 90cm
>   - **남부지방**: 60cm

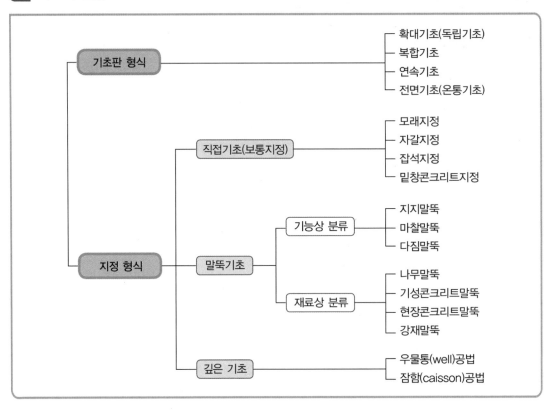

(1) 기초판 형식에 의한 분류

① 확대기초(독립기초)
⊙ 하나의 기둥을 1개의 기초판으로 지지하는 기초이다.
ⓛ 기초의 침하가 고르지 않아 부동침하의 우려가 있으므로 지중보(기초보) 등으로 연결하는 것이 좋다.

> **더 알아보기** | **지중보(기초보)의 역할**
>
> 1. 기둥의 부동침하를 방지한다.
> 2. 기둥의 이동을 방지한다.
> 3. 주각에 전달되는 휨모멘트를 받는다.

기초구조에 관한 설명으로 옳지 않은 것은?   제20회

① 독립기초에 배근하는 주철근은 부철근보다 위쪽에 설치되어야 한다.
② 말뚝의 개수를 결정하는 경우 사용하중(service load)을 적용한다.
③ 기초판의 크기를 결정하는 경우 사용하중을 적용한다.
④ 먼저 타설하는 기초와 나중 타설하는 기둥을 연결하는 데 사용하는 철근은 장부철근 (dowel bar)이다.
⑤ 2방향으로 배근된 기초판의 경우 장변방향의 철근은 단면폭 전체에 균등하게 배근한다.

해설

확대기초(독립기초)에 배근하는 주철근은 부철근보다 아래쪽에 설치되어야 한다.   정답: ①

② 복합기초

　　㉠ 2개 이상의 기둥으로부터 전달되는 하중을 1개의 기초판으로 지지하는 기초이다.

　　㉡ 기둥의 간격이 좁거나 대지경계선 너머로 기초를 내밀 수 없을 때 사용한다.

더 알아보기 **복합기초 시공시 유의사항**

1. 2개의 기둥에 하중 차이가 있을 경우에는 사다리꼴 형태로 시공한다.
2. 기둥에 편심이 발생하지 않도록 유의한다.
3. 하중을 기둥에 균등하게 배분한다.
4. 기초판의 충분한 강성을 유지한다.
5. 부동침하가 발생하지 않도록 한다.

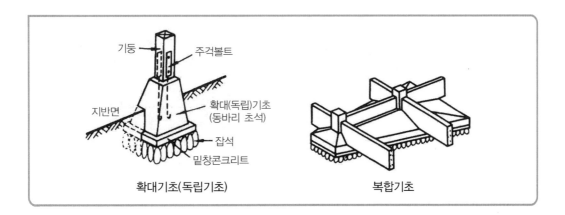

확대기초(독립기초)　　　　　　　　복합기초

③ 연속기초(줄기초)

　　㉠ 벽 또는 여러 개의 기둥이 하나의 기초에 연결된 형태의 기초이다.

　　㉡ 조적조 건물에 적합한 기초이다.

④ 전면기초(온통기초)

　　㉠ 건물의 하부 전체 또는 지하실 전체를 하나의 기초판으로 구성한 기초이며, 매트기초(mat foundation)라고도 한다.

　　㉡ 지반이 연약한 경우에 사용하는 기초이다.

　　㉢ 부동침하 방지에 효과적이다.

　　㉣ 기초면적이 바닥면적의 2분의 1 이상일 때 사용하며, 경제적이다.

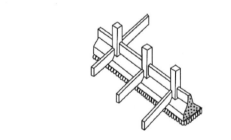

연속기초(줄기초)

전면기초(온통기초)

(2) 지정 형식에 의한 분류

① 직접기초(보통지정)

　　㉠ 상부구조로부터의 하중을 말뚝 등을 쓰지 않고 기초판으로 직접 지반에 전하는 기초이다.

　　㉡ 밑창콘크리트지정, 잡석지정, 모래지정, 자갈지정 등이 있다.

② 말뚝기초

　　㉠ 말뚝에 의하여 구조물을 지지하는 기초이다.

　　㉡ 튼튼한 지반이 깊이 있어서 굳은 지층에 직접기초 구축이 불가능할 때 쓰이고, 특히 중량건물이나 고층건물의 기초에 쓰인다.

　　㉢ 말뚝기초는 기능상 지지말뚝·마찰말뚝·다짐말뚝으로 구분하고, 재료상 나무말뚝·기성콘크리트말뚝·현장콘크리트말뚝·강재말뚝으로 구분한다.

기출예제

건축물의 기초에 관한 설명으로 옳지 않은 것은?　　제19회

① 기초는 기초판, 지정 등으로 구성되어 있다.

② 기초판은 기둥 또는 벽체에 작용하는 하중을 지중에 전달하기 위하여 기초가 펼쳐진 부분을 말한다.

③ 지정은 기초를 보강하거나 지반의 내력을 보강하기 위한 것이다.

④ 말뚝기초는 직접기초의 한 종류이다.

⑤ 말뚝기초는 지지기능상 지지말뚝과 마찰말뚝으로 분류한다.

해설

직접기초는 상부의 하중을 기초판으로 직접 지반에 전달하는 형식의 얕은 기초구조이고, 말뚝기초는 말뚝을 박아서 상부의 하중을 지중으로 전달하는 형식의 깊은 기초구조이다.　　정답: ④

---

③ 깊은 기초: 기초지반의 지지력이 충분하지 못하거나 침하가 과도하게 일어나는 경우에 말뚝, 우물통(well), 잠함(caisson) 등의 깊은 기초를 설치하여 지지력이 충분히 큰 하부지반에 상부구조물의 하중을 전달하거나 지반을 개량한 후에 기초를 설치하는 방식이다.

제2절　지정

01 보통지정

(1) 밑창콘크리트지정

① 표면을 수평으로 매끄럽게 하기 위하여 기초·지중보 등의 밑에 두께 6cm 정도로 까는 콘크리트이다.

② 먹줄치기, 잡석다짐의 유동 방지 등을 위하여 사용된다.

(2) 잡석지정

터파기 밑을 충분히 다지고, 10~15cm 정도 크기의 잡석을 주변에서 중앙으로 세워 평평하게 깔고, 틈막이 자갈을 채워 넣어 다진다.

(3) 모래지정

① 무른 점토층을 파내고 그 속에 모래를 다져 넣어 지반을 튼튼하게 보강하는 지정이다.
② 기초파기 밑에 소정의 두께로 모래를 펴 깔고 두께 300mm마다 충분한 물다짐을 한다.

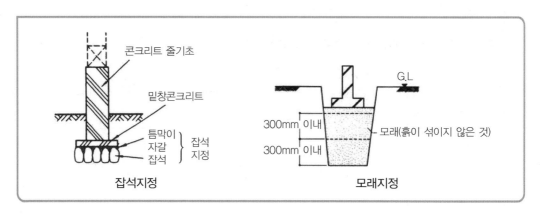

잡석지정 / 모래지정

(4) 자갈지정

잡석 대신 자갈을 깔고 달구 등으로 지반을 다지는 지정이다.

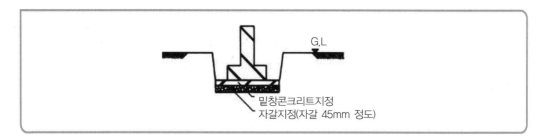

(5) 긴 주춧돌지정

굳은 지층이 깊은 지반에서 콘크리트로 긴 주춧돌을 만들어 단단한 지층에 닿도록 하는 기초이다.

02 말뚝지정

(1) 기능상 분류

① **지지말뚝**: 말뚝의 끝을 견고한 지층까지 도달하게 하여 상부의 하중을 지지하도록 하는 말뚝이며, 선단지지말뚝이라고도 한다.

② **마찰말뚝**: 기초말뚝 중 말뚝 끝이 경질지반까지 도달하지 않고 연약지반 속에 멈추어 있고, 말뚝의 지지력 대부분이 말뚝 주변 마찰력에 의존하는 말뚝이다.

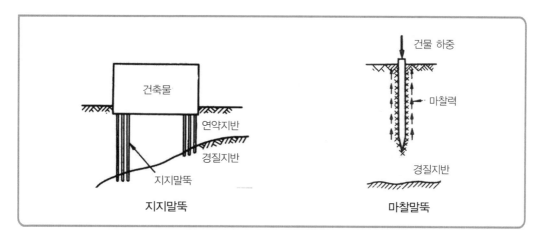

③ **다짐말뚝**: 지반이 말뚝과 한 몸이 되어 하중을 받치는 말뚝 또는 느슨한 모래층을 다져서 안정도를 증대시킬 목적으로 콘크리트말뚝 등의 극히 짧은 말뚝을 서로 접근시켜 박은 말뚝이다.

(2) 재료상 분류

① 나무말뚝

㉠ 소나무, 낙엽송, 밤나무 등 생나무의 껍질을 벗겨서 사용한다.

㉡ 반드시 상수면 이하에 박아야 하며 경미한 건물에만 사용된다.

㉢ 휨 정도는 길이의 50분의 1 이하로 하고, 밑마구리와 끝마구리의 중심선을 연결한 선이 말뚝 밖으로 나오지 않아야 한다.

② 기성(旣成)콘크리트말뚝

㉠ 공장에서 원심력을 이용하여 중공원주상(中空圓柱狀; 속이 비어 있는 원형기둥 상태) 으로 만들고, 1개의 말뚝길이는 15m 이하로 한다.

㉡ 품질이 균등하고 지지력과 성능이 좋아서 지하수위의 변화가 예상되는 지역이나 큰 지지력이 요구되는 곳에 쓰인다.

③ 제자리콘크리트말뚝

㉠ 지반을 천공(穿孔)하여 그 속에 콘크리트 혹은 철근콘크리트를 충전하여 말뚝을 현장 에서 제조하는 것으로 현장콘크리트말뚝이라고도 한다.

㉡ 말뚝의 저부는 지지층에 확실히 도달시켜야 한다.

④ 강제(鋼製)말뚝
　　㉠ H형말뚝과 강관말뚝의 2종류가 있으며, 구조 시공상 강관말뚝이 유리하므로 강관말뚝을 많이 사용한다.
　　㉡ 기성콘크리트말뚝보다 비싸지만 해안 매립지 혹은 양질의 지반이 상당히 깊이 있을 때 사용한다.
　　㉢ 부식에 대하여 검토하고, 필요하면 유효한 대책을 강구하여야 한다.

> **더 알아보기** **말뚝의 최소간격**
>
> | 구분 | 간격(말뚝 중심간 최소간격 이상) |
> | --- | --- |
> | 나무말뚝 | 60cm 이상 또는 2.5D 이상 |
> | 기성콘크리트말뚝 | 75cm 이상 또는 2.5D 이상
● 단, 매입말뚝 배치시 2.0배 이상 |
> | 제자리콘크리트말뚝 | D + 1,000mm 이상, 2.0D 이상 |
> | 강제말뚝 | 75cm 이상, 2.0D 이상 |
>
> ● 기초판과 외측 말뚝의 거리는 1.25D 이상으로 한다.

> **더 알아보기** **말뚝기초 설계시 고려사항**
>
> 1. 말뚝기초의 허용지지력은 말뚝의 지지력에 의한 것으로만 하고, 기초판 저면에 대한 지반의 지지력은 가산하지 않는다.
> 2. 말뚝기초의 설계에 있어서는 하중의 편심에 대하여 검토하여야 하며, 하중의 편심을 고려하여 3개 이상의 말뚝을 박는 것을 원칙으로 한다.
> 3. 동일한 건물에 지지말뚝과 마찰말뚝을 혼용하지 말고, 기성콘크리트말뚝과 강제말뚝 등과 같이 말뚝의 종류도 혼용하지 말아야 한다.
> 4. 진동의 영향으로 액상화의 우려가 없는 지반인지를 조사한다.

03 깊은 기초지정

약한 지층이 매우 깊고 상부구조가 고층이며 중량이어서 말뚝으로는 지지력을 기대할 수 없는 경우에 쓰이는 기초방식으로, 깊은 우물공법과 잠함공법 등이 있다.

(1) 깊은 우물공법(deep well method)

① 투수성 지반 내에 지름 0.3~1.5m 정도의 깊은 우물을 시공하고 여기에 집수된 물을 수중펌프로 배수하여 지하수위를 저하시키는 공법이다.
② 우물을 파는 식으로 우물통을 구축하면서 그 밑을 파내어 우물통을 침하시키는 기초이며, 피어기초(pier foundation)라고도 한다.

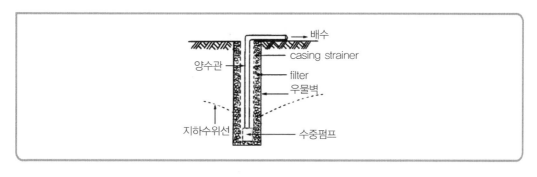

(2) 잠함공법(潛函工法, caisson chest work practice)

건조물의 기초 부분을 만들기 위한 공법으로 케이슨공법(caisson method)이라고도 한다. 우선 기초가 될 케이슨을 만들고, 그 속의 토사(土砂)를 굴착하면서 케이슨을 가라앉혀 기초를 만드는데, 건물·교량에 있어서는 개방잠함공법(open caisson foundation method)과 용기잠함공법(pneumatic caisson foundation method)으로 크게 나눈다.

① **개방잠함공법**: 지상에서 건물의 지하실 부분의 구체를 축조하고 그 밑을 파내어 침하시켜 지하실을 축조하는 공법이다.

② **용기잠함공법**: 지하수의 유입이 많은 경우 또는 해중(海中)이나 하중(河中)에 이용되는 것으로, 특수 작업실에서 압축공기의 압력으로 물, 토사 등의 유입을 방지하면서 지하구조체를 완성하는 공법이다.

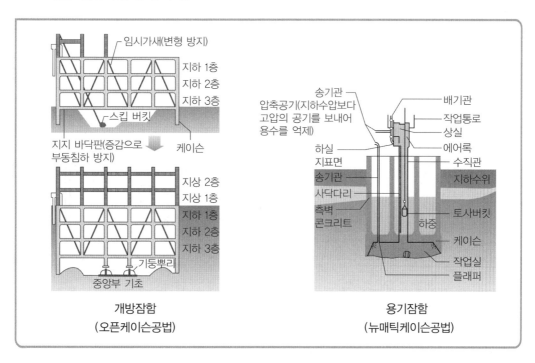

01 기초파기

(1) 기준점(bench mark)

① 공사 중의 높고 낮음의 기준을 삼고자 설치하는 가설물로서, 담당원의 지시에 따라 이동할 우려가 없는 곳을 선정하여 표시한다.

② 바라보기 좋고 공사에 지장이 없는 곳에 설치한다.

③ 소멸될 것을 고려하여 2개소 이상에 설치한다.

④ 100~150mm각 정도의 나무 · 돌 · 콘크리트재로 하여 침하나 이동이 없게 매설한다.

(2) 수평규준틀(batter board)

① 건물 각부의 위치 및 높이, 기초의 너비 또는 길이 등을 정확히 결정하기 위한 것이므로 이동 · 변형이 없게 설치하여야 한다.

② 건물의 외벽에서 1~2m 정도 떨어져서 설치한다.

③ 규준대는 수평이 되게 하고 벽심, 벽폭, 기초폭 등을 명확히 표시한다.

④ 규준말뚝의 머리는 충격을 받았을 때 발견하기 쉽도록 엇빗자르기를 한다.

02 기초파기공법

(1) 오픈컷(open cut)공법

기초파기에 있어서 건물 밑부분을 온통 파내는 것으로, 종류에는 비탈면 오픈컷공법과 흙막이 오픈컷공법이 있다.

오픈컷공법

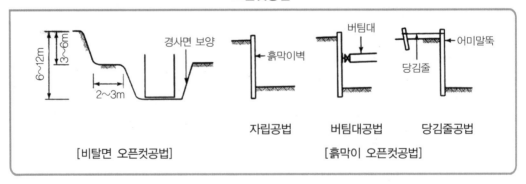

(2) 아일랜드컷(island cut)공법

① 흙막이벽이 자립할 수 있는 만큼의 경사면을 남기고 중앙부를 먼저 흙파기한 후 구조물을 축조하고, 경사버팀대 혹은 수평버팀대를 이용하여 주변 잔여부의 흙파기를 하여 구조물을 완성하는 공법이다.

② 비탈면 오픈컷공법과 흙막이 오픈컷공법의 장점을 살린 공법이다.

아일랜드컷공법

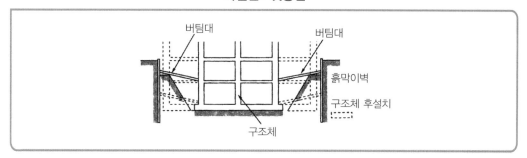

기출예제

기초구조 및 터파기공법에 관한 설명으로 옳은 것은?   제25회

① 서로 다른 종류의 지정을 사용하면 부등침하를 방지할 수 있다.
② 지중보는 부등침하 억제에 영향을 미치지 못한다.
③ 2개의 기둥에서 전달되는 하중을 1개의 기초판으로 지지하는 방식의 기초를 연속기초라고 한다.
④ 웰포인트공법은 점토질지반의 대표적인 연약지반 개량공법이다.
⑤ 중앙부를 먼저 굴토하고 구조체를 설치한 후, 외주부를 굴토하는 공법을 아일랜드컷공법이라 한다.

해설

① 서로 다른 종류의 지정을 사용하면 부등침하를 방지할 수 없다.
② 지중보는 부등침하 억제에 영향을 준다.
③ 2개의 기둥에서 전달되는 하중을 1개의 기초판으로 지지하는 방식의 기초를 복합기초라고 한다.
④ 웰포인트공법은 사질지반의 대표적인 연약지반 개량공법이다.   정답: ⑤

---

(3) 트렌치컷(trench cut)공법

① 지반이 연약하여 오픈컷공법을 실시할 수 없거나, 지하구조체의 면적이 넓어 흙막이 가설비가 많이 발생할 때 적용하는 공법이다.

② 아일랜드컷공법과 반대로 흙을 파내는 공법이며, 연약지반에서 히빙(heaving)현상이 예상될 때 적용된다.

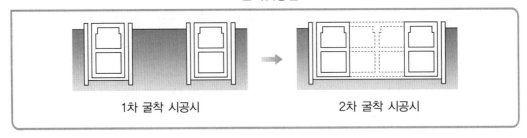

트렌치컷공법

1차 굴착 시공시 → 2차 굴착 시공시

(4) 역타(top down)공법

① 흙막이벽으로 설치한 지하연속벽(slurry wall)을 본 구조체의 벽체로 이용하고, 기둥과 기초를 시공한 다음 점차 지하로 진행하면서 동시에 지상구조물도 축조해 가는 공법이다.

② 지하와 지상이 동시에 축조되므로 공기 단축에 유리한 공법이다.

③ 초기 단계에서 1층 바닥이 먼저 시공되므로 작업공간으로 활용이 가능하다.

④ 주변 지반에 대한 영향이 작다.

⑤ 기둥, 벽 등의 수직부재에 역조인트(joint)가 발생하여 마감에 주의가 요구된다.

기출예제

기초 및 지하층공사에 관한 설명으로 옳지 않은 것은?   제20회

① RCD(Reverse Circulation Drill)공법은 대구경 말뚝공법의 일종으로 깊은 심도까지 시공할 수 있다.

② 샌드드레인(sand drain)공법은 연약점토질지반을 압밀하여 물을 제거하는 지반개량공법이다.

③ 오픈컷(open cut)공법은 흙막이를 설치하지 않고 흙의 안식각을 고려하여 기초파기하는 공법이다.

④ 슬러리월(slurry wall)은 터파기공사의 흙막이벽으로 사용함과 동시에 구조벽체로 활용할 수 있다.

⑤ 탑다운(top down)공법은 넓은 작업공간을 필요로 하므로 도심지공사에 적절하지 않은 공법이다.

해설

탑다운(top down)공법은 넓은 작업공간을 필요로 하지 않으므로 도심지공사에 적절하다.   정답: ⑤

03 흙막이공사시 주의사항

(1) 히빙(heaving)현상

① 연약점토지반 굴착시 흙막이벽 내·외의 흙의 중량 차이에 의하여 굴착 저면의 흙이 지지력을 잃고 붕괴되어 흙막이 바깥에 있는 흙이 안으로 밀려 굴착 저면이 부풀어 오르는 현상을 말한다.

② 널말뚝을 양질의 지반까지 깊게 박으면 히빙현상을 방지할 수 있다.

(2) 보일링(boiling)현상

① 투수성이 좋은 사질지반에서 흙막이벽의 배면 지하수위와 굴착 저면과의 수위차에 의하여 굴착 저면을 통하여 모래와 물이 부풀어 오르는 현상을 말한다.

② 깊은 우물파기나 웰포인트공법으로 지하수위를 낮추거나 불투수성 점토질까지 널말뚝을 박으면 보일링현상을 방지할 수 있다.

(3) 파이핑(piping)현상

① 사질지반에서 흙막이 배면의 미립 토사가 유실되면서 지반 내에 파이프 모양의 수로가 형성되어 지반이 점차 파괴되는 현상을 말한다.

② 흙막이벽에서의 파이핑현상은 흙막이벽 배면에서의 발생과 굴착 저면에서의 발생의 두 가지 양상을 보인다.

③ 방지대책으로는 차수성이 높은 흙막이공법 시공, 지하수위 저하, 지반고결 등이 있다.

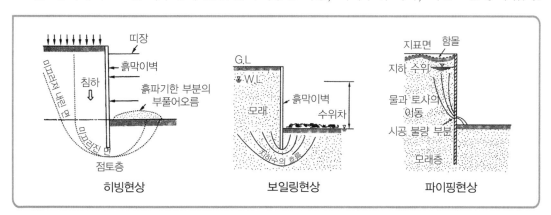

히빙현상 / 보일링현상 / 파이핑현상

더 알아보기 | 히빙·보일링·파이핑현상의 비교

구분	히빙현상	보일링현상	파이핑현상
지반	점성토	사질토	사질토
원인	중량차	수위차	유입수
문제점	부풀음	전단강도 저하	토사 유출
범위	전반적	국부적	국부적

01 지반조사

(1) 지반조사의 목적

토질의 성질, 지층의 분포, 지하수위 등을 조사하여 가장 안전하고 경제적인 기초구조를 만들기 위하여 지반조사를 실시한다.

(2) 지반조사의 순서

① 예비조사
  ㉠ 현지구조물 파악 및 지반의 상태를 추정하기 위한 작업이며, 문헌조사, 현장답사, 기존 구조물 조사를 실시한다.
  ㉡ 자료조사 및 현장답사, 보링 · 사운딩 · 전단시험 등
② 본조사
  ㉠ 예비조사를 근거로 조사방법을 선정한다.
  ㉡ 지반조사 · 물리적 탐사 등
③ 추가조사: 본조사 결과의 보완 및 보강
④ 특정조사: 특정구역을 조사

02 지반조사의 종류

구분	지반조사방법
지하탐사법	① 짚어보기 ② 터파보기 ③ 물리적 탐사법
보링 (boring)	① 오거보링(auger boring) ② 수세식 보링(wash boring) ③ 충격식 보링(percussion boring) ④ 회전식 보링(rotary type boring)

사운딩 (sounding)	① 표준관입시험 ② 베인테스트(vane test) ③ 콘(cone)관입시험 ④ 스웨덴식 사운딩(sounding)
시료 채취 (sampling)	① 교란시료 채취(disturbed sampling) ② 불교란시료 채취(undisturbed sampling)
토질시험	① 물리적 시험 ② 역학적 시험
지내력시험	① 재하시험 ② 말뚝재하시험 ③ 말뚝박기시험

03 지반조사의 방법

(1) 지하탐사법

① 짚어보기

　㉠ 직경 9mm 철봉을 이용하여 인력으로 삽입하거나 때려 박아보는 방법이다.

　㉡ 저항울림, 꽂히는 속도, 내리박히는 손 감각으로 지반의 단단함을 조사하는 방법이다.

　㉢ 얕은 지층의 땅을 파악하는 데 사용된다.

② 시험파기

　㉠ 얕은 위치의 지층토질이나 지하수 등의 위치를 파악하기 위하여 삽으로 구멍을 파는 방법으로, 원시적이기는 하지만 가장 확실한 방법이다.

　㉡ 구멍지름은 1.0m 내외, 깊이는 1.5~3m 정도, 간격은 5~10m가 적당하다.

③ 물리적 지하탐사법

　㉠ 현장이 넓은 경우 지반의 구성층 및 지층변화의 심도를 판단하는 개략적인 방법이다.

　㉡ 흙의 공학적 성질을 판별하기 곤란하므로 보링(boring)과 병용하면 경제적이다.

　㉢ 종류에는 전기저항식·탄성파식·강제진동식 탐사방법 등이 있고, 지층변화의 심도를 측정할 수 있는 전기저항식을 주로 사용한다.

(2) 보링(boring)

① 개요

　㉠ 보링이란 지중에 철관을 꽂아 천공하여 그 안의 토사를 채취·관찰하는 가장 중요한 지반조사방법이다.

　㉡ 지중의 토질 분포, 흙의 층상 및 구성 등을 알 수 있고 주상도를 그릴 수 있으며, 표준관입시험·베인테스트(vane test) 등과 같은 지반조사법과 병용하기도 한다.

　㉢ 보링은 토질의 조사, 토질샘플 채취, 점착력 판단, 지하수위 조사 등을 목적으로 한다.

1. 지질 단면을 도화(圖化)할 때에 사용하는 도법으로 지층의 층서(層序), 포함된 제 물질의 상태, 층 두께 등을 표시하는 것을 토질주상도라 한다.
2. 지층의 파악, 흙막이공법 선정, 잔토량 산정, 토공사비 산정 등에 사용된다.
3. 토질주상도 기입내용: 지반조사 지역, 조사일자 및 작성자, 보링방법, 공내수위, 지층 두께 및 구성상태, 심도에 따른 토질 및 색조, 표준관입시험에 의한 타격횟수(N값), 샘플링방법

② 보링의 종류
　㉠ 오거보링(auger boring)
　　ⓐ 나선형으로 된 송곳(auger)을 인력으로 지중에 박아 지층을 알아보는 방법이다.
　　ⓑ 깊이 10m 이내의 점토층에 사용한다.
　㉡ 수세식 보링(wash boring)
　　ⓐ 연질층의 선단에 충격을 주어 이중관을 박고 물을 뿜어내어 물과 흙을 같이 배출하는 방법이다.
　　ⓑ 흙탕물을 침전시켜 지층의 토질을 판별한다.
　　ⓒ 깊이 30m 정도의 연질층에 적당하다.
　㉢ 충격식 보링(percussion boring)
　　ⓐ 와이어로프의 끝에 부착한 충격날(percussion bit)을 낙하시켜 토사나 암석을 충격으로 파쇄·천공하여, 파쇄된 토사는 베일러(bailer)로 배출하는 방법이다.
　　ⓑ 공벽·토사의 붕괴를 방지할 목적으로 황색 점토 또는 벤토나이트(bentonite)를 안정액으로 사용한다.
　㉣ 회전식 보링(rotary type boring)
　　ⓐ 드릴로드(drill rod)의 선단에 첨부한 날(bit)을 회전시켜 천공하는 방법이다.
　　ⓑ 가장 정확하며, 무른 지층에서 단단한 암반에 이르기까지 굴삭이 가능하다.

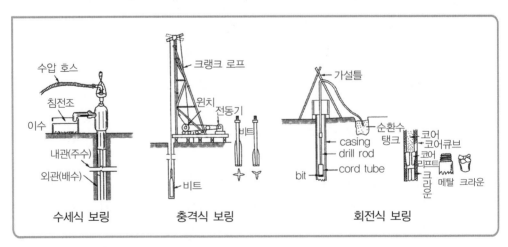

수세식 보링　　　　충격식 보링　　　　회전식 보링

(3) 사운딩(sounding)

① 개요

    ㉠ 막대(rod) 선단에 부착한 저항체(샘플러, 콘, 저항 날개)를 지중에 매입하여 관입 · 회전 · 인발 등의 힘을 가하여 그 저항치를 통해 토층의 상태를 알 수 있는 방법이다.

    ㉡ 간편성 · 기동성의 특징이 있으나 기능 및 정도 등에 난점이 있어 보링방법과 병용하여 효과를 증대시킬 필요가 있다.

② 사운딩의 종류

    ㉠ 표준관입시험(standard penetration test)

        ⓐ 보링구멍을 이용하여 표준관입시험용 샘플러(sampler)를 쇠막대(rod)에 끼우고 76cm의 높이에서 63.5kg의 떨공이를 자유낙하시켜 300mm 관입시키는데 필요한 타격횟수(N값)를 구하는 시험으로 사질지반에 주로 사용한다.

        ⓑ 흙의 지내력을 추정하며, 타격횟수(N값)가 클수록 밀실한 토질이다.

지내력 추정

모래지반	N값	점토지반	N값
밀실한 모래	30~50	매우 단단한 점토	30~50
중간 정도 모래	10~30	단단한 점토	15~30
느슨한 모래	5~10	비교적 경질 점토	8~15
아주 느슨한 모래	5 미만	중정도 점토	4~8
–	–	무른 점토	2~4
–	–	아주 무른 점토	0~2

    ㉡ 베인테스트(vane test)

        ⓐ 보링구멍을 이용하여 베인('+'자형 날개)을 지반에 때려 박고 회전시켜 그 회전력을 조사하여 점토질의 점착력을 판단하는 시험이다.

        ⓑ 연약한 점토질에 사용하며, 깊이는 10m 이내가 적당하다.

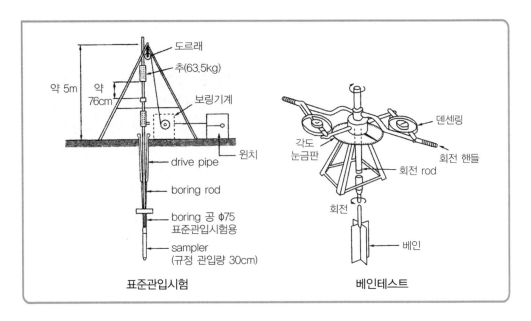

표준관입시험   베인테스트

ⓒ 콘(cone)관입시험

    ⓐ 끝에 부착된 원추형 콘을 지중에 관입할 때의 저항력을 측정하는 시험이다.

    ⓑ 지반의 단단함 정도를 조사하며, 연약한 점토질에 사용한다.

ⓓ 스웨덴식 사운딩(sounding)

    ⓐ 선단에 스크류포인트(screw point)를 달아 중추(100kg)의 무게와 회전력에 의하여 관입저항을 측정하는 방법이다.

    ⓑ 관입량과 회전 수로 토층의 상황을 판단하고 모든 토질에 적용되며, 최대관입심도는 25~30m 정도이다.

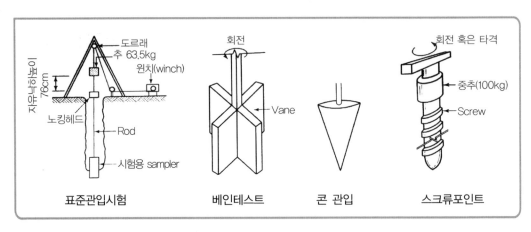

표준관입시험   베인테스트   콘 관입   스크류포인트

기출예제

지반특성 및 지반조사에 관한 설명으로 옳은 것은? 제27회

① 액상화는 점토지반이 진동 및 지진 등에 의해 압축저항력을 상실하여 액체와 같이 거동하는 현상이다.

② 사운딩(sounding)은 로드의 선단에 설치된 저항체를 지중에 넣고 관입, 회전, 인발 등을 통해 토층의 성상을 탐사하는 시험이다.

③ 샌드벌킹(sand bulking)은 사질지반의 모래에 물이 배출되어 체적이 축소되는 현상이다.

④ 간극수압은 모래 속에 포함된 물에 의한 하향수압을 의미한다.

⑤ 압밀은 사질지반에서 외력에 의해 공기가 제거되어 체적이 증가되는 현상이다.

해설

① 액상화는 사질지반이 진동 및 지진 등에 의해 압축저항력을 상실하여 액체와 같이 거동하는 현상이다.

③ 샌드벌킹(sand bulking)은 건조한 모래나 실트가 약간의 물(5~6%)을 흡수할 경우 건조한 경우에 비해 체적이 증가하는 현상이다.

④ 간극수압은 지하 흙 중에 포함된 물에 의한 상향수압을 의미하며, 특징은 지반 내 유효응력 감소, 지반 내 전단강도 저하, 물이 깊을수록 간극수압이 커진다는 것이다.

⑤ 압밀은 사질지반에서 외력에 의해 공기가 제거되어 체적이 감소하는 현상이다. 정답: ②

(4) 시료 채취(sampling)

① 정의: 시료를 채취하여 지반의 토질을 판별하는 방법을 말한다.

② 시료 채취방법

　㉠ 교란시료 채취

　　ⓐ 흐트러진 상태로 토질을 채취한다.

　　ⓑ 토성·다짐성 등을 시험하는 방법이다.

　㉡ 불교란시료 채취

　　ⓐ 토질이 자연상태 그대로 흩어지지 않도록 채취하는 것으로, 보링과 병행하여 실시한다.

　　ⓑ 흙의 분류시험·역학적 시험에 사용한다.

③ 용도: 토질주상도 기초자료, 지내력 추정, 토층의 성상 판별, 흙의 역학적 시험용으로 사용된다.

(5) 토질시험

① 물리적 시험: 흙의 기본적 성질, 비중, 단위체적중량, 입도 분포, 원심함수당량, 수축상수, 예민비, 흙의 연경도 등을 구하기 위한 시험이다.

② 화학적 시험: pH, 강열감량, 유기물함유량, 염화물함유량, 황산염함유량, 점토광물함유량 등을 측정하기 위한 시험이다.

③ **역학적 시험:** 다지기시험, 압밀시험, 투수시험, CBR시험, 전단강도 등을 알아보기 위한 시험이다.

(6) 지내력시험

① 개요
  ㉠ 지내력이란 지반의 하중을 지지하는 능력인 지지력과 허용침하량을 만족시키는 지반의 내력을 말한다.
  ㉡ 허용지내력은 허용지지력과 허용침하량을 동시에 만족시켜야 한다.

② 분류: 재하시험은 평판재하시험과 말뚝재하시험으로 분류된다.
  ㉠ 평판재하시험(직접지내력시험)

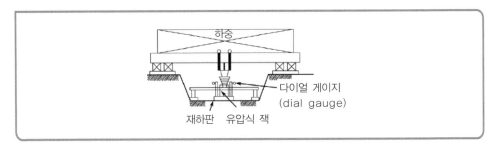

  ⓐ 지반 위에 원형 또는 정사각형의 재하판을 설치하고 단계별 하중을 재하하면서 침하량을 측정하여 작도한 하중–침하곡선으로 지반반력계수와 지지력을 구하는 원위치시험이다.
  ⓑ 시험은 예정기초 저면에서 실시한다.
  ⓒ 재하판의 크기는 보통 30~45cm각의 강판을 사용하고, 최소 $900cm^2$ 이상으로 한다(표준 $2,000cm^2$).
  ⓓ 재하판에 하중을 가하여 20mm 침하될 때까지의 총하중을 당해 지반의 단기지내력으로 추정한다.
  ⓔ 장기하중에 대한 허용지내력은 다음 중 작은 값으로 한다.

> • 총침하량이 20mm에 도달하였을 때 단기하중의 2분의 1
> • 침하곡선이 항복상황을 표시할 때 단기하중의 2분의 1
> • 파괴시 극한하중의 3분의 1

  ⓕ 매회 재하(載荷)하중은 1t(9.8kN) 이하 또는 예정파괴하중(W)의 5분의 1 이하로 한다.
  ⓖ 침하 증가가 2시간에 0.1mm 이하로 되었을 때 침하가 정지된 것으로 본다.
  ⓗ 총침하량은 24시간 경과 후의 침하 증가가 0.1mm 이하의 변화를 보일 때까지의 침하량이다.

ⓛ 말뚝재하시험

ⓐ 사용 예정인 말뚝에 대하여 실제로 사용되는 상태 또는 이것에 가까운 상태에서 지지력 판정의 자료를 얻는 시험으로, 직접적으로 지지력을 확인하는 방법이다.

ⓑ 시험방법은 정재하시험과 동재하시험으로 분류된다.

ⓒ 말뚝박기시험(간접지내력시험)

ⓐ 시험말뚝은 말뚝박기에 앞서 말뚝길이, 지지력 등을 조사하는 시험으로 실제 말뚝과 동일한 조건으로 시행한다.

ⓑ 기초면적 $1,500m^2$까지는 2개, $3,000m^2$까지는 3개의 단일시험말뚝을 설치한다.

ⓒ 시험용 말뚝은 3개 이상 사용한다.

ⓓ 최종관입량은 5~10회 타격한 평균값을 적용한다.

ⓔ 시험용 말뚝은 정확한 위치에서 수직으로 세워 연속적으로 박되, 휴식시간을 두지 않아야 한다.

ⓕ 소정의 최종침하량에 도달하면 그 이상 무리하게 박지 않는다.

ⓖ 5회의 타격횟수 총관입량이 6mm 이하인 경우 거부현상으로 판단한다.

제5절 지내력

01 지반의 허용지내력(許容地耐力)

지반의 허용지지력과 허용침하량을 만족시키는 지반의 내력을 말한다.

허용지내력 = 허용지지력 + 허용침하량

기출예제

철근콘크리트 독립기초의 기초판 크기(면적) 결정에 큰 영향을 미치는 것은? 제27회

① 허용휨내력   ② 허용전단내력
③ 허용인장내력   ④ 허용부착내력
⑤ 허용지내력

해설

철근콘크리트 확대기초(독립기초)의 기초판 크기(면적) 결정에 큰 영향을 미치는 것은 허용지내력이다.

정답: ⑤

제2장 기초구조 **67**

(단위: kN/m^2)

지반		장기응력에 대한 허용지내력	단기응력에 대한 허용지내력
경암반	화강암 · 석록암 · 편마암 · 안산암 등의 화성암 및 굳은 역암 등의 암반	4,000	각각 장기응력에 대한 허용지내력 값의 1.5배로 한다.
연암반	판암 · 편암 등의 수성암의 암반	2,000	
	혈암 · 토단반 등의 암반	1,000	
자갈		300	
자갈과 모래와의 혼합물		200	
모래 섞인 점토 또는 롬토		150	
모래 또는 점토		100	

기출예제

지반내력(허용지내력)의 크기가 큰 것부터 옳게 나열한 것은? 제24회

① 화성암 – 수성암 – 자갈과 모래의 혼합물 – 자갈 – 모래 – 모래 섞인 점토
② 화성암 – 수성암 – 자갈 – 자갈과 모래의 혼합물 – 모래 섞인 점토 – 모래
③ 화성암 – 수성암 – 자갈과 모래의 혼합물 – 자갈 – 모래 섞인 점토 – 모래
④ 수성암 – 화성암 – 자갈 – 자갈과 모래의 혼합물 – 모래 – 모래 섞인 점토
⑤ 수성암 – 화성암 – 자갈과 모래의 혼합물 – 자갈 – 모래 섞인 점토 – 모래

해설

지반내력(허용지내력)의 크기 순서
화성암 > 수성암 > 자갈 > 자갈과 모래의 혼합물 > 모래 섞인 점토 > 모래   정답: ②

02 지중응력의 분포

지중응력 분포도

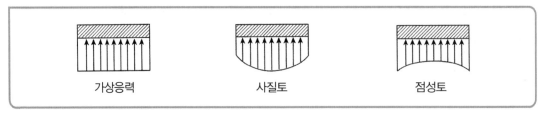

가상응력   사질토   점성토

① 탄성체에 가까운 경질점토에 하중을 가하면 그 압력은 주변에서 최대이고, 중앙에서 최소이다.

② 모래와 같은 입상토에 하중을 가하면 그 압력은 주변에서 최소이고, 중앙에서 최대이다.
③ 접지압의 분포각도는 기초면으로부터 30° 이내로 고려한다.

점토지반과 모래지반의 비교

구분	점토지반	모래지반
압밀속도	느림	빠름
침하량	큼	작음
투수계수	작음	큼
내부마찰각	작음	큼
예민비	큼	작음
불교란시료 채취	쉬움	어려움
건조수축량	큼	작음
액상화현상	잘 발생하지 않음	발생함

더 알아보기 | 예민비

예민비는 이긴 시료의 강도에 대한 자연시료의 강도 비를 말하며, 사질의 예민비는 1에 가깝고, 점토의 예민비는 4~10 정도이다.

$$예민비(St) = \frac{자연시료의\ 강도(불교란시료의\ 강도)}{이긴\ 시료의\ 강도(교란시료의\ 강도)}$$

제6절 부동침하

건축물에서 균등하게 침하되는 현상은 균등침하라 하고, 부분적으로 서로 상이하게 침하되는 현상은 부동침하(不同沈下)라 한다.

구분	균등침하	부동침하	
		전도침하	부동침하
도해			
기초지반 및 하중조건	• 균일한 사질토지반 • 넓은 면적의 낮은 건물	• 불균일한 지반 • 좁은 면적의 초고층건물 • 송전탑 및 굴뚝 등	• 점토 기초지반 • 구조물하중 영향범위 내 점토층 존재

01 부동침하의 원인

① 연약지반 위에 기초를 시공한 경우
② 연약한 층의 두께가 상이할 경우
③ 건물이 이질지층에 걸려 있는 경우
④ 건물이 낭떠러지에 근접되어 있을 경우
⑤ 일부 증축을 하였을 경우
⑥ 지하수위가 변경되었을 경우
⑦ 지하에 매설물이나 구멍이 있을 경우
⑧ 지반이 메운 땅일 경우
⑨ 이질지정을 하였을 경우
⑩ 일부지정을 하였을 경우

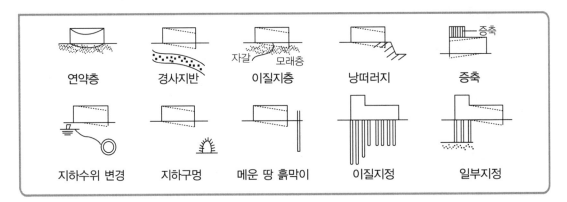

기출예제

01 건축물에 발생하는 부동침하의 원인으로 옳지 않은 것은? 제22회

① 서로 다른 기초 형식의 복합시공
② 풍화암 지반에 기초를 시공
③ 연약지반의 분포 깊이가 다른 지반에 기초를 시공
④ 지하수위 변동으로 인한 지하수위의 상승
⑤ 증축으로 인한 하중의 불균형

해설

풍화암 지반에 기초를 시공하는 것은 부동침하가 발생하게 되는 원인에 해당하지 않는다. 정답: ②

02 부동침하에 의한 건축물의 피해현상이 아닌 것은?

① 구조체의 균열
② 구조체의 기울어짐
③ 구조체의 건조수축
④ 구조체의 누수
⑤ 마감재의 변형

해설

부동침하에 의한 건축물의 피해현상이 아닌 것은 구조체의 건조수축이며, 건조수축은 물 · 시멘트비가 높을수록 크다.

정답: ③

02 부동침하에 대한 대책

(1) 지반개량공법

① **치환법(置換法)**: 기존의 연약토를 양질토로 교체하여 양질의 지지층을 만드는 공법이다.
② **탈수법(脫水法)**: 지반의 수분을 강제로 탈수시킴으로써 지반의 밀도를 높이는 공법이다.
　㉠ 웰포인트(well point)공법
　　ⓐ 땅속에 집수관을 1~2m 간격으로 박고 웰포인트를 사용하여 지하수를 진공펌프로 흡입탈수하여 지하수위를 저하시키는 공법이다.
　　ⓑ 투수성이 비교적 낮은 사질 실트(silt)층까지 강제배수가 가능하며, 압밀침하로 인하여 주변 대지 · 도로에 균열이 발생한다.
　　ⓒ 히빙 및 보일링현상을 방지할 수 있다.

웰포인트공법

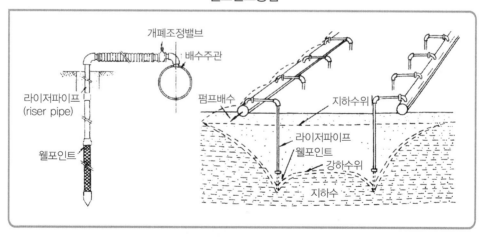

　㉡ 샌드드레인(sand drain)공법: 연약한 점토질의 지반 중에 모래기둥을 형성하고 그 위에 하중을 가하면 점토 중의 물이 모래기둥(sand pile)을 통하여 지상으로 배수되어 단기간에 지반을 압밀강화하는 공법이다.

샌드드레인공법

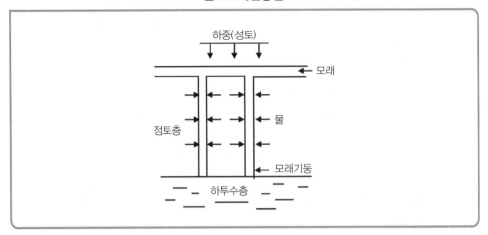

ⓒ **페이퍼드레인공법**: 샌드드레인공법과 원리는 같으나, 모래 대신 카드보드(card board)를 연약지반에 밀어넣어 압밀을 촉진시키는 공법이다. 시공속도가 빠르나, 장시간 사용시 배수효과가 감소한다.

페이퍼드레인공법

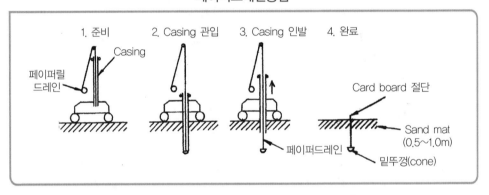

③ **진동다짐(vibro flotation)공법**: 대형 봉상 진동기인 바이브로플로트를 진동과 위터젯에 의하여 소정의 깊이까지 삽입하고 모래를 진동시켜 지반을 다지는 방법이다.

④ **주입공법(그라우팅공법)**: 파이프를 지주에 박아 넣고 시멘트 페이스트를 압축기로 지반에 주입하여 지반을 굳게 하는 방법이다.

⑤ **고결공법**

ⓐ 고결재를 흙입자 사이의 공극에 주입시켜 흙의 화학적 고결작용을 통하여 지반의 강도 증진, 압축성의 억제, 투수성의 변화를 촉진시키는 공법이다.

ⓑ 종류에는 생석회말뚝공법, 동결공법, 소결공법 등이 있다.

⑥ **언더피닝공법**: 기존 건물의 기초나 지정을 보강해주는 방법을 총칭하여 언더피닝공법이라 한다.

(2) 상부구조에 대한 대책

① 건물을 경량화한다.

② 건물의 중량 및 하중을 균등하게 배치한다.

③ 건물의 평면길이를 가능한 한 짧게 한다.

④ 이웃 건물과의 거리를 되도록 멀리한다.

⑤ 건물의 강성을 높여 일체식 구조로 한다.

(3) 하부구조(기초구조)에 대한 대책

① 기초를 굳은 지반에 지지시킨다.

② 마찰말뚝을 사용한다.

③ 지하실을 전면기초(온통기초)로 설치한다.

④ 기초 상호간을 지중보로 연결한다.

제7절 옹벽

01 옹벽의 종류

(1) 중력식 옹벽

자중으로 토압을 견디는 옹벽으로, 높이 3m 이하에 사용된다.

(2) 캔틸레버식 옹벽

가장 일반적인 형태로, 높이 3~7.5m 정도의 철근콘크리트 옹벽에 사용된다.

(3) 부축벽식 옹벽

캔틸레버식 옹벽에 일정한 간격으로 부축벽을 설치하여 보강한 옹벽으로, 7.5m 이상의 옹벽에 사용된다.

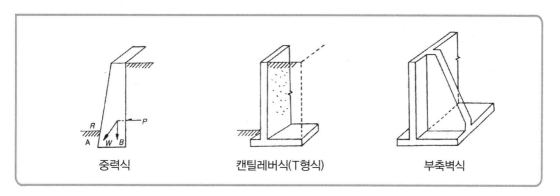

| 중력식 | 캔틸레버식(T형식) | 부축벽식 |

02 옹벽의 안정성 검토

옹벽에 작용하는 외력에는 옹벽 자체 및 뒷채움 흙의 사하중, 토압 및 지표면상에 작용하는 적재하중 등이 있으며, 설계시 이들 하중에 의한 활동(sliding)·전도(overturning) 및 침하(settlement)에 대한 안정성이 검토되어야 한다.

03 옹벽 불안정의 원인

① 마찰력 부족
② 높은 옹벽
③ 옹벽 상부 지면상의 재하중 부족
④ 뒷굽길이 부족
⑤ 연약지반
⑥ 저판면적 부족

04 옹벽 불안정에 대한 대책

(1) 활동(滑動)에 대한 대책

① **활동방지벽(shear key):** 저면에 저면폭의 0.1~0.15배 높이의 활동방지벽을 설치하여 활동저항력을 증대시킨다.

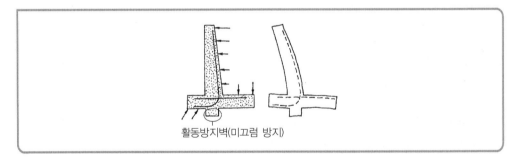

활동방지벽(미끄럼 방지)

② **말뚝기초 시공:** 기초 슬래브 밑면에서의 마찰력이나 점착력에 의한 활동저항으로 안전을 보장할 수 없을 경우 기초 슬래브 저면을 말뚝으로 보강한다.
③ **저판 슬래브의 근입깊이 확대:** 저판 슬래브의 근입깊이를 증대하면 수동토압에 의한 저항력이 증대하므로 활동저항력이 증대된다.

(2) 전도에 대한 대책

① 옹벽높이 저하
② 뒷굽길이 연장
③ 중량물(count weight) 설치
④ 지중 앵커(anchor) 설치

(3) 침하에 대한 대책

① 저판면적 확대
② 지반개량
③ 그라우팅(grouting)공법
④ 탈수공법

05 옹벽 시공시 주의사항

① 콘크리트 타설시 이어치기는 수직방향으로 실시한다.
② 신축이음은 옹벽길이 20~30m 정도의 간격으로 설치한다.
③ 배수구를 설치하여 옹벽 뒷면의 수압을 감소시킨다.
④ 옹벽의 활동에 대한 수평저항력은 옹벽에 작용하는 수평력의 1.5배 이상이어야 한다.
⑤ 옹벽의 전도에 대한 저항모멘트는 횡토압에 의한 전도모멘트의 2.0배 이상이어야 한다.

01 기초 저면은 동결선 위에 위치하여야 한다. ( )

02 전면기초(온통기초)는 부동침하 방지에 효과적이다. ( )

03 나무말뚝은 생나무의 껍질을 벗겨서 사용하며, 반드시 상수면 이하에 설치한다. ( )

04 말뚝기초는 동일한 건물에 지지말뚝과 마찰말뚝을 혼용하여도 된다. ( )

05 아일랜드컷(island cut)공법은 중앙부를 먼저 흙파기한 후 구조물을 축조하고, 주변 구조물을 완성하는 공법이다. ( )

06 트렌치컷(trench cut)공법은 아일랜드컷공법과 반대로 흙을 파내는 공법이다. ( )

07 히빙(heaving)현상은 연약점토지반 굴착시 바깥에 있는 흙이 안으로 밀려 부풀어 오르는 현상이다. ( )

08 회전식 보링은 주상도를 그릴 수 있으며 표준관입시험 · 베인테스트(vane test) 등과 같은 지반조사법과 병용하기도 한다. ( )

---

01 ✕ 기초 저면은 동결선 아래에 위치하여야 한다.
02 ○
03 ○
04 ✕ 말뚝기초는 동일한 건물에 지지말뚝과 마찰말뚝을 혼용하지 않는다.
05 ○
06 ○
07 ○
08 ○

09 표준관입시험(standard penetration test)은 주로 점토지반에 사용한다. ( )

10 베인테스트(vane test)는 사질지반의 점착력을 판단하는 시험이다. ( )

11 평판재하시험은 재하판에 하중을 가하여 20mm 침하될 때까지의 총하중을 단기허용지내력으로 추정한다. ( )

12 말뚝박기시험에서 최종관입량은 5~10회 타격한 최솟값을 적용한다. ( )

13 탄성체에 가까운 경질점토에 하중을 가하면 그 압력은 주변에서 최소이고, 중앙에서 최대이다. ( )

14 샌드드레인(sand drain)공법은 연약한 점토질의 지반에 모래기둥을 형성하여 배수하는 공법이다. ( )

15 언더피닝공법은 기존 건물의 기초나 지정을 보강해주는 방법을 총칭한다. ( )

16 부동침하를 방지하기 위해서는 건물의 평면길이를 가능한 한 짧게 하거나 이웃 건물과의 거리를 되도록 멀리하고, 기초 상호간에 지중보를 설치하거나 지하실을 전면기초(온통기초)로 설치한다. ( )

---

09 ✕ 표준관입시험(standard penetration test)은 주로 사질지반에 사용한다.

10 ✕ 베인테스트(vane test)는 점토지반의 점착력을 판단하는 시험이다.

11 ○

12 ✕ 말뚝박기시험에서 최종관입량은 5~10회 타격한 평균값을 적용한다.

13 ✕ 탄성체에 가까운 경질점토에 하중을 가하면 그 압력은 주변에서 최대이고, 중앙에서 최소이다.

14 ○

15 ○

16 ○

01 벽 또는 일련의 기둥으로부터의 응력을 띠 모양으로 하여 지반 또는 지정에 전달하는 기초의 형식은?
제22회

① 병용기초
② 독립기초
③ 연속기초
④ 복합기초
⑤ 온통기초

02 ( ) 안에 들어갈 기초 명칭으로 옳은 것은?
제23회

- (㉠)기초: 기둥이나 벽체의 밑면을 기초판으로 확대하여 상부구조의 하중을 지반에 직접 전달하는 기초
- (㉡)기초: 지하실 바닥 전체를 일체식으로 축조하여 상부구조의 하중을 지반 또는 지정에 전달하는 기초
- (㉢)기초: 벽 또는 일련의 기둥으로부터의 응력을 띠모양으로 하여 지반 또는 지정에 전달하는 기초

① ㉠: 독립, ㉡: 온통, ㉢: 연속
② ㉠: 독립, ㉡: 연속, ㉢: 온통
③ ㉠: 연속, ㉡: 직접, ㉢: 독립
④ ㉠: 직접, ㉡: 독립, ㉢: 연속
⑤ ㉠: 직접, ㉡: 온통, ㉢: 연속

03 복합기초 시공시 유의사항으로 옳지 않은 것은?

① 2개의 기둥에 하중 차이가 있을 경우에는 사다리꼴 형태로 시공한다.

② 기둥에 편심이 발생하도록 설치해야 한다.

③ 하중을 기둥에 균등하게 배분한다.

④ 기초판의 충분한 강성을 유지한다.

⑤ 부동침하가 발생하지 않도록 한다.

04 기초에 관한 사항으로 옳지 않은 것은?

① 확대기초(독립기초)는 기초의 침하가 고르지 않아 부동침하의 우려가 있으므로 지중보(기초보) 등으로 연결하는 것이 좋다.

② 복합기초는 기둥의 간격이 좁거나 대지경계선 너머로 기초를 내밀 수 없을 때 사용한다.

③ 연속기초(줄기초)는 벽 또는 여러 개의 기둥이 하나의 기초에 연결된 형태의 기초이다.

④ 직접기초는 말뚝에 의하여 구조물을 지지하는 기초이다.

⑤ 온통기초는 건물의 하부 전체 또는 지하실 전체를 하나의 기초판으로 구성한 기초이며, 매트기초(mat foundation)라고도 한다.

정답 | 해설

01 ③ 벽 또는 일련의 기둥으로부터의 응력을 띠 모양으로 하여 지반 또는 지정에 전달하는 기초의 형식은 <u>연속기초</u>이다.

02 ⑤ ㉠은 <u>직접기초</u>, ㉡은 <u>전면기초(온통기초)</u>, ㉢은 <u>연속기초</u>에 대한 설명이다.

03 ② 기둥에 편심이 <u>발생하지 않도록</u> 설치해야 한다.

04 ④ 직접기초는 상부구조로부터의 하중을 <u>말뚝 등을 쓰지 않고 기초판으로 직접 지반에 전하는 기초</u>이다.

05 기초구조에서 지반조사의 종류에 포함되지 않는 것은?

① 짚어보기   ② 물리적 탐사법

③ 회전식 보링   ④ 오픈컷

⑤ 표준관입시험

06 기초파기공법에 관한 설명으로 옳지 않은 것은?

① 오픈컷공법은 기초파기에 있어서 건물 밑부분을 온통 파내는 것으로, 종류에는 비탈면 오픈컷공법과 흙막이 오픈컷공법이 있다.

② 트렌치컷공법은 아일랜드컷공법과 반대로 흙을 파내는 공법이며, 연약지반에서 보일링현상이 예상될 때 적용된다.

③ 트렌치컷공법은 지반이 연약하여 오픈컷공법을 실시할 수 없거나, 지하구조체의 면적이 넓어 흙막이 가설비가 많이 발생할 때 적용하는 공법이다.

④ 역타공법은 흙막이벽으로 설치한 지하연속벽(slurry wall)을 본 구조체의 벽체로 이용하고, 기둥과 기초를 시공한 다음 점차 지하로 진행하면서 동시에 지상 구조물도 축조해 가는 공법이다.

⑤ 아일랜드컷공법은 흙막이벽이 자립할 수 있는 만큼의 경사면을 남기고 중앙부를 먼저 흙파기한 후 구조물을 축조하고, 경사버팀대 혹은 수평버팀대를 이용하여 주변 잔여부의 흙파기를 하여 구조물을 완성하는 공법이다.

07 지반조사방법에 관한 설명으로 옳지 않은 것은? 제16회

① 짚어보기는 인력으로 철봉 등을 지중에 꽂아 지반의 단단함을 조사하는 방법이다.

② 베인테스트는 +자 날개형 테스터의 회전력으로 점토지반의 점착력을 조사하는 방법이다.

③ 평판재하시험은 시험추를 떨어뜨려서 타격횟수 N값을 측정하여 지반을 조사하는 방법이다.

④ 물리적 지하탐사법은 전기저항, 탄성파, 강제진동 등을 통하여 지반을 조사하는 방법이다.

⑤ 보링은 지중 천공을 통해 토사를 채취하여 지반의 깊이에 따른 지층의 구성상태 등을 조사하는 방법이다.

08 평판재하시험에 관한 설명으로 옳지 않은 것은?

① 하중－침하곡선으로 지반반력계수와 지지력을 구하는 원위치시험이다.

② 시험은 지면에서 실시한다.

③ 재하판의 크기는 보통 30~45cm각의 강판을 사용하고, 최소 $900cm^2$ 이상으로 한다.

④ 재하판에 하중을 가하여 20mm 침하될 때까지의 총하중을 당해 지반의 단기지내력으로 추정한다.

⑤ 매회 재하하중은 1t(9.8kN) 이하 또는 예정파괴하중(W)의 5분의 1 이하로 한다.

09 지반조사에 관한 설명으로 옳은 것은?

① 점토질지반의 지중응력 분포는 중앙부보다는 양단부가 더 작다.

② 평판재하시험시 총침하량이 20mm일 때의 응력을 장기하중에 대한 허용지내력으로 한다.

③ 말뚝재하시험은 말뚝기초에서의 구조해석을 위한 지반의 수평반력계수를 구하기 위하여 실시한다.

④ 표준관입시험의 N값이란 시험추를 30cm 관입시키는 데 필요한 타격횟수이며 주로 사질지반의 지지력 측정에 사용된다.

⑤ 베인테스트는 사질지반의 밀실도를 측정하기 위한 시험이다.

정답 | 해설

05 ④ 오픈컷(open cut)공법은 흙막이를 설치하지 않고 흙의 안식각을 고려하여 <u>기초파기하는 공법</u>이다.

06 ② 트렌치컷공법은 아일랜드컷공법과 반대로 흙을 파내는 공법이며, 연약지반에서 <u>히빙현상</u>이 예상될 때 적용된다.

07 ③ 시험추를 떨어뜨려서 타격횟수 N값을 측정하여 지반을 조사하는 방법은 <u>표준관입시험</u>이다.

08 ② 시험은 <u>예정기초 저면</u>에서 실시한다.

09 ④ ① 점토질지반의 지중응력 분포는 중앙부보다는 양단부가 더 <u>크다</u>.
　　　② 평판재하시험에서 총침하량이 20mm일 때의 응력을 <u>단기하중</u>에 대한 허용지내력으로 한다.
　　　③ 말뚝재하시험은 말뚝기초의 구조해석을 위한 <u>주위 말뚝의 반력</u>을 구하기 위하여 실시한다.
　　　⑤ 베인테스트는 <u>점토질지반에서 진흙의 점착력을 판별</u>하는 시험이다.

10 건축물의 지정 및 기초공사에 관한 설명으로 옳지 않은 것은? 제12회

① 현장타설콘크리트말뚝은 지중에 구멍을 뚫어 그 속에 조립된 철근을 설치하고 콘크리트를 타설하여 형성하는 말뚝을 말한다.

② 지반의 연질층이 매우 두꺼운 경우 말뚝을 박아 말뚝 표면과 주위 흙과의 마찰력으로 하중을 지지하는 말뚝을 마찰말뚝이라 한다.

③ 사질지반의 경우 수직하중을 가하면 접지압은 주변에서 최대이고 중앙에서 최소가 된다.

④ 동일 건물에서는 지지말뚝과 마찰말뚝을 혼용하지 않는 것이 좋다.

⑤ 기성콘크리트말뚝의 설치방법에는 타격공법, 진동공법, 압입공법 등이 있다.

11 지정 및 기초공사에 관한 내용으로 옳은 것은? 제18회

① 기성콘크리트말뚝 중 운반이나 말뚝박기에 의해 손상된 말뚝은 보수해서 사용한다.

② 현장타설콘크리트말뚝 주근의 이음은 필히 맞댐이음으로 한다.

③ 강제말뚝의 현장이음은 용접으로 한다.

④ 잡석지정은 잡석을 한 켜로 세워서 큰 틈이 없게 깔고, 잡석 틈새는 채울 필요가 없다.

⑤ 밑창콘크리트의 품질은 설계도서에서 별도로 정한 바가 없는 경우에는 10MPa로 한다.

12 건축물에 발생하는 부동침하의 원인으로 옳지 않은 것은? 제22회

① 서로 다른 기초 형식의 복합시공

② 풍화암 지반에 기초를 시공

③ 연약지반의 분포 깊이가 다른 지반에 기초를 시공

④ 지하수위 변동으로 인한 지하수위의 상승

⑤ 증축으로 인한 하중의 불균형

13 부동침하의 원인으로 옳지 않은 것은?

① 연암반에 기초를 시공한 경우
② 연약한 층의 두께가 상이할 경우
③ 건물이 이질지층에 걸려 있는 경우
④ 지하수위가 변경되었을 경우
⑤ 이질지정을 하였을 경우

제1편 건축구조

2장

정답|해설

10 ③ 사질지반의 경우 수직하중을 가하면 접지압은 <u>중앙에서 최대</u>이고 <u>주변에서 최소</u>가 된다.

11 ③ ① 운반이나 말뚝박기에 의해 손상된 말뚝은 <u>장외로 반출</u>한다.
② 현장타설콘크리트말뚝 주근의 이음은 <u>겹침이음</u>을 원칙으로 한다.
④ 잡석지정은 한 켜로 세워서 큰 틈이 없게 깔고, 잡석 틈새에는 <u>사춤자갈을 채워 다진다</u>.
⑤ 밑창콘크리트의 품질은 설계도서에서 별도로 정한 바가 없는 경우에는 설계기준강도 <u>15MPa 이상</u>의 것을 사용하여야 한다.

12 ② 풍화암 지반에 기초를 시공하는 것은 부동침하가 발생하게 되는 원인에 해당하지 않는다.

13 ① 연암반에 기초를 시공한 경우는 부동침하의 원인이 아니다.

제 3 장 조적식 구조

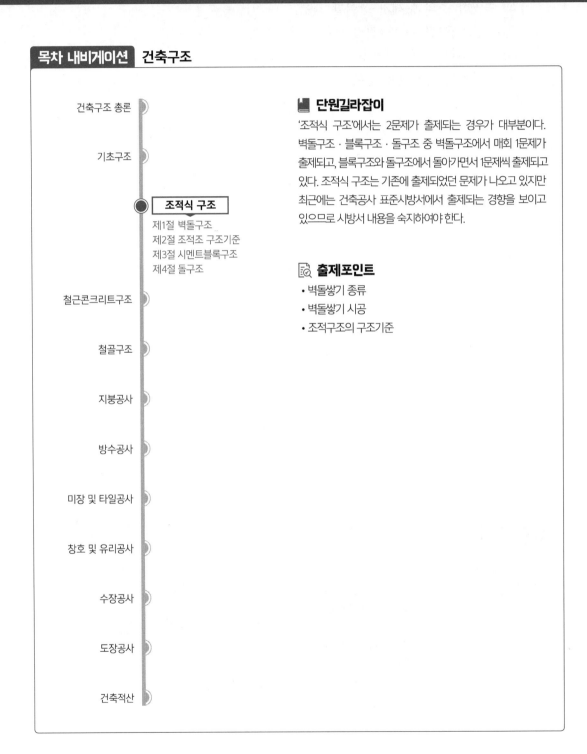

📖 단원길라잡이

'조적식 구조'에서는 2문제가 출제되는 경우가 대부분이다. 벽돌구조 · 블록구조 · 돌구조 중 벽돌구조에서 매회 1문제가 출제되고, 블록구조와 돌구조에서 돌아가면서 1문제씩 출제되고 있다. 조적식 구조는 기존에 출제되었던 문제가 나오고 있지만 최근에는 건축공사 표준시방서에서 출제되는 경향을 보이고 있으므로 시방서 내용을 숙지하여야 한다.

🔎 출제포인트

• 벽돌쌓기 종류
• 벽돌쌓기 시공
• 조적구조의 구조기준

01 벽돌구조의 장단점

장점	단점
① 내화 · 내구적이다. ② 방한 · 방서적이다. ③ 외관이 장중 · 미려하다. ④ 구조 및 시공법이 간단하다.	① **횡력**(지진 · 바람 등)에 약하고 벽체에 균열이 가기 쉽다. ② 벽체에 습기가 차기 쉽다. ③ 벽 두께가 두꺼워지기 때문에 실내공간이 줄어든다.

02 벽돌의 특성

(1) 벽돌의 크기

(단위: mm)

구분	길이	너비	두께	허용값
표준형	190	90	57	±3
내화벽돌	230	114	65	±2

벽돌의 마름질

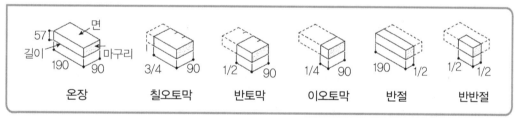

| 온장 | 칠오토막 | 반토막 | 이오토막 | 반절 | 반반절 |

(2) 벽돌의 품질

① 소성이 잘된 벽돌로 압축강도가 커야 한다.

② 흡수율이 작아야 한다.

③ 소리는 맑은 청음이 나는 것이 좋다.

④ 형상이 바르고 갈라짐 등의 결함이 없어야 한다.

> **더 알아보기** 조적조 벽체의 강도에 영향을 주는 요소
>
> • 벽돌의 강도 　　　　　　　　• 모르타르의 강도
> • 벽돌쌓기방법 　　　　　　　　• 벽돌쌓기 작업능력

(3) 벽돌의 종류

① 보통벽돌: 점토와 모래·석회를 혼합하여 구운 벽돌을 말한다.

  ㉠ 붉은 벽돌(적벽돌): 완전연소로 구운 벽돌이다.

  ㉡ 검정벽돌(흑벽돌): 불완전연소로 구운 벽돌이다.

② 특수벽돌

  ㉠ 시멘트벽돌: 시멘트와 골재를 배합하여 성형 제작한 것이다.

  ㉡ 이형(異形)벽돌: 특수한 형상으로 만든 벽돌로 출입구, 창문, 벽의 모서리, 아치쌓기 등에 사용된다.

  ㉢ 경량(輕量)벽돌: 가벼운 골재를 사용하여 만든 벽돌로 소리와 열의 차단성이 우수하고 흡수율이 크다.

  ㉣ 내화(耐火)벽돌: 고온에서도 견딜 수 있도록 만든 벽돌로 보일러실·굴뚝의 내부 등에 사용되며 물축임은 하지 않는다.

  ㉤ 오지벽돌: 벽돌에 유약을 칠하여 구운 벽돌로 고급 치장벽돌로 사용된다.

  ㉥ 포도용 벽돌: 흡수율이 작고 내마모성과 강도가 큰 벽돌로 도로포장용으로 사용된다.

기출예제

고열에 견디는 목적으로 불에 직접 면하는 벽난로 등에 사용하는 벽돌은?　　　　　　제27회

① 시멘트벽돌　　　　　　　　　　② 내화벽돌
③ 오지벽돌　　　　　　　　　　　④ 아치벽돌
⑤ 경량벽돌

해설

② 고열에 견디는 목적으로 불에 직접 면하는 벽난로, 보일러실, 굴뚝 등에 사용하는 벽돌은 내화벽돌이다.
① 시멘트벽돌: 시멘트와 골재를 배합하여 성형 제작한 벽돌이다.
③ 오지벽돌: 벽돌에 유약을 칠하여 구운 벽돌로 고급 치장벽돌로 사용된다.
④ 아치벽돌: 이형(異形)벽돌의 한 종류이며, 특수한 형상으로 만든 벽돌로 출입구, 창문, 벽의 모서리, 아치쌓기 등에 사용된다.
⑤ 경량벽돌: 가벼운 골재를 사용하여 만든 벽돌로, 소리와 열의 차단성이 우수하고 흡수율이 크다.

정답: ②

---

(4) 모르타르(mortar)

① 특성: 벽돌·돌·타일과 콘크리트블록제 등을 결합시키는 건축자재로, 시멘트·석회·모래·물을 섞어서 갠 것이다.

  ㉠ 모르타르 강도는 벽돌 강도 이상인 것을 사용한다.

  ㉡ 물을 부어 섞은 후 1시간 이내에 사용하여야 한다(응결시간: 1~10시간).

  ㉢ 모르타르는 건비빔하여 놓고 벽돌을 쌓을 때 물비빔하여 사용한다.

     ⓔ 모르타르에 사용하는 골재는 1.2~2.5mm 정도의 모래를 사용한다.

     ⓜ 수분 유지와 접합강도 확보를 위하여 석회를 사용한다.

② 배합비

구분	배합비	
	시멘트	모래
치장줄눈용	1	1
아치쌓기용	1	2
쌓기용	1	3~5

(5) 줄눈

벽돌 상호간을 접착시키는 모르타르 부분을 줄눈이라 한다. 줄눈에는 가로줄눈과 세로줄눈이 있고, 세로줄눈에는 막힌줄눈과 통줄눈이 있다. 줄눈의 두께는 가로, 세로 각각 10mm를 표준으로 한다.

① **막힌줄눈**: 세로줄눈의 상하가 막힌 것으로 상부하중을 하부로 고르게 분포시켜 구조내력상 유리하므로 내력벽에 사용한다.

② **통줄눈**: 세로줄눈의 상하가 연결되어 있어 상부하중이 집중되므로 구조내력상 불리하고, 균열이 잘 발생하므로 보강콘크리트블록구조를 제외한 모든 내력벽은 반드시 막힌줄눈으로 시공한다.

     ㉠ 치장용으로 사용한다.

     ㉡ 지면에서 습기가 스며들 우려가 있다.

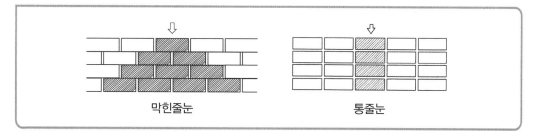

막힌줄눈　　　　　　　　　　통줄눈

③ **치장줄눈**

     ㉠ 벽돌 벽면의 의장적 효과를 위한 줄눈으로 벽돌쌓기 후 줄눈모르타르가 굳기 전에 깊이 8~10mm 정도로 줄눈파기를 하고 1 : 1~1 : 2의 배합모르타르를 줄눈흙손으로 수밀하게 처리한다.

     ㉡ 치장줄눈모르타르에는 방수제를 넣어 사용하기도 하고 백시멘트 · 색소 등을 첨가하는 경우도 있다.

     ㉢ 치장줄눈은 백화현상을 방지할 수 있도록 될 수 있는 대로 빠른 시기에 작업을 한다.

     ⓔ 시공은 벽면 상부에서부터 하부로 한다.

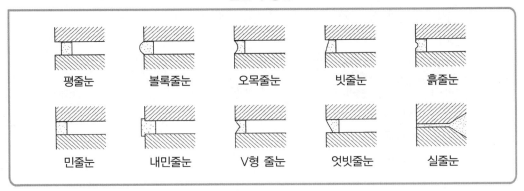

줄눈의 종류

평줄눈	볼록줄눈	오목줄눈	빗줄눈	흙줄눈
민줄눈	내민줄눈	V형 줄눈	엇빗줄눈	실줄눈

03 벽돌쌓기

(1) 기본쌓기

① 길이쌓기: 매 켜마다 길이만 보이도록 쌓는 방법이다.

② 마구리쌓기: 매 켜마다 마구리만 보이도록 쌓는 방법이다.

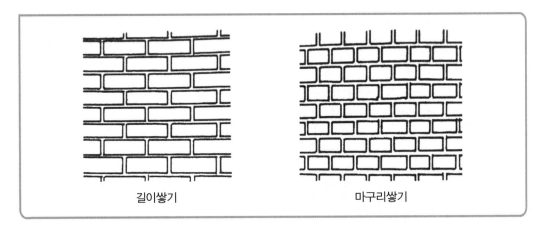

길이쌓기 　　　　　　　　　　　　　　　마구리쌓기

(2) 벽돌쌓기방식

① 영국식 쌓기

　㉠ 한 켜는 길이쌓기, 다음 켜는 마구리쌓기로 하여 통줄눈이 생기지 않도록 하고, 벽의 끝이나 모서리 부분에는 이오토막 또는 반절을 사용한 쌓기방법이다.

　㉡ 구조내력상 가장 튼튼한 쌓기방법이며, 내력벽에 사용한다.

② 네덜란드식(화란식) 쌓기

　㉠ 영국식 쌓기와 같으나, 벽의 끝이나 모서리 부분에 칠오토막을 사용한다.

　㉡ 모서리가 튼튼하여 우리나라에서 많이 사용하고, 내력벽에 사용한다.

③ 프랑스식(불식, 플레밍식) 쌓기

　㉠ 매 켜에 길이쌓기와 마구리쌓기를 번갈아 쌓는 방식이며, 외관이 아름다운 쌓기방법이다.

　㉡ 칠오토막과 이오토막이 많이 사용되며, 통줄눈이 많이 생기므로 장식벽(비내력벽)에 많이 사용된다.

　㉢ 구조부를 튼튼하게 하기 위해서 표면은 플레밍식 쌓기로 하고, 뒷면은 영국식 쌓기를 한다.

④ 미국식 쌓기

　㉠ 5켜는 길이쌓기로 하고, 한 켜는 마구리쌓기로 하여 쌓는 방법이다.

　㉡ 표면은 치장벽돌쌓기로 하고, 뒷면은 영국식 쌓기로 한다.

　㉢ 구조적으로 취약하지만 치장벽돌의 수를 줄일 수 있어 경제적이다.

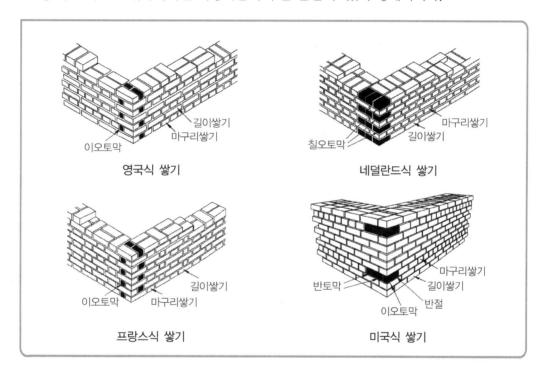

영국식 쌓기

네덜란드식 쌓기

프랑스식 쌓기

미국식 쌓기

(3) 각부 쌓기

① 들여쌓기

　㉠ **층단 들여쌓기**: 벽 면적이 커서 하루 작업으로는 쌓지 못할 경우 다음 날에 벽돌을 물려쌓을 수 있도록 하는 방법이다.

　㉡ **켜걸음 들여쌓기**: 교차하는 모서리벽에서 벽돌을 물려쌓을 수 있도록 하는 방법이다.

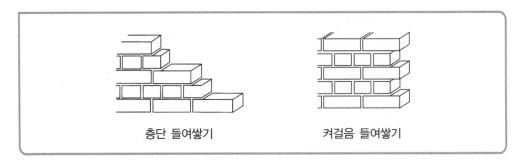

층단 들여쌓기   켜걸음 들여쌓기

② 내쌓기

　㉠ 내쌓기시 벽돌 두 켜씩은 4B분의 1, 한 켜씩은 8B분의 1 정도로 내쌓는다.

　㉡ 내쌓기의 내미는 한도는 2B이다.

　㉢ 내쌓기는 마구리쌓기로 하는 것이 강도상 유리하다.

내쌓기

③ 기초쌓기

　㉠ 기초에 사용하는 벽돌은 소성이 잘되고 흡수율이 작은 벽돌이 좋다.

　㉡ 벽체에서 8B분의 1은 1켜, 4B분의 1은 2켜씩 넓혀서 맨 밑의 너비는 벽체 두께의 2배로 한다.

　㉢ 기초판의 너비는 벽돌면보다 10~15cm 정도 크게 한다.

　㉣ 기초판의 두께는 기초판 너비의 3분의 1 정도로 한다.

　㉤ 벽체 밑의 넓히는 각도는 60° 이상으로 한다.

기초쌓기

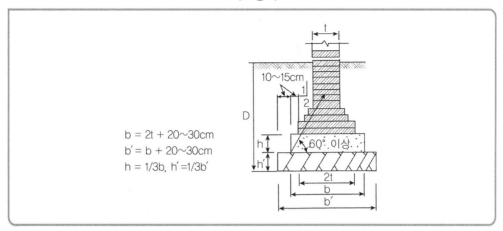

$b = 2t + 20 \sim 30cm$
$b' = b + 20 \sim 30cm$
$h = 1/3b, \ h' = 1/3b'$

④ 공간(이중벽, 중공벽, 겹벽)쌓기

   ㉠ 벽체의 방습·단열 및 방음을 목적으로 공간을 두고 안팎벽을 쌓는 방법이다.

   ㉡ 도면 또는 공사시방서에 정한 바가 없을 때에는 바깥쪽을 주벽체로 하고 안쪽은 반장쌓기로 한다. 공간은 보통 0.5B 이내로 하고 바깥쪽에는 필요에 따라 물빠짐구멍(직경 10mm)을 낸다.

   ㉢ 벽의 연결은 벽돌·철물·철선·철망 등으로 하고, 연결재의 배치 및 거리 간격의 최대 수직거리는 400mm를 초과하여서는 안 되고, 최대 수평거리는 900mm를 초과하여서는 안 된다.

   ㉣ 연결재는 위와 아래층의 것이 서로 엇갈리게 배치한다.

공간쌓기

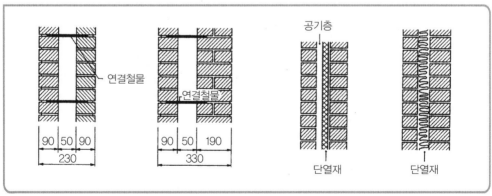

조적공사에 관한 설명으로 옳지 않은 것은? 제20회

① 공간쌓기는 벽돌벽의 중간에 공간을 두어 쌓는 것으로 별도의 지정이 없을시 안쪽을 주벽체로 한다.
② 조적조 내력벽으로 둘러싸인 부분의 바닥면적은 80m²를 넘을 수 없다.
③ 조적조 내력벽의 길이는 10m 이하로 한다.
④ 콘크리트블록의 하루 쌓는 높이는 1.5m 이내를 표준으로 한다.
⑤ 내화벽돌의 줄눈너비는 별도의 지정이 없을시 가로 · 세로 6mm를 표준으로 한다.

[해설]

공간쌓기는 벽돌벽의 중간에 공간을 두어 쌓는 것으로 별도의 지정이 없을시 바깥쪽을 주벽체로 한다.

정답: ①

⑤ **아치쌓기**

ㄱ 아치는 상부에서 작용하는 수직압력이 아치의 축선에 따라 직압력만으로 전달되게 하고, 부재 하부에 인장력이 생기지 않도록 한다.

ㄴ 조적조 개구부에는 개구부의 크기가 아무리 작더라도 아치를 두는 것이 원칙이다.

ㄷ 개구부의 폭이 1m 이하이면 (수)평아치로 할 수 있고, 1m 이상이면 활원아치로 한다.

ㄹ 개구부의 폭이 1.8m 이상일 때는 철근콘크리트나 철골로 보강된 인방보를 설치한다.

ㅁ 아치줄눈의 방향은 모두 중심에 모이게 한다.

아치 각부 힘의 분포

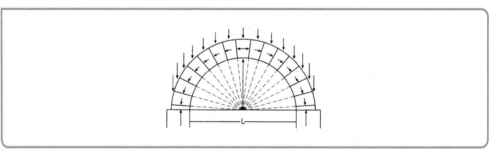

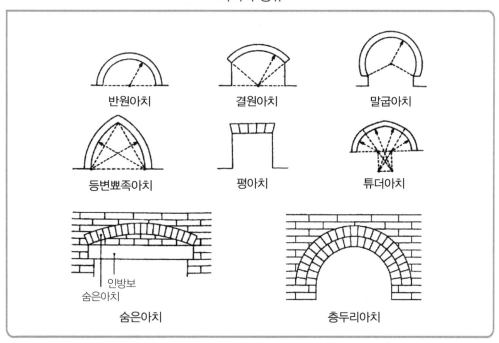

아치의 종류

반원아치	결원아치	말굽아치
등변뾰족아치	평아치	튜더아치

숨은아치

층두리아치

기출예제

벽돌구조의 쌓기 방식에 관한 설명으로 옳지 않은 것은? 제25회

① 엇모쌓기는 벽돌을 45° 각도로 모서리가 면에 나오도록 쌓는 방식이다.
② 영롱쌓기는 벽돌벽에 구멍을 내어 쌓는 방식이다.
③ 공간쌓기는 벽돌벽의 중간에 공간을 두어 쌓는 방식이다.
④ 내쌓기는 장선 및 마루 등을 받치기 위해 벽돌을 벽면에서 내밀어 쌓는 방식이다.
⑤ 아치쌓기는 상부 하중을 아치의 축선을 따라 인장력으로 하부에 전달되게 쌓는 방식이다.

해설

아치쌓기는 상부 하중을 아치의 축선을 따라 압축력으로 하부에 전달되게 쌓는 방식이다. 정답: ⑤

---

⑥ 창대 및 인방쌓기

㉠ 창대쌓기

ⓐ 창대벽돌은 윗면을 5~15° 정도 경사지게 옆세워 쌓는다.

ⓑ 창대벽돌은 벽면에서 30~50mm 정도 내밀어 쌓는다.

ⓒ 창대벽돌은 창틀 밑에 15mm 정도 들어가 물리게 한다.

ⓓ 창문틀 사이에는 모르타르를 빈틈 없이 채우고 방수모르타르 혹은 코킹(caulking) 등으로 방수처리를 한다.

창대쌓기

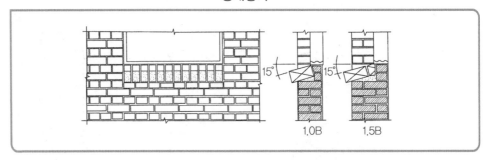

ⓛ 인방쌓기

ⓐ 인방은 좌우 벽에 10~20cm 정도 물리게 쌓는다.

ⓑ 철근콘크리트 인방을 사용할 경우 철근은 인방 하부에 배치한다.

인방쌓기

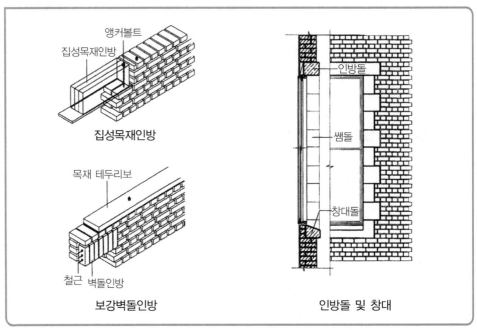

집성목재인방

보강벽돌인방

인방돌 및 창대

더 알아보기 | 창문틀 세우기

도면 또는 공사시방서에서 정한 바가 없을 때에는 원칙적으로 먼저 세우기로 하고, 나중 세우기로 할 때에는 가설틀 또는 먼저 설치·고정한 나무벽돌 또는 연결철물의 재료·구조 및 공법 등의 상세를 나타낸 공작도를 작성하여 담당원의 승인을 받아야 한다.

(4) 테두리보(wall girder)

① **원칙**: 각 층 조적조 내력벽 위에는 춤(depth)이 벽 두께의 1.5배 이상인 철골 또는 철근 콘크리트 테두리보를 설치하여야 한다.

> **더 알아보기 │ 예외**
>
> 1층 건물로서 벽 두께가 벽 높이의 16분의 1 이상이거나 벽 길이가 5m 이하인 경우에는 목조 테두리보를 설치할 수 있다.

② **테두리보의 역할**

　㉠ 내력벽 상호간을 하나로 연결하여 건물의 강성을 높인다.

　㉡ 상부의 하중을 내력벽에 고르게 분산시킨다.

　㉢ 횡력에 의한 수직균열을 방지하는 데 유리하다.

　㉣ 보강블록조에서 세로철근을 정착시키는 곳이다.

(5) 벽체의 홈파기

① **목적**: 벽체 내에 배선이나 배관을 매입하기 위하여 홈파기를 한다.

② **세로홈**: 층 높이의 4분의 3 이상인 연속한 세로홈을 설치하는 경우, 그 홈의 깊이는 벽 두께의 3분의 1 이하로 한다.

③ **가로홈**: 가로홈의 길이는 3m 이하로 하고, 홈의 깊이는 벽 두께의 3분의 1 이하로 한다.

(6) 벽돌쌓기시 주의사항

① 불량벽돌은 반출하고 사용하지 않는다.

② 굳기 시작한 모르타르는 사용하지 않는다.

③ 벽돌쌓기시 충분히 물축임을 하여 쌓는다.

④ 하루에 벽돌을 쌓는 높이는 1.2m(18켜)를 표준으로 하고, 최대 1.5m(22켜) 이하로 한다.

⑤ 모르타르의 강도는 벽돌의 강도보다 커야 한다.

⑥ 가로 및 세로줄눈의 두께는 10mm가 표준이며, 보강블록조를 제외하고 통줄눈이 되지 않게 쌓는다.

⑦ 벽돌조 벽체의 수장을 위해서 나무벽돌·고정철물 등은 미리 벽돌 벽면에 설치한다.

⑧ 쌓기 작업이 끝난 후에는 거적 등을 씌워 보양하고, 충격 또는 압력을 주어서는 안 된다.

⑨ 벽돌쌓기는 도면 또는 공사시방서에서 정한 바가 없을 때에는 영국식 쌓기 또는 네덜란드식(화란식) 쌓기로 한다.

⑩ 벽돌벽이 블록벽과 서로 직각으로 만날 때에는 연결철물을 만들어 블록 3단마다 보강하여 쌓는다.

벽돌구조에 관한 설명으로 옳지 않은 것은?   제19회

① 벽돌구조(내력벽)는 풍압력, 지진력 등의 횡력에 약하여 고층건물에 적합하지 않다.
② 콘크리트(시멘트)벽돌 쌓기시 조적체는 원칙적으로 젖어서는 안 된다.
③ 벽돌벽이 블록벽과 서로 직각으로 만날 때에는 연결철물을 5단마다 보강하여 쌓는다.
④ 벽돌벽이 콘크리트기둥과 만날 때에는 그 사이에 모르타르를 충전한다.
⑤ 치장줄눈을 바를 경우에는 줄눈모르타르가 굳기 전에 줄눈파기를 한다.

해설

벽돌벽이 블록벽과 서로 직각으로 만날 때에는 연결철물을 3단마다 보강하여 쌓는다.   정답: ③

04 벽돌 벽체의 균열원인

(1) 계획 · 설계상의 미비로 인한 균열

① 기초의 부동침하
② 건물의 평면 · 입면의 불균형 및 벽의 불합리한 배치
③ 불균형 또는 큰 집중하중 · 횡력 및 충격 등
④ 불합리한 벽돌벽의 길이 · 높이 · 두께
⑤ 개구부의 불합리 및 불균형 배치

(2) 시공상의 결함으로 인한 균열

① 벽돌 및 모르타르의 강도 부족
② 이질재와의 접합부
③ 벽돌벽의 부분적 시공결함
④ 장막벽 상부의 모르타르 다져넣기 부족
⑤ 모르타르 바름의 들뜨기

05 백화현상(白花, efflorescence)

벽돌벽에 물이 스며들어 벽체 표면에 흰 가루가 나타나는 현상으로, 벽의 표면에 침투하는 수분과 줄눈모르타르의 수산화칼슘($CaOH_2$)이 공기 중의 탄산가스(CO_2)와 결합하여 석회성분($CaCO_3$)으로 되어 벽의 표면에 나타나는 현상이다.

(1) 방지대책

① 흡수율이 낮은 양질의 벽돌 및 모르타르를 사용한다.

② 줄눈을 수밀하게 하여 벽면에 빗물이 침투하지 않도록 한다.

③ 차양·돌림띠 등을 설치하여 빗물을 차단한다.

④ 파라핀 도료를 사용하여 염류가 나오는 것을 방지한다.

⑤ 줄눈에 방수처리를 한다.

기출예제

조적공사에서 백화현상을 방지하기 위한 대책으로 옳지 않은 것은? 제24회

① 조립률이 큰 모래를 사용

② 분말도가 작은 시멘트를 사용

③ 물시멘트(W/C)비를 감소시킴

④ 벽면에 차양, 돌림띠 등을 설치

⑤ 흡수율이 작고 소성이 잘된 벽돌을 사용

해설

분말도가 작은 시멘트를 사용할수록 백화현상이 잘 발생한다. 정답: ②

---

(2) 제거방법

묽은 염산으로 세척한 후 물로 씻어서 제거한다.

06 벽돌의 신축줄눈

(1) 개요

벽돌 또는 벽돌이 접하는 구체의 팽창 및 수축에 따른 균열 등의 손상이 발생하지 않도록 미리 설치하여 탄력성을 가지게 한 줄눈을 말한다.

(2) 신축줄눈의 설치위치

수직 신축줄눈	수평 신축줄눈
① 벽 높이가 변하는 곳	① 안쪽 벽에 의하여 지지되는 선반 아래 및 인방 아래
② 벽 두께가 변하는 곳	
③ 개구부의 가장자리	② 복층건물에서 각 층의 바닥 높이
④ 응력이 집중되는 곳	③ 수직운동 저항에 기인한 응력집중점
⑤ L·T·U형 건물에서는 벽 교차부 근처	

01 내력벽(耐力壁, bearing)

내력벽은 평면상 균형 있게 배치하고, 상·하층의 내력벽과 개구부 등은 수직선상에 있게 배치하여야 한다.

(1) 내력벽의 높이와 길이 등

① 내력벽으로 둘러싸인 실의 면적은 80m²를 초과하지 않도록 한다.

② 내력벽의 길이는 10m 이하로 하고, 10m 이상일 경우에는 부축벽으로 보강하거나 벽두께를 증가시킨다.

③ 2층 건축물에 있어서 2층 내력벽의 높이는 4m를 넘을 수 없다.

④ 각 층의 내력벽이 평면상으로 동일한 위치에 오도록 배치한다.

⑤ 내력벽이 이중벽인 경우에는 이중벽 중 하나의 벽만 내력벽으로 인정한다.

⑥ 토압을 받는 내력벽은 조적식 구조로 하여서는 안 된다. 다만, 토압을 받는 부분의 높이가 2.5m를 넘지 않는 경우에는 조적식 구조인 벽돌구조로 할 수 있다.

기출예제

조적공사에 관한 설명으로 옳은 것은?　　　　　　　　　　　　제22회

① 치장줄눈의 깊이는 1cm를 표준으로 한다.
② 공간쌓기의 목적은 방습, 방음, 단열, 방한, 방서이며 공간폭은 1.0B 이내로 한다.
③ 벽돌의 하루 쌓기 높이는 최대 1.8m까지 한다.
④ 아치쌓기는 조적조에서 문꼴 너비가 1.5m 이하일 때는 평아치로 해도 좋다.
⑤ 조적조의 2층 건물에서 2층 내력벽의 높이는 4m 이하이다.

해설

① 치장줄눈의 깊이는 6mm를 표준으로 한다.
② 공간쌓기의 목적은 방습, 방음, 단열, 방한, 방서이며 공간폭은 0.5B 이내로 한다.
③ 벽돌의 하루 쌓기 높이는 최대 1.5m 이하이다.
④ 아치쌓기는 조적조에서 문꼴 너비가 1.0m 이하일 때는 평아치로 할 수 있다.　　정답: ⑤

---

(2) 내력벽의 두께

① 벽체는 횡력에 대항할 수 있는 충분한 두께를 갖추어야 한다.

② 내력벽의 두께는 바로 위층의 내력벽 두께 이상으로 한다.

③ 벽돌의 경우에는 당해 벽 높이의 20분의 1 이상, 블록인 경우에는 16분의 1 이상으로 한다.

④ 내력벽의 두께는 마감 부분을 제외한 두께이며 건축물의 층수, 벽의 높이 및 길이에 따라
결정되고 다음 표의 치수 이상으로 한다.

(단위: cm)

건축물의 높이 벽의 길이 층별	5m 미만		5~11m 미만		11m 이상		A > 60m²	
	8m 미만	8m 이상	8m 미만	8m 이상	8m 미만	8m 이상	1층	2층
1층	15	19	19	19	19	29	19	29
2층			19	19	19	19		19

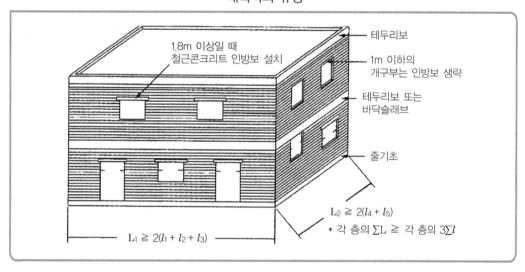

내력벽의 규정

(3) 개구부의 설치

① 개구부 폭의 합계는 그 벽 길이의 2분의 1 이하로 한다.

② 개구부와 개구부와의 수직거리는 60cm 이상으로 한다.

③ 개구부 상호간, 개구부와 대린벽의 중심과의 수평거리는 그 벽 두께의 2배 이상으로 한다.

④ 창문을 위한 개구부는 상하 수직·수평으로 설치하는 것이 유리하다.

02 테두리보(wall girder)

각 층의 벽체 상부에 철근콘크리트보를 둘러 내력벽과 일체로 연결한 것을 테두리보라 한다.

(1) 테두리보의 역할

① 벽체를 일체로 연결하여 하중을 균등히 분산시킨다.

② 횡력에 의한 수직균열을 방지한다.

③ 보강블록조에서 세로철근을 정착하기 위하여 사용한다.

④ 지붕 · 바닥틀 등의 집중하중에 대하여 저항한다.

⑤ 최상층 또는 단층의 경우 철근콘크리트 바닥판으로 할 경우를 제외하고는 테두리보를 층마다 설치하는 것이 원칙이다.

(2) 테두리보의 춤과 너비

① **춤:** 내력벽 두께의 1.5배 이상 또는 30cm 이상으로 한다.

　◉ 단, 단층건물에서는 25cm 이상으로 한다.

② **너비:** 내력벽 두께 이상 또는 대린벽 중심간 거리의 20분의 1 이상으로 한다.

테두리보의 춤과 너비

춤(높이)		너비(폭)	
단층	2 · 3층	단층	2 · 3층
25cm 이상	1.5t 이상, 30cm 이상	t 이상	ℓ/20 이상

　◉ t: 내력벽 두께, ℓ: 내력벽의 지점간 거리

제3절 **시멘트블록구조**

철근콘크리트조가 발달된 이후에 나타난 새로운 구조로서 모르타르 또는 콘크리트블록을 만들어서 벽돌재와 같은 방법으로 벽체를 구축하는 구조이다. 철근콘크리트로 보강하여 사용하기도 한다.

블록의 종류 및 형상

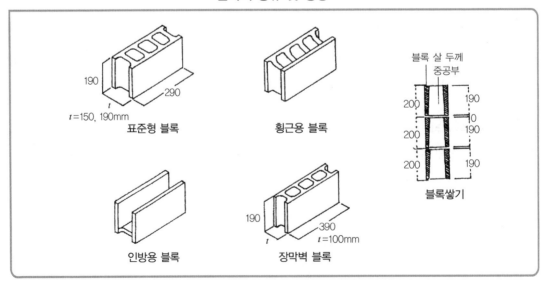

01 블록구조의 장단점

장점	단점
① 내구 · 내화 · 방음 · 방서적이다.	① 횡력에 약하다.
② 시공이 간편하여 공기단축이 가능하다.	② 균열이 생기기 쉽다.
③ 건물의 경량화가 가능하다.	③ 구조체보다는 칸막이용으로 적합하다.

콘크리트블록의 치수

(단위: mm)

구분	치수			허용치	
	길이	높이	두께	길이 및 두께	높이
표준형	290	190	210	±2	±2
			190		
			150		
			100		

02 블록구조의 종류

(1) 조적식 블록조

시멘트블록을 벽돌을 쌓듯이 모르타르를 이용하여 쌓는 구조이다. 내력벽으로서 소규모 건물에 적당하다.

(2) 블록장막벽

철근콘크리트조 또는 철골조 등의 구조체에 블록을 쌓는 벽으로 자체의 하중만을 지지하는 비내력벽이다.

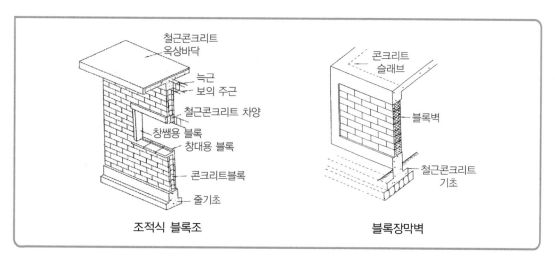

철근콘크리트
옥상바닥
늑근
보의 주근
철근콘크리트 차양
창쌤용 블록
창대용 블록
콘크리트블록
줄기초

콘크리트
슬래브
블록벽
철근콘크리트
기초

조적식 블록조　　　　블록장막벽

(3) 보강블록조

블록의 빈 공간에 철근을 넣고 콘크리트를 채워 보강한 것으로 이상적인 구조이다. 철근을 넣기 위하여 통줄눈쌓기를 하며, 블록조에서 가장 튼튼한 구조이다.

(4) 거푸집블록조

속이 빈 'ㄱ·ㄷ·T·ㅁ'자 형의 블록을 거푸집으로 쓰고, 그 안에 철근을 배근한 후 콘크리트를 넣어 완성하는 블록조이다.

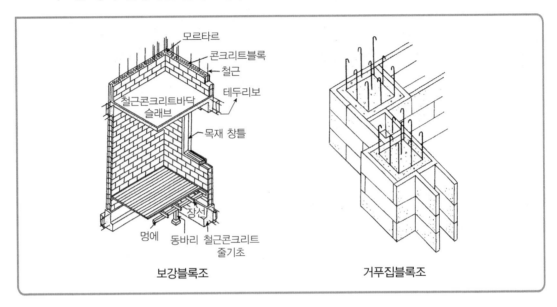

보강블록조 · 거푸집블록조

---

03 내력벽과 벽량(壁量)

(1) 내력벽

① 보강블록구조인 내력벽의 두께는 150mm 이상으로 하되, 그 내력벽의 구조내력에서 주요한 지점간 수평거리의 50분의 1 이상으로 한다.

② 보강블록구조의 내력벽은 끝부분과 벽의 모서리 부분에 12mm 이상의 철근을 세로로 배치하고, 9mm 이상의 철근을 가로 또는 세로 각각 800mm 이내의 간격으로 배치한다.

(2) 철근 보강방법

① 철근은 굵은 것을 조금 넣는 것보다 가는 것을 많이 넣는 것이 좋다.

② 철근 정착은 기초보나 테두리보 또는 바닥판 속에서 한다.

③ 철근을 배치하는 곳은 모르타르 또는 콘크리트를 빈틈없이 채워야 한다.

④ 세로근은 이음을 하지 않는 것을 원칙으로 한다.

⑤ 가로근은 3~4켜마다 배근하고 가로근 대신에 철망(와이어메시, wire mesh)을 넣을 수도 있으며 수직균열 방지에 목적이 있다.

(3) 벽량

① 단위면적당 내력벽의 길이로 내력벽 길이의 합계를 바닥면적으로 나눈 값을 말한다.

$$\text{벽량(cm/m}^2) = \frac{\text{각 X · Y방향 내력벽 길이의 합계(cm)}}{\text{그 층의 바닥면적(m}^2)}$$

② 유효한 내력벽의 길이는 55cm 이상으로 한다.

③ 보강블록조 내력벽의 벽량은 15cm/m^2 이상으로 한다.

④ 내력벽의 벽량이 많을수록 횡력에 저항하는 힘이 커지므로 벽량을 증가할 필요가 있다.

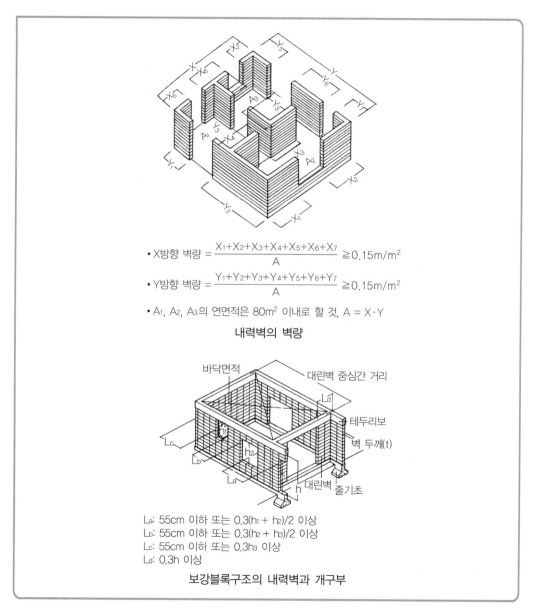

- X방향 벽량 $= \dfrac{X_1 + X_2 + X_3 + X_4 + X_5 + X_6 + X_7}{A} \geqq 0.15\text{m/m}^2$

- Y방향 벽량 $= \dfrac{Y_1 + Y_2 + Y_3 + Y_4 + Y_5 + Y_6 + Y_7}{A} \geqq 0.15\text{m/m}^2$

- A_1, A_2, A_3의 연면적은 80m^2 이내로 할 것, $A = X \cdot Y$

내력벽의 벽량

L_a: 55cm 이하 또는 $0.3(h_1 + h_2)/2$ 이상
L_b: 55cm 이하 또는 $0.3(h_2 + h_3)/2$ 이상
L_c: 55cm 이하 또는 $0.3h_3$ 이상
L_d: $0.3h$ 이상

보강블록구조의 내력벽과 개구부

① 블록은 살 두께가 두꺼운 쪽이 위로 가게 쌓는다.

블록쌓기의 상하

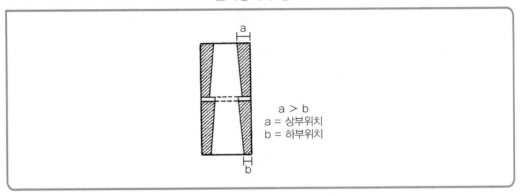

a > b
a = 상부위치
b = 하부위치

② 하루에 쌓는 높이는 1.2m(6켜)~1.5m(7켜) 정도로 한다.

③ 블록은 모르타르 접착 부분만 물축임을 한다.

④ 세로줄눈과 철근을 넣는 빈속에는 모르타르 또는 콘크리트를 채운다.

⑤ 사춤은 블록을 3~4켜 쌓을 때마다 다지며, 붓기를 멈추는 위치는 블록 윗면에서 약 50mm 아래에 둔다.

⑥ 줄눈은 10mm를 기준으로 통줄눈은 피하고 막힌줄눈으로 하지만, 보강블록조는 통줄눈으로 하는 것이 시공상 유리하다.

⑦ 쌓기용 모르타르의 배합비는 1 : 3~1 : 5, 모르타르의 강도는 블록 강도의 1.3~1.5배, 슬럼프값은 8cm 정도로 한다.

⑧ 블록이 교차하는 부분은 철망(wire mesh), 철근 등으로 보강한다.

모서리 및 교차부의 철근보강

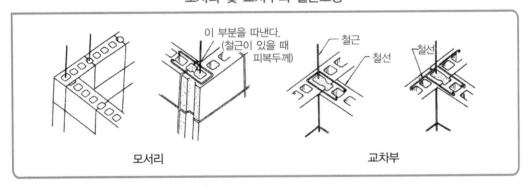

이 부분을 따낸다.
(철근이 있을 때 피복두께)

철근
철선
철선

모서리   교차부

⑨ 인방보는 좌우 벽에 최소 20cm 이상 물리게 쌓는다.

기출예제

건축공사 표준시방서상 조적공사에 관한 설명으로 옳지 않은 것은?　　　제19회

① 콘크리트(시멘트)벽돌 쌓기시 하루의 쌓기 높이는 1.2m를 표준으로 하고, 최대 1.5m 이하로 한다.
② 인방보는 양 끝을 벽체에 200mm 이상 걸치고 또한 위에서 오는 하중을 전달할 충분한 길이로 한다.
③ 콘크리트블록제품의 길이, 두께 및 높이의 치수 허용치는 ±2mm이다.
④ 콘크리트블록을 쌓을 때, 살 두께가 큰 편이 위로 가게 쌓는다.
⑤ 콘크리트블록을 쌓을 때, 하루의 쌓기 높이는 1.8m 이내를 표준으로 한다.

해설

콘크리트블록을 쌓을 때, 하루의 쌓기 높이는 1.5m 이내를 표준으로 한다.　　　정답: ⑤

제4절　돌구조

01　돌구조의 장단점

장점	단점
① 압축강도가 크고 내마모성이 우수하다.	① 불에 노출되면 균열이 생기고 강도가 떨어진다.
② 내화·내구적이다.	② 비중이 커서 시공이 어렵다.
③ 방한·방서적이다.	③ 벽체가 두꺼워 실내공간이 줄어든다.
④ 외관이 장중·미려하다.	④ 인장강도가 압축강도의 10분의 1~40분의 1 정도이다.

02　석재의 종류

(1) 화강암(花崗巖, granite)

① 강도·내마모성·내구성·빛깔·광택 등이 우수하다.
② 구조용·장식용으로 적당하나 열에 약하다.
③ 석재 중에 가공성이 가장 좋다.
④ 내화도는 800℃ 정도이다.

(2) 대리석(大理石, marble)

① 장식용 또는 조각용으로 우수한 석재이다.
② 산성과 열에 약하다.
③ 내마모성 및 내구성이 작아 외장용으로 좋지 않다.

(3) 안산암(安山岩, andesite)

① 빛깔이 좋지 않고 광택이 없다.

② 내화력은 화강암보다 크고 강도와 내구성이 우수하다.

(4) 사암(砂岩, sand stone)

① 흡수율이 크고 풍화·변색도 잘되며 내구력이 약하다.

② 내화력이 크다.

(5) 응회암(凝灰岩, tufa·tuff)

① 강도가 약하고 흡수율이 크다.

② 연질·경량이므로 채석·가공이 용이하고 가격이 저렴하다.

(6) 점판암(粘板岩, clay slate stone)

이판암이라고도 하며, 지붕이나 구들장의 재료로 쓰인다.

03 석재의 압축강도

화강암 > 대리석 > 안산암 > 사암 > 응회암

04 돌 가공

(1) 석재 가공방법

① 메다듬: 마름돌(原石)의 두드러진 면을 쇠메(hammer)로 쳐서 다듬은 것으로 혹의 크기에 따라 큰혹두기, 중혹두기, 작은혹두기가 있다.

② 정다듬: 정으로 쪼아 조밀한 흔적을 내어 평평하게 거친 면을 만든 것으로 정도에 따라 거친다듬, 중다듬, 고운다듬이 있다.

③ 도드락다듬: 도드락망치로 정다듬한 면을 더욱 평탄하게 하는 것이다.

④ 잔다듬(날망치다듬): 날망치로 도드락다듬면 위를 곱게 쪼아 평탄하게 마무리한 것이다.

⑤ 물갈기: 금강사, 모래, 카보런덤 등을 이용하여 돌면에 물을 주어 갈아 광택이 나게 하는 것이다.

⑥ 광내기: 돌면에 광내기 가루를 사용하여 버프(buff)로 갈아 광을 내는 것이다.

> 더 알아보기 **돌 가공순서**
>
> 메다듬 ⇨ 정다듬 ⇨ 도드락다듬 ⇨ 잔다듬 ⇨ 물갈기 ⇨ 광내기

(2) 표면 형상에 따른 가공방법

① 혹두기: 거친 돌면을 가공하여 요철이 없게 하는 것이다.

② 모치기: 돌의 줄눈 부분의 모를 접어 잔다듬하는 것이다.

석재 가공공구

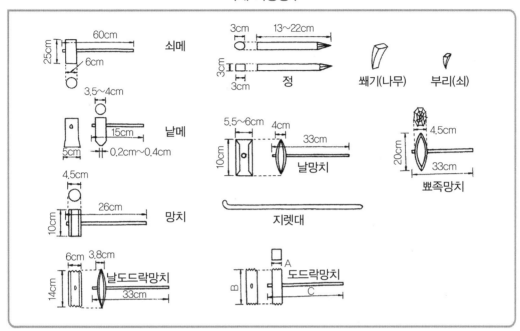

05 돌쌓기

(1) 석축쌓기

① **메쌓기(건성쌓기)**: 돌과 돌 사이에 모르타르를 사용하지 않고 돌 뒤에 뒷채움돌만 다져 넣어 쌓는 방법이다.

② **사춤쌓기**: 돌과 돌 사이에 모르타르를 사용하고 뒤에는 잡석다짐한 것이다.

③ **찰쌓기**: 돌과 돌 사이에 모르타르를 다져 넣고 뒤에는 콘크리트를 채워 넣어 쌓는 방법이다.

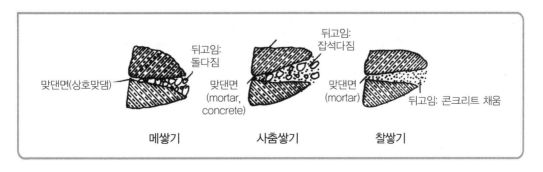

(2) 석재의 설치공법에 따른 분류

시멘트모르타르를 사용하여 석재와 구조체를 접합시키는 습식공법과, 구조체와 석재판을
볼트 · 앵커볼트 · 띠쇠 등을 사용하여 긴결시키는 건식공법으로 나뉜다.

① 습식공법

　　㉠ 석재의 상하좌우 맞댐 사이에 촉 · 꺽쇠 등으로 안벽 구조물과 연결 · 고정시키고, 모
　　　 르타르로 채워 일체화시키는 방법이다.

　　㉡ 공사비가 비교적 저렴하나 가설공사가 필요하고 안전상 결함이 발생할 우려가 있다.

　　㉢ 전체 모르타르 주입공법과 부분 모르타르 주입공법이 있다.

습식공법의 예

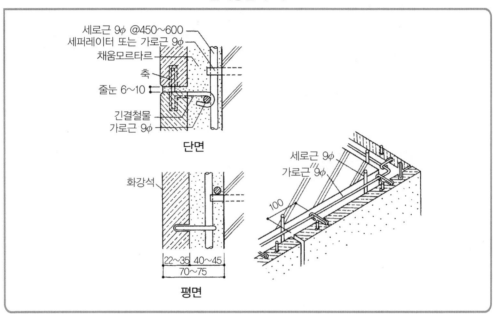

② 건식공법

　　㉠ 앵커긴결공법

　　　ⓐ 커튼월이나 벽에 석재를 붙일 때 모르타르를 사용하지 않고 앵커 · 볼트 · 연결철물
　　　　 (fastener)을 사용하여 고정하는 방법이다.

　　　ⓑ 연결철물은 석재의 중량을 하부로 전달되지 않도록 하기 위하여 지지강도가 필
　　　　 요하므로 내구성이 있는 스테인리스, 아연도금강재가 사용된다.

　　　ⓒ 연결철물에 녹막이방청처리를 하고, 석재의 하부에는 지지용, 상부에는 고정용을
　　　　 사용한다.

ⓒ 강재트러스 지지공법(steel back frame system)

 ⓐ 미리 조립된 강재트러스에 여러 장의 석재를 지상에서 짜맞춘 후 현장에서 설치하는 공법이다.

 ⓑ 물을 사용하지 않아 동절기에도 시공할 수 있다.

 ⓒ 대형 패널도 가능하며 시공속도가 빠르다.

ⓒ 화강석 선부착 PC판공법(GPC; Granite veneer Precast Concrete)

 ⓐ 화강석 뒷면에 철근을 조립한 후 콘크리트를 타설하여 일체화시킨 것으로 PC로 제작하여 건축물 외벽에 부착한다.

 ⓑ 공장생산으로 공기가 단축되고, 석재의 두께가 얇게 시공되어 원가가 절감된다.

01 조적식 구조는 횡력에 약하고 벽체에 균열이 가기 쉽다. ( )

02 모르타르 강도는 벽돌 강도 이상인 것을 사용하며, 물을 섞은 후 1시간 이내에 사용하여야 한다. ( )

03 모든 조적식 구조는 막힌줄눈이 원칙이지만, 콘크리트보강블록구조는 통줄눈으로 시공한다. ( )

04 영국식 쌓기는 벽의 끝이나 모서리 부분에 이오토막 또는 반절을 사용한 쌓기방법으로 구조내력상 가장 튼튼한 쌓기방법이며 내력벽에 사용한다. ( )

05 아치쌓기는 부재 하부에 인장력이 생기지 않도록 하고, 개구부의 폭이 1m 이상이면 (수)평아치로 할 수 있다. ( )

06 개구부의 폭이 1.8m 이상일 때에는 철근콘크리트나 철골로 보강된 인방보를 설치한다. ( )

---

01 ○
02 ○
03 ○
04 ○
05 ✕ 아치쌓기는 부재 하부에 인장력이 생기지 않도록 하고, 개구부의 폭이 1m 이하이면 (수)평아치로 할 수 있다.
06 ○

07 벽돌쌓기시 벽돌을 쌓기 2~3일 전에 충분한 물축임을 하지만, 내화벽돌은 물축임을 하지 않는다. ( )

08 내력벽으로 둘러싸인 실의 면적은 80m²를 초과하지 않아야 하고, 내력벽의 길이는 10m 이하로 하며 10m 이상일 경우에는 부축벽으로 보강하거나 벽 두께를 증가시킨다. ( )

09 개구부 폭의 합계는 그 벽 길이의 2분의 1 이하로 하고, 개구부 상호간과 개구부와 대린벽 중심과의 수평거리는 그 벽 두께의 2배 이상으로 한다. ( )

10 테두리보의 너비는 내력벽 두께 이상 또는 대린벽 중심간 거리의 20분의 1 이상으로 하고, 춤은 내력벽 두께의 1.5배 이상 또는 30cm 이상으로 한다. ( )

11 블록은 살 두께가 두꺼운 쪽이 위로 가게 쌓고, 모르타르 접착 부분만 물축임을 한다.( )

12 대리석은 산성과 열에 약하고, 내마모성 및 내구성이 작아 내장용으로 좋지 않다. ( )

13 앵커긴결공법에서는 연결철물에 녹막이방청처리를 하고, 석재의 하부에는 지지용, 상부에는 고정용을 사용한다. ( )

---

07 ○

08 ○

09 ○

10 ○

11 ○

12 × 대리석은 산성과 열에 약하고, 내마모성 및 내구성이 작아 외장용으로 좋지 않다.

13 ○

01 벽돌쌓기에 관한 설명으로 옳지 않은 것은? 제17회

① 하루의 쌓기 높이는 1.2m를 표준으로 하고, 최대 1.5m 이하로 한다.
② 가로 및 세로줄눈의 너비는 공사시방서에서 정한 바가 없을 때에는 10mm를 표준으로 한다.
③ 쌓기 직전에 붉은 벽돌은 물축임을 하지 않고, 시멘트벽돌은 물축임을 한다.
④ 연속되는 벽면의 일부를 트이게 하여 나중쌓기로 할 때에는 그 부분을 층단 들여쌓기로 한다.
⑤ 벽돌쌓기는 공사시방서에서 정한 바가 없을 때에는 영식(영국식) 쌓기 또는 화란식(네덜란드식) 쌓기로 한다.

02 벽돌구조에 관한 설명으로 옳지 않은 것은?

① 표준형 벽돌의 길이 · 너비 · 두께의 허용값은 ±2mm이다.
② 벽돌의 품질은 소성이 잘된 벽돌로 강도가 커야 한다.
③ 벽의 끝이나 모서리 부분에 칠오토막을 사용한 쌓기법은 화란식 쌓기이다.
④ 기초에 사용하는 벽돌은 소성이 잘되고 흡수율이 작은 벽돌이 좋다.
⑤ 모르타르의 강도는 조적조 벽체의 강도에 영향을 미친다.

03 모르타르에 관한 설명으로 옳지 않은 것은?

① 수분 유지와 접합강도 확보를 위하여 석회를 사용하지 않는다.
② 모르타르 강도는 벽돌 강도 이상인 것을 사용한다.
③ 물을 부어 섞은 후 1시간 이내에 사용하여야 한다.
④ 모르타르는 건비빔하여 놓고 벽돌을 쌓을 때 물비빔하여 사용한다.
⑤ 모르타르에 사용하는 골재는 1.2~2.5mm 정도의 모래를 사용한다.

04 조적공사에 관한 설명으로 옳은 것은?

제22회

① 치장줄눈의 깊이는 1cm를 표준으로 한다.

② 공간쌓기의 목적은 방습, 방음, 단열, 방한, 방서이며 공간폭은 1.0B 이내로 한다.

③ 벽돌의 하루 쌓기 높이는 최대 1.8m까지 한다.

④ 아치쌓기는 조적조에서 문꼴 너비가 1.5m 이하일 때는 평아치로 해도 좋다.

⑤ 조적조의 2층 건물에서 2층 내력벽의 높이는 4m 이하이다.

05 조적공사에 관한 설명으로 옳지 않은 것은?

제23회

① 창대벽돌의 위끝은 창대 밑에 15mm 정도 들어가 물리게 한다.

② 창문틀 사이는 모르타르로 빈틈없이 채우고 방수 모르타르, 코킹 등으로 방수처리를 한다.

③ 창대벽돌의 윗면은 15° 정도의 경사로 옆세워 쌓는다.

④ 인방보는 좌우측 기둥이나 벽체에 50mm 이상 서로 물리도록 설치한다.

⑤ 인방보는 좌우의 벽체가 공간쌓기일 때에는 콘크리트가 그 공간에 떨어지지 않도록 벽돌 또는 철판 등으로 막고 설치한다.

정답 | 해설

01 ③ 쌓기 직전에 <u>붉은 벽돌과 시멘트벽돌은 물축임을</u> 한다.

02 ① 표준형 벽돌의 길이 · 너비 · 두께의 허용값은 <u>±3mm</u>이다.

03 ① 수분 유지와 접합강도 확보를 위하여 <u>석회를 사용한다</u>.

04 ⑤ ① 치장줄눈의 깊이는 <u>6mm</u>를 표준으로 한다.
② 공간쌓기의 목적은 방습, 방음, 단열, 방한, 방서이며 공간폭은 <u>0.5B 이내로</u> 한다.
③ 벽돌의 하루 쌓기 높이는 최대 <u>1.5m 이하</u>이다.
④ 아치쌓기는 조적조에서 문꼴 너비가 <u>1.0m 이하</u>일 때는 평아치로 할 수 있다.

05 ④ 인방보는 좌우측 기둥이나 벽체에 <u>100~200mm</u> 이상 서로 물리도록 설치한다.

06 공간쌓기에 관한 설명으로 옳지 않은 것은?

① 벽체의 방습·단열 및 방음을 목적으로 공간을 두고 안팎벽을 쌓는 방법이다.
② 도면 또는 공사시방서에 정한 바가 없을 때에는 바깥쪽을 주벽체로 하고 안쪽은 반장쌓기로 한다.
③ 공간은 보통 0.5B 이내로 하고 바깥쪽에는 필요에 따라 물빠짐구멍(직경 10mm)을 낸다.
④ 벽의 연결은 벽돌·철물·철선·철망 등으로 하고, 연결재의 배치 및 거리 간격의 최대 수직거리는 400mm를 초과하여서는 안 되고, 최대 수평거리는 900mm를 초과하여서는 안 된다.
⑤ 연결재는 위와 아래층의 것이 서로 평행하게 배치한다.

07 테두리보에 관한 설명으로 옳지 않은 것은?

① 각 층 조적조 내력벽 위에는 춤(depth)이 벽 두께의 1.5배 이상인 철골 또는 철근콘크리트 테두리보를 설치하여야 한다.
② 내력벽 상호간을 하나로 연결하여 건물의 강성을 높인다.
③ 상부의 하중을 내력벽에 고르게 분산시킨다.
④ 횡력에 의한 수직균열을 방지하는 데 유리하다.
⑤ 보강블록조에서 가로철근을 정착시키는 곳이다.

08 블록공사에 관한 설명으로 옳지 않은 것은? 제18회

① 속빈 콘크리트블록의 기본블록 치수는 길이 390mm, 높이 190mm이다.
② 블록 보강용 철망은 #8~#10 철선을 가스압접 또는 용접한 것을 사용한다.
③ 하루 쌓기 높이는 1.5m 이내를 표준으로 한다.
④ 그라우트를 사춤하는 높이는 5켜로 한다.
⑤ 인방블록은 도면 또는 공사시방서에서 정한 바가 없을 때에는 창문틀의 좌우 옆 턱에 400mm 정도 물리도록 한다.

09 석재공사에 관한 설명으로 옳지 않은 것은?　　　　　　　　제16회

① 석재는 밀도가 클수록 대부분 압축강도가 크다.

② 화강암과 대리석은 산성에 강하며 주로 외장용으로 사용된다.

③ 외벽 습식공법은 석재와 구조체를 모르타르로 일체화시키는 공법이다.

④ 석재 선부착 PC공법은 콘크리트공사와의 병행 시공을 통하여 공기 단축이 가능한 공법이다.

⑤ 외벽 건식공법은 연결용 철물 등을 사용하므로 동절기 공사가 가능한 공법이다.

10 ALC블록(경량기포콘크리트블록; Autoclaved Lightweight Concrete block) 공사에 대한 설명으로 옳지 않은 것은?

① 블록의 저장은 원칙적으로 옥내에 하고, 옥외에 저장할 때는 덮개를 덮어 보호한다.

② 사용하고 남은 블록은 습기나 파손 방지를 위해 항상 받침목 위에 적재·보관한다.

③ 지표면 이하에서는 블록을 사용하지 않는다.

④ 내력벽 쌓기시 가로 및 세로줄눈의 두께는 1~3mm 정도로 한다.

⑤ 블록은 각 부분을 균등한 높이로 쌓아가며, 하루 쌓기 높이는 1.8m를 표준으로 하고 최대 2.4m 이내로 한다.

정답 | 해설

06 ⑤ 연결재는 위와 아래층의 것이 서로 <u>엇갈리게</u> 배치한다.

07 ⑤ 보강블록조에서 <u>세로철근</u>을 정착시키는 곳이다.

08 ④ 그라우트를 사춤하는 높이는 <u>블록 3~4켜마다</u> 하고, 그라우트의 타설높이는 블록의 상단에서 약 50mm 아래에 둔다.

09 ② 화강암은 열에 약하지만 산성에 강하다. <u>대리석</u>은 열과 <u>산성에 약하며</u> 내마모성·내구성이 작아 <u>외장용으로 좋지 않다.</u>

10 ③ 지표면 이하에서는 블록을 사용하지 않는 것을 원칙으로 하며, <u>부득이하게 흙에 접하거나 부분적으로 지표면 이하에 매설될 경우에는 반드시 표면처리제 등으로 방수가 되도록 마감하여 사용한다.</u>

제 4 장 철근콘크리트구조

📖 단원길라잡이

'철근콘크리트구조'는 출제비중이 가장 높은 부분이다. 최대 6문제가 출제되었지만, 최근에는 보통 3~4문제가 출제되고 있다. 모든 부분이 중요하지만, 특히 철근과 콘크리트의 특성 및 각부 구조에 대해서는 상세한 정리가 필요하다.

🔍 출제포인트

- 철근콘크리트구조의 성질 및 장단점
- 철근의 피복두께
- 철근의 이음 및 정착
- 거푸집 구성요소
- 콘크리트 배합 및 품질관리
- 특수콘크리트
- 철근콘크리트 부재설계

01 철근콘크리트구조

① 콘크리트 속에 철근을 넣어 압축력이 강한 콘크리트와 인장력이 강한 철근의 특성이 하나가 되어 외력에 저항한다.
② 콘크리트와 철근은 서로 부착성이 좋다.
③ 알칼리성인 콘크리트는 철근이 녹스는 것을 방지한다.
④ 콘크리트와 철근은 온도팽창계수가 거의 같으므로 온도변화에 대하여 2차 응력이 생기지 않고, 자유롭게 변형할 수 있다.
⑤ 인장강도는 철근이, 압축강도는 콘크리트가 부담하도록 설계한 구조로 라멘구조 또는 RC(Reinforced Concrete)조라 한다.

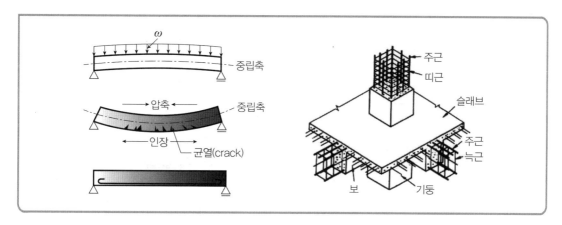

02 철근콘크리트구조의 장단점

장점	단점
① **내화 · 내구 · 내진 · 내풍적**인 구조이다.	① 습식구조이므로 **겨울철 공사가 어렵고, 공사기간이 길다.**
② 형태를 자유롭게 구성할 수 있다.	② 자중이 크다.
③ 유지 · 관리비가 적게 든다.	③ 파괴 · 철거가 곤란하다.
④ 재료가 풍부하고 구입이 용이하다.	④ 전음도(傳音度)가 크다.
⑤ 고층건물, 지하 및 수중구축을 할 수 있다.	⑤ 공사비가 비교적 고가이다.

01 철근의 종류

(1) 원형철근(round steel bar, SR)

공칭 직경은 mm 단위로, 표시기호는 ϕ로 한다.

(2) 이형철근(deformed steel bar, SD)

① 철근 표면에 마디와 리브가 있는 철근으로서 공칭 직경은 mm 단위로, 표시기호는 D로 한다.

② 이형철근은 원형철근보다 콘크리트와의 부착력이 40% 이상 증가한다.

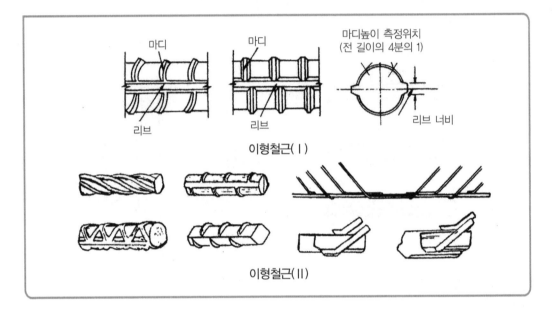

마디

마디

마디높이 측정위치
(전 길이의 4분의 1)

리브

리브

리브 너비

이형철근(Ⅰ)

이형철근(Ⅱ)

더 알아보기 | 철근의 표시

SD400	항복강도가 400MPa(N/mm^2) 이상인 이형철근
4-HD22	D22 고강도이형철근을 4개 배치
HD10@300	D10 고강도이형철근의 간격을 300으로 배치

(3) 고장력철근(high tensile bar)

인장력이 큰 고강도철근으로서 고강도의 콘크리트와 같이 사용한다.

(4) 철선(鐵線)

#으로 표시한다.

(5) 피아노선(piano wire)

프리스트레스트 콘크리트에 사용되며, 일반 철근보다 5배 정도 강하다.

(6) 용접철망(welded wire fabric)

지름 2~9mm의 강선을 정방형 또는 장방형의 망으로 용접한 철망이다.

02 철근의 가공

① 철근은 지름 25mm 이하는 상온에서, 28mm 이상은 가열하여 가공한다.
② 원형철근의 말단부에는 반드시 갈고리(hook)를 둔다.
③ 이형철근은 부착력이 커서 말단에 갈고리(hook)를 생략할 수 있지만, 다음의 경우에는 반드시 설치한다.

> ⊙ 기둥·보의 단부
> ⓛ 대근(띠철근)
> ⓒ 늑근(stirrup bar)
> ⓔ 굴뚝철근
> ⓜ 캔틸레버보, 단순보의 지지단

더 알아보기 | 철근의 조립순서

기초철근 ⇨ 기둥철근 ⇨ 벽철근 ⇨ 보철근 ⇨ 슬래브철근 ⇨ 계단철근

기출예제

철근콘크리트구조의 철근배근에 관한 설명으로 옳지 않은 것은? 제27회

① 보부재의 경우 휨모멘트에 의해 주근을 배근하고, 전단력에 의해 스터럽을 배근한다.
② 기둥부재의 경우 띠철근과 나선철근은 콘크리트의 횡방향 벌어짐을 구속하는 효과가 있다.
③ 주철근에 갈고리를 둘 경우 인장철근보다는 압축철근의 정착길이 확보에 더 큰 효과가 있다.
④ 독립기초판의 주근은 주로 휨인장응력을 받는 하단에 배근된다.
⑤ 보주근의 2단 배근에서 상하철근의 순간격은 25mm 이상으로 한다.

[해설]

주철근에 갈고리를 둘 경우 압축철근보다는 인장철근의 정착길이 확보에 더 큰 효과가 있다. 정답: ③

03 철근의 부착력

철근콘크리트부재에 휨에 의한 인장력이 작용할 때 콘크리트의 인장강도는 기대하기 어렵고, 철근이 인장력을 부담하여야 한다. 이때 콘크리트에 발생한 응력을 철근에 전달하도록 콘크리트와 철근을 일체화시키는 역할을 하는 것이 부착력이다.

① 콘크리트의 압축강도가 클수록 부착력이 증가한다.
② 철근의 주장(周長)에 비례한다.
③ 동일한 철근비일 때 굵은 철근을 쓰는 것보다 가는 철근을 사용하는 것이 유리하다.
④ 원형철근보다 이형철근의 부착력이 더 크다.
⑤ 표면에 약간 녹이 슨 철근은 부착력이 좋다.
⑥ 수평철근보다 연직철근의 부착력이 더 크다.
⑦ 같은 수평철근의 경우 상부철근보다 하부철근의 부착력이 더 크다.
⑧ 철근의 정착길이를 증가시키면 부착력이 증가하지만, 부착력이 정착길이에 반드시 비례하는 것은 아니다.

기출예제

철근콘크리트구조에 관한 설명으로 옳지 않은 것은?   제22회

① 콘크리트와 철근은 온도에 의한 선팽창계수가 비슷하여 일체화로 거동한다.
② 알칼리성인 콘크리트를 사용하여 철근의 부식을 방지한다.
③ 이형철근이 원형철근보다 콘크리트와의 부착강도가 크다.
④ 철근량이 같을 경우, 굵은 철근을 사용하는 것이 가는 철근을 사용하는 것보다 콘크리트와의 부착에 유리하다.
⑤ 건조수축 또는 온도변화에 의하여 콘크리트에 발생하는 균열을 방지하기 위해 사용되는 철근을 수축·온도철근이라 한다.

해설

철근량이 같을 경우, 굵은 철근을 사용하는 것보다 가는 철근을 사용하는 것이 콘크리트와의 부착에 유리하다.

정답: ④

---

04 철근의 이음

(1) 철근의 이음방법

철근의 이음방법에는 겹침이음, 기계식 이음, 용접이음, 가스압접이음 등이 있다.
① **겹침이음**
   ㉠ 이음의 겹침길이는 갈고리 부분은 제외하고 갈고리 중심간의 거리로 한다.
   ㉡ 잇는 철근의 지름이 다른 경우에 겹침이음의 길이는 작은 철근의 지름을 기준으로 한다.
   ㉢ D35를 초과하는 철근은 겹침이음을 할 수 없다.

② 기계식 이음
  ㉠ 나사식 이음
  ㉡ 슬리브 압착이음
  ㉢ 슬리브 충전이음

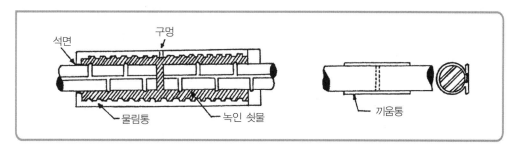

③ 용접이음: 철근의 용접법에는 아크용접(arc welding), 플래시버트용접(flash butt welding), 가스압접 등이 있다. 일반적인 가스용접은 강도가 약하기 때문에 구조용으로 사용할 수 없다.

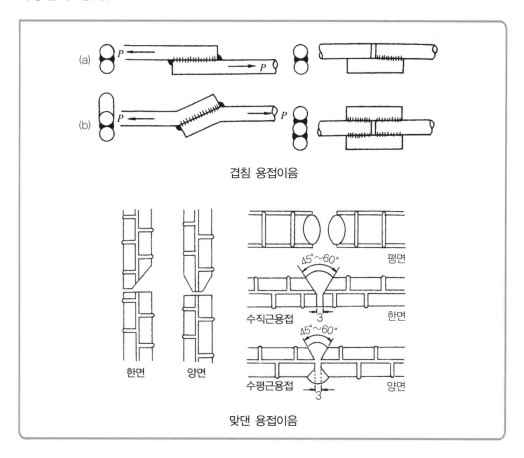

겹침 용접이음

맞댄 용접이음

(2) 철근이음시 유의사항

① 철근의 이음은 응력(인장력)이 작은 곳에서 한다.

② 이음의 위치는 응력이 큰 곳을 피하고 엇갈리게 잇는다.

③ 한곳에 철근 수의 반 이상을 이어서는 안 된다.

④ 지름이 다른 철근간의 이음길이 산정은 가는 철근의 지름으로 한다.

⑤ 경량콘크리트는 일반 콘크리트보다 이음길이를 더 두어야 한다.

⑥ 기둥의 주근이음은 바닥 위 0.5m 이상, 층고의 3분의 2 이하 지점에서 한다.

⑦ 보의 주근이음은 단부는 하부에서, 중앙부는 상부에서 하고, 절곡근(bent bar)은 4분의 1 지점에서 한다.

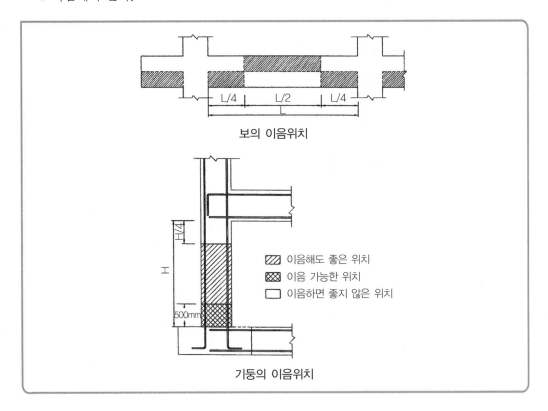

보의 이음위치

기둥의 이음위치

05 철근의 정착

철근콘크리트구조체가 큰 외력을 받게 되면 철근과 콘크리트는 분리되려는 성질을 나타내게 되므로 철근을 콘크리트로부터 쉽게 분리되지 않게 하기 위하여 콘크리트 속에 철근을 깊이 묻어 뽑히지 않도록 하는 것을 정착이라 한다.

(1) 정착위치

① 기둥의 주근은 기초에 정착한다.

② 보의 주근은 기둥에, 작은보의 주근은 큰보에 정착한다.

③ 지중보의 주근은 기초 또는 기둥에 정착한다.

④ 벽철근은 기둥·보·슬래브에 정착한다.

⑤ 슬래브철근은 보 또는 벽체에 정착한다.

⑥ 직교하는 단부보의 밑에 기둥이 없을 때에는 상호간에 정착한다.

기출예제

철근의 정착 및 이음에 관한 설명으로 옳은 것은?   제25회

① D35 철근은 인장 겹침 이음을 할 수 없다.

② 기둥의 주근은 큰보에 정착한다.

③ 지중보의 주근은 기초 또는 기둥에 정착한다.

④ 보의 주근은 슬래브에 정착한다.

⑤ 갈고리로 가공하는 것은 인장과 압축저항에 효과적이다.

[해설]

① D35를 초과하는 철근은 인장 겹침 이음을 할 수 없다.

② 기둥의 주근은 기초에 정착한다.

④ 보의 주근은 기둥에 정착한다.

⑤ 갈고리로 가공하는 것은 인장저항에 효과적이다.

정답: ③

---

(2) 정착길이

구분	간격
인장철근	300mm
압축철근	200mm

철근의 정착

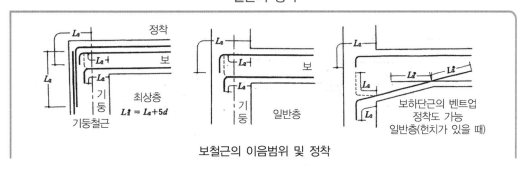

보철근의 이음범위 및 정착

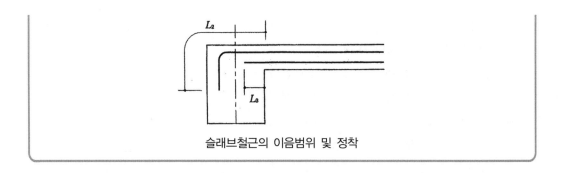

슬래브철근의 이음범위 및 정착

06 철근의 간격

(1) 순간격

① 배근된 철근의 표면과 표면의 최단거리를 말한다.

② 콘크리트의 유동성 확보와 재료분리 방지 등을 목적으로 순간격을 결정한다.

③ 철근 지름의 1.5배 이상

④ 25mm 이상

⑤ 굵은 골재 최대치수의 3분의 4배 이상으로 한다.

(2) 철근의 간격

구분		간격
보	순간격	공칭 지름 이상, 25mm 이상
	2단 배근	상하 철근 순간격 25mm 이상
기둥	순간격	공칭 지름 1.5배 이상, 40mm 이상
	띠철근 순간격	① 축방향철근 지름의 16배 이하 ② 띠철근 지름의 48배 이하 ③ 기둥 단면의 최소치수 이하 ◉ 단, ①~③ 중 최솟값
	나선철근 순간격	25mm 이상, 75mm 이하
슬래브	최대모멘트 발생단면	① 슬래브 두께의 2배 이하 ② 300mm 이하
	기타	① 슬래브 두께의 3배 이하 ② 400mm 이하
벽체		① 슬래브 두께의 3배 이하 ② 400mm 이하

철근의 간격 및 피복두께

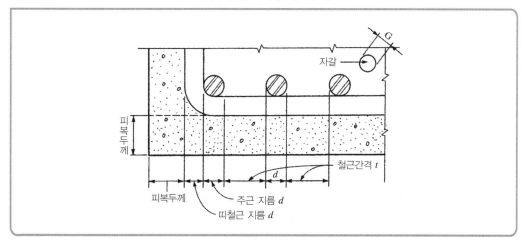

07 철근의 피복

(1) 피복두께

철근의 표면과 이것을 감싸는 콘크리트의 표면까지의 최단거리를 말한다.

① 피복두께의 목적

ㄱ 내화성 유지

ㄴ 내구성 유지

ㄷ 콘크리트 유동성 확보

ㄹ 콘크리트 균열 방지

ㅁ 부착력 증대

② 피복두께의 산정

ㄱ 기둥: 띠철근의 표면에서 콘크리트 표면까지

ㄴ 보: 늑근의 표면에서 콘크리트 표면까지

(2) 피복두께의 최소규정

철근에 대한 콘크리트 피복두께의 최솟값

구분		피복두께
수중에서 타설하는 콘크리트		100mm
흙에 접하여 콘크리트를 친 후 영구히 흙에 묻혀 있는 콘크리트		75mm
흙에 접하거나 옥외의 공기에 직접 노출되는 콘크리트	D25 이상 철근	50mm
	D16 이하 철근	40mm

옥외의 공기나 흙에 직접 접하지 않는 콘크리트	슬래브, 벽체, 장선	D35 초과 철근	40mm
		D35 이하 철근	20mm
	기둥, 보		40mm
	쉘, 절판부재		20mm

● 단, 기둥·보의 경우 $f_{ck} \geqq 40$MPa일 때 피복두께를 10mm 저감시킬 수 있다.

기출예제

철근콘크리트공사에 관한 설명으로 옳은 것은? 제24회

① 간격재는 거푸집 상호간에 일정한 간격을 유지하기 위한 것이다.
② 철근 조립시 철근의 간격은 철근 지름의 1.25배 이상, 굵은 골재 최대치수의 1.5배 이상, 25mm 이상의 세 가지 값 중 최댓값을 사용한다.
③ 기둥의 철근 피복두께는 띠철근(hoop) 외면이 아닌 주철근 외면에서 콘크리트 표면까지의 거리를 말한다.
④ 거푸집의 존치기간을 콘크리트 압축강도 기준으로 결정할 경우에 기둥, 보, 벽 등의 측면은 최소 14MPa 이상으로 한다.
⑤ 콘크리트의 설계기준압축강도가 30MPa인 경우에 옥외의 공기에 직접 노출되지 않는 철근 콘크리트 보의 최소 피복두께는 40mm이다.

해설
① 간격재는 피복두께를 유지하기 위한 것이다.
② 철근 조립시 철근의 간격은 철근 지름의 1.5배 이상, 굵은 골재 최대치수의 3분의 4배 이상, 25mm 이상의 세 가지 값 중 최댓값을 사용한다.
③ 기둥의 철근 피복두께는 띠철근(hoop) 외면에서 콘크리트 표면까지의 거리를 말한다.
④ 거푸집의 존치기간을 콘크리트 압축강도 기준으로 결정할 경우에 기둥, 보, 벽 등의 측면은 최소 5MPa 이상으로 한다.

정답: ⑤

제3절 거푸집공사

거푸집은 콘크리트구조물을 일정한 형태나 크기로 만들기 위하여 굳지 않은 콘크리트를 부어 넣어 원하는 강도에 도달할 때까지 양생 및 지지하는 가설 구조물이다.

01 거푸집의 조건

① 콘크리트를 부었을 때 변형되거나 파괴되지 않아야 한다.
② 모르타르나 시멘트풀이 누출되지 않아야 한다.

③ 형상과 치수가 정확하며 표면이 매끈하여야 한다.

④ 재료비가 싸고 재료가 적게 소요되며, 가공이 쉽고 반복사용이 가능하여야 한다.

⑤ 조립 및 해체가 용이하여야 한다.

02 거푸집의 존치기간

(1) 콘크리트의 압축강도를 시험할 경우 거푸집널의 해체시기

부재		콘크리트 압축강도
기초, 보, 기둥, 벽 등의 측면		5MPa 이상(내구성이 중요한 구조물은 10MPa 이상)
슬래브 및 보의 밑면, 아치 내면	단층구조인 경우	설계기준압축강도의 3분의 2배 이상 또는 최소 14MPa 이상
	다층구조인 경우	설계기준압축강도 이상 ● 필러 동바리구조를 이용할 경우에는 구조 계산에 의하여 기간을 단축할 수 있다. 단, 이 경우라도 최소강도는 14MPa 이상으로 한다.

(2) 콘크리트의 압축강도를 시험하지 않을 경우 거푸집널의 해체시기(기초, 보, 기둥 및 벽의 측면)

시멘트의 종류 / 평균기온	조강 포틀랜드 시멘트	보통 포틀랜드 시멘트, 고로슬래그 시멘트(1종), 플라이애시 시멘트(1종), 포틀랜드 포졸란 시멘트(A종)	고로슬래그 시멘트(2종), 플라이애시 시멘트(2종), 포틀랜드 포졸란 시멘트(B종)
20℃ 이상	2일	3일	4일
10℃ 이상 20℃ 미만	3일	4일	6일

기출예제

철근콘크리트공사에 관한 설명으로 옳은 것은? 제20회

① 항복강도 300MPa인 이형철근은 SR300으로 표시하며 양단면 색깔은 황색이다.

② 철근과 콘크리트의 선팽창계수는 차이가 크므로 서로 다른 값으로 간주한다.

③ 내구성이 중요한 구조물에서 시험에 의해 콘크리트의 압축강도가 10MPa 이상이면 기둥거푸집을 해체할 수 있다.

④ 이형철근으로 제작한 늑근(stirrup)의 갈고리는 생략할 수 있다.

⑤ 지름이 다른 철근을 이음하는 경우에는 이음길이는 굵은 철근을 기준으로 계산한다.

03 거푸집의 재료

(1) 거푸집널

① **목재거푸집**: 목재널 또는 내수합판을 사용하며 적당한 크기의 판넬로 짜서 사용한다.
② **철판거푸집**: 규칙적인 건물, 제치장 콘크리트면에 많이 사용한다.

(2) 동바리(支柱, support)

① 거푸집널을 짜 세우는 지지틀을 말한다.
② 통나무, 각재, 철재, 파이프 등을 사용한다.

(3) 거푸집 부속품

① **긴결재(form tie, 긴장재)**: 콘크리트를 부어 넣을 때 거푸집이 벌어지거나 우그러지는 것을 막는다.
② **격리재(separator)**: 거푸집 상호간의 일정한 간격을 유지하는 데 쓰인다.
③ **간격재(spacer)**: 철근과 거푸집의 피복두께를 유지하기 위한 것이다.
④ **박리재(form oil)**: 거푸집을 제거할 때 콘크리트에서 거푸집을 떼어내기 쉽게 바르는 물질이다.

(4) 특수거푸집의 종류

① **클라이밍폼(climbing form)**: 벽체용 거푸집으로 거푸집과 벽체 마감공사를 위한 비계틀을 일체로 조립하여 한꺼번에 인양시켜 설치하는 공법이다.
② **터널폼(tunnel form)**: 터널과 같은 동일 구조물을 계속하여 콘크리트를 부어 나갈 때 사용하는 강재거푸집공법이다.
③ **갱폼(gang form)**: 사용할 때마다 작은 부재의 조립·분해를 반복하지 않고 대형화·단순화하여 한번에 설치하고 해체하는 거푸집시스템이다.

장점	㉠ 조립과 해체작업이 생략되어 설치시간이 단축된다.
	㉡ 거푸집의 처짐량이 작고 외력에 대한 안정성이 높다.
단점	㉠ 중량물이므로 운반시 대형 양중(揚重)장비가 필요하다.
	㉡ 거푸집 제작비용이 크므로 초기 투자비용이 증가한다.

④ 슬라이딩폼(sliding form): 사일로·교각·건물의 코어 부분 등 단면형상의 변화가 없는 수직으로 연속된 콘크리트구조물에 사용한다.

⑤ 슬립폼(slip form): 전망탑·급수탑 등 단면형상에 변화가 있는 수직으로 연속된 콘크리트구조물에 사용한다.

(5) 생콘크리트의 측압

① 온도가 낮을수록 측압은 크다.

② 습도가 높을수록 측압은 크다.

③ 슬럼프값이 클수록 측압은 크다.

④ 빈(貧)배합보다 부(富)배합일수록 측압은 크다.

⑤ 단면이 클수록 측압은 크다.

⑥ 콘크리트 타설속도가 클수록 측압은 크다.

⑦ 진동다짐을 하면 측압은 크다.

⑧ 거푸집의 강성이 클수록 측압은 크다.

⑨ 거푸집널이 매끈할수록 측압은 크다.

⑩ 철근량이 많을수록 측압은 작다.

더 알아보기 | **거푸집 조립순서**

기초 ⇨ 기둥 ⇨ 내벽 ⇨ 큰보 ⇨ 작은보 ⇨ 바닥 ⇨ 외벽

기출예제

01 콘크리트공사에 관한 설명으로 옳지 않은 것은? 제22회

① 보 및 기둥의 측면 거푸집은 콘크리트 압축강도가 5MPa 이상일 때 해체할 수 있다.

② 콘크리트의 배합에서 작업에 적합한 워커빌리티를 갖는 범위 내에서 단위수량은 될 수 있는 대로 적게 한다.

③ 콘크리트 혼합부터 부어 넣기까지의 시간한도는 외기온이 25℃ 미만에서 120분, 25℃ 이상에서는 90분으로 한다.

④ VH(Vertical Horizontal) 분리타설은 수직부재를 먼저 타설하고 수평부재를 나중에 타설하는 공법이다.

⑤ 거푸집의 콘크리트 측압은 슬럼프가 클수록, 온도가 높을수록, 부배합일수록 크다.

해설

거푸집의 콘크리트 측압은 슬럼프가 클수록, 부배합일수록 크지만 온도가 높을수록 측압은 작다.

정답: ⑤

02 철근콘크리트공사의 거푸집에 관한 설명으로 옳지 않은 것은? 제19회

① 부어 넣은 콘크리트가 소정의 형상·치수를 유지하기 위한 가설구조물이다.
② 거푸집 설계시 적용하는 하중에는 콘크리트 중량, 작업하중, 측압 등이 있다.
③ 거푸집널을 일정한 간격으로 유지하는 동시에 콘크리트 측압을 지지하기 위하여 긴 결재(폼타이)를 사용한다.
④ 콘크리트의 측압은 슬럼프값이 클수록 작다.
⑤ 거푸집널과 철근 등의 간격을 유지하기 위하여 간격재(스페이서)를 사용한다.

해설
콘크리트의 측압은 슬럼프값이 클수록 크다. 정답: ④

제4절 | 콘크리트

콘크리트(concrete)는 시멘트(cement)·배합수·잔골재 및 굵은 골재 그리고 필요에 따라 성능 개선에 필요한 혼화재료(admixture)를 적정한 비율로 섞어서 만든 혼합물이다.

01 시멘트

(1) 개요

① 시멘트는 건축재료로 쓰이는 접합제로 석회석과 점토를 가루로 만들어 섞어 굽고, 다시 석고를 섞어 가루로 만든 것이다.
② 1824년에 영국의 벽돌공장 직공이 석회와 점토를 원료로 하여 물에 굳는 성질이 매우 강한 시멘트(포틀랜드시멘트)를 발명한 때부터 시작된 것이다.
③ 시멘트에는 공기 중에서만 완전히 굳는 기경성 시멘트와, 공기 중에서 굳는 성질도 있으나 물속에서 잘 굳어지는 수경성 시멘트, 치과용 시멘트와 같은 특수시멘트 등이 있다.
④ 시멘트를 만드는 방법에는 크게 건식법·습식법·반건식법이 있다.

(2) 시멘트의 종류

① 포틀랜드시멘트(portland cement)
ㄱ 보통 포틀랜드시멘트: 가장 보편적으로 쓰이는 시멘트이다.

ⓛ 조강 포틀랜드시멘트

　ⓐ 조기강도가 크다.

　ⓑ 거푸집 존치기간을 줄일 수 있어 공기 단축이 가능하다.

　ⓒ 수화속도가 빠르고 수화열이 크다.

　ⓓ 저온에서도 강도발현율이 크므로 동절기 공사에 유리하다.

ⓒ 중용열 포틀랜드시멘트

　ⓐ 수화열을 적게 하기 위하여 규산삼석회와 알루민산삼석회의 양을 적게 하고, 장기
강도를 발현하기 위하여 규산이석회의 양을 많게 한 시멘트이다.

　ⓑ 댐공사 · 도로포장 · 원자로 · 방사선실 등에 사용한다.

② 혼합시멘트

㉠ 고로시멘트

　ⓐ 고로슬래그(slag)를 수쇄(水碎)한 것과 포틀랜드시멘트와의 혼합시멘트이다
(슬래그의 배합량은 30% 내외).

　ⓑ 내식성(耐蝕性)이 증가된다.

　ⓒ 발열량이 적어 해수(海水), 지하수중의 공사, 댐공사 등에 사용된다.

㉡ 실리카시멘트

　ⓐ 포틀랜드시멘트 클링커에 화산회, 규산백토와 같은 실리카질 혼화재를 30% 이
하로 첨가하여 미분쇄한 시멘트이다.

　ⓑ 해수 등에 대한 화학저항이 크다.

　ⓒ 수밀성이 큰 콘크리트를 생산할 수 있다.

　ⓓ 초기강도는 낮으나 장기강도가 뛰어나다.

③ 특수시멘트

㉠ 알루미나시멘트

　ⓐ 석회와 알루미나광인 보크사이트와 거의 같은 양의 석회석을 혼합하여 전기로
등으로 용융 · 소성하여 급랭시켜 분쇄한 시멘트이다.

　ⓑ 초조강성을 가지며 내화성이 우수하다.

　ⓒ 산성, 염류, 해수 등에 의한 저항성이 크다.

㉡ 백색시멘트

　ⓐ 보통시멘트에서 산화철 성분을 제거하거나 백색점토를 사용한 시멘트이다.

　ⓑ 보통시멘트보다 비중이 작고(3.05~3.10), 강도는 보통 포틀랜드시멘트보다 낮다.

　ⓒ 타일줄눈이나 장식용으로 사용된다.

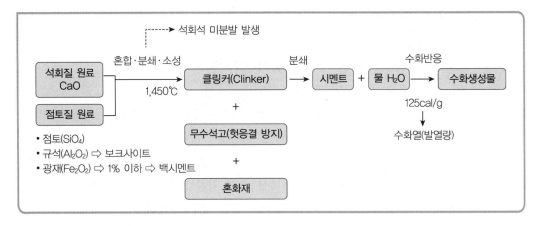

(3) 시멘트의 특성

① 분말도

ㄱ 시멘트 1g이 가지는 비표면적(比表面積)을 나타낸다.

ㄴ 시멘트 분말이 미세할수록

ⓐ 수화작용이 빠르다.

ⓑ 초기강도의 발생이 빠르다.

ⓒ 풍화되기 쉽다.

ⓓ 건조수축이 커서 균열이 발생하기 쉽다.

② 수화열

ㄱ 시멘트를 물과 혼합하여 비비면 응결·경화현상이 생기고 이때 발생되는 열을 수화열이라 한다.

ㄴ 발열량은 시멘트의 종류, 화학조성, 물·시멘트비, 분말도 등에 따라 달라진다.

③ 응결과 경화

ㄱ 응결(setting): 시멘트가 물과 수화반응에 의하여 유동성을 잃기 시작하면서부터 형상을 그대로 유지할 정도로 굳어질 때까지의 과정을 말한다.

ㄴ 경화(hardening): 응결과정 이후의 강도 발현과정을 말한다.

> **더 알아보기** 응결에 영향을 주는 요인
>
> 1. 시멘트의 품질
> 2. 콘크리트의 배합
> 3. 시멘트의 분말이 미세할수록 빨라진다.
> 4. 슬럼프가 작을수록 빨라진다.
> 5. 물·시멘트비가 작을수록 빨라진다.
> 6. 고온, 저습, 일사, 바람 등에 의하여 빨라진다.

02 물

① 청정한 수돗물이나 우물물을 사용한다.
② 바닷물은 사용할 수 없으나 무근콘크리트의 경우에는 사용이 가능하다.

03 골재

콘크리트나 모르타르에 사용하는 모래, 자갈, 쇄석 등을 말한다.

(1) 골재의 종류

① 천연골재: 강모래, 강자갈, 쇄석 등이 있다.
② 인공골재: 플라이애시(fly ash), 점토, 화산재 등이 있다.

(2) 골재의 크기

① 잔골재(세골재): 5mm 체에 85% 이상 통과하는 골재를 말한다.
② 굵은 골재(조골재): 5mm 체에 85% 이상 잔류하는 골재를 말한다.
  ◉ 단, 철근콘크리트용 25mm 이하, 무근콘크리트용 40mm 이하

(3) 골재의 조건

① 부착력을 위하여 표면이 거칠고 구형에 가까운 것이 좋다.
② 견고하고 내마모성이 있는 것
③ 55% 이상으로 실적률이 클 것
④ 입도가 좋을 것
⑤ 청정한 것
⑥ 내화성일 것

> **더 알아보기 | 입도**
>
> 골재의 대소립이 혼합되어 있는 정도를 말하며, 경화 후의 콘크리트 강도나 내구성 · 워커빌리티에 영향을 미치는 중요한 요인이 된다.

(4) 골재의 실적률과 공극률

① 실적률: 골재의 단위용적(m^3) 중의 실적용적을 백분율(%)로 나타낸 값을 말한다.

$$실적률(d) = \frac{단위용적\ 중량(W)}{비중(\rho)} \times 100(\%)$$

② 공극률: 골재의 단위용적(m^3) 중의 공극을 백분율(%)로 나타낸 값을 말한다.

$$공극률(v) = \left[1 - \frac{단위용적\ 중량(W)}{비중(\rho)} \right] \times 100(\%)$$

(5) 실적률이 큰 경우(공극률이 작은 경우) 콘크리트에 미치는 영향

① 단위수량이 감소한다.

② 건조수축이 감소한다.

③ 수화발열량이 감소한다.

④ 콘크리트의 수밀성이 커진다.

⑤ 시멘트풀(cement paste)의 양이 감소한다.

⑥ 콘크리트의 내구성 및 강도가 증가한다.

⑦ 콘크리트의 마모저항성이 커진다.

⑧ 콘크리트의 투수성 및 흡수성이 작아진다.

⑨ 경제적으로 유리하다.

(6) 굵은 골재의 최대치수

구분	최대치수(mm)
일반적인 경우	20 또는 25
단면이 큰 경우	40
무근콘크리트	40(부재 최소치수의 4분의 1 미만)

04 혼화재료(混和材, admixture)

(1) 개요

혼화재료는 콘크리트의 성질을 개선하기 위하여 사용되며, 혼화제(混和劑)와 혼화재(混和材)로 구분된다.

① **혼화제**: 콘크리트 속 시멘트 중량의 5% 이하(보통 1% 이하)로 적은 양을 사용하고, 부피가 작아 콘크리트 배합 계산에서 제외된다.

② **혼화재**: 콘크리트 속 시멘트 중량의 5% 이상을 사용하고, 사용량이 비교적 많아서 콘크리트 배합 계산에 포함된다.

콘크리트공사에 관한 설명으로 옳지 않은 것은? 제20회

① 보통콘크리트에 사용되는 골재의 강도는 시멘트 페이스트의 강도 이상이어야 한다.
② 콘크리트 제조시 혼화제(混和劑)의 양은 콘크리트 용적 계산에 포함된다.
③ 센트럴 믹스트(central-mixed) 콘크리트는 믹싱 플랜트에서 비빈 후 현장으로 운반하여 사용하는 콘크리트이다.
④ 콘크리트 배합시 골재의 함수상태는 표면건조 내부포수상태 또는 그것에 가까운 상태로 사용하는 것이 바람직하다.
⑤ 콘크리트 배합시 단위수량은 작업이 가능한 범위 내에서 될 수 있는 한 적게 되도록 시험을 통해 정하여야 한다.

해설

콘크리트 제조시 혼화제(混和劑)의 양은 콘크리트 용적 계산에 포함되지 않는다. 정답: ②

(2) 혼화재료의 종류

① 혼화제

    ㉠ AE제(공기연행제)

        ⓐ 콘크리트 속의 미세한 기포를 연행하여 콘크리트의 시공연도(workability) 및 내구성을 향상시킨다.

        ⓑ 동결융해에 대한 저항성을 증가시킨다.

철근콘크리트구조의 변형 및 균열에 관한 설명으로 옳지 않은 것은? 제20회

① 크리프(creep) 변형은 지속하중으로 인해 콘크리트에 발생하는 장기 변형이다.
② 콘크리트의 단위수량이 증가하면 블리딩과 건조수축이 증가한다.
③ AE제는 동결융해에 대한 저항성을 감소시킨다.
④ 보의 중앙부 하부에 발생한 균열은 휨모멘트가 원인이다.
⑤ 침하균열은 콘크리트 타설 후 자중에 의한 압밀로 철근 배근을 따라 수평부재 상부면에 발생하는 균열이다.

해설

AE제는 동결융해에 대한 저항성을 증가시킨다. 정답: ③

1. 반죽질기의 정도에 따른 작업의 난이도 및 재료분리에 저항하는 정도를 나타내는 굳지 않은 콘크리트의 성질이다.
2. 시공의 용이성을 의미하며 슬럼프테스트로 콘크리트의 시공연도를 측정한다.

    ⓛ 감수제(분산제), AE감수제
        ⓐ 시멘트 분말을 분산시켜 단위수량이나 단위시멘트량을 감소시키고, 시공연도를 향상시킨다.
        ⓑ 종류에는 표준형·지연형·촉진형이 있다.
    ⓒ 유동화제: 콘크리트에 첨가하여 유동성을 증대시킨다.
    ⓔ 응결·경화 조절제: 응결·경화를 지연 또는 촉진시키며, 종류에는 염화칼슘, 규산소다, 염화마그네슘 등이 있다.
    ⓜ 방청제: 철근이 염화물에 의하여 부식되는 것을 억제한다.
② 혼화재
    ㉠ 포졸란
        ⓐ 콘크리트 중의 수산화칼슘과 상온에서 천천히 화합하여 물에 녹지 않는 화합물을 만들 수 있는 실리카질 물질을 함유하고 있는 미분말상태의 재료이다.
        ⓑ 콘크리트 중량재로 사용되며 시공연도가 좋아지고, 해수 등의 화학적 저항이 크다.
    ㉡ 플라이애시
        ⓐ 화력발전소 등에서 석탄을 연소시킬 때 발생하는 가스로부터 집진기를 통하여 수집한 석탄재를 말한다.
        ⓑ 시공연도가 좋아지고 댐이나 프리팩트콘크리트 등의 중량재로 쓰인다.
    ㉢ 실리카흄: 실리콘 등의 규소합금을 제조할 때 배출가스에서 발생하는 초미립자 부산물이다.
    ㉣ 고로슬래그: 용광로에서 철을 만드는 과정에서 생기는 부산물이며, 용융상태의 고로슬래그를 급랭시켜 건조 분쇄한 미분말이다.
    ㉤ 팽창재: 시멘트 및 물과 함께 혼합하면 수화반응에 의하여 모르타르 또는 콘크리트를 팽창시킨다.

(3) 혼화재료의 사용목적

① 콘크리트의 성질(내구성, 강도, 수밀성, 시공성) 개선
② 단위시멘트량 감소
③ 단위수량 감소

05 콘크리트의 배합설계

소요의 강도, 내구성, 수밀성 등을 가진 콘크리트를 경제적으로 얻기 위하여 시멘트, 물, 골재, 혼화재료를 적정한 비율로 배합하는 것이다.

(1) 표준배합설계 순서

① 설계기준강도(소요강도) 결정
② 배합강도 결정
③ 시멘트강도 결정
④ 물·시멘트비 결정
⑤ 슬럼프값 결정
⑥ 굵은 골재 최대치수 결정
⑦ 잔골재율 결정
⑧ 단위수량 결정
⑨ 시방배합 결정
⑩ 현장배합 결정

(2) 배합설계 목적

① 소요강도 확보
② 내구성 확보
③ 균일한 시공연도
④ 단위수량 감소
⑤ 경제적 배합
⑥ 균질성 및 수밀성 확보

(3) 설계기준강도의 결정

① 구조의 설계계산시 기준이 되는 설계기준강도는 콘크리트의 재령(材齡) 28일에서의 압축강도를 말한다.

$$\text{설계기준강도}(f_{ck}) \geq 3 \times \text{장기허용응력도}$$

② 4주 압축강도는 15MPa 이상, 고강도콘크리트는 40MPa 이상의 콘크리트를 사용하도록 규정되어 있다.

(4) 배합강도의 결정

콘크리트 배합강도(F)는 콘크리트 설계기준강도(f_{ck})에 28일간의 예상평균기온에 의한 콘크리트 강도의 보정값(T)과 사용하는 콘크리트 강도의 표준편차(σ)를 가산한 것으로 한다.

$$F \geqq f_{ck} + T + 1.73\sigma$$

(5) 시멘트 강도(K)의 결정

시멘트 강도는 28일 압축강도(K28)를 기준으로 한다.

(6) 물 · 시멘트비(W/C)

① 시멘트 중량에 대한 물의 중량비를 백분율(%)로 표시한 것이다.

$$W/C = \frac{물의\ 중량}{시멘트의\ 중량} \times 100(\%)$$

② 소요의 강도, 내구성, 수밀성, 균열저항성 등을 고려하여 결정한다.

③ 물 · 시멘트비(W/C)가 큰 경우의 문제점

　　㉠ 재료분리 증가

　　㉡ 블리딩, 레이턴스 증가

　　㉢ 건조수축, 균열 발생 증가

　　㉣ 크리프현상 증가

　　㉤ 부착력 저하

　　㉥ 동결융해 저항성 저하

　　㉦ 시공연도 저하

　　㉧ 수밀성, 내구성, 내마모성 저하

　　㉨ 이상응결(응결지연) 발생

(7) 슬럼프값의 결정

① 슬럼프테스트(slump test)로 결정하며, 시공연도의 양부를 측정한다.

② 슬럼프시험 시행순서

　　㉠ 수밀성 평판을 설치한다.

　　㉡ 슬럼프테스트콘을 수밀성 평판 중앙에 설치하여 움직이지 않도록 한다.

　　㉢ 콘 체적(용적)의 3분의 1만큼 콘크리트 시료를 채운다.

　　㉣ 다짐막대로 25회 균일하게 다진다.

　　㉤ ㉢과 ㉣을 2회 반복한 후 윗면을 수평으로 자른다.

ⓗ 슬럼프콘을 수직으로 서서히 들어 올린다.

ⓢ 측정계기를 이용하여 시료의 높이를 콘의 높이 30cm에서 뺀 값이 슬럼프값이다.

슬럼프시험

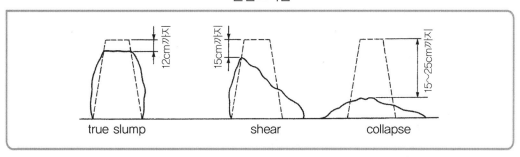

true slump   shear   collapse

기출예제

콘크리트 슬럼프 시험으로 판단할 수 있는 것은?   제23회

① 시공연도   ② 크리프
③ 중성화   ④ 내구성
⑤ 수밀성

해설

콘크리트의 슬럼프 시험은 굳지 않은 콘크리트의 반죽질기를 측정하는 것으로, 시공연도를 판단하는 하나의 수단으로 사용된다.   정답: ①

더 알아보기 **시공연도에 영향을 미치는 요인**

1. 단위수량   2. 단위시멘트량
3. 골재의 입도·입형   4. 공기량
5. 온도   6. 비빔시간
7. 혼화재료

---

06 콘크리트의 성질

(1) 굳지 않은 콘크리트의 성질

① 워커빌리티(workability, 시공연도)

ⓐ 반죽질기의 정도에 따른 작업의 난이도 및 재료분리에 저항하는 정도를 나타내는 굳지 않은 콘크리트의 성질이다.

ⓑ 시공의 용이성을 의미하며 슬럼프테스트로 콘크리트의 시공연도를 측정한다.

② 컨시스턴시(consistency, 반죽질기): 수량의 다소에 따라 반죽이 되고 진 정도를 나타내는 굳지 않은 콘크리트의 성질을 말한다.

③ 플라스티시티(plasticity, 성형성): 거푸집의 형상대로 잘 채워지고 재료분리가 잘 일어나지 않는 성질을 말한다.

④ 피니셔빌리티(finishability, 마감성): 굵은 골재의 최대치수 등에 따른 표면정리의 난이 정도를 말한다.

(2) 블리딩과 레이턴스

① 블리딩(bleeding): 일종의 재료분리현상으로 혼합수가 시멘트 입자와 골재의 침강에 의해 윗방향으로 떠오르는 현상이다.

발생원인	방지대책
㉠ 물·시멘트비가 클수록	㉠ 슬럼프값을 작게 한다.
㉡ 단위수량이 많을수록	㉡ 밀실한 콘크리트가 되도록 한다.
㉢ 부재의 단면치수가 클수록	㉢ 골재 중에 유해물이 적어야 한다.
㉣ 분말도가 낮은 시멘트를 사용할수록	㉣ 분말도가 높은 시멘트를 사용한다.

② 레이턴스(laitance)

  ㉠ 블리딩에 의하여 부상한 미립물이 콘크리트 표면에 얇은 피막으로 침적하는 미세한 물질이다.

  ㉡ 레이턴스가 생긴 표면은 미세한 균열이 발생하고 콘크리트의 부착이 나빠지므로 제거하여야 한다.

철근 상단의 균열과 철근 하단의 공극 생성

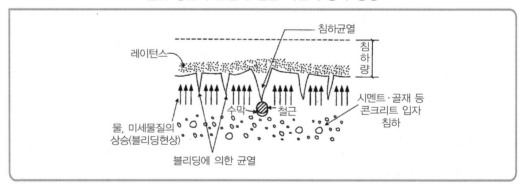

(3) 크리프(creep)

① 정의: 콘크리트에 일정한 하중을 계속 가하면 하중의 증가 없이 시간의 경과에 따라 변형이 증가되는 현상을 말한다.

② 크리프의 증가원인

    ㉠ 강도가 작을수록

    ㉡ 양생(보양)이 나쁠수록

    ㉢ 단면이 작을수록

    ㉣ 온도가 높을수록

    ㉤ 대기습도가 낮을수록

    ㉥ 단위시멘트량이 많을수록

    ㉦ 재하 응력이 클수록

    ㉧ 재령이 작은 콘크리트의 재하시기가 빠를수록

③ 크리프 방지대책: 압축철근을 증가시키면 크리프를 방지할 수 있다.

(4) 건조수축

① 정의: 수화된 시멘트에 흡착되었던 수분이 증발하여 콘크리트에 생기는 체적변형을 말한다.

② 건조수축 방지대책

    ㉠ 물·시멘트비가 작을수록 건조수축이 작게 발생한다.

    ㉡ 단위시멘트량이 작을수록 건조수축이 작게 발생한다.

    ㉢ 단위수량이 작을수록 건조수축이 작게 발생한다.

    ㉣ 공극률이 감소하면 건조수축이 작게 발생한다.

    ㉤ AE제 사용량이 적을수록 건조수축이 작게 발생한다.

    ㉥ 주변 습도가 높을수록 건조수축이 작게 발생한다.

    ㉦ 양생을 충분히 하면 건조수축이 작게 발생한다.

(5) 재료분리

① 정의: 콘크리트의 구성요소인 시멘트·물·잔골재·굵은 골재가 골고루 분포되어 있지 않고 균질을 상실한 상태를 말한다.

② 재료분리의 원인

    ㉠ 굵은 골재의 최대치수가 지나치게 큰 경우

    ㉡ 입자가 거친 잔골재를 사용한 경우

    ㉢ 단위골재량이 너무 많은 경우

    ㉣ 단위수량이 너무 많은 경우

    ㉤ 배합이 적절하지 않은 경우

③ 재료분리 방지대책

　ⓐ 물·시멘트비를 작게 한다.

　ⓑ 양질의 혼화재(AE제, 플라이애시 등)를 사용한다.

　ⓒ 골재의 입도가 적당하고 입형이 둥근 것을 사용한다.

　ⓓ 잔골재 중의 0.15~0.3mm 정도의 세립분의 양을 많게 한다.

　ⓔ 콘크리트의 성형성(plasticity)을 증가시킨다.

기출예제

콘크리트의 재료분리 발생원인이 아닌 것은?　제24회

① 모르타르 점성이 적은 경우
② 부어 넣는 높이가 높은 경우
③ 입경이 작고 표면이 거친 구형의 골재를 사용한 경우
④ 단위수량이 너무 많은 경우
⑤ 운반이나 다짐시 심한 진동을 가한 경우

해설

입경이 작고 표면이 거친 구형의 골재를 사용하는 것은 재료분리 방지방법이다.　정답: ③

---

(6) 콘크리트의 중성화

탄산화반응(중성화)

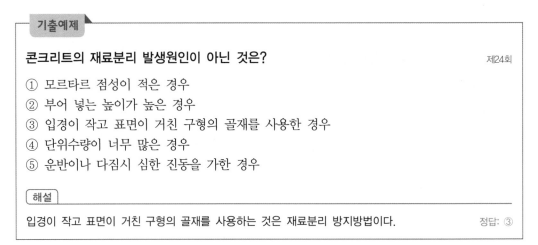

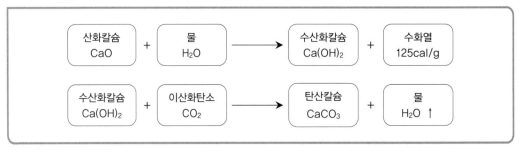

① **정의**: 콘크리트가 표면으로부터 공기 중의 탄산가스를 흡수하여 콘크리트 중의 수산화칼슘이 탄산칼슘으로 변화하면서 알칼리성을 잃게 되는 현상을 말한다.

② **중성화의 특징**

　ⓐ 철근에 녹이 발생하고 철근의 2~3배까지 체적팽창을 한다.

　ⓑ 물·시멘트비가 클수록 중성화 속도가 빠르다.

　ⓒ 경량골재 사용시 중성화 속도가 빠르다.

　ⓓ 온도가 높을수록 중성화 속도가 빠르다.

　ⓔ 습도가 낮을수록 중성화 속도가 빠르다.

ⓑ 피복두께가 두꺼울수록 중성화 속도가 느리다.

ⓐ 마감재가 있으면 중성화 속도가 느리다.

ⓞ 실리카질의 혼화재를 사용한 시멘트는 중성화 속도가 빠르고, 조강시멘트는 중성화 속도가 느리다.

③ **중성화 검사방법**: 1%의 페놀프탈레인 용액을 콘크리트면에 도포한 후 색깔이 자적색이면 중성화되지 않은 것으로 판단한다.

④ **중성화 방지대책**

ⓐ 도장, 미장, 타일, 방수 등으로 마감한다.

ⓑ 피복두께를 증가시킨다.

ⓒ 물·시멘트비를 작게 하고 콘크리트를 밀실시공한다.

ⓓ 재료분리를 방지한다.

ⓔ 온도는 낮게, 습도는 높게 유지한다.

(7) 염해

① **정의**: 해수·해풍 등의 외부 환경조건으로부터 염화물이 침투하거나 콘크리트 조성시 사용되는 바닷모래 등으로 콘크리트 중에 염화물이온이 존재하여 철근의 부동태피막을 파괴시킴으로써 철근을 부식시켜 콘크리트구조물의 성능 저하 혹은 내력 저하 등의 손상을 끼치는 현상을 말한다.

② **콘크리트에 미치는 영향**

ⓐ 철근부식

ⓑ 건조수축 증가

ⓒ 응결시간 단축

ⓓ 장기강도 저하

ⓔ 콘크리트의 인장균열 증가

③ **염해 방지대책**

ⓐ 해사 염분을 제거한다.

ⓑ 내식성 철근(아연도금, 에폭시코팅)을 사용한다.

ⓒ 물·시멘트비를 작게 한다.

ⓓ 피복두께를 증가시킨다.

ⓔ 콘크리트를 밀실다짐한다.

01 철근콘크리트구조물의 내구성 저하요인으로 옳지 않은 것은? 제22회

① 수화반응으로 생긴 수산화칼슘
② 기상작용으로 인한 동결융해
③ 부식성 화학물질과의 반응으로 인한 화학적 침식
④ 알칼리 골재반응
⑤ 철근의 부식

해설

수화반응으로 생긴 수산화칼슘은 철근콘크리트구조물의 내구성을 저하시키는 요인이 아니다.

정답: ①

02 철근콘크리트구조물의 내구성을 저하시키는 주요 원인을 모두 고른 것은? 제19회

| ㉠ 콘크리트의 중성화 | ㉡ 알칼리 골재반응 |
| ㉢ 화학적 침식 | ㉣ 동결융해 |

① ㉠, ㉡
② ㉢, ㉣
③ ㉠, ㉡, ㉢
④ ㉡, ㉢, ㉣
⑤ ㉠, ㉡, ㉢, ㉣

해설

철근콘크리트구조물의 내구성을 저하시키는 주요 원인은 콘크리트의 중성화, 알칼리 골재반응, 화학적 침식, 동결융해 등이다.

정답: ⑤

07 콘크리트의 강도

콘크리트 강도의 종류에는 압축강도, 인장강도, 휨강도 등이 있는데, 일반적으로는 재령 28일 강도에 해당하는 압축강도를 의미한다.

(1) 압축강도시험의 목적

① 콘크리트의 품질 확인
② 거푸집의 해체시기 결정
③ 배합 결정

(2) 압축강도시험의 순서

공시체 제작 ⇨ 수중양생 ⇨ 압축강도시험

> **더 알아보기** **콘크리트 강도의 특징**
>
> 1. **시멘트 강도**가 클수록 커진다.
> 2. **물 · 시멘트비**가 작을수록 커진다.
> 3. **슬럼프값**이 작을수록 커진다.
> 4. **입도**가 좋을수록 커진다.
> 5. 보양을 잘할수록 커진다.
> 6. **분말도**가 낮을수록 커진다.
> 7. 수화열이 작을수록 커진다.
> 8. 건조수축이 작을수록 커진다.

08 콘크리트의 시공

(1) 콘크리트 비비기

① 콘크리트의 비빔은 기계비빔을 원칙으로 한다.

② 기계비빔시 재료 투입순서: '모래 ⇨ 시멘트 ⇨ 물 ⇨ 자갈' 순으로 한다.

③ 손비빔시 재료 투입순서: '모래 ⇨ 시멘트 ⇨ 자갈 ⇨ 물' 순으로 한다.

(2) 콘크리트 타설

① 부어 넣기 전에 배근, 배관, 거푸집 등을 점검하고 청소 및 물축이기를 한다.

② 비빔장소에서 먼 곳부터 가까운 곳으로 부어 넣는다.

③ 낮은 곳에서 높은 곳으로 부어 나간다.

④ 미리 계획된 구역 내에서는 연속적으로 붓기를 하며, 한 구획 내에서는 콘크리트 표면이 수평이 되도록 부어 넣는다.

⑤ 벽 또는 기둥의 타설속도는 일반적으로 30분에 1~1.5m 정도로 하는 것이 적당하다.

⑥ 콘크리트 배합에서 타설까지 시간 간격은 25℃ 미만일 때 120분, 25℃ 이상에서는 90분 이내로 한다.

⑦ 타설한 콘크리트를 거푸집 안에서 횡방향으로 이동시켜서는 안 된다.

⑧ 기둥은 한번에 부어 넣지 않고, 벽은 수평으로 부어 넣는다.

⑨ 보는 양단에서 중앙부로 부어 넣는다.

(3) 콘크리트 이어붓기

① 이음면은 깨끗하고 거친 면으로 하고, 레이턴스와 불순물을 제거하여야 한다.

② 부재의 전단력이 가장 작은 곳에서 이어붓는다.

③ 기둥은 바닥판 또는 기초의 상면에서 수평으로 한다.

④ 보 및 바닥판은 간사이의 중앙부에 수직으로 한다.

⑤ 작은보가 접속되는 큰보의 이음은 작은보 너비의 2배 정도 떨어진 곳에 둔다.

⑥ 캔틸레버보, 캔틸레버 바닥판은 이어붓지 않는다.

⑦ 아치는 아치 축에 직각으로 한다.

⑧ 벽은 떼어내기에 편리한 개구부 등에 수직·수평으로 한다.

⑨ 이어붓기 시간 간격의 한도는 25℃ 미만일 때 150분, 25℃ 이상에서는 120분 이내로 한다.

(4) 진동다짐

① 정의: 굳지 않은 콘크리트 내부에 진동을 발생시켜 기포를 제거하고 내용물이 적절하게 섞이도록 하여 수밀성과 내구성을 향상시킨다.

② 진동기 사용시 주의사항

   ㉠ 굳기 시작한 콘크리트에는 사용하지 않는다.

   ㉡ 슬럼프 15cm 이하의 된비빔콘크리트에 사용한다.

   ㉢ 철근 또는 거푸집에 직접 진동을 주어서는 안 된다.

   ㉣ 진동기는 수직으로 서서히 뽑아 구멍이 남지 않도록 한다.

   ㉤ 진동시간은 5~15초가 적당하고, 간격은 50cm 정도로 한다.

   ㉥ 과도한 진동다짐은 재료분리의 원인이 된다.

   ㉦ 진동기는 콘크리트 $20m^3$에 1대 정도로 사용한다.

③ 진동기의 종류

   ㉠ 봉상 진동기

   ㉡ 거푸집 진동기

   ㉢ 표면 진동기

(5) 공기량

① 정의: 생콘크리트 타설 후 콘크리트 속에 포함되는 공기의 양으로, 적정량 이상의 공기량 시공시 시공연도가 향상되나 콘크리트의 강도 저하 등 품질에 악영향을 준다.

② 공기량의 효과

   ㉠ 동결융해 저항성이 증대한다.

   ㉡ 시공연도가 향상된다.

    ⓒ 단위수량이 감소한다.

    ⓔ 내구성·수밀성이 증대한다.

③ 공기량의 특징

    ㉠ AE제의 혼입량이 증가하면 공기량이 증가한다.

    ㉡ 시멘트의 분말도, 단위시멘트량이 증가하면 공기량은 감소한다.

    ㉢ 콘크리트의 온도가 증가하면 공기량은 감소한다.

    ㉣ 공기량이 증가하면 슬럼프값이 증가한다.

    ㉤ 진동시간이 과다하면 공기량은 감소한다.

기출예제

굳지 않은 콘크리트의 특성에 관한 설명으로 옳지 않은 것은?   제25회

① 물의 양에 따른 반죽의 질기를 컨시스턴시(consistency)라고 한다.
② 재료 분리가 발생하지 않는 범위에서 단위수량이 증가하면 워커빌리티(workability)는 증가한다.
③ 골재의 입도 및 입형은 워커빌리티(workability)에 영향을 미친다.
④ 물시멘트비가 커질수록 블리딩(bleeding)의 양은 증가한다.
⑤ 콘크리트의 온도는 공기량에 영향을 주지 않는다.

해설

콘크리트의 온도는 공기량에 영향을 준다. 온도가 높으면 공기량이 감소하고, 온도가 낮으면 공기량이 증가한다.

정답: ⑤

---

(6) 콘크리트의 양생

① **정의**: 시멘트의 수화반응을 촉진시키기 위한 조치로서, 콘크리트를 타설한 후 경화의 초기단계에서부터 적절한 환경을 만드는 것을 말하며 급격한 건조나 온도변화, 진동 및 충격 등의 영향을 받지 않도록 보호하는 일을 보양 또는 양생이라 한다.

② 양생의 분류

습윤양생	보양시트, 거적 및 스프링클러 등을 이용하여 습윤상태를 유지하는 양생
증기양생	단시일 내에 강도를 발현시키기 위하여 고온의 수증기로 양생
전기양생	저압교류를 콘크리트로 보내 전기저항으로 발생하는 열을 이용한 양생
피막양생	콘크리트 표면에 피막양생제를 뿌려 수분증발을 방지하는 양생

③ 양생시 유의사항

    ㉠ 직사광선이나 바람에 의하여 수분이 증발하지 않도록 한다.

    ㉡ 콘크리트 노출면을 일정기간 동안 습윤상태로 유지한다.

ⓒ 거푸집판이 건조될 우려가 있는 경우에는 살수를 한다.

ⓔ 막양생을 할 경우에는 충분한 양의 막양생제를 균일하게 살포한다.

09 특수콘크리트

(1) 서중콘크리트

① 하루 평균기온 25℃를 초과하는 것이 예상되는 경우에 사용하는 콘크리트이다.

② 증발이 많고 응결이 빨라 슬럼프 저하, 연행공기량 감소, 건조수축균열, 수화열에 의한 균열이 우려된다.

③ 중용열시멘트, 고로슬래그, 플라이애시 등을 사용하여 수화열이 적게 한다.

④ 슬럼프값은 180mm 이하, 부어 넣을 때의 콘크리트 온도는 35℃ 이하로 한다.

⑤ 타설 후에는 수분의 급격한 증발이나 직사광선에 의한 온도 상승을 막고 습윤상태를 유지하면서 양생을 한다.

(2) 한중콘크리트

① 하루평균기온이 4℃ 이하인 경우에 사용하는 콘크리트이다.

② 물·시멘트비는 60% 이하로 하고, 단위수량은 콘크리트의 소요 성능이 얻어지는 범위 내에서 될 수 있는 대로 적게 한다.

③ AE제, AE감수제 및 고성능 AE감수제 중 어느 한 종류는 반드시 사용한다.

④ 재료 가열시 물을 가열하는 것을 원칙으로 하며 시멘트는 절대 가열하지 않고, 골재를 가열할 경우 직접 불에 닿지 않도록 주의한다.

⑤ 믹서의 재료 투입 순서는 '골재 ⇨ 물 ⇨ 시멘트'의 순으로 한다.

⑥ 부어 넣을 때의 콘크리트 온도는 10℃ 이상 20℃ 미만으로 한다.

(3) AE콘크리트

① 콘크리트의 동결융해작용(凍結融解作用)에 대한 저항을 증가시킬 목적으로 AE제를 혼입한 콘크리트이다.

② AE제를 사용하면 콘크리트 중에 미세한 기포(지름 0.03~0.3mm)가 발생하여 시공연도가 좋아지고, 물·시멘트비(W/C)를 작게 할 수 있다.

③ 공기량이 많을수록 슬럼프값은 증대하고 강도는 저하된다.

④ 염분 및 동결융해에 대한 저항성이 증대된다.

⑤ AE제에 의한 적당한 공기량은 4~6% 정도이다.

⑥ 블리딩이 감소되고 수화열이 적게 발생한다.

⑦ 수밀성이 증대되고 깬 자갈에 유리하다.

⑧ 부착강도가 저하된다.

(4) 레디 믹스트 콘크리트(ready mixed concrete)

① 정의: 레미콘은 시멘트와 골재 등을 공장에서 미리 배합하여 현장으로 운반하여 타설하는 콘크리트를 부르는 말이다.

② 종류

   ㉠ 센트럴 믹스트 콘크리트(central mixed concrete): 공장의 믹서에서 완전히 비빈 것을 목적지에 운반하는 방법이다.

   ㉡ 슈링크 믹스트 콘크리트(shrink mixed concrete): 공장에서 부분적으로 비빈 것을 트럭 믹서에 담아 운반 중 비벼서 현장에 반입하는 방법이다.

   ㉢ 트랜싯 믹스트 콘크리트(transit mixed concrete): 공장에서 재료를 싣고 주행 중에 완전히 비벼서 현장에 반입하는 방법이다.

③ 특징

   ㉠ 균일한 품질이 보장된다.

   ㉡ 현장이 협소한 도심지에 적합하다.

   ㉢ 운반시간에 제한을 받는다.

   ㉣ 운반 도중 재료분리의 우려가 있다.

   ㉤ 현장 내에 재료적치장이 불필요하다.

   ㉥ 현장 내에 비빔작업이 불필요하다.

   ㉦ 현장이 공장으로부터 1시간 30분 이내의 거리에 있어야 한다.

(5) 경량콘크리트

① 보통콘크리트보다 단위중량이 작은 콘크리트로서 경량골재를 사용하여 만든 경량골재 콘크리트 또는 기포제를 사용하여 만든 기포콘크리트를 말한다.

② 기건 비중(氣乾比重) 2.0 이하의 콘크리트이며, 실제로 사용되는 것은 비중 1.2~1.7 정도이다.

③ 설계기준압축강도가 15MPa 이상 24MPa 이하로서, 기건 단위질량이 1,400~2,000 kg/m^{3}의 범위에 해당하는 것으로 한다.

④ 골재로는 천연경량골재·공업 부산물·인공경량골재 등이 있다.

⑤ 콘크리트의 수밀성을 기준으로 물·시멘트비를 정할 경우 50% 이하를 표준으로 한다.

⑥ 경량골재는 배합 전에 충분히 흡수시키고, 표면건조 내부포수상태에 가까운 상태로 사용하는 것을 원칙으로 한다.

⑦ 건조수축이 크고 강도가 작으며 시공이 번거롭다.

⑧ 보통콘크리트 피복두께에 대하여 10mm를 더한 것으로 한다.

⑨ 자중이 작아 건물의 경량화를 도모할 수 있다.

⑩ 내화성이 크고 열전도율이 작다.

⑪ 방음효과가 크다.

⑫ 다공질로서 강도가 작으며 건·습에 따라 수축·팽창이 심하다.

⑬ 경량콘크리트는 흙 또는 물에 항상 접해 있는 부분에는 사용하지 않는다.

(6) 중량콘크리트

① 중량골재를 사용하여 만든 콘크리트, 즉 자철광, 갈철광, 중정석 등과 같은 비중이 큰 골재를 사용하여 만든 콘크리트이다.

② 주로 방사선에 대한 차폐효과를 높이는 데 사용한다.

③ 비중이 3.2~4.0 정도로 무거운 콘크리트이다.

④ 차폐용 콘크리트 또는 X선 차폐용 콘크리트라고도 한다.

(7) 수밀콘크리트

① 물의 침입을 방지하기 위하여 콘크리트 자체를 수밀(水密)하게 만든 콘크리트이다.

② 골재는 깨끗하고 입도가 좋은 양질의 것을 사용한다.

③ 콘크리트의 소요 품질이 얻어지는 범위 내에서 단위수량 및 물·시멘트비를 가급적 작게 하고, 굵은 골재량은 가급적 크게 한다.

④ 물·시멘트비(W/C)는 50% 이하로 한다.

⑤ 슬럼프값은 180mm 이하로 한다.

⑥ 시공이음이 생기지 않도록 시공계획을 세운다.

⑦ 진동다짐을 원칙으로 한다.

⑧ 골재가 분리되지 않게 부어 넣고 충분히 다진다.

⑨ 양생은 2주간 습윤양생하여 건조균열을 방지한다.

(8) 프리스트레스트 콘크리트(pre-stressed concrete)

① 정의: 철근 대신에 높은 인장강도를 발휘하는 고강도 강재(例 강선, 강연선, 강봉 등)를 사용하여 콘크리트에 미리 압축응력을 가해 줌으로써 하중으로 인한 인장응력을 일부 상쇄시켜서 더 큰 외부하중을 받을 수 있게 만든 콘크리트이다.

② 특징

㉠ 설계하중을 받았을 때 균열이 생기지 않는다.

㉡ 수축균열이 작다.

㉢ 항상성과 가요성이 풍부하다.

㉣ 부재의 자중을 가볍게 할 수 있다.

㉤ 강재가 절약되고 공기 단축이 가능하다.

㉥ 철근콘크리트에 비하여 내화성이 떨어지고 단가가 비싸다.

㉦ 철근콘크리트에 비하여 단면을 작게 할 수 있지만 변형과 진동이 크다.

◎ 공사가 복잡하여 정밀한 시공이 요구된다.

ⓩ 고강도 강재를 사용하므로 내구적인 구조물이 된다.

③ 제작방법

㉠ 프리텐션법(pretension method): PC강선을 긴장하여 배근하고 콘크리트를 부어 넣어 굳은 다음 그 긴장을 풀면 콘크리트에 부착된 PC강선이 콘크리트에 압축 프리스트레스를 주는 방법이다.

㉡ 포스트텐션법(post-pretension method): 콘크리트 속에 PC강선을 꿰어넣을 수 있는 구멍을 내어 두었다가 콘크리트가 굳은 다음 PC강선을 끼워 긴장한 상태로 그 구멍에 그라우팅(grouting)하여 콘크리트에 부착시켜 압축 프리스트레스를 주는 방법이다.

(9) 고강도콘크리트

① 건물의 다양화·고층화 추세에 따라 콘크리트의 내구성 증진, 부재 단면의 축소 및 그로 인한 자중 감소의 효과를 목적으로 하는 콘크리트이다.

② 설계기준강도는 40MPa 이상으로 하고, 경량콘크리트에서는 27MPa 이상으로 한다.

③ 물·시멘트비는 50% 이하로 한다.

④ 슬럼프값은 150mm 이하로 한다. 다만, 유동화콘크리트로 할 경우에는 210mm 이하로 한다.

⑤ 굵은 골재는 입도가 적정한 것으로 공극률을 줄임으로써 시멘트풀이 최소가 되도록 한다.

⑥ 골재의 최대크기는 40mm 이하로서 가능한 한 25mm 이하를 사용하도록 한다.

⑦ 기상의 변화가 심하거나 동결융해에 대한 대책이 필요한 경우를 제외하고는 공기연행제를 사용하지 않는 것을 원칙으로 한다.

(10) 진공매트 콘크리트(vacuum concrete)

① 콘크리트를 부어 넣은 표면에 진공매트장치를 씌워서 콘크리트 중의 수분과 공기를 진공매트장치로 흡수하여 만든 콘크리트이다.

② 강도 증대, 건조수축의 저감, 동결방지의 목적으로 사용되며, 도로공사에 주로 사용된다.

(11) 프리팩트 콘크리트(prepacted concrete)

① 미리 채워 넣은 굵은 골재에 파이프를 통하여 모르타르 또는 시멘트 페이스트를 주입하여 만드는 콘크리트이다.

② 구조체 보수공사, 수중콘크리트, 기초파일 등에 사용한다.

③ 주입모르타르는 재료분리가 적고 유동성이 좋은 것으로 한다.

④ 염류에 대한 저항성과 수밀성, 내구성이 크다.

⑤ 재료분리 및 건조수축이 보통콘크리트에 비하여 2분의 1 정도이다.

⑥ 조기강도는 작으나 장기강도는 보통콘크리트와 거의 같다.

(12) 제물치장콘크리트

콘크리트면에 미장 등을 하지 않고 직접 노출시켜 마무리한 콘크리트로서, 수장 겸용 콘크리트 또는 노출콘크리트라고도 한다.

제5절 | **이음(joint)**

01 시공이음(construction joint, 시공줄눈)

(1) 개요

① 경화된 콘크리트에 새로 콘크리트를 이어붓기함으로써 발생하는 줄눈이다.
② 시공과정상 발생하는 줄눈이다.

(2) 설치위치

① 응력(전단력)이 가장 작은 곳
② 부재의 압축력이 작용하는 방향과 직각방향
③ 이음길이와 면적이 최소가 되는 곳
④ 아치는 아치축의 직각방향
⑤ 1회 타설량 및 시공에 무리가 없는 곳
⑥ 캔틸레버보는 시공이음 금지

02 콜드조인트(cold joint)

(1) 개요

① 콘크리트 타설 중 경화가 시작된 콘크리트에 이어치기를 하여 발생하는 줄눈이다.
② 콜드조인트는 내구성 저하 및 중성화의 원인이 되므로 발생하지 않도록 하여야 한다.

(2) 콜드조인트로 인한 피해

① 내구성 저하
② 철근의 부식
③ 콘크리트의 중성화 원인
④ 수밀성 저하
⑤ 누수의 발생 원인
⑥ 마감재의 균열

03 신축이음(expansion joint)

(1) 개요

① 온도변화, 건조수축, 기초의 침하 등에 의해 발생하는 변위를 수용하기 위하여 균열이 예상되는 위치에 설치하는 이음이다.

② 구조체를 완전히 분리시키므로 분리줄눈(isolation joint)이라고도 한다.

(2) 설치목적

① 콘크리트의 팽창과 수축 조절

② 부동침하가 예상되는 경우

③ 진동 방지

(3) 설치위치

① 건물의 길이가 긴 경우

② 지반 또는 기초가 다른 경우

③ 서로 다른 구조가 연결되는 경우

④ 건물이 증축될 경우

⑤ 평면형상이 복잡한 경우

이음위치

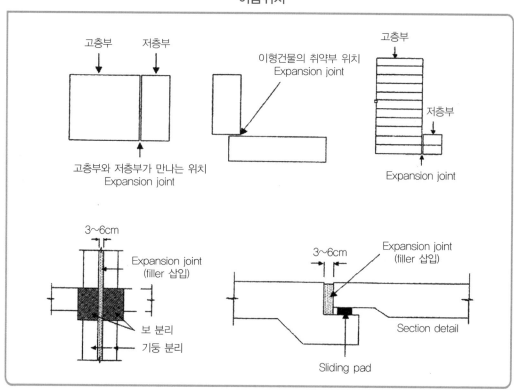

04 조절줄눈(control joint, 균열유도줄눈)

(1) 개요

① 수축으로 인한 균열을 방지하기 위하여 단면결손 부위로 균열을 유도하는 줄눈이다.

② 수축줄눈(contraction loint) 또는 맹줄눈(dummy joint)이라고도 한다.

(2) 설치목적

균열유도줄눈 위치에서만 균열이 일어나도록 유도한다.

(3) 설치위치

① 단면의 변화로 균열이 예상되는 곳

② 개구부 주위

③ 옥상의 보호콘크리트

05 지연줄눈(delay joint)

(1) 개요

① 건물의 일정한 부위를 남겨 놓고 수축대콘크리트를 타설하고, 초기 수축 이후에 콘크리트를 타설하는 부위 줄눈이다.

② 수축대는 좌우 부분 타설 후 약 4~6주가 경과한 후에 타설하는 것을 원칙으로 한다.

③ 수축대간의 거리는 약 60cm 내외로 한다.

(2) 설치목적

건조수축에 의한 콘크리트 균열을 최소화하는 데 있다.

제6절 철근콘크리트의 각부 구조

01 기둥(柱, column)

기둥은 지붕이나 바닥슬래브의 하중과 기둥으로부터 전달되는 하중을 아래 기둥이나 기초로 전달하는 수직부재로, 축압력과 휨모멘트를 지지한다.

(1) 기둥

① 길이에 따른 분류

　ⓐ 단주: 기둥의 길이에 비하여 횡단면의 단면치수가 큰 기둥으로, 좌굴파괴 이전에 축하중에 의해 압축파괴가 일어난다.

　ⓑ 장주: 기둥의 단면치수에 비하여 길이가 긴 기둥으로, 세장비의 영향에 의해 좌굴파괴가 일어난다.

② 기둥의 배치

　ⓐ 평면계획의 제약을 받기 쉬우나 가급적 규칙적으로 배치한다.

　ⓑ 하나의 기둥이 부담하는 슬래브의 면적은 $30m^2$ 정도가 이상적이다.

　ⓒ 기둥의 간격은 5~9m 정도이나, 경제적인 간격은 6m 전후이다.

기둥의 종류

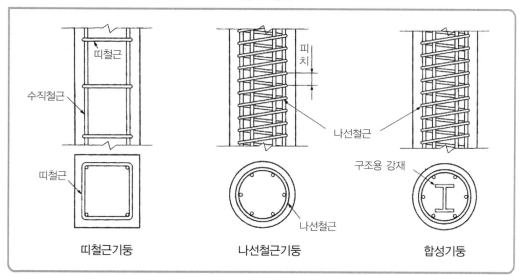

| 띠철근기둥 | 나선철근기둥 | 합성기둥 |

(2) 기둥의 구조

① 각 층의 바닥하중을 기초에 전달하는 수직압축부재이다.

② 기둥의 단면으로는 4각형, 다각형, 원형 등이 있다.

③ 축방향의 수직철근을 주근이라 한다.

④ 주근을 둘러싼 수평철근을 띠철근 또는 대근이라 한다.

　ⓐ 띠철근은 전단력에 대하여 콘크리트를 보강하고 주근의 위치를 고정하며, 주근의 좌굴을 방지하는 역할을 한다.

　ⓑ 기둥에 사용하는 띠철근의 직경은 주근 지름이 D32 이하일 때에는 D10 이상, 주근 지름이 D35 이상일 때에는 D13 이상으로 한다.

ⓒ 띠철근의 배근간격은 다음 중 가장 작은 값으로 한다.

    ⓐ 축방향철근 지름의 16배 이하

    ⓑ 띠철근 지름의 48배 이하

    ⓒ 기둥 단면의 최소치수 이하

    ⓓ 30cm 이하

더 알아보기 | **띠철근의 설치목적**

1. 주근의 좌굴방지
2. 주근의 위치고정
3. 전단보강
4. 피복두께 유지

---

⑤ 기둥에서 나선형으로 둘러 감은 철근을 나선철근이라 한다.

    ㉠ 나선철근은 콘크리트가 밖으로 퍼져나가는 것을 방지한다.

    ㉡ 콘크리트의 강도를 증가시키는 역할을 한다.

⑥ 주근의 이음위치는 바닥판 상단 500mm 위에서부터 층고(층높이)의 3분의 2 이하에 둔다.

⑦ 주근은 한곳에서 2분의 1 이상을 잇지 않고 엇갈리게 배치한다.

띠철근의 역할

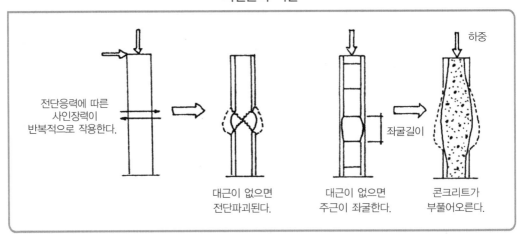

전단응력에 따른 사인장력이 반복적으로 작용한다. → 대근이 없으면 전단파괴된다.

대근이 없으면 주근이 좌굴한다. 좌굴길이 → 하중 콘크리트가 부풀어오른다.

(3) 기둥의 구조제한

① 기둥의 주근은 D16 이상을 사용하고, 주근의 개수는 띠철근기둥(장방향)인 경우에는 4개 이상, 나선철근기둥인 경우에는 6개 이상을 배근한다.

② 기둥의 피복두께는 40mm 이상으로 한다.

구분		띠철근기둥	나선철근기둥
주근 (축방향 철근)	단면 치수	㉠ 단면최소치수: 200mm 이상 ㉡ 단면적: 60,000mm² 이상	심부 지름: 200mm 이상($f_{ck} \geqq 21$MPa)
	개수	직사각형 및 원형 단면: 4개 이상	원형 단면: 6개 이상
	간격	㉠ 철근 지름의 1.5배 이상 ㉡ 40mm 이상	
	철근비	㉠ 주근: D16 이상 ㉡ 최소철근비: 1%, 최대철근비: 8% ● 주근이 겹침이음인 경우: 4% 이하	
띠철근 또는 나선 철근	지름	㉠ 주근 지름 D32 이하: D10 이상 ㉡ 주근 지름 D35 이상: D13 이상	Ø 9mm 이상
	간격	다음 중 최솟값 ㉠ 주근 지름의 16배 이하 ㉡ 띠철근 지름의 48배 이하 ㉢ 기둥 단면의 최소치수 이하 ㉣ 30cm 이하 내진설계시 띠철근 간격 ㉠ 주근 직경의 8배 이하 ㉡ 띠철근 직경의 24배 이하 ㉢ 기둥 단면치수의 2분의 1 이하 ㉣ 300mm 이하	25mm 이상 75mm 이하 ● 겹침이음 길이 • 나선철근 지름의 48배 • 300mm 이상

02 보(beam, girder)

(1) 개요

① 보는 기둥 사이에 걸쳐댄 큰보(girder)와 큰보 사이에 걸쳐댄 작은보(beam)가 있으며, 보통 지붕판이나 바닥판과 일체로 만들어 하중을 기둥이나 기초에 전달하는 역할을 한다.

② 보의 종류에는 장방형보·T형보 및 반T형보가 있고, 배근상태에 따라 단근보와 복근보로 나뉜다.

> **더 알아보기** 단근보·복근보
>
> 1. 단근보: 인장력을 받는 부분에만 철근을 배근한 보
> 2. 복근보: **인장력**과 **압축력**을 받는 양측에 철근을 배근한 보

보의 단면형태

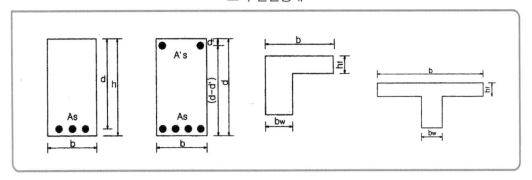

> **더 알아보기** | **평형철근비(balanced steel ratio, 균형철근비)**
>
> 1. 허용응력설계법으로 설계된 철근콘크리트부재에서는 콘크리트 및 철근의 응력이 동시에 각각의 허용응력에 도달하도록 한 철근비이고, 극한강도설계법에서는 콘크리트의 압축변형률이 0.003에 도달함과 동시에 철근이 항복하도록 한 철근비이다.
> 2. 철근의 배근량이 평형철근비보다 크면 콘크리트가 먼저 파괴되고, 평형철근비보다 작으면 철근이 먼저 파괴된다.
> 3. 일반적으로 철근비는 평형철근비 이하가 되도록 설계한다.

(2) 보의 구조제한 및 일반사항

① 주요한 보는 전 스팬을 복근보로 한다.

② 주요한 보의 주근 지름은 D13 이상의 철근을 사용한다.

③ 주근의 배치는 특별한 경우를 제외하고는 2단 이하로 배근한다.

④ 철근의 피복두께는 40mm 이상으로 한다.

⑤ 보의 춤(높이)은 경간(span)의 10분의 1~15분의 1 정도이고, 너비는 유효춤의 2분의 1~3분의 2 정도로 한다.

⑥ 보의 주근은 인장력을 많이 받는 양단부에서는 상부에, 중앙부에서는 하부에 더 많이 배근한다.

보의 변형과 축방향 응력

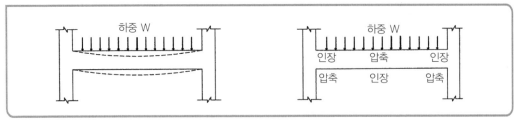

철근콘크리트보의 배근

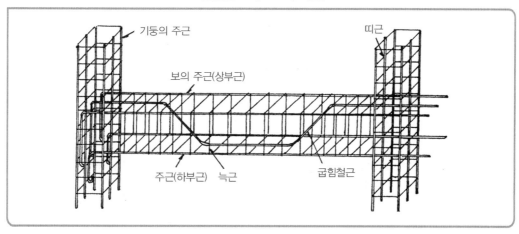

(3) 보의 주근(main bar)

① 보에서 인장력을 부담하는 쪽에만 주근을 배치하는 것을 단근보라고 하고, 압축력이 생기는 쪽에도 주근을 배치하는 것을 복근보라고 한다. 구조내력상 주요한 보는 복근보로 하는 것이 좋다.

> **더 알아보기** **복근보 배근**
>
> 1. 구조물의 처짐 감소
> 2. 크리프의 감소
> 3. 파괴시 연성거동의 증진
> 4. 지진하중 등의 반복하중 등에 효과적

② 인장 주근의 이음은 중앙의 상부, 단부(端部)의 하부에 두고, 절곡근은 굽힌 부분에 둔다.
③ 주근의 간격은 25mm 이상 또는 주근의 공칭 지름 이상으로 배근한다.

(4) 굽힘철근(折曲筋, bend-up bar)

① 전단력을 보강할 수 있다는 점에서 대단히 유효하지만 늑근과 병용하여야 효과가 있다.
② 굽힘철근과 재축(材軸)과의 각도는 $30°{\sim}45°$로 한다.
③ 반곡점은 순지간의 4분의 1로 본다.
④ 응력에 따라 상하 주근의 수량을 변화시키는 데 유리하다.

스터럽 및 벤트철근의 배근

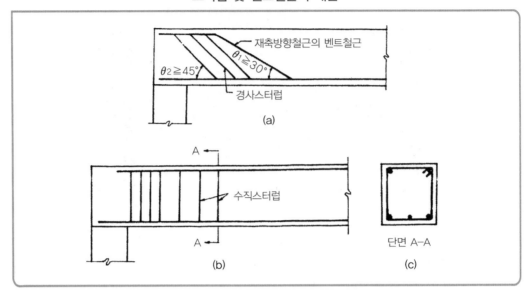

(5) 늑근(stirrup bar)

① 보의 전단 보강을 위하여 넣는 철근을 늑근 또는 스터럽(stirrup)이라 한다. 보에 작용하는 전단력은 양단부에서 크고, 중앙부에서는 작으므로 늑근은 단부에서 조밀하게 배근한다.

② 전단력의 분포에 따라 D10 이상의 철근을 배근한다.

③ **극한강도설계법**: 늑근의 배치간격은 보춤(유효깊이, depth)의 2분의 1 이하 또는 600mm 이하로 한다.

④ **내진설계시 늑근의 최대간격**: 다음 값 중 최솟값 이하로 한다.

　㉠ 4분의 d 이하(d: 유효깊이)

　㉡ 종방향 철근 최소직경의 8배

　㉢ 늑근 직경의 24배

　㉣ 300mm 이하

> **더 알아보기** **늑근의 사용목적**
>
> 1. 전단력에 의한 사인장균열 방지
> 2. 적당한 피복두께 유지
> 3. 주근 상호간의 위치 유지

(6) 전단보강근의 범위

① 축방향철근에 수직인 철근

② 축방향철근에 45° 이상의 각도로 된 철근

③ 30° 이상 굽힌 축방향철근

④ 축방향에 직각인 용접철망

⑤ 위 각 항목의 조합

(7) 보의 종류

① 단순보: 두 개의 지점으로 지지되며 그 한쪽은 롤러지점, 다른 한쪽은 회전지점인 정정 보를 말한다.

② 내민보(캔틸레버보): 단순보의 지점을 넘어서 한쪽 또는 양쪽을 내민 보를 말한다.

③ 양단고정보: 보의 지지 조건이 기둥이나 벽 등에 양쪽 단부가 모두 강하게 접합되어 있는 상태의 보를 말한다.

보의 종류

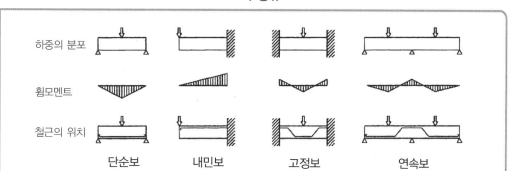

03 바닥판(slab)

(1) 개요

① 슬래브는 고정하중과 활하중 등을 직접 받는 평판구조로서, 보나 벽체 또는 기둥에 직접 지지되는 수평재이다.

② 슬래브구조는 보의 사용 여부에 따라 보슬래브구조와 플랫슬래브구조로 나뉘며, 하중의 전달방법에 따라 1방향 슬래브와 2방향 슬래브로 구분된다.

(2) 바닥판의 구조

철근의 배치에 따라 단변방향으로 배근하는 철근을 주근(단변방향 주근), 장변방향으로 배근하는 철근을 배력근(장변방향 주근)이라 한다.

바닥판의 철근 배근

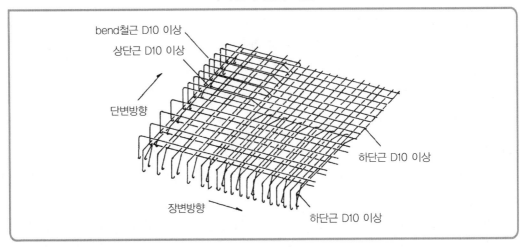

(3) 바닥판의 종류

① 1방향 슬래브

$$\lambda = \frac{\ell_y}{\ell_x} > 2인\ 경우$$

λ: 변장비, ℓ_x: 단변 안목길이, ℓ_y: 장변 안목길이

ⓐ 바닥에 작용하는 하중이 주로 단변방향으로만 작용한다고 생각하는 슬래브이다.

ⓑ 단변방향으로 주근을 배치하고, 장변방향으로 온도에 따른 수축을 고려한 온도철근 (최소철근비)을 배근한다.

ⓒ 1방향 슬래브의 두께는 100mm 이상으로 한다.

② 2방향 슬래브

$$\lambda = \frac{\ell_y}{\ell_x} \leq 2인\ 경우$$

ⓐ 바닥에 작용하는 하중이 단변방향과 장변방향으로 작용한다고 생각하는 슬래브이다.

ⓑ 단변방향으로 주근을 배치하고, 장변방향으로 배력근을 배근한다.

ⓒ 슬래브의 최소두께

내부 보가 없는 슬래브		내부 보가 있는 슬래브	
지판 없을 때	지판 있을 때	$a_m \geq 2$	$0.2 < a_m < 2$
120mm 이상	100mm 이상	90mm 이상	120mm 이상

철근콘크리트구조물의 균열 및 처짐에 관한 설명으로 옳은 것은?　　　　　제27회

① 보 단부의 사인장균열은 압축응력과 휨응력의 조합에 의한 응력으로 발생한다.
② 보 단부의 사인장균열을 방지하기 위해 주로 수평철근으로 보강한다.
③ 연직하중을 받는 단순보의 중앙부 상단에서 휨인장응력에 의한 수직방향의 균열이 발생한다.
④ 압축철근비가 클수록 장기 처짐은 증가한다.
⑤ 1방향 슬래브의 장변방향으로는 건조수축 및 온도변화에 따른 균열방지용 철근을 배근한다.

[해설]

① 보 단부의 사인장균열은 전단력에 의한 응력으로 발생한다.
② 보 단부의 사인장균열을 방지하기 위해 주로 수직철근(늑근)으로 보강한다.
③ 연직하중을 받는 단순보의 중앙부 하단에서 휨인장응력에 의한 수직방향의 균열이 발생한다.
④ 압축철근비가 클수록 장기 처짐은 감소한다.　　　　　정답: ⑤

(4) 무량판구조

① 플랫슬래브(flat slab)

ㄱ 평바닥판구조 또는 무량판구조라 하며, 내부 보 없이 바닥판만으로 구성하고 하중을 직접 기둥에 전달하는 구조이다.

ㄴ 바닥판의 두께는 15cm 이상으로 한다.

ㄷ 기둥과 슬래브의 접촉면에 발생할 수 있는 펀칭 전단에 대한 대책으로 지판(drop panel)과 주두(column capital)를 사용한다.

ㄹ 장단점

장점	단점
ⓐ 구조가 간단하다.	ⓐ **뼈대의 강성이 취약**하다.
ⓑ 공사비가 저렴하다.	ⓑ 바닥판이 두꺼워져 고정하중이 증가한다.
ⓒ 보가 없으므로 실내 이용률이 높다.	ⓒ 주두의 철근이 여러 겹 배치되므로 복잡하다.
ⓓ 덕트 등의 설비배관이 자유롭다.	ⓓ 펀칭 전단이 발생할 수 있다.
ⓔ 층고를 낮게 할 수 있다.	
ⓕ 시공이 쉽다.	

② 플랫플레이트슬래브(flat plate slab)

　㉠ 플랫슬래브와 같이 보가 사용되지 않고 슬래브가 직접 기둥에 지지하는 구조이다.

　㉡ 기둥과 슬래브의 접촉면에 주두와 지판을 사용하지 않는 것이 플랫슬래브와 다른 점이다.

　㉢ 플랫슬래브보다 거푸집공사 등에서의 시공성은 좋지만, 경간 간격 및 지지할 수 있는 하중은 줄어든다.

바닥구조시스템

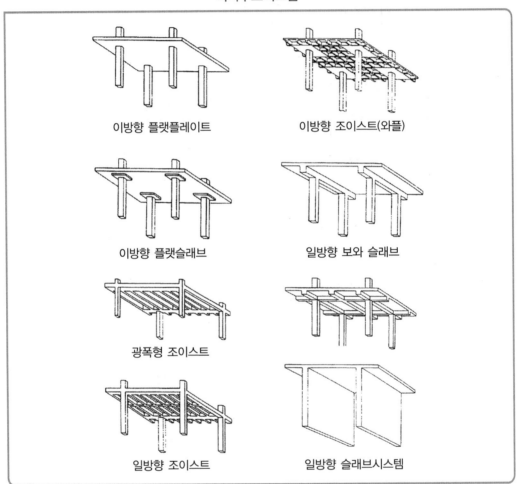

이방향 플랫플레이트　　　　이방향 조이스트(와플)

이방향 플랫슬래브　　　　　일방향 보와 슬래브

광폭형 조이스트

일방향 조이스트　　　　　　일방향 슬래브시스템

(5) 장선슬래브(ribbed slab)

① 개요

　㉠ 등간격으로 배치된 장선과 슬래브가 일체로 된 구조이다.

　㉡ 양단은 보 또는 벽체에 지지하고, 바닥판은 장선에 지지한다.

② 구조제한

　　㉠ 장선의 폭: 10cm 이상

　　㉡ 장선의 순스팬: 75cm 이하

　　㉢ 장선의 춤: 장선 최소폭의 3.5배 이하

　　㉣ 슬래브 두께: 장선의 순스팬의 12분의 1 이상 또는 5cm 이상

　　㉤ 배근 간격: 슬래브 두께의 5배 이하 또는 45cm 이하

(6) 와플슬래브(waffle slab)

① 격자모양으로 비교적 작은 리브가 붙은 철근콘크리트슬래브이다.

② 리브는 격자모양의 작은보로서 작용한다.

③ 전용의 거푸집을 써서 타설한다.

④ 장선바닥판의 장선을 직교하여 구성한 2방향 장선바닥구조이다.

04 벽체(wall)

(1) 내력벽

① 연직하중과 수평하중을 받을 수 있는 벽을 내력벽이라 하며, 특히 수평하중에 저항할 목적으로 만든 것을 내진벽이라 한다.

② 내력벽의 철근 배근은 벽체 두께의 3배, 450mm 이하로 배근한다.

③ 벽의 두께가 25cm 이상이면 벽의 양면에 따라 복근으로 배근한다.

④ 개구부에는 D13 이상의 철근을 2개 이상씩 60cm 이상 정착하여 보강한다.

개구부 보강근

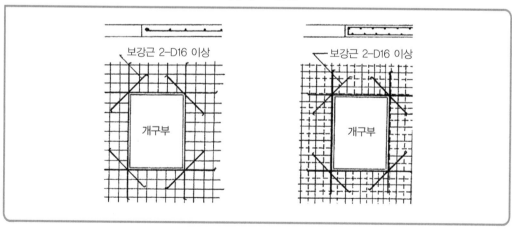

철근콘크리트구조에 관한 설명으로 옳지 않은 것은? 제27회

① 2방향 슬래브의 경우 단변과 장변의 양 방향으로 하중이 전달된다.
② 복근 직사각형보의 경우 보 단면의 인장 및 압축 양측에 철근이 배근된다.
③ T형보는 보와 슬래브가 일체화되어 슬래브의 일부분이 보의 플랜지를 형성한다.
④ 내력벽은 자중과 더불어 상부층의 연직하중을 지지하는 벽체이다.
⑤ 내력벽의 철근 배근간격은 벽두께의 5배 이하, 500mm 이하로 한다.

해설
내력벽의 철근 배근간격은 벽두께의 3배 이하, 450mm 이하로 한다. 정답: ⑤

(2) ALC 내력벽구조

① 시멘트에 알루미늄 분말과 같은 발포제를 첨가하면 경화과정에서 콘크리트 내부에 다량의 공기방울을 발생시켜 다공질(多孔質)의 콘크리트가 만들어지는데 이것을 기포(氣泡)콘크리트라 하며, 경량으로서 단열성·내화성이 우수하다.
② 여기에 규산질분을 추가하고 오토클레이브(autoclave)로 고온·고압으로 양생하여 만든 절건(絕乾)비중이 0.5 이하인 경량콘크리트를 ALC(Autoclaved Light weight Concrete)라고 부른다.
③ ALC판은 주로 철골조의 장막벽에 사용되는 경우가 많다.

(3) 벽식구조

① 벽식구조는 기둥이나 보 대신 벽 자체가 하중을 지지하는 구조체이다.
② 기둥이나 보가 없으므로 시공이 간편하다.
③ 내진 및 내화성능이 우수하다.
④ 평면 변경이 불가능하다.

01 철근콘크리트구조는 압축에 강한 철근과 인장에 강한 콘크리트를 결합한 구조체이며 서로 부착력이 좋다. ( )

02 부착력은 철근의 주장에 비례하고, 콘크리트의 압축강도가 클수록 부착력이 크며 원형철근보다 이형철근이 더 크다. ( )

03 철근이음은 응력이 큰 곳에서 엇갈리게 잇고, 한곳에 철근 수의 반 이상을 이어서는 안 된다. ( )

04 철근 정착에서 기둥의 주근은 기초에 정착하고, 지중보는 기초 또는 기둥에 정착하며 보의 주근은 기둥에, 작은보의 주근은 큰보에 정착한다. ( )

05 띠철근 간격은 축방향철근 지름의 16배 이하, 띠철근 지름의 48배 이하, 기둥 단면의 최소치수 이하 중 최댓값으로 한다. ( )

06 피복두께의 목적은 내화성 유지, 내구성 유지, 콘크리트 유동성 확보, 부착력 증대, 콘크리트 균열 방지에 있다. ( )

---

01 × 철근콘크리트구조는 압축에 강한 콘크리트와 인장에 강한 철근을 결합한 구조체이며 서로 부착력이 좋다.

02 ○

03 × 철근이음은 응력이 작은 곳에서 엇갈리게 잇고, 한곳에 철근 수의 반 이상을 이어서는 안 된다.

04 ○

05 × 띠철근 간격은 축방향철근 지름의 16배 이하, 띠철근 지름의 48배 이하, 기둥 단면의 최소치수 이하 중 최솟값으로 한다.

06 ○

07 간격재는 콘크리트를 부어 넣을 때 거푸집이 벌어지거나 우그러지는 것을 막고, 긴결재는 피복 두께를 유지하기 위한 것이다. ( )

08 갱폼은 사용할 때마다 작은 부재의 조립·분해를 반복하지 않고 대형화·단순화하여 한번에 설치하고 해체하는 거푸집시스템이다. ( )

09 측압은 온도가 낮을수록, 습도가 높을수록, 슬럼프가 클수록, 단면이 클수록, 빈배합보다 부배합일수록 크다. ( )

10 조강 포틀랜드시멘트는 수화속도가 빠르고 수화열이 크기 때문에 조기강도가 크다. 또한 공기단축이 가능하고 동절기(冬節期) 공사에 유리하다. ( )

11 고로시멘트는 내식성(耐蝕性)이 크고 발열량이 적어 해수(海水), 지하수중의 공사, 댐공사 등에 사용된다. ( )

12 분말도가 높을수록 수화작용과 초기강도의 발생이 빠르지만, 풍화되기 쉽고 건조수축이 커서 균열이 발생하기 쉽다. ( )

---

07 × 긴결재는 콘크리트를 부어 넣을 때 거푸집이 벌어지거나 우그러지는 것을 막고, 간격재는 피복두께를 유지하기 위한 것이다.

08 ○

09 ○

10 ○

11 ○

12 ○

13 실적률이 클수록 단위수량, 수화발열량, 건조수축, 시멘트풀량이 감소하지만 콘크리트의 수밀성이 커지고 내구성 및 강도가 증가한다. ( )

14 공기연행제(AE제)는 콘크리트 속의 미세한 기포를 연행하여 콘크리트의 시공연도 및 내구성을 향상시킨다. ( )

15 혼화재료는 콘크리트 성질(수밀성, 내구성, 강도, 시공성 등)의 개선, 단위시멘트량 감소, 단위수량 감소의 목적으로 사용된다. ( )

16 물·시멘트비(W/C)가 크면 재료분리 증가, 블리딩 및 레이턴스 증가, 건조수축 및 균열 발생 증가, 크리프현상이 증가하고 시공연도 저하, 동결융해 저항성 저하, 부착력 저하, 수밀성 및 내구성이 저하되며 이상응결(응결지연)이 발생된다. ( )

17 크리프는 강도가 작을수록, 양생이 나쁠수록, 단면이 작을수록, 온도가 높을수록, 대기습도가 작을수록, 단위시멘트량이 많을수록, 재하시기가 빠를수록 증가한다. ( )

18 콘크리트의 강도는 시멘트의 강도가 클수록, 물·시멘트비가 작을수록, 슬럼프값이 작을수록, 분말도가 낮을수록, 수화열이 작을수록, 건조수축이 작을수록, 입도가 좋을수록, 보양을 잘할수록 작아진다. ( )

---

13 ○
14 ○
15 ○
16 ○
17 ○
18 ✕ 콘크리트의 강도는 시멘트의 강도가 클수록, 물·시멘트비가 작을수록, 슬럼프값이 작을수록, 분말도가 낮을수록, 수화열이 작을수록, 건조수축이 작을수록, 입도가 좋을수록, 보양을 잘할수록 커진다.

19 AE제 콘크리트는 시공연도가 좋고 물·시멘트비(W/C)를 작게 할 수 있어 내구성이 향상되며 염분 및 동결융해에 대한 저항성이 증가하고 부착강도도 증가된다. ( )

20 기둥 단면의 최소치수는 200mm 이상, 단면적은 60,000mm^2 이상이다. ( )

21 띠철근은 주근의 좌굴 방지, 피복두께 유지, 전단 보강, 주근의 위치 확보를 위하여 설치한다. ( )

22 늑근은 전단력에 의한 사인장균열 방지, 피복두께 유지, 주근 상호간의 간격을 유지하기 위하여 사용한다. ( )

23 전단보강근에는 축방향철근에 수직인 철근, 축방향철근에 45° 이상의 각도로 된 철근, 30° 이상 굽힌 축방향철근 등이 있다. ( )

24 플랫슬래브는 층고를 높게 할 수 있고 설비배관이 자유롭지만, 뼈대의 강성이 취약하고 바닥판이 두꺼워 고정하중이 증가한다. ( )

25 벽식구조는 기둥이나 보 대신 벽 자체가 하중을 지지하는 구조체이며, 시공이 간편하고 내진 및 내화성능이 우수하지만 평면 변경이 불가능하다. ( )

---

19 × AE제 콘크리트는 시공연도가 좋고 물·시멘트비(W/C)를 작게 할 수 있어 내구성이 향상되며 염분 및 동결 융해에 대한 저항성이 증가하지만 부착강도는 저하된다.

20 ○

21 ○

22 ○

23 ○

24 × 플랫슬래브는 층고를 낮게 할 수 있고 설비배관이 자유롭지만, 뼈대의 강성이 취약하고 바닥판이 두꺼워 고정하중이 증가한다.

25 ○

01 철근콘크리트구조에 관한 설명으로 옳지 않은 것은?

① 콘크리트 속에 철근을 넣어 압축력이 강한 콘크리트와 인장력이 강한 철근의 특성이 하나가 되어 외력에 저항한다.

② 콘크리트와 철근은 서로 부착성이 좋다.

③ 알칼리성인 콘크리트는 철근이 녹스는 것을 방지한다.

④ 콘크리트와 철근은 온도팽창계수가 다르므로 온도변화에 대하여 2차 응력이 생기지 않고, 자유롭게 변형할 수 있다.

⑤ 인장강도는 철근이, 압축강도는 콘크리트가 부담하도록 설계한 구조로 라멘구조 또는 RC(Reinforced Concrete)구조라 한다.

02 콘크리트공사에 관한 설명으로 옳지 않은 것은? 제22회

① 보 및 기둥의 측면 거푸집은 콘크리트 압축강도가 5MPa 이상일 때 해체할 수 있다.

② 콘크리트의 배합에서 작업에 적합한 워커빌리티를 갖는 범위 내에서 단위수량은 될 수 있는 대로 적게 한다.

③ 콘크리트 혼합부터 부어 넣기까지의 시간한도는 외기온이 25℃ 미만에서 120분, 25℃ 이상에서는 90분으로 한다.

④ VH(Vertical Horizontal) 분리타설은 수직부재를 먼저 타설하고 수평부재를 나중에 타설하는 공법이다.

⑤ 거푸집의 콘크리트 측압은 슬럼프가 클수록, 온도가 높을수록, 부배합일수록 크다.

정답 | 해설

01 ④ 콘크리트와 철근은 온도팽창계수가 <u>거의 같으므로</u> 온도변화에 대하여 2차 응력이 생기지 않고, 자유롭게 변형할 수 있다.

02 ⑤ 거푸집의 콘크리트 측압은 슬럼프가 클수록, 부배합일수록 크지만 <u>온도가 높을수록 측압은 작다</u>.

03 콘크리트공사에 관한 설명으로 옳지 않은 것은? 제16회

① 물·시멘트비가 클수록 압축강도는 작아진다.
② 물·시멘트비가 클수록 레이턴스가 많이 생긴다.
③ 운반 및 타설시에 콘크리트에 물을 첨가하면 안 된다.
④ 단위수량이 많을수록 작업이 용이하고, 블리딩은 작아진다.
⑤ 콘크리트의 비빔시간이 너무 길면 워커빌리티는 나빠진다.

04 AE콘크리트에 관한 설명으로 옳지 않은 것은?

① 콘크리트의 동결융해작용에 대한 저항을 증가시킬 목적으로 AE제를 혼입한 콘크리트이다.
② AE제를 사용하면 콘크리트 중에 미세한 기포가 발생하여 시공연도가 좋아지고, 물·시멘트비(W/C)를 작게 할 수 있다.
③ 공기량이 많을수록 슬럼프값은 증대하고 강도는 저하된다.
④ 염분 및 동결융해에 대한 저항성이 감소한다.
⑤ 블리딩이 감소되고 수화열이 적게 발생한다.

05 철근콘크리트구조물의 내구성 저하요인으로 옳지 않은 것은? 제22회

① 수화반응으로 생긴 수산화칼슘
② 기상작용으로 인한 동결융해
③ 부식성 화학물질과의 반응으로 인한 화학적 침식
④ 알칼리 골재반응
⑤ 철근의 부식

06 콘크리트의 중성화에 관한 설명으로 옳지 않은 것은?

① 콘크리트가 표면으로부터 공기 중의 탄산가스를 흡수하여 콘크리트 중의 수산화칼슘이 탄산칼슘으로 변화하면서 알칼리성을 잃게 되는 현상을 말한다.
② 물·시멘트비가 클수록 중성화 속도가 빠르다.
③ 온도가 높을수록 중성화 속도가 빠르다.
④ 1%의 페놀프탈레인 용액을 콘크리트면에 도포한 후 색깔이 무색이면 중성화되지 않은 것으로 판단한다.
⑤ 실리카질의 혼화재를 사용한 시멘트는 중성화 속도가 빠르고, 조강시멘트는 중성화 속도가 느리다.

07 철근공사에 관한 설명으로 옳지 않은 것은? 제16회

① 작은보의 주근은 큰보에 정착한다.
② 사각형 띠철근으로 둘러싸인 기둥의 주근은 4개 이상으로 한다.
③ 스페이서는 철근의 피복두께를 유지하기 위해 사용한다.
④ 경간이 연속인 보의 하부근은 중앙부에서, 상부근은 단부에서 잇는다.
⑤ 배력근은 하중을 분산시키거나 균열을 제어할 목적으로 사용된다.

정답 | 해설

03 ④ 단위수량이 많을수록 작업이 용이하지만, 블리딩은 증가한다.

04 ④ 염분 및 동결융해에 대한 저항성이 증가한다.

05 ① 수화반응으로 생긴 수산화칼슘은 철근콘크리트구조물의 내구성을 저하시키는 요인이 아니다.

06 ④ 1%의 페놀프탈레인 용액을 콘크리트면에 도포한 후 색깔이 자적색이면 중성화되지 않은 것으로 판단한다.

07 ④ 경간이 연속인 보의 주근 이음은 상부근은 중앙부에서, 하부근은 단부에서 잇는다.

08 철근에 관한 설명으로 옳은 것은? 제23회

① 띠철근은 기둥 주근의 좌굴방지와 전단보강 역할을 한다.
② 갈고리(hook)는 집중하중을 분산시키거나 균열을 제어할 목적으로 설치한다.
③ 원형철근은 콘크리트와의 부착력을 높이기 위해 표면에 마디와 리브를 가공한 철근이다.
④ 스터럽(stirrup)은 보의 인장보강 및 주근 위치고정을 목적으로 배치한다.
⑤ SD400에서 400은 인장강도가 400MPa 이상을 의미한다.

09 철근콘크리트의 구조형식에 대한 설명으로 옳지 않은 것은? 제11회

① 라멘구조는 기둥과 보를 일체로 연결하는 구조형식이다.
② 벽식구조는 기둥이 없이 벽과 슬래브를 연결하는 구조형식이다.
③ 플랫슬래브구조는 내부에 보가 없이 슬래브를 직접 기둥에 연결하는 구조형식이다.
④ 프리캐스트구조는 벽, 기둥, 보 및 슬래브 등 주요 부재를 미리 제작하여 현장에서 연결하는 구조형식이다.
⑤ 프리스트레스트구조는 보가 없이 슬래브를 직접 벽에 연결하는 구조형식이다.

10 무량판구조에 관한 설명으로 옳지 않은 것은?

① 평바닥판구조 또는 무량판구조라 하며, 내부 보 없이 바닥판만으로 구성하고 하중을 직접 기둥에 전달하는 구조이다.
② 바닥판이 두꺼워져 고정하중이 증가하지만 뼈대의 강성이 튼튼하다.
③ 기둥과 슬래브의 접촉면에 발생할 수 있는 펀칭 전단에 대한 대책으로 지판(drop panel)과 주두(column capital)를 사용한다.
④ 보가 없으므로 실내 이용률이 높다.
⑤ 덕트 등의 설비배관이 자유롭다.

11 철근콘크리트구조에서 부착력에 대한 설명으로 옳지 않은 것은?

① 부착력은 원형철근보다 이형철근이 더 크다.

② 부착력은 철근의 주장에 비례한다.

③ 수평철근보다 수직철근의 부착력이 더 좋다.

④ 동일 단면적의 철근이라면 굵은 철근을 사용하여 철근과 콘크리트 접촉면을 크게 하는 것이 좋다.

⑤ 콘크리트의 압축강도가 크면 부착력이 좋다.

12 철근콘크리트구조에 관한 설명으로 옳지 않은 것은? 제22회

① 콘크리트와 철근은 온도에 의한 선팽창계수가 비슷하여 일체화로 거동한다.

② 알칼리성인 콘크리트를 사용하여 철근의 부식을 방지한다.

③ 이형철근이 원형철근보다 콘크리트와의 부착강도가 크다.

④ 철근량이 같을 경우, 굵은 철근을 사용하는 것이 가는 철근을 사용하는 것보다 콘크리트와의 부착에 유리하다.

⑤ 건조수축 또는 온도변화에 의하여 콘크리트에 발생하는 균열을 방지하기 위해 사용되는 철근을 수축·온도철근이라 한다.

정답 | 해설

08 ① ② 갈고리(hook)는 부착력을 증가시킬 목적으로 사용되며, 표준갈고리의 각도는 180°와 90°로 분류된다.
　　　❍ 집중하중을 분산시키거나 균열을 제어할 목적으로 설치하는 철근은 배력근이다.
　　③ 콘크리트와의 부착력을 높이기 위해 표면에 마디와 리브를 가공한 철근은 이형철근이다.
　　④ 스터럽(stirrup)은 전단력에 의한 사인장균열 방지, 주근 상호간의 위치 유지, 피복두께 유지, 철근 조립의 용이를 목적으로 배치한다.
　　⑤ SD400에서 400은 항복강도가 400MPa 이상을 의미한다.

09 ⑤ 프리스트레스트구조는 콘크리트에 미리 압축응력을 가해 줌으로써 하중으로 인한 인장응력을 일부 상쇄시켜 더 큰 외부하중을 받을 수 있게 만든 구조형식이다.

10 ② 바닥판이 두꺼워져 고정하중이 증가하지만 뼈대의 강성이 취약하다.

11 ④ 동일 단면적의 철근이라면 가는 철근을 여러 가닥 사용하는 것이 주장이 커지므로 부착력에 유리하다.

12 ④ 철근량이 같을 경우, 굵은 철근을 사용하는 것보다 가는 철근을 사용하는 것이 콘크리트와의 부착에 유리하다.

13 철근공사에 관한 설명으로 옳은 것은? 제18회

① 벽 철근공사에 사용되는 간격재는 사전에 담당원의 승인을 받은 경우 플라스틱 제품을 측면에 사용할 수 있다.
② 상온에서 철근의 가공은 일반적으로 열간가공을 원칙으로 한다.
③ 보에 사용되는 스터럽의 가공치수 허용오차는 ±8mm로 한다.
④ 철근을 용접이음하는 경우 용접부의 강도는 철근 설계기준 항복강도의 100% 성능을 발휘할 수 있어야 한다.
⑤ 용접철망의 이음은 일직선상에서 모두 이어지게 한다.

14 콘크리트공사에 관한 설명으로 옳지 않은 것은? 제18회

① 콘크리트에 포함된 염화물량은 염소이온량으로서 철근방청상 유효한 대책을 강구하지 않을 경우 $0.30kg/m^3$ 이하로 한다.
② 시멘트 저장시 시멘트를 쌓아 올리는 높이는 13포대 이하로 한다.
③ 외기기온이 25℃ 이상의 경우 레디 믹스트 콘크리트는 비빔 시작부터 타설 종료까지의 시간을 90분으로 한다.
④ 콘크리트 타설이음부의 위치는 보의 경우 구조내력을 고려해 스팬의 단부로 한다.
⑤ 타설이음부의 콘크리트는 살수 등에 의해 습윤시킨다.

15 콘크리트의 품질관리 및 검사방법에 관한 설명으로 옳지 않은 것은? 제18회

① 굳지 않은 콘크리트의 품질검사방법으로는 슬럼프검사, 공기량검사가 있다.
② 구조체 콘크리트의 압축강도검사 시험횟수는 콘크리트의 타설공구마다, 타설일마다, 타설량 $150m^3$마다 1회로 한다.
③ 현장 양생되는 공시체는 시험실에서 양생되는 공시체와 똑같은 시간에 동일한 시료를 사용하여 만들어야 한다.
④ 구조물 성능을 재하시험에 의해 확인할 경우 재하방법, 하중크기 등은 구조물에 위험한 영향을 주지 않아야 한다.
⑤ 코어 공시체 압축강도시험 결과의 3개 이상 평균값이 설계기준강도의 85%에 도달하고, 그중 하나의 값이 설계기준강도의 75%보다 작지 않으면 합격으로 한다.

16 콘크리트의 균열 방지를 위한 방법으로 옳지 않은 것은?

① 수화발열량이 적은 콘크리트를 사용한다.

② 수화열을 억제하는 혼화재료를 사용한다.

③ 콘크리트 타설시 온도를 낮춘다.

④ 물ㆍ시멘트비를 증가시킨다.

⑤ 입도가 좋은 골재를 사용한다.

4장

정답 | 해설

13 ① ② 철근은 상온에서 <u>냉간가공</u>하는 것을 원칙으로 한다.

③ 보에 사용되는 스터럽의 가공치수 허용오차는 ±5mm로 한다.

④ 철근을 용접이음하는 경우 용접부의 강도는 철근 설계기준 항복강도의 <u>125% 성능</u>을 발휘할 수 있어야 한다.

⑤ 용접철망의 이음은 <u>서로 엇갈리게 하며</u>, 이음은 최소 한 칸 이상 겹치도록 하고 겹치는 부분은 결속선으로 묶어야 한다.

14 ④ 콘크리트 타설이음부의 위치는 응력이 가장 작은 곳에서 하며, 보의 경우 구조내력을 고려해 <u>스팬의 중앙</u>에서 축방향의 직각방향으로 설치한다.

15 ② 구조체 콘크리트의 압축강도검사 시험횟수는 콘크리트의 타설공구마다, 타설일마다, 타설량 <u>120m³마다</u> 1회로 한다.

16 ④ 물ㆍ시멘트비를 증가시키면 재료분리 및 <u>균열(강도저하)의 원인</u>이 된다.

17 **콘크리트의 균열에 관한 설명으로 옳은 것은?** 제24회

① 침하균열은 콘크리트의 표면에서 물의 증발속도가 블리딩속도보다 빠른 경우에 발생한다.

② 소성수축균열은 굵은 철근 아래의 공극으로 콘크리트가 침하하여 철근 위에 발생한다.

③ 하중에 의한 균열은 설계하중을 초과하거나 부동침하 등의 원인으로 생기며, 주로 망상균열이 불규칙하게 발생한다.

④ 온도균열은 콘크리트의 내·외부 온도차가 클수록, 단면치수가 클수록 발생하기 쉽다.

⑤ 건조수축균열은 콘크리트 경화 전 수분의 증발에 의한 체적 증가로 발생한다.

18 **철근콘크리트구조물의 사용성 및 내구성에 관한 설명으로 옳지 않은 것은?** 제18회

① 구조물 또는 부재가 사용기간 중 충분한 기능과 성능을 유지하기 위하여 사용하중을 받을 때 사용성과 내구성을 검토하여야 한다.

② 사용성 검토는 균열, 처짐, 피로영향 등을 고려하여야 한다.

③ 보 및 슬래브의 피로는 압축에 대하여 검토하여야 한다.

④ 온도변화, 건조수축 등에 의한 균열을 제어하기 위해 추가적인 보강철근을 배치하여야 한다.

⑤ 보강설계를 할 때에는 보강 후의 구조내력 증가 외에 사용성과 내구성 등의 성능 향상을 고려하여야 한다.

19 철근콘크리트구조에 관한 설명으로 옳은 것은?

① 주철근 표준갈고리의 각도는 180°와 90°로 분류된다.

② 흙에 접하지 않는 철근콘크리트보의 최소피복두께는 20mm이다.

③ 사각형 띠철근으로 둘러싸인 기둥 주철근의 최소개수는 3개이다.

④ 콘크리트 압축강도용 원주공시체 $\phi 100 \times 200$mm를 사용할 경우 강도보정계수 0.82를 사용한다.

⑤ 콘크리트 보강용 철근은 원형철근 사용을 원칙으로 한다.

정답 | 해설

17 ④ ① 침하균열은 구조물을 시공할 때 콘크리트를 타설한 후 지표에 인접한 철근, 입경이 큰 자갈, 기타 매설물로 인하여 콘크리트가 수축하고 갈라져서 틈이 생기는 현상이다.

② 소성수축균열은 콘크리트가 양생중 건조한 바람이나 고온 저습한 외기에 노출되어 급격히 증발 건조되면서 증발속도가 블리딩속도보다 빠른 경우에 발생한다.

③ 하중에 의한 균열은 설계하중을 초과하거나 부동침하 등의 원인으로 생기며, 주로 전단균열(사인장균열)이 발생한다.

⑤ 건조수축균열은 콘크리트 건조 과정에서 함유했던 수분을 방출해 부피나 길이가 수축하면서 균열이 발생하는 현상으로 증발에 의한 체적 감소가 발생한다.

18 ③ 보 및 슬래브의 피로강도는 인장에 대하여 검토하여야 한다.

19 ① ① 주철근을 정착할 때 사용하는 표준갈고리는 90°와 180° 두 가지로 기준을 정하고 있으며, 늑근이나 띠철근에는 135° 표준갈고리를 사용할 수 있다.

② 옥외의 공기나 흙에 직접 접하지 않는 콘크리트의 기둥, 보의 피복두께는 40mm이다.

③ 사각형 띠철근으로 둘러싸인 기둥 주철근의 최소개수는 4개이다.

④ 콘크리트 압축강도용 원주공시체 $\phi 100 \times 200$mm를 사용할 경우 강도보정계수 0.97을 사용한다.

⑤ 콘크리트 보강용 철근은 이형철근 사용을 원칙으로 한다.

20 철근콘크리트공사에 관한 설명으로 옳은 것은? 제23회

① 콘크리트 타설 후 양생기간 동안의 일평균 기온이 4℃ 이하인 경우 서중콘크리트로 시공한다.
② 거푸집이 오므라드는 것을 방지하고, 거푸집 상호간의 간격을 유지하기 위해 간격재 (spacer)를 배치한다.
③ 보에서의 이어붓기는 스팬 중앙에서 수직으로 한다.
④ 보의 철근이음시 하부주근은 중앙부에서 이음한다.
⑤ 콘크리트의 소요강도는 배합강도보다 충분히 커야 한다.

21 철근콘크리트구조의 특성에 관한 설명으로 옳은 것은? 제25회

① 콘크리트 탄성계수는 인장시험에 의해 결정된다.
② SD400 철근의 항복강도는 400N/mm이다.
③ 스터럽은 보의 사인장균열을 방지할 목적으로 설치한다.
④ 나선철근은 기둥의 휨내력 성능을 향상시킬 목적으로 설치한다.
⑤ 1방향 슬래브의 경우 단변방향보다 장변방향으로 하중이 더 많이 전달된다.

정답 | 해설

20 ③ ① 콘크리트 타설 후 양생기간 동안의 일평균 기온이 4℃ 이하인 경우 한중콘크리트로 시공한다.
② 거푸집이 오므라드는 것을 방지하고, 거푸집 상호간의 간격을 유지하기 위해 격리재를 배치한다.
④ 보의 철근이음시 하부주근은 단부에서 이음한다.
⑤ 콘크리트의 소요강도는 설계기준강도보다 충분히 커야 한다.

21 ③ ① 콘크리트 탄성계수는 압축시험에 의해 결정된다.
② SD400 철근의 항복강도는 400Mpa(N/mm²)이다.
④ 나선철근은 기둥에서 주근의 좌굴방지, 주근의 위치고정, 전단보강, 피복두께 유지 등의 목적으로 설치한다.
⑤ 1방향 슬래브의 경우 장변방향보다 단변방향으로 하중이 더 많이 전달된다.

house.Hackers.com

제 **5** 장 철골구조

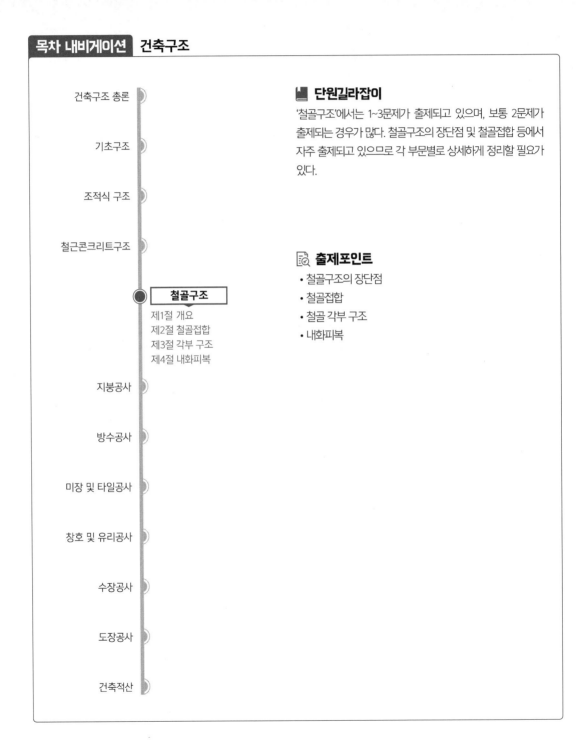

📖 단원길라잡이

'철골구조'에서는 1~3문제가 출제되고 있으며, 보통 2문제가 출제되는 경우가 많다. 철골구조의 장단점 및 철골접합 등에서 자주 출제되고 있으므로 각 부문별로 상세하게 정리할 필요가 있다.

🔍 출제포인트

• 철골구조의 장단점
• 철골접합
• 철골 각부 구조
• 내화피복

철골구조(steel structure)란 건축물의 뼈대를 강재로 구축한 것으로 강구조라고도 하며, 강판 및 각종 형강을 볼트나 용접 등으로 조립한 구조이다. 이는 재료에 따라 보통형강구조, H형강구조, 경량철골구조, 강관구조 등으로 분류할 수 있다.

01 철골구조의 장단점

(1) 장점

① 구조체의 자중이 내력에 비하여 작다.
② 내구·내진적인 구조이다.
③ 재료의 균질성이 있고, 인성이 커서 변위에 대한 저항성이 높다.
④ 경간(span)이 큰 구조물이나 고층 구조물에 적합하다.
⑤ 시공이 편리하고 공사기간을 단축할 수 있다.

(2) 단점

① 열에 약하여 고온에서 강도가 저하되거나 변형되기 쉽다(내화성이 작다).
② 부재의 길이가 비교적 길기 때문에 좌굴하기 쉽다.
③ 가격이 비싸고 녹슬기 쉬우므로 녹막이처리가 필요하다.
④ 조립식 구조이므로 접합에 유의하여야 한다.

기출예제

철골구조의 장점 및 단점에 관한 설명으로 옳지 않은 것은?　　제22회

① 강재는 재질이 균등하며, 강도가 커서 철근콘크리트에 비해 건물의 중량이 가볍다.
② 장경간 구조물이나 고층 건축물을 축조할 수 있다.
③ 시공정밀도가 요구되어 공사기간이 철근콘크리트에 비해 길다.
④ 고열에 약해 내화설계에 의한 내화피복을 해야 한다.
⑤ 압축력에 대해 좌굴하기 쉽다.

해설

철골구조는 건식구조로 철근콘크리트에 비해 공사기간이 짧다.　　정답: ③

1. 탄성(elasticity) · 소성(plasticity)
   - **탄성(彈性)**: 재료에 외력(外力)이 작용하면 변형(變形)이 생기며, 외력을 제거하면 재료가 본래의 모양이나 크기로 되돌아가는 성질을 말한다.
   - **소성(塑性)**: 재료에 외력이 작용하면 변형이 생기며, 외력을 제거하여도 재료가 본래의 크기나 모양으로 돌아가지 않고 변형된 그 상태로 남는 성질을 말한다.
2. 인성(toughness) · 취성(brittleness)
   - **인성**: 재료가 외력을 받아 변형을 일으키면서도 파괴되지 않고 잘 견딜 수 있는 성질을 말한다.
   - **취성**: 재료가 외력을 받아도 변형되지 않거나 극히 미미한 변형을 수반하고 파괴되는 성질을 말한다.
3. 연성(ductility) · 전성(malleability)
   - **연성**: 재료가 탄성한계 이상의 힘을 받아도 파괴되지 않고 가늘고 길게 늘어나는 성질을 말한다.
   - **전성**: 재료가 압력이나 타격에 의해 파괴됨이 없이 판상으로 펼쳐지는 성질을 말한다.

02 재료

(1) 강재의 종류

① 강판

  ㉠ 종류

   ⓐ 냉연강판
   - **특성**: 용광로, 전로, 열연공정을 거쳐 생산된 핫코일(hot coil) 제품에 압하(壓下)를 가하여 얇게 만든 강판이다.
   - **용도**: 자동차 차체, TV 브라운관, 컴퓨터 모니터용 부품, 냉장고, 에어컨, 가전제품 몸체(body) 등에 사용된다.

   ⓑ 아연도금강판
   - **특성**: 냉연강판에 아연을 도금한 것으로, 냉연강판에 비하여 부식이 잘되지 않는다.
   - **용도**: 일반건축재, 자동차 부품, 냉장고 및 세탁기 등에 사용된다.

   ⓒ 컬러강판(PCM강판)
   - **특성**: 냉연강판, 아연도금강판, 알루미늄강판 등에 페인트를 입히거나 인쇄필름을 접착시켜 표면에 색깔 또는 무늬를 입힌 강판이다.
   - **용도**: 건자재용, 건축용 외장판넬 등에 사용된다.

ⓛ 두께

ⓐ 후판

- 열간압연강판으로 두께가 6mm 이상인 것을 말한다.
- 선박, 보일러, 압력용기, 교량 등 대형 구조물에 사용된다.

ⓑ 박판

- 두께가 3mm 이하인 것을 말한다.
- 후판보다 가격이 비싸다.

② 강관

㉠ 종류: 배관용, 열전달용, 구조용 등이 있다.

㉡ 용도: 건축, 토목 기타 구조물 등에 사용된다.

③ 봉강(철근)

㉠ 종류: 원형봉강 1종·2종, 이형봉강 1종·2종·3종·4종·5종 등이 있다.

㉡ 용도: 철근, 리벳, 볼트 등에 사용된다.

④ 형강

㉠ 종류: ㄱ형강, H형강, I형강, ㄷ형강, Z형강, T형강 등이 있다.

㉡ 용도: 건축, 토목, 선박 등의 구조물에 사용된다.

⑤ 경량형강

㉠ 종류: ㄱ형강, ㄷ형강, Z형강, 립Z형강, 모자형강 등이 있다.

㉡ 용도: 창고, 경량지붕구조 등에 사용된다.

구조용 강재의 종류

구분	명칭	형상	표시방법	구분	명칭	형상	표시방법
열간 압연 형강	등변형강 (앵글)		$L - A \times A \times t$	냉간 성형 경량 형강	경량 ㄷ형강		$\llcorner - A \times B \times C \times t$
	부등변 형강 (앵글)		$L - A \times B \times t$		경량 Z형강		$\rfloor - A \times B \times C \times t$
	I형강		$I - A \times B \times t_1 \times t_2$		경량 앵글		$L - A \times B \times t$
	ㄷ형강		$\sqsubset - A \times B \times t_1 \times t_2$		C형강		$\llbracket - A \times B \times t$

			립(lip) Z형강		⌐-A×B×C×t
T형강		T-A×B×t			
H형강		H-A×B×t₁×t₂	모자 (hat) 형강		∏-A×BC×t

위 표에서 H형강 치수: H-A×B×t_1×t_2

(2) 강재의 기호

① 강재의 명칭
㉠ SS계열: 일반구조용 압연강재
㉡ SM계열: 용접구조용 압연강재
㉢ SN계열: 건축구조용 압연강재
㉣ FR계열: 건축구조용 내화강재
㉤ SMA계열: 용접구조용 내후성 열간압연강재

② 강재의 표시기호

> 예 SMA 490 B W N ZC

구분	내용	비고
SMA	용접구조용 내후성 열간압연강재	강재의 명칭
490	490MPa(F_y = 325MPa)	강재의 인장강도
B	일정수준 충격치 요구 27J(0℃)	충격흡수에너지등급
W	녹안정화처리	내후성등급
N	소둔	열처리 종류
ZC	Z방향 25% 이상	내라멜라테어등급

기출예제

구조용 강재의 재질 표시로 옳지 않은 것은? 제25회

① 일반구조용 압연강재: SS
② 용접구조용 압연강재: SM
③ 용접구조용 내후성 열간압연강재: SMA
④ 건축구조용 압연강재: SSC
⑤ 건축구조용 열간압연 H형강: SHN

해설

건축구조용 압연강재 표시는 SN이다. 정답: ④

철골구조의 접합방법에는 리벳접합 · 볼트접합 · 고력볼트접합 · 용접접합방식이 있고, 힘의 전달방식에 의한 분류에는 롤러접합 · 힌지(핀)접합 · 강접합이 있다.

01 힘의 전달방식에 의한 분류

(1) 롤러접합

① 특징

　　㉠ 수직방향의 힘만 지지하는 방식이다.

　　㉡ 수평방향의 이동과 회전은 자유롭다.

② 용도: 교량 등에 사용된다.

(2) 힌지(핀)접합

① 특징

　　㉠ 수직 · 수평방향의 힘을 지지하는 방식이다.

　　㉡ 회전이 자유롭다.

　　㉢ 전단접합이라고도 한다.

② 용도: 큰보와 작은보의 접합에 많이 사용된다.

(3) 강접합

① 특징

　　㉠ 수직 · 수평방향의 힘을 지지함과 동시에 회전에 저항하는 접합방식이다.

　　㉡ 모멘트접합이라고도 한다.

② 용도: 기둥과 보의 접합에 많이 사용된다.

힘의 전달방식에 의한 분류

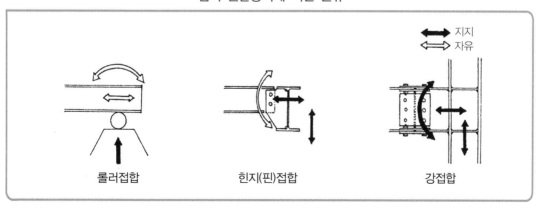

롤러접합　　　　힌지(핀)접합　　　　강접합

(1) 리벳접합

① **정의**: 가열한 리벳을 양판재의 구멍에 끼우고 압력을 이용하여 열간타격으로 접합하는 방식이다.

② **특징**

ⓐ 리벳은 800~1,000℃로 가열한 것을 사용하고 뉴매틱해머(pneumatic hammer)로 두드려서 접합하는 방법이다(600℃ 이하로 냉각된 것은 사용 불가).

ⓑ 소음이 크기 때문에 거의 사용하지 않는다.

ⓒ 둥근머리리벳이 가장 많이 사용되고 있다.

ⓓ 리벳구멍에 의한 단면결손이 생긴다.

ⓔ 리벳 · 볼트 · 고장력볼트는 최소 2개 이상 배치한다.

리벳의 종류

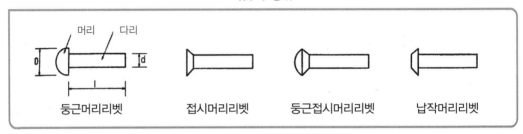

리벳

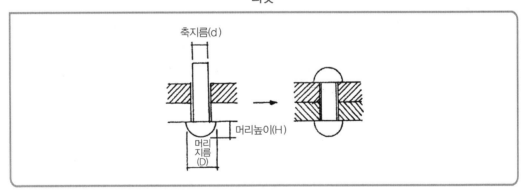

③ 용어

피치, 게이지라인 및 연단거리

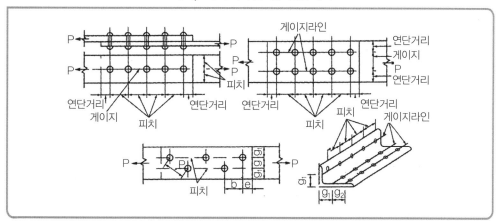

㉠ 피치(pitch)

    ⓐ 게이지라인상의 리벳 중심간격이다.

    ⓑ 최소피치는 리벳 지름의 2.5배 이상이고, 표준피치는 리벳 지름의 3~4배이다.

㉡ 게이지라인(gauage line)

    ⓐ 재축방향의 리벳 중심선을 연결한 선이다.

    ⓑ 리벳이나 볼트 배치의 기준이 된다.

㉢ 게이지(gauge): 각 게이지라인간의 거리 또는 게이지라인과 재단부와의 거리이다.

㉣ 클리어런스(clearance)

    ⓐ 리벳과 수직부재면과의 거리이다.

    ⓑ 작업의 여유공간이다.

㉤ 연단거리(edge distance)

    ⓐ 접합부재의 단부에 배치되는 리벳 또는 볼트와 그 재의 절단부까지의 거리이다.

    ⓑ 최소연단거리는 리벳 지름의 2.5배 이상으로 한다.

㉥ 그립(grip)

    ⓐ 리벳으로 접합하는 부재의 총두께이다.

    ⓑ 그립의 두께는 5d 이하로 한다(d: 리벳 축의 지름).

(2) 볼트접합

① **정의:** 지압접합에 의하여 응력이 전달되는 접합방식이다.

② **특징**

 ⊙ 볼트접합은 볼트의 여유간격(clearance)만큼 미끄럼이 생기므로 소규모 구조물에 많이 사용한다.

 ⓒ 시공과 해체가 용이하다.

 ⓒ 소음이 작다.

 ⓔ 볼트 축과 구멍 사이에 공극이 발생한다.

 ⓜ 진동에 의하여 풀리는 경우가 발생한다.

 ⓗ 구멍지름만큼의 단면결손이 생긴다.

> **더 알아보기 | 볼트접합**
>
> 볼트접합은 처마높이 9m 이상, 경간 13m 이상의 철골구조에서는 사용할 수 없다.
>
>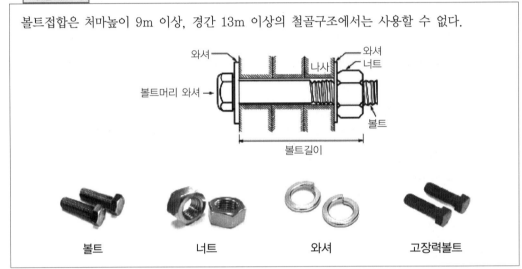
>
> 볼트   너트   와셔   고장력볼트

③ **볼트의 종류**

 ⊙ **검정(흑)볼트:** 나사부 이외의 부분이 흑피로 된 것이며, 가조임용으로 사용된다.

 ⓒ **중볼트:** 두부 하부와 간부를 마무리한 것이며, 진동·충격을 받지 않는 내력부에 사용한다.

 ⓒ **상볼트:** 볼트 표면을 모두 연마하여 마무리한 것이며, 핀접합부에 사용한다.

(3) 고력볼트접합

① **정의:** 고장력볼트를 조여서 생기는 인장력으로 인하여 접합재 상호간에 발생하는 마찰력으로 접합하는 방식을 말한다.

② 특징

　　㉠ 접합부의 강성이 크다.

　　㉡ 소음이 적고, 불량부분의 수정이 쉽다.

　　㉢ 현장설비가 간단하여 노동력 절감 및 공기 단축이 가능하다.

　　㉣ 피로강도가 높다.

　　㉤ 고장력볼트의 조임은 중앙에서 단부 쪽으로 조여 간다.

③ 접합방식

　　㉠ 마찰접합 연결부재간 압축력에 의해 발생된 마찰력으로 응력을 전달한다.

마찰접합

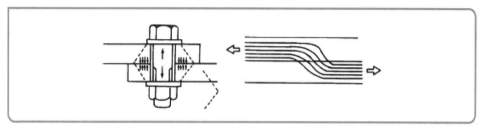

　　㉡ 인장접합 연결부재의 인장내력으로 응력을 전달한다.

　　㉢ 지압접합볼트의 전단저항력과 볼트의 모재간의 지압저항력에 의하여 응력을 전달한다.

더 알아보기

1. 볼트의 기호표시

F10T – M20	• M: 볼트 • 20: 직경(mm) • F: 마찰접합 • 10T: 인장강도

2. 고장력볼트의 표준구멍 직경

고장력볼트 직경	표준구멍	
M16		18
M20	+2	22
M22		24
M24		27
M27	+3	30
M30		33

철골구조의 접합에 관한 설명으로 옳은 것은? 제27회

① 고장력볼트 F10T-M24의 표준구멍지름은 26mm이다.
② 고장력볼트의 경우 표준볼트장력은 설계볼트장력을 10% 할증한 값으로 한다.
③ 플러그용접은 겹침이음에서 전단응력보다는 휨응력을 주로 전달하게 해준다.
④ 필릿용접의 유효단면적은 유효목두께의 2배에 유효길이를 곱한 것이다.
⑤ 용접을 먼저 한 후 고장력볼트를 시공한 경우 접합부의 내력은 양쪽 접합내력의 합으로 본다.

해설

① 고장력볼트 F10T-M24의 표준구멍지름은 27mm이다.
③ 플러그용접은 겹침이음에서 휨응력보다는 전단응력을 주로 전달하게 해준다(겹침이음의 전단응력을 전달할 때 겹침부분의 좌굴 또는 분리를 방지).
④ 필릿용접의 유효단면적은 유효목두께(a)에 용접유효길이(L_e)를 곱한 것이다.
⑤ 용접을 먼저 한 후 고장력볼트를 시공한 경우 접합부의 내력은 용접이 전 응력을 부담한다. 정답: ②

(4) 용접접합

① **정의**: 용접봉의 끝에 열을 가하여 녹이면서 동시에 모재(母材)도 국부적으로 녹여 두 강재를 용융상태에서 접합하는 방식이며, 접합부가 일체화되는 강접합이다.

② **장단점**

장점	단점
㉠ 부재 단면의 결손이 없다.	㉠ 용접공의 기술에 대한 의존도가 높다.
㉡ 강재의 절감으로 자중이 감소한다.	㉡ 접합부의 검사가 어렵다.
㉢ 무소음·무진동이다.	㉢ 용접열에 의한 모재의 변형이 발생한다.
㉣ 응력 전달이 확실하다.	㉣ 용접부의 취성파괴 우려가 있다.
㉤ 접합두께의 제한이 없다.	

③ **용접의 분류**

㉠ 맞댐용접(butt welding, 홈용접)

ⓐ 맞댐용접은 한쪽 또는 양쪽 부재의 끝을 비스듬히 절단하여 용접하는 방법이다.
ⓑ 부재의 끝을 절단해 낸 것을 홈 또는 개선(groove)이라 한다.
ⓒ 구조재를 동일 평면에서 접합하는 데 사용되며, 용접 강도가 부재 강도 이상이 되도록 한다.

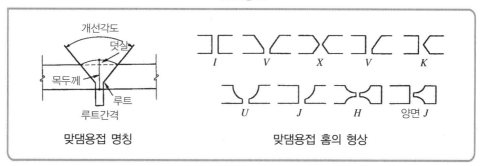

맞댐용접

맞댐용접 명칭

맞댐용접 홈의 형상

ⓛ 모살(fillet)용접

　ⓐ 모재를 일정한 각도로 접합한 후 삼각형 모양으로 접합부를 용접하는 방법이다.

　ⓑ 현장용접에 유리한 접합으로 적응성과 경제성이 커 널리 사용하는 방법이다.

용접이음

구분	맞댐이음	각이음	T이음
맞댐용접 (groove)		덧판	
모살용접 (fillet)	겹침이음	덧판이음	

ⓒ 슬롯(slot)용접, 플러그(plug)용접

　ⓐ 단독으로 사용되는 경우도 있으나 보통은 모살용접과 같이 사용된다.

　ⓑ 모살용접이 한정되어 부재의 전단력을 전달하기에 충분하지 않을 때 겹쳐지는
　　부재에 구멍을 뚫고 용접봉의 녹은 쇳물을 채워 용접하는 것이다.

　ⓒ 겹쳐지는 부재의 좌굴을 막는 데 유효하다.

용접의 분류

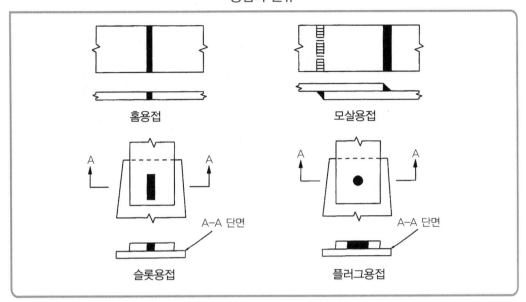

홈용접   모살용접

A   A   A   A

A-A 단면   A-A 단면

슬롯용접   플러그용접

기출예제

철골구조 용접접합에서 두 접합재의 면을 가공하지 않고 직각으로 맞추어 겹쳐지는 모서리 부분을 용접하는 방식은?   제25회

① 그루브(groove)용접   ② 필릿(fillet)용접
③ 플러그(plug)용접   ④ 슬롯(slot)용접
⑤ 스터드(stud)용접

해설

용접접합에서 두 접합재의 면을 가공하지 않고 직각으로 맞추어 겹쳐지는 모서리 부분을 용접하는 방식은 필릿(fillet)용접이다.   정답: ②

---

④ 용접결함의 종류

　㉠ 언더컷(under cut): 용접금속이 홈에 채워지지 않고 홈 가장자리에 빈틈이 남아 있는 것이다.

　㉡ 슬래그(slag)감싸들기: 용접한 부분의 내부에 슬래그가 섞여 있는 것이다.

　㉢ 공기구멍(blow hole, gas pocket): 용접 부분 안에 기포가 생기는 것이다.

　㉣ 오버랩(over lap): 용접금속이 모재에 완전히 붙지 않고 겹쳐 있는 것이다.

　㉤ 피트(pit): 용접 부분의 표면에 생기는 작은 구멍으로, 블로우홀이 표면에 부상하여 발생한다(모재의 녹 발생원인이 된다).

　㉥ 피시아이(fish eye, 은점): 용착금속 단면에 생기는 지름 2~3mm 정도의 은색 원점이다.

ⓐ 용착부족(incomplete penetration, 용입부족): 홈 각도의 협소 등으로 루트부에 까지 충분한 용입이 되지 않은 상태를 말한다.

ⓞ 크레이터(crater): 용접길이의 끝부분에 오목하게 파인 부분으로, 이를 방지하기 위하여 모재 단부에 엔드탭(end tab)을 설치한다.

제1편 건축구조

5장

기출예제

철골구조 접합에 관한 설명으로 옳지 않은 것은?   제22회

① 일반볼트접합은 가설건축물 등에 제한적으로 사용되며, 높은 강성이 요구되는 주요 구조 부분에는 사용하지 않는다.
② 언더컷은 약한 전류로 인해 생기는 용접결함의 하나이다.
③ 용접봉의 피복제 역할을 하는 분말상의 재료를 플럭스라 한다.
④ 고장력볼트의 접합은 응력집중이 적으므로 반복응력에 강하다.
⑤ 고장력볼트 마찰접합부의 마찰면은 녹막이칠을 하지 않는다.

해설
언더컷은 과전류로 인해 생기는 용접결함의 하나이다.   정답: ②

용접결함의 종류

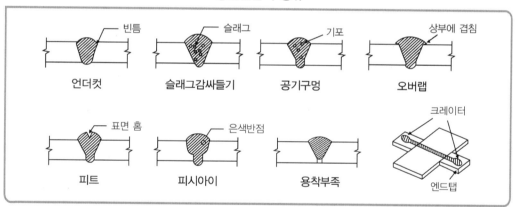

기출예제

01 **철골공사에서 용접금속이 모재에 완전히 붙지 않고 겹쳐 있는 용접결함은?**   제20회

① 크랙(crack)   ② 공기구멍(blow hole)
③ 오버랩(over lap)   ④ 크레이터(crater)
⑤ 언더컷(under cut)

해설
철골공사에서 용접금속이 모재에 완전히 붙지 않고 겹쳐 있는 용접결함은 오버랩(over lap)이다.
정답: ③

⑤ 용어

　㉠ 스칼럽(scallop): 철골부재 용접시 이음 및 접합부위의 용접선이 교차되는 곳의 모재에 부채꼴 모양의 모따기를 한 것이다.

　㉡ 엔드탭(end tab): 용접시 임시로 모재 밑부분에 대어 용착금속이 채워지도록 모재의 양단에 부착하는 보조강판이다.

　㉢ 비드(bead): 용착금속이 모재 위에 열상을 이루고 이어지는 용접층이다.

　㉣ 뒷댐재(back strip): 용접을 용이하게 하고 엔드탭의 위치를 확보하며 홈의 저부 뒷면에 대는 것이다.

　㉤ 위빙(weaving): 용접을 하면서 진행방향에 대하여 직각으로 번갈아 움직이면서 용접하는 운봉법이다.

　㉥ 위핑(whipping): 아크가 끊어지지 않을 정도로 용접봉을 수시로 띄었다 붙였다 하여 풀을 냉각시키며 과열을 방지하는 용접봉의 운봉조작이다.

　㉦ 가우징(gouging): 용착금속을 녹인 후 강한 공기로 불어내어 깨끗하게 홈을 파는 작업이다.

　㉧ 그루브: 용접에서 두 부재간 사이를 트이게 한 홈에 용착금속을 채워 넣은 부분이다.

　㉨ 스패터: 용접 중에 용접봉에서 튀어나오는 금속찌꺼기이다.

⑥ 용접 표기방법

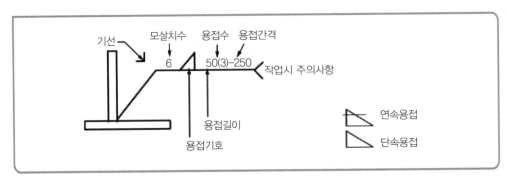

(5) 접합의 응력부담

용접접합 > 고장력볼트접합 = 리벳접합 > 볼트접합

① 리벳과 볼트 병용시 리벳만이 응력을 부담한다.
② 리벳과 고장력볼트 병용시 각각 응력을 부담한다.
③ 리벳과 용접 병용시 용접만이 응력을 부담한다.
④ 용접과 고장력볼트 병용시 용접이 전 응력을 부담한다.
  ○ 단, 고장력볼트를 먼저 체결 후 용접시에는 각기 응력을 부담한다.
⑤ 용접, 고장력볼트, 리벳, 볼트 등을 같이 사용할 때에는 용접이 전 응력을 부담한다.

기출예제

철골구조의 일반적인 접합에 관한 설명으로 옳지 않은 것은?   제19회

① 큰보와 작은보의 접합은 단순지지의 경우가 많으므로 클립앵글 등을 사용하여 웨브 (web)만을 상호 접합한다.
② 철골부재의 접합방법에는 볼트접합, 고력볼트접합, 용접접합 등이 있다.
③ 접합부는 부재에 발생하는 응력이 완전히 전달되도록 하고, 이음은 가능한 응력이 작게 되도록 한다.
④ 용접접합과 볼트접합을 병용할 경우에는 볼트를 조인 후 용접을 실시한다.
⑤ 볼트 조임 후 검사방법에는 토크관리법, 너트회전법, 조합법 등이 있다.

[해설]

용접접합과 볼트접합을 병용할 경우에는 용접을 한 후 볼트를 조인다.   정답: ④

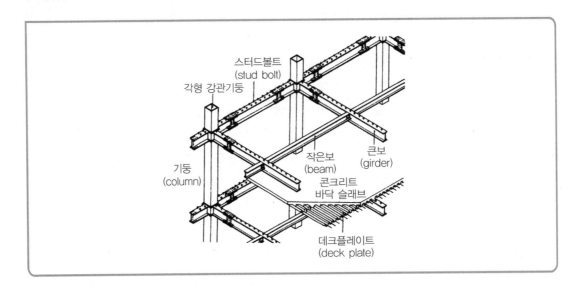

01 기둥

(1) 일반사항

기둥은 외력에 의한 축방향력과 휨모멘트 및 전단력에 충분히 저항할 수 있어야 하며, 압축에 의한 휨좌굴에도 저항할 수 있는 내력을 갖추어야 한다.

(2) 기둥의 종류

형강기둥	① I형강기둥
	② H형강기둥
	③ 각형강관기둥
	④ 강관기둥
	⑤ ㄷ형강기둥
조립기둥	① 플레이트기둥
	② 래티스기둥
	③ 트러스기둥
	④ 띠판기둥

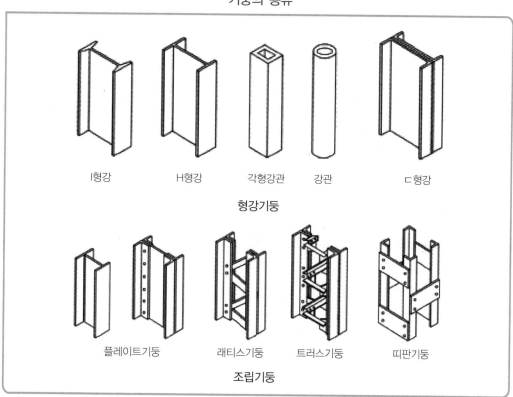

형강기둥: I형강 · H형강 · 각형강관 · 강관 · ㄷ형강

조립기둥: 플레이트기둥 · 래티스기둥 · 트러스기둥 · 띠판기둥

(3) 기둥의 이음

기둥의 이음위치는 2층 또는 3층(표준길이 10m)마다 바닥 위 1.0m 전후의 동일한 위치에 둔다.

02 보

(1) 일반사항

① 정의: 보는 수평부재로서 바닥판으로부터 전달받은 하중을 기둥 또는 작은보로 전달하는 역할을 하는 부재이며, 주로 휨응력에 저항하는 부재이다.

② 플랜지(flange)

　㉠ 보의 단면 상하에 날개처럼 내민 부분으로서 휨모멘트에 저항하며 커버플레이트로 보강한다.

　㉡ 커버플레이트의 겹침은 최대 4장 이하로 하고, 커버플레이트의 전 단면적은 플랜지 단면적의 70% 이하로 한다.

③ 웨브플레이트(web plate): 보의 중앙부의 복부재(腹部材)로서 전단력에 저항하며 스티프너로 보강한다.

④ 스티프너: 웨브의 양쪽에 덧대는 판으로, 웨브의 좌굴을 방지한다.

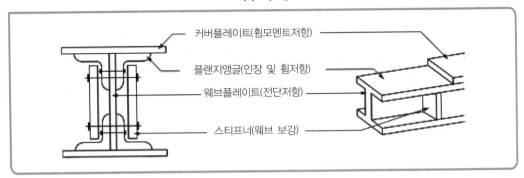

각부 부재

- 커버플레이트(휨모멘트저항)
- 플랜지앵글(인장 및 휨저항)
- 웨브플레이트(전단저항)
- 스티프너(웨브 보강)

기출예제

철골구조에 관한 설명으로 옳지 않은 것은? 제20회

① H형강보의 플랜지는 전단력, 웨브는 휨모멘트에 저항한다.
② H형강보에서 스티프너(stiffener)는 전단 보강, 덧판(cover plate)은 휨 보강에 사용된다.
③ 볼트의 지압파괴는 전단접합에서 발생하는 파괴의 일종이다.
④ 절점간을 대각선으로 연결하는 부재인 가새는 수평력에 저항하는 역할을 한다.
⑤ 압축재 접합부에 볼트를 사용하는 경우 볼트 구멍의 단면결손은 무시할 수 있다.

해설

H형강보의 플랜지는 휨모멘트에 저항하고, 웨브는 전단력에 저항한다. 정답: ①

(2) 보의 종류

형상별 종류

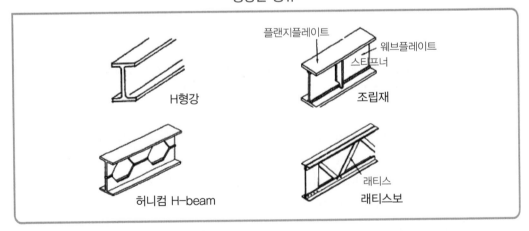

H형강

플랜지플레이트 / 웨브플레이트 / 스티프너
조립재

허니컴 H-beam

래티스
래티스보

① 형강보
　㉠ 형강의 단면을 그대로 사용하므로 부재의 가공절차가 간단하고, 기둥과의 접합도 단순하여 널리 사용된다.
　㉡ 층도리, 중도리, 장선, 간사이가 작은 보 등에 작은 응력이 작용할 때에 사용된다.
　㉢ 보의 춤은 처짐을 고려하여 스팬의 20분의 1~30분의 1 정도로 한다.
② 조립보(built-up beam, girder): 평강, ㄱ형강, T형강 등을 사용하여 조립한 보로서 보의 춤이나 너비를 크게 할 수 있으며 판보, 격자보, 래티스보, 트러스보 등이 있다.
　㉠ 판보
　　ⓐ 웨브 강판과 플랜지 강판을 용접하거나 형강을 대어 리벳접합을 한 보이다.
　　ⓑ 보의 춤과 너비를 크게 할 수 있어 간사이(span)가 큰 곳에 사용한다.
　　ⓒ 큰 하중이 작용하거나 집중하중이 작용하는 경우에는 웨브의 좌굴을 막기 위하여 스티프너(stiffner)를 사용한다.
　㉡ 격자보
　　ⓐ 웨브재와 플랜지를 90°로 조립한 보로, 가장 경미한 하중을 받는 곳에 사용한다.
　　ⓑ 휘어짐이 크기 때문에 콘크리트로 피복하여 사용한다.
　㉢ 래티스보
　　ⓐ 웨브 부분을 플랜지에 대하여 30°~60°로 경사지게 접합한 보이다.
　　ⓑ 간사이가 큰 곳에 사용되는 보이다.
　㉣ 트러스보
　　ⓐ 웨브재와 플랜지를 거싯플레이트(gusset plate)로 삼각형 형태로 조립한 보를 말한다.
　　ⓑ 트러스의 개방된 웨브공간으로 전기배선이나 덕트 등과 같은 설비배관의 통과가 가능하다.
③ 허니컴보(honeycomb girder)
　㉠ 보의 춤을 높여서 휨모멘트에 대한 내력을 증가시킬 수 있고, 웨브의 뚫린 구멍을 통하여 덕트(duct)배관을 할 수 있다.
　㉡ 충고를 낮게 할 수 있으며, 전단력이 큰 경우 보강이 필요하다.
④ 하이브리드보(hybrid beam): 웨브는 저강도의 일반 강재를 사용하고, 플랜지는 고강도의 강재를 사용하여 경제성을 증가시킨 보이다.
⑤ 합성보(composite beam)
　㉠ 두 개 이상의 서로 다른 재료를 결합하여 일체로 작용하도록 한 보이다.
　㉡ 판형과 슬래브콘크리트를 일체로 작용하게 하거나, 프리스트레스트 콘크리트보와 슬래브를 일체로 작용하게 한 보이다.

H형강보의 웨브를 지그재그로 절단한 후, 위아래를 어긋나게 용접하여 육각형의 구멍이 뚫린 보는?

제25회

① 래티스보
② 허니콤보
③ 격자보
④ 판보
⑤ 합성보

해설

H형강보의 웨브를 지그재그로 절단한 후, 위아래를 어긋나게 용접하여 육각형의 구멍이 뚫린 보는 허니콤보이다.

정답: ②

더 알아보기 전단연결재 · 데크플레이트 · 턴버클

1. 전단연결재(shear connector)
   • 콘크리트슬래브와 철골보의 플랜지를 일체화하는 데 사용되는 보강철물로 수평전단력에 저항한다.
   • 종류에는 스터드볼트, ㄷ형강 등이 있다.
2. 데크플레이트(deck plate)
   • 골 모양의 홈을 가진 철판재료로 슬래브 거푸집 대신 설치하고 철근을 배근한 후 콘크리트를 타설한다.
   • 데크플레이트는 거푸집용과 구조용으로 구분된다.
   • 경량화, 공기 단축, 공사비 절감, 전천후 시공, 품질관리 등의 효과가 있다.
3. 턴버클(turnbuckle)
   • 양편에 서로 반대방향의 수나사가 달려 있어 이것을 회전시켜 그 수나사에 이어진 줄을 당겨 조이는 기구이다.
   • 여름과 겨울철에 팽창과 수축으로 인한 유동성을 조절한다.

(3) 보의 이음

① 보의 이음은 원칙적으로 응력이 작은 곳에서 실시하며, 보 단부에서 1~2m 정도의 위치에서 실시하는 것이 바람직하다.
② 보의 이음은 내력 확보와 현장시공 사정 등에 의하여 결정되며, 일반적으로 신뢰성이 높은 고력볼트접합이 사용되는 경우가 가장 많다.

03 주각

기둥의 맨 밑부분으로 기둥을 타고 내려온 하중을 기초에 전달하며 축방향력, 전단력 및 휨모멘트가 작용한다.

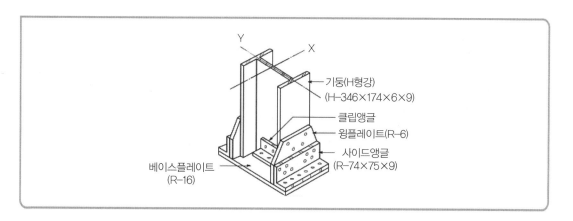

(1) 주각의 구성부재

베이스플레이트	기둥과 기초판 사이에 설치하여 연결하는 부재이다.
앵커볼트	기초판에 매입되어 주각부의 이동을 방지한다.
사이드앵글	윙플레이트와 베이스플레이트를 연결하는 부재이다.
클립앵글	웨브와 베이스플레이트를 연결하는 부재이다.
윙플레이트	기둥과 베이스플레이트 및 사이드앵글을 연결하는 부재이다.

(2) 주각의 형태

① 고정주각: 철골기둥의 하부구조로부터 올라온 철근콘크리트기둥에 둘러싸여 묻히는 형식이다.

② 반고정주각: 노출형으로 철골기둥과 베이스플레이트 사이에 리브플레이트를 용접하여 베이스플레이트의 변형을 구속하는 방식이다.

③ 핀(pin)주각: 주각에서 기초에 축방향과 전단력만 전달되기 때문에 중·소규모 건축물, 교량, 큰 스팬의 플레이트보나 트러스보의 지점에 많이 사용된다.

주각구조

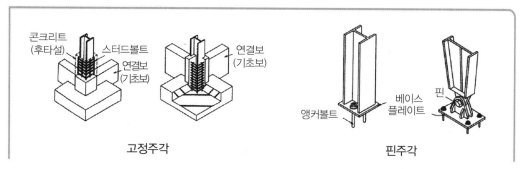

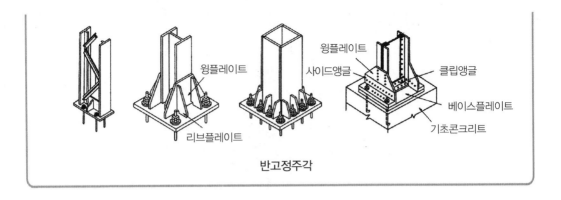

윙플레이트

사이드앵글

클립앵글

윙플레이트

베이스플레이트

기초콘크리트

리브플레이트

반고정주각

강재의 강도는 500℃에서 상온시 강도의 2분의 1 정도로 감소하고, 800~900℃ 이상일 때에는 강도를 발휘할 수 없으므로 화재시 열을 차단하는 보호대책이 필요하다.

01 내화피복의 목적

① 화재로부터 구조물 보호
② 구조물의 내력 저하 방지
③ 구조물의 안정성 확보
④ 구조물의 변형 방지

02 내화피복의 분류 및 종류

습식내화피복공법	뿜칠공법	암면을 도포하는 공법으로 복잡한 형상에도 시공이 용이하나 손실률이 크고 피복두께를 유지하기가 어렵다.
	미장공법 (바름공법)	메탈라스나 용접철망을 부착하고 플라스터나 단열모르타르를 바르는 공법이다.
	타설공법	거푸집을 설치하고 경량콘크리트나 질석모르타르 등을 타설하는 공법이다.
	조적공법	벽돌, 블록, 석재 등을 철골 주위에 쌓는 공법이다.
건식내화피복공법	성형판붙임공법	ALC판, 석면성형판, PC판 등을 연결철물이나 접착제 등으로 부착하는 공법이다.
	휘감기공법	―
	세라믹울피복공법	세라믹섬유 블랭킷(blanket)

합성내화 피복공법	합성공법	프리캐스트 콘크리트판, ALC판
도장내화 피복공법	내화도료공법	팽창성 내화도료

철골구조의 내화피복공법에 관한 설명으로 옳지 않은 것은?　　　　　제24회

① 12/50[최고층수/최고높이(m)]를 초과하는 주거시설의 보·기둥은 2시간 이상의 내화구조 성능기준을 만족해야 한다.

② 뿜칠공법은 작업성능이 우수하고 시공가격이 저렴하지만 피복두께 및 밀도의 관리가 어렵다.

③ 합성공법은 이종재료의 적층이나 이질재료의 접합으로 일체화하여 내화성능을 발휘하는 공법이다.

④ 도장공법의 내화도료는 화재시 강재의 표면 도막이 발포·팽창하여 단열층을 형성한다.

⑤ 건식공법은 내화 및 단열성이 좋은 경량 성형판을 연결철물 또는 접착제를 이용해 부착하는 공법이다.

해설

12/50[최고층수/최고높이(m)]를 초과하는 주거시설의 보·기둥은 3시간 이상의 내화구조 성능기준을 만족해야 한다.

정답: ①

내화피복의 공법

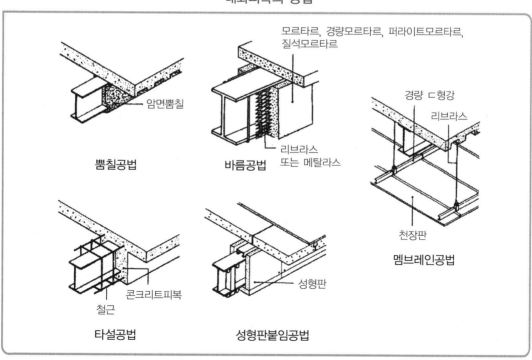

제1편 건축구조

5장

01 철골구조는 내화성이 작고 좌굴하기 쉬우며, 녹막이처리가 필요하다. ( )

02 SS계열은 용접구조용 압연강재이고, SM계열은 일반구조용 압연강재이다. ( )

03 게이지라인은 재축방향의 리벳 중심선을 연결한 선이고, 클리어런스는 작업의 여유공간으로 리벳과 수직부재면과의 거리이다. ( )

04 고장력볼트접합은 마찰접합이며, 조임은 중앙에서 단부 쪽으로 하고, 접합부의 강성이 크고 피로강도가 높다. ( )

05 용접접합은 접합부의 검사가 어렵고 모재의 변형이 발생되며, 용접공의 기술에 대한 의존도가 낮다. ( )

06 언더컷은 용접금속이 홈에 채워지지 않고 홈의 가장자리에 빈틈이 남아 있는 결함이다. ( )

07 용접접합과 볼트접합을 병용할 경우에는 볼트를 조인 후 용접을 실시한다. ( )

---

01 ○

02 × SS계열은 일반구조용 압연강재이고, SM계열은 용접구조용 압연강재이다.

03 ○

04 ○

05 × 용접접합은 접합부의 검사가 어렵고 모재의 변형이 발생되며, 용접공의 기술에 대한 의존도가 높다.

06 ○

07 × 용접접합과 볼트접합을 병용할 경우에는 용접을 한 후 볼트를 조인다.

08 블로우홀은 용접금속이 모재에 완전히 붙지 않고 겹쳐 있는 것이고, 오버랩은 용접 부분 안에 기포가 생기는 것이다. ( )

09 크레이터는 용접 길이의 끝부분이 오목하게 파인 부분으로, 이를 방지하기 위하여 모재 단부에 엔드탭을 설치한다. ( )

10 철골접합에서 응력부담은 '용접접합 > 고장력볼트접합 = 리벳접합 > 볼트접합' 순으로 크다. ( )

11 플랜지는 휨모멘트에 저항하며 커버플레이트 겹침은 최대 4장 이하로 하고, 커버플레이트의 전 단면적은 플랜지 단면적의 70% 이하로 한다. ( )

12 웨브플레이트는 전단력에 저항하고, 스티프너는 웨브의 좌굴을 방지한다. ( )

08 ✕ 블로우홀은 용접 부분 안에 기포가 생기는 것이고, 오버랩은 용접금속이 모재에 완전히 붙지 않고 겹쳐 있는 것이다.

09 ○

10 ○

11 ○

12 ○

13 형강보는 웨브강판과 플랜지강판을 용접하거나 형강을 리벳접합한 보이며, 보의 춤과 너비를 크게 할 수 있어 간사이가 큰 곳에 사용한다. ( )

14 허니컴보는 보의 춤을 높여서 휨모멘트에 대한 내력을 증가시킬 수 있고, 웨브의 뚫린 구멍을 통하여 덕트 배관을 할 수 있다. ( )

15 하이브리드보는 웨브는 고강도의 강재를 사용하고, 플랜지는 저강도의 일반 강재를 사용하여 경제성을 증가시킨 보이다. ( )

16 전단연결재는 콘크리트슬래브와 철골보의 플랜지를 일체화하는 데 사용되는 보강철물로 수평 전단력에 저항하며, 종류에는 스터드볼트, ㄷ형강 등이 있다. ( )

17 내화피복공법에는 습식내화피복공법, 건식내화피복공법, 합성내화피복공법, 도장내화피복공법 등이 있다. ( )

---

13 ✕ 판보는 웨브강판과 플랜지강판을 용접하거나 형강을 리벳접합한 보이며, 보의 춤과 너비를 크게 할 수 있어 간사이가 큰 곳에 사용한다.

14 ○

15 ✕ 하이브리드보는 웨브는 저강도의 일반 강재를 사용하고, 플랜지는 고강도의 강재를 사용하여 경제성을 증가시킨 보이다.

16 ○

17 ○

01 철골구조의 장점 및 단점에 관한 설명으로 옳지 않은 것은? 제22회

① 강재는 재질이 균등하며, 강도가 커서 철근콘크리트에 비해 건물의 중량이 가볍다.

② 장경간 구조물이나 고층 건축물을 축조할 수 있다.

③ 시공정밀도가 요구되어 공사기간이 철근콘크리트에 비해 길다.

④ 고열에 약해 내화설계에 의한 내화피복을 해야 한다.

⑤ 압축력에 대해 좌굴하기 쉽다.

02 철골구조의 장단점에 관한 설명으로 옳지 않은 것은?

① 내구 · 내화 · 내진적인 구조이다.

② 재료의 균질성이 있고, 인성이 커서 변위에 대한 저항성이 높다.

③ 경간(span)이 큰 구조물이나 고층 구조물에 적합하다.

④ 시공이 편리하고 공사기간을 단축할 수 있다.

⑤ 부재의 길이가 비교적 길기 때문에 좌굴하기 쉽다.

정답 | 해설

01 ③ 철골구조는 건식구조로 철근콘크리트에 비해 공사기간이 짧다.

02 ① 열에 약하고 고온에서 강도가 저하되거나 변형되기 쉽기 때문에 내화성이 작다.

03 용접구조용 내후성 열간압연강재의 기호로 옳은 것은?

① SS계열
② SMA계열
③ SM계열
④ SN계열
⑤ FR계열

04 철골구조에 관한 설명으로 옳지 않은 것은? 제12회

① 고장력볼트 조임기구에는 임팩트렌치, 토크렌치 등이 있다.
② 고장력볼트접합은 부재간의 마찰력에 의하여 힘을 전달하는 마찰접합이 가능하다.
③ 얇은 강판에 적당한 간격으로 골을 내어 요철 가공한 것을 데크플레이트라 하며, 주로 바닥판공사에 사용된다.
④ 시어커넥터(shear connector)는 철골보에서 웨브의 좌굴을 방지하기 위해 사용된다.
⑤ 허니콤보의 웨브는 설비의 배관 통로로 이용될 수 있다.

05 고장력볼트접합에 관한 설명으로 옳지 않은 것은?

① 고장력볼트를 조여서 생기는 인장력으로 인하여 접합재 상호간에 발생하는 마찰력으로 접합하는 방식을 말한다.
② 접합부의 강성이 크다.
③ 피로강도에 강하다.
④ 고장력볼트의 조임은 단부에서 중앙부 쪽으로 조여 간다.
⑤ 지압접합볼트의 전단저항력과 볼트의 모재간의 지압저항력에 의하여 응력을 전달한다.

06 철골구조의 접합에 관한 설명으로 옳지 않은 것은?   제17회

① 철골구조는 공장에서 가공한 강재를 현장에서 조립하는 방식으로 시공한다.

② 용접은 볼트접합에 비해 단면 결손이 있으나, 소음 발생이 적은 장점이 있다.

③ 고장력볼트접합은 접합부 강성이 높아 변형이 거의 없다.

④ 고장력볼트접합은 내력이 큰 볼트로 접합재를 강하게 조여 생기는 마찰력을 통해 힘을 전달한다.

⑤ 용접은 시공기술에 따라 접합강도의 차이가 있으며, 열에 의한 변형 등이 발생할 수 있다.

07 철골구조의 접합에 관한 설명으로 옳은 것을 모두 고른 것은?   제23회

㉠ 볼트접합은 주요 구조부재의 접합에 주로 사용된다.
㉡ 용접금속과 모재가 융합되지 않고 겹쳐지는 용접결함을 언더컷이라고 한다.
㉢ 볼트접합에서 게이지라인상의 볼트 중심간 간격을 피치라고 한다.
㉣ 용접을 먼저 시공하고 고력볼트를 시공하면 용접이 전체 하중을 부담한다.

---

① ㉠, ㉡   ② ㉠, ㉣

③ ㉢, ㉣   ④ ㉠, ㉡, ㉢

⑤ ㉡, ㉢, ㉣

정답 | 해설

03 ② ① SS계열: 일반구조용 압연강재
　　　③ SM계열: 용접구조용 압연강재
　　　④ SN계열: 건축구조용 압연강재
　　　⑤ FR계열: 건축구조용 내화강재

04 ④ 시어커넥터(shear connector)는 콘크리트 슬래브와 철골보의 플랜지를 일체화하는 데 사용되는 보강 철물이다. 수평전단력에 저항하며 웨브의 좌굴을 방지하는 것은 <u>스티프너</u>이다.

05 ④ 고장력볼트의 조임은 <u>중앙부에서 단부 쪽으로</u> 조여 간다.

06 ② 용접은 볼트접합에 비해 <u>단면 결손이 없고</u>, 소음 발생이 적은 장점이 있다.

07 ③ ㉠ 볼트접합은 주요 구조부재의 접합에 <u>사용할 수 없다</u>.
　　　㉡ 용접금속과 모재가 융합되지 않고 겹쳐지는 용접결함을 <u>오버랩(overlap)</u>이라고 한다.

08 철골구조 접합에 관한 설명으로 옳지 않은 것은? 제22회

① 일반볼트접합은 가설건축물 등에 제한적으로 사용되며, 높은 강성이 요구되는 주요 구조부분에는 사용하지 않는다.

② 언더컷은 약한 전류로 인해 생기는 용접결함의 하나이다.

③ 용접봉의 피복제 역할을 하는 분말상의 재료를 플럭스라 한다.

④ 고장력볼트의 접합은 응력집중이 적으므로 반복응력에 강하다.

⑤ 고장력볼트 마찰접합부의 마찰면은 녹막이칠을 하지 않는다.

09 철골구조에 관한 설명으로 옳지 않은 것은?

① 플랜지는 휨에 의한 인장·압축을 부담한다.

② 보의 휨모멘트를 보강하는 데 스티프너가 유효하다.

③ 웨브플레이트는 전단응력을 부담한다.

④ 플랜지와 웨브와의 접합은 전단력에 의하여 결정된다.

⑤ 커버플레이트는 부족한 휨내력을 보강할 수 있다.

10 철골구조의 용접에 관한 설명으로 옳은 것을 모두 고른 것은? 제18회

> ㉠ 용접자세는 가능한 한 회전지그를 이용하여 아래보기 또는 수평자세로 한다.
> ㉡ 용접부에 대한 코킹은 허용된다.
> ㉢ 모든 용접은 전 길이에 대해 육안검사를 수행한다.
> ㉣ 아크 발생은 필히 용접부 내에서 일어나지 않도록 한다.

① ㉠, ㉡　　　　　　　　　② ㉠, ㉢

③ ㉡, ㉢　　　　　　　　　④ ㉡, ㉣

⑤ ㉢, ㉣

11 용접결함에 관한 설명으로 옳지 않은 것은?

① 크레이터(crater)는 아크용접을 할 때 비드(bead) 끝에 오목하게 패인 결함이다.

② 공기구멍(blow hole)은 용융금속이 응고할 때 방출가스가 남아서 생기는 결함이다.

③ 오버랩(over lap)은 용접금속과 모재가 융합되지 않고 겹쳐지는 결함이다.

④ 언더컷(under cut)은 모재가 녹아 용착금속이 채워지지 않고 홈으로 남는 결함이다.

⑤ 슬래그(slag)함입은 기공에 의해 용접부 표면에 작은 구멍이 생기는 결함이다.

12 철골구조 보의 일반사항으로 옳지 않은 것은?

① 보는 수평부재로서 바닥판으로부터 전달받은 하중을 기둥 또는 작은보로 전달하는 역할을 하는 부재이며, 주로 휨응력에 저항하는 부재이다.

② 플랜지는 보의 단면 상하에 날개처럼 내민 부분으로서 휨모멘트에 저항한다.

③ 커버플레이트의 겹침은 최대 4장 이하로 하고, 커버플레이트의 전 단면적은 웨브 단면적의 70% 이하로 한다.

④ 웨브플레이트는 보의 중앙부의 복부재로서 전단력에 저항하며 스티프너로 보강한다.

⑤ 스티프너는 웨브의 양쪽에 덧대는 판으로, 웨브의 좌굴을 방지한다.

정답 | 해설

08 ② 언더컷은 <u>과전류로</u> 인해 생기는 용접결함의 하나이다.

09 ② 스티프너는 <u>웨브플레이트의 좌굴을</u> 방지한다.

10 ② ⓒ 코킹은 용접부에서 <u>허용되지 않는다.</u>
　　　ⓔ 용접부 내에서 아크 발생은 <u>필히 일어나야 한다.</u>

11 ⑤ 슬래그(slag)함입은 <u>슬래그가 용착금속 내에 혼입되는 현상이다.</u>

12 ③ 커버플레이트의 겹침은 최대 4장 이하로 하고, 커버플레이트의 전 단면적은 <u>플랜지</u> 단면적의 70% 이하로 한다.

13 철골구조의 도장 및 도금에 관한 설명으로 옳지 않은 것은? 제18회

① 도료의 배합비율은 용적비로 표시한다.
② 철재바탕일 경우, 도장도료의 견본 크기는 $300 \times 300mm$로 한다.
③ 가연성 도료는 전용창고에 보관하는 것을 원칙으로 한다.
④ 운전부품 및 라벨에는 도장하지 않는다.
⑤ 볼트는 형상에 요철이 많고 부식이 쉬우므로 도장하기 전에 방식대책을 수립하여야 한다.

14 철골구조에 관한 설명으로 옳지 않은 것은? 제24회

① 단면에 비하여 부재의 길이가 길고 두께가 얇아 좌굴되기 쉽다.
② 접합부의 시공과 품질관리가 어렵기 때문에 신중한 설계가 필요하다.
③ 강재의 취성파괴는 고온에서 인장할 때 또는 갑작스런 하중의 집중으로 생기기 쉽다.
④ 담금질은 강을 가열한 후 급랭하여 강도와 경도를 향상시키는 열처리 작업이다.
⑤ 고장력볼트접합은 철골부재간의 마찰력에 의해 응력을 전달하는 방식이다.

15 철골구조에 관한 설명으로 옳은 것을 모두 고른 것은? 제25회

> ㉠ 고장력볼트를 먼저 시공한 후 용접을 한 경우, 응력은 용접이 모두 부담한다.
> ㉡ H형강보의 플랜지(flange)는 휨모멘트에 저항하고, 웨브(web)는 전단력에 저항한다.
> ㉢ 볼트접합은 구조안전성, 시공성 모두 우수하기 때문에 구조내력상 주요 부분 접합에 널리 적용된다.
> ㉣ 철골보와 콘크리트슬래브 연결부에는 쉬어커넥터(shear connector)가 사용된다.

① ㉠, ㉢
② ㉠, ㉣
③ ㉡, ㉢
④ ㉡, ㉣
⑤ ㉢, ㉣

16 철골구조 내화피복의 종류로 옳지 않은 것은?

① 뿜칠공법   ② 성형판붙임공법
③ 압착붙임공법   ④ 내화도료공법
⑤ 합성공법

17 구조용 강재에 관한 설명으로 옳지 않은 것은? 제27회

① 강재의 화학적 성질에서 탄소량이 증가하면 강도는 감소하나, 연성과 용접성은 증가한다.
② SN은 건축구조용 압연강재를 의미한다.
③ TMCP강은 극후판의 용접성과 내진성을 개선한 제어열처리강이다.
④ 판두께 16mm 이하인 경우 SS275의 항복강도는 275MPa이다.
⑤ 판두께 16mm 초과, 40mm 이하인 경우 SM355의 항복강도는 345MPa이다.

정답 | 해설

13 ① 도료의 배합비율은 <u>질량비</u>로 표시한다.

14 ③ 강재의 취성파괴는 <u>저온에서 강재에 외력 작용시 인장강도 또는 항복강도 도달 전에 급격히 파괴되는 현상</u>이다.

15 ④ ㉠ 고장력볼트를 먼저 시공한 후 용접을 한 경우, <u>응력은 각각 부담한다.</u>
     ㉢ 일반볼트접합은 가설건축물 등에 제한적으로 사용되며 높은 강성이 요구되는 <u>주요 구조 부분에는 사용하지 않는다.</u>

16 ③ 압착붙임공법은 <u>타일붙임공법</u>이다.

17 ① 강재의 화학적 성질에서 탄소량이 증가하면 <u>강도는 증가하나, 연성과 용접성은 감소한다.</u>

제 **6** 장 　지붕공사

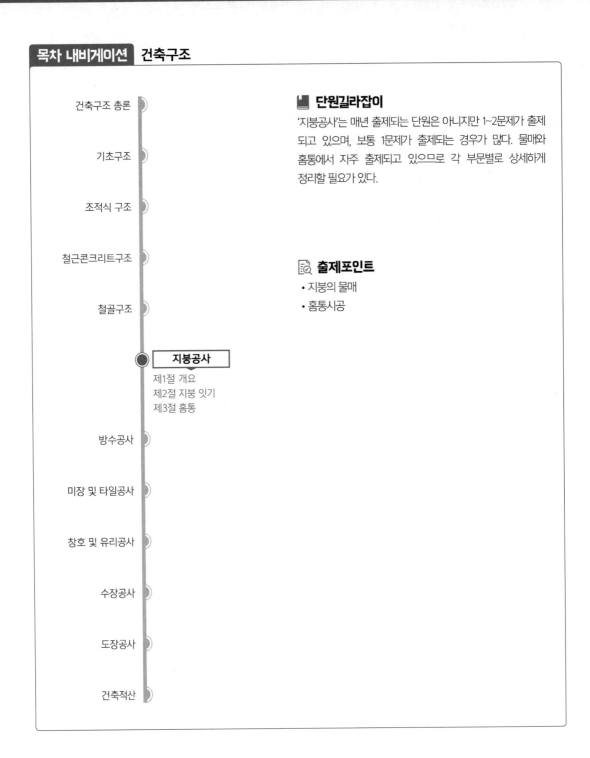

📖 **단원길라잡이**

'지붕공사'는 매년 출제되는 단원은 아니지만 1~2문제가 출제되고 있으며, 보통 1문제가 출제되는 경우가 많다. 물매와 홈통에서 자주 출제되고 있으므로 각 부문별로 상세하게 정리할 필요가 있다.

🔎 **출제포인트**

- 지붕의 물매
- 홈통시공

01 지붕의 종류

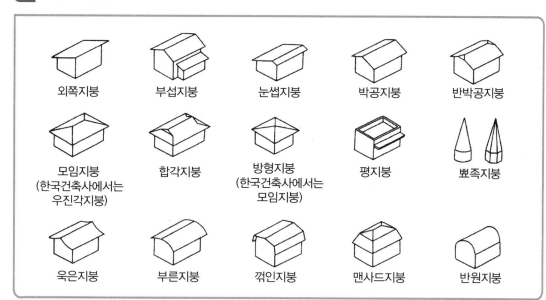

외쪽지붕　　부섭지붕　　눈썹지붕　　박공지붕　　반박공지붕

모임지붕
(한국건축사에서는
우진각지붕)　　합각지붕　　방형지붕
(한국건축사에서는
모임지붕)　　평지붕　　뾰족지붕

욱은지붕　　부른지붕　　꺾인지붕　　맨사드지붕　　반원지붕

기출예제

01 지붕의 형태와 명칭의 연결이 옳지 않은 것은?　　제23회

①

박공지붕

②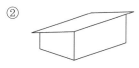
외쪽지붕

③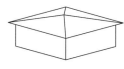
합각지붕

④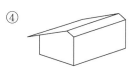
눈썹지붕

⑤
평지붕

해설

③은 방형지붕이다.　　　　　　정답: ③

02 모임지붕 물매의 상하를 다르게 한 지붕으로 천장 속을 높게 이용할 수 있고, 비교적 큰 실내구성에 용이한 지붕은? 제25회

① 합각지붕   ② 솟을지붕

③ 꺾임지붕   ④ 맨사드(mansard)지붕

⑤ 부섭지붕

해설

모임지붕 물매의 상하를 다르게 한 지붕으로 천장 속을 높게 이용할 수 있고, 비교적 큰 실내구성에 용이한 지붕은 맨사드(mansard)지붕이다.

정답: ④

02 지붕재료의 조건

① 열전도율이 작고 불연재일 것

② 경량이면서 내수·내풍적일 것

③ 방한·방서적이며 내구적일 것

④ 시공성이 좋고 수리가 용이할 것

⑤ 모양과 빛깔이 좋고 건물과 잘 조화될 것

03 지붕의 물매

(1) 물매의 정의

① 물매란 빗물이 잘 흐를 수 있도록 지붕에 적당한 경사를 두는 것을 말한다.

② 물매는 수평거리 10cm에 대한 직각삼각형의 수직높이이다.

지붕물매

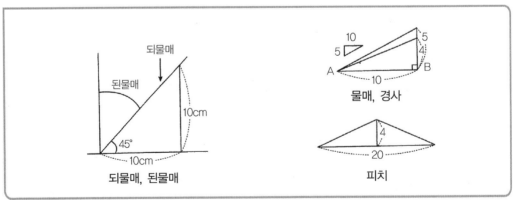

되물매, 된물매   물매, 경사   피치

(2) 물매의 종류

① **되물매**: 수평거리가 10cm일 때 수직높이가 10cm인 물매이며, 45° 물매라고도 한다.

② **된물매**: 45° 이상의 물매이며, 급경사 물매를 말한다.

③ **뜬물매**: 45° 미만의 물매를 말한다.

기출예제

지붕의 경사(물매)에 관한 설명으로 옳지 않은 것은?

제24회

① 되물매는 경사 1 : 2 물매이다.

② 평물매는 경사 45° 미만의 물매이다.

③ 반물매는 평물매의 2분의 1 물매이다.

④ 급경사지붕은 경사가 4분의 3 이상의 지붕이다.

⑤ 평지붕은 경사가 6분의 1 이하의 지붕이다.

해설

되물매는 경사 1 : 1 물매이다.

정답: ①

---

(3) 물매의 일반적 사항

① 지붕면적이 클수록 지붕물매는 된(급한)물매로 한다.

② 강우량과 적설량이 많은 지역은 지붕물매를 된(급한)물매로 한다.

③ 간사이가 클수록 지붕물매는 된(급한)물매로 한다.

④ 지붕재료의 내수성이 클수록 지붕물매는 뜬(완만한)물매로 한다.

⑤ 지붕의 재료가 클수록 지붕물매는 뜬(완만한)물매로 한다.

(4) 물매의 최소한도

재료	경사		재료	경사	
	물매(cm)	경사비		물매(cm)	경사비
천연슬레이트	5.0	5 : 10	골판슬레이트(대형)	3.0	3 : 10
널 · 이엉	5.0	5 : 10	금속판 평이음	3.0	3 : 10
평판슬레이트(소형)	5.0	5 : 10	아스팔트 루핑	3.0	3 : 10
기와	4.0	4 : 10	금속판 기와가락 · 골판이음	2.5	2.5 : 10

더 알아보기 지붕의 물매

지붕의 경사는 설계도면에 지정한 바에 따르되, 별도로 지정한 바가 없으면 50분의 1 이상으로 한다.

---

01 기와 잇기

(1) 기와의 장단점

장점	단점
① 열전도율이 낮다.	① 지붕의 자중이 커진다.
② 내구적이고 불연성이 있다.	② 재료 크기가 작아 하자가 생길 우려가 있다.
③ 비교적 가격이 저렴하다.	③ 바람에 날리기 쉬우므로 시공상 주의가 필요
④ 쉽게 구할 수 있고 외관이 보기 좋다.	하다.

(2) 기와의 종류

① 재료: 점토 소성품, 시멘트 제품 등

② 형식: 한식 기와, 일식 기와, 스페인 기와 등

02 금속판 잇기

금속판에는 함석판(아연도금강판), 동판, 합성수지강판, 아연판, 연판, 알루미늄판 등이 있다.

(1) 금속판의 특징

① 경량이며 빗물이 잘 새지 않는다.

② 다양하게 가공을 할 수 있다.

③ 열전도율이 크고 열에 약하다.

④ 신축성이 크고 폭풍이나 강우시 소음이 크다.

⑤ 대기 중에 산화되기 쉽고 가스나 화학작용에 취약하다.

(2) 금속판의 종류

① 함석판

  ㉠ 강판을 아연도금한 얇은 판을 함석판이라고 한다.

  ㉡ 모양은 평판과 골판이 있고, 가벼우며 가공성이 우수하다.

  ㉢ 일산화탄소가스에 약하고 부식하기 쉽다.

② 동판

  ㉠ 산에는 강하나 알칼리에는 약하다.

  ㉡ 암모니아가스가 발생되는 곳에는 부적당하다.

  ㉢ 청록색으로 변하므로 지붕에 좋은 풍미를 준다.

  ㉣ 내구성 및 가공성이 우수하다.

③ 합성수지강판

　㉠ 강판 기타 금속판에 합성수지를 칠하거나 필름을 압착·적층하여 만든다.

　㉡ 내식성·내후성이 좋고 외관도 미려하다.

④ 아연판

　㉠ 가벼우며 가공하기가 쉽다.

　㉡ 수중이나 공기 중에서도 내구력이 크다.

　㉢ 산과 알칼리에 약하며, 온도에 대하여 신축이 크다.

⑤ 연판

　㉠ 지붕, 처마홈통 등의 특수한 부분에 사용되며 가격이 비싸다.

　㉡ 산성에는 강하나 목재·회반죽에는 약하다.

　㉢ 온도에 대한 신축성이 크지만 꺾어접기가 곤란하다.

⑥ 알루미늄판

　㉠ 가벼운 경금속이고 많이 사용된다.

　㉡ 염분에 약하므로 해안지역에는 부적당하다.

(3) 금속판 잇기

① 평판 잇기

　㉠ 일자이음과 마름모이음이 있으며, 일자이음이 일반적이다.

　㉡ 처마 끝부분은 너비 3cm 정도의 거멀띠·밑창판을 약 25cm 간격으로 못박아 대고, 감싸기판을 거멀띠에 접어 건다.

　㉢ 평이음 부분은 4방 거멀접기로 하고 각 판마다 거멀쪽 4개 이상으로 한다.

　㉣ 판의 크기에는 60×90cm, 60×45cm, 45×45cm 등이 있다.

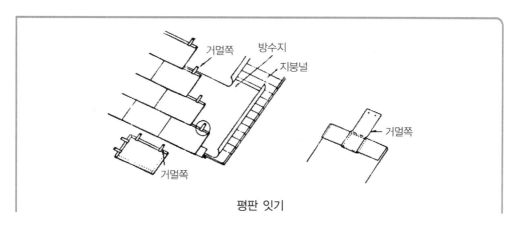

평판 잇기

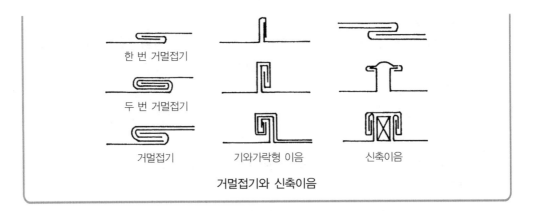

한 번 거멀접기		
두 번 거멀접기		
거멀접기	기와가락형 이음	신축이음

거멀접기와 신축이음

> **더 알아보기** **거멀접기**
>
> 1. 온도영향에 의한 신축을 방지하고, 강우에 의한 누수를 방지할 목적으로 사용한다.
> 2. 접은 자리는 금이 가지 않게 잘 접는다.
> 3. 물림이 잘되도록 줄 바르고 모양이 가지런하게 공작한다.

② **기와가락 잇기**

ⓐ 너비방향으로 일정한 간격마다 각재를 바닥에 고정한 후 규격에 맞춘 금속판으로 마감하여 각재 부위가 돌출되어 있는 방법이다.

ⓑ 기와가락의 간격은 450~600mm 내외로 하고, 평잇기 부분의 이음은 2중 거멀접기로 한다.

ⓒ 기와가락 옆은 기와가락 윗면까지 치켜올리고, 기와가락 윗면 감싸기판의 양 옆은 거멀접기로 하며, 간격은 300mm 이내마다 거멀쪽으로 고정한다.

ⓓ 기와가락은 될 수 있는 대로 지붕서까래 위에 오게 한다.

기와가락 잇기

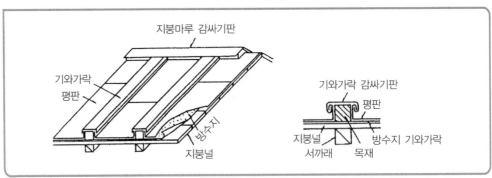

지붕 및 홈통공사에 관한 설명으로 옳은 것은?

① 지붕면적이 클수록 물매는 작게 하는 것이 좋다.
② 되물매란 경사가 30°일 때의 물매를 말한다.
③ 지붕 위에 작은 지붕을 설치하는 것은 박공지붕이다.
④ 수평 거멀접기는 이음방향이 배수방향과 평행한 방향으로 설치한다.
⑤ 장식홈통은 선홈통 하부에 설치되며, 장식기능 이외에 우수방향을 돌리거나 넘쳐흐름을 방지한다.

해설

① 지붕면적이 클수록 물매는 크게 하는 것이 좋다.
② 되물매란 경사가 45°일 때의 물매를 말한다.
③ 환기나 채광을 목적으로 지붕 위에 작은 지붕을 설치하는 것은 솟을지붕이다.
⑤ 장식홈통은 선홈통 상부에 설치되며, 장식기능 이외에 우수방향을 돌리거나 넘쳐흐름을 방지한다.

정답: ④

제3절 홈통

01 종류별 홈통설치 방법

(1) 처마홈통

① 처마 끝에 댄 홈통이며 폭은 최소 100mm 이상으로 제작하고, 폭과 깊이의 비례는 최소 4 : 3의 비례로 제작한다.
② 처마홈통의 외단부의 높이는 처마 쪽 처마홈통의 높이보다 최소 25mm 또는 처마홈통 최대폭의 12분의 1 중 큰 치수 이상으로 높이가 낮게 제작한다.
③ 신축이음은 15m 간격으로 설치하고, 연속적인 외관을 위하여 신축이음 사이의 공간은 처마홈통과 동일한 재료를 사용하여 밀봉한다.
④ 신축이음 사이에는 최소 1개 이상의 선홈통을 설치하며, 신축이음은 선홈통과 처마홈통의 모서리로부터 가장 멀리 위치하도록 제작하여 설치한다.
⑤ 처마홈통의 이음부는 겹침부분이 최소 20mm 이상 겹치도록 제작하고, 연결철물은 50mm 이하의 간격으로 설치하여 고정한다.
⑥ 처마홈통이 직각으로 만나는 귀퉁이는 연귀이음으로 가공하여 설치한다.

홈통공사에 관한 설명으로 옳지 않은 것은?

① 처마홈통의 물매는 400분의 1 이상으로 한다.
② 처마홈통에는 안홈통과 밖홈통이 있다.
③ 깔때기홈통은 처마홈통에서 선홈통까지 연결한 것이다.
④ 장식홈통은 선홈통 상부에 설치되어 유수방향을 돌리며, 장식적인 역할을 한다.
⑤ 선홈통 하부는 건물의 외부방향으로 물이 배출되도록 바깥으로 꺾어 마감하는 것이 통상적이다.

해설

처마홈통의 물매는 200분의 1 이상으로 한다.　　　　　　　　　　　　　　　　　정답: ①

더 알아보기 | **처마홈통**

1. 처마홈통의 재료 및 홈통은 아래 표에 따르고, 도면 또는 공사시방서에서 정한 바가 없을 때에는 B종으로 한다.

재료공법의 종별	A종	B종	C종
함석판의 두께	0.50(#25)	0.40(#27)	(#29)
이음의 겹치기	30 이상	25 이상	20 이상
이음의 보강	간격 30mm 내외의 마름모 조집 못박기, 안팎면 및 조집머리 납땜	양귀 및 중앙조집 못박기, 안팎면 납땜	안팎면 납땜

2. 형상은 도면 또는 공사시방에 정한 바가 없을 때에는 반원형으로 하고 지름은 90mm로 한다.

(2) 깔때기홈통

① 처마홈통과 선홈통을 연결하는 깔때기 모양의 홈통이다.
② 깔때기 하부는 선홈통 지름의 2분의 1 내외를 선홈통 속에 꽂아 넣는다.
③ 처마홈통 또는 안홈통의 양 갓에 걸어 감고, 감을 수 없을 때에는 납땜을 한다.

(3) 장식홈통

① 선홈통 상부에 설치하여 낙수구 또는 깔때기홈통을 받아 선홈통 상부에 연결하는 홈통이며 장식을 겸한다.
② 유수의 방향전환 및 넘쳐흐름을 방지한다.
③ 접합은 10mm 내외에 거멀접기를 원칙으로 하고, 작은 것은 겹쳐서 납땜한다.
④ 선홈통에 60mm 이상 꽂아 넣는다.

(4) 선홈통

① 깔때기홈통과 낙수받이돌 사이에 있는 홈통으로 벽체와 평행하게 수직으로 부착시킨다.

② 선홈통의 끝단은 최소 15mm 이상 끼워 잠글 수 있는 구조로 제작 설치한다.

③ 선홈통의 모든 배출구에는 탈착형 철망여과기를 설치한다.

④ 선홈통과 벽면 사이의 이격거리는 최소 30mm 이상의 간격을 유지한다.

⑤ 선홈통걸이의 설치는 상단과 하단에서 200mm 정도의 위치에 설치하고, 그 중간에는 1,500mm 정도의 간격으로 유지되도록 설치한다.

⑥ 선홈통의 하단부 배수구는 건물 바깥쪽을 향하게 45° 경사로 설치한다.

기출예제

01 지붕 및 홈통공사에 관한 설명으로 옳은 것은? 제22회

① 지붕의 물매가 6분의 1보다 큰 지붕을 평지붕이라고 한다.
② 평잇기 금속지붕의 물매는 4분의 1 이상이어야 한다.
③ 지붕 하부 데크의 처짐은 경사가 50분의 1 이하의 경우에 별도로 지정하지 않는 한 120분의 1 이하이어야 한다.
④ 처마홈통의 이음부는 겹침 부분이 최소 20mm 이상 겹치도록 제작하고, 연결철물은 최대 60mm 이하의 간격으로 설치·고정한다.
⑤ 선홈통은 최장 길이 3,000mm 이하로 제작·설치한다.

해설

① 지붕의 물매가 6분의 1 이하인 지붕을 평지붕이라고 한다.
② 평잇기 금속지붕의 물매는 2분의 1 이상이어야 한다.
③ 지붕 하부 데크의 처짐은 경사가 50분의 1 이하의 경우에 별도로 지정하지 않는 한 240분의 1 이하이어야 한다.
④ 처마홈통의 이음부는 겹침 부분이 최소 20mm 이상 겹치도록 제작하고, 연결철물은 최대 50mm 이하의 간격으로 설치·고정한다. 정답: ⑤

02 홈통공사에 관한 설명으로 옳지 않은 것은? 제20회

① 선홈통은 벽면과 틈이 없게 밀착하여 고정한다.
② 처마홈통의 양쪽 끝은 둥글게 감되 안감기를 원칙으로 한다.
③ 처마홈통은 선홈통 쪽으로 원활한 배수가 되도록 설치한다.
④ 처마홈통의 길이가 길어질 경우 신축이음을 둔다.
⑤ 장식홈통은 선홈통 상부에 설치되어 우수방향을 돌리거나, 집수 등으로 인한 넘쳐흐름을 방지하는 역할을 한다.

해설

선홈통은 벽면과 최소 30mm 이상 간격을 두고 고정한다. 정답: ①

(5) 우배수관 연결

① 선홈통의 하단부 배수구는 우배수관에 직접 배수되도록 연결하고, 연결부 사이의 빈틈은 시멘트모르타르로 채운다.

② 45° 이형관을 장착한 경우 상부 표면이 경사진 콘크리트물받이에 직접 낙수되도록 설치한다.

홈통의 종류

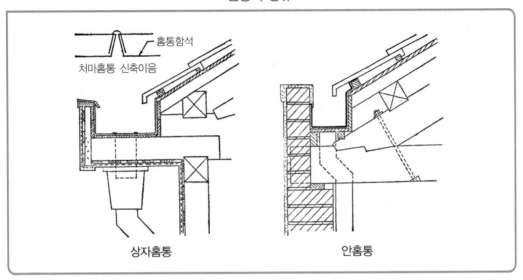

처마홈통 신축이음
홈통함석
상자홈통
안홈통

01 지붕재료는 열전도율이 크고 경량이면서 내수 · 내풍적이어야 한다. ( )

02 지붕면적이 클수록, 강우량과 적설량이 많을수록, 간사이가 클수록 지붕물매는 된(급한)물매로 한다. ( )

03 거멀접기는 온도의 영향에 의한 신축을 방지하고, 강우에 의한 누수를 방지하기 위한 목적으로 사용한다. ( )

04 처마홈통의 이음부는 겹침부분이 최소 20mm 이상 겹치도록 제작하고, 연결철물은 50mm 이하의 간격으로 설치 · 고정한다. ( )

05 깔때기홈통은 처마홈통과 선홈통을 연결하는 홈통이다. ( )

01 × 지붕재료는 열전도율이 작고 경량이면서 내수 · 내풍적이어야 한다.

02 ○

03 ○

04 ○

05 ○

06 지붕골홈통은 위층 선홈통의 빗물을 받아 아래층 지붕의 처마홈통이나 선홈통에 넘겨주는 홈통
이다. ( )

07 장식홈통은 유수의 방향전환 및 유수가 넘쳐서 흐르는 것을 방지한다. ( )

08 선홈통은 깔때기홈통과 낙수받이돌 사이에 있는 홈통으로, 선홈통과 벽면 사이의 이격거리는
최소 30mm 이상의 간격을 유지한다. ( )

09 선홈통걸이는 상단과 하단에서 200mm 정도 위치에 설치하고, 그 중간에는 1,500mm 정도의
간격으로 유지되도록 설치한다. ( )

10 선홈통의 하단부 배수구는 우배수관에 직접 배수되도록 연결하고, 연결부 사이의 빈틈은 시멘
트모르타르로 채운다. ( )

---

06 × 누인홈통은 위층 선홈통의 빗물을 받아 아래층 지붕의 처마홈통이나 선홈통에 넘겨주는 홈통이다.

07 ○

08 ○

09 ○

10 ○

01 지붕공사에 대한 내용 중 옳지 않은 것은?

제8회

① 지붕 잇기 재료의 물매는 아스팔트 루핑 10분의 3, 슬레이트(소형) 10분의 5로 한다.

② 지붕의 재료는 수밀하고 내수적이며 습도에 의한 신축이 적어야 한다.

③ 적설량이 많은 지방일수록 물매를 크게 한다.

④ 지붕재료의 크기가 작을수록 비가 새기 쉬우므로 물매를 크게 한다.

⑤ 지붕재료는 열전도율이 큰 것일수록 좋은 품질이다.

02 지붕구조의 물매에 관한 설명으로 옳지 않은 것은?

제16회

① 지붕면적이 클수록 물매는 크게 한다.

② 지붕재료의 크기가 작을수록 물매는 크게 한다.

③ 강우량과 적설량이 많은 지방에서는 물매를 크게 한다.

④ 수평거리와 수직거리가 같은 물매를 된물매라고 한다.

⑤ 물매는 직각삼각형에서 수평거리 10에 대한 수직높이의 비로 표시할 수 있다.

정답 | 해설

01 ⑤ 지붕재료는 열전도율이 <u>작은</u> 것일수록 좋은 품질이다.

02 ④ 수평거리와 수직거리가 같은 물매를 <u>되물매</u>라고 하며, 그 이상의 물매를 된물매라고 한다.

03 지붕재의 재료적 특성과 지붕 기울기(물매)에 대한 설명으로 옳지 않은 것은?

제11회

① 평기와의 기울기는 4 : 10 이상으로 한다.
② 지붕면적이 클수록 기울기를 가파르게 한다.
③ 대형슬레이트는 소형슬레이트보다 물매가 크다.
④ 지붕의 기울기는 지붕의 형태·재료의 성질 및 강우량 등에 의하여 결정된다.
⑤ 지붕재료는 내수성, 수밀성 및 경량성 등이 요구된다.

04 홈통에 관한 설명으로 옳지 않은 것은?

제12회

① 처마홈통과 선홈통을 연결하는 경사홈통을 깔때기홈통이라 한다.
② 처마 끝에 수평으로 설치하여 빗물을 받는 홈통을 처마홈통이라 한다.
③ 처마홈통에서 내려오는 빗물을 지상으로 유도하는 수직홈통을 선홈통이라 한다.
④ 위층 선홈통의 빗물을 받아 아래층 지붕의 처마홈통이나 선홈통에 넘겨주는 홈통을 누인홈통이라 한다.
⑤ 두 개의 지붕면이 만나는 자리 또는 지붕면과 벽면이 만나는 수평지붕골에 쓰이는 홈통을 장식홈통이라 한다.

05 홈통공사에 관한 설명으로 옳지 않은 것은?

제17회

① 처마홈통은 끝단막이, 물받이통 연결부, 깔때기관 이음통 및 홈통걸이 등 모든 부속물을 연결 부착하여 설치한다.
② 처마홈통 제작시 단위길이는 2,400~3,000mm 이내로 한다.
③ 처마홈통의 이음부는 겹침 부분을 최소 20mm 이상으로 제작한다.
④ 선홈통의 하단부 배수구는 우배수관에 직접 연결하고 연결부 사이의 빈틈은 시멘트모르타르로 채운다.
⑤ 처마홈통 연결관과 선홈통 연결부의 겹침길이는 최소 50mm 이상이 되도록 한다.

06 지붕 및 홈통공사에 관한 설명으로 옳은 것은?

제22회

① 지붕의 물매가 6분의 1보다 큰 지붕을 평지붕이라고 한다.

② 평잇기 금속지붕의 물매는 4분의 1 이상이어야 한다.

③ 지붕 하부 데크의 처짐은 경사가 50분의 1 이하의 경우에 별도로 지정하지 않는 한 120분의 1 이하이어야 한다.

④ 처마홈통의 이음부는 겹침 부분이 최소 25mm 이상 겹치도록 제작하고, 연결철물은 최대 60mm 이하의 간격으로 설치·고정한다.

⑤ 선홈통은 최장 길이 3,000mm 이하로 제작·설치한다.

정답 | 해설

03 ③ 대형슬레이트는 소형슬레이트보다 물매를 작게 한다.

04 ⑤ 두 개의 지붕면이 만나는 자리 또는 지붕면과 벽면이 만나는 수평지붕골에 쓰이는 홈통을 골홈통이라 한다.

05 ⑤ 처마홈통 연결관과 선홈통 연결부의 겹침길이는 최소 100mm 이상이 되도록 한다.

06 ⑤ ① 지붕의 물매가 6분의 1 이하인 지붕을 평지붕이라고 한다.
　② 평잇기 금속지붕의 물매는 2분의 1 이상이어야 한다.
　③ 지붕 하부 데크의 처짐은 경사가 50분의 1 이하의 경우에 별도로 지정하지 않는 한 240분의 1 이하이어야 한다.
　④ 처마홈통의 이음부는 겹침 부분이 최소 20mm 이상 겹치도록 제작하고, 연결철물은 최대 50mm 이하의 간격으로 설치·고정한다.

07 건축공사 표준시방서에서 처마홈통에 관한 설명으로 옳지 않은 것은?

① 처마홈통은 끝단막이, 물받이통 연결부, 깔때기관 이음통 및 홈통걸이 등 모든 부속물을 연결 부착할 수 있도록 조립된 상태로 설치한다.

② 처마홈통 제작시의 단위길이는 2,400~3,000mm 이내로 제작 설치한다. 이음부의 겹침폭은 25mm 이상으로 하고, 경사방향에 위치한 부재의 이음부가 아래에 위치하도록 설치한다.

③ 처마홈통의 양단 및 신축이음간의 최장 길이는 15m 이내로 제작한다.

④ 경사지붕의 처마홈통 안쪽 상단부의 높이는 지붕 경사의 연장선과 일치하도록 제작하며, 지붕의 경사면을 자연적으로 흘러내리는 빗물이 유속으로 인하여 처마홈통의 외부로 넘치지 않도록 제작·설치한다.

⑤ 처마홈통의 폭은 최소 100mm 이상으로 제작하고, 폭과 깊이의 비례는 최소 4 : 3의 비례로 제작한다.

08 지붕공사에 관한 설명으로 옳지 않은 것은? 제19회

① 기와에는 한식기와, 일식기와, 금속기와 등이 있다.

② 아스팔트싱글은 다른 지붕 잇기 재료와 비교하여 유연성이 있으며 복잡한 형상에서도 적용할 수 있다.

③ 금속기와는 점토기와보다 가벼워 운반에 따른 물류비를 절감할 수 있다.

④ 금속기와 잇기에는 평판 잇기, 절판 잇기 등이 있다.

⑤ 박공지붕은 지붕마루에서 네 방향으로 경사진 지붕이다.

정답 | 해설

07 ④ 경사지붕의 처마홈통 <u>바깥쪽</u> 상단부의 높이는 지붕 경사의 연장선과 일치하도록 제작하며, 지붕의 경사면을 자연적으로 흘러내리는 빗물이 유속으로 인하여 처마홈통의 외부로 넘치지 않도록 제작·설치한다.

08 ⑤ 박공지붕은 지붕마루에서 <u>두 방향</u>으로 경사진 지붕이다.

house.Hackers.com

제 7 장 방수공사

📖 **단원길라잡이**

'방수공사'에서는 매년 1~2문제가 출제되고 있다. 이 단원에서는 전통적으로 자주 출제되고 있는 시멘트액체방수와 아스팔트방수, 안방수와 밖방수, 시트방수, 도막방수에 대하여 상세하게 정리하면서 학습하여야 한다.

📑 **출제포인트**
- 아스팔트방수
- 시멘트액체방수
- 안방수와 밖방수
- 시트방수
- 도막방수

01 아스팔트방수

(1) 개요

① 바탕면에 아스팔트 펠트, 아스팔트 루핑 등을 적층하고, 가열하여 녹인 아스팔트로 붙여 대는 방법이다.

② 방수가 확실하고 보호처리를 잘하면 내구적이며, 비교적 공사비가 저렴하므로 지하실·옥상·평지붕 등에 많이 사용된다.

③ 결함부의 발견이 쉽지 않고 수리범위가 광범위하며, 보호누름까지 보수하여야 하는 단점이 있다.

기출예제

아스팔트방수공법에 관한 설명으로 옳지 않은 것은? 제24회

① 아스팔트 용융공정이 필요하다.
② 멤브레인방수의 일종이다.
③ 작업 공정이 복잡하다.
④ 결함부 발견이 용이하다.
⑤ 보호누름층이 필요하다.

해설

아스팔트방수는 결함부 발견이 어렵다. 정답: ④

---

(2) 재료

① 아스팔트

　㉠ 아스팔트 프라이머(asphalt primer)

　　ⓐ 아스팔트와 휘발성 용제를 혼합하여 만든 아스팔트이다.

　　ⓑ 방수 시공시 콘크리트 표면에 도포하여 콘크리트와 아스팔트의 부착이 잘되게 한다.

　㉡ 스트레이트 아스팔트(straight asphalt)

　　ⓐ 신축력(伸縮力)이 좋고 교착력이 우수하다.

　　ⓑ 연화점이 낮다.

　　ⓒ 외기온도에 영향을 받으므로 지하실 공사에 사용한다.

　　ⓓ 석유 원유를 증류하여 생긴 반액체의 상태이다.

ⓒ 블로운 아스팔트(blown asphalt)

    ⓐ 온도에 의한 변화가 적고 연화점이 높아 옥상지붕에 많이 사용된다.

    ⓑ 석유 원유를 증류하고 성분의 탄화수소를 변화시킨 것으로 반고체이다.

    ⓒ 아스팔트 컴파운드(asphalt compound) 및 아스팔트 프라이머(asphalt primer)의
    원료가 된다.

스트레이트 아스팔트와 블로운 아스팔트의 비교

구분	용융점	신장도	침입도	감열도	교착력	항장력	충격저항	용도
S·A	낮음	대	대	대	강	강	약	지하실용 · 방수지 침투용
B·A	높음	소	소	소	약	약	강	지붕용 · 지하실용 · 방수지 정벌먹임용

더 알아보기 | **침입도 · 연화점**

1. **침입도**
   - 모체에 아스팔트가 침입해 들어가는 비율로서 25℃에서 100g 추를 5초 동안 누를 때 0.1mm 들어간 것을 침입도 1이라 한다.
   - 아스팔트의 경도를 나타내며, 아스팔트의 양 · 부 판별에 사용된다.

2. **연화점**
   - 유리, 플라스틱 아스팔트 등 고형물질이 열에 의하여 부드럽고 무르게 되기 시작하는 온도이다.
   - 일반적으로 연화점과 침입도는 반비례한다.

◉ 옥상방수용 아스팔트는 침입도가 크고 연화점이 높은 것을 사용한다.

ⓔ 아스팔트 컴파운드(asphalt compound)

    ⓐ 블로운 아스팔트 등에 동 · 식물성 기름이나 광물질 분말을 혼합하여 제조한 것이다.

    ⓑ 연화점이 높고 교착력과 신축이 양호하며, 가장 우수한 제품이다.

② 방수지(waterproof paper): 방수성이 있도록 펠트에 아스팔트를 침투한 것 또는 방수용
으로 만든 합성수지 천 등에 해당하는 것을 말한다. 아스팔트 펠트, 아스팔트 루핑, 망형
루핑, 펄프 대신 마포나 면포 또는 유리섬유, 구리망 등에 아스팔트를 침투시킨 것도
있다.

    ㉠ **아스팔트 펠트**: 유기성 섬유를 펠트상으로 만든 원지에 스트레이트 아스팔트를 흡수
    시켜 만든 것이다.

    ㉡ **아스팔트 루핑**: 섬유성 원지에 아스팔트를 침투시키고 양면에 컴파운드를 피복하고
    광물질을 입힌 것이다.

아스팔트방수에서 바탕면과 방수층의 부착이 잘되도록 하기 위하여 바르는 것은? 제20회

① 스트레이트 아스팔트　　　　　② 블로운 아스팔트
③ 아스팔트 컴파운드　　　　　　④ 아스팔트 루핑
⑤ 아스팔트 프라이머

해설

아스팔트방수에서 바탕면과 방수층의 부착이 잘되도록 하기 위하여 바르는 것은 아스팔트 프라이머이다.

정답: ⑤

(3) 방수층 시공순서

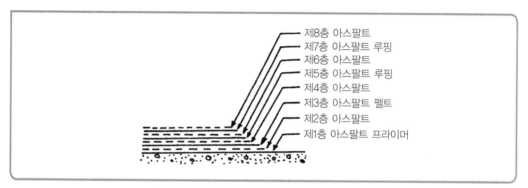

제8층 아스팔트
제7층 아스팔트 루핑
제6층 아스팔트
제5층 아스팔트 루핑
제4층 아스팔트
제3층 아스팔트 펠트
제2층 아스팔트
제1층 아스팔트 프라이머

① 제1층: 아스팔트 프라이머 뿜칠 또는 솔칠

② 제2층: 아스팔트

③ 제3층: 아스팔트 펠트

④ 제4층: 아스팔트

⑤ 제5층: 아스팔트 루핑

⑥ 제6층: 아스팔트

⑦ 제7층: 아스팔트 루핑

⑧ 제8층: 아스팔트

◉ 요구되는 층수만큼 반복한다.

아스팔트방수공사의 시공순서로 옳은 것은?

제22회

> ㉠ 바탕면 처리 및 청소 ㉡ 아스팔트 바르기
> ㉢ 아스팔트 프라이머 바르기 ㉣ 아스팔트 방수지 붙이기
> ㉤ 방수층 누름

① ㉠ ⇨ ㉡ ⇨ ㉢ ⇨ ㉣ ⇨ ㉤
② ㉠ ⇨ ㉡ ⇨ ㉣ ⇨ ㉢ ⇨ ㉤
③ ㉠ ⇨ ㉢ ⇨ ㉡ ⇨ ㉣ ⇨ ㉤
④ ㉠ ⇨ ㉢ ⇨ ㉣ ⇨ ㉡ ⇨ ㉤
⑤ ㉠ ⇨ ㉣ ⇨ ㉡ ⇨ ㉢ ⇨ ㉤

해설

아스팔트방수공사는 '바탕면 처리 및 청소 ⇨ 아스팔트 프라이머 바르기 ⇨ 아스팔트 바르기 ⇨ 아스팔트 방수지 붙이기 ⇨ 방수층 누름'의 순으로 이루어진다.

정답: ③

(4) 시공방법

① 바탕처리
　㉠ 바탕면에 부착된 흙·먼지·철사 등을 제거하고 결손 부분을 보수한다.
　㉡ 결손 부분을 보수한 후 1 : 3 시멘트모르타르로 요철 없이 바른다.
　㉢ 모서리 부분은 3cm 이상 둥근 면으로 한다.
　㉣ 바탕을 충분히 건조한 후 프라이머를 도포한다.
② 배수구 주위에 50분의 1~100분의 1 정도 물흘림경사를 두고 구석, 모서리 치켜올림부분은 부착이 잘되도록 둥글게 3~10cm 정도로 면을 접어둔다.
③ 아스팔트 각 층의 바름두께는 1.0~1.5mm 정도의 균일한 두께를 유지한다.
④ 파라펫방수층의 치켜올림높이는 300mm 이상으로 한다.
⑤ 기온이 0℃ 이하일 때에는 작업을 중지한다.
⑥ 아스팔트의 가열온도는 180~200℃ 정도로 한다.
⑦ 방수지의 이음은 엇갈리게 하고, 아스팔트와 루핑의 겹침은 100mm 이상으로 한다.
⑧ 아스팔트 루핑 등은 얇은 것을 여러 겹 쓰는 것이 좋다.
⑨ 방수층 보호누름은 경량콘크리트·모르타르·블록·벽돌 등으로 한다.
⑩ 신축줄눈은 너비 20mm 정도, 간격 3m 내외, 깊이는 보호층의 밑면에 닿도록 시공한다.
　◉ 단, 난간벽 주위는 600mm 이상 이격하고, 줄눈재 고정은 빈배합 모르타르를 사용한다.

더 알아보기 **열공법 · 냉(상온)공법**

1. **열공법**: 아스팔트방수는 일반적으로 열공법을 지칭하며 아스팔트 펠트, 아스팔트 루핑을 용융아스팔트로 적층시켜서 방수층을 형성한다.

2. **냉(상온)공법**: 상온에서 용융아스팔트 대신 용제나 접착제를 활용하여 개량아스팔트 루핑시트를 접착시켜 방수층을 형성하는 공법이다.

아스팔트방수공법

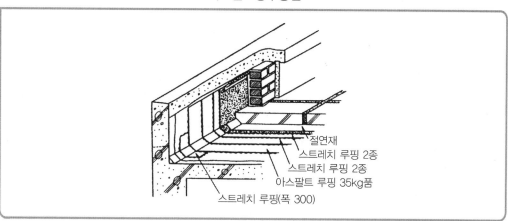

절연재
스트레치 루핑 2종
스트레치 루핑 2종
아스팔트 루핑 35kg품
스트레치 루핑(폭 300)

02 시멘트액체방수

(1) 개요

① 유기질계 재료를 시멘트 · 물 · 모래 등과 함께 혼합하여 반죽상태로 만들어 콘크리트구조체의 바탕 표면에 발라 방수층을 형성하는 공법으로, 욕실 및 화장실 · 베란다 · 발코니 · 다용도실 · 지하실 등의 방수공법이다.

② 시멘트계 방수공법은 시멘트를 주재료로 한 방수공법으로 시멘트액체방수, 폴리머 시멘트모르타르방수, 시멘트혼입 폴리머계 방수로 나눌 수 있다.

(2) 특징

① 시공이 간단하고 공사기간이 짧다.

② 보호누름이 필요 없다.

③ 국부적인 보수가 가능하다.

④ 방수층의 신축이 거의 없어 균열이 발생하기 쉽다.

(3) 시공방법

① 바탕처리

ㄱ 방수층 시공 전에 시공결함부위는 폴리머 시멘트모르타르 등으로 처리한다.

ㄴ 바탕면이 건조할 경우에는 시멘트액체방수층 내부의 수분이 과도하게 바탕에 흡수되지 않도록 물로 적셔 주어야 한다.

② 방수제의 배합

ㄱ 방수시멘트페이스트의 경우 소정의 물로 희석시킨 방수제를 섞는다.

ㄴ 방수모르타르의 경우에는 모래·시멘트를 건비빔한 다음 소정의 물로 희석시킨 방수제를 섞는다.

③ 방수층의 시공

ㄱ 1종 시공: 방수시멘트페이스트 ⇨ 방수용액 ⇨ 방수시멘트페이스트 ⇨ 방수모르타르 ⇨ 방수시멘트페이스트 ⇨ 방수용액 ⇨ 방수시멘트페이스트 ⇨ 방수모르타르

ㄴ 2종 시공: 방수시멘트페이스트 ⇨ 방수용액 ⇨ 방수시멘트페이스트 ⇨ 방수용액 ⇨ 방수시멘트페이스트 ⇨ 방수모르타르

④ 모서리 부위의 시공

ㄱ 모서리 부위, 굴곡부 등은 면밀히 시공하여야 하며, 모서리 주위에 물이 정체되거나 고이지 않게 구배를 주어야 한다.

ㄴ 바닥방수층과 벽체가 만나는 부위가 벽돌벽인 경우에는 벽면에 방수층을 20cm 이상 치켜올린다.

ㄷ 바닥과 벽이 만나는 곳을 먼저 시공하고, 방수층의 겹침폭은 100mm 이상으로 한다.

기출예제

방수공사에 관한 설명으로 옳지 않은 것은? 제27회

① 아스팔트 프라이머는 바탕면과 방수층을 밀착시킬 목적으로 사용한다.
② 안방수는 바깥방수에 비해 수압이 작고 얕은 지하실 방수공사에 적합하다.
③ 멤브레인방수는 불투수성 피막을 형성하는 방수공사이다.
④ 시멘트액체방수시 치켜올림 부위의 겹침폭은 30mm 이상으로 한다.
⑤ 백업재는 실링재의 줄눈깊이를 소정의 위치로 유지하기 위해 줄눈에 충전하는 성형재료이다.

해설

시멘트액체방수시 치켜올림 부위의 겹침폭은 100mm 이상으로 한다. 정답: ④

⑤ 양생 및 보양

　　㉠ 시멘트액체방수공사 중 또는 공사 전후에는 기온·일사·습기 등의 영향을 받지 않도록 보양한다.

　　㉡ 방수공사 도중 또는 완료 후에는 그 위를 보행하거나 물건을 적재하지 않고, 충격·진동 등을 주지 않아야 한다.

　　㉢ 한랭기에는 시공 후 보양을 철저히 하고 동해를 입지 않도록 한다.

핵심 콕! 콕! 아스팔트방수와 시멘트액체방수의 비교

구분	아스팔트방수	시멘트액체방수
방수의 수명	긺	짧음
외기온도에 의한 영향	작음	큼
방수층의 신축성	큼	작음
균열 발생 정도	작음	큼
시공 용이성	복잡	간단
공사기간	긺	짧음
공사비·보수비	고가	저가
보호누름	필요	불필요
중량(重量)	무거움	가벼움
모체(母體)상태	모체가 나빠도 시공 가능	모체가 나쁘면 시공 곤란
결함부 발견	용이하지 않음	용이함
보수범위	광범위	국부적 보수 가능
바탕처리	완전건조·바탕바름을 함	보통건조·바탕바름이 필요 없음

기출예제

방수공법에 관한 설명으로 옳지 않은 것은?　　제25회

① 시멘트액체방수는 모체에 균열이 발생하여도 방수층 손상이 효과적으로 방지된다.
② 아스팔트방수는 방수층 보호를 위해 보호누름 처리가 필요하다.
③ 도막방수는 도료상의 방수재를 여러 번 발라 방수막을 형성하는 방식이다.
④ 바깥방수는 수압이 강하고 깊은 지하실 방수에 사용된다.
⑤ 실링방수는 접합부, 줄눈, 균열부위 등에 적용하는 방식이다.

[해설]

시멘트액체방수는 모체에 균열이 발생하면 방수성능이 떨어진다.　　정답: ①

03 시트방수

(1) 개요

① 접착제를 이용하여 내수성이 있는 시트를 바탕면에 접착하는 방식이다.

② 합성고분자시트방수와 개량아스팔트시트방수로 나뉜다.

③ 두께가 균일하여 마감이 예쁘게 나올 수 있지만, 시공 후 누수 발생시 국부적 보수가 어렵다.

④ 복잡한 시공부위, 시트와 시트 사이의 이음부위 등은 하자 발생률이 높다.

(2) 시공방법

① 아스팔트방수와 같은 다층방식의 방수법이 아니고, 시트 한 장(1층)으로 방수효과를 내는 공법이다.

② 시트 재료는 신축성이 좋고 강도가 크며, 바탕의 변동에 대한 적응성을 갖춘 합성고무계 플라스틱시트를 사용한다.

③ 접착은 접착제나 같은 재료의 용접봉을 사용하며, 물이나 알칼리의 영향을 받지 않아야 한다.

④ 난간벽의 치켜올림 부분은 30cm 정도로 곡선지게 한다.

⑤ 시트접착방법으로는 온통접착 · 줄접착 · 갓접착 · 점접착법이 있다.

⑥ 시공순서는 '바탕 고르기 ⇨ 방수층 조성 ⇨ 방수층 보호'의 순으로 한다.

⑦ 시트의 접합부는 원칙적으로 물매 위쪽의 시트가 물매 아래쪽 시트의 위에 오도록 겹친다.

기출예제

개량아스팔트 시트방수의 시공순서로 옳은 것은?   제25회

㉠ 보호 및 마감	㉡ 특수부위 처리
㉢ 프라이머 도포	㉣ 바탕처리
㉤ 개량아스팔트 시트 붙이기	

① ㉣ ⇨ ㉠ ⇨ ㉤ ⇨ ㉡ ⇨ ㉢   ② ㉣ ⇨ ㉡ ⇨ ㉠ ⇨ ㉢ ⇨ ㉤

③ ㉣ ⇨ ㉡ ⇨ ㉢ ⇨ ㉤ ⇨ ㉠   ④ ㉣ ⇨ ㉢ ⇨ ㉡ ⇨ ㉠ ⇨ ㉤

⑤ ㉣ ⇨ ㉢ ⇨ ㉤ ⇨ ㉡ ⇨ ㉠

해설

개량아스팔트 시트방수의 시공순서는 '바탕처리 ⇨ 프라이머 도포 ⇨ 개량아스팔트 시트 붙이기 ⇨ 특수부위 처리 ⇨ 보호 및 마감' 순이다.

정답: ⑤

(3) 장단점

장점	단점
① 공정횟수가 적어 시공이 간단하다.	① 이음부와 끝단부의 박리가 많다.
② 균일한 품질을 얻을 수 있다.	② 누수시 국부적인 보수가 어렵다.
③ 내수성·내약품성이 우수하다.	③ **복잡한 시공부위**는 작업이 어렵다.
④ 신축성과 균열저항성이 있어 움직임이 있는 바탕에 매우 유효하다.	④ 벽체부위는 온도에 의한 박리·처짐현상이 있다.

시트방수공법

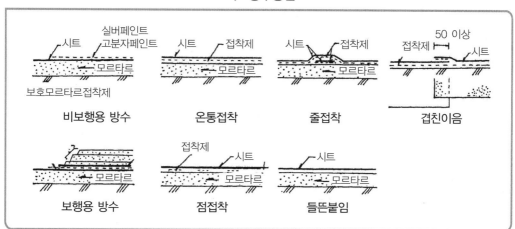

비보행용 방수   온통접착   줄접착   겹친이음

보행용 방수   점접착   들뜬붙임

기출예제

건축물의 방수공법에 관한 설명으로 옳지 않은 것은?

제19회

① 시멘트모르타르방수는 가격이 저렴하고 습윤바탕에 시공이 가능하다.
② 아스팔트방수는 여러 층의 방수재를 적층시공하여 하자를 감소시킬 수 있다.
③ 시트방수는 바탕의 균열에 대한 저항성이 약하다.
④ 도막방수는 복잡한 형상에서 시공이 용이하다.
⑤ 복합방수는 시트재와 도막재를 복합적으로 사용하여 단일방수재의 단점을 보완한 공법이다.

해설

시트방수는 바탕의 균열에 대한 저항성이 강하다.   정답: ③

04 도막방수

(1) 개요

① 고분자에 의한 방수공법의 일종으로, 방수바탕에 합성고무나 합성수지의 용제 또는 유제를 도포하여 3mm 정도의 방수피막을 형성하는 방식이다.

② 종류에는 고무아스팔트 도막방수, 아크릴고무계 도막방수, 우레탄 도막방수 등이 있다.

(2) 특징

① 균열 및 진동이 심한 건축물에 적용이 가능하다.

② 조인트 부분이나 배관이 많은 화장실 방수 등에 유효하다.

③ 돌출이 많은 부분에서도 이음새 없이 시공할 수 있다.

④ 구조물의 용도에 따라 방수층의 두께를 임의로 조절할 수 있다.

⑤ 시공이 간단하므로 공기 단축이 가능하다.

⑥ 액상의 재료이므로 작업이 복잡한 장소에서 시공이 용이하다.

⑦ 유지보수가 다른 방수공법보다 간편하다.

⑧ 핀홀의 우려가 있다.

(3) 장단점

장점	단점
① 내수성 · 내후성 · 내약품성이 우수하다.	① 단열을 요하는 옥상층에는 불리하다.
② 시공이 간단하고 보수가 용이하다.	② 내구성 있는 보호층이 필요하다.
③ 경량이다.	③ 모재의 균열에 대한 추종성이 떨어진다.
④ 신장(伸長)능력이 크다.	④ 신뢰도에 문제가 있다.
⑤ 노출공법이 가능하다.	

도막방수 시공방법

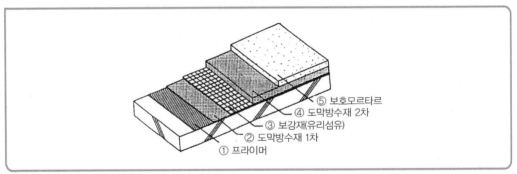

⑤ 보호모르타르
④ 도막방수재 2차
③ 보강재(유리섬유)
② 도막방수재 1차
① 프라이머

기출예제

건축공사 표준시방서상 도막방수공사에 관한 설명으로 옳은 것은? 제19회

① 고무아스팔트계 도막방수재의 벽체에 대한 스프레이 시공은 위에서부터 아래의 순서로 실시한다.

② 바닥평면 부위를 도포한 다음 치켜올림 부위의 순서로 도포한다.

③ 방수재의 겹쳐바르기는 원칙적으로 각 공정의 겹쳐바르기 위치와 동일한 위치에서 한다.

④ 겹쳐바르기 또는 이어바르기 폭은 50mm로 한다.

⑤ 방수재는 핀홀이 생기지 않도록 솔, 고무주걱 또는 뿜칠기구를 사용하여 균일하게 도포한다.

해설

② 치켜올림 부위를 도포한 다음 바닥평면 부위의 순서로 도포한다.

③ 방수재의 겹쳐바르기는 원칙적으로 각 공정의 겹쳐바르기 위치와 동일한 위치에서 하지 않는다.

④ 겹쳐바르기 또는 이어바르기 폭은 100mm로 한다.

정답: ①, ⑤

05 실링(sealing)방수

(1) 개요

① 실링재는 의도적으로 거동을 계획한 줄눈을 충전하고, 수밀하고 기밀하게 하여야 하므로 탄성을 지녀야 하며, 접착부재의 신축과 진동에 장시간 견딜 수 있는 성능을 가져야 한다.

② 충진용 도구인 코킹건(calking gun)을 이용하여 충진하며, 틈이 깊거나 관통되었을 때에는 백업재를 사용하고 틈이 얕을 경우에는 본드브레이커를 붙이기도 한다.

③ 코킹재와 실링재는 서로 다르나 용도가 유사하기 때문에 광의의 의미로 양자를 포함하여 실링재로 부른다.

(2) 실링재의 조건

① 부재와의 접착성이 좋고 수밀성이 있을 것

② 조인트 부위의 변형에 추종성이 있을 것

③ 내부 응집력 변화에 따른 내부 파괴가 없을 것

④ 불침투성 재료일 것

1. 워킹조인트
   거동이 큰 워킹조인트는 2면 접착으로 하고, 논워킹조인트는 3면 접착의 줄눈구조로 하는
   것이 좋다.

2. 2면 접착
   - 줄눈이 벌어져도 실링재는 무리 없이 변형할 수 있으므로 파단을 일으키지 않는다.
   - 커튼월 등의 줄눈에는 줄눈 바닥에 접착시키지 않도록 백업재나 본드브레이커를 사용하여
     2면 접착으로 한다.

3. 3면 접착
   콘크리트 외벽과 같이 거의 거동이 생기지 않는 줄눈에서는 줄눈 바닥에도 접착시켜 확실히
   방수가 가능하도록 3면 접착을 한다.

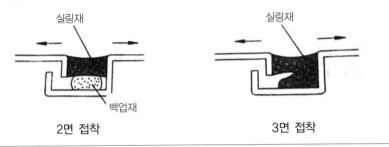

2면 접착   3면 접착

(3) 시공순서

피착면의 청소 ⇨ 백업재의 충전 또는 본드브레이커 바름 ⇨ 마스킹테이프 바름 ⇨ 프라이머
도포 ⇨ 실링재의 충전 ⇨ 주걱마감 ⇨ 마스킹테이프 제거 ⇨ 청소 ⇨ 양생

제2절 시설개소에 따른 방수공사

01 옥상방수

① 물흘림경사는 50분의 1~100분의 1 정도로 하고 루프드레인을 향하게 한다.
② 아스팔트방수를 할 경우 아스팔트의 침입도가 크고 연화점이 높은 것을 사용한다.
③ 난간벽의 방수층 치켜올림높이는 300mm 이상으로 한다.
④ 모서리나 구석 및 끝 마무리 등에 주의하고 루프드레인 부위의 방수처리에 유의한다.

02 지하실방수

지하실의 방수는 지하실 구조체 안쪽에 방수층을 시공하는 안방수법과, 구조체 바깥쪽에 방수층을 시공하는 바깥방수법으로 구분한다.

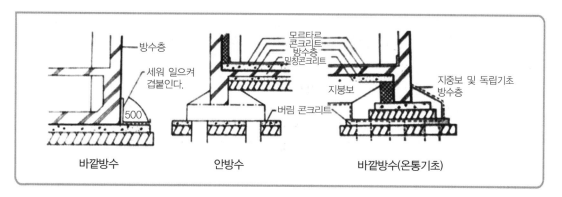

(1) 바깥방수

① 구조체 밖에 방수층을 형성하는 방법이다.

② 바닥의 밑창콘크리트 위에 벽돌이나 콘크리트로 방수층 보호벽을 만들고 방수층을 구성한 다음 구조체공사(본공사)를 한다.

③ 시공이 복잡하고 공사비가 비싸지만, 수압에 강하므로 수압이 큰 지하실 등에 사용한다.

(2) 안방수

① 구조체 안쪽에 방수층을 형성하는 방법이다.

② 시공이 용이하고 공사비가 싸지만, 수압에 약하므로 수압이 작은 곳에 적합하다.

③ 보호누름이 필요하므로 실내유효면적이 감소된다.

기출예제

지하실 바깥방수공법과 비교하여 안방수공법에 관한 설명으로 옳지 않은 것은? 제24회

① 수압이 크고 깊은 지하실에 적합하다.

② 공사시기가 자유롭다.

③ 공사비가 저렴하다.

④ 시공성이 용이하다.

⑤ 보호누름이 필요하다.

해설

안방수공법은 수압이 작고 얕은 지하실에 적합하다. 정답: ①

...

안방수와 바깥방수의 비교

구분	안방수	바깥방수
사용장소	수압이 작은 곳	수압이 큰 곳
공사 용이성	간단	복잡
공사시기	구조체공사(본공사)와 관계없음	구조체공사(본공사) 전
경제성	저가	고가
수압처리	수압이 작은 곳	수압이 큰 곳
보호누름	필요	불필요
하자보수	가능	불가능

제3절 간접방수

01 방습층

① 지반으로부터 습기의 상승을 차단할 목적으로 조적조의 벽이나 지반에 직접 접하는 곳에 내수성이 있는 물질을 설치하는 것을 말한다.

② 종류에는 방수모르타르, 아스팔트 루핑, 합성수지, 합성고무 등이 이용된다.

기출예제

01 방습공사에 관한 설명으로 옳지 않은 것은? 제22회

① 방수모르타르의 바름 두께 및 횟수는 정한 바가 없을 때 두께 15mm 내외의 1회 바름으로 한다.

② 방습공사 시공법에는 박판시트계, 아스팔트계, 시멘트 모르타르계, 신축성 시트계 등이 있다.

③ 아스팔트 펠트, 비닐지의 이음은 100mm 이상 겹치고 필요할 때는 접착제로 접착한다.

④ 방습도포는 첫 번째 도포층을 12시간 동안 양생한 후에 반복해야 한다.

⑤ 콘크리트, 블록, 벽돌 등의 벽체가 지면에 접하는 곳은 지상 100~200mm 내외 위에 수평으로 방습층을 설치한다.

해설

방습도포는 첫 번째 도포층을 24시간 동안 양생한 후에 반복해야 한다. 정답: ④

02 신축성 시트계 방습자재에 해당하는 것을 모두 고른 것은?

제27회

> ㉠ 비닐필름 방습지   ㉡ 폴리에틸렌 방습층
>
> ㉢ 아스팔트필름 방습지   ㉣ 방습층 테이프

① ㉠, ㉣   ② ㉡, ㉢

③ ㉠, ㉡, ㉣   ④ ㉡, ㉢, ㉣

⑤ ㉠, ㉡, ㉢, ㉣

해설

㉢ 아스팔트필름 방습지는 박판시트계 방습재료이다.   정답: ③

02 이중벽

① 방습을 목적으로 벽체의 외벽을 2중으로 설치하여 물이 스며들어도 실내에는 직접적인 영향이 적도록 한다.

② 습윤한 공기를 배출할 수 있도록 하부에는 배수구를 설치한다.

03 드라이 에어리어

① 지하실 외부에 흙막이벽을 설치하고 그 사이를 공간으로 만든 부분이다.

② 채광·통풍·환기·방수의 효과가 있으며, 공간에 스며든 물은 배수구를 통하여 밖으로 배수한다.

이중벽·드라이 에어리어

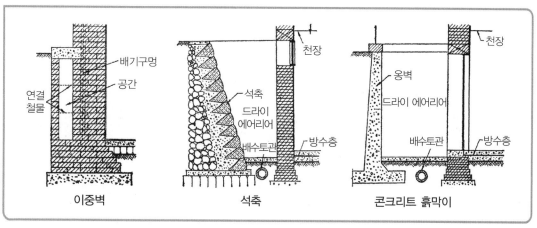

이중벽   석축   콘크리트 흙막이

01 아스팔트방수는 결함부의 발견이 쉽지 않고 수리범위가 광범위하며, 보호누름까지 보수하여야 한다. ( )

02 아스팔트 프라이머는 콘크리트와 아스팔트의 부착력을 좋게 한다. ( )

03 스트레이트 아스팔트는 신축력(伸縮力)이 좋고 교착력이 우수하지만, 연화점이 낮아 외기온도에 영향을 받지 않는 지붕공사에 사용한다. ( )

04 블로운 아스팔트는 온도에 의한 변화가 적고 연화점이 높아 지하실에 많이 사용된다. ( )

05 옥상방수용 아스팔트는 침입도가 작고 연화점이 높은 것을 사용하여야 한다. ( )

06 아스팔트방수지의 이음은 엇갈리게 하고 아스팔트와 루핑의 겹침은 100mm 이상으로 하며, 파라펫방수층의 치켜올림높이는 300mm 이상으로 한다. ( )

---

01 ○

02 ○

03 × 스트레이트 아스팔트는 신축력(伸縮力)이 좋고 교착력이 우수하지만, 연화점이 낮아 외기온도에 영향을 받지 않는 지하실공사에 사용한다.

04 × 블로운 아스팔트는 온도에 의한 변화가 적고 연화점이 높아 옥상지붕에 많이 사용된다.

05 × 옥상방수용 아스팔트는 침입도가 크고 연화점이 높은 것을 사용하여야 한다.

06 ○

07 시멘트액체방수는 시공이 간단하고, 공사기간이 짧고, 보호누름이 필요 없고, 국부적인 보수가 가능하지만 방수층이 신축이 거의 없어 균열이 발생하기 쉽다. ( )

08 시멘트액체방수공사에서 방수모르타르 바탕면은 최대한 매끄럽게 처리해야 한다. ( )

09 아스팔트방수는 신축성이 커서 균열이 작고 외기온도에 의한 영향이 작지만, 시공이 복잡하고 보호누름이 필요하며 공사비가 비싸다. ( )

10 시트방수는 시트 한 장으로 방수효과를 내는 공법으로 신축성이 작고 강도가 크며, 접착방법으로는 온통접착 · 줄접착 · 갓접착 · 점접착법이 있다. ( )

11 시트방수는 바탕의 균열에 대한 저항성이 약하다. ( )

12 폴리에틸렌 방습층은 신축성 시트계 방습자재이다. ( )

---

07 ○

08 × 시멘트액체방수공사에서 방수모르타르 바탕면은 최대한 거칠게 처리해야 한다.

09 ○

10 × 시트방수는 시트 한 장으로 방수효과를 내는 공법으로 신축성이 좋고 강도가 크며, 접착방법으로는 온통접착 · 줄접착 · 갓접착 · 점접착법이 있다.

11 × 시트방수는 바탕의 균열에 대한 저항성이 강하다.

12 ○

13 도막방수는 작업이 복잡한 장소의 시공이 간단하므로 공기 단축이 가능하며, 유지보수가 다른 방수공법보다 간편하다. ( )

14 방수재는 핀홀이 생기지 않도록 솔, 고무주걱 또는 뿜칠기구를 사용하여 균일하게 도포한다. ( )

15 실링재는 접착성이 좋고 수밀성이 있으며 조인트 부위의 변형에 추종할 수 있어야 한다. ( )

16 바깥방수는 구조체 밖에 방수층을 형성하는 방법으로 시공이 복잡하고 공사비가 비싸며 보호누름이 필요하고, 수압이 작은 지하실 등에 사용한다. ( )

17 안방수는 시공이 용이하고 보호누름이 필요하며, 수압이 작은 곳에 적합하다. ( )

13 ○
14 ○
15 ○
16 ✕ 바깥방수는 구조체 밖에 방수층을 형성하는 방법으로 시공이 복잡하고 공사비가 비싸지만, 보호누름이 필요 없고 수압이 큰 지하실 등에 사용한다.
17 ○

01 아스팔트방수공사의 시공순서로 옳은 것은?

제22회

> ㉠ 바탕면 처리 및 청소
> ㉡ 아스팔트 바르기
> ㉢ 아스팔트 프라이머 바르기
> ㉣ 아스팔트 방수지 붙이기
> ㉤ 방수층 누름

① ㉠ ⇨ ㉡ ⇨ ㉢ ⇨ ㉣ ⇨ ㉤
② ㉠ ⇨ ㉡ ⇨ ㉣ ⇨ ㉢ ⇨ ㉤
③ ㉠ ⇨ ㉢ ⇨ ㉡ ⇨ ㉣ ⇨ ㉤
④ ㉠ ⇨ ㉢ ⇨ ㉣ ⇨ ㉡ ⇨ ㉤
⑤ ㉠ ⇨ ㉣ ⇨ ㉡ ⇨ ㉢ ⇨ ㉤

02 아스팔트방수공사에 관한 설명으로 옳지 않은 것은?

① 바탕면에 아스팔트 펠트, 아스팔트 루핑 등을 적층하고, 가열하여 녹인 아스팔트로 붙여대는 방법이다.

② 방수가 확실하고 보호처리를 잘하면 내구적이며, 비교적 공사비가 저렴하므로 지하실·옥상·평지붕 등에 많이 사용된다.

③ 결함부의 발견이 쉽지 않고 수리범위가 광범위하며, 보호누름층까지 보수하여야 하는 단점이 있다.

④ 스트레이트 아스팔트는 신축력(伸縮力)이 좋지만 교착력이 떨어진다.

⑤ 아스팔트 프라이머는 방수시공시 콘크리트 표면에 도포하여 콘크리트와 아스팔트의 부착이 잘되게 한다.

정답 | 해설

01 ③ 아스팔트 방수공사는 '바탕면 처리 및 청소 ⇨ 아스팔트 프라이머 바르기 ⇨ 아스팔트 바르기 ⇨ 아스팔트 방수지 붙이기 ⇨ 방수층 누름'의 순으로 이루어진다.

02 ④ 스트레이트 아스팔트는 신축력(伸縮力)이 좋고 <u>교착력이 우수하다</u>.

03 방수공사에 관한 설명으로 옳지 않은 것은?　　　　　　　　　제16회

① 보행용 시트방수는 상부 보호층이 필요하다.

② 벤토나이트방수는 지하의 외벽방수 등에 사용된다.

③ 아스팔트방수는 결함부 발견이 어렵고, 작업시 악취가 발생한다.

④ 시멘트액체방수는 모재 콘크리트의 균열 발생시에도 방수성능이 우수하다.

⑤ 도막방수는 도료상의 방수재를 바탕면에 여러 번 칠해 방수막을 만드는 공법이다.

04 아스팔트방수공사에서 루핑 붙임에 관한 설명으로 옳지 않은 것은?　　　제17회

① 일반 평면부의 루핑 붙임은 흘려 붙임으로 한다.

② 루핑의 겹침폭은 길이 및 폭 방향 100mm 정도로 한다.

③ 볼록·오목 모서리 부분은 일반 평면부의 루핑을 붙이기 전에 폭 300mm 정도의 스트레치 루핑을 사용하며 균등하게 덧붙임한다.

④ 루핑은 원칙적으로 물 흐름을 고려하여 물매의 위쪽에서부터 아래쪽을 향해 붙인다.

⑤ 치켜올림부의 루핑은 각 층 루핑의 끝이 같은 위치에 오도록 하여 붙인 후, 방수층의 상단 끝부분을 누름철물로 고정하고 고무아스팔트계 실링재로 처리한다.

05 아스팔트방수의 시공방법으로 옳지 않은 것은?

① 배수구 주위에 50분의1~100분의 1 정도 물흘림경사를 두고 구석, 모서리 치켜올림부분은 부착이 잘되도록 둥글게 3~10cm 정도로 면을 접어둔다.

② 파라펫방수층의 치켜올림높이는 300mm 이하로 한다.

③ 방수지의 이음은 엇갈리게 하고, 아스팔트와 루핑의 겹침은 100mm 이상으로 한다.

④ 아스팔트 루핑 등은 얇은 것을 여러 겹 쓰는 것이 좋다.

⑤ 신축줄눈은 너비 20mm 정도, 간격 3m 내외, 깊이는 보호층의 밑면에 닿도록 시공한다.

06 시멘트액체방수에 관한 사항으로 옳지 않은 것은?

① 시멘트계 방수공법은 시멘트를 주재료로 한 방수공법으로 시멘트액체방수, 폴리머 시멘트모르타르방수, 시멘트혼입 폴리머계 방수로 나눌 수 있다.
② 보호누름이 필요하다.
③ 국부적인 보수가 가능하다.
④ 방수층의 신축이 거의 없어 균열이 발생하기 쉽다.
⑤ 시공이 간단하고 공사기간이 짧다.

07 시멘트액체방수에 관한 설명으로 옳지 않은 것은? 제18회

① 치켜올림 부위에는 미리 방수시멘트 페이스트를 바르고, 그 위를 100mm 이상의 겹침폭을 두고 평면부와 치켜올림부를 바른다.
② 한랭 시공시 방수층의 동해를 방지할 목적으로 방동제를 사용한다.
③ 공기 단축을 위한 경화를 촉진시킬 목적으로 지수제를 사용한다.
④ 방수층을 시공한 후 부착강도를 측정한다.
⑤ 바탕의 균열부 충전을 목적으로 KS F 4910에 따른 실링재를 사용한다.

08 방수층의 종류에 속하지 않는 것은? 제18회

① 아스팔트방수층　　　　　　② 개량아스팔트시트방수층
③ 합성고분자시트방수층　　　④ 도막방수층
⑤ 오일스테인방수층

정답 | 해설

03 ④ 시멘트액체방수는 모재 콘크리트의 균열 발생시 방수성능이 떨어진다.
04 ④ 루핑은 원칙적으로 물 흐름을 고려하여 물매의 아래쪽에서부터 위쪽을 향해 붙인다.
05 ② 파라펫방수층의 치켜올림높이는 300mm 이상으로 한다.
06 ② 보호누름이 필요 없다.
07 ③ 공기 단축을 위한 목적으로 사용하는 것은 경화촉진제이다.
08 ⑤ 오일스테인(oil stain)은 목재를 착색하는 데 사용하는 착색제로, 보일유 · 기름바니시 등에 염료를 용해하여 만든다.

09 방수공법에 관한 설명으로 옳지 <u>않은</u> 것은? 제20회

① 도막방수란 액상형 방수재료를 콘크리트 바탕에 바르거나 뿜칠하여 방수층을 형성하는 공법이다.
② 시멘트액체방수공사에서 방수모르타르 바탕면은 최대한 매끄럽게 처리해야 한다.
③ 아스팔트옥상방수에는 지하실방수보다 연화점이 높은 아스팔트를 사용한다.
④ 아스팔트방수는 보호누름이 필요하다.
⑤ 아스팔트방수는 시멘트액체방수보다 방수층의 신축성이 크다.

10 방수공사에 관한 설명으로 옳지 <u>않은</u> 것은?

① 개량아스팔트시트 붙이기에서 프라이머는 개량아스팔트시트 제조자가 지정하는 것으로 한다.
② 침투방수는 모체에 결함부가 있어도 방수가 가능하다.
③ 2액형 도막방수제는 시공 중 혼합 후 점도 조절을 목적으로 용제를 첨가해서는 안 된다.
④ 도막방수 보강포 붙이기는 치켜올림부·오목모서리·볼록모서리·드레인 주변 및 돌출부 주위부터 먼저 작업한다.
⑤ 핀홀(pin hole)이 생기지 않도록 솔·고무주걱·뿜칠기구 등으로 균일하게 치켜올림부와 평면부의 순서로 도포한다.

11 시트방수에 관한 설명으로 옳지 <u>않은</u> 것은?

① 접착제를 이용하여 내수성이 있는 시트를 바탕면에 접착하는 방식이다.
② 합성고분자시트방수와 개량아스팔트시트방수로 나눈다.
③ 두께가 균일하여 마감이 예쁘게 나오고 시공 후 누수 발생시 국부적 보수가 가능하다.
④ 복잡한 시공부위, 시트와 시트 사이의 이음부위 등은 하자 발생률이 높다.
⑤ 아스팔트방수와 같은 다층방식의 방수법이 아니고, 시트 한 장으로 방수효과를 내는 공법이다.

12 신축성 시트계 방습자재가 아닌 것은?

제22회

① 비닐 필름 방습지
② 폴리에틸렌 방습층
③ 방습층 테이프
④ 아스팔트 필름 방습층
⑤ 교착성이 있는 플라스틱 아스팔트 방습층

13 도막방수에 관한 설명으로 옳지 않은 것은?

① 균열 및 진동이 심한 건축물에 적용이 불가능하다.
② 돌출이 많은 부분에서도 이음새 없이 시공할 수 있다.
③ 구조물의 용도에 따라 방수층의 두께를 임의로 조절할 수 있다.
④ 액상의 재료이므로 작업이 복잡한 장소에서 시공이 용이하다.
⑤ 핀홀의 우려가 있다.

제1편 건축구조

7장

정답 | 해설

09 ② 시멘트액체방수공사에서 방수모르타르 바탕면은 최대한 <u>거칠게</u> 처리해야 한다.

10 ② 침투방수는 모체에 결함부가 있으면 방수에 영향을 주기 때문에 방수 전에 <u>반드시 결함부의 보수</u>를 하여야 한다.

11 ③ 두께가 균일하여 마감이 예쁘게 나오고 시공 후 누수 발생시 국부적 보수가 <u>어렵다</u>.

12 ④ 아스팔트 필름 방습층은 <u>박판 시트계 방습재료</u>이다.

13 ① 균열 및 진동이 심한 건축물에 적용이 <u>가능하다</u>.

제 **8** 장 미장 및 타일공사

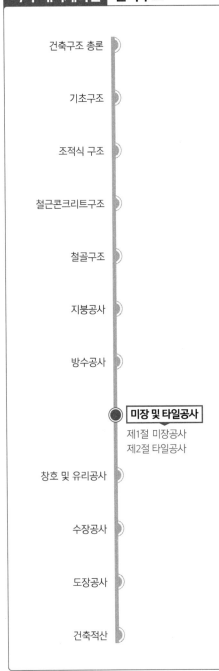
📖 **단원길라잡이**

'미장 및 타일공사'에서는 보통 1~2문제가 출제되고 있는데, 2문제가 출제될 경우에는 미장공사와 타일공사에서 각각 1문제씩 출제되고, 1문제가 출제될 경우에는 미장공사에서 출제되고 있다. 이 단원에서는 전통적으로 자주 출제되어 온 용어와 특징 및 시공시 주의사항을 상세하게 정리하여야 한다.

🔍 **출제포인트**

• 미장공사 시공
• 미장재료 바름공법
• 타일붙임공법

미장공사(美裝工事, plaster work)는 회반죽, 진흙, 모르타르 등을 바르는 공사이며, 각종 마감공사 중 건물의 우열을 결정하는 규준이 될 정도로 중요한 공사이다.

01 재료

(1) 기경성 재료

① 개요: 공기 중의 이산화탄소(탄산가스)와 반응하여 굳어지는 재료이며 종류에는 진흙, 회반죽, 회사벽, 돌로마이트플라스터 등이 있다.

② 특징
ㄱ 경화가 느리다.
ㄴ 강도가 작다.
ㄷ 시공이 용이하다.

(2) 수경성 재료

① 개요: 물과 반응하여 굳어지는 재료이며 종류에는 시멘트모르타르, 석고플라스터, 무수석고(경석고플라스터, 킨즈시멘트), 인조석바름, 테라조현장바름 등이 있다.

② 특징
ㄱ 경화가 빠르다.
ㄴ 강도가 크다.
ㄷ 시공이 불편하다.

기경성 재료와 수경성 재료의 비교

구분		종류	구성재료 및 특성
기경성	진흙질	진흙	• '진흙 + 모래 + 짚여물'을 섞어서 물반죽한 것이다. • 흙벽 시공, 초벽 · 재벽바름 등에 사용한다.
		새벽흙 (사벽)	• '새벽흙 + 모래 + 여물 + 해초풀'을 섞어 물반죽한 것이다. • 흙벽의 재벌 · 정벌바름에 사용한다.
	석회질	회반죽	'소석회 + 모래 + 여물'을 해초풀로 반죽한 것이다.
		회사벽	• 석회죽 + 모래(시멘트와 여물 포함) • 흙벽의 정벌바름, 회반죽 고름, 재벌바름에 사용한다.
		마그네시아석회	• 돌로마이트석회 + 모래(석회죽이나 돌로마이트 포함) • 수축균열이 크고 물에 약하여 내벽에 사용한다.

수경성	석고질	순석고플라스터	• 순석고 + 모래 + 물(석회죽이나 돌로마이트 포함) • 경화가 빠르고 중성이다.
		혼합석고 플라스터	• 초벌용은 '물 + 모래'를 혼합사용하고, 정벌용은 현장에서 물만 첨가하여 사용한다. • 경화속도는 보통이며 약알칼리성이다.
		보드용 플라스터	• 혼합석고플라스터보다 소석고의 함유량을 많게 하여 접착성 강도를 크게 한 제품이다. • 석고보드 바탕의 초벌바름용 재료로 사용한다.
		경석고플라스터	• 경화가 빠르다. • 경도가 높다. • 수축이 거의 없다. • 벽이나 바닥의 바름재료로 사용하고 석회계, 다른 소석고와 혼합하지 않는다. • 철을 녹슬게 한다. • 아연도금 황동제 못을 사용한다. • 산성이다.

수경성 미장재료로 옳은 것을 모두 고른 것은? 제20회

㉠ 돌로마이트플라스터	㉡ 순석고플라스터
㉢ 경석고플라스터	㉣ 소석회
㉤ 시멘트모르타르	

① ㉠, ㉡, ㉢
② ㉠, ㉡, ㉣
③ ㉠, ㉣, ㉤
④ ㉡, ㉢, ㉤
⑤ ㉢, ㉣, ㉤

해설

수경성 미장재료로 옳은 것은 순석고플라스터, 경석고플라스터, 시멘트모르타르이다. 정답: ④

구분	내용
덧먹임	바르기의 접합부 또는 균열의 틈새, 구멍 등에 반죽된 재료를 밀어 넣어 때워 주는 것이다.
눈먹임	인조석 갈기 또는 테라조 현장 갈기의 갈아내기 공정에 있어서 작업면의 종석이 빠져나간 구멍 부분 및 기포를 메우기 위해 그 배합에서 종석을 제외하고 반죽한 것을 작업면에 발라 밀어 넣기 채우는 것이다.
라스먹임	메탈라스, 와이어라스 등의 바탕에 모르타르 등을 최초로 발라 붙이는 것이다.
초벌·재벌·정벌 바름	바름벽은 여러 층으로 나뉘어 바름이 이루어지고, 이 바름층을 바탕에 가까운 것부터 초벌바름, 재벌바름, 정벌바름이라 한다.
미장두께	각 미장층별로 발라 붙인 면적의 평균 바름두께이다.
마감두께	바름층 전체의 두께를 말하며, 라스 또는 졸대바탕일 때에는 바탕먹임의 두께 및 손질바름은 제외한다.
바탕처리	• 요철 또는 변형이 심한 개소를 고르게 손질바름하여 마감두께가 균등하게 되도록 조정하고 균열 등을 보수하는 것이다. • 바탕면이 지나치게 평활할 때에는 거칠게 처리하고, 바탕면의 이물질을 제거하여 미장바름의 부착이 양호하도록 표면을 처리하는 것이다.
고름질	바름두께 또는 마감두께가 두꺼울 때 혹은 요철이 심할 때 초벌바름 위에 발라 붙여 주는 것 또는 그 바름층이다.
손질바름	초벌바름하기 전 마감두께를 균등하게 할 목적으로 모르타르 등으로 미리 요철을 조정하는 것이다.
규준대 고르기	평탄한 바름면을 만들기 위하여 규준대로 밀어 고르거나 미리 붙여 둔 규준대면에 따라 발라서 요철이 없는 바름면을 형성하는 작업이다.

02 균열 방지 대책

① 1회의 바름두께를 얇게 한다.

② 바름면은 서서히 건조시킨다.

③ 초벌바름과 재벌바름에 굵은 모래를 사용한다.

④ 여물과 미장용 철물(예 메탈라스, 와이어라스 등)을 사용한다.

미장공사에서 바름면의 박락(剝落) 및 균열원인이 아닌 것은?   제19회

① 구조체의 수축 및 변형
② 재료의 불량 및 수축
③ 바름모르타르에 감수제의 혼입 사용
④ 바탕면 처리불량
⑤ 바름두께 초과 및 미달

해설

바름모르타르에 감수제의 혼입 사용은 미장공사에서 바름면의 박락 및 균열원인이 아니다.   정답: ③

03 미장공사시 주의사항

① 바탕면은 적당히 물축임하고, 면을 거칠게 해 둔다.
② 바른 면은 거친 면이 없이 평활하게 하는 것이 좋다.
③ 초벌바름 후 충분한 시간을 두어 균열이 최대한 발생된 후 재벌을 한다.
④ '초벌 ⇨ 재벌 ⇨ 정벌'의 순으로 3번의 바름을 한다.
⑤ 바름두께는 균일하게 한다.
⑥ 1회 바름두께는 6mm를 표준으로 한다.
⑦ 시공시 온도는 5℃ 이상에서 하는 것이 좋다.
⑧ 급격한 건조를 피하고 시공 중이나 경화 중에는 진동을 피한다.
⑨ 미장공사는 위에서 아래로 한다.
⑩ 실내는 '천장 ⇨ 벽 ⇨ 바닥' 순으로 하고, 외벽은 '옥상난간 ⇨ 지층' 순으로 한다.
⑪ 벽, 기둥 등의 모서리를 보호하기 위하여 미장 바르기를 할 때 보호용 철물로 코너비드 (corner bead)를 사용한다.
⑫ 재료의 배합은 바탕에 가까운 바름층일수록 부배합으로 하고, 정벌바름에 가까울수록 빈 배합으로 한다.
⑬ 결합재와 골재 및 혼화재의 배합은 용적비로 하고, 혼화제·안료·해초풀 및 짚 등의 사용량은 결합재에 대한 중량비로 표시하는 것을 원칙으로 한다.

01 시멘트모르타르 미장공사에 관한 설명으로 옳지 않은 것은? 제23회

① 모래의 입도는 바름 두께에 지장이 없는 한 큰 것으로 한다.
② 콘크리트 천장 부위의 초벌바름 두께는 6mm를 표준으로 하고, 전체 바름 두께는 15mm 이하로 한다.
③ 초벌바름 후 충분히 건조시켜 균열을 발생시킨 후 고름질을 하고 재벌바름을 한다.
④ 재료의 배합은 바탕에 가까운 바름층일수록 빈배합으로 하고, 정벌바름에 가까울수록 부배합으로 한다.
⑤ 바탕면은 적당히 물축이기를 하고, 면을 거칠게 해둔다.

[해설]

재료의 배합은 바탕에 가까운 바름층일수록 부배합으로 하고, 정벌바름에 가까울수록 빈배합으로 한다.

정답: ④

02 미장공사에 관한 설명으로 옳은 것은? 제27회

① 소석회, 돌로마이트플라스터 등은 수경성 재료로서 가수에 의해 경화한다.
② 바탕처리시 살붙임바름은 한꺼번에 두껍게 바르는 것이 좋다.
③ 시멘트모르타르 바름시 초벌바름은 부배합, 재벌 및 정벌바름은 빈배합으로 부착력을 확보한다.
④ 석고플라스터는 기경성으로 경화속도가 느려 작업시간이 자유롭다.
⑤ 셀프레벨링재 사용시 통풍과 기류를 공급해 건조시간을 단축하여 표면평활도를 높인다.

[해설]

① 소석회, 돌로마이트플라스터 등은 기경성 재료이며 공기 중의 이산화탄소(탄산가스)와 반응하여 경화한다.
② 바탕처리시 살붙임바름은 한꺼번에 두껍게 바르는 것은 좋지 않다.
④ 석고플라스터는 수경성으로 경화속도가 빠르지만 작업시간이 자유롭지 않다.
⑤ 셀프레벨링재(자동수평몰탈) 사용시 표면에 불필요한 물결무늬 등이 생기는 것을 방지하기 위해 창문 등을 밀폐하여 통풍과 기류를 차단하여 표면평활도를 높여야 한다.

정답: ③

04 바름공정 순서

바탕처리 ⇨ 초벌바름 ⇨ 고름질 ⇨ 재벌바름 ⇨ 정벌바름 ⇨ 마감처리

05 돌로마이트플라스터바름

(1) 재료

돌로마이트(마그네시아석회) + 모래 + 여물

(2) 특징

① 기경성이다.
② 교착력이 우수하고 점성이 커서 해초풀을 쓰지 않아도 된다.
③ 건조수축이 커서 균열의 우려가 있고, 경화가 늦지만 점도가 커서 시공이 용이하다.
④ 백화현상이 잘 발생한다.

06 회반죽바름

(1) 재료

소석회 + 해초풀 + 모래 + 여물

(2) 특징

① 기경성이다.
② 각 층을 충분히 건조시킨 후에 다음 층을 바른다.
③ 실내온도가 2℃ 이하일 때에는 공사를 중지한다.
④ 바름질작업 중에는 통풍을 차단한다.
⑤ 경화속도가 느리며 강도가 작다.
⑥ 얼룩 방지를 위하여 초벌 10일 후에 재벌을 한다.

> **더 알아보기** 여물 · 해초풀 · 모래

구분	내용
여물	균열 방지
해초풀	부착력 증대
모래	점도 조절

07 시멘트모르타르바름

(1) 재료

① **시멘트**: 보통 포틀랜드시멘트
② **모래**: 초벌 · 재벌용은 2.5mm 이하, 정벌용은 1.5mm 이하
③ **소석회**: 시공성을 좋게 하기 위하여 정벌용에 소량을 혼합한다.

(2) 바름두께

'초벌 ⇨ 재벌 ⇨ 정벌'의 순으로 하고, 1회 바름두께는 6mm를 표준으로 한다.

구분	바름두께
천장 및 차양	15mm
벽체	① 안벽: 18mm ② 바깥벽: 24mm
바닥	24mm

(3) 시공순서

① 위에서 아래로 한다.
② 실내는 '천장 ⇨ 벽 ⇨ 바닥' 순으로 한다.
③ 외벽은 '옥상난간 ⇨ 지층'의 순으로 한다.
④ 수평과 수직이 만나는 곳은 수평면을 먼저 바르고 수직면을 바른다.

(4) 특징

① 수경성이며, 시공이 용이하다.
② 단단하고 내구적이나 표면이 거칠다.
③ 잔균열이 가기 쉽다.

08 석고플라스터바름

(1) 종류

① 순석고플라스터
　㉠ '순석고 + 모래 + 물(석회죽이나 돌로마이트 포함)'을 배합하여 사용한다.
　㉡ 경화가 빠르고 중성이다.
② 혼합석고플라스터
　㉠ 석고플라스터와 석회가 혼합되어 있는 것으로 초벌용 · 정벌용으로 쓰인다.
　㉡ 경화속도는 보통이며 약알칼리성이다.
③ 보드용 플라스터
　㉠ 혼합석고플라스터보다 소석고의 함유량을 많게 하여 접착성을 크게 한 제품이다.
　㉡ 석고보드 바탕의 초벌바름용 재료이다.
④ 경석고플라스터(무수석고)
　㉠ 킨즈시멘트라고 불리며, 약산성으로 강도가 크다.
　㉡ 철제를 녹슬게 하는 단점이 있다.

(2) 특징

① 수경성이다.

② 미장재료 중 경화속도가 가장 빠르고, 팽창성이 있다.

③ 물을 가수 후 초벌·재벌용은 3시간 이내에, 정벌용은 2시간 이내에 사용한다.

④ 작업 중에는 통풍을 방지하고 작업 후에 서서히 통풍시킨다.

⑤ 2℃ 이하일 때에는 공사를 중지하고 보온장치를 설치하며, 5℃ 이상으로 유지하도록 한다.

⑥ 경화된 것은 사용하지 않는다.

09 인조석바름과 테라조 현장 갈기

(1) 재료

백시멘트 + 종석 + 안료 + 석분 + 물

(2) 특징

① 수축균열을 방지하기 위하여 황동제의 줄눈대를 60~120cm 간격으로 설치한다.

② 종석모르타르바름은 두께 9~15mm 정도의 된비빔으로 한다.

③ 시멘트모르타르의 바름두께는 보통 2~3cm 정도로 한다.

제2절 타일공사

01 타일의 종류

구분	소성온도	소지		투명 정도	건축재료
		흡수율	색		
토기	700~900℃	20% 이상	유색	불투명	기와, 벽돌, 토관
도기	1,000~1,300℃	15~20%	백색, 유색	불투명	타일, 테라코타타일
석기	1,300~1,400℃	8% 이하	유색	불투명	바닥타일, 클링커타일
자기	1,300~1,450℃	1% 이하	백색	반투명	위생도기, 타일

표면이 거친 석기질 타일로 주로 외부바닥이나 옥상 등에 사용되는 것은? 제20회

① 테라코타(terra cotta)타일
② 클링커(clinker)타일
③ 모자이크(mosaic)타일
④ 폴리싱(polishing)타일
⑤ 파스텔(pastel)타일

해설

표면이 거친 석기질 타일로 주로 외부바닥이나 옥상 등에 사용되는 것은 클링커(clinker)타일이다.

정답: ②

02 성형법

(1) 건식 및 반건식성형

① 3~10%의 수분을 함유한 분말을 프레스의 금형에 넣고 고압(20~30MPa)을 가하여 성형한다.
② 내장타일 · 모자이크타일 등에 사용한다.

(2) 습식성형

① 반죽한 원료를 오거머신(auger machine)에서 뽑아내어 성형시킨다.
② 외장타일 · 바닥타일 등에 사용한다.

03 시유 및 소성

① 건조 전 또는 건조 후에 유약(釉藥)을 바르는 공정을 시유라고 한다.
② 유약은 타일의 미관을 향상시키고 오염을 방지하며, 기계적 강도를 증진시킨다.
③ 자기질이나 석기질로 된 외장타일 · 바닥타일 · 모자이크타일 등은 유약을 발라 1차 소성을 하지만, 내장타일과 같은 도기질은 한 번 소성한 후 유약을 발라 다시 소성한다.

04 타일의 용도

(1) 외벽용 타일

① 내동해성(耐凍害性)이 요구되므로 자기질 · 석기질의 타일을 사용한다.
   ◉ 단, 석기질의 경우 시유품은 2% 미만, 무유품은 3% 미만의 흡수율을 가진 타일을 사용한다.
② 타일의 박리 방지를 위하여 사족형의 뒷발이 있는 타일을 사용한다.

(2) 내벽용 타일

① 한랭지에서는 자기질 또는 석기질의 내동해성이 있는 타일을 사용하고, 한랭지 외의 곳에서는 도기질 타일의 사용도 가능하다.
② 더러워지기 쉬운 장소에서는 조면타일은 적합하지 않고 평활한 시유타일을 사용한다.

(3) 바닥용 타일

① 외부와 한랭지에서는 내동해성이 있는 자기질 · 석기질 타일을 사용한다.
② 미끄러짐, 마모, 오염성 등을 고려하여 결정한다.
③ 바닥용 타일은 유약을 바르지 않고, 재질은 자기질 또는 석기질로 한다.

05 타일붙임공법의 종류

타일붙임공법의 종류에는 떠붙임공법, 압착붙임공법, 개량압착붙임공법, 접착붙임공법, 동시줄눈붙임(밀착)공법, 선부착공법 등이 있다.

(1) 떠붙임공법

① 시공방법
  ㉠ 타일 뒷면에 붙임모르타르를 바르고 빈틈이 생기지 않게 눌러 붙이는 방법이다.
  ㉡ 모르타르의 두께는 12~24mm를 표준으로 한다.
② 특징
  ㉠ 접착강도의 편차가 적고 마감 정밀도가 양호하다.
  ㉡ 접착성이 좋아 박리가 적고 바탕면에 요철이 있어도 평탄하게 조절이 가능하다.
  ㉢ 뒷면에 공극이 생기지 않도록 하여야 하고, 시공시 상당한 숙련이 필요하다.
  ㉣ 시공능률이 떨어지고, 외장타일 적용시 뒷면에 공극이 생기면 물이 스며들어 백화현상이 발생할 우려가 있다.

(2) 압착붙임공법

① 시공방법

    ㉠ 평평하게 만든 바탕모르타르 위에 붙임모르타르를 바르고 그 위에 타일을 눌러 붙이는 방법이다.

    ㉡ 붙임모르타르의 두께는 타일 두께의 2분의 1 이상인 5~7mm를 표준으로 한다.

    ㉢ 붙임시간은 모르타르 배합 후 15분 이내로, 1회 붙임면적은 $1.2m^2$ 이하로 한다.

② 특징

    ㉠ 시공능률이 좋고 타일 뒷면에 공극이 없어 백화 발생이 없다.

    ㉡ 붙임시간이 길어지면 부착강도가 저하된다.

    ㉢ 붙임모르타르가 얇아 바탕의 시공정밀도가 요구되며 접착강도의 편차가 발생한다.

(3) 개량압착붙임공법

① 시공방법

    ㉠ 평평하게 만든 바탕모르타르 위에 붙임모르타르를 바르고, 타일 뒷면에도 붙임모르타르를 얇게 발라 타일을 두드려 눌러 붙이는 방법이다.

    ㉡ 압착붙임공법의 단점인 붙임시간 문제를 해결하기 위하여 개발된 방법이다.

    ㉢ 붙임시간은 모르타르 배합 후 30분 이내로 하고, 타일 뒷면에 붙임모르타르를 3~4mm 바른다.

    ㉣ 바탕면 붙임모르타르의 1회 바름면적은 $1.5m^2$ 이하로 하고, 붙임모르타르를 4~6mm 바른다.

② 특징

    ㉠ 접착성이 우수하고 균열 발생이 없다.

    ㉡ 압착공법에 비하여 작업능률이 저하된다.

    ㉢ 타일 뒷면에 공극이 없어 백화 발생이 없다.

    ㉣ 붙임모르타르가 얇아 바탕의 시공정밀도가 요구된다.

(4) 접착붙임공법

① 시공방법

    ㉠ 접착제를 이용하여 압착공법과 거의 동일한 방법으로 타일을 붙이는 방법이다.

    ㉡ 내장공사에 한하여 적용한다.

    ㉢ 접착제 1회 바름면적은 $2m^2$ 이하로 한다.

② 특징

    ㉠ 각종 바탕면에 적용 가능하고 시공능률이 우수하다.

    ㉡ 건조시간에 영향을 받기 쉽고 혼합 후 경화시점에 유의하여야 한다.

    ㉢ 접착제가 고가이므로 시공비가 상승한다.

(5) 동시줄눈붙임(밀착)공법

① 시공방법

- ㉠ 바탕면에 붙임모르타르를 발라 타일을 붙인 다음 충격공구로 타일면에 충격을 가하는 공법이다.
- ㉡ 외장타일붙이기에만 적용하고, 바탕에 붙임모르타르를 5~8mm 바른다.
- ㉢ 붙임시간은 20분 이내로 하고, 1회 붙임면적은 $1.5m^2$ 이하로 한다.
- ㉣ 붙임모르타르가 타일 두께의 3분의 2 이상 올라오도록 하고, 줄눈의 수정은 타일붙임 후 15분 이내에 한다.

② 특징

- ㉠ 압착붙임공법에 비하여 붙임시간의 영향이 작다.
- ㉡ 작업이 쉽고 능률이 좋으며 타일균열이 작다.
- ㉢ 줄눈의 깊이가 한정되고 진동시 타일의 어긋남이 발생할 수 있다.

기출예제

다음에서 설명하는 타일붙임공법은? 제23회

> 전용 전동공구(vibrator)를 사용해 타일을 눌러 붙여 면을 고르고, 줄눈 부분의 배어 나온 모르타르(mortar)를 줄눈봉으로 눌러서 마감하는 공법

① 밀착공법 ② 떠붙임공법
③ 접착제공법 ④ 개량압착붙임공법
⑤ 개량떠붙임공법

해설

전용 전동공구를 사용해 타일을 눌러 붙여 면을 고르고, 줄눈 부분의 배어 나온 모르타르를 줄눈봉으로 눌러서 마감하는 공법은 밀착공법(동시줄눈 붙이기)이다.

정답: ①

---

(6) 선부착공법

① 시공방법

- ㉠ 콘크리트구조체와 PC 커튼월을 제작할 때 미리 타일을 붙여 마감하는 공법이다.
- ㉡ 거푸집의 재료는 강재를 사용하는 것을 원칙으로 한다.
- ㉢ 타일 유닛은 콘크리트 타설 중 이동되지 않도록 거푸집과 고정한다.
- ㉣ 거푸집 탈형 후 모든 부분에 대하여 해머두드림검사를 실시하고, 필요에 따라 접착강도시험을 실시한다.

② 특징

　ⓐ 타일 접착이 확실하고 공극 감소 및 백화 발생이 없다.

　ⓑ 콘크리트 건조수축의 영향을 받으며 복잡한 형태의 시공이 어렵다.

　ⓒ 거푸집 형틀, 부자재, 보수 등의 비용이 증가된다.

벽타일붙이기

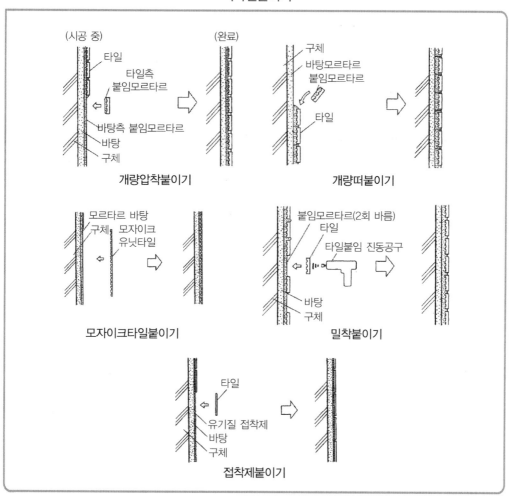

06 타일 시공 품질기준

(1) 줄눈너비의 표준

(단위: mm)

구분	줄눈너비
대형 벽돌형(외부)	9
대형(내부)	5~6
소형	3
모자이크	2

> **기출예제**
>
> **타일의 줄눈너비로 옳지 않은 것은? (단, 도면 또는 공사시방서에 타일 줄눈너비에 대하여 정한 바가 없는 경우)**
> 제24회
>
> ① 개구부 둘레와 설비기구류와의 마무리 줄눈: 10mm
> ② 대형 벽돌형(외부): 10mm
> ③ 대형(내부 일반): 6mm
> ④ 소형: 3mm
> ⑤ 모자이크: 2mm
>
> 해설
>
> 대형 벽돌형(외부) 타일의 줄눈너비는 9mm가 표준이다.
> 정답: ②

(2) 바탕면의 평활도

(단위: mm)

구분	평활도
바닥(3m당)	±3
벽(2.4m당)	±3

07 타일 시공시 일반사항

① 소성온도가 높은 타일은 동해 방지효과가 있다.
② 흡수성이 낮은 타일은 모르타르가 잘 밀착되어 동해 방지효과가 좋다.
③ 하루 붙임 높이는 1.2~1.5m이다(대형: 0.7~0.9m).
④ 바탕의 청소 및 물적심은 타일을 붙이기 직전에 실시한다.
⑤ 내벽 타일붙임은 아래에서 위로 한다.
⑥ 타일의 박리, 백화현상, 들뜸 등을 방지하기 위하여 줄눈을 확실히 하여야 한다.

⑦ 창문선, 문선 등 개구부 둘레와 설비기구류와 마무리 줄눈너비는 10mm로 한다.

⑧ 수축균열이 생기기 쉬운 부분과 붙임면이 넓은 부분에는 신축줄눈을 3m 간격으로 설치한다.

⑨ 타일을 붙이고 3시간이 경과한 후 줄눈파기를 하고, 24시간이 경과한 후 치장줄눈을 실시한다.

⑩ 외기기온이 2℃ 이하로 내려간 경우 타일작업장 내의 온도는 10℃ 이상을 유지하여야 한다.

⑪ 타일을 붙인 후 3일간은 진동이나 보행을 금한다.

⑫ 바닥면은 물고임이 없도록 구배를 유지하고 100분의 1을 넘지 않도록 한다.

기출예제

타일공사에 관한 설명으로 옳은 것을 모두 고른 것은?   제22회

> ㉠ 모르타르는 건비빔한 후 3시간 이내에 사용하며, 물을 부어 반죽한 후 1시간 이내에 사용한다.
> ㉡ 타일 1장의 기준치수는 타일치수와 줄눈치수를 합한 것으로 한다.
> ㉢ 타일을 붙이는 모르타르에 시멘트가루를 뿌리면 타일의 접착력이 좋아진다.
> ㉣ 벽타일압착붙이기에서 타일의 1회 붙임면적은 모르타르의 경화속도 및 작업성을 고려하여 $1.2m^2$ 이하로 한다.

① ㉠, ㉡   ② ㉠, ㉢
③ ㉢, ㉣   ④ ㉠, ㉡, ㉣
⑤ ㉡, ㉢, ㉣

해설

㉢ 타일을 붙이는 모르타르에 시멘트가루를 뿌리면 시멘트의 수축이 크기 때문에 타일이 떨어지기 쉽고 백화가 생기기 쉬우므로 뿌리지 말아야 한다.   정답: ④

01 기경성 재료는 공기 중의 이산화탄소(탄산가스)와 반응하여 굳어지는 재료이며 진흙, 회반죽, 회사벽, 돌로마이트플라스터 등이 있다. ( )

02 균열을 방지하기 위하여 1회의 바름두께를 얇게 하고, 바름면은 서서히 건조시켜야 한다. ( )

03 바탕면은 적당히 물축임하고 면을 평활하게 하고, 바름면은 거칠게 하는 것이 좋다. ( )

04 재벌바름은 초벌바름 후 충분한 시간을 두어 균열이 최대한 발생된 후에 한다. ( )

05 미장바름두께는 균일하게 하고, 1회 바름두께는 6mm를 표준으로 한다. ( )

06 미장재료 배합바탕에 가까운 바름층일수록 빈배합으로 하고, 정벌바름에 가까울수록 부배합으로 한다. ( )

---

01 ○
02 ○
03 × 바탕면은 적당히 물축임하고 면을 거칠게 하고, 바름면은 거친 면 없이 평활하게 하는 것이 좋다.
04 ○
05 ○
06 × 미장재료 배합바탕에 가까운 바름층일수록 부배합으로 하고, 정벌바름에 가까울수록 빈배합으로 한다.

07 돌로마이트플라스터는 교착력이 우수하고 점성이 커서 해초풀을 쓰지 않아도 된다. 또한 건조수축이 커 균열의 우려가 있고 경화가 늦지만, 점도가 커서 시공이 용이하다. （   ）

08 셀프레벨링재는 바닥 표면에 물결무늬가 생기지 않도록 창문 등을 개방하여 통풍과 기류를 크게 한다. （   ）

09 개량압착붙임공법은 접착성이 우수하고 균열 발생이 없으며, 타일 뒷면에 공극이 없어 백화현상이 잘 발생하지 않는다. （   ）

10 창문선, 문선 등 개구부 둘레와 설비기구류와 마무리 줄눈너비는 10mm로 하며, 줄눈너비의 표준은 대형 벽돌형(외부)은 9mm, 대형(내부)은 6mm, 소형은 3mm, 모자이크타일은 2mm로 한다. （   ）

11 타일바탕면의 평활도는 바닥의 경우 3m당 ±3mm, 벽의 경우 2.4m당 ±3mm로 한다. （   ）

12 소성온도가 낮고, 흡수성이 높은 타일은 동해 방지에 좋다. （   ）

---

07 ○

08 × 셀프레벨링재는 바닥 표면에 물결무늬가 생기지 않도록 창문 등을 밀폐하여 통풍과 기류를 차단한다.

09 ○

10 ○

11 ○

12 × 소성온도가 높고, 흡수성이 낮은 타일이 동해 방지에 좋다.

13 내벽 타일바탕의 청소 및 물 적심은 타일을 붙이기 직전에 실시하고, 내벽 타일붙임은 아래에서 위로 한다. ( )

14 타일치장줄눈은 가로줄눈을 먼저 시공하고, 세로줄눈은 위에서 아래로 마무리한다. ( )

15 타일을 붙이고 3시간이 경과한 후 줄눈파기를 하고, 24시간이 경과한 후 치장줄눈을 실시한다. ( )

16 동시줄눈붙임(밀착붙임)은 바탕면에 붙임모르타르를 발라 충격공구로 타일면에 충격을 가하여 붙이는 방법이며, 붙임모르타르가 타일 두께의 3분의 2 이상 올라오도록 하고 줄눈의 수정은 타일 붙임 후 15분 이내에 한다. ( )

17 바닥타일붙임면은 물고임이 없도록 구배를 유지하되 100분의 1 이상이 되도록 한다. ( )

18 외기기온이 2℃ 이하로 내려간 경우 타일작업장 내의 온도는 10℃ 이상을 유지하여야 하며, 타일을 붙인 후 3일간은 진동이나 보행을 금한다. ( )

---

13 ○
14 ✕ 타일치장줄눈은 세로줄눈을 먼저 시공하고, 가로줄눈은 위에서 아래로 마무리한다.
15 ○
16 ○
17 ✕ 바닥타일붙임면은 물고임이 없도록 구배를 유지하되 100분의 1을 넘지 않도록 한다.
18 ○

01 기경성 재료에 관한 설명으로 옳지 않은 것은?

① 물과 반응하여 굳어지는 재료이다.

② 경화가 느리다.

③ 강도가 작다.

④ 시공이 용이하다.

⑤ 종류에는 진흙, 회반죽, 회사벽, 돌로마이트플라스터 등이 있다.

02 미장공사에 관한 설명으로 옳지 않은 것은?

제13회

① 바름면의 오염 방지와 조기건조를 위해 통풍 및 일조량을 확보한다.

② 미장바름작업 전에 근접한 다른 부재나 마감면 등은 오염되지 않도록 적절히 보양한다.

③ 시멘트모르타르바름공사에서 시멘트모르타르 1회의 바름두께는 바닥의 경우를 제외하고 6mm를 표준으로 한다.

④ 시멘트모르타르바름공사에서 초벌바름의 바탕두께가 너무 두껍거나 얼룩이 심할 때는 고름질을 한다.

⑤ 바람 등에 의하여 작업장소에 먼지가 날려 작업면에 부착될 우려가 있는 경우에는 방풍조치를 한다.

정답 | 해설

01 ① 공기 중의 이산화탄소와 반응하여 굳어지는 재료이다.

02 ① 미장바름면은 균열의 발생을 막기 위하여 급격한 건조를 피해야 한다.

03 미장공사의 품질 요구조건으로 옳지 않은 것은? 제22회

① 마감면이 평편도를 유지해야 한다.
② 필요한 부착강도를 유지해야 한다.
③ 편리한 유지관리성이 보장되어야 한다.
④ 주름이 생기지 않아야 한다.
⑤ 균열의 폭과 간격을 일정하게 유지해야 한다.

04 미장공사에서 단열 모르타르바름에 관한 설명으로 옳지 않은 것은? 제18회

① 보강재로 사용되는 유리섬유는 내알칼리 처리된 제품이어야 한다.
② 초벌바름은 10mm 이하의 두께로, 기포가 생기지 않도록 바른다.
③ 보양기간은 별도의 지정이 없는 경우는 7일 이상 자연건조되도록 한다.
④ 재료의 저장은 바닥에서 150mm 이상 띄워서 수분에 젖지 않도록 보관한다.
⑤ 지붕에 바탕단열층으로 초벌바름할 경우에는 신축줄눈을 설치하지 않는다.

05 미장공사에서 회반죽바름의 특징으로 옳지 않은 것은?

① 기경성 재료이다.
② 각 층을 충분히 건조시킨 후에 다음 층을 바른다.
③ 실내온도가 2℃ 이하일 때에는 공사를 중지한다.
④ 경화속도가 빠르며 강도가 크다.
⑤ 바름질작업 중에는 통풍을 차단한다.

06 미장공사에 관한 설명으로 옳지 않은 것은?

① 실내 미장은 '천장 ⇨ 벽 ⇨ 바닥'의 순서로 하고, 실외 미장은 '옥상난간 ⇨ 지상층'의 순서로 한다.

② 급격한 건조는 피하는 것이 좋고 벽·기둥 등의 모서리를 보호하기 위하여 보호용 철물인 코너비드를 사용한다.

③ 바탕면은 거칠게 하고, 바름면은 매끄럽고 평활하게 한다.

④ 시멘트모르타르바름에서 천장·차양은 15mm 이하로 하고, 바닥은 24mm 이상으로 한다.

⑤ 균열 방지를 위해 1회 바름두께를 두껍게 하고, 바름면은 빠르게 건조시켜야 한다.

07 미장공사에서 콘크리트, 콘크리트블록 바탕에 초벌바름 하기 전 마감두께를 균등하게 할 목적으로 모르타르 등으로 미리 요철을 조정하는 것은?　제24회

① 고름질　　　　　　　　　　② 라스먹임
③ 규준바름　　　　　　　　　④ 손질바름
⑤ 실러바름

정답 | 해설

03 ⑤ 균열의 폭과 간격은 미장공사의 품질 요구조건이 아니다.

04 ⑤ 지붕에 바탕단열층으로 초벌바름할 경우에는 신축줄눈을 설치하여야 한다.

05 ④ 경화속도가 느리며 강도가 작다.

06 ⑤ 균열 방지를 위해 1회 바름두께를 얇게 하고, 바름면은 서서히 건조시켜야 한다.

07 ④ 초벌바름 전에 마감두께를 균등하게 할 목적으로 모르타르 등으로 미리 요철을 조정하는 것을 손질바름(바탕처리)이라고 한다.

08 미장공사시 주의사항에 관한 설명으로 옳지 않은 것은?

① 초벌바름 후 충분한 시간을 두어 균열이 최대한 발생한 후 재벌을 한다.

② 1회 바름두께는 6mm를 표준으로 한다.

③ 미장공사는 위에서 아래로 한다.

④ 재료의 배합은 바탕에 가까운 바름층일수록 빈배합으로 하고, 정벌바름에 가까울수록 부배합으로 한다.

⑤ 결합재와 골재 및 혼화재의 배합은 용적비로 하고, 혼화제·안료·해초풀 및 짚 등의 사용량은 결합재에 대한 중량비로 표시하는 것을 원칙으로 한다.

09 다음에서 설명하는 공법으로 옳은 것은? 제18회

> 붙임모르타르를 바탕면에 도포 후 진동공구를 이용하여 타일에 진동을 주어 매입에 의해 벽타일을 붙이는 공법

① MCR공법   ② 개량압착붙임공법

③ 밀착붙임공법   ④ 마스크붙임공법

⑤ 모자이크타일붙임공법

10 타일붙임공법의 종류로 옳지 않은 것은?

① 떠붙임공법   ② 시트붙임공법

③ 압착붙임공법   ④ 개량압착붙임공법

⑤ 선부착공법

11 벽타일붙이기공법에 관한 설명으로 옳지 않은 것은?

① 외장용 벽타일붙이기에는 압착붙이기, 개량압착붙이기, 동시줄눈붙이기 등이 있다.

② 접착붙이기는 내장공사에 적용하며 붙임바탕면의 경우 여름에는 1주 이상, 그 외의 계절에는 2주 이상 건조시킨다.

③ 떠붙이기는 타일 뒷면에 붙임모르타르를 바르고 빈틈이 생기지 않게 바탕에 눌러 붙이는 공법이다.

④ 압착붙이기는 벽면의 아래에서 위로 붙여 나가며, 붙임시간은 모르타르 배합 후 15분 이내로 한다.

⑤ 모자이크타일붙이기는 붙임모르타르를 바탕면에 바르고, 타일 뒷면의 표시와 모양에 따라 순서대로 붙이며 모르타르가 줄눈 사이로 스며 나오도록 표본 누름판을 사용하여 압착한다.

정답 | 해설

08 ④ 재료의 배합은 바탕에 가까운 바름층일수록 <u>부배합</u>으로 하고, 정벌바름에 가까울수록 <u>빈배합</u>으로 한다.

09 ③ ① MCR공법은 거푸집에 전용 시트를 붙이고, 콘크리트 표면에 요철을 부여하여 모르타르가 파고 들어가는 것에 의하여 박리를 방지하는 공법이다.
② 개량압착붙임공법은 평평하게 만든 바탕모르타르 위에 붙임모르타르를 바르고, 타일 뒷면에도 붙임모르타르를 얇게 바르고 타일을 두드려 눌러 붙이는 공법이다.
④ 마스크붙임공법은 유닛(unit)화된 50mm각 이상의 타일 표면에 모르타르 도포용 마스크를 덧대어 붙임모르타르를 바르고 마스크를 바깥에서부터 누름하여 붙이는 공법이다.
⑤ 모자이크타일붙임공법은 붙임모르타르를 바탕면에 도포하여 유닛화된 모자이크타일을 누름하여 벽 또는 바닥에 붙이는 공법이다.

10 ② 타일붙임공법의 종류에는 떠붙임공법, 압착붙임공법, 개량압착붙임공법, 접착붙임공법, 동시줄눈붙임(밀착)공법, 선부착공법 등이 있다.

11 ④ 압착붙이기는 벽면의 <u>위에서 아래로</u> 붙여 나가고, 붙임시간은 모르타르 배합 후 15분 이내로 한다.

12 타일붙임공법 중 선부착공법에 관한 사항으로 옳지 않은 것은?

① 콘크리트구조체와 PC 커튼월을 제작할 때 미리 타일을 붙여 마감하는 공법이다.

② 거푸집의 재료는 강재를 사용하는 것을 원칙으로 한다.

③ 타일 유닛은 콘크리트 타설 중 이동되지 않도록 거푸집과 고정한다.

④ 거푸집 탈형 후 모든 부분에 대하여 해머두드림검사를 실시하고, 필요에 따라 접착강도시험을 실시한다.

⑤ 거푸집 형틀, 부자재, 보수 등의 비용이 감소한다.

13 타일공사의 바탕처리 및 만들기에 관한 설명으로 옳지 않은 것은? 제13회

① 타일을 붙이기 전에 바탕의 들뜸, 균열 등을 검사하여 불량 부분을 보수한다.

② 바닥면은 물고임이 없도록 구매를 유지하되 100분의 1을 넘지 않도록 한다.

③ 여름에 외장타일을 붙일 경우에는 부착력을 높이기 위해 바탕면을 충분히 건조시킨다.

④ 타일붙임바탕의 건조상태에 따라 뿜칠 또는 솔을 사용하여 물을 골고루 뿌린다.

⑤ 흡수성이 있는 타일에는 제조일자의 시방서에 따라 물을 축여 사용한다.

14 타일공사에 대한 설명으로 옳지 않은 것은?

① 바닥타일은 벽체타일을 먼저 붙인 후 시공한다.

② 벽타일붙이기에서 타일 측면이 노출되는 모서리 부위는 코너타일을 사용하거나 모서리를 가공하여 사용한다.

③ 벽체는 중앙에서 양쪽으로 타일 나누기를 하며 타일 나누기가 최적의 상태가 될 수 있도록 조절한다.

④ 신축줄눈에 대하여 도면에 명시되어 있지 않을 때에는 담당원의 지시에 따라 신축줄눈을 약 3m 간격으로 설치하여야 한다.

⑤ 타일의 신축줄눈은 구조체의 신축줄눈, 바탕모르타르의 신축줄눈의 위치가 가능한 한 일치하지 않도록 엇갈리게 시공한다.

15 타일 시공시 일반사항으로 옳지 않은 것은?

① 소성온도가 높은 타일은 동해 방지효과가 있다.
② 흡수성이 낮은 타일은 모르타르가 잘 밀착되어 동해 방지효과가 좋다.
③ 하루 붙임 높이는 1.2~1.5m이다(대형: 0.7~0.9m).
④ 바탕의 청소 및 물적심은 타일을 붙이기 직전에 실시한다.
⑤ 내벽 타일붙임은 위에서 아래로 한다.

16 타일공사에 관한 설명으로 옳지 않은 것은?

제25회

① 클링커타일은 바닥용으로 적합하다.
② 붙임용 모르타르에 접착력 향상을 위해 시멘트가루를 뿌린다.
③ 흡수성이 있는 타일의 경우 물을 축여 사용한다.
④ 벽타일붙임공법에서 접착제붙임공법은 내장공사에 주로 적용한다.
⑤ 벽타일붙임공법에서 개량압착붙임공법은 바탕면과 타일 뒷면에 붙임모르타르를 발라 붙이는 공법이다.

정답 | 해설

12 ⑤ 거푸집 형틀, 부자재, 보수 등의 비용이 증가한다.
13 ③ 여름에 외장타일을 붙일 경우에는 하루 전에 바탕면을 물로 충분히 적셔두어야 한다.
14 ⑤ 타일의 신축줄눈은 구조체의 신축줄눈, 바탕모르타르의 신축줄눈의 위치가 가능한 한 일치하도록 설치한다.
15 ⑤ 내벽 타일붙임은 아래에서 위로 한다.
16 ② 타일을 붙이는 모르타르에 시멘트가루를 뿌리면 시멘트의 수축이 크기 때문에 타일이 떨어지기 쉽고 백화가 생기기 쉬우므로 뿌리지 말아야 한다.

제 9 장 창호 및 유리공사

📖 단원길라잡이

'창호 및 유리공사'에서는 매년 1~2문제가 출제되고 있는데, 보통 창호에서 1문제가 출제되는 경우가 많다. 이 단원에서는 전통적으로 자주 출제되고 있는 창호와 창호철물 그리고 유리의 종류별 특징을 반드시 숙지하여야 한다.

🔍 출제포인트

- 창호의 종류
- 창호철물
- 유리의 종류 및 시공

창호는 벽체 개구부(開口部)에 설치되는 각종 창이나 문을 말한다. 문은 사람이나 물건의 출입에 쓰이고, 창은 채광·환기 등의 목적으로 사용된다.

01 창호의 기능상 분류

여닫이문(창)	문지도리(경첩, 돌쩌귀)를 문틀에 달고 여닫는 문을 말한다.
미닫이문(창)	문짝을 상하 문틀에 홈을 파서 끼우고 벽에 밀어 넣는 문을 말한다.
미서기문(창)	미닫이문과 비슷한 구조이며 문 한 짝을 다른 한 짝에 밀어붙이는 문을 말한다.
회전문(창)	출입구의 통풍기류를 차단하고 출입인원을 제한하기 위하여 사용한다.
접문·주름문	칸막이용으로 실을 구분하기 위하여 사용하는 문을 말한다.
자재문	자유경첩을 달아 문을 안팎으로 자유로이 열며 저절로 닫히는 문을 말한다.
기타 문(창)	오르내리창, 붙박이창 등이 있다.

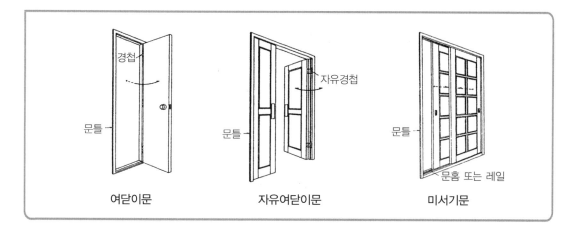

여닫이문　　　　자유여닫이문　　　　미서기문

02 목재창호

(1) 특징

① 가볍고 가공이 쉬우며 비교적 가격이 저렴하다.

② 무늬가 아름답고 촉감이 좋다.

③ 불에 약하며 부패하기 쉽다.

④ 내구성이 작다.

(2) 문틀의 구조

① **문선**: 문꼴을 보기 좋게 하고 주위 벽과 마무리를 잘하기 위하여 설치한다.

② **문선굽**: 문선의 하부에 설치하여 걸레받이와 같은 역할을 한다.

③ **마중대**: 미닫이나 여닫이문짝이 서로 맞닿는 선대이다.

④ **여밈대**: 미서기창이나 오르내리창에서 서로 여며지는 선대이다.

> **더 알아보기** | **풍소란 · 문틀 세우기 · 창문틀 치수**
>
> 1. **풍소란**: 방풍목적으로 사용하는 것으로, 마중대 · 여밈대가 서로 접하는 부분에 틈이 나지 않도록 설치한다.
> 2. **문틀 세우기**: 조적조는 먼저 세우기를 하고, 목조나 철근콘크리트구조는 나중 세우기를 한다.
> 3. **창문틀 치수**: 설계도면에서 창문틀 치수는 제재 치수로 하고 창문짝은 마무리 치수로 한다.

(3) 각종 목재창호

① **여닫이창호**: 창 · 문의 한쪽에 경첩(hinge)을 달아 사용하며, 실내 유효면적이 감소한다.

② **자재문**: 자재문은 자유경첩을 사용하여 안팎으로 자유롭게 여닫을 수 있는 문이다.

③ **회전문**: 외풍이나 출입통제에 적당하나, 실내공간을 차지한다는 결점이 있다.

④ **미닫이창호**: 문짝이 벽체 사이로 들어가게 하는 문으로, 방음과 기밀성이 부족하다.

⑤ **미서기창**: 위틀과 밑틀에 두 줄로 홈을 파서 창 한 짝을 다른 한 짝 옆에 밀어 붙이게 한 것이다.

⑥ **오르내리창**: 두 짝의 미서기창을 위아래로 오르내릴 수 있도록 만든 것으로, 추 · 도르래 · 와이어로프로 구성된다.

⑦ **양판문**: 문울거미를 짜고 양판(넓은 판)을 그 사이에 끼워 넣은 문이다.

⑧ **징두리양판문**: 문의 징두리에 양판을 대고 위쪽에는 유리를 끼운 것으로, 채광을 필요로 하는 곳에 쓰인다.

⑨ **플러시문**: 울거미를 짜고 중간살을 배치하여 양면에 합판을 부착한 문이다.

⑩ **도듬문**: 울거미를 짜고 중간에 가는 살을 가로 · 세로로 짜대고 종이를 바른 것이다.

⑪ **비늘살문**: 울거미를 짜고 그 안쪽에 얇고 넓은 살을 45˚ 정도로 선대에 빗대어 설치한 것으로, 채광과 통풍이 가능한 문이다.

> **기출예제**
>
> **문틀을 짜고 문틀 양면에 합판을 붙여서 평평하게 제작한 문은?** 제25회
>
> ① 플러시문　　　　　　　　　② 양판문
> ③ 도듬문　　　　　　　　　　④ 널문
> ⑤ 합판문

문틀을 짜고 문틀 양면에 합판을 붙여서 평평하게 제작한 문은 플러시문이다. 정답: ①

03 철재창호

(1) 특징

① 강도가 크고 품질이 우수한 제품이다.

② 무겁고 개폐·운반·시공에 어려움이 있다.

③ 단면형상에 한계가 있고, 알루미늄합금제 창호에 비하여 성능이 다소 떨어진다.

④ 녹슬기 쉬우므로 2~3년마다 도장칠을 하여야 한다.

(2) 스틸도어(steel door)

① **철판문**: 앵글로 울거미를 짜고 한 면에 철판을 댄 것이다.

② **철재양판문**

　㉠ 철판을 중공형으로 꺾어 문틀 울거미를 만들어 사용하는 문이다.

　㉡ 바닥에 플로어힌지, 위에 피벗힌지를 달아 사용한다.

③ **주름문**: 차고나 승강기 등에 쓰이는 창살형의 문이다.

④ **셔터**

　㉠ 방화셔터: 방화, 도난 방지, 방풍, 차음 등에 사용된다.

　㉡ 그릴셔터: 도난 방지, 채광, 통풍 등에 사용된다.

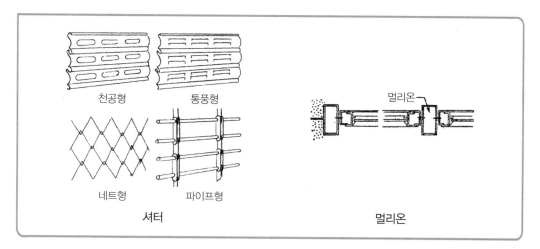

천공형　통풍형

네트형　파이프형

셔터

멀리온

멀리온

더 알아보기 **멀리온(mullion)**

창 면적이 클 때 창의 보강 및 미관을 위하여 중공형의 강판을 가로와 세로로 설치하는 것이다.

04 알루미늄창호의 장단점

장점	단점
① 비중은 철의 3분의 1 정도이다.	① 모르타르, 콘크리트, 회반죽 등의 **알칼리성**에
② 녹슬지 않고 사용연한이 길다.	약하다.
③ 공작이 자유롭고 기밀성이 좋다.	② 철재창호에 비하여 강도가 약하다.
④ 여닫음이 경쾌하다.	③ 철재창호에 비하여 내화성이 약하다.
	④ 시멘트물이 묻으면 닦아도 얼룩이 남는다.

기출예제

창호공사에 관한 설명으로 옳은 것을 모두 고른 것은?   제19회

> ㉠ 알루미늄창호는 알칼리에 약해서 시멘트모르타르나 콘크리트에 부식되기 쉽다.
> ㉡ 스테인리스강재창호는 일반 알루미늄창호에 비해 강도가 약하다.
> ㉢ 합성수지(PVC)창호는 열손실이 많아 보온성이 떨어진다.
> ㉣ 크리센트(crescent)는 여닫이창호철물에 사용된다.
> ㉤ 목재의 함수율은 공사시방서에 정한 바가 없는 경우 18% 이하로 한다.

① ㉠, ㉡   ② ㉠, ㉤
③ ㉡, ㉢, ㉣   ④ ㉢, ㉣, ㉤
⑤ ㉡, ㉢, ㉣, ㉤

해설
㉡ 스테인리스강재창호는 일반 알루미늄창호에 비해 강도가 강하다.
㉢ 합성수지(PVC)창호는 열손실이 적어 보온성이 좋다.
㉣ 크리센트(crescent)는 미서기나 오르내리창의 창호철물에 사용된다.   정답: ②

---

05 특수문

(1) 무테문(frameless door)

테두리가 없는 문이며, 강화유리(10~12mm 정도)와 아크릴(12~18mm 정도) 등을 사용한다.

(2) 아코디언도어

병풍과 같이 접어 사용하는 문으로, 칸막이문 등에 사용된다.

(3) 자동개폐문

전동장치와 센서에 의하여 자동으로 개폐되는 문이다.

(4) 에어도어(air door)

개구부 상부에서 공기를 분출하고 하부에 흡입하는 장치가 있어 실내의 온도 유지 및 먼지 등의 침입을 차단하는 효과가 있다.

제2절 창호철물

(1) 경첩

① 경첩(hinge): 여닫이문을 다는 데 사용하는 철물로, 힌지라고도 한다.
② 자유경첩(spring hinge): 안팎으로 개폐할 수 있으며, 자재문에 사용한다.

기출예제

창호철물에서 경첩(hinge)에 관한 설명으로 옳지 않은 것은? 제25회

① 경첩은 문짝을 문틀에 달 때, 여닫는 축이 되는 역할을 한다.
② 경첩의 축이 되는 것은 핀(pin)이고, 핀을 보호하기 위해 둘러 감은 것이 행거(hanger)이다.
③ 자유경첩(spring hinge)은 경첩에 스프링을 장치하여 안팎으로 자유롭게 여닫게 해주는 철물이다.
④ 플로어힌지(floor hinge)는 바닥에 설치하여 한쪽에서 열고 나면 저절로 닫혀지는 철물로 중량이 큰 자재문에 사용된다.
⑤ 피벗힌지(pivot hinge)는 암수 돌쩌귀를 서로 끼워 회전으로 여닫게 해주는 철물이다.

해설

경첩의 축이 되는 것은 핀(pin)이고, 핀을 보호하기 위해 둘러 감은 것은 너클(knuckle) 이다.

정답: ②

---

(2) 레버토리힌지(lavatory hinge)

문을 약 10cm 정도 열린 상태로 유지하는 것으로, 공중전화박스나 화장실에 사용한다.

(3) 피벗힌지(pivot hinge)

용수철이 없는 문장부식힌지를 사용하여 무거운 여닫이철문에 사용한다.

(4) 플로어힌지(floor hinge)

사람의 출입이 많은 중량의 자재문에 사용한다.

(5) 도어클로저(door closer)

여닫이문이 자동적으로 닫히게 하는 장치이며, 도어체크(door check)라고도 한다.

01 문 위틀과 문짝에 설치하여 문을 열면 자동적으로 조용히 닫히게 하는 장치로, 피스톤 장치가 있어 개폐 속도를 조절할 수 있는 창호철물은? 제22회

① 도어체크
② 플로어힌지
③ 레버토리힌지
④ 도어스톱
⑤ 크리센트

해설

문 위틀과 문짝에 설치하여 문을 열면 자동적으로 조용히 닫히게 하는 장치로, 피스톤 장치가 있어 개폐 속도를 조절할 수 있는 창호철물을 도어체크라고 한다. 정답: ①

02 창호 및 부속철물에 관한 설명으로 옳지 않은 것은? 제27회

① 풍소란은 마중대와 여밈대가 서로 접하는 부분에 방풍 등의 목적으로 사용한다.
② 레버토리힌지는 문이 저절로 닫히지만 15cm 정도 열려 있도록 하는 철물이다.
③ 주름문은 도난방지 등의 방범목적으로 사용한다.
④ 피벗힌지는 주로 중량문에 사용한다.
⑤ 도어체크는 피스톤장치가 있지만 개폐속도는 조절할 수 없다.

해설

도어체크는 피스톤장치가 있고 개폐속도를 조절할 수 있다. 정답: ⑤

(6) 나이트래치(night latch)

외부에서는 열쇠로 열고, 내부에서는 작은 손잡이를 돌려서 여는 자물쇠이다.

(7) 오르내리꽂이쇠

쌍여닫이창문의 문짝 상하에 달아 고정하는 것이다.

(8) 도어홀더(door holder)

문 하부에 부착하여 열린 문이 닫히지 않도록 지지하는 철물이다.

(9) 도어스톱(door stop)

열린 문을 받아 벽을 보호하는 철물이다.

(10) 크리센트(crescent)

오르내리창이나 미서기창의 잠금장치이다.

창호철물

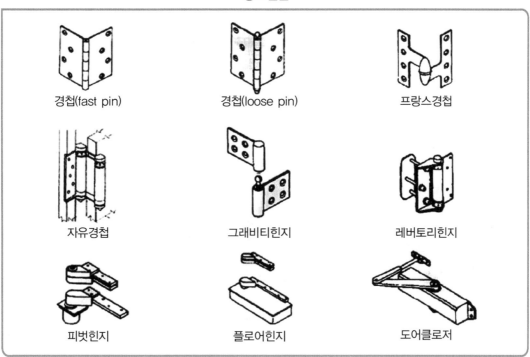

경첩(fast pin)	경첩(loose pin)	프랑스경첩
자유경첩	그래비티힌지	레버토리힌지
피벗힌지	플로어힌지	도어클로저

각종 철물

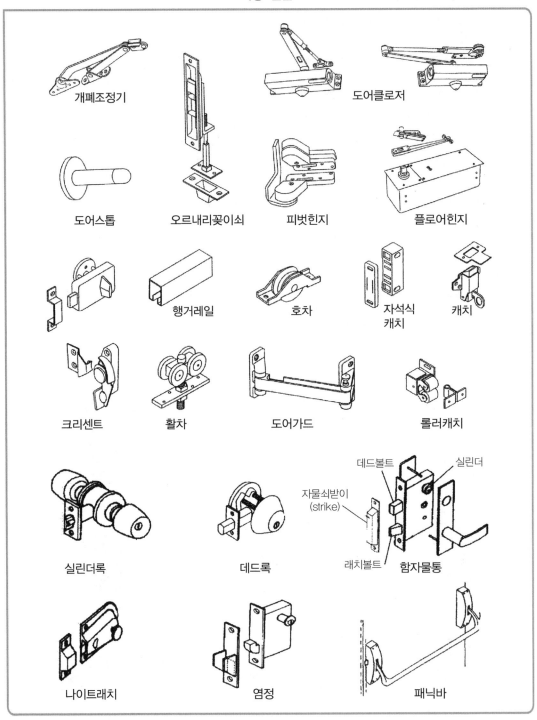

개폐조정기

도어클로저

도어스톱

오르내리꽂이쇠

피벗힌지

플로어힌지

행거레일

호차

자석식
캐치

캐치

크리센트

활차

도어가드

롤러캐치

데드볼트

실린더

자물쇠받이
(strike)

래치볼트

함자물통

실린더록

데드록

나이트래치

염정

패닉바

01 유리의 종류

(1) 보통판유리

보통판유리는 건축물 등의 창유리에 사용되는 판유리로서, 채광용으로 사용된다.

(2) 후판유리

① 두께가 6mm 이상이며, 채광용보다는 실내차단용으로 쓰인다.

② 칸막이벽, 스크린, 통유리문, 가구 등에 사용된다.

(3) 무늬유리

① 판유리의 한쪽 표면에 요철을 넣어 장식적인 효과를 위한 여러 모양의 무늬가 음각된 반투명유리이다.

② 시선을 차단하거나 보호하기 위한 곳에 많이 사용된다.

(4) 착색유리

① 판유리에 착색제를 넣어 만든 유리로서, 스테인드글라스라고도 한다.

② 교회건축의 창, 천장 및 상업건축의 장식용으로 많이 사용된다.

(5) 스마트유리

① 통과하는 빛과 열을 통제할 수 있게 만든 유리이다.

② 버튼을 누르면 투명했던 유리가 불투명해지며, 블라인드와 달리 스마트유리는 빛을 부분적으로 차단할 수 있어 유리 뒤의 풍경을 볼 수 있다.

(6) 열선반사유리(solar reflective glass)

반사유리는 플로트유리를 진공상태에서 표면 코팅한 것으로, 빛을 쾌적하게 느낄 정도로만 받아들이고 외부시선을 막아주는 효율적인 기능을 가진 유리이다.

(   ) 안에 들어갈 유리 명칭으로 옳은 것은? 제25회

- (㉠)유리는 판유리에 소량의 금속산화물을 첨가하여 제작한 유리로서, 적외선이 잘 투과되지 않는 성질을 갖는다.
- (㉡)유리는 판유리 표면에 금속산화물의 얇은 막을 코팅하여 입힌 유리로서, 경면효과가 발생하는 성질을 갖는다.
- (㉢)유리는 판유리의 한쪽 면에 세라믹질 도료를 코팅하여 불투명하게 제작한 유리이다.

① ㉠: 열선흡수, ㉡: 열선반사, ㉢: 스팬드럴
② ㉠: 열선흡수, ㉡: 스팬드럴, ㉢: 복층유리
③ ㉠: 스팬드럴, ㉡: 열선흡수, ㉢: 복층유리
④ ㉠: 스팬드럴, ㉡: 열선반사, ㉢: 열선흡수
⑤ ㉠: 복층유리, ㉡: 열선흡수, ㉢: 스팬드럴

해설

㉠은 열선흡수유리, ㉡은 열선반사유리, ㉢은 스팬드럴유리에 대한 설명이다. 정답: ①

(7) 로이유리(Low-E; Low-Emissivity glass)

① 로이유리는 반사유리나 컬러유리를 은으로 코팅한 것으로 창호를 통해 유입되는 태양 복사열을 내부로 투과시키고, 내부에서 발생하는 난방열은 밖으로 빠져나가지 못하도록 개발된 유리이다.
② 냉난방비를 절감할 수 있는 에너지 절약형 유리이다.

(8) 강화유리(tempered glass)

① 판유리를 약 600℃까지 가열한 후 급랭하여 강도를 높인 안전유리이다.
② 보통의 판유리와 투시성은 같으나 강도가 5배 강하며, 제조 후 절단 등의 가공은 불가능하다.

유리의 종류에 관한 설명으로 옳지 않은 것은? 제27회

① 강화유리는 판유리를 연화점 이상으로 가열 후 서서히 냉각시켜 열처리한 유리이다.
② 로이유리는 가시광선 투과율을 높인 에너지 절약형 유리이다.
③ 배강도유리는 절단이 불가능하다.
④ 유리블록은 보온, 채광, 의장 등의 효과가 있다.
⑤ 접합유리는 파손시 유리파편의 비산을 방지할 수 있다.

(9) 배강도유리

① 일반유리를 연화점 이하의 온도에서 가열하고 찬 공기를 약하게 불어주어 냉각하여 만든 유리이다.

② 내풍압 강도가 우수하여 건축물의 외벽, 개구부 등에 사용된다.

기출예제

일반유리를 연화점 이하의 온도에서 가열하고 찬 공기를 약하게 불어주어 냉각하여 만든 유리로, 내풍압 강도가 우수하여 건축물의 외벽, 개구부 등에 사용되는 유리는? 제22회

① 배강도유리   ② 강화유리
③ 망입유리   ④ 접합유리
⑤ 로이유리

해설

일반유리를 연화점 이하의 온도에서 가열하고 찬 공기를 약하게 불어주어 냉각하여 만든 유리로, 내풍압 강도가 우수하여 건축물의 외벽, 개구부 등에 사용되는 유리를 배강도유리라 한다.   정답: ①

(10) 접합유리(laminated glass)

① 유리 사이에 플라스틱 필름을 넣고 150℃ 고열로 강하게 접착하여 파손되더라도 파편이 떨어지지 않게 만든 안전유리이다.

② 주위의 소음을 흡수하기 때문에 도로변, 공항, 공장 주변, 학교, 관공서, 기차, 선박, 자동차 등의 창유리로 사용된다.

③ 후판유리 또는 강화유리를 여러 장 접합한 유리는 방탄성능이 있어 방탄유리라고도 한다.

기출예제

유리가 파괴되어도 중간막(합성수지)에 의해 파편이 비산되지 않도록 한 안전유리는? 제20회

① 강화유리   ② 배강도유리
③ 복층유리   ④ 접합유리
⑤ 망입유리

해설

유리가 파괴되어도 중간막(합성수지)에 의해 파편이 비산되지 않도록 한 안전유리는 접합유리이다.   정답: ④

(11) 망입유리(wired glass)

① 유리 내부에 금속망을 삽입하고 압착 성형한 판유리로서, 철망유리 또는 그물유리라고도 한다.

② 깨어지는 경우에도 파편이 튀지 않고 연소도 방지할 수 있어 안전이 요구되는 곳에 사용된다.

(12) 복층유리(pair glass)

① 2장 이상의 판유리 표면에 가공한 광학박막을 똑같은 틈새를 두고 나란히 넣고, 그 틈새에 대기압에 가까운 압력의 건조공기를 채우고 그 주변을 밀봉한 유리이다.

② 단열 및 방음성능을 높인 유리이며, 결로 방지에 좋다.

③ 현장가공이 불가능하다.

(13) 포도유리(prism glass)

보도(步道) 밑의 지하실 등의 채광용으로 사용된다.

(14) 유리블록(glass block)

① 사각형이나 원형으로 된 상자형 2개를 합쳐서 약 600℃의 고열로 융착시키고 그 빈 곳에 건조공기를 봉입한 중공(中空)유리블록이다.

② 내·외장재로서 다양한 장식표현이 가능하며 채광효과, 단열성 및 방음성이 우수하다.

③ 열전도율이 벽돌의 4분의 1 정도로 실내의 냉난방에 효과적이다.

(15) 에칭유리

유리가 불화수소에 부식되는 성질을 이용하여 유리면에 그림이나 무늬, 모양, 문자 등을 새긴 유리로 조각유리라고도 하며, 장식용으로 많이 사용된다.

(16) 자외선 투과유리

보통유리의 성분 중 철분을 줄여 자외선 투과율을 높인 유리로서 병원의 선룸, 결핵 요양소, 온실 등에 사용된다.

(17) 자외선 흡수유리

① 세륨(Cerium), 티타늄(Titanium), 바나듐(Vanadium)을 함유시킨 담청색의 투명유리로서 자외선 차단유리라고도 한다.

② 자외선을 피해야 하는 곳, 의류의 진열창, 식품·약품창고의 창유리 등으로 사용된다.

유리공사에 관한 설명으로 옳은 것은?

제19회

① 알루미늄 간봉은 단열에 우수하다.
② 로이유리는 열적외선을 반사하는 은(silver) 소재로 코팅하여 가시광선 투과율을 낮춘 유리이다.
③ 동일한 두께일 때, 강화유리의 강도는 판유리의 10배 이상이다.
④ 강화유리는 일반적으로 현장에서 절단이 가능하다.
⑤ 세팅블록은 새시 하단부에 유리끼움용 부재로써 유리의 자중을 지지하는 고임재이다.

해설

① 알루미늄 간봉은 단열에 취약하다.
② 로이유리는 열적외선을 반사하는 은(silver) 소재로 코팅하여 가시광선 투과율을 높인 유리이다.
③ 동일한 두께일 때, 강화유리는 판유리보다 굽힘강도는 3~5배, 내충격은 5~8배 강화되며, 내열강도 (열충격저항)는 약 2배 이상 크다.
④ 강화유리는 일반적으로 현장에서 절단이 불가능하다.

정답: ⑤

02 유리의 열파손

(1) 열파손의 정의

① 유리의 중앙부와 주변부의 온도차로 인한 팽창성의 차이가 응력을 발생시켜 유리가 파손되는 현상이다.
② 프레임에 직각으로 시작하여 경사지게 갈라진다.

(2) 열파손의 원인

① 겨울의 맑은 날에 파손되기 쉽다.
② 두꺼운 열선흡수유리일수록 파손되기 쉽다.
③ 커튼이나 블라인드가 있으면 파손되기 쉽다.
④ 유리면에 그늘이 생기면 파열되기 쉽다.
⑤ 유리가 난방면의 환기구를 향하면 파열되기 쉽다.

01 비늘살문은 울거미를 짜고, 그 안쪽에 얇고 넓은 살을 45° 정도로 선대에 빗대어 설치한 것으로 채광만 가능한 문이다. ( )

02 멀리온은 창 면적이 클 때 창의 보강 및 미관을 위하여 중공형의 강판을 가로와 세로로 설치하는 것이다. ( )

03 알루미늄새시의 비중은 철의 3분의 1 정도이고 공작이 자유롭고 기밀성이 좋으며, 모르타르·콘크리트·회반죽 등의 알칼리성에 강하다. ( )

04 레버토리힌지는 문을 약 10cm 정도 열린 상태를 유지하는 철물로, 공중전화박스나 화장실에 사용한다. ( )

05 피벗힌지는 용수철이 없는 문장부식힌지를 사용하여 무거운 미닫이철문에 사용한다. ( )

06 도어체크는 여닫이문이 자동적으로 닫히게 하는 장치이며 도어클로저라고도 한다. ( )

07 나이트래치는 외부에서는 열쇠로 열고, 내부에서는 작은 손잡이를 돌려서 여는 자물쇠이다. ( )

---

01 × 비늘살문은 울거미를 짜고, 그 안쪽에 얇고 넓은 살을 45° 정도로 선대에 빗대어 설치한 것으로 채광과 통풍이 가능한 문이다.

02 ○

03 × 알루미늄새시의 비중은 철의 3분의 1 정도이고 공작이 자유롭고 기밀성이 좋지만, 모르타르·콘크리트·회반죽 등의 알칼리성에 약하다.

04 ○

05 × 피벗힌지는 용수철이 없는 문장부식힌지를 사용하여 무거운 여닫이철문에 사용한다.

06 ○

07 ○

08 크리센트는 오르내리창이나 미닫이창의 잠금장치이다. ( )

09 로이유리는 반사유리나 컬러유리를 은으로 코팅한 것으로, 냉난방비를 절감할 수 있는 에너지 절약형 유리이다. ( )

10 강화유리는 보통판유리와 투시성은 같으나 강도가 5배 증가되며, 제조 후 절단 등의 가공이 가능하다. ( )

11 접합유리는 주위의 소음을 흡수하기 때문에 도로변, 공항, 공장 주변, 학교, 관공서, 기차, 선박, 자동차 등에 사용하며 방탄유리라고도 한다. ( )

12 망입유리는 깨어지는 경우에도 파편이 튀지 않고, 연소도 방지할 수 있어 안전이 요구되는 곳에 사용된다. ( )

13 복층유리는 단열 및 방음성능을 높인 유리이며, 결로 방지에 좋고 현장가공이 가능하다. ( )

14 에칭유리는 불화수소에 부식되는 성질을 이용하여 유리면에 그림이나 무늬, 모양, 문자 등을 새긴 유리로 조각유리라고도 하며, 장식용으로 사용되고 있다. ( )

15 자외선 차단유리는 유리의 성분 중 철분을 줄여 자외선 투과율을 높인 유리로서 병원의 선룸, 결핵 요양소, 온실 등에 사용한다. ( )

---

08 × 크리센트는 오르내리창이나 미서기창의 잠금장치이다.

09 ○

10 × 강화유리는 보통판유리와 투시성은 같으나 강도가 5배 증가되며, 제조 후 절단 등의 가공이 불가능하다.

11 ○

12 ○

13 × 복층유리는 단열 및 방음성능을 높인 유리이며, 결로 방지에 좋지만 현장가공이 불가능하다.

14 ○

15 × 자외선 투과유리는 유리의 성분 중 철분을 줄여 자외선 투과율을 높인 유리로서 병원의 선룸, 결핵 요양소, 온실 등에 사용한다.

01 창호에 관한 설명으로 옳은 것은? 제16회

① 플러시문은 울거미를 짜고 합판 등으로 양면을 덮은 문이다.
② 무테문은 방충 및 환기를 목적으로 울거미에 망사를 설치한 문이다.
③ 홀딩도어는 일광과 시선을 차단하고 통풍을 목적으로 설치하는 문이다.
④ 루버는 문을 닫았을 때 창살처럼 되고 도난 방지를 위해 사용하는 문이다.
⑤ 주름문은 울거미 없이 강화판유리 등을 접착제나 볼트로 설치한 문이다.

02 창호의 종류 중 개폐방식에 따른 분류에 해당하는 것은? 제18회

① 자재문 ② 비늘살문
③ 플러시문 ④ 양판문
⑤ 도듬문

03 창호공사에 사용되는 철물의 용도에 대한 설명으로 옳지 않은 것은? 제9회

① 자유경첩(spring hinge)은 창호를 안팎으로 자유로이 여닫을 수 있게 하는 철물이다.
② 레버토리힌지(lavatory hinge)는 열려진 문이 자동으로 닫힐 때 완전히 닫히지 않고 조금 열려 있게 하는 철물이다.
③ 도어체크(door check)는 문을 열 때 벽과 문의 충돌을 방지하기 위하여 벽이나 문에 부착하는 철물이다.
④ 크리센트(crescent)는 미서기창 또는 오르내리창의 잠금용 철물이다.
⑤ 플로어힌지(floor hinge)는 보통 경첩으로 지지하기 곤란한 무거운 문을 자동으로 닫히게 하는 철물이다.

04 외부에서는 열쇠로, 내부에서는 작은 손잡이를 돌려서 열 수 있는 창호철물은?

제23회

① 도어체크(door check)
② 크레센트(crescent)
③ 패스너(fastner)
④ 나이트래치(night latch)
⑤ 레버토리힌지(lavltory hinge)

05 문 위틀과 문짝에 설치하여 문을 열면 자동적으로 조용히 닫히게 하는 장치로 피스톤 장치가 있어 개폐 속도를 조절할 수 있는 창호철물은?

제22회

① 도어체크   ② 플로어힌지
③ 레버토리힌지   ④ 도어스톱
⑤ 크리센트

정답 | 해설

01 ① ② 무테문은 테두리가 없으며 10~12mm 정도의 강화유리를 사용한 문이고, 방충 및 환기를 목적으로 울거미에 망사를 설치한 문은 망사문이다.
③ 홀딩도어는 병풍 모양의 문으로 실의 크기 조절이 필요한 경우에 칸막이 기능을 하기 위하여 만든 문이다.
④ 루버는 시선을 차단하고 채광과 통풍을 목적으로 설치하며 비늘살문이라고도 한다.
⑤ 주름문은 문을 닫았을 때 창살처럼 되고 도난 방지를 위하여 사용하는 문이다.

02 ① • 창호의 구조에 따른 분류: 비늘살문 · 플러시문 · 양판문 · 도듬문
• 창호의 개폐방식에 따른 분류: 여닫이문 · 미닫이문 · 미서기문 · 자재문

03 ③ 도어체크는 열려진 여닫이문이 자동으로 닫히게 하는 장치이고, 열려진 문이 벽과 충돌하는 것을 방지하는 것은 도어스톱(door stop)이다.

04 ④ 외부에서는 열쇠로, 내부에서는 작은 손잡이를 돌려서 열 수 있는 창호철물은 나이트래치이다.

05 ① 문 위틀과 문짝에 설치하여 문을 열면 자동적으로 조용히 닫히게 하는 장치로 피스톤 장치가 있어 개폐 속도를 조절할 수 있는 창호철물을 도어체크라고 한다.

06 창호공사에 관한 설명으로 옳은 것을 모두 고른 것은? 제24회

> ㉠ 알루미늄창호는 알칼리에 약하므로 모르타르와의 직접 접촉을 피한다.
> ㉡ 여닫이 창호철물에는 플로어힌지, 피벗힌지, 도어클로저, 도어행거 등이 있다.
> ㉢ 멀리온은 창 면적이 클 때, 스틸바(steel bar)만으로는 부족하여 이를 보강하기 위해 강판을 중공형으로 접어 가로 또는 세로로 대는 것이다.
> ㉣ 레버토리힌지는 자유정첩(경첩)의 일종으로 저절로 닫히지만 10~15cm 정도 열려 있도록 만든 철물이다.

① ㉠, ㉡
② ㉠, ㉢
③ ㉡, ㉣
④ ㉢, ㉣
⑤ ㉠, ㉢, ㉣

07 재료의 특성상 장식을 목적으로 사용하는 유리는? 제17회

① 에칭글라스(샌드블라스트글라스)
② 액정조광유리
③ 저방사(Low-E)유리
④ 스팬드럴유리
⑤ 망입 · 선입유리

08 각종 유리에 대한 설명으로 옳지 않은 것은? 제9회

① 로이유리는 유리의 한쪽 면에 금속코팅을 하여 반사율을 높인 유리로서, 시선 차단에는 효과가 있으나 난방과 보온성능은 저하된다.
② 복층유리(pair glass)는 2장 또는 3장의 판유리를 일정한 간격을 두고 봉합한 유리로서 단열 및 방음성능이 우수하다.
③ 무늬유리는 표면에 여러 가지 무늬모양이 있는 유리로서 다이아형, 주름형 등이 있다.
④ 강화유리는 일반 판유리를 열처리하여 강도를 증가시킨 유리이다.
⑤ 유리블록(glass block)은 사각형이나 원형 등의 상자형 유리를 고열로 융착시켜 일체로 만든 유리로서, 채광과 구조 겸용으로 사용된다.

09 반사유리나 컬러유리의 한쪽 면을 은으로 코팅한 것으로 열의 이동을 최소화시켜 주는 에너지 절약형 유리는? 제23회

① 망입유리
② 로이유리
③ 스팬드럴유리
④ 복층유리
⑤ 프리즘유리

10 유리공사에 관한 설명으로 옳지 않은 것은? 제18회

① 그레이징 가스켓은 염화비닐 등으로 압출성형에 의해 제조된 유리끼움용 부자재이다.
② 로이유리는 열응력에 의한 파손 방지를 위하여 배강도유리로 사용된다.
③ 유리블록은 도면에 따라 줄눈나누기를 하고, 방수재가 혼합된 시멘트모르타르로 쌓는다.
④ 세팅블록은 새시 하단부의 유리끼움용 부자재로서, 유리의 자중을 지지하는 고립재이다.
⑤ 열선반사유리는 판유리의 한쪽 면에 열선반사막을 코팅하여 일사열의 차폐성능을 높인 유리이다.

정답 | 해설

06 ⑤ ㉣ • 플로어힌지 – 중량의 자재문
　　　　• 피벗힌지 – 무거운 여닫이문
　　　　• 도어클로저 – 여닫이문
　　　　• 도어행거 – 미닫이문

07 ① 에칭유리는 불화수소에 부식되는 성질을 이용하여 유리면에 그림이나 무늬, 모양, 문자 등을 새긴 유리로 조각유리라고도 하며, 장식용으로 사용되고 있다.

08 ① 로이유리는 열의 이동을 최소화시켜 주는 에너지 절약형 유리로 난방과 보온성능이 우수하다.

09 ② 반사유리나 컬러유리의 한쪽 면을 은으로 코팅한 것으로 열의 이동을 최소화시켜 주는 에너지 절약형 유리는 로이유리이다.

10 ② 스팬드럴유리는 열응력에 의한 파손 방지를 위하여 배강도유리로 사용되며, 로이유리는 에너지 절약형 유리이다.

11 일반유리를 연화점 이하의 온도에서 가열하고 찬 공기를 약하게 불어주어 냉각하여 만든 유리로, 내풍압 강도가 우수하여 건축물의 외벽, 개구부 등에 사용되는 유리는?

제22회

① 배강도유리   ② 강화유리

③ 망입유리   ④ 접합유리

⑤ 로이유리

12 유리공사에 관한 설명으로 옳은 것은? 제24회

① 방탄유리는 접합유리의 일종이다.

② 가스켓은 유리의 간격을 유지하며 흡습제의 용기가 되는 재료를 말한다.

③ 로이(Low-E)유리는 특수금속 코팅막을 실외측 유리의 외부면에 두어 단열효과를 극대화한 것이다.

④ 강화유리는 판유리를 연화점 이하의 온도에서 열처리한 후 급랭시켜 유리 표면에 강한 압축응력층을 만든 것이다.

⑤ 배강도유리는 판유리를 연화점 이상의 온도에서 열처리를 한 후 서냉하여 유리 표면에 압축응력층을 만든 것으로 내풍압이 우수하다.

13 유리에 관한 설명으로 옳은 것을 모두 고른 것은?

> ㉠ 착색유리는 판유리에 착색제를 넣어 만든 유리로 스테인드글라스라고도 한다.
> ㉡ 스마트유리는 통과하는 빛과 열을 통제할 수 있게 만든 유리로 버튼을 누르면 투명했던 유리가 불투명해지고, 블라인드와 달리 스마트유리는 빛을 부분적으로 차단할 수 있어 유리 뒤의 풍경을 볼 수 있다.
> ㉢ 열선반사유리는 플로트유리를 진공상태에서 표면 코팅한 것으로, 빛을 쾌적하게 느낄 정도로만 받아들이고 외부 시선을 막아주는 효율적인 기능을 가진 유리이다.
> ㉣ 로이유리는 반사유리나 컬러유리를 은으로 코팅한 것으로 가시광선 투과율은 낮추고, 방사율과 열관류율은 높인 유리이다.

① ㉠, ㉡

② ㉠, ㉢

③ ㉠, ㉡, ㉢

④ ㉢, ㉣

⑤ ㉠, ㉡, ㉢, ㉣

정답 | 해설

11 ① 일반유리를 연화점 이하의 온도에서 가열하고 찬 공기를 약하게 불어주어 냉각하여 만든 유리로, 내풍압 강도가 우수하여 건축물의 외벽, 개구부 등에 사용되는 유리는 <u>배강도유리</u>이다.

12 ① ② 가스켓은 금속이나 그 밖의 재료가 서로 접촉할 경우, 접촉면에서 가스나 물이 새지 않도록 하기 위하여 끼워 넣는 패킹이다.
③ 로이(Low-E)유리는 특수금속 코팅막을 <u>실내측</u> 유리의 외부면에 두어 단열효과를 극대화한 것이다.
④ 강화유리는 판유리를 연화점 <u>이상</u>의 온도에서 열처리한 후 급랭시켜 유리 표면에 강한 압축응력층을 만든 것이다.
⑤ 배강도유리는 판유리를 연화점 <u>이하</u>의 온도에서 열처리를 한 후 서냉하여 유리 표면에 압축응력층을 만든 것으로 내풍압이 우수하다.

13 ③ ㉣ 로이유리는 반사유리나 컬러유리를 은으로 코팅한 것으로 가시광선 투과율은 <u>높이고</u>, 방사율과 열관류율은 <u>낮춘</u> 유리이다.

제9장 창호 및 유리공사 **305**

제 10 장 수장공사

📖 단원길라잡이

'수장공사'는 자주 출제되는 단원은 아니지만 간혹 1~2문제 정도 출제되는 경우가 있으므로 기본적인 용어를 중심으로 정리하면 된다.

📑 출제포인트

- 바닥공사
- 벽공사
- 천장공사

01 판벽

① 벽면의 보호 및 장식 등의 목적으로 못 박아 붙인 벽이다.
② 가로판벽: 누름대 비늘판벽, 영국식 비늘판벽, 턱솔 비늘판벽이 있다.
③ 세로판벽: 빗물이 들기 쉬우므로 내벽에 사용한다.

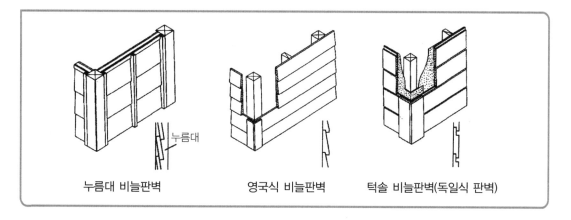

누름대 비늘판벽   영국식 비늘판벽   턱솔 비늘판벽(독일식 판벽)

02 징두리판벽

① 내부벽 바닥에서 높이 1~1.5m 정도를 판벽으로 한 것을 징두리판벽이라 한다.
② 널은 띠장에 못 박아 대고 밑은 걸레받이에, 위는 두겁대에 홈을 파서 넣는다.

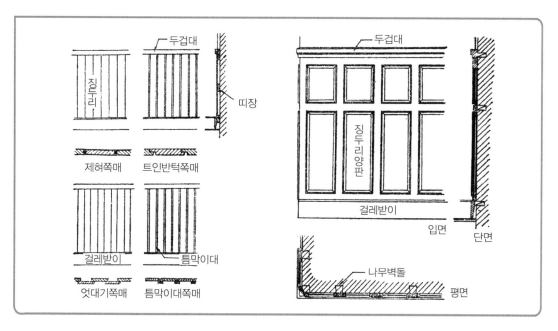

03 걸레받이

벽과 바닥이 닿는 곳에 설치하여 청소시 벽면의 하부가 더러워지는 것을 보호하는 역할을 한다.

04 고막이

외벽의 바깥쪽 부분에 지면에서 약 50cm 정도의 높이로 벽면보다 약 1~3cm 정도 나오게 하거나 들어가게 한 것이다.

05 코펜하겐리브

① 너비 10cm 이하의 오림목을 특수한 단면으로 쇠시리(moulding)하여 벽에 붙인 것으로, 음향조절효과와 의장적인 효과를 위하여 사용한다.
② 방송국·극장 등에 사용되며, 목제루버라고도 한다.

06 흡음판(吸音板)

① 음향조절을 위하여 설치한 것으로, 섬유판에 작은 구멍을 뚫어서 만든 널이다.
② 섬유판, 석면시멘트판, 석고판 등이 있다.

> **더 알아보기** | **차음재·흡음재**
>
> | 차음재 | • 투과율이 작은 것을 사용한다.
• 투과손실이 큰 것을 사용한다.
• 비중이 큰 것을 사용한다. |
> |---|---|
> | 흡음재 | • 투과율이 큰 것을 사용한다.
• 투과손실이 작은 것을 사용한다.
• 비중이 작은 것을 사용한다. |

01 마루널쪽매

① 너비 10cm, 두께 1.5~2.4cm 정도의 마루널을 장선에 붙이고 숨은 못 치기를 한다.
② 쪽매에는 맞댄쪽매, 반턱쪽매, 오늬쪽매, 빗쪽매, 제혀쪽매, 딴혀쪽매, 틈막이쪽매 등이 있다.

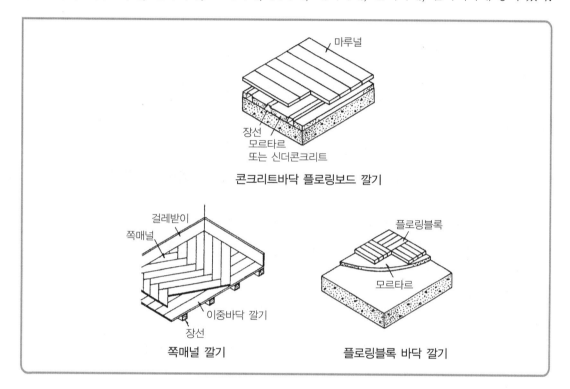

콘크리트바닥 플로링보드 깔기

쪽매널 깔기

플로링블록 바닥 깔기

02 아스팔트타일

① 아스팔트와 석면섬유가 주원료이며, 타일용 프라이머를 바르고 12시간 정도 후에 접착제로 붙여 바른다.
② 두께 3mm, 크기는 30cm각 정도이다.

03 장판비닐시트

① 바닥의 습기 제거를 위하여 시공 1~2주 전부터 난방을 실시한다.
② 접착제는 재단 후 1~2일 방치하여 비닐시트의 긴장이 완화된 후 시공한다.
③ 경보행용인 경우 부분접착을 하고, 중보행용인 경우 전면부착을 한다.

04 프리액세스플로어

① 프리액세스플로어는 콘크리트슬래브와 바닥마감 사이에 배선이나 배관을 하기 위한 공간을 둔 2중 바닥을 말한다.
② 45~60cm각의 바닥패널과 그것을 지지하는 높이 조절이 가능한 다발로 구성된다.
③ 전산실, 전기실, 방송스튜디오 등에 사용된다.

제3절 │ 반자

01 개요

① 천장을 가리어 댄 구조체를 반자라 하며, 통상 천장이라고 부른다.
② 천장은 연등(삿갓)천장과 우물(격자)천장으로 구별되며, 우물반자에는 살대반자, 구성반자, 회반죽반자 등이 있다.
③ 사용재료에 의하여 목재반자와 경량철골반자로 구별된다.
④ 반자는 각종 설비의 배선과 배관을 감추며 단열·방음·의장적인 목적으로 사용한다.

02 반자의 종류

(1) 우물반자

바둑판 모양의 격자 형태로 짜서 만든 반자이며, 천장 속에 배선과 배관 등을 감출 수 있다.

(2) 치받이널반자

반자틀 밑에 널을 못 박아 붙여대는 반자이다.

(3) 살대반자

반자틀 밑에 합판이나 널을 대고 그 밑에 45cm 간격으로 살대를 설치한 반자이다.

(4) 구성반자

응접실이나 거실 등에서 장식과 음향효과를 위하여 천장을 층단으로 구성한 반자이다.

(5) 회반죽반자

반자틀에 졸대를 대고 수염을 설치한 후에 그 위에 회반죽을 바른 반자이다.

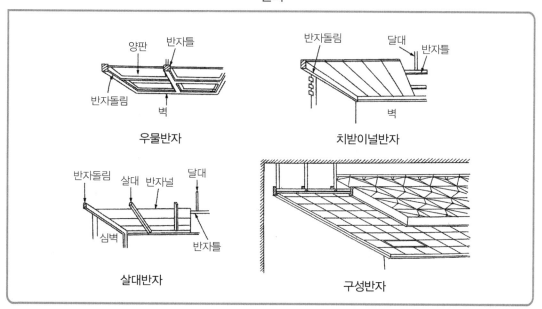

반자

우물반자

치받이널반자

살대반자

구성반자

03 반자틀

(1) 목재반자

① 구성: 목조반자틀은 반자돌림대, 반자합판, 반자틀, 반자틀받이, 달대, 달대받이로 구성
   된다.

② 반자틀 조립순서

> 달대받이 ⇨ 달대 ⇨ 반자틀받이 ⇨ 반자틀 ⇨ 반자합판 ⇨ 반자돌림

목재반자

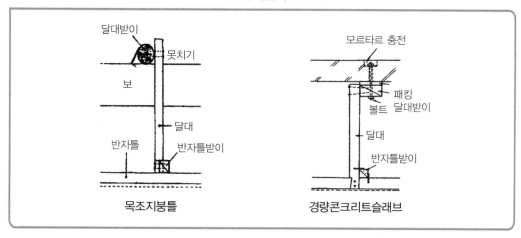

목조지붕틀

경량콘크리트슬래브

(2) 경량철골반자

① **구성:** 경량철골반자는 인서트, 행거볼트, 캐링찬넬행거, 캐링찬넬, MW-BAR클립, MW- BAR, 마감재(석고보드, 집성보드, 텍스)로 구성된다.

② **반자틀 조립순서**

> 인서트 ⇨ 행거볼트 ⇨ 캐링찬넬행거 ⇨ 캐링찬넬 ⇨ 마이너찬넬 ⇨ MW-BAR클립 ⇨ MW-BAR ⇨ 마감재

경량철골반자

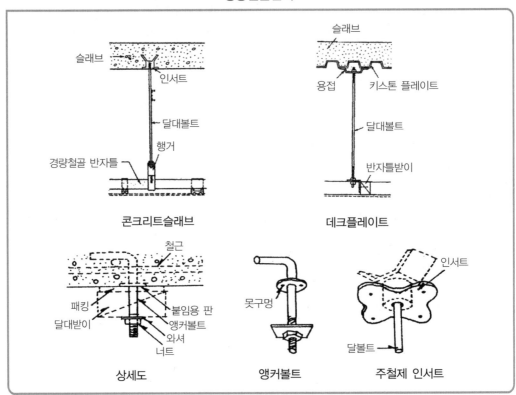

콘크리트슬래브   데크플레이트

상세도   앵커볼트   주철제 인서트

기출예제

경량철골 천장틀이나 배관 등을 매달기 위하여 콘크리트에 미리 묻어 넣은 철물은? 제23회

① 익스팬션볼트(expansion bolt)   ② 코펜하겐리브(copenhagen rib)
③ 드라이브핀(drive pin)   ④ 멀리온(mullion)
⑤ 인서트(insert)

해설

경량철골 천장틀이나 배관 등을 매달기 위하여 콘크리트에 미리 묻어 넣은 철물은 인서트(insert)이다. 정답: ⑤

01 초배지

(1) 초배지의 종류

① **참지**: 닥펄프로 발을 떠서 만든 수초지인 참의 경우 매우 질기며, 색상이 희고 깨끗해서 상급지로 쓰인다.

② **피지**: 색상이 누렇지만 질기다.

③ **백지**: 색상이 희고 깨끗해서 주로 많이 쓰인다.

(2) 붙임의 종류

① 온통붙임

② 갓둘레풀칠(봉투붙임)

③ 눈바름

④ 비늘바름(한쪽 풀칠)

02 도배공사시 일반사항

① 도배지 보관장소의 온도는 항상 5℃ 이상으로 유지되도록 하여야 한다.

② 도배지는 직사광선을 피해야 하고, 습기가 많은 장소나 콘크리트 위는 좋지 않으며, 두루 마리 종이·천은 세워서 보관한다.

③ 시공 도중 또는 접착제 경화 전의 실온이 5℃ 이하가 될 경우에는 난방장치를 준비한다.

④ 실내 온도나 습기가 높은 경우에는 통풍이나 환기를 실시한다.

⑤ 초배지붙임은 온통붙임 또는 봉투붙임을 실시하며, 그 지정은 공사시방에 의한다.

계단

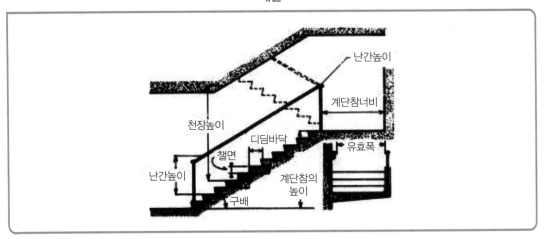

01 계단의 종류

형상에 의한 분류	재료에 의한 분류
① 곧은 계단	① 목조계단
② 꺾은 계단	② 돌계단
③ 나선계단	③ 철근콘크리트계단
	④ 철골조계단

02 계단의 구조

① 디딤면(tread): 계단의 수평바닥면을 말한다.

② 챌판(riser): 계단의 수직면을 말한다.

③ 계단참(stair landing space): 계단의 중간 또는 돌음 부분에 넓게 설치된 수평바닥면을 말한다.

계단 각부에 관한 명칭으로 옳은 것을 모두 고른 것은?

㉠ 디딤판   ㉡ 챌판
㉢ 논슬립   ㉣ 코너비드
㉤ 엔드탭

① ㉠, ㉡, ㉢   ② ㉠, ㉡, ㉤
③ ㉠, ㉢, ㉣   ④ ㉡, ㉣, ㉤
⑤ ㉢, ㉣, ㉤

해설

㉣ 코너비드는 벽·기둥 등의 모서리를 보호하기 위하여 사용하는 보호용 철물이다.
㉤ 엔드탭은 용접의 시점과 종점에 용접 불량을 방지하기 위해 설치하는 금속판이다.

정답: ①

03 건축법령상 계단의 설치기준

① 높이 3m를 넘는 계단은 높이 3m 이내마다 너비 1.2m 이상의 계단참을 설치하여야 한다.

② 높이 1m를 넘는 계단 및 계단참의 양 옆에는 난간을 설치하여야 한다.

③ 너비 3m를 넘는 계단에는 계단의 중간에 너비 3m 이내마다 난간을 설치하여야 한다. 다만, 계단의 단높이가 15cm 이하이고, 계단의 단너비가 30cm 이상인 것은 그러하지 아니하다.

01 걸레받이는 벽과 천장이 닿는 곳에 설치하여 청소시 벽면의 상부가 더러워지는 것을 보호하는 역할을 한다. ( )

02 코펜하겐리브는 음향조절효과가 있어 방송국 · 극장 등의 바닥에 사용한다. ( )

03 흡음재는 투과율이 크고, 투과손실이 작으며 비중이 작은 것을 사용한다. ( )

04 프리액세스플로어는 콘크리트슬래브와 바닥마감 사이에 배선이나 배관을 설치하기 위한 공간으로 전산실 · 전기실 · 방송스튜디오 등에 사용된다. ( )

05 도배지붙임에는 온통붙임, 갓둘레풀칠(봉투붙임), 눈바름, 비늘바름(한쪽 풀칠) 등이 있다. ( )

---

01 ✕ 걸레받이는 벽과 바닥이 닿는 곳에 설치하여 청소시 벽면의 하부가 더러워지는 것을 보호하는 역할을 한다.

02 ✕ 코펜하겐리브는 음향조절효과가 있어 방송국 · 극장 등의 벽에 사용한다.

03 ○

04 ○

05 ○

01 공동주택의 소음방지공사에 관한 설명으로 옳지 않은 것은? 제16회

① 흡음성능이 우수한 재료는 대부분 차음성능도 우수하다.

② 이중벽을 설치하거나 건물의 기밀성을 높이면 차음성능은 향상된다.

③ 공기전송음, 고체전송음 등을 감소 또는 차단시키기 위한 공사이다.

④ 천장이나 바닥, 벽에 사용되는 재료의 면밀도가 클수록 차음성능은 향상된다.

⑤ 칸막이벽을 상층 바닥까지 높이고 방음재로 벽면을 시공하면 내부발생음에 대한 차단성능이 향상된다.

02 다음의 용어에 관한 설명 중 옳지 않은 것은? 제12회

① 테라코타는 속이 빈 대형 점토제품으로 건축물의 난간벽, 주두 등의 장식에 사용된다.

② 코펜하겐리브는 오림목을 특수형태로 다듬어 벽에 붙여댄 것으로 음향조절용으로 사용된다.

③ 크리센트는 오르내리창 등의 잠금장치이다.

④ 수장공사에서 고막이는 지면으로부터 높이 약 500mm 정도의 외벽 하부를 벽면에서 약 10~30mm 정도 나오게 하거나 들어가게 한 것이다.

⑤ 살대반자는 반자틀을 격자로 짜고 그 위에 넓은 널을 덮은 반자이다.

정답 | 해설

01 ① 흡음성능이 우수한 재료는 <u>차음성능이 떨어진다</u>.

02 ⑤ 살대반자는 <u>반자틀 밑에 합판이나 널을 대고 그 밑에 45cm 간격으로 살대를 설치한 것이다</u>.

03 수장공사에 관한 설명으로 옳지 않은 것은?

① 도배지 보관장소의 온도는 항상 5℃ 이상으로 유지되도록 하여야 한다.

② 흡수가 심하거나 건조한 바탕일 경우에는 미리 물을 뿜어 축여 두거나 바탕면에 묽은 풀칠을 한 후에 초배지바름을 한다.

③ 창호지의 풀칠은 봉투바름을 원칙으로 한다.

④ 프리액세스플로어는 바닥이 이중구조로 되어 있어 공간에 각종 전기 및 통신배선 등을 자유롭게 시공할 수 있다.

⑤ 경량철골반자 조립순서는 '인서트 ⇨ 행거볼트 ⇨ 캐링찬넬행거 ⇨ 캐링찬넬 ⇨ 마이너찬넬 ⇨ MW바 클립 ⇨ MW바 ⇨ 마감판 및 커튼박스 설치' 순이다.

정답 | 해설

03 ③ 창호지의 풀칠은 <u>온통붙임</u>을 원칙으로 한다.

house.Hackers.com

제 11 장 도장공사

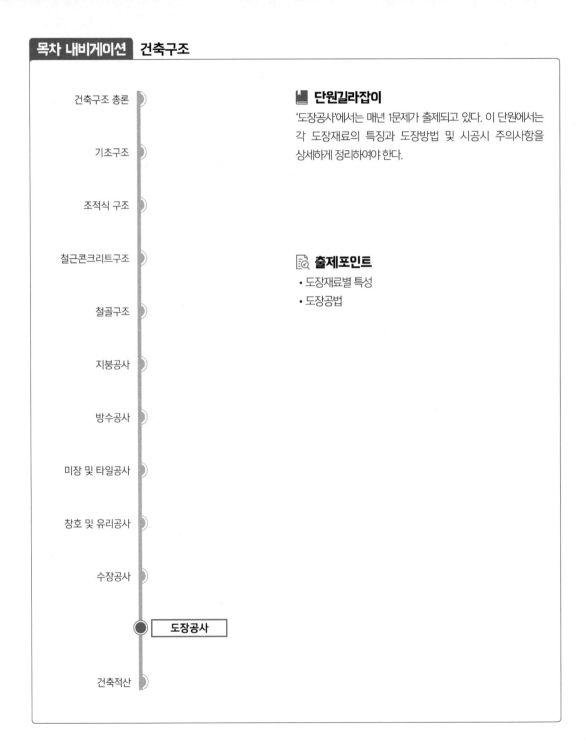
📖 **단원길라잡이**

'도장공사'에서는 매년 1문제가 출제되고 있다. 이 단원에서는 각 도장재료의 특징과 도장방법 및 시공시 주의사항을 상세하게 정리하여야 한다.

🔍 **출제포인트**
- 도장재료별 특성
- 도장공법

01 개요

(1) 도장공사의 목적

건물을 보호하고 아름다운 외관을 부여하기 위하여 하는 공사이다. 최근의 도장기술은 방균·방식·방화·내방사선 등과 같은 특수목적의 기능성이 추구되고 있다.

(2) 도료 선택시 주의사항

① 내후성: 외장용으로 랙(lack, 니스)이나 수용성 페인트는 부적합하다.
② 성질: 모르타르와 콘크리트와 같은 알칼리성 재료에는 유성페인트를 사용할 수 없다.
③ 내열성: 고온을 받는 경우 유성페인트나 비닐페인트 등은 사용할 수 없다.

02 도장재료의 특성

유성페인트	① 건성유 + 건조제 + 희석제 + 안료 ② 내후성·내수성이 좋아 옥내·옥외용으로 사용한다. ③ 모르타르·콘크리트·석면판 등과 같은 알칼리성에는 유성페인트를 바르지 않는다. ④ 기름성분이 많으면 내구성과 광택이 좋지만 건조가 느리다.
수성페인트	① 안료 + 접착제 + 카세인 + 물 ② 내수성과 내구성이 떨어져 건물 외부에는 부적당하다. ③ 내알칼리성이므로 모르타르·콘크리트·석면판·회반죽 등에 적당하다.
에멀션페인트	① 수성페인트 + 합성수지 + 에멀션화제 ② 수성페인트와 유성페인트의 성질을 모두 가지고 있다. ③ 모르타르의 초벌 바르기에 적당하다.
유성니스 (바니시)	① 수지류 + 건성유 + 희석제 ② 내후성이 떨어지므로 외부용으로 사용하지 않는다. ③ 건조가 느리다. ④ 투명피막이므로 목부 칠용으로 사용된다. ⑤ 착색할 때에는 스테인류를 바른다.
클리어래커 (lacquer)	① 건조가 빠르므로 뿜칠을 한다. ② 도막이 단단하고 내구성이 크다.
에나멜페인트	① 안료 + 유성바니시 + 건조제 ② 도막이 견고하고 광택이 우수하여 금속 표면에 사용한다. ③ 유성페인트보다 건조가 빠르다.

합성수지도료	① 합성수지 + 용제 ② 내산 · 내알칼리성 · 내약품성이 우수하며 도막이 튼튼하다. ③ 종류로는 에폭시수지, 아크릴수지, 페놀수지, 멜라민수지, 요소수지, 비닐수지 등이 있다.
알루미늄도료	① 알루미늄 가루를 원료로 한 것이다. ② 내열성이 있어 방열기 주위 등에 사용한다.

기출예제

유성바니시(유성니스)에 페인트용 안료를 섞은 것으로, 일반 유성페인트보다 도막이 두껍고 광택이 좋은 도료는?   제19회

① 수성페인트(water paint)
② 멜라민수지도료(melamine resin paint)
③ 래커(lacquer)
④ 에나멜페인트(enamel paint)
⑤ 에멀션페인트(emulsion paint)

해설

유성바니시(유성니스)에 페인트용 안료를 섞은 것으로, 일반 유성페인트보다 도막이 두껍고 광택이 좋은 도료는 에나멜페인트(enamel paint)이다.   정답: ④

03 도장공법

(1) 솔칠

일반적으로 위에서 아래로, 왼쪽에서 오른쪽으로 칠하고 먼저 이음새 틈서리를 바른 후 중간을 칠한다.

(2) 롤러칠

평활하고 큰 면을 칠할 때에 유리하다.

(3) 뿜칠

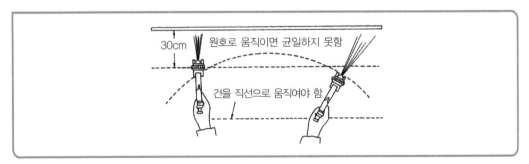

① 초기 경화가 빠른 래커나 졸라코트 등에 이용한다.
② 스프레이건의 이행속도
　　㉠ 스프레이건을 사용하여 압축공기의 힘으로 도료를 분무하여 칠하는 방법이다.
　　㉡ 건을 너무 빨리 움직이면 도막이 얇아져 충분한 도막을 얻지 못하고, 천천히 하면 도막이 두꺼워져 흐름 등의 현상이 생기기 쉽다.
　　㉢ 20~30cm/s 정도로 피도면에 대하여 수평으로 한다.
③ 패턴과 겹침도장
　　㉠ 도료의 패턴은 건의 공기캡을 조정함으로써 원형·타원형·장방형 등의 형태가 된다.
　　㉡ 패턴의 겹침도장 간격은 원형일 경우 3분의 1 정도로 겹쳐 도장하고, 타원형일 경우 5분의 2, 장방형일 경우 2분의 1 정도로 겹쳐 도장한다.
④ 뿜칠압력은 0.35MPa로 한다. 압력이 너무 낮으면 도면의 칠 오름이 거칠어지고, 압력이 너무 높으면 손실이 많다.
⑤ 도장면과 건의 거리가 너무 가까우면 얼룩이 지고, 너무 멀면 도면이 거칠고 손실이 많아진다.

04 도장공사시 일반사항

① 바람이 강하게 부는 날에는 칠작업을 중지한다.
② '하도 ⇨ 중도 ⇨ 상도' 순의 3공정으로 작업을 진행한다.
③ 연한 색으로 칠해서 점차 진한 색으로 시공한다.
④ 칠막의 각 층은 얇게 하고, 충분히 건조시킨다.
⑤ 야간작업은 금하는 것이 좋다.
⑥ 도장 후 서서히 건조시킨다.
⑦ 건조제를 많이 첨가하면 도막에 균열이 발생한다.
⑧ 습도가 85% 이상이면 작업을 중지한다.
⑨ 기온이 5℃ 이하인 경우에는 작업을 중지한다.
⑩ 솔칠은 위에서 아래로, 왼쪽에서 오른쪽으로 한다.
⑪ 롤러칠은 평활하고 큰 면을 칠할 때 적당하지만 두께가 일정하지 않다.

도장공사에 관한 설명으로 옳은 것은? 제22회

① 유성페인트는 내화학성이 우수하여 콘크리트용 도료로 널리 사용된다.
② 철재면 바탕만들기는 일반적으로 가공장소에서 바탕재 조립 전에 한다.
③ 기온이 10℃ 미만이거나 상대습도가 80%를 초과할 때는 도장작업을 피한다.
④ 뿜칠 시공시 약 40cm 정도의 거리를 두고 뿜칠넓이의 4분의 1 정도가 겹치도록 한다.
⑤ 롤러도장은 붓도장보다 도장속도가 빠르며 일정한 도막두께를 유지할 수 있다.

해설

① 유성페인트는 내후성과 내화학성이 우수하여 목재나 금속에 사용되지만 알칼리성에 약하므로 콘크리트용 도료로는 사용하지 않는다.
③ 기온이 5℃ 미만이거나 상대습도가 85%를 초과할 때는 도장작업을 피한다.
④ 뿜칠 시공시 약 30cm 정도의 거리를 두고 뿜칠넓이의 3분의 1 정도가 겹치도록 한다.
⑤ 롤러도장은 붓도장보다 도장속도가 빠르지만 일정한 도막두께를 유지할 수 없다. 정답: ②

05 도막의 균열원인

① 초벌건조가 불충분할 때
② 건조제를 과다사용했을 때
③ 안료에 유성분의 비율이 적을 때
④ 초벌이 연약하고 재벌피막이 강인할 때
⑤ 금속면에 탄력성이 작은 도료를 사용할 때

더 알아보기 녹막이칠 · 희석제 · 건조제 · 안료

1. 녹막이칠
   • **광명단**: 철재의 녹막이도료
   • **징크로메이트**: 알루미늄의 초벌 녹막이칠 도료
2. 희석제
   • 페인트 · 바니시 등의 점도를 작게 하고 솔질이 잘되게 한다.
   • 칠 바탕에 침투하여 교착이 잘되게 한다(벤젠, 휘발유, 알코올 등).
3. 건조제
   • 보일드유의 건조에 쓰이는 리사지(litharge) · 연단 등의 금속화합물로 산화작용을 촉진시켜 빨리 건조시킨다.
   • 건조제를 많이 사용하면 도막에 균열이 발생한다.
4. 안료
   • 물 · 기름 · 알코올 · 터펜타인 등에 용해되지 않는 불투명 유색 분말이다.
   • 바탕을 기밀하게 피복하여 내구력을 증진하고 색채를 준다.

크롬산아연과 알키드수지로 구성된 도료로서 알루미늄판의 초벌용으로 적당한 것은? 제20회

① 광명단
② 연시안아미드 도료
③ 징크로메이트 도료
④ 그래파이트 도료
⑤ 이온교환수지 도료

해설

크롬산아연과 알키드수지로 구성된 도료로서 알루미늄판의 초벌용으로 적당한 것은 징크로메이트 도료이다.

정답: ③

06 도료의 보관 및 장소

① 가연성 도료는 전용창고에 보관하는 것을 원칙으로 하며, 적절한 보관온도를 유지하도록 한다.

② 반입한 도료 및 사용 중인 도료는 현장 내에서 담당원이 승인하는 창고에 보관하고, 도료창고에 '화기엄금' 표시를 한다.

③ 도료창고는 특히 화재에 주의하고, 창고 내부와 그 주변에서의 화기 사용을 엄격히 금한다. 도료창고 또는 도료를 둘 곳은 아래 사항을 구비한다.

> ㉠ 독립한 단층건물로서 주위 건물에서 1.5m 이상 떨어져 있게 한다.
> ㉡ 건물 내의 일부를 도료의 저장장소로 이용할 때에는 내화구조 또는 방화구조로 구획된 장소를 선택한다.
> ㉢ 지붕은 불연재로 하고, 천장을 설치하지 않는다.
> ㉣ 바닥에는 침투성이 없는 재료를 깐다.
> ㉤ 희석제를 보관할 때에는 위험물 취급에 관한 법규에 준하고, 소화기 및 소화용 모래 등을 비치한다.

④ 사용하는 도료는 될 수 있는 대로 밀봉하여 새거나 엎지르지 않게 다루고, 샌 것 또는 엎지른 것은 발화의 위험이 없도록 닦아낸다.

⑤ 도료가 묻은 헝겊 등 자연발화의 우려가 있는 것을 도료보관창고 안에 두어서는 안 되며, 반드시 소각시켜야 한다.

01 유성페인트는 내후성 · 내수성이 좋아 옥내 · 옥외용으로 사용하고, 모르타르 · 콘크리트 · 석면판 등과 같은 알칼리성에는 유성페인트를 바르지 않는다. ( )

02 수성페인트는 내수성과 내구성이 떨어져 건물 내부에는 부적당하다. ( )

03 클리어래커는 도막이 단단하고 내구성이 크며, 건조가 빠르므로 뿜칠을 한다. ( )

04 도장은 '하도 ⇨ 중도 ⇨ 상도' 순으로 작업을 진행하며, 칠막의 각 층은 두껍게 하고 충분히 건조시킨다. ( )

05 도료의 색은 진한 색으로 칠해서 점차 연한 색으로 시공한다. ( )

---

01 ○

02 × 수성페인트는 내수성과 내구성이 떨어져 건물 외부에는 부적당하다.

03 ○

04 × 도장은 '하도 ⇨ 중도 ⇨ 상도' 순으로 작업을 진행하며, 칠막의 각 층은 얇게 하고 충분히 건조시킨다.

05 × 도료의 색은 연한 색으로 칠해서 점차 진한 색으로 시공한다.

06 야간에는 색을 잘못 칠할 염려가 있으므로 야간작업은 금하는 것이 좋고, 도장 후 서서히 건조 시킨다. ( )

07 습도가 85% 이상이거나 기온이 5℃ 이하인 경우에는 공사를 하지 않는다. ( )

08 뿜칠거리는 30cm 정도로 하여 평행으로 이동하면서 얼룩이 없도록 도장하여야 한다. ( )

09 도료창고는 독립한 단층건물로서 주위 건물에서 3m 이상 떨어져야 한다. ( )

10 도료의 배합비율 및 시너의 희석비율은 용적비로 표시한다. ( )

---

06 ○

07 ○

08 ○

09 × 도료창고는 독립한 단층건물로서 주위 건물에서 1.5m 이상 떨어져야 한다.

10 × 도료의 배합비율 및 시너의 희석비율은 질량비로 표시한다.

01 도장공사에 관한 설명으로 옳지 않은 것은? 제15회

① 유성페인트는 건성유와 안료를 희석제로 섞어 만든 도료로서, 목부 및 철부에 사용된다.

② 합성수지페인트는 인공의 화합물을 이용하여 만든 도료로서, 콘크리트나 플라스터면 등에 사용된다.

③ 본타일은 모르타르면에 스프레이를 이용하여 뿜칠도장으로 요철모양을 형성한 후 마감처리한 것이다.

④ 수성페인트는 안료를 물에 용해하여 수용성 교착제와 혼합하여 제조한 도료로서, 모르타르나 회반죽 등의 바탕에 사용된다.

⑤ 에나멜페인트는 휘발성 용제나 지방유에 각종 수지를 용해시켜 제조한 도료로서, 주로 목재의 무늬를 나타내기 위하여 사용된다.

02 도장공사에 관한 설명으로 옳지 않은 것은? 제17회

① 롤러도장은 붓도장보다 도장속도가 빠르며, 붓도장과 같이 일정한 도막두께를 유지할 수 있는 장점이 있다.

② 방청도장에서 처음 1회째의 녹막이도장은 가공장에서 조립 전에 도장함이 원칙이다.

③ 주위의 기온이 5℃ 미만이거나 상대습도가 85%를 초과할 때는 도장작업을 피한다.

④ 스프레이도장에서 도장거리는 스프레이도장면에서 300mm를 표준으로 하고 압력에 따라 가감한다.

⑤ 불투명한 도장일 때에는 하도, 중도, 상도 공정의 각 도막층별로 색깔을 가능한 달리한다.

03 도장공사에 관한 설명으로 옳지 않은 것은?

제23회

① 녹막이도장의 첫 번째 녹막이칠은 공장에서 조립 후에 도장함을 원칙으로 한다.
② 뿜칠공사에서 건(spray gun)은 도장면에서 300mm 정도 거리를 두어서 시공하고, 도장면과 평행 이동하여 뿜칠한다.
③ 롤러칠은 평활하고 큰 면을 칠할 때 사용한다.
④ 뿜칠은 압력이 낮으면 거칠고, 높으면 칠의 유실이 많다.
⑤ 솔질은 일반적으로 위에서 아래로, 왼쪽에서 오른쪽으로 칠한다.

04 도장공사에 관한 설명으로 옳지 않은 것은?

제18회

① 목재면 바탕만들기에서 목재의 연마는 바탕연마와 도막마무리연마의 2단계로 행한다.
② 철재면 바탕만들기는 일반적으로 가공장소에서 바탕재 조립 후에 한다.
③ 아연도금면 바탕만들기에서 인산염 피막처리를 하면 밀착이 우수하다.
④ 플라스터면은 도장하기 전 충분히 건조시켜야 한다.
⑤ 5℃ 이하의 온도에서 수성도료 도장공사는 피한다.

정답 | 해설

01 ⑤ 에나멜페인트는 휘발성 용제나 지방유에 각종 수지를 용해시켜 제조한 도료로서, 주로 <u>금속의 무늬</u>를 나타내기 위하여 사용된다.
02 ① 롤러도장은 붓도장보다 도장속도가 빠르지만, 붓도장같이 일정한 도막두께를 <u>유지하기가 매우 어렵다</u>.
03 ① 녹막이도장의 첫 번째 녹막이칠은 공장에서 <u>조립 전에</u> 도장함을 원칙으로 한다.
04 ② 철재면 바탕만들기는 일반적으로 가공장소에서 바탕재 <u>조립 전에</u> 한다.

05 도장공사에서 뿜칠공법에 대한 설명으로 옳지 않은 것은? 제8회

① 초기 건조가 빠른 래커 등에 이용된다.
② 건(gun)은 뿜어 칠하는 면에 대하여 균등한 도장면이 되도록 약간 경사지게 뿜어 칠한다.
③ 뿜칠은 3분의 1~2분의 1의 너비로 겹치게 순차 시행한다.
④ 방향교차는 직교하여 칠 두께가 균등하게 되도록 한다.
⑤ 뿜칠거리는 30cm 정도로 하여 평행으로 이동하면서 얼룩이 없도록 도장해야 한다.

06 도장공법에 관한 내용 중 옳지 않은 것은?

① 붓도장은 일반적으로 평행 및 균등하게 하고 도료의 얼룩, 도료 흘러내림, 흐름, 거품, 붓자국 등이 생기지 않도록 평활하게 한다.
② 롤러도장은 붓도장보다 속도가 빠르다.
③ 롤러도장은 붓도장같이 일정한 도막두께를 유지하기가 매우 어려우므로 표면이 거칠거나 불규칙한 부분에는 특히 주의를 하여야 한다.
④ 스프레이도장의 도장거리는 스프레이도장면에서 300mm를 표준으로 하고 압력에 따라 가감한다.
⑤ 각 회의 스프레이 방향은 전회의 방향으로 평행하게 한다.

07 칠공사에 대한 주의사항으로 옳지 않은 것은?

① 칠의 각 층은 얇게 하고 충분히 건조시킨다.
② 초벌에는 진한 색으로, 정벌에는 연한 색으로 시공하는 것이 좋다.
③ 강한 바람이 불 때에는 먼지가 묻게 되므로 외부공사를 하지 않는다.
④ 야간에는 색을 잘못 칠할 염려가 있으므로 칠하지 않는다.
⑤ 바탕의 건조가 불충분하거나 기타 공기의 습도가 많을 때에는 칠공사를 하지 않는다.

08 도장공사의 하자가 아닌 것은?   제24회

① 은폐불량   ② 백화
③ 기포   ④ 핀홀
⑤ 피트

09 도장공사에 관한 설명으로 옳은 것은?   제27회

① 바니시(varnish)는 입체무늬 등의 도막이 생기도록 만든 에나멜이다.
② 롤러도장은 붓도장보다 도장속도가 느리지만 일정한 도막두께를 유지할 수 있다.
③ 도료의 견본품 제출시 목재 바탕일 경우 100mm × 200mm 크기로 제출한다.
④ 수지는 물이나 용체에 녹지 않는 무채 또는 유채의 분말이다.
⑤ 철재면 바탕만들기는 일반적으로 가공장소에서 바탕재 조립 후에 한다.

정답 | 해설

05 ② 건은 도장면과 평행을 이루도록 하여 시공한다.
06 ⑤ 각 회의 스프레이 방향은 전회의 직각방향으로 한다.
07 ② 초벌, 재벌, 정벌은 연한 색에서 점점 진한 색으로 칠한다.
08 ⑤ 피트는 용접결함의 종류이다.
09 ③ ① 바니시(varnish)는 건조가 느리고 내후성이 떨어지므로 외부용으로 사용하지 않으며 투명 피막이므로
　　　목부 칠용으로 사용된다.
　　② 롤러도장은 붓도장보다 도장속도가 빠르지만, 일정한 도막두께 유지가 어렵다.
　　④ 수지는 도막을 형성하는 주요소로 용융이 가능하고 가연성이 있는 것이 보통이며, 천연수지와 합성수
　　　지(플라스틱)로 크게 구분한다. 천연수지는 일반적으로 물에는 녹지 않고 알코올, 에테르 등 유기 용매
　　　에는 잘 녹는다. 투명 또는 반투명성이며 황색 또는 갈색을 띠는 것이 많다.
　　⑤ 철재면 바탕만들기는 일반적으로 가공장소에서 바탕재 조립 전에 한다.

제 **12** 장 **건축적산**

목차 내비게이션 | 건축구조

건축구조 총론

기초구조

조적식 구조

철근콘크리트구조

철골구조

지붕공사

방수공사

미장 및 타일공사

창호 및 유리공사

수장공사

도장공사

건축적산
제1절 개요
제2절 공사별 수량 산출

📖 단원길라잡이

'건축적산'에서는 매년 2문제 정도가 출제되는데, 주로 1문제는 적산 기본사항에 대한 것이 출제되고, 1문제는 계산문제가 출제되고 있다. 이 단원에서는 자주 출제되고 있는 용어와 할증률을 상세하게 정리하고, 계산문제 풀이방법을 숙지하여 대비하여야 한다.

🔍 출제포인트

• 용어의 정의
• 할증률
• 조적공사 물량 산출

01 적산

① 적산(積算)이란 건설물을 생산하는 데 소요되는 비용, 즉 공사비를 산출하는 공사원가의 계산 과정을 말한다.
② 공사설계도면과 시방서, 현장설명서 및 시공계획에 의거하여 시공하여야 할 재료 및 품의 수량을 말한다.
③ 공사량과 단위단가를 구하여 재료비·노무비·경비를 산출하고, 여기에 일반관리비와 이윤 등 기타 소요되는 비용을 가산하여 총공사비를 산출하는 과정을 말한다.
④ 건축공사에서 적산은 공사용 재료 및 품의 수량, 즉 공사량을 산출하는 기술활동이고, 견적은 공사량에 단가를 곱하여 공사비를 산출하는 기술활동이다.

02 견적의 종류

견적은 그 목적과 필요한 시기 및 조건에 따라 정밀도가 달라지며, 명세견적과 개산견적의 두 가지 방식이 있다.

(1) 명세견적

① 완성된 설계도서, 현장설명, 질의응답에 의거하여 정밀한 적산과 견적을 하여 공사비를 산출하는 것으로 상세견적이라고도 한다.
② 산출된 공사비는 입찰가격의 결정 및 계약의 기초가 된다.

(2) 개산견적

① 설계도서가 미완성이거나 시간 부족으로 인하여 정밀한 적산을 할 수 없을 때에 하는 견적이다.
② 건물의 용도, 구조마무리의 정도를 검토하고 과거의 비슷한 건물의 실적통계 등을 참고로 하여 공사비를 개략적으로 산출하는 방법이다.

원가개념에 관한 설명으로 옳지 않은 것은?   제20회

① 개산견적은 입찰가격을 결정하는 데 기초가 되는 정밀견적으로 입찰견적이라고도 한다.
② 예정가격작성기준상 직접공사비는 재료비 · 직접노무비 · 직접공사경비로 구성된다.
③ 산업안전보건관리비는 작업현장에서 산업재해 및 건강장해를 예방하기 위한 비용으로 경비에 포함된다.
④ 수장용 합판의 할증률은 5%이다.
⑤ 지상 30층 건물의 경우 품의 할증률은 7%이다.

해설

입찰가격을 결정하는 데 기초가 되는 정밀견적(입찰견적)은 명세견적이다.   정답: ①

(3) 정미량과 소요량

① **정미량**: 공사에 실제로 들어가는 자재량이 정미량이며, 외주공사시 노임금액의 기준이 된다.
② **소요량**: 산출된 정미량에 시공시 발생되는 손실량을 고려하여 일정비율의 수량(할증량)을 가산하여 산출된 수량이다.

소요량 = 정미량(1 + 할증률)

03 공사비 구성

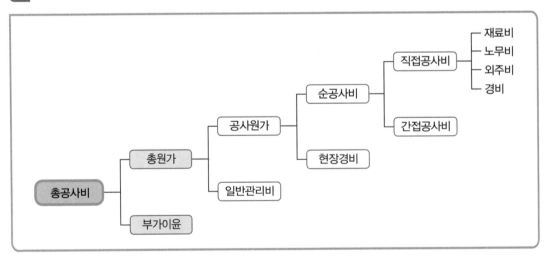

01 다음은 공사비 구성의 분류표이다. ( ) 안에 들어갈 항목으로 옳은 것은? 제22회

총공사비	부가이윤				
	총원가	일반관리비부담금			
		공사원가	간접공사비		
			( )	재료비	
				노무비	
				외주비	
				경비	

① 공통경비   ② 직접경비
③ 직접공사비   ④ 간접경비
⑤ 현장관리비

해설

재료비, 노무비, 외주비, 경비로 구성된 금액을 직접공사비라 한다.   정답: ③

02 건축적산 및 견적에 관한 설명으로 옳지 않은 것은? 제27회

① 비계, 거푸집과 같은 가설재는 간접재료비에 포함된다.
② 직접노무비에는 현장감독자의 기본급이 포함되지 않는다.
③ 개산견적은 과거 유사건물의 견적자료를 참고로 공사비를 개략적으로 산출하는 방법이다.
④ 공사원가는 일반관리비와 이윤을 포함한다.
⑤ 아파트 적산의 경우 단위세대에서 전체로 산출한다.

해설

공사원가는 순공사비와 현장경비의 합을 말한다.   정답: ④

04 할증률

① 공사에 사용되는 재료는 운반·가공 중에 손실량이 발생하게 된다.
② 재료의 수량은 설계도서에 의해 산출된 재료의 정미량에 손실량을 가산하여 계산한다.
③ 재료의 정미량에 할증률을 가산한 수량이 재료의 소요수량이 된다.

재료별 할증률

할증률	종류
1%	유리, 철근콘크리트
3%	붉은 벽돌, 내화벽돌, 이형철근, 고력볼트, 일반용 합판, 타일(모자이크, 도기, 자기, 클링커)
4%	시멘트블록
5%	시멘트벽돌, 기와, 일반볼트, 리벳, 강관, 목재, 아스팔트타일, 석고보드, 텍스
7%	대형 형강
10%	단열재, 목재(판재), 석재(정형), 강판

기출예제

소요수량 산출시 할증률이 가장 작은 재료는?

제23회

① 도료
② 이형철근
③ 유리
④ 일반용 합판
⑤ 석고보드

해설

재료별 할증률
유리: 1% < 도료: 2% < 이형철근 · 일반용 합판: 3% < 석고보드: 5%

정답: ③

더 알아보기 | 건물 층수별 할증률

1. 지상층 할증률

구분	할증률
2~5층 이하	1%
10층 이하	3%
15층 이하	4%
20층 이하	5%
25층 이하	6%
30층 이하	7%
30층을 초과하는 경우	매 5층 증가마다 1%씩 가산

2. 지하층 할증률

구분	할증률
지하 1층	1%
지하 2~5층	2%
지하 6층 이하	상황에 따라 별도 계상

05 수량의 계산

① 수량은 C.G.S.단위를 사용한다.

② 수량의 단위 및 소수위는 표준품셈 단위표준에 의한다.

③ 수량의 계산은 지정소수위 이하 1단위까지 구하고 끝수는 4사5입한다.

④ 곱하거나 나눗셈에 있어서는 기재된 순서에 의하여 계산하고, 분수는 약분법을 쓰지 않으며, 각 분수마다 그 값을 구한 다음 계산을 한다.

⑤ 다음의 면적과 체적은 구조물의 수량에서 공제하지 않는다.
   ㉠ 콘크리트구조물의 말뚝머리
   ㉡ 볼트구멍
   ㉢ 리벳구멍
   ㉣ 이음줄눈의 간격
   ㉤ 철근콘크리트 내의 배근
   ㉥ 모따기

제2절 공사별 수량 산출

01 벽돌공사

① 벽체의 두께별로 벽 면적을 산출하고 단위면적($1m^2$)당 장수를 곱하여 정미수량을 계산한다.

② 개구부 면적과 인방은 면적에서 공제한다.

벽돌쌓기 기준량

(단위: 장/m^2)

벽 두께	0.5B	1.0B	1.5B	2.0B	2.5B	3.0B
표준형(장려형)	75	149	224	298	373	447

(1) 수량 산출방법

- 정미수량 = 벽돌쌓기 면적 × 단위면적당 장수
- 소요수량 = 정미수량(1 + 할증률)

기출예제

01 다음 조건에서 벽 면적 150m²에 소요되는 콘크리트(시멘트)벽돌의 정미량(매)은? (단, 재료의 할증은 없으며, 소수점 첫째자리에서 반올림한다)
제19회

> 조건: 표준형 벽돌(190 × 90 × 57mm), 벽 두께 1.0B, 줄눈너비 10mm

① 11,250매 ② 11,813매
③ 22,350매 ④ 23,468매
⑤ 33,600매

해설

정미량 = 벽 면적 × 단위면적당 장수
= 150m² × 149매
= 22,350매

정답: ③

02 길이 6m, 높이 2m의 벽체를 두께 1.0B로 쌓을 때 필요한 표준형 시멘트벽돌의 정미량은? (단, 줄눈 너비는 10mm를 기준으로 하고, 모르타르 배합비는 1 : 3이다)
제27회

① 1,720매 ② 1,754매
③ 1,788매 ④ 1,822매
⑤ 1,856매

해설

시멘트벽돌의 정미량 = 6m × 2m × 149매 = 1,788매

정답: ③

03 길이 10m, 높이 4m, 두께 1.0B인 벽체를 표준형 콘크리트(시멘트)벽돌(190 × 90 × 57mm)로 쌓을 때의 소요량은? (단, 줄눈은 10mm로 한다)
제20회

① 3,000매 ② 3,150매
③ 5,960매 ④ 6,258매
⑤ 8,960매

(2) 모르타르 쌓기량

① 수량 산출방법

$$모르타르량 = \frac{벽돌의\ 정미량}{1,000장} \times 단위수량$$

② 모르타르량은 정미량에만 적용한다.

(단위수량: m^3)

구분	0.5B	1.0B	1.5B	2.0B
표준형	0.25	0.33	0.35	0.36

02 블록공사

(1) 블록쌓기 면적은 각 층마다 블록벽체 면적으로 산출한다.

  ● 단, 헌치보에 접한 부분의 면적과 블록벽체에 콘크리트보(단면적 $0.5m^2$ 이하) 등이 접하는 경우는 공제하지 않는다.

(2) 수량 산출방법

- 정미수량 = 블록쌓기 면적 × 단위면적당 블록매수
- 소요수량 = 정미수량(1 + 할증률)

(3) 블록 소요량

(단위: 장/m^2)

구분	블록매수
표준형(신형)	17

시멘트블록(290 × 190 × 150mm)을 이용하여 길이 100m, 높이 3m의 벽을 막쌓기할 경우, 시멘트블록과 모르타르의 소요량은? [단, 쌓기 모르타르량(배합비 1 : 3)은 0.01m^3 이다. 또한 블록 할증률, 쌓기 모르타르 할증률 및 소운방이 포함된다] 제24회

① 3,900매, 2.1m^3 ② 3,900매, 3.0m^3
③ 4,500매, 3.0m^3 ④ 5,100매, 2.1m^3
⑤ 5,100매, 3.0m^3

해설

- 시멘트블록의 소요량 = 100m × 3m × 17매 = 5,100매
- 모르타르의 소요량 = 300m² × 0.01m³/m² = 3m³

정답: ⑤

03 미장공사

(1) 수량 산출

미장바름은 내부와 외부, 바닥, 걸레받이, 징두리벽 등 부위별로 구분하고, 공법 및 마무리 종류별로 면적을 산출한다.

(2) 적산기준

① 벽체의 내부 정미면적으로 산출한다.
② 개구부 면적은 공제하는 것이 원칙이나 1개소의 개구부 면적이 0.5m² 이하인 경우에는 공제하지 않는다.
③ 기둥에 접한 보의 면적은 미장바름면적에서 공제한다.
④ 내벽높이는 반자틀높이보다 10cm 정도까지 더 미장바름을 하는 것을 감안하여 더한 것으로 한다.
⑤ 타 공사와 복합된 공정일 경우에는 공정별로 물량을 산출한다.
⑥ 각 소요재료 및 노무비를 구분하여 적용한다.

04 타일공사

① 타일수량은 종류별·시공부위별·시공방법별로 구분하여 타일붙임면적을 산출한다.
② 수량 산출방법

$$정미량 = \left(\frac{1}{타일크기 + 줄눈} \times \frac{1}{타일크기 + 줄눈} \right)$$

③ 타일붙임면적은 시공 안목치수로 계산된 정미면적에 3% 할증하여 실면적으로 계산한다.

④ 개구부의 면적은 공제한다.

⑤ 변기 등 위생기구의 면적과 거울, 욕실장 등의 면적은 공제하지 않는다.

05 유리공사

① 유리의 정미면적은 창호종류별·규격별·유리종별·두께별로 구분하여 매수를 계산한다.

② 유리는 생산품 치수 중 정미면적에 가장 가깝거나 또는 그 배수가 되는 것을 매수로 계산한 양에 1% 할증률을 가산하여 소요량으로 한다.

③ 철재 및 알루미늄새시의 유리 소요면적은 테두리면적에 20%를 가산하여 계산한다.

④ 유리블록쌓기는 매수단위로 한다.

⑤ 강재창호 설치는 새시공이, 유리블록은 유리공이 시공하는 것으로 계산한다.

01 적산은 공사용 재료 및 품의 수량, 즉 공사량을 산출하는 기술활동이고, 견적은 공사량에 단가를 곱하여 공사비를 산출하는 기술활동이다. ( )

02 개산견적은 완성된 설계도서, 현장설명, 질의응답에 의거하여 정밀한 적산과 견적을 하여 공사비를 산출하는 것으로 상세견적이라고도 한다. ( )

03 개산견적은 입찰가격을 결정하는 데 기초가 되는 정밀견적으로 입찰견적이라고도 한다.
( )

04 설계도서가 미완성이거나 시간이 부족하여 정밀한 적산을 할 수 없을 때에 하는 견적은 개산견적이다. ( )

05 정미수량 산출방법은 '벽돌쌓기 면적 × 단위면적당 장수'로 구할 수 있다. ( )

06 소요량은 산출된 정미량에 시공시 발생되는 손실량을 고려하여 일정비율의 수량(할증량)을 가산하여 산출된 수량이다. ( )

07 붉은 벽돌, 내화벽돌, 이형철근, 고력볼트, 일반용 합판, 타일의 할증률은 3%이다. ( )

---

01 ○

02 ✕ 명세견적은 완성된 설계도서, 현장설명, 질의응답에 의거하여 정밀한 적산과 견적을 하여 공사비를 산출하는 것으로 상세견적이라고도 한다.

03 ✕ 명세면적은 입찰가격을 결정하는 데 기초가 되는 정밀견적으로 입찰견적이라고도 한다.

04 ○

05 ○

06 ○

07 ○

08 수량의 계산에서 수량의 단위 및 소수위는 표준품셈 단위표준에 의한다. ( )

09 표준형 블록 소요량 매수는 13장/m²이다. ( )

10 콘크리트구조물의 말뚝머리, 볼트구멍, 리벳구멍, 이음줄눈의 간격, 철근콘크리트 내의 배근, 모따기는 구조물의 수량에서 공제한다. ( )

11 붉은 벽돌의 할증률은 5%이고, 시멘트벽돌의 할증률은 3%이다. ( )

12 일반관리비는 임직원 급료 등 기업 유지를 위하여 발생하는 제 비용으로 공사원가에 일정비율을 곱하여 구하는 항목이다. ( )

13 벽돌쌓기의 면적 계산에서 산출한 면적에 개구부와 인방보의 면적은 공제하지 않는다. ( )

14 타일 시공시 개구부의 면적은 공제하지만 변기 등 위생기구의 면적과 거울, 욕실장 등의 면적은 공제하지 않는다. ( )

15 건물 내부의 바닥 타일면적은 구조체의 중심치수로 계산한다. ( )

08 ○

09 × 표준형 블록 소요량 매수는 17장/m²이다.

10 × 콘크리트구조물의 말뚝머리, 볼트구멍, 리벳구멍, 이음줄눈의 간격, 철근콘크리트 내의 배근, 모따기는 구조물의 수량에서 공제하지 않는다.

11 × 붉은 벽돌의 할증률은 3%이고, 시멘트벽돌의 할증률은 5%이다.

12 ○

13 × 벽돌쌓기의 면적 계산에서 산출한 면적에 개구부와 인방보의 면적은 공제한다.

14 ○

15 × 건물 내부의 바닥타일 면적은 구조체의 안목치수로 계산한다.

01 **건축적산과 견적에 대한 설명으로 옳지 않은 것은?** 제11회

① 견적의 정확도는 명세견적보다는 개산견적이 높다.

② 시멘트벽돌의 소요량은 정미량에 5% 할증을 가산하여 구한다.

③ 실행예산은 건설회사에서 공사를 수행하기 위한 소요공사비이다.

④ 표준품셈이란 단위작업당 소요되는 재료수량·노무량 및 장비사용시간 등을 수치로 표시한 견적기준이다.

⑤ 견적은 산출된 수량에 단가를 곱하여 금액을 계산한 후 부대비용 등을 합하여 총공사비를 산출하는 것이다.

02 **건축적산 및 견적에 관한 설명으로 옳지 않은 것은?** 제25회

① 적산은 공사에 필요한 재료 및 품의 수량을 산출하는 것이다.

② 명세견적은 완성된 설계도서, 현장설명, 질의응답 등에 의해 정밀한 공사비를 산출하는 것이다.

③ 개산견적은 설계도서가 미비하거나 정밀한 적산을 할 수 없을 때 공사비를 산출하는 것이다.

④ 품셈은 단위공사량에 소요되는 재료, 인력 및 기계력 등을 단가로 표시한 것이다.

⑤ 일위대가는 재료비에 가공 및 설치비 등을 가산하여 단위단가로 작성한 것이다.

03 공사비 및 물량 산출에 관한 내용으로 옳지 않은 것은? 제9회

① 적산은 도면과 시방서에 의거하여 수량을 산출하는 행위이다.

② 견적은 산출된 수량에 단가를 곱하여 공사비를 산출하는 행위이다.

③ 정미량은 할증률을 적용하지 않은 수량이다.

④ 개산견적은 공사비의 정확도를 높이기 위한 산출방법이다.

⑤ 적산의 사용단위는 설계도서의 단위표준에 따르되 C.G.S.단위를 원칙으로 한다.

04 다음은 공사비 구성의 분류표이다. (   ) 안에 들어갈 항목으로 옳은 것은? 제22회

총공사비	부가이윤			
	총원가	일반관리비부담금		
		공사원가	간접공사비	
			( )	재료비
				노무비
				외주비
				경비

① 공통경비   ② 직접경비

③ 직접공사비   ④ 간접경비

⑤ 현장관리비

정답 | 해설

01 ① 견적의 정확도는 <u>개산견적보다 명세견적이 높다.</u>

02 ④ 품셈은 <u>품이 드는 수효와 값을 계산하는 일</u>이다.
- 표준품셈은 건설공사 중 대표적이며 일반화된 공종(工種)과 공법을 기준으로 하여 공사에 소요되는 자재 및 공량(工量)을 정하여 정부 및 지방자치단체, 정부투자기관이 공사의 예정가격을 산정하기 위한 기준이다.

03 ④ 개산견적은 과거의 공사실적 등의 자료에 의거하여 공사비를 개략적으로 작성하는 적산방법으로 <u>정확한 공사비 산출이 곤란하다.</u>

04 ③ 재료비, 노무비, 외주비, 경비로 구성된 금액을 <u>직접공사비</u>라 한다.

05 길이 15m, 높이 3m의 내벽을 바름두께 20mm 모르타르 미장을 할 때, 재료 할증이 포함된 시멘트와 모래의 양은 약 얼마인가? (단, 모르타르 1m³당 재료의 양은 아래 표를 참조하며, 재료의 할증이 포함되어 있음) 제18회

시멘트(kg)	모래(m³)
510	1.1

① 시멘트 359kg, 모래 0.79m³
② 시멘트 359kg, 모래 0.89m³
③ 시멘트 359kg, 모래 0.99m³
④ 시멘트 459kg, 모래 0.89m³
⑤ 시멘트 459kg, 모래 0.99m³

06 건축 표준품셈의 설명으로 옳지 않은 것은? 제18회

① 이형철근의 할증률은 3%이다.
② 비닐타일의 할증률은 5%이다.
③ 상시 일반적으로 사용하는 일반공구 및 시험용 계측기구류의 공구손료는 인력품의 3%까지 계상한다.
④ 20층 이하인 건물의 품의 할증률은 7%이다.
⑤ 소음, 진동 등의 사유로 작업능력 저하가 현저할 때 품의 할증시 50%까지 가산할 수 있다.

07 벽돌 담장의 크기를 길이 8m, 높이 2.5m, 두께 2.0B[콘크리트(시멘트)벽돌 1.5B + 붉은 벽돌 0.5B]로 할 때 콘크리트(시멘트)벽돌과 붉은 벽돌의 정미량은? (단, 사용 벽돌은 모두 표준형 190 × 90 × 57mm로 하고, 줄눈은 10mm로 하며, 소수점 이하는 무조건 올림한다) 제25회

① 콘크리트(시멘트)벽돌: 1,500매, 붉은 벽돌: 4,704매
② 콘크리트(시멘트)벽돌: 1,545매, 붉은 벽돌: 4,480매
③ 콘크리트(시멘트)벽돌: 4,480매, 붉은 벽돌: 1,500매
④ 콘크리트(시멘트)벽돌: 4,480매, 붉은 벽돌: 1,545매
⑤ 콘크리트(시멘트)벽돌: 4,704매, 붉은 벽돌: 1,545매

08 1.5B 벽 두께로 벽 면적 20m²를 쌓는 데 소요되는 벽돌매수는? (단, 표준형 붉은 벽돌이다)

① 2,240매
② 3,360매
③ 4,480매
④ 4,615매
⑤ 4,704매

05 ⑤ · 모르타르의 총체적 = 15m × 3m × 0.02m = 0.9m³
· 시멘트의 소요량 = 510kg/m³ × 0.9m³ = 459kg
· 모래의 소요량 = 1.1m³/m³ × 0.9m³ = 0.99m³

06 ④ 20층 이하 건축물의 품의 할증률은 5%이다.

○ 건물 층수별 할증률

1. 지상층 할증률

구분	할증률
2~5층 이하	1%
10층 이하	3%
15층 이하	4%
20층 이하	5%
25층 이하	6%
30층 이하	7%
30층을 초과하는 경우	매 5층 증가마다 1%씩 가산

2. 지하층 할증률

구분	할증률
지하 1층	1%
지하 2~5층	2%
지하 6층 이하	상황에 따라 별도 계상

07 ③ · 시멘트벽돌의 정미량 = 8m × 2.5m × 224매 = 4,480매
· 붉은 벽돌의 정미량 = 8m × 2.5m × 75매 = 1,500매

08 ④ 정미수량 = 224매 × 20m² = 4,480매
할증률이 3%이므로 소요수량은 4,480매 × 1.03 = 4614.4매이다.
따라서 1.5B 벽 두께로 20m²를 쌓는 데 벽돌 4,615매가 소요된다.

09 면적 100m²인 벽체를 콘크리트(시멘트)벽돌(190×90×57mm)을 이용하여 0.5B 두께로 쌓을 때 콘크리트(시멘트)벽돌의 소요량은? (단, 줄눈은 10mm로 한다)

제23회

① 6,695매   ② 6,825매   ③ 7,500매

④ 7,725매   ⑤ 7,875매

10 화단벽체를 조적으로 시공하고자 한다. 길이 12m, 높이 1m, 두께 1.5B[내부 콘크리트(시멘트)벽돌 1.0B, 외부 붉은 벽돌 0.5B]로 쌓을 때 콘크리트(시멘트)벽돌과 붉은 벽돌의 소요량은? [단, 벽돌의 크기는 표준형(190 × 90 × 57mm)으로 하고, 줄눈은 10mm로 하며, 소수점 이하는 무조건 올림으로 한다]

제22회

① 콘크리트(시멘트)벽돌: 945매, 붉은 벽돌: 1,842매

② 콘크리트(시멘트)벽돌: 1,842매, 붉은 벽돌: 927매

③ 콘크리트(시멘트)벽돌: 1,842매, 붉은 벽돌: 945매

④ 콘크리트(시멘트)벽돌: 1,878매, 붉은 벽돌: 927매

⑤ 콘크리트(시멘트)벽돌: 1,878매, 붉은 벽돌: 945매

11 재료의 일반적인 추정 단위중량(kg/m³)으로 옳지 않은 것은?

제24회

① 철근콘크리트: 2,400   ② 보통콘크리트: 2,200

③ 시멘트모르타르: 2,100   ④ 시멘트(자연상태): 1,500

⑤ 물: 1,000

정답 | 해설

09 ⑤   소요량 = 벽 면적 × 단위면적당 장수 × (1 + 할증률)
           = 100m² × 75매 × (1 + 0.05) = 7,875매

10 ④   • 콘크리트(시멘트)벽돌 = 길이 12m × 높이 1m × 149매 × (1 + 0.05) = 1,877.4 ≒ 1,878매
           • 붉은 벽돌 = 길이 12m × 높이 1m × 75매 × (1 + 0.03) = 927매

11 ②   보통콘크리트의 단위중량은 <u>2,300kg/m³</u>이다.

house.Hackers.com

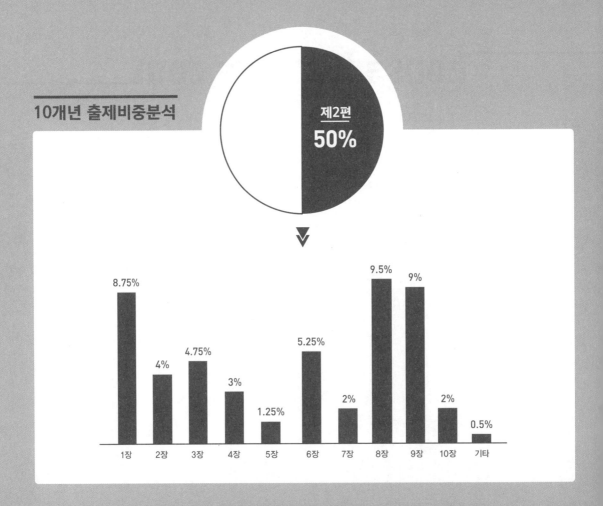

10개년 출제비중분석

제2편
50%

8.75%

4%

4.75%

3%

1.25%

5.25%

2%

9.5%

9%

2%

0.5%

1장 2장 3장 4장 5장 6장 7장 8장 9장 10장 기타

제2편

건축설비

단원길라잡이

'급수설비'에서는 매년 2~3문제 정도가 출제되고 있다. 이 단원에서는 전통적으로 자주 출제되는 급수설비의 기본이론과 일반사항, 급수방식 및 급수량 산정, 펌프 및 시공시 주의사항 등을 상세하게 정리할 필요가 있다.

출제포인트

- 급수방식의 종류 및 특징
- 급수설비의 일반사항
- 배관설계시 고려사항
- 공동현상

01 물

(1) 물의 질량

순수한 물은 1기압하에서 4℃일 때 가장 무겁고, 그 부피는 최소이다.

① 물 $1cm^3$의 무게: $1g(g/cm^3)$
② 물 1ℓ의 무게: $1kg(kg/\ell)$
③ 물 $1m^3$의 무게: $1,000kg(kg/m^3) = 1ton/m^3$

기출예제

건축설비의 기초사항에 관한 내용으로 옳은 것을 모두 고른 것은?　　제26회

ㄱ. 순수한 물은 1기압하에서 4℃일 때 밀도가 가장 작다.
ㄴ. 정지해 있는 물에서 임의의 점의 압력은 모든 방향으로 같고 수면으로부터 깊이에 비례한다.
ㄷ. 배관에 흐르는 물의 마찰손실수두는 관의 길이와 마찰계수에 비례하고 유속의 제곱에 비례한다.
ㄹ. 관경이 달라지는 수평관 속에서 물이 정상 흐름을 할 때, 관경이 클수록 유속이 느려진다.

① ㄱ, ㄴ　　　　　　　　　　② ㄷ, ㄹ
③ ㄱ, ㄴ, ㄷ　　　　　　　　④ ㄴ, ㄷ, ㄹ
⑤ ㄱ, ㄴ, ㄷ, ㄹ

해설

ㄱ. 순수한 물은 1기압하에서 4℃일 때 밀도가 가장 크다.
　● 밀도 = 질량(kg)/체적(m^3)

정답: ④

---

(2) 물의 부피

① 순수한 물은 0℃에서 얼며 부피가 약 9% 커진다.
② 4℃의 물이 100℃의 물이 되면 부피가 약 4.3% 커진다.
③ 100℃의 물이 100℃의 증기로 변하면 부피가 약 1,700배 커진다.

(3) 팽창과 수축

$$\triangle V = \left(\frac{1}{\rho_2} - \frac{1}{\rho_1} \right) \times V$$

$\triangle V$: 팽창량, V: 전체 물의 양

ρ_1: 처음 물의 밀도, ρ_2: 온도변화 후 물의 밀도

02 압력

(1) 압력의 정의

유체의 단위면적당 수직으로 작용하는 힘이다.

$$압력 \ P = \frac{F(수직력)}{A(면적)} \ (N/m^2, \ P_a)$$

(2) 표준대기압

그 지방의 고도와 날씨 등에 따라 변하는 국소대기압과 해수면에서 국소대기압의 평균값을 표준대기압(standard atmospheric pressure)이라 한다.

- 1atm = $1.03323kg/cm^2$
  = 10.3323mAq = 760mmHg = 1013.25mbar
  = 1013HPa = $1.03323 \times 104kg/m^2$ = $10.3323mH_2O$
  = $101325Pa = 101325N/m^2 = 101.325kN/m^2 = 101.325kPa$
  = 14.7psi = $14.7lb/in^2$
- 1bar = 1000mmbar = 105Pa
- 1torr = 1mmHg

(3) 압력의 종류

① 계기압력: 대기압력을 기준으로 측정한 압력을 계기압력(gauge pressure)이라 한다.
② 진공압력: 대기압력을 기준으로 대기압력 이하의 압력을 진공압력(vacuum pressure)이라 한다.

화재안전기준상 옥내소화전설비에 관한 용어의 정의로 옳지 않은 것은? 제19회

① 고가수조란 구조물 또는 지형지물 등에 설치하여 자연낙차의 압력으로 급수하는 수조를 말한다.
② 충압펌프란 배관 내 압력손실에 따른 주펌프의 빈번한 기동을 방지하기 위하여 충압역할을 하는 펌프를 말한다.
③ 기동용 수압개폐장치란 소화설비의 배관 내 압력변동을 감지하여 자동적으로 펌프를 기동 및 정지시키는 것으로서 압력챔버 또는 기동용 압력스위치 등을 말한다.
④ 체절운전이란 펌프의 성능시험을 목적으로 펌프 토출 측의 개폐밸브를 닫은 상태에서 펌프를 운전하는 것을 말한다.
⑤ 진공계란 대기압 이상의 압력과 대기압 이하의 압력을 측정할 수 있는 계측기를 말한다.

해설

진공계란 대기압 이하의 압력을 측정할 수 있는 계측기를 말한다. 정답: ⑤

---

③ **절대압력**: 완전진공을 기준으로 측정한 압력을 절대압력(absolute pressure)이라 한다.

$$\text{절대압력} = \text{대기압력} + \text{계기압력}$$
$$= \text{대기압력} - \text{진공압력}$$

건축설비에 관한 내용으로 옳은 것은? 제22회

① 배관 내를 흐르는 물과 배관 표면과의 마찰력은 물의 속도에 반비례한다.
② 물체의 열전도율은 그 물체 1kg을 1℃ 올리는 데 필요한 열량을 말한다.
③ 공기가 가지고 있는 열량 중, 공기의 온도에 관한 것이 잠열, 습도에 관한 것이 현열이다.
④ 동일한 양의 물이 배관 내를 흐를 때 배관의 단면적이 2배가 되면 물의 속도는 4분의 1배가 된다.
⑤ 실외의 동일한 장소에서 기압을 측정하면 절대압력이 게이지압력보다 큰 값을 나타낸다.

해설

① 배관 내를 흐르는 물과 배관 표면과의 마찰력은 물의 속도에 비례한다.
② 물체 1kg을 1℃ 올리는 데 필요한 열량은 비열이다.
③ 공기가 가지고 있는 열량 중, 공기의 온도에 관한 것이 현열, 습도에 관한 것이 잠열이다.
④ 동일한 양의 물이 배관 내를 흐를 때 배관의 단면적이 2배가 되면 물의 속도는 2분의 1배가 된다.

정답: ⑤

---

④ 수압과 수두: 수압은 수면으로부터의 깊이에 비례하므로 수압의 경우 수면으로부터의 깊이를 압력 대신 사용하는데 이것을 수두라고 한다.

수압 P(0.1MPa) ≒ 수두(10mAq)

기출예제

급수설비에 관한 설명으로 옳지 않은 것은?   제20회

① 관경을 결정하기 위하여 기구급수부하단위를 이용하여 동시사용유량을 산정한다.
② 초고층건물에서는 급수압이 최고사용압력을 넘지 않도록 급수조닝을 한다.
③ 급수배관이 벽이나 바닥을 통과하는 부위에는 콘크리트 타설 전 슬리브를 설치한다.
④ 기구로부터 고가수조까지의 높이가 25m일 때, 기구에 발생하는 수압은 2.5MPa이다.
⑤ 토수구 공간이 확보되지 않을 경우에는 버큠브레이커(vacuum breaker)를 설치한다.

해설

기구로부터 고가수조까지의 높이가 25m일 때, 기구에 발생하는 수압은 0.25MPa이다.   정답: ④

---

⑤ 마찰손실수두(friction loss)

$$h = f \cdot \frac{l}{d} \cdot \frac{v^2}{2g}$$

h: 마찰손실수두(m), f: 손실계수, d: 관경(m)
l: 관의 길이(m), g: 중력가속도(9.8m/sec^2), v: 유속(m/sec)

기출예제

01 배관의 마찰손실수두 계산시 고려해야 할 사항으로 옳은 것을 모두 고른 것은?

제25회

| ㉠ 배관의 관경 | ㉡ 배관의 길이 |
| ㉢ 배관 내 유속 | ㉣ 배관의 마찰계수 |

① ㉠, ㉢   ② ㉡, ㉣
③ ㉠, ㉡, ㉣   ④ ㉡, ㉢, ㉣
⑤ ㉠, ㉡, ㉢, ㉣

해설

배관의 마찰손실수두(h) = f · $\dfrac{\ell}{d}$ · $\dfrac{v^2}{2g}$

f: 배관의 마찰계수, ℓ: 배관의 길이, d: 배관의 관경

v: 배관 내 유속, g: 중력가속도

정답: ⑤

02 배관에 흐르는 유체의 마찰손실수두에 관한 설명으로 옳지 않은 것은? 제27회

① 배관의 길이에 비례한다.

② 배관의 내경에 반비례한다.

③ 중력가속도에 반비례한다.

④ 배관의 마찰계수에 비례한다.

⑤ 유체의 속도에 비례한다.

해설

배관에 흐르는 유체의 마찰손실수두는 유체 속도의 제곱에 비례한다.

정답: ⑤

(4) 연속의 법칙(질량보존의 법칙)

관 내의 흐름이 정상류일 때 단위시간에 흘러가는 유량은 어느 단면에서나 일정하다.

① 유량

$$Q = A \cdot v$$

Q: 유량(m³/sec), A: 단면적(m²), v: 유속(m/sec)

② 연속방정식

$$Q = A_1 v_1 = A_2 v_2 \cdots 일정$$

③ 펌프의 구경

$$d = \sqrt{\dfrac{4Q}{\pi v}} = 1.13 \sqrt{\dfrac{Q}{v}}$$

Q: 유량(m³/sec), v: 유속(m/sec)

관경 50mm로 시간당 3,000kg의 물을 공급하고자 할 때, 배관 내 유속(m/s)은 약 얼마인가? (단, 배관 속의 물은 비압축성, 정상류로 가정하며, 원주율은 3.14로 한다) 제20회

① 0.15
② 0.42
③ 1.32
④ 4.14
⑤ 13.0

해설

$$유속(v) = \frac{유량(Q)}{단면적(A)} = \frac{Q}{\frac{\pi d^2}{4}} = \frac{4Q}{\pi d^2} = \frac{4 \times 3}{3.14 \times (0.05)^2 \times 3,600} \fallingdotseq 0.42(m/s)$$

정답: ②

(5) 사이펀의 원리

대기압을 이용하여 굽은 관으로 높은 곳에 있는 액체를 낮은 곳으로 옮기는 장치를 사이펀(siphon)이라고 하며, 이러한 작용을 사이펀작용이라 한다.

제2절 일반사항

급수설비란 생활에 필요한 물을 알맞게 처리하여 필요한 곳에 공급하는 제반 설비기기와 장치 등을 말한다.

01 용수(用水)

(1) 용수의 분류

① 상수(上水): 음료수, 세면용, 목욕용, 주방용 등
② 잡용수(雜用水): 살수용, 대변기 세척용, 공조용, 청소용 등

(2) 중수(中水)

① 중수는 상수와 하수의 중간을 의미한다.
② 수자원의 부족과 자원의 효율적 이용 측면에서 상수계통의 배수를 재이용 · 처리하여 잡용수(中水)로 사용하는 것을 중수도시스템이라고 한다.
③ 중수원(中水源)
  ㉠ 음료수나 사람의 신체에 닿는 곳에는 사용할 수 없다.
  ㉡ 건물의 배수처리수, 빗물, 우물물, 하천수 등

상수와 중수계통 급수장치

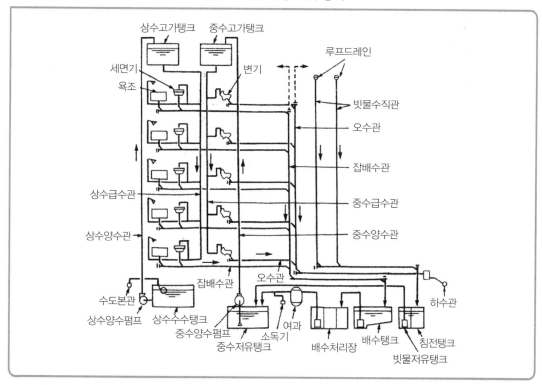

02 정수법

천연수에 함유되어 있는 불순물 등을 제거하거나 살균하여 사용목적에 알맞은 물로 만드는 방법을 정수법이라 한다.

정수과정: 채수 ⇨ 침전 ⇨ 폭기 ⇨ 여과 ⇨ 살균(멸균) ⇨ 급수

(1) 침전(沈澱, sedimentation)

① **중력침전법**: 수중의 불순물을 중력에 의하여 가라앉히는 방법이다.

② **약품침전법**: 황산, 반토, 명반 등을 사용하여 불순물을 가라앉혀 침전시키는 방법이다.

(2) 폭기(曝氣, aeration)

① 지하수에는 철이 중탄산제1철[$Fe(HCO_3)_2$], 수산화제1철[$Fe(OH)_2$] 또는 황산제1철 ($FeSO_4$)의 형태로 녹아 있는데, 물을 공중에 뿜어 공기와 접촉시켜서 산화시킴으로써 불용성(不溶性)의 제2철[$Fe(OH)_3$]로 만든 다음 침전·여과에 의하여 철분을 제거한다.

② 물속에 녹아 있는 암모니아, 황화수소, 탄산가스 그 밖에 유독가스나 취기(臭氣) 등도 제거할 수 있다.

(3) 여과(濾過, filtration)

① 모래층과 자갈층에 원수를 통과시켜서 수중의 부유물·세균 등을 제거하는 방법이다.

② 완속여과법: 중력에 의하여 물을 통과시켜 여과하는 방법이다.

③ 급속여과법: 원수를 빠른 속도(120~150m/d)로 통과시켜 여과하는 방법으로 탁도나 색도가 높은 물을 처리하는 데 적합하다.

(4) 살균(殺菌, sterilization)

잔존 세균을 제거하기 위하여 염소(Cl_2), 표백분, 클로라민, 오존, 차아염소산나트륨, 자외선 등을 사용하여 멸균한다.

03 수질(水質)

(1) 물의 경도(hardness of water)

① 개요

㉠ 경도란 물속에 녹아 있는 칼슘, 마그네슘 등의 염류의 양을 탄산칼슘의 농도로 환산하여 표시한 것이다.

㉡ 경도의 표시는 백만분율(ppm)과 도(度)를 사용하며 1L의 물속에 탄산칼슘이 10mg 포함되어 있을 때 1도라 한다.

㉢ 탄산마그네슘과 같은 염류는 탄산칼슘의 양으로 환산하여 구한다.

② 탄산칼슘의 함유량에 따른 분류

㉠ 극연수(증류수, 멸균수)

ⓐ 탄산칼슘의 함유량이 0ppm에 가까운 순수한 물이다.

ⓑ 연관·황동관(놋쇠관)을 침식시키므로 극연수를 쓸 때에는 안팎을 모두 도금한 파이프를 사용하여야 한다.

㉡ 연수(軟水, soft water)

ⓐ 탄산칼슘의 함유량이 90ppm 이하인 물로서 음료용으로는 적합하지 않다.

ⓑ 세탁·염색·보일러용수에 적합하다.

ⓒ 철, 아연, 동 및 납을 부식시킨다.

㉢ 적수(積水, moderate hard water): 탄산칼슘의 함유량이 90~110ppm인 물로서 마시기에 적당한 물이다.

㉣ 경수(硬水, hard water)

ⓐ 칼슘·마그네슘·탄산칼슘 등의 광물질 함유량이 비교적 많이 포함된 천연수로, 경도가 110ppm 이상인 물이다.

ⓑ 열교환기나 배관계통 등에 사용하면 석회질의 침전에 의한 스케일이 생성된다.

> **더 알아보기** | **보일러에 경도가 높은 물을 사용시 발생하는 현상**
>
> 1. 관 내에 **스케일**이 많이 낀다.
> 2. 과열의 원인이 된다.
> 3. 전열효율이 저하된다.
> 4. 보일러의 수명이 단축된다.

기출예제

먹는 물 수질기준 및 검사 등에 관한 규칙상 음료수 중 수돗물의 수질기준으로 옳지 않은 것은?
제19회

① 경도(硬度)는 1,000mg/L를 넘지 아니할 것
② 납은 0.01mg/L를 넘지 아니할 것
③ 수은은 0.001mg/L를 넘지 아니할 것
④ 동은 1mg/L를 넘지 아니할 것
⑤ 아연은 3mg/L를 넘지 아니할 것

해설

음료수는 총경도가 300mg/L를 초과하여서는 안 된다(1ppm = 1mg/L = 1g/m³). 정답: ①

---

(2) pH

① 수소이온농도를 표시하는 수단이다.
② 수소이온농도 범위에 따라 산성 · 중성 · 알칼리성으로 구분한다.
  ㉠ pH < 7 ⇨ 산성
  ㉡ pH = 7 ⇨ 중성
  ㉢ pH > 7 ⇨ 알칼리성
③ 먹는 물은 pH 5.8 이상, pH 8.5 이하이어야 한다.

01 개요

① 급수설비를 설계하는 데 있어서 가장 먼저 급수량을 산정한다. 이는 각종 기기 용량 및 관경 결정의 기초가 되기 때문이다.
② 급수량 산정방법
    ㉠ 사용인원수에 의한 방법
    ㉡ 건물면적에 의한 방법
    ㉢ 위생기구수에 의한 방법
③ 하루 중에서 가장 큰 부하가 생기는 시간을 피크아워라 하고, 피크로드는 피크아워에 생긴 최대의 부하량을 말하며 1일 사용수량의 10~20% 정도이다.

02 급수량 산정

(1) 사용인원수에 의한 방법

건물의 급수대상 인원을 알 수 있을 때 이용된다.

$$1일\ 급수량(Q_d) = 사용인원수 \times 1일\ 1인당\ 급수량(\ell/d)$$

(2) 건물면적에 의한 방법

급수대상 인원이 불분명한 경우에 이용된다.

$$1일\ 급수량(Q_d) = 건물의\ 연면적(m^2) \times 유효면적\ 비율(\%) \times$$
$$유효면적당\ 거주인원(인/m^2) \times 1일\ 1인당\ 급수량(\ell/d)$$

(3) 위생기구수에 의한 방법

건물에 사용되는 기구수와 동시사용률을 고려하여 산정한다.

$$1일\ 급수량(Q_d) = 가구당\ 사용수량 \times 기구수 \times 동시사용률(\%)$$

기구의 동시사용률

(단위: %)

기구수	2	3	4	5	6	7	8	9	10	15	20	30	50	100	500
동시사용률	100	80	75	70	65	60	58	55	53	48	44	40	36	33	27

건물 종류별 1일 1인당 급수량

구분	1일 평균 사용수량(ℓ/인·d)	1일 평균 사용시간(h)	유효면적당 인원(인/m²)	유효면적/ 연면적(%)
사무소, 은행, 관청	100~120	8	0.2	55~57
병원	고급 1,000 이상, 중급 500 이상, 기타 250 이상	10	3.8인/bed	45~48
교회, 사원	10	2		53~55
극장	20	5		
영화관	10	3	1.5인 객석	
백화점	3	8	1.0	55~60
점포	100	7	0.16	
주택	200~250	8~10	0.16	50~53
아파트	200~250	8~10	0.16	45~50
기숙사	120	8	0.2	
호텔	250~300	10	0.17	
여관	200	10	0.24	
초등·중학교	40~50	5~6	0.25~0.14	58~60
고등학교 이상	80	6	0.1	
연구소	100~200	8	0.06	
도서관	25	6	0.4	
공장	60~140	8	0.1~0.3	

(4) 예상급수량

- 시간 평균급수량(Q_h) = $\dfrac{1\text{인 급수량}}{\text{건물 사용시간}}$ [ℓ/h]
- 시간 최대급수량(Q_d) = 시간 평균급수량 × (1.5~2.0) [ℓ/h]
- 순간 최대급수량(Q_p) = $\dfrac{\text{시간 평균급수량} \times (3.0\text{~}4.0)}{60}$ [ℓ/min]

03 급수압력

① 각종 급수기구의 기능 유지와 사용목적에 따라 적정한 급수압이 요구된다.

② 급수압력이 필요 이상으로 높은 경우 수격작용(water hammering)이 일어나며 수전의 손상이 발생한다.

(단위: MPa)

기구명	필요압력
세정밸브	㉠ 최저필요압력: 0.07 ㉡ 표준필요압력: 0.1
보통밸브	㉠ 최저필요압력: 0.03 ㉡ 표준필요압력: 0.1
자동밸브	0.07
샤워	0.07
순간온수기(대)	0.05
순간온수기(중)	0.04
순간온수기(소)	0.01(저압용)

제4절 급수방식

01 급수방식

급수방식에는 수도직결방식, 고가(옥상)탱크방식, 압력탱크방식, 탱크 없는 부스터방식이 있다.

(1) 수도직결방식

도로에 매설되어 있는 수도본관에서 수도관을 연결하여 건물 내의 필요한 곳에 직접 급수하는
방식으로, 1~2층 정도의 낮은 건축물이나 주택과 같은 소규모 건축물에 이용된다.

수도직결방식

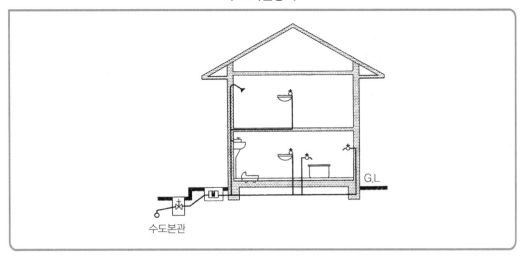

① 특징
  ㉠ 급수오염의 가능성이 가장 작다.
  ㉡ 정전시에도 급수가 가능하다.
  ㉢ 단수시 급수가 불가능하다.
  ㉣ 기계실이 필요 없고 설비비가 싸다.
② 수도본관의 최저필요압력

$$P \geqq P_1 + P_2 + \frac{h}{100}$$

P: 수도본관의 최저필요압력(MPa), P_1: 기구별 최저소요압력(MPa)

P_2: 관 내 마찰손실수두(MPa), h: 수도본관에서 최고층 급수기구까지의 높이(m)

(2) 고가(옥상)탱크방식

물을 지하저수조에 모은 후 양수펌프를 이용하여 고가수조로 양수한 후 그 수위를 이용
하여 하향급수관을 통해 급수하는 방식이다.

상수 ⇨ 지하저수조 ⇨ 양수펌프 ⇨ 양수관 ⇨ 고가수조 ⇨ 급수관 ⇨ 각 수전

고가탱크방식

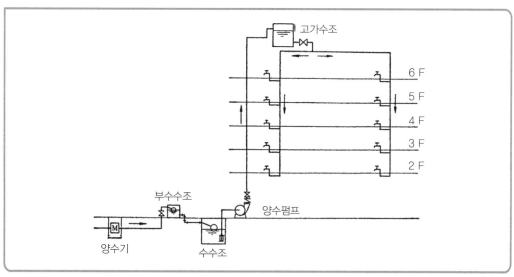

① 고가탱크방식의 장단점

장점	단점
㉠ 대규모 급수설비에 적합하다.	㉠ 급수오염 가능성이 가장 크다.
㉡ **항상 일정한 수압**으로 급수할 수 있다.	㉡ 설비비가 비싸다.
㉢ 저수량을 확보하여 일정시간 동안 급수가 가능하다.	㉢ 구조물 보강이 필요하다.
㉣ 압력이 일정하므로 배관 부속품의 파손이 적다.	

기출예제

급수방식에 관한 내용으로 옳지 않은 것은? 제26회

① 고가수조방식은 건물 내 모든 층의 위생기구에서 압력이 동일하다.
② 펌프직송방식은 단수시에도 저수조에 남은 양만큼 급수가 가능하다.
③ 펌프직송방식은 급수설비로 인한 옥상층의 하중을 고려할 필요가 없다.
④ 고가수조방식은 타 급수방식에 비해 수질오염 가능성이 높다.
⑤ 수도직결방식은 수도본관의 압력에 따라 급수압이 변한다.

해설

고가수조방식은 중력에 의해 급수하므로 다른 방식보다 물의 압력이 일정하지만 건물 내 모든 층의 위생기구에서 압력은 동일하지 않다. 정답: ①

---

② 저수조의 용량

㉠ 일반적으로 1일 급수량 이상으로 한다.

㉡ 단수 등을 고려하면 용량이 클수록 좋지만 너무 크게 하면 부패하기 쉽다.

③ 고가탱크의 구조

㉠ 고가탱크의 용량

> 1시간 최대사용수량(m^3) × 1~3시간(h)
>
> ○ • 대규모: 1시간 최대사용수량(m^3) × 1시간
> • 중·소규모: 1시간 최대사용수량(m^3) × 2~3시간

㉡ 고가탱크 주변기기

ⓐ 플로트스위치(float switch): 양수펌프의 시동과 정지를 자동으로 하기 위하여 옥상탱크의 물속에 설치하여 수위를 조절하는 스위치이다.

ⓑ 넘침관(overflow pipe): 스위치의 고장으로 급수가 계속될 때 탱크에서 넘쳐흐르는 물을 배출하는 관으로, 양수관보다 2배 정도 큰 관으로 한다.

ⓒ 마그넷스위치(magnet switch): 전동기 자동제어용 스위치이다.

⬤ 수조용량이 4.5m³ 이상이 되면 단수 없이 수조의 청소·검사 및 수리를 용이하게 할 수 있게 복식수조를 사용하는 것이 좋다.

ⓒ 고가수조의 설치높이

$$H \geqq H_1 + H_2$$

H: 고가수조 저수면에서 최고층 기구가지의 높이

H_1: 최고층 기구의 최저수압에 상당하는 수두(mAq)

H_2: 고가수조의 저수면에서 최고층 기구까지의 관 내 마찰손실수두(mAq)

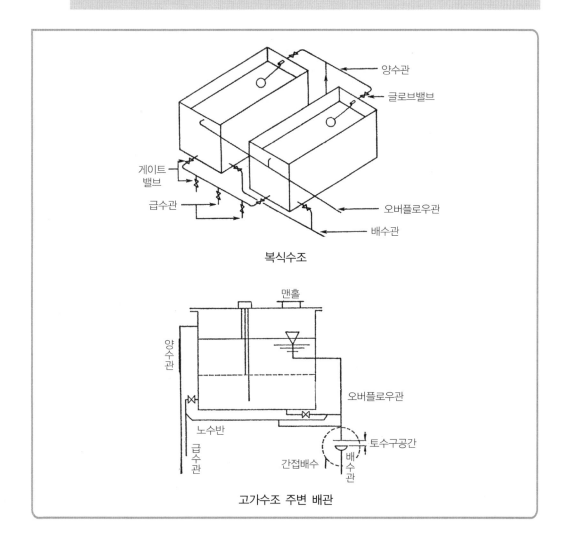

복식수조

고가수조 주변 배관

급수설비에 관한 설명으로 옳은 것은?   제20회

① 수도직결방식은 상수도관의 공급압력에 의해 급수하는 방식으로 주로 대규모 및 고층 건물에 사용된다.
② 펌프직송방식은 기계실 내 저수조 설치가 필요 없다.
③ 고가수조방식은 건물의 옥상이나 높은 곳에 양수하여 하향식으로 급수한다.
④ 수도직결방식은 건물 내 정전시 급수가 불가능하다.
⑤ 수도직결 계통의 수압시험은 배관의 최저부에서 최소 $7.5kg/cm^2$ 압력으로 실시한다.

해설

① 수도직결방식은 상수도관의 공급압력에 의해 급수하는 방식으로 주로 소규모 건물에 사용된다.
② 펌프직송방식은 기계실 내 저수조 설치가 필요하다.
④ 수도직결방식은 건물 내 정전시 급수가 가능하다.
⑤ 수도직결 계통의 수압시험은 1.75Mpa 이상의 압력으로 실시한다.   정답: ③

(3) 압력탱크방식

저수조의 물을 급수펌프로 보내면 압력탱크 내부는 압축된 공기로 인하여 압력이 높아지게 된다. 압력탱크방식은 이 공기압력으로 급수가 필요한 장소에 물을 공급하는 방식이다.

> 상수 ⇨ 저수조 ⇨ 급수펌프 ⇨ 압력탱크 ⇨ 각 수전

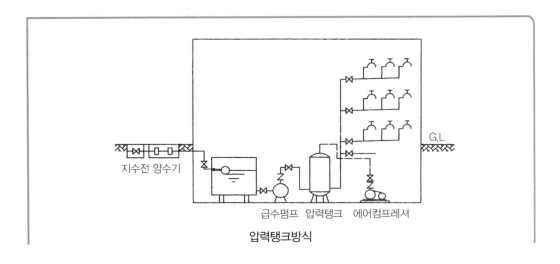

압력탱크방식

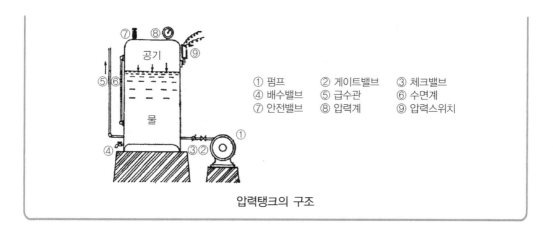

압력탱크의 구조

① 압력탱크방식의 장단점

장점	단점
㉠ 높은 곳에 탱크를 설치할 필요가 없으므로 건축물의 구조를 강화할 필요가 없다.	㉠ 최고·최저 압력의 차가 커서 **급수압이 일정하지 않다.**
㉡ 국부적으로 고압을 필요로 하는 경우에 적합하다.	㉡ 취급이 어렵고 다른 방식에 비하여 고장이 많다.
㉢ 탱크의 설치위치에 제한을 받지 않는다.	㉢ 탱크는 압력에 견디어야 하므로 설비비가 비싸다.
㉣ 고가시설 등이 불필요하므로 외관상 깨끗하다.	㉣ 에어컴프레서를 설치하여 때때로 공기를 공급하여야 한다.
	㉤ 펌프의 양정이 길어 시설비가 비싸다.
	㉥ 고장이나 정전시 즉시 급수가 중단된다.

② 압력탱크의 구조

  ㉠ **압력계**: 탱크 내의 수압 및 공기압을 측정하는 계기이다.

  ㉡ **수면계**: 탱크 내의 수면의 높이를 측정하는 계기이다.

  ㉢ **안전밸브**: 물 또는 공기의 압력이 높을 때 조절하여 탱크의 파열을 방지하는 장치이다.

③ 양수펌프의 양정

$$H = H_1 + H_2 + H_3 + H_4$$

H_1: 펌프흡입구로부터 최정상부에 있는 기구까지의 실제 높이

H_2: H의 배관 등에 있어서 마찰손실수두(mAq)

H_3: 최정상부에 있는 기구의 필요압력수두(mAq)

H_4: 펌프의 기동·정지시 압력차의 수두(mAq)

(4) 탱크 없는 부스터방식(펌프직송방식)

수도본관으로부터 물을 물받이탱크에 저수한 후 급수펌프만으로 건물 내에 급수하는 방식으로 배관 내의 압력을 감지하여 펌프를 운전하는 방식이다.

장점	단점
① 옥상탱크가 필요 없다.	① 정전시 급수가 불가능하다.
② 옥상탱크방식에 비하여 수질오염의 가능성이 적다.	② 자동제어시스템이어서 고장시 수리가 어렵다.
③ 최상층의 수압을 크게 할 수 있다.	③ 펌프의 단락이 잦다.
④ 펌프의 토출량 및 토출압력 조절이 가능하다.	④ 20m 이상의 건물에는 전력소모가 커서 비효율적이다.

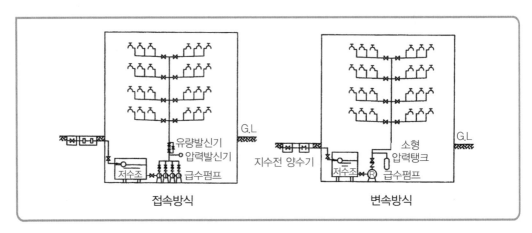

접속방식   변속방식

핵심 콕! 콕! 급수방식의 비교

구분	수도직결방식	고개(옥상)탱크 방식	압력탱크방식	탱크 없는 부스터방식
수질오염	가장 작음	가장 큼	약간 큼	작음
단수시 급수	불가능	물받이탱크와 고가탱크 내 물을 이용	물받이탱크의 물을 이용	물받이탱크의 물을 이용
정전시 급수	가능	고가탱크 내 물을 이용	불가능	불가능
고가탱크 면적	불필요	필요	불필요	불필요
설비비	가장 저가	고가	고가	고가
용도	소규모 건물 (주택)	대규모 건물 (아파트, 사무소)	체육관, 경기장	주택단지, 공장

02 급수배관방식

배관방식에 따라 상향급수배관법, 하향급수배관법, 상하향 혼용 급수배관법 등이 있다.

(1) 상향급수배관법

① 수도직결방식 또는 압력탱크방식의 경우, 지하실의 천장에 수평주관을 설치하고 여기에 상향수직관을 연결하여 각 층의 급수개소로 지관(枝管)을 갈라지게 하는 방식이다.

② 수평주관을 지하층 천장에 노출배관하므로 보수가 편리하다.

③ 상향수직관은 압력이 감소하는 것을 줄이기 위하여 상층일수록 관경을 크게 한다.

④ 수도직결방식, 압력탱크방식, 부스터방식 등이 있다.

(2) 하향급수배관법

① 고가탱크방식에 사용되는 배관법으로서 최상층의 천장에 은폐배관된 수평주관에 하향수직관을 연결하여 각 층으로 분기관을 뽑아 각 급수개소로 배관하는 방식이다.

② 배관이 천장에 은폐되므로 점검·수리가 불편하다.

③ 급수압이 일정하다.

(3) 상하향 혼용 급수배관법

1·2층은 상향식, 3층 이상은 고가수조에서 하향식으로 배관하는 방식이다.

03 초고층건물의 급수조닝방식

(1) 개요

① 초고층건물의 경우 최상층과 최하층의 수압차가 일정하지 않아 물을 사용하기가 곤란하다.

② 중간에 탱크를 설치하거나 감압밸브 등을 설치하여 급수압을 적절하게 조정해 주어야 한다.

③ 급수압이 고르게 될 수 있도록 급수계통을 건물의 상·하층으로 구분하여 급수조닝(zoning)을 할 필요가 있다.

(2) 급수조닝의 목적

① 저층부의 적절한 수압 유지

② 수격작용(water hammering) 방지

③ 부속품 파손 방지

고층건물에서 급수조닝을 하는 이유와 관련 있는 것은?　　　　　제22회

① 엔탈피　　　　　　　　　　　② 쇼트서킷
③ 캐비테이션　　　　　　　　　④ 수격작용
⑤ 유인작용

해설

고층건물에서 급수조닝을 하는 이유와 관련 있는 것은 수격작용이다.　　　　정답: ④

(3) 급수조닝의 압력

① 아파트, 호텔: 0.3~0.4MPa(30~40m) 이하가 되도록 조닝한다.
② 사무소: 0.4~0.5MPa(40~50m) 이하가 되도록 조닝한다.

(4) 조닝방식

① 중간수조에 의한 방식
　㉠ 세퍼레이트(separate)방식: 저수탱크에서 각 조닝의 탱크로 독립하여 양수시킨다.
　㉡ 부스터(booster)방식: 저수탱크에서 직상의 존(zone)의 탱크로 양수하고, 그 탱크에서 상층의 탱크로 양수하기 때문에 탱크는 위에 둘수록 작게 한다.
　㉢ 스필백(spill back)방식: 저수탱크에서 최상층의 고가탱크로 양수하고, 아래 존의 탱크에 자연 중력으로 점차 급수한다.
② 감압밸브에 의한 방식: 대형의 것을 급수주관에 설치하는 경우와 각 층의 지관마다 소형의 것을 설치하는 경우가 있다.
③ 압력탱크방식이나 펌프직송방식
　㉠ 각 존마다 급수계통을 분류하고, 저층 계통의 배관에 감압밸브를 설치하는 방식이다.
　㉡ 최상층에 고가탱크를 설치하지 않는 경우에는 중간탱크에서 압력탱크나 펌프직송방식으로 급수하는 방식이 채용된다.

조닝방식의 비교

구분	중간수조식	감압밸브식	중간수조·감압밸브 병용방식
장점	① 수압이 일정 ② 감압밸브방식에 비해 에너지 절약	① 수조·펌프 등이 필요 없어 설비비 감소 ② 각 층 감압밸브방식에서 정밀하게 조닝 가능	① 정밀한 조닝에 대처할 수 있음 ② 감압밸브가 고장나도 최고사용압력을 억제할 수 있음
단점	① 중간수조실, 양수펌프 등이 필요 ② 정밀한 조닝은 곤란	① 감압밸브가 고장나면 높은 수압이 기구에 직접 작용 ② 감압밸브의 관리가 필요	감압밸브의 관리가 필요
적용건물 및 방식	① 사무실, 호텔 등의 건물에 많음 ② 세퍼레이트방식이 일반적	① 사무실 등의 일반 건물에서는 주관 감압밸브 방식이 일반적 ② 아파트에서는 각 호 감압밸브방식도 사용됨	아파트 등에 사용

기출예제

급수설비에 관한 설명으로 옳은 것은? 제27회

① 고가수조방식은 타 급수방식에 비해 수질오염 가능성이 낮다.
② 수도직결방식은 건물 내 정전시 급수가 불가능하다.
③ 초고층건물의 급수조닝방식으로 감압밸브방식이 있다.
④ 배관의 크로스커넥션을 통해 수질오염을 방지한다.
⑤ 동시사용률은 위생기기의 개수가 증가할수록 커진다.

해설

① 고가수조방식은 타 급수방식에 비해 수질오염 가능성이 가장 크다.
② 수도직결방식은 건물 내 정전시 급수가 가능하다.
④ 배관의 크로스커넥션을 차단해 수질오염을 방지한다.
⑤ 동시사용률은 위생기기의 개수가 증가할수록 작아진다.

정답: ③

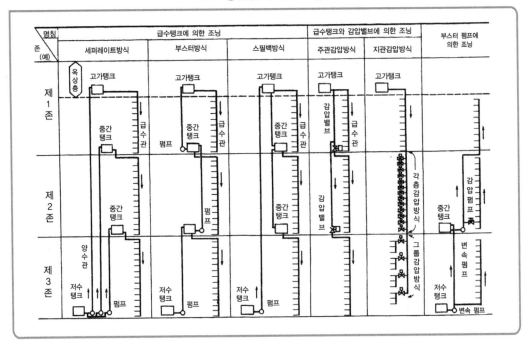

04 급수관경 결정

(1) 기구급수부하단위에 의한 방법

① **방법:** 배관의 유량은 배관계에 접속하는 기구의 급수량과 기구급수부하단위를 활용하여 산출한다.

② **기구급수부하단위(FU; Fixture Unit):** 기구급수부하단위란 세면기의 유량(30ℓ/min)을 1단위로 하여 각 위생기구의 단위를 산출하고 급수량을 정하는 방법으로, 급수관의 규격을 정하는 데 적용된다.

③ **각종 위생기구에 대한 연결급수관경**

(단위: mm)

위생기구명	급수관경		위생기구명	급수관경	
	저압	고압		저압	고압
세면기	15	10~15	살수전	15~20	15
샤워기	15	10~15	대변기(플러시밸브)	25~32	25
욕조수전	20	15	소변기(플러시밸브)	20~25	20
세탁용 수채	20	15~20	대변기(수조)	15	15~20
오물수채 · 부엌수채	15~20	15	비데(bidet)	15	15

(2) 균등표에 의한 약산법

① 간단한 옥내 급수관 관경 계산에 사용하는 방법으로, 관경균등표와 동시사용률을 적용하여 계산하는 방법이다.

② 각 위생기구의 접속관경을 표에서 구한다.

③ 각 접속관경을 균등표에서 15A 상당관수로 환산한다.

④ 말단 위생기구부터 15A 환산 상당관수를 누계한다.

⑤ 누계값에 동시사용률을 곱한다.

⑥ 대변기(세정밸브)의 누계값은 별도로 누계하여 동시사용률을 곱한다.

⑦ 위에서 구한 값을 이용하여 균등표에서 관경을 구한다.

급수관의 균등표

관경	15 (1/2)	20 (3/4)	25 (1)	32 (11/4)	40 (11/2)	50 (2)	65 (21/2)	80 (3)	100 (4)	125 (5)	150 (6)
15A(1/2B)	1										
20(3/4)	2	1									
25(1)	3.7	1.8	1								
32(11/4)	7.2	3.6	2	1							
40(11/2)	11	5.3	2.9	1.5	1						
50(2)	20	10.0	5.5	2.8	1.9	1					
65(21/2)	31	15.5	8.5	4.3	2.9	1.6	1				
80(3)	54	27	15	7	5	2.7	1.7	1			
100(4)	107	53	29	15	9.9	5.3	3.4	2	1		
125(5)	188	93	51	26	17	9.3	6	3.5	1.8	1	
150(6)	297	147	80	41	28	15	9.5	5.5	2.8	1.6	1

> **더 알아보기** **균등표에 의한 관경결정**
>
> 세정밸브식 대소변기가 다음과 같이 설치되어 있을 경우 급수지관 Ⓐ의 관경결정방법
>
> 세면기　　　　소변기　　　　소변기　　　　대변기　　　　대변기
>
> Ⓐ
>
> 1. 기구연결관경: 세면기 − 15A, 소변기 − 20A, 대변기 − 25A
> 2. 15A관 상당개수: 세면기 − 1개, 소변기 − 2개, 대변기 − 3.7개

3. 15A관 상당개수 누계: (세면기)1 × 1 + (소변기)2 × 2 + (대변기)2 × 3.7 = 12.4
4. 누계 × 동시사용률 = 12.4 × 0.7 = 8.68
5. 8.68은 15A 상당관의 균등표에서 7.2와 11 사이의 값이므로 여유 있는 11을 선택, Ⓐ의 관경은 40A로 한다.

(3) 마찰저항선도에 의한 방법

① 급수배관 내를 흐르는 수량 및 허용마찰과 관경을 구하는 방법이다.
② 먼저 급수관계에서 실제로 설치할 수 있는 기구의 합계, 기구급수부하단위로서 그 기구를 최대로 사용할 때의 유수량을 구한다.
③ 기구 자체에 필요로 하는 최저수압을 뺀 허용손실수두로서 관경을 결정한다.
④ 이 방법은 대규모 건축물의 급수배관 관경을 구할 때 이용된다.

기구급수부하단위(FU)

기구명	수전	기구급수부하단위		기구명	수전	기구급수부하단위	
		공중용	개인용			공중용	개인용
대변기	세정밸브	10	6	세면싱크	급수전	2	
	세정탱크	5	3	청소용 싱크	급수전	4	3
소변기	세정밸브	5		욕조	급수전	4	2
	세정탱크	3		샤워기	혼합밸브	4	
세면기	급수전	2	1	양식욕실	대변기가 세정밸브에 의한 경우		8
수세기	급수전	1	0.5		대변기가 세정탱크에 의한 경우		6
의료용 세면기	급수전	3		음수기	음용수수전	2	1
사무용 싱크	급수전	3		탕비기	볼탭	2	
부엌싱크	급수전		3	살수 · 차고	급수전	5	
조리장 탱크	급수전	4	2	식기세척 싱크	급수전	5	
	혼합밸브	3		연립싱크	급수전		3

제5절　오염

급수시스템 내에서 오염이 발생하는 원인으로는 유해물질의 침입, 배관의 부식, 배수의 역류, 크로스커넥션 등이 있다.

01 유해물질의 침입

① 상수용 저수조는 전용으로 설치한다.

② 천장, 바닥 및 주변의 벽은 보수·점검이 용이하도록 최소 60cm 이상의 여유공간을 확보한다.

③ 저수탱크는 완전히 밀폐하고, 맨홀 뚜껑을 통하여 다른 물이나 먼지 등이 들어가지 않도록 한다.

④ 강판제 수조의 방청은 에폭시수지로 한다.

⑤ 저수탱크 내에는 다른 목적의 배관을 하지 않는다.

⑥ 저수탱크에 부착된 오버플로우관은 철망을 씌워 벌레 등의 침입을 막는다.

⑦ 저수탱크 내면은 위생상 지장이 없는 도료 또는 공법으로 처리한다.

⑧ 저수조 등에는 필요 이상으로 다량의 물이 저장되지 않도록 한다.

기출예제

급수설비의 수질오염에 관한 설명으로 옳지 않은 것은?　　　　　제22회

① 저수조에 설치된 넘침관 말단에는 철망을 씌워 벌레 등의 침입을 막는다.
② 물탱크에 물이 오래 있으면 잔류염소가 증가하면서 오염 가능성이 커진다.
③ 크로스커넥션이 이루어지면 오염 가능성이 있다.
④ 세면기에는 토수구 공간을 확보하여 배수의 역류를 방지한다.
⑤ 대변기에는 버큠브레이커(vacuum breaker)를 설치하여 배수의 역류를 방지한다.

해설

물탱크에 물이 오래 있으면 잔류염소가 감소하면서 오염 가능성이 커진다.　　　　정답: ②

---

02 배관의 부식

① 철의 부식은 물속의 용존산소와 염(鹽)류에 의하여 많이 발생하고, 온도와 pH의 영향이 크다.

② 산화는 70℃ 전후에서 최대이고, pH가 낮을수록 크다.

③ 이온화 경향의 차이에 의하여 이종금속은 부식이 발생한다.

④ 전원으로부터 누설된 전류에 의하여 전기적 부식이 발생한다.

⑤ 금속재료에 응력이 가해질 때에 빠르게 부식한다.
⑥ 유속에 의한 부식 등이 있다.

03 배수의 역류

(1) 정의

배수의 역류는 단수시 급수관 내에 일시적인 부압이 형성되어 역사이펀(back−siphon action) 작용이 일어나 상수계통으로 배수가 역류되는 현상이다.

(2) 방지대책

① 위생기구의 넘침선(overflow line)과 수전류의 토수구 사이에 토수구 공간을 확보한다.
② 진공방지기(vacuum breaker, 역류방지기)를 설치하여 급수관 내에 생긴 부압에 대해 자동적으로 공기를 보충하여 이를 방지한다.
③ 진공방지기는 플러시밸브와 급수관 사이에 부착한다.

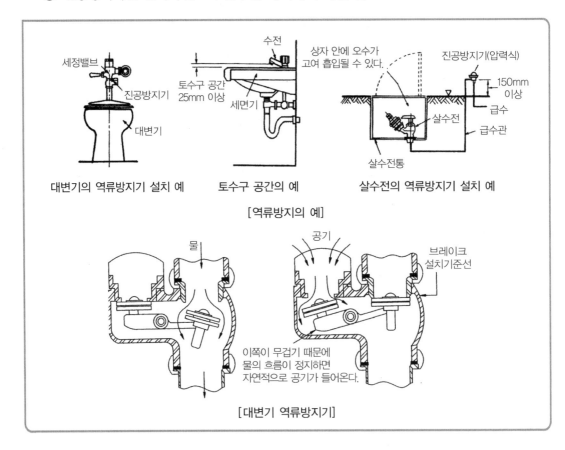

대변기의 역류방지기 설치 예   토수구 공간의 예   살수전의 역류방지기 설치 예

[역류방지의 예]

[대변기 역류방지기]

04 크로스커넥션

① 급수배관이나 기구구조의 불비(不備)·불량의 결과 급수관 내에 오수가 역류하여 음료수를 오염시키는 상태를 말한다.

② 급수관과 다른 용도의 배관을 연결(cross connection)해서는 안 된다.

크로스커넥션의 예

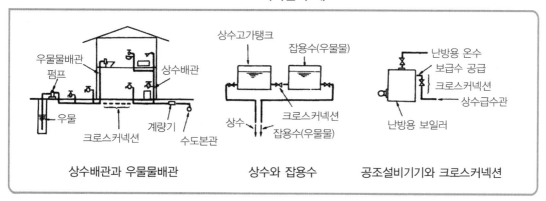

| 상수배관과 우물물배관 | 상수와 잡용수 | 공조설비기기와 크로스커넥션 |

기출예제

급수설비의 수질오염 방지대책으로 옳지 않은 것은?   제26회

① 수조의 급수 유입구와 유출구 사이의 거리는 가능한 한 짧게 하여 정체에 의한 오염이 발생하지 않도록 한다.

② 크로스커넥션이 발생하지 않도록 급수배관을 한다.

③ 수조 및 배관류와 같은 자재는 내식성 재료를 사용한다.

④ 건축물의 땅 밑에 저수조를 설치하는 경우에는 분뇨·쓰레기 등의 유해물질로부터 5m 이상 띄워서 설치한다.

⑤ 일시적인 부압으로 역류가 발생하지 않도록 세면기에는 토수구 공간을 둔다.

해설

수조의 급수 유입구와 유출구 사이의 거리는 가능한 한 길게 하여 정체에 의한 오염이 발생하지 않도록 한다.

정답: ①

급수배관계통도

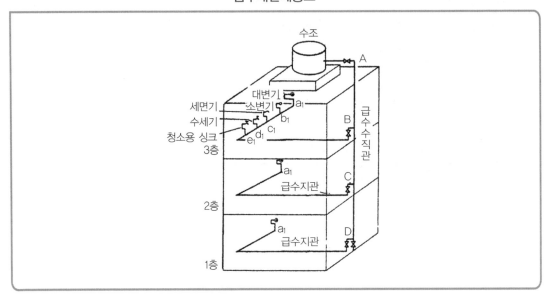

01 배관의 구배

① 급수관은 수리 기타 필요에 따라 관 속의 물을 완전히 배제할 수 있고 또한 공기가 정체하지 않도록 구배를 주어 배관하여야 한다.

② 최소 250분의 1 이상의 구배가 되도록 하고, 관의 하단에는 배수밸브를 설치한다.

③ 급수관의 배관구배

    ㉠ 하향배관법의 수평(횡)주관은 선하향구배로 한다.

    ㉡ 각 층의 수평주관은 선상향구배로 한다.

02 밸브(valve)

(1) 공기빼기밸브

    ① 설치목적: 굴곡부 배관 속의 공기를 제거하고 물의 흐름을 원활하게 하기 위하여 설치한다.

    ② 설치장소

        ㉠ 굴곡배관 상단부

        ㉡ 방열기 상단부

(2) 지수밸브(stop valve)

① 설치목적

㉠ 국부적 단수로 인한 급수계통의 수량 및 수압 조정을 위하여 설치한다.

㉡ 배관계통의 수리를 위하여 설치한다.

② 설치장소

㉠ 수평주관에서의 각 수직관의 분기점

㉡ 각 층 수평주관의 분기점

㉢ 급수관의 분기점

㉣ 집단기구의 분기점

㉤ 각 위생기구에 개별로 설치

③ **사용밸브**: 슬루스밸브(sluice valve)는 유체에 대한 마찰저항이 가장 작고, 수압과 수량을 조절하며 유로를 개폐하는 곳에 사용한다. 일명 게이트밸브라고도 부른다.

(3) 수리 · 교체

① **플랜지**: 수리 · 교체를 용이하게 하기 위하여 50mm 이상의 큰 배관에는 플랜지를 설치한다.

② **유니온**: 수리 · 교체를 용이하게 하기 위하여 50mm 이하의 배관에는 유니온을 설치한다.

03 수격작용(water hammering)

급수관 내 유속의 흐름을 급정지시키거나 정지된 물을 갑자기 흘려보낼 때 관 내에 압력파가 생겨 수압의 상승과 함께 배관을 망치로 치는 듯한 소음이 발생된다. 이 현상을 수격작용이라 부른다.

(1) 원인

① 플러시밸브나 수전류를 급격히 열고 닫을 때에 일어나기 쉽다.

② 관경이 작을수록 일어나기 쉽다.

③ 관 내의 유속이 빠를수록 일어나기 쉽다.

④ 배관에 굴곡부가 많을수록 일어나기 쉽다.

(2) 방지대책

① 수전류 등을 개폐하는 시간을 느리게 한다.

② 관경을 크게 하고, 관 내의 유속을 가능한 한 느리게 한다.

③ 굴곡배관을 가능한 한 억제한다.

④ 수전류 가까이에 공기실(air chamber)을 설치한다.

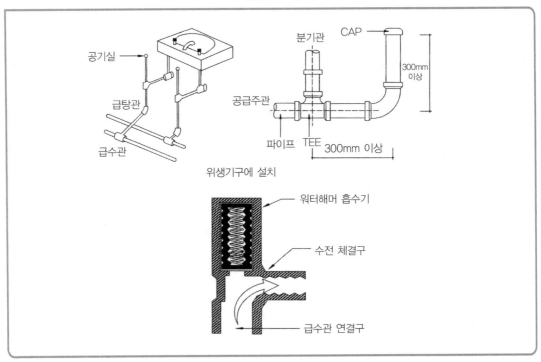

공기실

급탕관

급수관

위생기구에 설치

분기관   CAP

공급주관

파이프 TEE 300mm 이상

300mm
이상

워터해머 흡수기

수전 체결구

급수관 연결구

04 수주분리(water column separation)

수주분리란 관로에 관성력과 중력이 작용하여 물흐름이 끊기는 현상을 말하는 것으로, 수주분리가 일어나면 분리된 수주가 다시 결합할 때 수격을 발생시킨다.

05 슬리브(sleeve)

① 바닥이나 벽을 관통하는 배관의 경우 콘크리트를 칠 때 미리 얇은 철관의 슬리브를 넣고 슬리브 속으로 관을 통과시켜 배관을 설치하는 것이다.
② 슬리브를 설치하면 관의 신축에 무리가 생기지 않고 관의 수리·교체가 용이하다.

바닥면

슬래브

슬리브

06 관의 보호

(1) 방식피복(防蝕被覆)

연관이나 납땜이음 부분은 알칼리성에 쉽게 침식되므로 콘크리트 속에 매설하는 배관은 내알칼리성 방식피복을 하여야 한다.

(2) 방동(防凍) · 방로(防露)피복

① 급수배관에는 겨울철 동파나 결로를 방지하기 위하여 관의 외부를 보온재로 피복하여야 한다.

② 보온재의 두께는 가는 관일 경우 20mm, 굵은 관일 경우 50mm, 탱크류는 설치장소에 따라 25~75mm 정도로 한다.

07 수압시험

(1) 시험실시

배관공사 후 피복하기 전에 시공의 불량 여부를 파악하기 위하여 실시한다.

(2) 시험장소

접합부 및 기타 부분에서의 누수의 유무, 수압에 대한 저항 등

01 펌프(pump)의 종류

펌프의 종류는 구조 및 작동원리에 따라 터보형·용적형·특수형으로 나누는데, 터보형은 원심식과 축류식으로, 용적형은 왕복식과 회전식으로 나뉜다.

펌프	터보형	원심식	볼류트
			터빈
		축류식	축류
			경사류
	용적형	왕복식	피스톤
			플런저
			다이아프램
		회전식	기어
			나사
			베인
			재생
	특수형		

(1) 왕복동펌프

실린더 속에서 피스톤, 플런저, 버킷 등의 왕복운동으로 물을 송출하는 방식이며, 구조가 간단하고 취급이 용이하다.

① 종류

　㉠ 피스톤펌프(piston pump): 피스톤의 왕복운동으로 급수하는 펌프이며, 모래가 있는 물은 양수하지 못한다.

　㉡ 플런저펌프(plunger pump): 플런저의 왕복운동으로 급수하는 펌프이며, 용량이 적고 압력이 높은 곳에 사용한다.

　㉢ 워싱턴펌프(worthington pump): 보일러의 증기압을 동력으로 하여 보일러 내에 급수하는 펌프이며, 구조가 간단하고 고장이 적다.

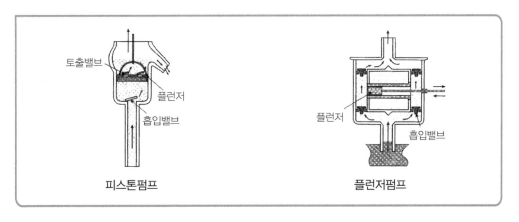

피스톤펌프   플런저펌프

② 특징

　　㉠ 양수량이 적어 양수량 조절이 어렵다.

　　㉡ 수압의 변동과 소음이 크다.

　　㉢ 필요 이상의 왕복운동을 하면 효율이 떨어진다.

(2) 원심(와권)펌프(centrifugal pump)

① 종류

　　㉠ 볼류트펌프(volute pump)

　　　ⓐ 축에 날개차(impeller)가 달려 있어 원심력으로 양수한다.

　　　ⓑ 20m 이하의 저양정에 사용한다.

　　　ⓒ 급탕, 냉·온수, 냉각수 등의 양정이 낮은 순환용 펌프로 많이 사용한다.

　　㉡ 터빈펌프(turbine pump)

　　　ⓐ 날개차 외주에 안내날개(guide vane)가 있어 물의 흐름을 조절한다.

　　　ⓑ 20m 이상의 고양정에 상용한다.

　　　ⓒ 임펠러의 수에 따라 단단터빈펌프와 다단터빈펌프로 구분한다.

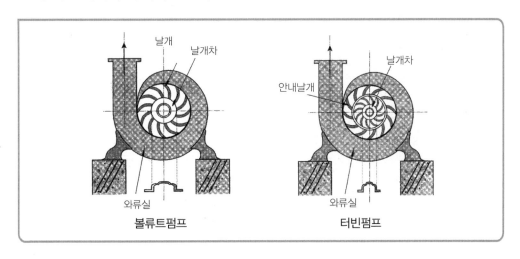

볼류트펌프   터빈펌프

② 특징

    ㉠ 양수량 조절이 용이하다.

    ㉡ 수압의 변동과 소음이 작다.

    ㉢ 고속운전에 적합하다.

(3) 라인펌프(line pump)

축류형 펌프로 급탕·난방설비에 설치하여 온수순환용으로 사용한다.

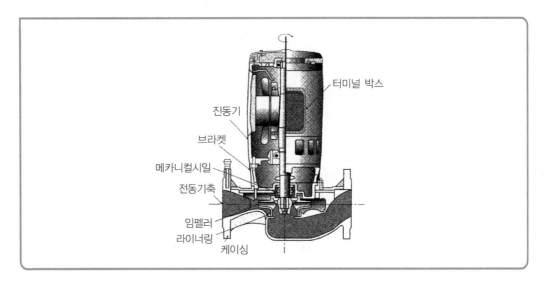

(4) 심정펌프(deep well pump)

① 보어홀펌프(borehole pump)

    ㉠ 지상의 모터와 물속의 임펠러를 긴 축으로 연결하여 작동시킨다.

    ㉡ 깊은 우물의 양수에 사용하는 입형 다단터빈펌프이다.

    ㉢ 고장이 많고 수리가 어렵다.

② 수중모터펌프(submerged pump): 모터와 터빈이 수중에서 작용하는 펌프이다.

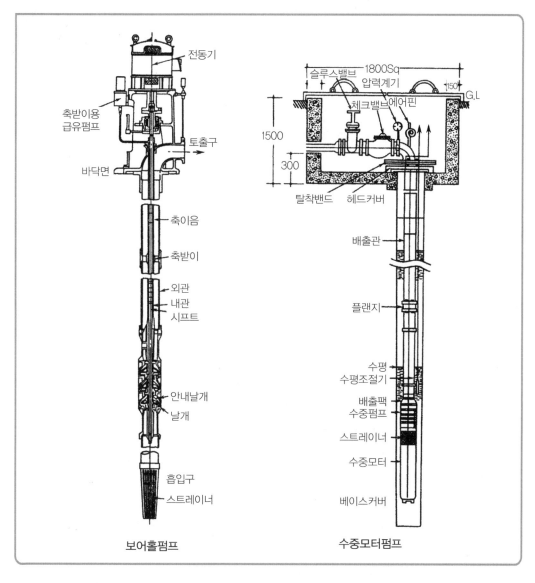

보어홀펌프   수중모터펌프

(5) 오수펌프

① 지하층 등에 설치된 대 · 소변기에서 사용된 오수나 오물잔재의 고형물 또는 천조각 등이
섞인 물을 배제하는 데 사용하는 펌프이다.

② 논클로그(non-clog)와 블레이드리스(bladeless)형이 있다.

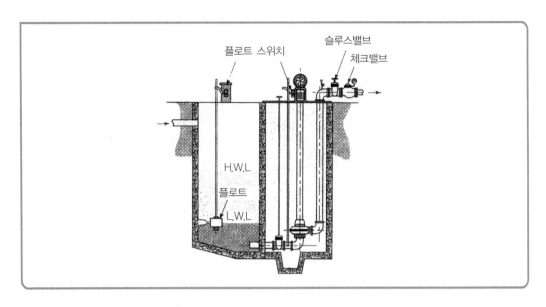

플로트 스위치
슬루스밸브
체크밸브
H.W.L
플로트
L.W.L

(6) 기타 펌프

① **마찰펌프**: 캐스케이드펌프 또는 웨스코펌프라고도 하며, 회전자가 고속도로 회전하여 케이싱 주벽과의 마찰에너지에 의하여 압력이 생겨 송수하는 펌프이다.

② **논클로그펌프(non-clog pump)**: 오물잔재의 고형물이나 천조각 등이 섞인 물을 배제하는 데 사용하는 펌프이다.

③ **기어펌프(gear pump)**: 두 개의 기어가 맞물려 회전하면서 오일을 송출하는 펌프이며 오일펌프라고도 한다.

④ **제트펌프(jet pump)**: 노즐에서 고압의 증기 또는 물을 고속으로 분사시키면 노즐의 끝부분이 압력이 낮아져 물을 빨아올려 송수하는 펌프이다(소화용 펌프).

⑤ **에어리프트펌프(air lift pump)**: 양수관의 하단에 압축공기관을 연결하여 우물 저부에 공기를 불어 넣어 물과 공기를 혼합시켜 물의 비중을 가볍게 하여 기포의 부력으로 양수관 내를 통해서 물을 상승시켜 양수하는 펌프이다.

02 펌프의 양정과 소요동력

(1) 펌프의 양정

- 펌프의 실양정 = 흡입양정 + 토출양정
- 펌프의 전양정 = 실양정(흡입양정 + 토출양정) + 마찰손실수두

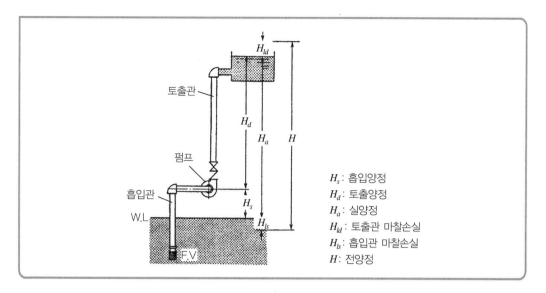

H_s: 흡입양정
H_d: 토출양정
H_a: 실양정
H_{ld}: 토출관 마찰손실
H_{ls}: 흡입관 마찰손실
H: 전양정

(2) 펌프의 흡상높이

① 펌프의 이론상 흡상높이는 대기압에 상당하는 수두로서 10.33m이나, 실제 흡상높이는 6~7m 정도이다.

② 해발이나 수온에 따라 다르다.

수온과 펌프의 흡상높이

구분	0℃	20℃	50℃	60℃	70℃	80℃	90℃	100℃
이론상 흡상높이(m)	10.33	9.685	9.042	7.894	7.308	5.562	2.926	0
실제 흡상높이(m)	7.0	6.5	4.0	2.5	0.5	0	0	0

(3) 펌프의 소요동력

- 펌프 축동력 $= \dfrac{W \cdot Q \cdot H}{6{,}120E}$ (kW)

- 펌프 축마력 $= \dfrac{W \cdot Q \cdot H}{4{,}500E}$ (HP)

W: 물의 단위용적중량(1,000kg/m³), Q: 양수량(m³/min), H: 펌프의 전양정(m), E: 펌프의 효율(%)

> [더 알아보기] **단위**
>
> - kW = 102kg · m/sec = 102 × 60 = 6,120kg · m/min
> - HP = 75kg · m/sec = 75 × 60 = 4,500kg · m/min

고가수조방식에서 양수펌프의 전양정이 50m이고, 시간당 30m³를 양수할 경우의 펌프 축동력은 약 몇 kW인가? (단, 펌프의 효율은 60%로 한다)   제22회

① 5.2   ② 6.8

③ 8.6   ④ 10.5

⑤ 12.3

해설

$$축동력(kW) = \frac{W \cdot Q \cdot H}{6{,}120E} = \frac{1{,}000 \times 30 \times 50}{6{,}120 \times 0.6 \times 60} = 6.8(kW)$$

정답: ②

(4) 펌프의 관경

$$d = \sqrt{\frac{4Q}{\pi v}} = 1.13 \sqrt{\frac{Q}{v}}$$

d: 관경(m), v: 유속(m/s), Q: 양수량(m³/min)

펌프 주위 배관

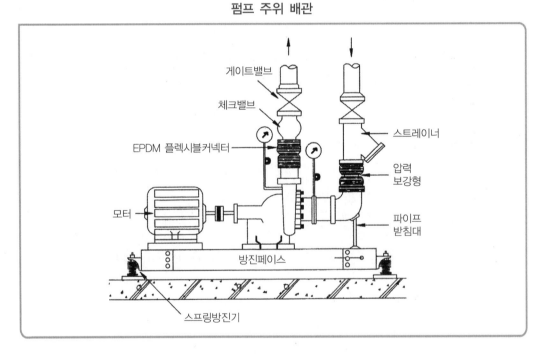

게이트밸브

체크밸브

스트레이너

EPDM 플렉시블커넥터

압력
보강형

모터

파이프
받침대

방진페이스

스프링방진기

03 펌프 설치시 주의사항

① 흡입구는 수면 위에서 관경의 2배 이상 물속에 잠기게 한다.
② 펌프는 효율을 위하여 흡상높이를 낮추어 설치한다.
③ 펌프는 효율을 위하여 펌프와 전동기의 축을 일직선상으로 배치한다.
④ 흡입관이나 토출관의 중량이 직접 펌프에 미치지 않도록 한다.
⑤ 양정이 높을 때에는 펌프 토출구에 게이트밸브·체크밸브를 설치한다.

기출예제

급수설비에 관한 설명으로 옳지 않은 것은? 제20회

① 경도가 높은 물은 기기 내 스케일 생성 및 부식 등의 원인이 된다.
② 수주분리가 일어나기 쉬운 배관 부분에 수격작용이 발생할 수 있다.
③ 급수설비는 기구의 사용목적에 적절한 수압을 확보해야 한다.
④ 고가수조방식에 비해 수도직결방식이 수질오염 가능성이 낮고, 설비비가 저렴하다.
⑤ 펌프를 병렬로 연결하여 운전대수를 변화시켜 양수량 및 토출압력을 조절하는 것을 변속 운전방식이라 한다.

해설

펌프를 병렬로 연결하여 운전대수를 변화시켜 양수량 및 토출압력을 조절하는 것은 대수제어방식이다.

정답: ⑤

---

04 공동현상(cavitation)

(1) 정의

① 공동현상이란 유체의 속도변화에 의한 압력변화로 인하여 유체 내에 빈 공간이 생기는 현상을 말하며, 캐비테이션이라고도 한다.
② 공동현상은 빠른 속도로 액체가 운동할 때 액체의 압력이 증기압 이하로 낮아져서 액체 내에 증기 기포가 발생하는 현상이다.
③ 이러한 현상이 생기면 펌프의 운전성능은 현저히 저하되거나 양수를 할 수 없는 상태가 되고 격심한 소음과 진동이 발생하게 되는데, 이렇게 펌프의 운전이 불안정해지는 현상을 공동현상이라 한다.

(2) 발생원인

① 흡입양정이 너무 높을 때
② 유로(流路)의 급변

③ 와류

④ 유로의 장애

⑤ 공기의 흡입

> **더 알아보기** **와류(渦流, eddy)**
>
> 유체의 흐름의 일부가 본류와 반대되는 방향으로 소용돌이치는 현상이다.

(3) 방지법

① 펌프의 설치높이를 최대한 낮추어 흡입양정을 짧게 한다.

② 펌프의 회전수를 낮추어 흡입비 속도를 작게 한다.

③ 수온 상승을 방지한다.

④ 흡입배관의 마찰저항을 감소시킨다.

기출예제

01 **급수설비에서 펌프에 관한 설명으로 옳은 것은?** 제21회

① 공동현상을 방지하기 위해 흡입양정을 낮춘다.

② 펌프의 전양정은 회전수에 반비례한다.

③ 펌프의 양수량은 회전수의 제곱에 비례한다.

④ 동일특성을 갖는 펌프를 직렬로 연결하면 유량은 2배로 증가한다.

⑤ 동일특성을 갖는 펌프를 병렬로 연결하면 양정은 2배로 증가한다.

해설

② 펌프의 전양정은 회전수의 제곱에 비례한다.

③ 펌프의 양수량은 회전수에 비례한다.

④ 동일특성을 갖는 펌프를 직렬로 연결하면 양정이 2배 가까이 증가한다.

⑤ 동일특성을 갖는 펌프를 병렬로 연결하면 유량이 2배 가까이 증가한다. 정답: ①

02 **급수설비에 관한 내용으로 옳은 것은?** 제19회

① 주택용 급수배관 내 유속은 4m/s 이상으로 하는 것이 바람직하다.

② 지하층 저수조에서 옥상층 고가수조로 양수할 때 펌프의 실양정(m)은 0이 된다.

③ 배관계 구성이 동일할 경우, 배관 내 물의 온도가 높을수록 캐비테이션의 발생 가능성이 커진다.

④ 고가수조방식은 압력수조방식에 비해 수압변동이 심하다.

⑤ 수도직결방식은 해당 주택이 정전되었을 때 물 공급이 불가능하다.

① 주택용 급수배관 내 유속은 1.0m/s 이상 1.5m/s 이하로 하는 것이 바람직하다.
② 지하층 저수조에서 옥상층 고가수조로 양수할 때 펌프의 실양정(m)은 0보다 크다.
④ 고가수조방식은 압력수조방식에 비해 수압변동이 일정하다.
⑤ 수도직결방식은 해당 주택이 정전되었을 때 물 공급이 가능하다.

정답: ③

05 맥동현상(surging)

(1) 개요

① 펌프를 적은 유량범위의 상태에서 가동하게 되면 송출유량과 송출압력의 주기적인 변동이 반복되면서 소음과 진동이 심해지는 현상을 말하며, 서징현상이라고도 한다.
② 이러한 현상이 지속되면 운전상태가 불안정하게 되고, 심한 경우에는 기계장치나 배관의 파손을 가져올 수 있다.

기출예제

01 건축설비의 용어에 관한 내용으로 옳지 않은 것은? 제24회

① 국부저항은 배관이나 덕트에서 직관부 이외의 구부러지는 부분, 분기부 등에서 발생하는 저항이다.
② 소켓은 같은 관경의 배관을 직선으로 접속할 때 사용한다.
③ 서징현상은 배관 내를 흐르는 유체의 압력이 그 온도에서의 유체의 포화증기압보다 낮아질 경우 그 일부가 증발하여 기포가 발생하는 것이다.
④ 비열은 어떤 물질의 질량 1kg을 온도 1℃ 올리는 데 필요한 열량이다.
⑤ 고위발열량은 연료가 연소할 때 발생되는 수증기의 잠열을 포함한 총발열량이다.

해설

서징현상은 펌프를 적은 유량범위의 상태에서 가동하게 되면 송출유량과 송출압력의 주기적인 변동이 반복되면서 소음과 진동이 심해지는 현상이다.

정답: ③

02 급수설비의 펌프에 관한 내용으로 옳은 것은? 제26회

① 흡입양정을 크게 할수록 공동현상(cavitation) 방지에 유리하다.
② 펌프의 실양정은 흡입양정, 토출양정, 배관 손실수두의 합이다.
③ 서징(surging)현상을 방지하기 위해 관로에 있는 불필요한 잔류 공기를 제거한다.
④ 펌프의 전양정은 펌프의 회전수에 반비례한다.
⑤ 펌프의 회전수를 2배로 하면 펌프의 축동력은 4배가 된다.

(2) 발생원인

① 펌프의 특성곡선(H-Q)이 오른쪽 상향구배 특성을 가지고 있을 때
② 토출배관이 길고, 배관 도중에 수조 또는 기체상태(공기가 있는 부분)인 부분이 존재할 때
③ 수조 또는 기체상태가 있는 부분의 하류측 밸브에서 토출량을 조절할 때
④ 운전점이 오른쪽 하향구배 특성범위 이하에서 운전할 때
◉ 상기조건 중 어느 하나만 만족되지 않아도 서징현상은 발생하지 않는다.

(3) 발생현상

① 흡입 및 토출배관의 주기적인 진동과 소음을 수반한다.
② 한번 발생하면 송출밸브로 송출량을 조작하여 운전상태를 바꾸지 않는 한 상태가 지속된다.

(4) 방지법

① 설계단계 방지법
  ㉠ 펌프의 특성곡선(H-Q)이 오른쪽 하향구배 특성을 가진 펌프를 채용한다.
  ㉡ 회전차나 안내깃의 형상 치수를 바꾸어 그 특성을 변화시킨다.
  ㉢ 배관 중간에 수조 또는 기체상태인 부분이 존재하지 않도록 배관한다.
  ㉣ 유량조절밸브를 펌프 토출측 직후에 위치시킨다.
  ㉤ 관로의 단면적, 유속, 저항 등을 조절한다.
② 시공·운전단계 방지법
  ㉠ 바이패스관을 사용하여 펌프 특성곡선(H-Q)이 오른쪽 하향구배가 되도록 한다.
  ㉡ 펌프 토출측에 서지탱크(surge tank)를 설치한다.
  ㉢ 저유량에서 회전수를 낮춘다.

핵심 콕! 콕! 펌프의 성능곡선(pump performance curve)

1. 펌프의 성능은 성능곡선으로 나타낼 수 있다.

2. 펌프의 성능곡선은 펌프의 규정 회전수에서 토출량과 전양정, 펌프효율, 소요동력 등의 관계를 나타낸 것이다.

3. 가로축은 토출량이며 세로축은 전양정, 소요동력, 펌프효율을 나타내고 있다.

4. 이러한 곡선을 보고 어느 정도의 압력에서 어느 정도의 양만큼 토출할 수 있는지와, 이때 소요되는 동력의 크기를 확인할 수 있다.

5. 임의의 토출량에서 수직한 선과 교점이 그 토출량에서의 전양정 A1, 펌프효율 B1, 소요동력 C1을 나타낸다.

6. 일반적으로 토출량이 큰 범위에서 펌프를 사용하게 되면 펌프의 전양정은 감소한다.

7. 반대로 토출량이 0인 A2점[체절점(shut-off head)이라고 한다]에서는 최대 전양정값을 가지나 펌프효율이 0이 된다.

8. 이때의 소요동력 C2는 유효한 펌프 일이 아니므로 모두 열로 변환되어 사라지게 된다.

9. 체절점에서의 양정은 평탄한 구간대비 약 20~25% 정도의 높은 값을 가지게 된다.

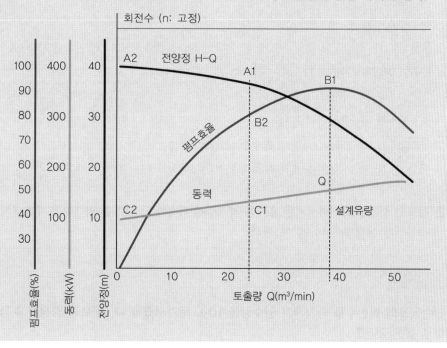

급수설비에서 펌프에 관한 설명으로 옳지 않은 것은?

제25회

① 펌프의 양수량은 펌프의 회전수에 비례한다.
② 볼류트펌프와 터빈펌프는 원심식 펌프이다.
③ 서징(surginr)이 발생하면 배관 내의 유량과 압력에 변동이 생긴다.
④ 펌프의 성능곡선은 양수량, 관경, 유속, 비체적 등의 관계를 나타낸 것이다.
⑤ 공동현상(cavitation)을 방지하기 위해 흡입양정을 낮춘다.

해설

펌프의 성능곡선은 펌프효율, 동력, 전양정, 토출량, 회전수 등의 관계를 나타낸 것이다. 정답: ④

더 알아보기 펌프 상사의 법칙 - 회전수 변화에 따른 유량(송풍량), 양정(압력), 축동력의 변화

1. 같은 펌프라도 회전날개(임펠러)의 회전수를 변화시키면 그 성능이 변화하며, 변화량은 다음과 같다.

> • 유량(송풍량): $Q_2 = Q_1 \times \left(\dfrac{N_2}{N_1}\right)^1$
>
> • 양정(압력): $H_2 = H_1 \times \left(\dfrac{N_2}{N_1}\right)^2$
>
> • 축동력: $L_2 = L_1 \times \left(\dfrac{N_2}{N_1}\right)^3$
>
> Q_1, H_1, L_1: 회전수 N_1일 때의 유량, 양정, 축동력
> Q_2, H_2, L_2: 회전수 N_2일 때의 유량, 양정, 축동력

2. 펌프의 회전수를 변화시키면 유량은 회전수에 비례하고, 양정은 회전수의 제곱에 비례하며, 축동력은 세제곱에 비례하게 된다.

기출예제

급수펌프의 회전수를 증가시켜 양수량을 10% 증가시켰을 때, 펌프의 양정과 축동력의 변화로 옳은 것은?

제27회

① 양정은 10% 증가하고, 축동력은 21% 증가한다.
② 양정은 21% 증가하고, 축동력은 10% 증가한다.
③ 양정은 21% 증가하고, 축동력은 약 33% 증가한다.
④ 양정은 약 33% 증가하고, 축동력은 10% 증가한다.
⑤ 양정은 약 33% 증가하고, 축동력은 21% 증가한다.

제8절   절수설비와 절수기기의 종류 및 기준

01 절수설비 및 절수기기의 구분(법 제3조)

(1) 절수설비

별도의 부속이나 기기를 추가로 장착하지 아니하고도 일반 제품에 비하여 물을 적게 사용하도록 생산된 수도꼭지 및 변기를 말한다.

(2) 절수기기

물 사용량을 줄이기 위하여 수도꼭지나 변기에 추가로 장착하는 부속이나 기기로, 절수형 샤워헤드를 포함한다.

02 건축물 및 시설에 설치할 절수설비나 절수기기의 기준(법 제15조)

(1) 수도꼭지

① 공급수압 98kPa에서 최대토수유량이 1분당 6.0ℓ 이하인 것. 다만, 공중용 화장실에 설치하는 수도꼭지는 1분당 5ℓ 이하인 것이어야 한다.

② 샤워헤드 방향은 공급수압 98kPa에서 최대토수유량이 1분당 7.5ℓ 이하인 것

(2) 변기

① 대변기는 공급수압 98kPa에서 사용수량이 6ℓ 이하인 것

② 대·소변 구분형 대변기는 공급수압 98kPa에서 평균사용수량이 6ℓ 이하인 것

③ 소변기는 물을 사용하지 않는 것이거나, 공급수압 98kPa에서 사용수량이 2ℓ 이하인 것

공급수압	절수설비 직전의 위치에서 물이 공급될 때의 수압을 말하며, 최대공급수압이 98kPa 미만인 지점에 설치되는 절수설비는 공급수압 기준을 적용하지 않는다.
토수량	일정 시간 동안 수도꼭지를 통하여 배출되는 물의 총량(ℓ)을 말한다.
토수유량	수도꼭지를 통하여 배출되는 단위시간당 물의 양(ℓ/min)을 말한다. 다만, 토수가 시작된 이후 시간 경과에 따라 토수유량이 달라지는 경우에는 토수가 시작되어 토수가 그칠 때까지의 토수량을 토수유량으로 환산하여 적용한다.
최대토수유량	수도꼭지의 핸들이나 레버를 완전히 열었을 때 배출되는 단위시간당 물의 양(ℓ/min)을 말한다. 다만, 온·냉수 혼합 수도꼭지의 경우 온수쪽 또는 냉수쪽 어느 한쪽을 완전히 열었을 때의 토수유량 중 큰 값을 최대토수유량으로 본다.
세척밸브	물탱크가 없는 양변기에 설치하는 수세밸브를 말한다.
사용수량	수도관으로부터 물이 공급되는 상황에서 수세핸들을 1초간 작동시켜 변기를 세척할 때 가장 많은 양의 물이 나올 수 있는 상태로 설치되어 나오는 1회분 물의 양을 말하며, 변기 세척 후 물탱크 외의 부분을 다시 채우는 보충수를 포함한다. 다만, 물탱크 대신 세척밸브를 부착하여 사용하는 변기의 1회분 물의 양은 수세핸들을 1초간 작동시켰을 때의 물의 양과 3초간 작동시켰을 때의 물의 양을 평균하여 산정한다.
평균사용수량	대·소변 구분형 대변기에 적용하는 사용수량을 말하며, 다음의 계산식에 따라 산출한다. $$평균사용수량 = \frac{(소변용\ 사용수량) \times 2 + (대변용\ 사용수량)}{3}$$

기출예제

수도법령상 절수설비와 절수기기의 종류 및 기준에 관한 내용으로 옳은 것은? (단, 공급수압은 98kPa이다)

제27회

① 소변기는 물을 사용하지 않는 것이거나, 사용수량이 2ℓ 이하인 것
② 공중용 화장실에 설치하는 수도꼭지는 최대토수유량이 1분당 6ℓ 이하인 것
③ 대변기는 사용수량이 9ℓ 이하인 것
④ 샤워용 수도꼭지는 해당 수도꼭지에 샤워호스(hose)를 부착한 상태로 측정한 최대토수유량이 1분당 9ℓ 이하인 것
⑤ 대·소변 구분형 대변기는 평균사용수량이 9ℓ 이하인 것

해설

② 공중용 화장실에 설치하는 수도꼭지는 최대토수유량이 1분당 5ℓ 이하인 것
③ 대변기는 사용수량이 6ℓ 이하인 것
④ 샤워용 수도꼭지는 해당 수도꼭지에 샤워호스(hose)를 부착한 상태로 측정한 최대토수유량이 1분당 7.5ℓ 이하인 것
⑤ 대·소변 구분형 대변기는 평균사용수량이 6ℓ 이하인 것

정답: ①

01 순수한 물은 0℃에서 얼며 약 9%의 체적이 팽창되고, 4℃의 물이 100℃의 물이 되면 약 1,700배의 체적이 팽창된다. ( )

02 마찰손실수두는 관의 손실계수와 길이, 유속의 제곱에 비례하고, 관경과 중력가속도에 반비례한다. ( )

03 중수는 음료수나 사람의 신체가 닿는 곳에 사용할 수 있다. ( )

04 정수과정은 '채수 ⇨ 침전 ⇨ 폭기 ⇨ 여과 ⇨ 살균(멸균) ⇨ 급수' 순이다. ( )

05 경도는 물속에 녹아 있는 칼슘, 마그네슘 등의 염류의 양을 탄산칼슘의 농도로 환산하여 표시한 것이다. ( )

---

01 × 순수한 물은 0℃에서 얼며 약 9%의 체적이 팽창되고, 4℃의 물이 100℃의 물이 되면 약 4.3%의 체적이 팽창된다.

02 ○

03 × 중수는 음료수나 사람의 신체가 닿는 곳에 사용할 수 없다.

04 ○

05 ○

06 보일러에 경도가 낮은 물을 사용하면 관 내에 스케일이 많이 끼고 과열의 원인이 되며, 전열효율이 저하되고 보일러의 수명이 단축된다. (　　)

07 pH는 수소이온농도를 표시하며, 먹는 물은 pH 5.8 이상, pH 8.5 이하이어야 한다. (　　)

08 급수량 산정방법에는 사용인원수에 의한 방법, 건물면적에 의한 방법, 위생기구수에 의한 방법이 있다. (　　)

09 먹는 물의 수소이온농도는 pH 5.8 이하, pH 8.5 이상이어야 한다. (　　)

10 세정밸브와 자동밸브의 최저필요압력은 0.07MPa이고, 보통밸브는 0.03MPa이다. (　　)

11 수도직결방식은 급수오염이 가장 크고, 단수시 급수가 불가능하지만 정전시 급수가 가능하다. (　　)

12 고가탱크방식은 압력이 항상 일정하므로 배관부속품의 파손이 적고, 급수오염 가능성이 가장 크며 대규모 건물에 사용한다. (　　)

---

06 ✕ 보일러에 경도가 높은 물을 사용하면 관 내에 스케일이 많이 끼고 과열의 원인이 되며, 전열효율이 저하되고 보일러의 수명이 단축된다.

07 ○

08 ○

09 ✕ 먹는 물의 수소이온농도는 pH 5.8 이상, pH 8.5 이하이어야 한다.

10 ○

11 ✕ 수도직결방식은 급수오염이 가장 작고, 단수시 급수가 불가능하지만 정전시 급수가 가능하다.

12 ○

13 급수조닝의 목적은 저층부의 적절한 수압을 유지하고, 부속품 파손 방지와 수격작용을 방지하는 것이다. ( )

14 급수부하단위는 소변기의 유량(30ℓ/min)을 1단위로 하여, 각 위생기구의 단위를 산출하고 급수량을 정하는 방법이다. ( )

15 배수의 역류방지법에는 위생기구의 넘침선과 수전류의 토수구 사이에 토수구 공간을 확보하거나 진공방지기를 설치하는 방법이 있다. ( )

16 크로스커넥션은 배수관 내에 오수가 역류하여 음료수를 오염시키는 상태를 말한다. ( )

17 수격작용 방지법은 굴곡배관을 가능한 한 억제하면서 관경을 작게 하고, 유속을 가능한 한 빠르게 하며 수전류 가까이에 공기실(air chamber)을 설치한다. ( )

18 슬리브 바닥이나 벽을 관통하는 배관의 경우 콘크리트를 칠 때 미리 얇은 철관의 슬리브를 넣고 슬리브 속으로 관을 통과시켜 배관을 설치하는 것이며, 관의 신축에 무리가 생기지 않고 관의 수리·교체가 용이하다. ( )

---

13 ○

14 × 급수부하단위는 세면기의 유량(30ℓ/min)을 1단위로 하여, 각 위생기구의 단위를 산출하고 급수량을 정하는 방법이다.

15 ○

16 × 크로스커넥션은 급수관 내에 오수가 역류하여 음료수를 오염시키는 상태를 말한다.

17 × 수격작용 방지법은 굴곡배관을 가능한 한 억제하면서 관경을 굵게 하고, 유속을 가능한 한 느리게 하며 수전류 가까이에 공기실(air chamber)을 설치한다.

18 ○

19 수압시험은 배관공사 후 피복 후에 실시하며, 시공의 불량 여부를 파악하기 위하여 실시한다.
( )

20 왕복동펌프는 양수량 조절이 어렵고, 수압의 변동과 소음이 크며, 필요 이상의 왕복운동을 하면 효율이 떨어진다.
( )

21 라인펌프는 축류형 펌프로 급탕·난방설비에 설치하여 온수순환용으로 사용한다. ( )

22 공동현상 방지법에는 흡입양정을 길게 하고, 펌프 회전수를 낮추어 흡입비 속도를 작게 하며, 수온 상승을 방지하거나 흡입배관의 마찰저항을 감소시키는 방법 등이 있다. ( )

23 맥동현상은 송출유량과 송출압력의 주기적인 변동이 반복되면서 소음과 진동이 심해지는 현상을 말하며, 서징현상이라고도 한다.
( )

---

19 ✕ 수압시험은 배관공사 후 피복하기 전에 실시하며, 시공의 불량 여부를 파악하기 위하여 실시한다.

20 ◯

21 ◯

22 ✕ 공동현상 방지법에는 흡입양정을 짧게 하고, 펌프 회전수를 낮추어 흡입비 속도를 작게 하며, 수온 상승을 방지하거나 흡입배관의 마찰저항을 감소시키는 방법 등이 있다.

23 ◯

01 **건축설비의 기본사항으로 옳지 않은 것은?**   제17회

① 순수한 물은 1기압하에서 4℃일 때 가장 무겁고, 그 부피는 최소가 된다.

② 액체의 압력은 임의의 면에 대하여 수직으로 작용하며, 액체 내 임의의 점에서 압력세기는 어느 방향이나 동일하게 작용한다.

③ 일정량의 기체 체적과 압력의 곱은 기체의 절대온도에 비례한다.

④ 유체의 마찰력은 접촉되는 고체 표면의 크기, 거칠기, 속도의 제곱에 반비례한다.

⑤ 열은 고온물체에서 저온물체로 자연적으로 이동하지만, 저온물체에서 고온물체로는 그 자체만으로는 이동할 수 없다.

02 **건축설비의 기초사항에 관한 내용으로 옳은 것은?**   제25회

① 순수한 물은 1기압하에서 4℃일 때 가장 무겁고 부피는 최대가 된다.

② 섭씨 절대온도는 섭씨온도에 459.7을 더한 값이다.

③ 비체적이란 체적을 질량으로 나눈 것이다.

④ 물체의 상태변화 없이 온도가 변화할 때 필요한 열량은 잠열이다.

⑤ 열용량은 단위 중량 물체의 온도를 1℃ 올리는 데 필요한 열량이다.

03 건축설비에 관한 내용으로 옳은 것은?

① 배관 내를 흐르는 물과 배관 표면과의 마찰력은 물의 속도에 반비례한다.

② 물체의 열전도율은 그 물체 1kg을 1℃ 올리는 데 필요한 열량을 말한다.

③ 공기가 가지고 있는 열량 중, 공기의 온도에 관한 것이 잠열, 습도에 관한 것이 현열이다.

④ 동일한 양의 물이 배관 내를 흐를 때 배관의 단면적이 2배가 되면 물의 속도는 4분의 1배가 된다.

⑤ 실외의 동일한 장소에서 기압을 측정하면 절대압력이 게이지압력보다 큰 값을 나타낸다.

정답 | 해설

01 ④ 유체의 마찰력은 접촉되는 고체 표면의 크기, 거칠기, 속도의 제곱에 <u>비례</u>한다.

02 ③ ① 순수한 물은 1기압하에서 4℃일 때 가장 무겁고 부피는 <u>최소</u>가 된다.
② 섭씨 절대온도는 섭씨온도에 <u>273.15</u>를 더한 값이다.
④ 물체의 상태변화 없이 온도가 변화할 때 필요한 열량은 <u>현열</u>이다.
⑤ 열용량은 <u>특정물질의 온도 1K를 상승시키기 위해</u> 필요한 열량이다.

03 ⑤ ① 배관 내를 흐르는 물과 배관 표면과의 마찰력은 물의 속도에 <u>비례</u>한다.
② 물체 1kg을 1℃ 올리는 데 필요한 열량은 <u>비열</u>이다.
③ 공기가 가지고 있는 열량 중, 공기의 온도에 관한 것이 <u>현열</u>, 습도에 관한 것이 <u>잠열</u>이다.
④ 동일한 양의 물이 배관 내를 흐를 때 배관의 단면적이 2배가 되면 물의 속도는 <u>2분의 1배</u>가 된다.

04 급수설비에 관한 설명으로 옳은 것은? 제24회

① 급수펌프의 회전수를 2배로 하면 양정은 8배가 된다.
② 펌프의 흡입양정이 작을수록 서징현상 방지에 유리하다.
③ 펌프직송방식은 정전이 될 경우 비상발전기가 없어도 일정량의 급수가 가능하다.
④ 고층건물의 급수 조닝방법으로 안전밸브를 설치하는 것이 있다.
⑤ 먹는 물 수질기준 및 검사 등에 관한 규칙상 먹는 물의 수질기준 중 수돗물의 경도는 300mg/L를 넘지 않아야 한다.

05 급수방식에 관한 설명으로 옳지 않은 것은? 제15회

① 압력탱크방식은 급수압력이 일정하게 유지되지 않는다는 단점이 있다.
② 펌프직송방식과 압력탱크방식은 고가수조를 설치하지 않아도 급수가 가능하다.
③ 펌프직송방식에서는 펌프의 회전수 제어를 위해서 인버터제어방식 등이 이용된다.
④ 고가수조방식에서는 고층부 수전과 저층부 수전의 토출압력이 동일하다.
⑤ 수도직결방식은 시설비 및 위생적인 측면에서 유리하나 단수시 급수가 불가능하다는 단점이 있다.

06 급수방식 중 고가탱크방식에 관한 설명으로 옳지 않은 것은? 제16회

① 단수시에도 일정량의 급수가 가능하다.
② 주로 수도본관 압력에 따라 수도꼭지의 토출압력이 변동한다.
③ 펌프직송방식에 비하여 수질오염의 가능성이 크다.
④ 고가탱크 수위면과 사용기구의 낙차가 클수록 토출압력이 증가한다.
⑤ 고가탱크의 설치높이는 최상층 사용기구의 최소필요압력과 배관 마찰손실 등을 고려하여 결정한다.

07 고가탱크방식에 관한 설명으로 옳지 않은 것은?

① 물을 지하저수조에 모은 후 양수펌프를 이용하여 고가수조로 양수한 후 그 수위를 이용하여 하향급수관을 통해 급수하는 방식이다.

② 저수조의 용량은 일반적으로 1일 급수량 이상으로 한다.

③ 고가탱크의 용량은 '1시간 최대사용수량(m^3) × 1~3시간(h)'이다.

④ 플로트스위치는 양수펌프의 시동과 정지를 자동으로 하기 위하여 옥상탱크의 물속에 설치하여 수위를 조절하는 스위치이다.

⑤ 넘침관은 스위치의 고장으로 급수가 계속될 때 탱크에서 넘쳐흐르는 물을 배출하는 관으로 양수관과 동일한 관으로 한다.

08 압력탱크방식에 관한 설명으로 옳지 않은 것은?

① 국부적으로 고압을 필요로 하는 경우에 적합하다.

② 최고·최저 압력의 차가 커서 급수압이 일정하지 않다.

③ 취급이 쉽고 다른 방식에 비하여 고장이 적다.

④ 에어컴프레서를 설치하여 때때로 공기를 공급하여야 한다.

⑤ 고장이나 정전시 즉시 급수가 중단된다.

정답 | 해설

04 ⑤ ① 양정은 회전수의 제곱에 비례하므로 급수펌프의 회전수를 2배로 하면 양정은 4배가 된다.
② 펌프의 흡입양정이 작을수록 공동현상 방지에 유리하다.
③ 펌프직송방식은 정전이 될 경우 급수가 불가능하다.
④ 고층건물의 급수 조닝방법으로 감압밸브를 설치하는 것이 있다.

05 ④ 고가수조방식에서는 고층부 수전과 저층부 수전의 토출압력이 다르다.

06 ② 수도본관 압력에 따라 수도꼭지의 토출압력이 변동하는 것은 수도직결방식의 특징이다.

07 ⑤ 넘침관은 스위치의 고장으로 급수가 계속될 때 탱크에서 넘쳐흐르는 물을 배출하는 관으로 양수관보다 2배 정도 큰 관으로 한다.

08 ③ 취급이 어렵고 다른 방식에 비하여 고장이 많다.

09 고층건물에서 급수조닝을 하는 이유와 관련 있는 것은? 제22회

① 엔탈피　　　　　　　　　　② 쇼트서킷
③ 캐비테이션　　　　　　　　④ 수격작용
⑤ 유인작용

10 급수설비의 수질오염 방지대책에 관한 설명으로 옳지 않은 것은? 제17회

① 수조는 부식이 적은 스테인리스 재질을 사용하여 수질에 영향을 주지 않도록 한다.
② 음료수 배관과 음료수 이외의 배관은 접속시켜 설비배관의 효율성을 높이도록 한다.
③ 단수 등이 발생시 일시적인 부압에 의한 배수의 역류가 발생하지 않도록 토수구 공간을 두거나 역류방지기 등을 설치한다.
④ 배관 내에 장시간 물이 흐르면 용존산소의 영향으로 부식이 진행되므로 배관류는 부식에 강한 재료를 사용하도록 한다.
⑤ 저수탱크는 필요 이상의 물이 저장되지 않도록 하고, 주기적으로 청소하고 관리하도록 한다.

11 급수설비의 수질오염에 관한 설명으로 옳지 않은 것은? 제22회

① 저수조에 설치된 넘침관 말단에는 철망을 씌워 벌레 등의 침입을 막는다.
② 물탱크에 물이 오래 있으면 잔류염소가 증가하면서 오염 가능성이 커진다.
③ 크로스커넥션이 이루어지면 오염 가능성이 있다.
④ 세면기에는 토수구 공간을 확보하여 배수의 역류를 방지한다.
⑤ 대변기에는 버큠브레이커(vacuum breaker)를 설치하여 배수의 역류를 방지한다.

12 배관의 부식에 관한 내용으로 옳지 않은 것은?

① 철의 부식은 물속의 용존산소와 염(鹽)류에 의하여 많이 발생하고, 온도와 pH의 영향이 크다.

② 산화는 70℃ 전후에서 최대이고, pH가 높을수록 크다.

③ 이온화 경향의 차이에 의하여 이종금속은 부식이 발생한다.

④ 전원으로부터 누설된 전류에 의하여 전기적 부식이 발생한다.

⑤ 금속재료에 응력이 가해질 때에 빠르게 부식한다.

13 급수배관 내부의 압력손실에 관한 설명으로 옳지 않은 것은? 제18회

① 유체의 점성이 커질수록 증가한다.

② 직관보다 곡관의 경우가 증가한다.

③ 배관의 관 지름이 작아질수록 증가한다.

④ 배관 길이가 길어질수록 증가한다.

⑤ 배관 내 유속이 느릴수록 증가한다.

정답 | 해설

09 ④ 고층건물에서 급수조닝을 하는 이유와 관련 있는 것은 <u>수격작용</u>이다.

10 ② 급수배관과 급수배관 이외의 배관은 <u>연결하지 않는다.</u>

11 ② 물탱크에 물이 오래 있으면 잔류염소가 <u>감소</u>하면서 오염 가능성이 커진다.

12 ② 산화는 70℃ 전후에서 최대이고, pH가 <u>낮을수록</u> 크다.

13 ⑤ 배관 내 유속이 <u>빠를수록</u> 증가한다.

14 고가탱크방식에서 수도꼭지로 가는 급수관의 관 지름을 결정하기 위해 이용하는 마찰저항선도법과 관계가 없는 것은? 제18회

① 국부저항
② 권장유속
③ 동시사용유량
④ 시수본관의 최저압력
⑤ 기구급수부하단위

15 고가수조방식에서 양수펌프의 전양정이 50m이고, 시간당 30m^{3}를 양수할 경우의 펌프 축동력은 약 몇 kW인가? (단, 펌프의 효율은 60%로 한다) 제22회

① 5.2
② 6.8
③ 8.6
④ 10.5
⑤ 12.3

16 높이 24m의 고가탱크에 양수량 40m^2/min로 물을 양수하기 위해 펌프에 직결되는 전동기의 동력은 약 얼마인가? (단, 마찰손실수두 3m, 흡입양정 1.5m, 펌프의 효율은 65%, 여유율은 0.15로 한다)

① 40.2kW
② 63.4kW
③ 102.2kW
④ 329.57kW
⑤ 552.2kW

17 급수설비의 양수펌프에 관한 설명으로 옳은 것은? 제23회

① 용적형 펌프에는 벌(볼)류트펌프와 터빈펌프가 있다.
② 동일 특성을 갖는 펌프를 직렬로 연결하면 유량은 2배로 증가한다.
③ 펌프의 회전수를 변화시켜 양수량을 조절하는 것을 변속운전방식이라 한다.
④ 펌프의 양수량은 펌프의 회전수에 반비례한다.
⑤ 공동현상을 방지하기 위해 흡입양정을 높인다.

18 급수펌프를 1대에서 2대로 병렬 연결하여 운전시 나타나는 현상으로 옳은 것은? (단, 펌프의 성능과 배관조건은 동일하다) 제24회

① 유량이 2배로 증가하며 양정은 0.5배로 감소한다.

② 양정이 2배로 증가하며 유량은 변화가 없다.

③ 유량이 1.5배로 증가하며 양정은 0.8배로 감소한다.

④ 유량과 양정이 모두 증가하나 증가 폭은 배관계 저항조건에 따라 달라진다.

⑤ 배관계 저항조건에 따라 유량 또는 양정이 감소되는 경우도 있다.

19 급수설비에 관한 내용으로 옳지 않은 것은? 제24회

① 기구급수부하단위는 같은 종류의 기구일 경우 공중용이 개인용보다 크다.

② 벽을 관통하는 배관의 위치에는 슬리브를 설치하는 것이 바람직하다.

③ 고층건물에서는 급수계통을 조닝하는 것이 바람직하다.

④ 펌프의 공동현상(cavitation)을 방지하기 위하여 펌프의 설치 위치를 수조의 수위보다 높게 하는 것이 바람직하다.

⑤ 보급수의 경도가 높을수록 보일러 내면에 스케일 발생 가능성이 커진다.

정답 | 해설

14 ④ 마찰저항선도법과 관계가 없는 것은 시수본관의 최저압력이다.

15 ② 축동력(kW) $= \dfrac{W \cdot Q \cdot H}{6,120E} = \dfrac{1,000 \times 30 \times 50}{6,120 \times 0.6 \times 60} = 6.8(kW)$

16 ④ $P = \dfrac{W \cdot Q \cdot H}{6,120E} \times$ 여유율 $= \dfrac{1,000 \times 40 \times (24 + 3 + 1.5)}{6,120 \times 0.65} \times 1.15$

$= 329.57kW$

17 ③ ① 축류형 펌프에는 벌(볼)류트펌프와 터빈펌프가 있다.

② 동일 특성을 갖는 펌프를 직렬로 연결하면 양정이 2배 가까이 증가한다.

④ 펌프의 양수량은 펌프의 회전수에 비례한다.

⑤ 공동현상을 방지하기 위해서는 흡입양정을 낮추어야 한다.

18 ④ 급수펌프를 1대에서 2대로 병렬 연결하여 운전시 유량과 양정이 모두 증가하나 증가 폭은 배관계 저항조건에 따라 달라진다.

19 ④ 펌프의 공동현상(cavitation)을 방지하기 위하여 펌프의 설치 위치를 수조의 수위보다 낮게 하는 것이 바람직하다.

20 공동현상(cavitation)에 관한 설명으로 옳지 않은 것은?

① 공동현상은 빠른 속도로 액체가 운동할 때 액체의 압력이 증기압 이하로 낮아져서 액체 내에 증기 기포가 발생하는 현상이다.

② 펌프의 설치높이를 최대한 낮추어 흡입양정을 짧게 한다.

③ 펌프의 회전수를 높여 흡입비 속도를 크게 한다.

④ 수온 상승을 방지한다.

⑤ 흡입배관의 마찰저항을 감소시킨다.

21 펌프의 실양정 산정시 필요한 요소에 해당하는 것을 모두 고른 것은? 제23회

㉠ 마찰손실수두	㉡ 압력수두
㉢ 흡입양정	㉣ 속도수두
㉤ 토출양정	

① ㉠, ㉢
② ㉢, ㉤
③ ㉠, ㉡, ㉣
④ ㉡, ㉢, ㉣, ㉤
⑤ ㉠, ㉡, ㉢, ㉣, ㉤

정답 | 해설

20 ③ 펌프의 회전수를 <u>낮추어</u> 흡입비 속도를 <u>작게</u> 한다.

21 ② 펌프의 실양정 = <u>흡입양정 + 토출양정</u>

house.Hackers.com

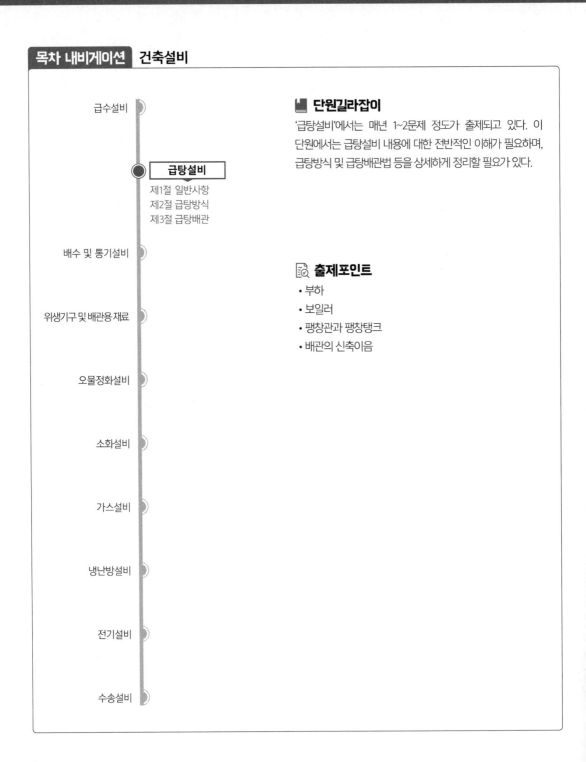

제**2**장 급탕설비

📖 단원길라잡이

'급탕설비'에서는 매년 1~2문제 정도가 출제되고 있다. 이 단원에서는 급탕설비 내용에 대한 전반적인 이해가 필요하며, 급탕방식 및 급탕배관법 등을 상세하게 정리할 필요가 있다.

🔍 출제포인트

- 부하
- 보일러
- 팽창관과 팽창탱크
- 배관의 신축이음

일반사항

01 정의

급탕설비란 기름·가스·전기 등의 열원으로 가열장치 내의 물을 가열하여 온수를 만들고 온수가 필요한 주방·욕실 등에 공급하는 것을 말한다.

02 용도

① 음료용

② 목욕용: 세면기, 욕조, 샤워, 비데 등에 사용

③ 세정용: 주방싱크, 소독용, 보온용, 식품세정기 등에 사용

03 급탕온도

일반적으로 60~70℃ 정도의 온수를 사용한다.

용도별 사용온도

(단위: ℃)

| 구분 | 음료용 | 목욕용 | 세면·수세용 | 주방·일반용 | 접시 씻기용 | 세탁용 | | 수영장용 | 세차용 | 샤워용 |
						면·모직물	린넨·면직물			
사용온도	50~55	42~45	40~42	45	80	33~37	49~52	21~27	24~30	43

04 급탕량과 급탕부하

(1) 급탕량

① 급탕량은 급탕설비에서 가열기·저탕조 등의 용량 결정기준이 된다.

② 건물 내에서 사용되는 급탕량은 건물의 종류나 용도, 급탕기구의 사용상태에 따라 다르다.

(2) 급탕부하

$$급탕부하 = \frac{G \cdot c \cdot \Delta t}{3,600} \, (kW)$$

G: 급탕량(kg/h), c: 물의 비열(4.2kJ/kg·K), Δt: 온도차(K)

01 한 시간당 1,000kg의 온수를 65℃로 유지하여 공급하고자 할 때 필요한 가열기 최소용량(kW)은? (단, 물의 비열은 4.2kJ/kg · K, 급수온도는 5℃, 가열기 효율은 100%로 한다)

제19회

① 40   ② 50

③ 60   ④ 70

⑤ 80

해설

$$가열기 용량(kW) = \frac{급탕량 \times 물의 비열 \times 온도차}{3,600} = \frac{1,000 \times 4.2 \times (65 - 5)}{3,600} = 70(kW)$$

정답: ④

02 냉방시 실온 26℃를 유지하기 위한 거실 현열부하가 10.1kW이다. 이때 실내 취출구 공기온도를 16℃로 설정할 경우 필요한 최소송풍량(m³/h)은 얼마인가? (단, 공기의 밀도는 1.2kg/m³, 정압비열은 1.01kJ/kg · K로 한다)

① 1,000   ② 2,355

③ 3,000   ④ 4,025

⑤ 4,555

해설

$$송풍량(m³/h) = \frac{3,600 \cdot 현열부하}{c \cdot \triangle t} = \frac{3,600 \times 10.1}{1.2 \times 1.01 \times (26 - 16)} = 3,000(m³/h)$$

정답: ③

05 급탕설비용 기기

(1) 보일러

① 주철제 보일러와 강판제 보일러가 쓰인다.

② 가열장치에는 순간식과 저탕식이 있다.

    ㉠ 순간식: 소규모 건물의 급탕설비에 이용되며, 팽창탱크를 설치하지 않고 에너지 이용에 효율적이다.

    ㉡ 저탕식: 대규모 건물의 급탕설비에 이용되며, 팽창탱크를 설치한다.

③ 보일러의 가열능력(H)

$$H = \frac{Q_d \cdot \gamma \cdot c \cdot (t_h - t_c)}{3,600} \text{(kW)}$$

Q_d: 1일 급탕량(ℓ/h), γ: 가열능력비율, c: 물의 비열($4.2\text{kJ/kg} \cdot \text{K}$)

t_h: 급탕온도(℃), t_c: 급수온도(℃)

(2) 저탕조(storage tank)

① 온수탱크로 탕물을 저장함과 동시에 히터 역할을 한다.

② 저탕조의 용량

　㉠ 직접가열식일 때

$$V = (1\text{시간 최대급탕량} - \text{온수보일러의 탕량}) \times 1.25$$

　㉡ 간접가열식일 때

$$V = 1\text{시간 최대급탕량} \times (0.6\text{~}0.9)$$

(3) 온수순환펌프

① 원심식 펌프인 볼류트펌프(단단펌프)가 주로 사용된다.

② 소규모에서는 축류펌프(라인펌프)가 사용된다.

06 급탕설비의 설계

(1) 직접가열식 급탕설비

① 중유를 연료로 하는 경우 급탕용 보일러의 전열면적(H)

$$H = \frac{Q \cdot c \cdot (t_h - t_c)}{R \cdot F \cdot E} \text{(m}^2\text{)}$$

Q: 급탕량(kg/h), c: 물의 비열($4.2\text{kJ/kg} \cdot \text{K}$), t_h: 급탕온도(℃), t_c: 급수온도(℃)

R: 연소율, F: 연료의 발열량($\text{kJ/kg} \cdot \text{K}$), E: 보일러의 효율(%)

② 가스히터를 사용하는 경우 가스소요량(G_g)

$$G_g = \frac{Q \cdot c \cdot (t_h - t_c)}{F \cdot E} \text{(m}^3/\text{h)}$$

시간당 1,000ℓ의 물을 10℃에서 87℃로 가열하기 위한 최소가스용량(m³/h)은? (단, 가스 발열량은 11,000kcal/Nm³, 보일러의 열효율은 70%, 물의 비열은 4.2kJ/kg · K이다)

제20회

① 5   ② 7
③ 10   ④ 15
⑤ 18

해설

$$\text{가스용량(m}^3\text{/h)} = \frac{\text{급탕량} \times \text{물의 비열} \times (\text{급탕온도} - \text{급수온도})}{\text{보일러효율} \times \text{연료의 저위발열량}}$$

$$= \frac{1,000\ell \times 4.2\text{kJ/kg} \cdot \text{K} \times (87-10)\text{℃}}{0.7 \times 11,000\text{kcal/Nm}^3 \times 4.2\text{kJ/kcal}} = 10(\text{m}^3/\text{h})$$

정답: ③

③ 전기히터를 사용하는 경우 소요전력량(H_e)

$$H_e = \frac{Q \cdot c \cdot (t_h - t_w)}{3,600 \cdot E} (\text{kWh})$$

Q: 급탕량(kg/h), c: 물의 비열(4.2kJ/kg · K), t_h: 급탕온도(℃)
t_w: 급수온도(℃), E: 보일러의 효율(%)

④ 기수혼합식의 경우 소요증기량(W_s)

$$W_s = \frac{Q \cdot c \cdot (t_h - t_w)}{\text{잠열}} (\text{kg/h})$$

(2) 간접가열식 급탕설비

① 간접가열식의 경우에도 직접가열식의 경우와 동일하게 계산한다.
② 그 결과에 대하여 보일러 및 보일러와 저장탱크간의 열손실을 고려한다.
  ㉠ 온수보일러의 경우 15%를 증가시킨다.
  ㉡ 증기보일러의 경우 20%를 증가시킨다.

01 개별식(국소식)

필요한 곳에 탕비기를 설치하여 온수가 요구되는 장소에 이를 공급하는 방법으로 소규모 급탕설비에 적합하다.

(1) 장단점

장점	단점
① **손쉽게** 고온의 물을 얻을 수 있다.	① 급탕개소마다 가열기의 설치공간이 필요하다.
② 배관길이가 짧기 때문에 배관 중의 **열손실**이 적다.	② 급탕개소가 많으면 설비비가 비싸고 비효율적이다.
③ 급탕개소가 적을 경우 설비비가 싸다.	③ 소형 온수보일러는 수압의 변동이 생겨 사용이 불편하다.
④ 급탕개소의 증설이 비교적 쉽다.	④ 급탕개소마다 탕비기를 설치하므로 미관상 좋지 않다.
⑤ **소규모** 건축물에 적합하고 난방 겸용의 온수보일러를 이용할 수 있다.	

(2) 종류

① 순간온수기(즉시탕비기)

　㉠ 급탕관의 일부를 가스나 전기로 가열시켜 직접 온수를 얻는 방법이다.

　㉡ 급탕기구수가 적고 급탕범위가 좁은 주택의 욕실, 부엌의 싱크, 이발소 등에 적합하다.

　㉢ 가열온도: 60~70℃

가스순간온수기의 연소장치 원리

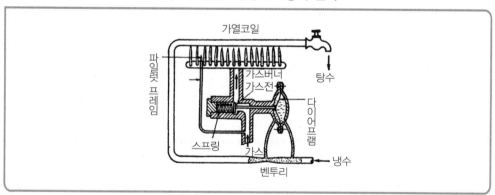

② 저탕형 탕비기

    ㉠ 가열된 온수를 저탕기(貯湯器) 내에 저장하여 두는 것으로, 열손실은 비교적 많지만 많은 온수를 일시에 필요로 하는 곳에 적당하다.

    ㉡ 비등점(100℃)에 가까운 온수를 얻을 수 있다.

    ㉢ 자동온도조절기(thermostat)에 의하여 저탕온도를 조절한다.

    ㉣ **종류**: 가스연소용, 유류연소용, 전기형

    ㉤ **용도**: 기숙사, 여관 등

저탕형 탕비기

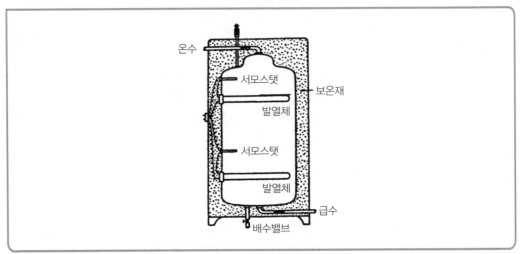

기출예제

급탕설비인 저탕탱크에서 온수온도를 적절히 유지하기 위하여 사용하는 것은?   제19회

① 버킷트랩(bucket trap)
② 서모스탯(thermostat)
③ 볼조인트(ball joint)
④ 스위블조인트(swivel joint)
⑤ 플로트트랩(float trap)

해설

급탕설비인 저탕탱크에서 온수온도를 적절히 유지하기 위하여 사용하는 것은 서모스탯(thermostat)이다.

정답: ②

③ 기수혼합식

　　㉠ 보일러실의 증기를 물탱크 속에 직접 불어넣어 온수를 얻는 방법이다.

　　㉡ 열효율은 100%이고, 사용증기압력은 0.1~0.4MPa이다.

　　㉢ 고압의 증기 사용으로 소음이 크다.

　　　　● 소음을 줄이기 위하여 스팀사일렌서를 사용한다.

　　㉣ 보일러에 항상 새로운 물을 보급하여야 하며, 사용장소의 제약을 받는다.

　　㉤ 용도: 공장, 병원 등의 욕조

기수혼합식 탕비기 및 스팀사일렌서

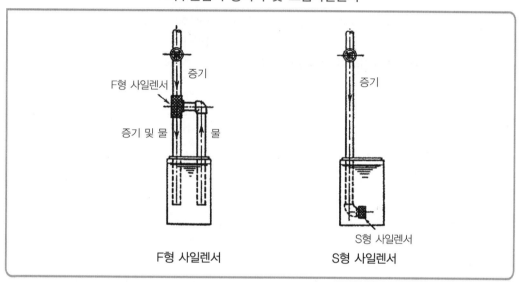

F형 사일렌서　　　　　　　　　S형 사일렌서

기출예제

급탕설비에 관한 내용으로 옳지 않은 것은?　　　　　　　　제25회

① 저탕탱크의 온수온도를 설정온도로 유지하기 위하여 서모스탯을 설치한다.
② 기수혼합식 탕비기는 소음이 발생하지 않는 장점이 있으나 열효율이 좋지 않다.
③ 중앙식 급탕방식은 가열방법에 따라 직접가열식과 간접가열식으로 구분한다.
④ 개별식 급탕방식은 급탕을 필요로 하는 개소마다 가열기를 설치하여 급탕하는 방식이다.
⑤ 수온변화에 의한 배관의 신축을 흡수하기 위하여 신축이음을 설치한다.

해설

기수혼합식 탕비기는 고압의 증기 사용으로 소음이 크지만, 증기를 물탱크 속에 직접 불어넣어 온수를 얻는 방법이므로 열효율이 좋다.

정답: ②

02 중앙식

지하실 등 일정한 장소에 급탕장치를 설치해 놓고, 배관에 의하여 필요한 각 사용장소에 공급하는 방법으로 대규모 급탕에 적합하다.

(1) 장단점

장점	단점
① 연료비가 적게 든다(석탄·중유·가스 사용).	① 초기투자비가 많이 든다.
② 열효율이 좋다.	② 전문기술자가 필요하다.
③ 관리상 유리하다.	③ 배관 도중에 열손실이 많다.
④ 기구의 동시사용률을 고려하여 총용량을 적게 할 수 있다.	④ 시공 후의 기구증설에 따른 배관 변경공사가 어렵다.
⑤ 배관에 의하여 필요개소에 어디든지 급탕할 수 있다.	

(2) 종류

① 직접가열식

㉠ 급탕경로

> 온수보일러 ⇨ 저탕조(급탕탱크) ⇨ 급탕주관 ⇨ 각 지관 ⇨ 사용장소

㉡ 열효율 면에서는 경제적이다.

㉢ 계속적인 급수로 항상 새로운 물이 들어오게 되어 보일러의 신축이 불균일하고, 수질에 의해 보일러 내면에 스케일이 발생하여 열효율이 저하되며 보일러의 수명이 단축된다.

㉣ 급탕하는 건물의 높이가 높으면 고압보일러가 필요하다.

㉤ 주택 또는 소규모 건물에 실용적이다.

② 간접가열식

㉠ 저탕조(급탕탱크) 내에 가열코일을 설치하고 이 코일에 증기(또는 고온수)를 통해서 저탕조의 물을 간접적으로 가열하는 방식이다.

㉡ 난방용 증기보일러를 사용시 급탕용 보일러를 따로 설치할 필요가 없다.

㉢ 보일러 내면에 스케일이 거의 생기지 않는다.

㉣ 건물의 높이에 따른 수압이 보일러에 작용하지 않고 저탕조에 작용하므로 고압용 보일러가 불필요하다.

㉤ 대규모 급탕설비에 적합하다.

기출예제

급탕설비에 관한 내용으로 옳지 않은 것은?

제22회

① 간접가열식은 직접가열식보다 수처리를 더 자주 해야 한다.
② 유량이 균등하게 분배되도록 역환수방식을 적용한다.
③ 동일한 배관재를 사용할 경우 급탕관은 급수관보다 부식이 발생하기 쉽다.
④ 개별식은 중앙식에 비해 배관에서의 열손실이 작다.
⑤ 일반적으로 개별식은 단관식, 중앙식은 복관식 배관을 사용한다.

해설

직접가열식은 스케일이 많이 발생하므로 간접가열식보다 수처리를 더 자주 해야 한다. 정답: ①

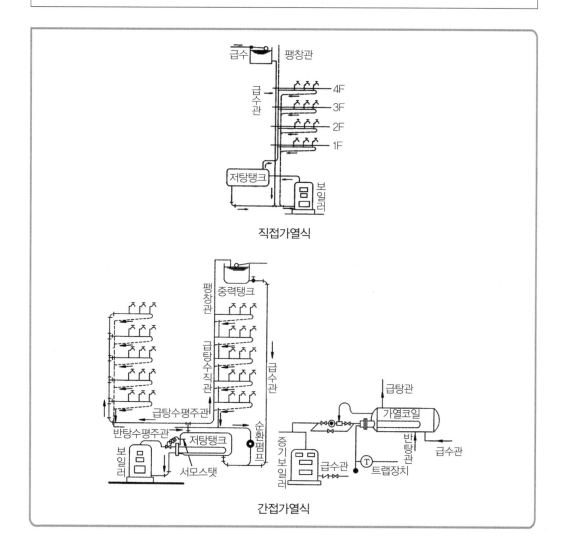

구분	직접가열식	간접가열식
가열장소	온수보일러	저탕조
보일러	급탕용 보일러, 난방용 보일러 각각 설치	난방용 보일러로 급탕까지 가능
보일러 내의 스케일	많이 낌	거의 끼지 않음
보일러 내의 압력	고압	저압
규모	중·소규모 건물	대규모 건물
저탕조 내의 가열코일	불필요	필요
열효율	높음	약간 떨어짐

제3절 급탕배관

01 급탕배관

(1) 배관방식

① 단관식(one pipe system, 1관식): 온수를 급탕전까지 운반하는 배관을 1관으로만 설치한 것으로, 순환관(return pipe)이 없어서 순환되지 못하며 15m 이내의 배관이 짧은 주택이나 소규모 건물에 많이 이용된다.

㉠ 배관의 길이가 짧아 설비비가 싸고 열손실이 작다.

㉡ 급탕전을 열면 찬물이 나온 후에 따뜻한 물이 나온다.

② 순환식(two pipe system, 복관식 또는 2관식): 급탕관의 길이가 길 때에 관 내 온수의 냉각을 방지하여 바로 뜨거운 물을 사용할 수 있도록 보일러에서 급탕전까지의 공급관(급탕관)과 순환관(반탕관)을 배관하는 방식으로, 대규모 건물에 주로 사용된다.

㉠ 배관의 길이가 길어 설비비가 비싸고 열손실이 크다.

㉡ 급탕전을 열면 곧 따뜻한 물이 나온다.

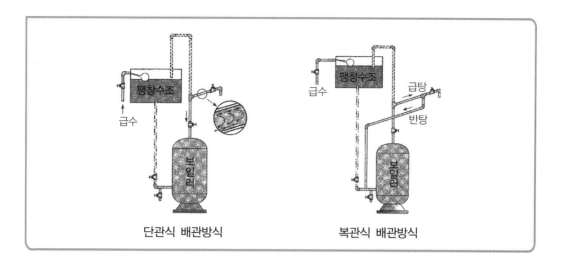

단관식 배관방식   복관식 배관방식

기출예제

급탕설비에 관한 설명으로 옳지 않은 것은?

제27회

① 중앙식에서 온수를 빨리 얻기 위해 단관식을 적용한다.
② 중앙식은 국소식(개별식)에 비해 배관에서의 열손실이 크다.
③ 대형 건물에는 간접가열식이 직접가열식보다 적합하다.
④ 배관의 신축을 고려하여 배관이 벽이나 바닥을 관통하는 경우 슬리브를 사용한다.
⑤ 간접가열식은 직접가열식에 비해 저압의 보일러를 적용할 수 있다.

해설

중앙식 급탕설비에서 온수를 빨리 얻기 위해 복관식(순환식)을 적용한다.   정답: ①

(2) 순환방식

① **중력식**(gravity circulation system): 급탕관과 순환관의 물의 온도차에 의한 밀도차에 의해서 대류작용을 일으켜 자연순환시키는 방식으로, 소규모 배관에 적당하다.
② **강제식**(forced circulation system): 급탕순환펌프를 설치하여 강제적으로 온수를 순환시키는 방식으로, 중규모 이상 건물의 중앙식 급탕법에 적당하다.

(3) 공급방식

① 상향공급방식
② 하향공급방식
③ 상 · 하향 혼용 공급방식

(4) 역환수방식(reverse return)

① 하향공급방식에서 온수의 순환을 균일하게 하기 위하여 열원에서 각 지관의 공급개소까지 온수공급관과 반송관의 배관길이를 동일하게 하는 방식이다.

② 급탕설비와 온수난방에서 사용된다.

02 관경 결정

(1) 급탕관의 관경 결정

① 최소 20A 이상

② 일반적으로 급수관경보다 한 단계 큰 치수의 것을 쓴다.

(2) 반탕관의 관경 결정

① 최소 20A 이상

② 반탕관은 급탕관보다 작은 치수의 것을 사용한다.

급탕 · 급수 · 반탕관의 구경

(단위: mm)

급탕관경	25	32	40	50	65	80
급수관경	20	25	32	40	50	65
반탕관경	20	20	25	32	40	40

03 배관구배

① 급탕배관의 구배는 온수의 순환을 원활하게 하기 위하여 가능한 한 급구배로 하는 것이 좋다.

② 중력순환식은 150분의 1 이상으로 하고, 강제순환식은 200분의 1 이상으로 한다.

③ 급탕주관은 상향구배로 하고, 반탕관은 하향구배로 한다.

04 밸브의 설치

① 부득이하게 굴곡배관을 하여야 할 경우에는 공기빼기밸브(air vent valve)를 설치함으로써 공기를 배제하여 온수의 흐름을 원활하게 한다.

② 배관 도중에는 슬루스밸브(게이트밸브)를 사용한다.

05 신축이음쇠

배관의 팽창·수축을 흡수처리하기 위하여 신축이음쇠를 사용한다.

(1) 종류

스위블이음, 슬리브형 이음, 벨로즈형 이음, 신축곡관 등이 있다.

배관의 신축이음

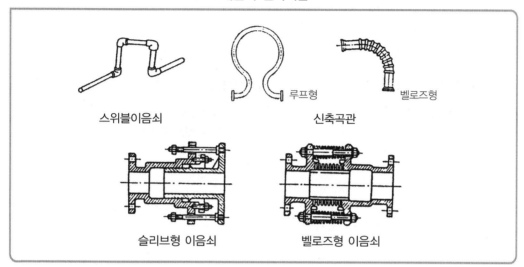

스위블이음쇠

루프형

벨로즈형

신축곡관

슬리브형 이음쇠

벨로즈형 이음쇠

① 스위블이음(swivel joint)

　㉠ 분기배관이나 방열기 주위 배관에 사용된다.

　㉡ 2개 이상의 엘보를 사용하여 신축을 흡수한다.

　㉢ 신축과 팽창으로 누수의 우려가 있다.

② 슬리브형 이음(sleeve type)

　㉠ 배관의 고장이나 건물의 손상을 방지한다.

　㉡ 보수가 용이한 곳에 설치한다.

　㉢ 누수가 되기 쉽다.

③ 벨로즈형 이음(bellows type)

　㉠ 설치비가 비싸다.

　㉡ 고압에 부적당하다.

④ 신축곡관(expansion loop)

　㉠ 옥외 고압배관에 사용한다.

　㉡ 신축성이 가장 우수한 방식이다.

　㉢ 다소 넓은 공간이 요구된다.

⑤ 볼조인트(ball joint)
  ㉠ 수직관에서 분기되는 횡지관의 신축이음이나 직각배관 등에 사용된다.
  ㉡ 이음을 2~3개 사용하면 관절작용을 하여 관의 신축을 흡수한다.
  ㉢ 고온이나 고압에 사용한다.

> **더 알아보기** **신축이음시 누수의 영향이 큰 순서**
>
> 스위블이음 > 슬리브형 이음 > 벨로즈형 이음 > 신축곡관

기출예제

배관의 신축에 대응하기 위해 설치하는 이음쇠가 아닌 것은?   제26회

① 스위블조인트   ② 컨트롤조인트
③ 신축곡관   ④ 슬리브형 조인트
⑤ 벨로즈형 조인트

해설

컨트롤조인트(Control joint, 조절줄눈)는 지반 또는 옥상 콘크리트 바닥판이 신축에 의한 표면에 균열이
발생하는 것을 방지할 목적으로 설치하는 줄눈이다.   정답: ②

---

(2) 설치간격

직선배관시 강관은 보통 30m, 동관은 20m마다 신축이음을 1개씩 설치하는 것이 좋다.

06 팽창관과 팽창탱크

팽창탱크

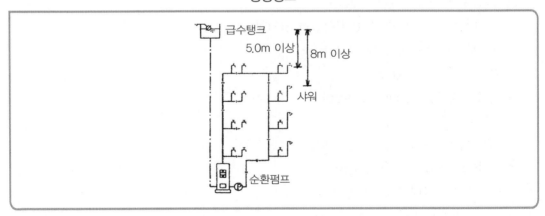

(1) 목적

온수순환배관 도중에 이상압력이 생겼을 때 그 압력을 흡수하는 도피구이다.

(2) 설치위치

① 개방형 팽창탱크는 탱크의 저면이 최고층의 급탕전보다 5m 이상 높은 곳에 설치하며, 탱크 급수는 볼탭에 의하여 자동급수한다.

② 밀폐형 팽창탱크는 설치위치에 제한을 받지 않으므로 보통 기계실에 설치하지만, 크기는 개방형보다 더 커야 한다.

③ 팽창관의 도중에는 절대로 밸브를 설치하여서는 안 된다.

④ 팽창관은 급탕수직주관을 연장하여 팽창탱크에 자유개방시킨다.

⑤ 팽창관은 팽창탱크의 물이 팽창관을 통해 저탕조 내로 역류하지 않도록 팽창탱크의 수면으로부터 일정 높이 이상 개구하여 설치하여야 한다.

기출예제

01 급탕설비에 관한 설명으로 옳지 않은 것은? 제20회

① 유량을 균등하게 분배하기 위하여 역환수방식을 사용한다.
② 배관 내 공기가 머물 우려가 있는 곳에 공기빼기밸브를 설치한다.
③ 팽창관의 도중에는 밸브를 설치해서는 안 된다.
④ 일반적으로 급탕관의 관경은 환탕관의 관경보다 크게 한다.
⑤ 수온변화에 의한 배관의 신축을 흡수하기 위하여 팽창탱크를 설치한다.

해설

수온변화에 의한 배관의 신축을 흡수하기 위하여 신축이음을 설치하여야 한다. 정답: ⑤

02 급탕설비의 안전장치에 관한 설명으로 옳지 않은 것은? 제27회

① 팽창관 도중에는 배관의 손상을 방지하기 위해 감압밸브를 설치한다.
② 급탕온도를 일정하게 유지하기 위해 자동온도조절장치를 설치한다.
③ 안전밸브는 저탕조 등의 내부압력이 증가하면 온수를 배출하여 압력을 낮추는 장치이다.
④ 배관의 신축을 흡수 처리하기 위해 스위블조인트, 벨로즈형 이음 등을 설치한다.
⑤ 팽창탱크의 용량은 급탕계통 내 전체 수량에 대한 팽창량을 기준으로 산정한다.

해설

팽창관 도중에는 절대로 밸브를 설치해서는 안 되며, 팽창관은 급탕수직주관을 연장하여 팽창탱크에 자유개방한다. 정답: ①

---

07 수압시험

배관에 보온피복을 하기 전에 실시하며, 최고사용압력의 2배 이상(0.75MPa)을 가하여 60분 이상 유지되어야 한다.

01 중앙식 급탕방식은 손쉽게 고온의 물을 얻을 수 있고, 배관길이가 짧기 때문에 배관 중에 열손실이 적다. ( )

02 기수혼합식은 증기를 물탱크 속에 직접 불어넣어 온수를 얻는 방법이며, 열효율이 100%이지만 고압의 증기 사용으로 소음이 커서 소음을 줄이기 위하여 스팀사일렌서를 사용한다. ( )

03 중앙식 급탕방식은 관리상 유리하지만 열효율이 나쁘고 초기투자비가 비싸며, 배관 도중의 열손실이 적다. ( )

04 직접가열식은 열효율 면에서는 좋지만 보일러 내면에 스케일이 발생하여 열효율이 저하되며 보일러의 수명이 단축되고, 건물의 높이가 높으면 고압보일러가 필요하다. ( )

05 간접가열식은 보일러 내면에 스케일이 거의 생기지 않고, 소규모 급탕설비에 적합하다. ( )

06 단관식 배관은 배관길이가 짧아 설비비가 싸고 열손실이 작으며, 급탕전을 열면 찬물이 나온 후에 따뜻한 물이 나온다. ( )

---

01 ✕ 개별식 급탕방식은 손쉽게 고온의 물을 얻을 수 있고, 배관길이가 짧기 때문에 배관 중에 열손실이 적다.

02 ○

03 ✕ 중앙식 급탕방식은 열효율이 좋고 관리상 유리하지만, 초기투자비가 비싸고 배관 도중에 열손실이 많다.

04 ○

05 ✕ 간접가열식은 보일러 내면에 스케일이 거의 생기지 않고, 대규모 급탕설비에 적합하다.

06 ○

07 역환수방식은 온수의 순환량을 균일하게 하기 위하여 온수공급관과 반송관의 배관길이를 동일하게 하는 방식이며, 급탕설비와 온수난방에서 사용된다.   (   )

08 급탕관은 급수관보다 한 치수 작은 관을 사용하고, 반탕관은 급탕관보다 한 치수 큰 관을 사용한다.   (   )

09 굴곡배관을 하여야 할 경우 공기빼기밸브를 설치함으로써 공기를 배제하고, 온수의 흐름을 원활하게 한다.   (   )

10 배관의 팽창·수축을 흡수처리하기 위하여 신축이음쇠를 사용하고, 직선배관시 강관은 보통 20m, 동관은 30m마다 1개씩 설치하는 것이 좋다.   (   )

11 팽창관과 팽창탱크는 온수순환배관 도중에 이상압력이 생겼을 때 그 압력을 흡수하는 도피구이다.   (   )

12 밀폐형 팽창탱크는 설치위치에 제한을 받지 않으므로 보통 기계실에 설치하지만, 크기는 개방형보다 더 작아야 한다.   (   )

13 팽창관은 급탕수직주관을 연장하여 팽창탱크에 자유개방시키고, 팽창관의 도중에는 절대로 밸브를 설치하여서는 안 된다.   (   )

---

07 ○

08 × 급탕관은 급수관보다 한 치수 큰 관을 사용하고, 반탕관은 급탕관보다 한 치수 작은 관을 사용한다.

09 ○

10 × 배관의 팽창·수축을 흡수처리하기 위하여 신축이음쇠를 사용하고, 직선배관시 강관은 보통 30m, 동관은 20m마다 1개씩 설치하는 것이 좋다.

11 ○

12 × 밀폐형 팽창탱크는 설치위치에 제한을 받지 않으므로 보통 기계실에 설치하지만, 크기는 개방형보다 더 커야 한다.

13 ○

01 가스보일러로 20℃의 물 3,000kg을 90℃로 올리기 위해 필요한 최소가스량(m³)은?
(단, 가스발열량은 40,000kJ/m³, 보일러효율은 90%로 가정하고, 물의 비열은
4.2kJ/kg·K로 한다) 제24회

① 19.60   ② 22.05   ③ 24.50
④ 25.25   ⑤ 26.70

02 1시간당 2,000kg의 온수를 70℃로 유지하여 공급하고자 할 때 필요한 가열기 최
소용량(kW)은? (단, 물의 비열은 4.2kJ/kg·K, 급수온도는 10℃, 가열기 효율은
100%로 한다)

① 80   ② 100   ③ 120
④ 140   ⑤ 160

03 급탕설비에 관한 설명으로 옳은 것은? 제15회

① 급탕순환펌프는 급탕사용기구에 필요한 토출압력의 공급을 주목적으로 한다.
② 급탕배관과 팽창탱크 사이의 팽창관에는 차단밸브와 체크밸브를 설치하여야
한다.
③ 직접가열방식은 증기 또는 온수를 열원으로 하여 열교환기를 통해 물을 가열하는
방식이다.
④ 역환수배관방식으로 배관을 구성할 경우 유량이 균등하게 분배되지 않으므로
각 계통마다 차압밸브를 설치한다.
⑤ 헤더공법을 적용할 경우 세대 내에서 사용 중인 급탕기구의 토출압력은 다른 기
구의 사용에 따른 영향을 적게 받는다.

04 건물의 급탕설비에 관한 설명으로 옳지 <u>않은</u> 것은?

① 개별식 급탕방식은 긴 배관이 필요 없으므로 배관에서의 열손실이 적다.

② 중앙식 급탕방식은 초기에 설비비가 많이 소요되나, 기구의 동시이용률을 고려하여 가열장치의 총용량을 적게 할 수 있다.

③ 기수혼합식은 증기를 열원으로 하는 급탕방식으로 열효율이 낮다.

④ 중·소주택 등 소규모 급탕설비에서는 설비비를 적게 하기 위하여 단관식을 채택한다.

⑤ 신축이음쇠에는 슬리브형, 벨로즈형 등이 있다.

정답 | 해설

01 ③

$$가스량(m^3) = \frac{Q \cdot C \cdot (t_h - t_c)}{F \cdot E} = \frac{3,000 \times 4.2 \times (90 - 70)}{40,000 \times 0.9} = 24.50(m^3)$$

Q: 급탕량(kg/h), C: 물의 비열(4.2kJ/kg·K), t_h: 급탕온도(℃)
t_c: 급수온도(℃), F: 연료의 발열량(kJ/kg·K), E: 보일러의 효율(%)

02 ④

$$가열기 용량(kW) = \frac{급탕량 \times 물의 비열 \times 온도차}{3,600}$$

$$= \frac{2,000 \times 4.2 \times (70 - 10)}{3,600}$$

$$= 140(kW)$$

03 ⑤ ① 급탕순환펌프는 ㉠ <u>온수나 물을 순환시키기</u> 위한 펌프, ㉡ 보일러 유입구(환수주관의 말단)에 장치하는 펌프로 탕을 순환시키는 펌프, ㉢ <u>탱크의 물을 여과기를 경유하여 맑은 물로 만든 후 다시 물탱크로 되돌리는</u> 펌프로 여과펌프라고도 한다.
② 급탕배관과 팽창탱크 사이의 팽창관에는 <u>절대로 밸브를 설치하지 않는다.</u>
③ <u>간접가열방식은</u> 증기 또는 온수를 열원으로 하여 열교환기를 통해 물을 가열하는 방식이다.
④ 역환수배관방식으로 배관을 구성할 경우 <u>유량이 균등하게 분배된다.</u>

04 ③ 기수혼합식은 증기를 열원으로 하는 급탕방식으로 <u>열효율이 100%에 가깝다.</u>

05 개별식 급탕방식에 관한 내용으로 옳지 않은 것은?

① 소규모 건축물에 적합하지만 난방 겸용의 온수보일러를 이용할 수 없다.
② 배관길이가 짧기 때문에 배관 중의 열손실이 적다.
③ 급탕개소마다 가열기의 설치공간이 필요하다.
④ 손쉽게 고온의 물을 얻을 수 있다.
⑤ 급탕개소마다 탕비기를 설치하므로 미관상 좋지 않다.

06 간접가열식 급탕방식의 특징으로 옳지 않은 것은?

① 저탕조 내에 가열코일을 설치하고 이 코일에 증기 또는 고온수를 통해서 저탕조의
   물을 간접적으로 가열하는 방식이다.
② 난방용 증기보일러를 사용시 급탕용 보일러를 따로 설치할 필요가 없다.
③ 보일러 내면에 스케일이 거의 생기지 않는다.
④ 건물의 높이에 따른 수압이 보일러에 작용하지 않고 저탕조에 작용하므로 고압용
   보일러가 필요하다.
⑤ 대규모 급탕설비에 적합하다.

07 급탕설비에 관한 내용으로 옳지 않은 것은? 　　　　　　　　제23회

① 간접가열식이 직접가열식보다 열효율이 좋다.
② 팽창관의 도중에는 밸브를 설치해서는 안 된다.
③ 일반적으로 급탕관의 관경을 환탕관(반탕관)의 관경보다 크게 한다.
④ 자동온도조절기(Thermostat)는 저탕탱크에서 온수온도를 적절히 유지하기 위해
   사용하는 것이다.
⑤ 급탕배관을 복관식(2관식)으로 하는 이유는 수전을 열었을 때 바로 온수가 나오게
   하기 위해서이다.

08 급탕설비용 기기에 관한 내용으로 옳지 않은 것은?

① 보일러는 주철제 보일러와 강판제 보일러가 쓰인다.

② 순간식 가열장치는 소규모 건물의 급탕설비에 이용되며, 팽창탱크를 설치하지 않고 에너지 이용에 효율적이다.

③ 저탕조는 온수탱크로 탕물을 저장함과 동시에 히터 역할을 한다.

④ 간접가열식 저탕조의 용량은 'V = (1시간 최대급탕량 − 온수보일러의 탕량) × 1.25'이다.

⑤ 소규모에서는 온수순환펌프로 축류펌프가 사용된다.

09 중앙식 급탕방식에 관한 내용으로 옳지 않은 것은?

① 열효율이 나쁘다.

② 관리상 유리하다.

③ 기구의 동시사용률을 고려하여 총용량을 적게 할 수 있다.

④ 초기투자비가 많이 든다.

⑤ 배관 도중에 열손실이 많다.

정답 | 해설

05 ① 소규모 건축물에 적합하고 난방 겸용의 온수보일러를 이용할 수 있다.

06 ④ 건물의 높이에 따른 수압이 보일러에 작용하지 않고 저탕조에 작용하므로 고압용 보일러가 필요 없다.

07 ① 직접가열식이 간접가열식보다 열효율이 좋다.

08 ④ 간접가열식 저탕조의 용량은 'V = 1시간 최대급탕량 × (0.6~0.9)'이다.

09 ① 중앙식 급탕방식은 열효율이 좋다.

10 중앙식 급탕설비에 관한 내용으로 옳은 것만 모두 고른 것은? 제24회

> ㉠ 직접가열식은 간접가열식에 비해 고층건물에서는 고압에 견디는 보일러가 필요하다.
> ㉡ 직접가열식은 간접가열식보다 일반적으로 열효율이 높다.
> ㉢ 직접가열식은 간접가열식보다 대규모 설비에 적합하다.
> ㉣ 직접가열식은 간접가열식보다 수처리를 적게 한다.

① ㉠, ㉡　　　　　② ㉡, ㉣　　　　　③ ㉢, ㉣
④ ㉠, ㉡, ㉢　　　⑤ ㉠, ㉢, ㉣

11 배관 내 신축이음에 속하지 않는 것은? 제16회

① 슬리브이음　　② 벨로즈이음　　③ 스위블조인트
④ 플랜지이음　　⑤ 볼조인트

12 다음에서 설명하고 있는 것은 무엇인가? 제22회

> 급탕배관이 벽이나 바닥을 통과할 경우 온수 온도변화에 따른 배관의 신축이 쉽게 이루어지도록 벽(바닥)과 배관 사이에 설치하여 벽(바닥)과 배관을 분리시킨다.

① 슬리브　　　② 공기빼기밸브　　③ 신축이음
④ 서모스탯　　⑤ 열감지기

정답 | 해설

10 ① ㉢ 직접가열식은 간접가열식보다 소규모 설비에 적합하다.
　　㉣ 직접가열식은 간접가열식보다 수처리를 많이 한다.

11 ④ 플랜지이음은 직관이음의 한 종류로 수리와 교체를 용이하게 하기 위하여 설치하고, 50mm 이상의 배관에 사용한다.

12 ① 급탕배관이 벽이나 바닥을 통과할 경우 온수 온도변화에 따른 배관의 신축이 쉽게 이루어지도록 벽(바닥)과 배관 사이에 설치하여 벽(바닥)과 배관을 분리시키는 것을 슬리브라 한다.

제 3 장 배수 및 통기설비

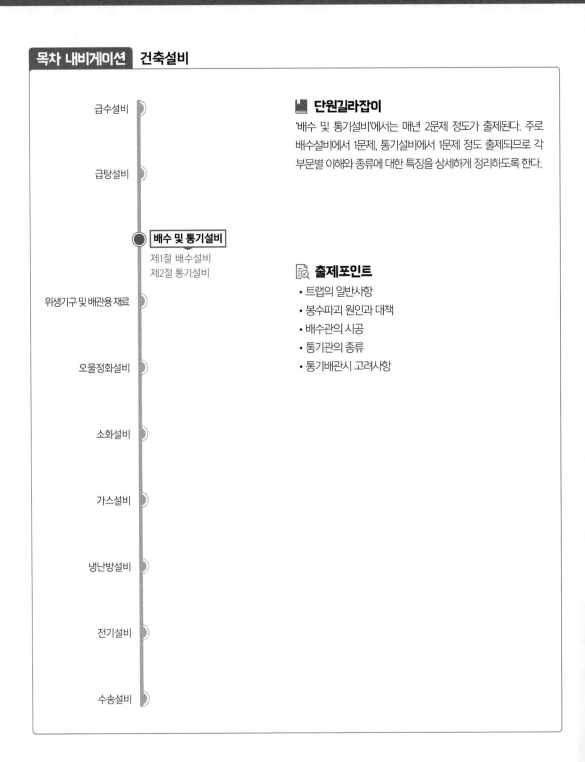
📖 **단원길라잡이**

'배수 및 통기설비'에서는 매년 2문제 정도가 출제된다. 주로 배수설비에서 1문제, 통기설비에서 1문제 정도 출제되므로 각 부문별 이해와 종류에 대한 특징을 상세하게 정리하도록 한다.

🔍 **출제포인트**

- 트랩의 일반사항
- 봉수파괴 원인과 대책
- 배수관의 시공
- 통기관의 종류
- 통기배관시 고려사항

01 개요

배수설비란 배수를 공공하수도로 유입시키기 위하여 설치하는 건물 또는 부지 내의 배수관거 및 부대설비를 총칭하는 것을 말한다.

02 배수의 분류

(1) 오염 정도에 의한 분류

① 일반배수(잡배수): 세면기, 싱크, 욕조 등에서의 배수를 말한다.

② 오수배수: 수세식 화장실로부터의 배수 중 오물을 포함하고 있는 대·소변기, 비데, 변기소독기 등에서의 배수를 말한다.

③ 우수배수: 옥상이나 마당에 떨어지는 빗물의 배수를 말한다.

④ 특수배수: 공장폐수 등과 같이 유해한 물질이나 병원균·방사능 물질 등을 포함한 물의 배수를 말한다.

(2) 사용개소에 의한 분류

건물 외벽면에서 1m 떨어진 곳을 기준으로 옥내배수와 옥외배수로 구분한다.

배수계통

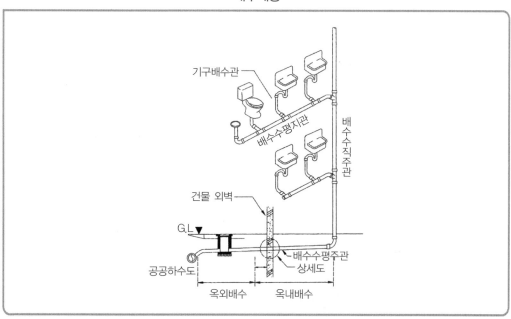

(3) 중력배수 · 기계식 배수

① **중력배수**: 높은 곳에서 낮은 곳으로의 중력에 의한 대부분의 일반배수이다.

② **기계식 배수**: 지하층과 같이 배수집수정이 공공하수도관보다 낮을 경우, 배수펌프를 사용하여 공공하수도관으로 퍼 올리는 강제배수이다.

(4) 배수방식에 의한 분류

① **분류배수방식**: 건물에서의 배수를 오수 · 잡배수 · 우수로 나누어 각각 배출하는 방식으로, 오수는 정화조에서 처리한 후 하천으로 방류한다.

② **합류배수방식**: 오수와 잡배수를 한데 모아 하수종말처리장에서 처리한 다음 하천으로 방류한다.

(5) 직접배수 · 간접배수

① **직접배수**: 위생기구와 배수관이 직접 연결된 일반 위생기구에서의 배수이다.

② **간접배수**: 배수관에 바로 연결하지 않고 기구로부터의 배수관에 물받이공간(배수구공간)을 두고 배수하는 방식이다.

　㉠ 냉장고, 세탁기, 공기조화기, 수영장, 급수탱크의 넘침관, 소독기 등에 사용한다.

　㉡ 배수관이 막히더라도 배수가 기구 쪽으로 역류하여 차오르지 않고 물받이공간에서 옆으로 흘러내려 기구 내부가 오염되는 것을 방지할 수 있다.

간접배수

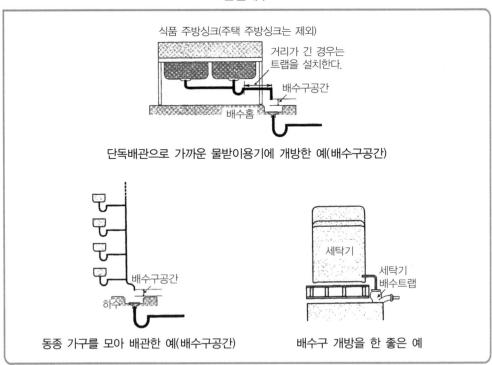

단독배관으로 가까운 물받이용기에 개방한 예(배수구공간)

동종 가구를 모아 배관한 예(배수구공간)　　　배수구 개방을 한 좋은 예

배수설비에 관한 설명으로 옳은 것은?　　　　　　　　　　　　　　　제20회

① 배수는 기구배수, 배수수평주관, 배수수직주관의 순서로 이루어지며, 이 순서대로 관경은 작아져야 한다.

② 청소구는 배수수평지관의 최하단부에 설치해야만 한다.

③ 배수관 트랩 봉수의 유효깊이는 주로 50~100cm 정도로 해야 한다.

④ 기구를 배수관에 직접 연결하지 않고, 도중에 끊어서 대기에 개방시키는 배수방식을 간접배수라 한다.

⑤ 각개통기관은 기구의 넘침선 아래에서 배수수평주관에 접속한다.

─ 해설 ─

① 배수는 기구배수, 배수수평주관, 배수수직주관의 순서로 이루어지며, 이 순서대로 관경은 커져야 한다.

② 청소구는 배수수평지관의 최상단부에 설치해야만 한다.

③ 배수관 트랩 봉수의 유효깊이는 주로 5~10cm 정도로 해야 한다.

⑤ 각개통기관은 기구의 넘침선 위에서 배수수평주관에 접속한다.　　　　　　　　정답: ④

03 배수관의 구배와 관경

(1) 배수관의 구배

① 배수관 내의 배수가 정체하지 않도록 적당한 구배를 주어야 한다.

② **표준구배**: 50분의 1~100분의 1

③ 옥내배수관의 구배는 mm로 호칭되는 관경의 역수보다 크게 한다.

④ 옥내배수관의 유속은 0.6~1.2m/s 정도, 최대 2.4m/s 이내가 되도록 구배를 잡는 것이 좋다.

⑤ 배수관의 구배를 너무 급하게 하면 수위가 낮아져 고형물이 남게 되고, 구배가 너무 완만하면 유속이 느려져 오물을 씻어내리는 힘이 약하게 된다.

⑥ 관경이 작을수록 구배는 크게 한다.

배수관의 구배

배수관의 관경(mm)	최대구배	최소구배
32~35	25분의 1	50분의 1
100~200	50분의 1	100분의 1
250 이상	100분의 1	200분의 1

(2) 배수관의 관경

① 위생기구의 순간최대배수량을 기준으로 하여 배수관경을 결정한다.
② 세면기의 순간최대배수량 $30\ell/min$을 기준으로 기구배수부하단위(FU; Fixture Unit value)를 1로 하여 다른 기구의 배수관경을 결정한다.
③ 유수면의 기울기가 동일한 경우 배수관의 관경이 너무 커지면 유속이 감소하고 배수능력이 저하되므로 적정한 크기로 하는 것이 합리적이다.
④ 유수면은 관경의 2분의 1~3분의 2 정도(관 단면적의 50~70%)가 좋다.

기구의 배수부하단위

기구	부호	부속트랩의 구경(mm)	기구배수부하단위(FU)
대변기	WC	75	8
소변기	U	40	4
비데	B	40	2.5
세면기	Lav	30	1
음수기	F	30	0.5
욕조(주택용)	BT	49~75	2~3
샤워기(주택용)	S	40	2
청소수채	SS	65	3
세탁수채	ST	40	2
요리수채(주택용)	KS	40	2
요리수채(영업용)	KS	40~50	2~4
바닥배수	FD	59~75	1~2

기출예제

01 옥내배수관의 관경을 결정하는 방법으로 옳지 않은 것은? 제24회

① 옥내배수관의 관경은 기구배수부하단위법 등에 의하여 결정할 수 있다.
② 기구배수부하단위는 각 기구의 최대배수유량을 소변기 최대배수유량으로 나눈 값에 동시사용률 등을 고려하여 결정한다.
③ 배수수평지관의 관경은 그것에 접속하는 트랩구경과 기구배수관의 관경과 같거나 커야 한다.
④ 배수수평지관은 배수가 흐르는 방향으로 관경을 축소하지 않는다.
⑤ 배수수직관의 관경은 가장 큰 배수부하를 담당하는 최하층 관경을 최상층까지 동일하게 적용한다.

해설

기구배수부하단위는 각 기구의 최대배수유량을 세면기 최대배수유량으로 나눈 값에 동시사용률 등을 고려하여 결정한다.

정답: ②

02 기구배수부하단위가 낮은 기구에서 높은 기구의 순서로 옳은 것은? 제24회

> ㉠ 개인용 세면기　　　㉡ 공중용 대변기　　　㉢ 주택용 욕조

① ㉠ - ㉡ - ㉢　　　　　　　② ㉠ - ㉢ - ㉡
③ ㉡ - ㉠ - ㉢　　　　　　　④ ㉢ - ㉠ - ㉡
⑤ ㉢ - ㉡ - ㉠

해설

기구배수부하단위: 개인용 세면기 < 주택용 욕조 < 공중용 대변기　　　정답: ②

04 청소구(clean out)

(1) 설치목적

배수배관이 막힐 경우 점검·수리를 위하여 배관의 굴곡부나 분기점에 청소구를 설치하여야
한다.

(2) 설치장소

① 가옥배수관과 대지하수관이 접속되는 곳
② 배수수직관의 최하단부
③ 배수수평지관의 최상단부
④ 가옥 배수수평주관의 기점
⑤ 배관이 45° 이상 각도로 구부러지는 곳
⑥ 수평관의 관경이 100mm 이하인 경우에는 직선거리 15m 이내마다, 100mm 이상인 경
　우에는 직선거리 30m 이내마다 설치한다.
⑦ 각종 트랩 및 배관상 필요한 곳

기출예제

배수배관에서 청소구의 설치장소로 옳지 않은 것은? 제27회

① 배수수직관의 최하단부
② 배수수평지관의 최하단부
③ 건물 배수관과 부지 하수관이 접속하는 곳
④ 배관이 45° 이상의 각도로 구부러지는 곳
⑤ 수평관 관경이 100mm 초과시 직선길이 30m 이내마다

해설

배수배관에서 배수수평지관의 청소구는 최상단부에 설치한다.　　　정답: ②

05 **배수용 트랩(trap)**

(1) 설치목적

배수관 속의 악취, 유독가스 및 벌레 등이 실내로 침투하는 것을 방지하기 위하여 배수계통의 일부에 봉수를 고이게 하는 기구를 트랩이라 한다.

(2) 트랩의 종류

① 사이펀식 트랩: 관 트랩의 일종으로 자기세정작용이 있지만 봉수가 파괴되기 쉬운 결점이 있다.

    ㉠ S트랩

        ⓐ 대변기 · 소변기 · 세면기에 부착하여 바닥 밑의 배수수평지관에 접속할 때 사용한다.

        ⓑ 사이펀작용을 일으키기 쉬운 형태로 봉수가 쉽게 파괴된다.

    ㉡ P트랩: 위생기구에 가장 많이 쓰이는 형식으로 벽체 내의 배수수직관에 접속할 때 사용되며, 세면기에 많이 사용된다.

    ㉢ U트랩

        ⓐ 일명 가옥트랩(house trap) 또는 메인트랩(main trap)이라고도 하며, 배수수평주관 도중에 설치하여 공공하수관에서의 하수가스의 역류방지용으로 사용하는 트랩이다.

        ⓑ 수평배수관 도중에 설치할 경우 유속을 저해한다는 결점이 있다.

② 비사이펀식 트랩: 자기세정작용이 없는 트랩이다.

    ㉠ 드럼트랩(drum trap): 주방 싱크의 배수용 트랩으로 다량의 물을 고이게 하므로 봉수가 잘 파괴되지 않으며, 청소가 가능하다.

    ㉡ 벨트랩(bell trap): 일명 플로어트랩(floor trap)이라고도 하며, 화장실 · 샤워실 등의 바닥 배수용으로 쓰인다.

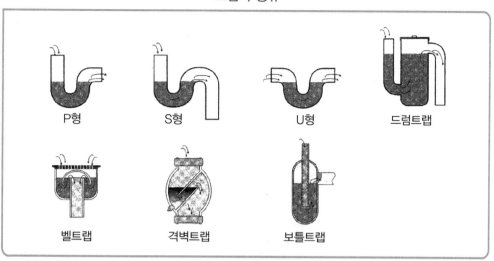

트랩의 종류

P형   S형   U형   드럼트랩

벨트랩   격벽트랩   보틀트랩

③ 저집기(intercepter): 저집기는 배수 중에 혼입한 여러 가지 유해물질이나 기타 불순물 등을 분리 수집함과 동시에 트랩의 기능을 발휘하는 기구이다.

   ㉠ 그리스저집기(그리스트랩): 주방 등에서 나오는 기름기가 많은 배수로부터 기름기를 제거·분리시키는 장치로, 분리된 기름기를 제거한 후 다시 사용한다.

   ㉡ 샌드저집기(샌드트랩): 배수 중에 진흙이나 모래가 다량으로 포함되는 곳에 사용한다.

   ㉢ 헤어저집기(헤어트랩): 이발소·미장원 등에 설치하여 배수관 내에 모발 등이 침투하여 막히는 것을 방지한다.

   ㉣ 플라스터저집기(플라스터트랩): 치과의 기공실, 정형외과의 깁스실의 배수에 사용하는 트랩이다.

   ㉤ 가솔린저집기(가솔린트랩)

     ⓐ 가솔린을 많이 사용하는 곳에 사용하며, 배수에 포함된 가솔린을 트랩 수면 위에 뜨게 하여 휘발시킨다.

     ⓑ 주차장·차고 등의 바닥배수용 트랩이다.

기출예제

배수설비 트랩의 일반적인 용도로 옳지 않은 것은?   제22회

① 기구트랩 – 바닥 배수   ② S트랩 – 소변기 배수
③ U트랩 – 가옥 배수   ④ P트랩 – 세면기 배수
⑤ 드럼트랩 – 주방싱크 배수

해설

바닥 배수의 용도로 쓰이는 것은 벨트랩(원형 트랩)이다.   정답: ①

(3) 트랩의 봉수

① **봉수깊이**: 봉수깊이는 50~100mm 정도이다. 유효봉수의 깊이가 너무 낮으면 봉수를 손실하기 쉽고, 또 이것을 너무 깊게 하면 유수의 저항이 증가하여 통수능력이 감소하고 자정작용이 없어지게 된다.

트랩의 각부 명칭

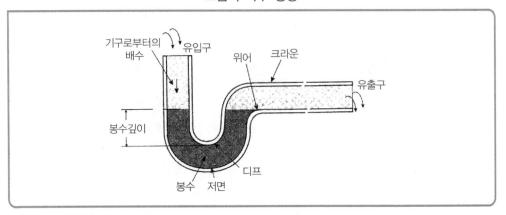

② **트랩의 봉수파괴 원인**

ⓐ **자기사이펀작용**: 배수시 트랩 및 배수관은 사이펀관을 형성하여 만수된 물이 일시에 흐르게 되면 트랩 내의 물이 자기세정작용에 의하여 모두 배수관 쪽으로 흡인되어 봉수가 파괴된다.

ⓑ **유인사이펀작용**: 수직관에 접근하여 기구를 설치할 경우, 수직관 상부에서 일시에 다량의 물이 낙하하면 그 수직관과 수평관과의 연결 부분에 순간적으로 진공이 생겨 트랩 내의 봉수가 흡인되는 작용을 말한다.

ⓒ **분출작용(토출작용)**: 수직관 가까이에 기구가 설치되어 있을 때 수직관 위로부터 일시에 다량의 물이 흐르게 되면 일종의 피스톤작용을 일으켜서 하류 또는 하층기구의 트랩봉수를 공기의 압축에 의하여 실내측으로 불어내는 작용이다.

ⓓ **모세관현상**: 트랩의 출구에 실이나 천조각, 머리카락 등이 걸렸을 경우 모세관현상에 의하여 봉수가 파괴된다.

ⓔ **증발**: 위생기구의 사용빈도가 적을 때 봉수가 자연히 증발한다.

ⓕ **운동량에 의한 관성작용**: 강풍 또는 기타 원인으로 배관 중에 급격한 압력변화가 일어난 경우에 봉수면에 상하 동요를 일으켜 사이펀작용이 일어나거나 사이펀작용이 일어나지 않더라도 봉수가 배출된다.

트랩의 봉수파괴 원인

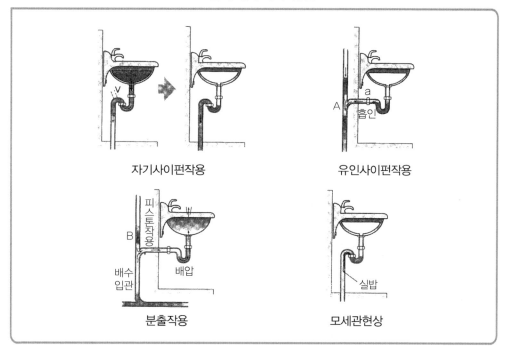

자기사이펀작용
유인사이펀작용
분출작용
모세관현상

기출예제

트랩의 봉수파괴 원인이 아닌 것은?   제25회

① 수격작용   ② 모세관현상
③ 증발작용   ④ 분출작용
⑤ 자기사이펀작용

해설

트랩의 봉수파괴 원인에는 자기사이펀작용, 유인사이펀작용, 분출작용, 모세관현상, 증발작용, 관성작용이 있다.

정답: ①

③ 트랩의 봉수파괴 방지대책

구분	방지대책
자기사이펀작용, 유인사이펀작용, 분출작용	통기관 설치
모세관현상	천조각, 머리카락 제거
운동량에 의한 관성작용	격자쇠 설치

01 개요

통기설비는 대기 중에 개방된 통기관을 배수관에 연결하여 배수관 내에 공기를 유통시키는 것을 말한다.

02 통기관의 설치목적

① 트랩의 봉수를 보호한다.
② 배수의 흐름을 원활하게 한다.
③ 신선한 공기를 유통시켜 관 내의 청결을 유지한다.
④ 배수관 내의 기압을 일정하게 유지한다.

03 통기관의 종류

통기계통도

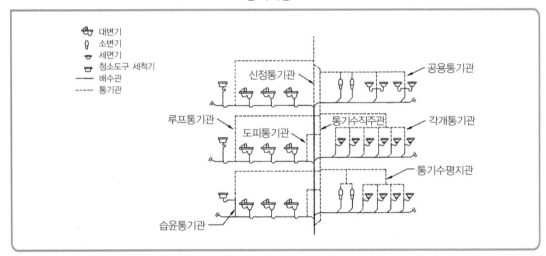

(1) 각개통기관(individual vent pipe)

① 각 위생기구마다 통기관을 세우는 것으로 가장 이상적인 통기방식이다.
② 각개통기관은 접속되는 배수관 구경의 2분의 1 이상으로 한다.
③ 관경: 최소 32mm 이상

통기방식에 관한 설명으로 옳지 않은 것은? 제26회

① 외부에 개방되는 통기관의 말단은 인접건물의 문, 개폐 창문과 인접하지 않아야 한다.
② 결합통기관은 배수수직관과 통기수직관을 연결하는 통기관이다.
③ 각개통기관의 수직올림위치는 동수구배선보다 아래에 위치시켜 흐름이 원활하도록 하여야 한다.
④ 통기수직관은 빗물수직관과 연결해서는 안 된다.
⑤ 각개통기방식은 기구의 넘침면보다 15cm 정도 위에서 통기수평지관과 접속시킨다.

해설

각개통기관의 수직올림위치는 동수구배선보다 위에 위치시켜 흐름이 원활하도록 하여야 한다. 정답: ③

(2) 루프통기관(loop vent pipe, 회로통기관 · 환상통기관)

① 2개 이상 8개 이내의 트랩을 보호하기 위하여 최상류에 있는 위생기구의 기구배수관이 배수수평지관과 연결되는 바로 하류의 수평지관에 접속시켜 통기수직관 또는 신정통기관으로 연결하는 통기관이다.
② 통기수직관에서 최상류 기구까지의 통기관의 연장은 7.5m 이내로 한다.
③ 관경: 최소 40mm 이상, 접속하는 배수수평지관과 통기수직관의 관경 중에서 작은 쪽의 2분의 1 이상으로 한다.

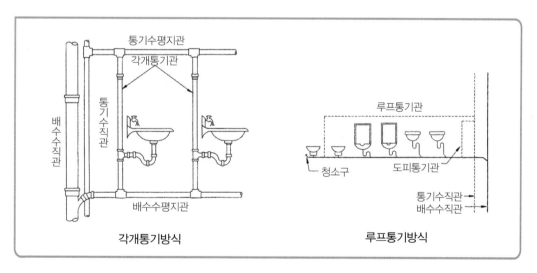

각개통기방식   루프통기방식

(3) 도피통기관(relief vent pipe)

① 회로통기배관에서 통기능률을 촉진시키기 위한 통기관으로 최하류 기구배수관과 배수
수직관 사이에 설치한다.

② 관경: 최소 32mm 이상, 배수수평지관 관경의 2분의 1 이상으로 한다.

(4) 습식통기관(wet vent pipe, 습윤통기관)

최상류기구의 회로통기관(루프통기관)에 연결되어 통기와 배수의 역할을 함께 하는 통
기관이며, 대기 중에 개구하는 통기관이다.

습식통기관

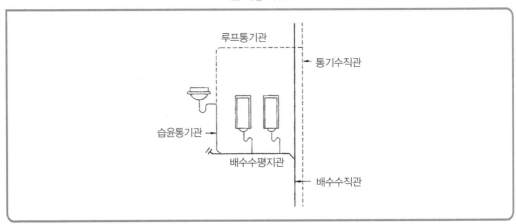

(5) 신정통기관(stack vent pipe)

관경을 줄이지 않고 배수수직주관 끝을 옥상으로 연장하여 통기관으로 사용하는 부분을
말한다.

신정통기관

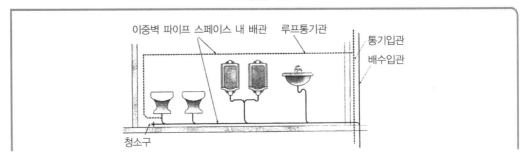

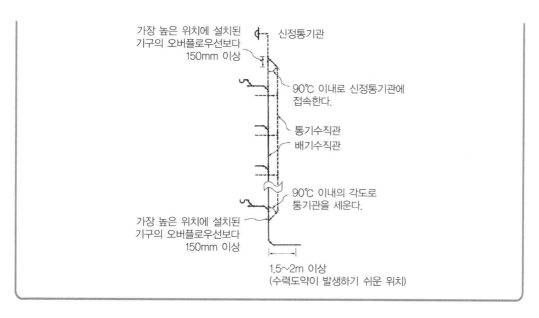

(6) 결합통기관(yoke vent pipe)

① 고층건물의 경우 배수수직주관과 통기수직주관을 접속하는 통기관이다.

② 5개 층마다 설치하여 배수수직주관의 통기를 촉진한다.

③ 통기수직주관과 배수수직관 중 작은 쪽 관경으로 하되, 최소관경은 50mm 이상으로 한다.

결합통기관

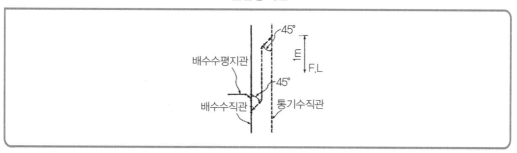

기출예제

01 배수수직관 내의 압력변동을 방지하기 위해 배수수직관과 통기수직관을 연결하는 통기관은?

제27회

① 결합통기관   ② 공용통기관
③ 각개통기관   ④ 루프통기관
⑤ 신정통기관

02 통기관경 결정의 기본원칙에 따라 산정된 통기관경으로 옳지 않은 것은? 제19회

① 100mm 관경의 배수수직관에 접속하는 신정통기관의 관경을 100mm로 한다.
② 50mm 관경의 배수수평지관과 100mm 관경의 통기수직관에 접속하는 루프통기관의 관경을 50mm로 한다.
③ 75mm 관경의 배수수평지관에 접속하는 도피통기관의 관경을 50mm로 한다.
④ 50mm 관경의 기구배수관에 접속하는 각개통기관의 관경을 32mm로 한다.
⑤ 100mm 통기수직관과 150mm 배수수직관에 접속하는 결합통기관의 관경을 75mm로 한다.

(7) 공용통기관(common vent pipe)

2개의 위생기구가 같은 레벨로 설치되어 있을 때 배수관의 교점에서 접속되어 수직으로 세운 통기관을 말한다.

습윤통기관 · 공용통기관 · 순환통기관

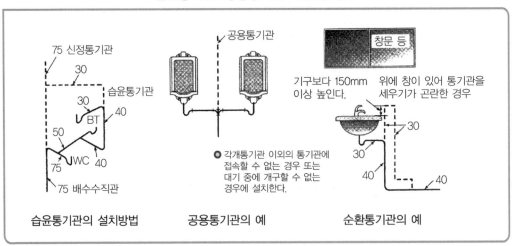

| 습윤통기관의 설치방법 | 공용통기관의 예 | 순환통기관의 예 |

(8) 특수통기방식

① 소벤트방식(sovent system): 통기관을 따로 설치하지 않고 하나의 배수수직관으로 배수와 통기를 겸하는 시스템으로서, 여기에는 2개의 특수이음쇠가 사용된다.

    ㉠ 공기혼합이음쇠(aerator fitting)

        ⓐ 배수수직관과 각 층 배수수평지관의 접속 부분에 설치한다.

        ⓑ 배수수평지관에서 유입하는 배수와 공기를 수직관 중에서 효과적으로 혼합하여 유하수의 유속을 줄여 수직관 꼭대기에서의 공기흡입현상을 방지한다.

    ㉡ 공기분리이음쇠(deaerator fitting)

        ⓐ 배수수직관이 배수수평주관에 접속되기 바로 전에 설치한다.

        ⓑ 배수가 수평주관에 원활히 유입하도록 배수와 공기를 분리시킨다.

소벤트방식

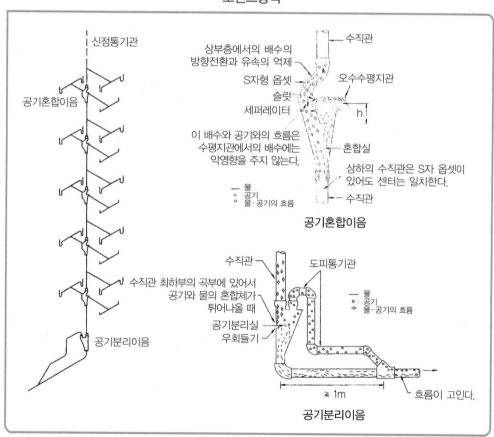

② 섹스티아방식(sextia system): 섹스티아이음쇠와 섹스티아벤트관을 사용하여 유수에 선
회(旋回)력을 주어 공기 코어(air core)를 유지시켜 하나의 관으로 배수와 통기를 겸한다.
이 시스템은 층수에 제한 없이 고층·저층에 모두 사용이 가능하며, 신정통기만을 사용
하므로 통기 및 배수계통이 간단하고 배수관경이 작아도 되며 소음도 작다.

　ⓘ 섹스티아이음쇠
　　ⓐ 각 층의 배수수직관과 배수수평지관의 접속 부분에 설치한다.
　　ⓑ 배수수평지관 내의 유수에 선회력을 주어 공기 코어를 유지, 즉 관의 바깥 부분으로
　　　 물을 흐르게 하고 안쪽 부분으로 공기를 흐르게 한다.

　ⓛ 섹스티아벤트관(45° 곡관)
　　ⓐ 배수수직관과 배수수평주관의 접속 부분에 설치한다.
　　ⓑ 배수수직관 내의 유수에 선회력을 주어 공기 코어를 유지한다.

섹스티아방식

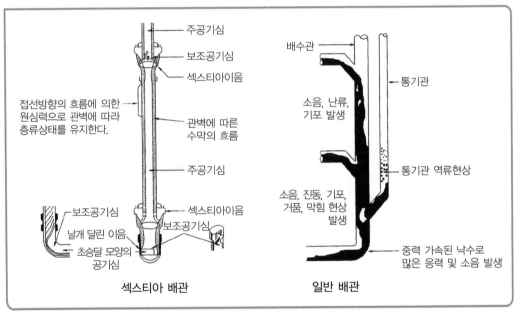

배수 및 통기설비에 관한 내용으로 옳은 것은?　　　　　　　　제22회

① 배수관 내에 유입된 배수가 상층부에서 하층부로 낙하하면서 증가하던 속도가 더 이상 증가하지 않을 때의 속도를 종국유속이라 한다.
② 도피통기관은 배수수직관의 상부를 그대로 연장하여 대기에 개방한 통기관이다.
③ 루프통기관은 고층건물에서 배수수직관과 통기수직관을 연결하여 설치한 것이다.
④ 신정통기관은 모든 위생기구마다 설치하는 통기관이다.
⑤ 급수탱크의 배수방식은 간접식보다 직접식으로 해야 한다.

해설

② 배수수직관의 상부를 그대로 연장하여 대기에 개방한 통기관은 신정통기관이다.
③ 고층건물에서 배수수직관과 통기수직관을 연결하여 설치한 것은 결합통기관이다.
④ 모든 위생기구마다 설치하는 통기관은 각개통기관이다.
⑤ 급수탱크의 배수방식은 직접배수보다 간접배수로 해야 한다.

정답: ①

04 통기관 배관시 주의사항

(1) 통기관의 개구부

① 사람이 사용하는 옥상을 관통하는 경우 통기관의 말단을 약 2m 이상 세우거나, 옥상을 사용하지 않는 경우에는 0.15m 이상 세운다.
② 통기관의 개구부는 직접 외기에 개방하여야 하며, 건물의 문·창·환기유입구 등의 개구부로부터 3m 이상 또는 개구부의 위쪽에서 0.6m 이상 높게 한다.
③ 한랭지 및 적설지(積雪地)에서의 통기관 말단의 개구부는 동결이나 적설에 의하여 막히지 않도록 지름은 75mm 이상으로 하고, 높이는 지붕면으로부터 300mm 이상 떨어진 위치에 개구부를 둔다.

(2) 금지하여야 할 통기관의 배관

① 바닥 아래의 통기배관은 금지한다.
② 2중 트랩이 되지 않도록 한다.
③ 통기관은 기구의 오버플로우면 이상(150mm)으로 입상시킨 다음 통기수직관에 연결한다.
④ 통기수직관을 빗물수직관과 연결하여서는 안 된다.
⑤ 통기관과 실내환기용 덕트와 연결하여서는 안 된다.
⑥ 간접배수 통기관은 단독으로 대기 중에 개구한다.
⑦ 오물정화조의 개구부는 단독으로 대기 중에 개구한다.

⑧ 오수 피트나 잡배수 피트는 각개(개별)통기관을 설치한다.

⑨ 가솔린트랩의 통기관은 단독으로 대기 중에 개구하여야 한다.

⑩ 각개통기관은 동수구배선 위에서 배수관에 접속한다.

⑪ 루프통기관은 배수관의 수평중심선 상부로부터 수직 또는 수직에서 45°의 각도 이내로 접속하여야 한다.

> **더 알아보기**
>
> 1. 배수 및 통기수직주관은 파이프 샤프트(P.S; Pipe Shaft) 내에 배관한다.
> 2. 변기는 될 수 있는 대로 수직주관 가까이에 설치한다.

05 배관의 시험과 검사

건물 내의 배수·통기관 시공 후, 보온시공 이전 또는 은폐 이전에 수압시험 또는 기압시험을 하고, 위생기구 등의 설치가 완료된 후에는 모든 트랩을 봉수하여 연기시험 또는 박하시험을 한다.

(1) 수압시험

모든 개구부를 막고 최고위치의 개구부로 3m 이상의 수두에 해당하는 압력(0.03MPa)을 가하여 30분간 견디면 된다.

(2) 기압시험

모든 개구부를 막고 한 개구부로 0.035MPa의 압력이 될 때까지 올려 15분간 압력변화가 없으면 된다.

(3) 기밀시험

연기시험과 박하시험이 있으며, 이상의 배관시험이 끝나고 위생기구가 설치되면 통수시험을 하여 누수를 검사하고 그 후 방로피복 등을 한다.

01 간접배수는 배수관에 바로 연결하지 않고 물받이공간을 두고 배수하는 방식이며, 배수관이 막히더라도 기구 내부가 오염되는 것을 방지할 수 있다. (   )

02 옥내배수관의 구배는 mm로 호칭되는 관경의 역수보다 작게 하고, 표준구배는 50분의 1~100분의 1이다. (   )

03 옥내배수관의 유속은 0.6~1.2m/s 정도이며, 관경이 작을수록 구배는 작게 한다. (   )

04 세면기의 순간최대배수량 30ℓ/min을 기준으로 다른 위생기구의 배수관경을 결정한다.
(   )

05 유수면의 기울기가 동일한 경우 배수관의 관경이 너무 커지면 유속이 감소하고 배수능력이 저하되므로 유수면은 관경의 2분의 1~3분의 2 정도(관 단면적의 50~70%)가 좋다. (   )

06 수평관의 관경이 100mm 이하인 경우에는 직선거리 15m 이내마다, 100mm 이상인 경우에는 30m 이내마다 청소구를 설치한다. (   )

---

01 ○

02 × 옥내배수관의 구배는 mm로 호칭되는 관경의 역수보다 크게 하고, 표준구배는 50분의 1~100분의 1이다.

03 × 옥내배수관의 유속은 0.6~1.2m/s 정도이며, 관경이 작을수록 구배는 크게 한다.

04 ○

05 ○

06 ○

07 배수관 속의 악취, 유독가스 및 벌레 등이 실내로 침투하는 것을 방지하기 위하여 배수계통의 일부에 봉수를 고이게 하는 기구를 통기관이라 한다. ( )

08 U트랩은 일명 가옥트랩 또는 메인트랩이라고도 하며, 배수수평주관 끝에 설치하여 공공하수관에서의 하수가스 역류방지용으로 사용하는 트랩이다. ( )

09 드럼트랩은 주방싱크의 배수용 트랩으로 다량의 물을 고이게 하므로 봉수가 잘 파괴되며 청소가 불가능하다. ( )

10 유인사이펀작용은 수직관에 근접하여 기구를 설치할 경우 수직관 상부에서 일시에 다량의 물이 낙하하면 그 수직관과 수평관과의 연결 부분에 순간적으로 진공이 생겨 트랩 내의 봉수가 토출되는 작용을 말한다. ( )

11 분출작용(토출작용)은 수직관 가까이에 기구가 설치되어 있을 때 수직관 위로부터 일시에 다량의 물이 흐르게 되면 일종의 피스톤작용을 일으켜서 하류 또는 하층기구의 트랩봉수를 공기의 압축에 의하여 실내측으로 밀어내는 작용이다. ( )

12 봉수파괴 원인에는 자기사이펀작용, 유인사이펀작용, 분출작용(토출작용), 모세관현상, 증발작용, 운동량에 의한 관성작용이 있다. ( )

---

07 × 배수관 속의 악취, 유독가스 및 벌레 등이 실내로 침투하는 것을 방지하기 위하여 배수계통의 일부에 봉수를 고이게 하는 기구를 트랩이라 한다.

08 ○

09 × 드럼트랩은 주방싱크의 배수용 트랩으로 다량의 물을 고이게 하므로 봉수가 잘 파괴되지 않으며 청소가 가능하다.

10 × 유인사이펀작용은 수직관에 근접하여 기구를 설치할 경우 수직관 상부에서 일시에 다량의 물이 낙하하면 그 수직관과 수평관과의 연결 부분에 순간적으로 진공이 생겨 트랩 내의 봉수가 흡인되는 작용을 말한다.

11 ○

12 ○

13 통기관은 트랩의 봉수를 보호하고, 배수의 흐름을 원활하게 하며 배수관 내 환기를 도모한다.
( )

14 루프통기관은 2~8개 이내의 트랩을 보호하기 위하여 최하류에 있는 위생기구배수관이 배수수평지관과 연결되는 바로 하류의 수평지관에 접속시켜 통기수직관 또는 신정통기관으로 연결하는 통기관이다. ( )

15 신정통기관은 배수수직관 상부에서 관경을 축소하지 않고 연장하여 대기 중에 개방하는 통기관이다. ( )

16 바닥 아래의 통기배관은 금지하고, 2중 트랩이 되지 않도록 하며 통기관은 기구의 오버플로우면 이상(150mm)으로 입상시킨 다음 통기수직관에 연결한다. ( )

17 배관시험은 건물 내의 배수, 통기관 시공 후 보온시공 이전 또는 은폐 이전에 수압시험 또는 기압시험을 하고, 위생기구 등의 설치가 완료된 후에는 모든 트랩을 봉수하여 연기시험 또는 박하시험을 한다. ( )

13 ○

14 × 루프통기관은 2~8개 이내의 트랩을 보호하기 위하여 **최상류**에 있는 위생기구배수관이 배수수평지관과 연결되는 바로 하류의 수평지관에 접속시켜 통기수직관 또는 신정통기관으로 연결하는 통기관이다.

15 ○

16 ○

17 ○

01 배수설비에 관한 내용으로 옳지 않은 것은?

① 배수설비란 배수를 공공하수도로 유입시키기 위하여 설치하는 건물 또는 부지 내의 배수관거 및 부대설비를 총칭하는 것을 말한다.

② 건물 외벽면에서 1m 떨어진 곳을 기준으로 옥내배수와 옥외배수로 구분한다.

③ 기계식 배수는 지하층과 같이 배수집수정이 공공하수도관보다 낮을 경우, 배수 펌프를 사용하여 공공하수도관으로 퍼 올리는 강제배수이다.

④ 분류배수방식은 건물에서의 배수를 오수·잡배수·우수로 나누어 각각 배출하는 방식으로, 오수는 정화조에서 처리한 후 하천으로 방류한다.

⑤ 간접배수는 위생기구와 배수관이 직접 연결된 일반 위생기구에서의 배수이다.

02 배수관의 구배에 관한 내용으로 옳지 않은 것은?

① 배수관 내의 배수가 정체하지 않도록 적당한 구배를 주어야 한다.

② 표준 구배는 100분의 1~200분의 1이다.

③ 옥내배수관의 구배는 mm로 호칭되는 관경의 역수보다 크게 한다.

④ 옥내배수관의 유속은 0.6~1.2m/s 정도, 최대 2.4m/s 이내가 되도록 구배를 잡는 것이 좋다.

⑤ 관경이 작을수록 구배는 크게 한다.

03 배수트랩에 관한 설명으로 옳지 않은 것은?

제15회

① 구조상 수봉식이 아니거나 가동 부분이 있는 것은 바람직하지 않다.

② 이중트랩은 악취를 효과적으로 차단하고, 배수를 원활하게 하는 효과가 있다.

③ 트랩의 가장자리와 싱크대 또는 바닥 마감 부분의 사이는 내수성 충전재로 마무리한다.

④ P트랩에서 봉수 수면이 디프(dip)보다 낮은 위치에 있으면 하수가스의 침입을 방지할 수 없다.

⑤ 정해진 봉수깊이 및 봉수면을 갖도록 설치하고, 필요한 경우 봉수의 동결방지조치를 한다.

04 배수트랩의 구비조건에 관한 내용으로 옳지 않은 것은?

제24회

① 자기사이펀작용이 원활하게 일어나야 한다.

② 하수 가스, 냄새의 역류를 방지하여야 한다.

③ 포집 기류를 제외하고는 오수에 포함된 오물 등이 부착 및 침전하기 어려워야 한다.

④ 봉수깊이가 항상 유지되는 구조이어야 한다.

⑤ 간단한 구조이어야 한다.

정답 | 해설

01 ⑤ 간접배수는 <u>배수관에 바로 연결하지 않고</u> 기구로부터의 배수관에 물받이공간(배수구공간)을 두고 배수하는 방식이다.

02 ② 표준 구배는 <u>50분의 1~100분의 1</u>이다.

03 ② 이중트랩은 배수저항이 커서 <u>배수가 잘되지 않으므로</u> 설치하지 않는 것이 원칙이다.

04 ① 자기사이펀작용이 원활하게 일어나면 봉수가 잘 빠지는 원인이 되므로 <u>배수트랩의 구비조건에 포함되지 않는다</u>.

05 배수설비에서 청소구의 설치에 관한 사항으로 옳지 않은 것은? 제18회

① 배수수평지관의 기점에 설치한다.
② 배수수평주관의 기점에 설치한다.
③ 배수수직관의 최하부에 설치한다.
④ 배수관이 45°를 넘는 각도로 방향을 변경한 개소에 설치한다.
⑤ 배수수평관이 긴 경우, 배수관의 관 지름이 100mm 이하인 경우에는 30m마다 1개씩 설치한다.

06 배수 및 통기설비에 관한 설명으로 옳지 않은 것은? 제23회

① 결합통기관은 배수수직관 내의 압력변화를 완화하기 위하여 배수수직관과 통기 수직관을 연결하는 통기관이다.
② 통기수평지관은 기구의 물넘침선보다 150mm 이상 높은 위치에서 수직통기관 에 연결한다.
③ 신정통기관은 배수수직관의 상부를 그대로 연장하여 대기에 개방하는 것으로, 배수수직관의 관경보다 작게 해서는 안 된다.
④ 배수수평관이 긴 경우, 배수관의 관 지름이 100mm 이하인 경우에는 20m 이 내, 100mm를 넘는 경우에는 매 35m마다 청소구를 설치한다.
⑤ 특수통기방식의 일종인 소벤트방식, 섹스티아방식은 신정통기방식을 변형시킨 것이다.

07 배수트랩에 해당하는 것을 모두 고른 것은? 제23회

㉠ 벨트랩	㉡ 버킷트랩
㉢ 그리스트랩	㉣ P트랩
㉤ 플로트트랩	㉥ 드럼트랩

① ㉠, ㉡
② ㉠, ㉢, ㉥
③ ㉢, ㉣, ㉥
④ ㉠, ㉢, ㉣, ㉥
⑤ ㉡, ㉢, ㉣, ㉤

08 트랩의 봉수파괴 원인으로 옳지 않은 것은?

① 여과작용   ② 자기사이펀작용

③ 유인사이펀작용   ④ 분출작용

⑤ 모세관현상

09 2개 이상인 트랩을 보호하기 위하여 설치하는 통기관으로, 최상류 기구배수관이 배수 수평지관에 접속하는 위치의 직하(直下)에서 입상하여 통기수직관에 접속하는 통기 관은?   제18회

① 루프통기관   ② 신정통기관

③ 결합통기관   ④ 습윤통기관

⑤ 각개통기관

정답 | 해설

05 ⑤ 배수수평관이 긴 경우, 배수관의 관 지름이 100mm 이하인 경우는 <u>15m마다</u> 1개씩 설치한다.

06 ④ 배수수평관이 긴 경우, 배수관의 관 지름이 100mm 이하인 경우에는 <u>15m 이내</u>, 100mm를 넘는 경우에는 매 <u>30m마다</u> 청소구를 설치한다.

07 ④ 버킷트랩과 플로트트랩은 증기난방에서 <u>방열기트랩</u>의 종류이다.

08 ① <u>여과작용</u>은 모래층과 자갈층에 원수를 통과시켜서 수중의 <u>부유물·세균 등을 제거하는</u> 방법이다.

09 ① 2개 이상인 트랩을 보호하기 위하여 설치하는 통기관으로, 최상류 기구배수관이 배수수평지관에 접속하는 위치의 직하(直下)에서 입상하여 통기수직관에 접속하는 통기관은 <u>루프통기관</u>이다.

10 다음에서 설명하고 있는 통기관으로 옳은 것은?

> • 2개 이상 8개 이내의 트랩을 보호하기 위하여 최상류에 있는 위생기구의 기구배수관이 배수수평지관과 연결되는 바로 하류의 수평지관에 접속시켜 통기수직관 또는 신정통기관으로 연결하는 통기관이다.
> • 통기수직관에서 최상류 기구까지의 통기관의 연장은 7.5m 이내로 한다.
> • 관경은 최소 40mm 이상, 접속하는 배수수평지관과 통기수직관의 관경 중에서 작은 쪽의 2분의 1 이상으로 한다.

① 각개통기관(individual vent pipe)
② 루프통기관(loop vent pipe)
③ 도피통기관(relief vent pipe)
④ 습식통기관(wet vent pipe)
⑤ 공용통기관(common vent pipe)

11 금지하여야 할 통기관의 배관으로 옳지 않은 것은?

① 바닥 아래의 통기배관은 금지한다.
② 2중 트랩이 되지 않도록 한다.
③ 통기관은 기구의 오버플로우면 이상(150mm)으로 입상시킨 다음 통기수직관에 연결한다.
④ 통기수직관을 빗물수직관과 연결해서는 안 된다.
⑤ 통기관과 실내환기용 덕트와 연결하여 사용한다.

12 배수 및 통기설비에 관한 사항으로 옳지 않은 것은?

① 회로통기방식에서는 최상류의 기구배수관 이외의 기구배수관을 배수수평지관에 접속할 때에는 수평에서 위쪽으로 45° 이내에 접속하여야 한다.

② 고형물이 흐르는 잡배수관인 경우의 최소관경은 50A 이상으로 한다.

③ 루프통기관의 접속은 배수수평지관과 최상류의 기구배수관과의 접속점 직후의 하류 측이다.

④ 오물정화조의 개구부는 단독으로 대기 중에 개구하고, 오수 피트나 잡배수 피트는 결합통기관을 설치한다.

⑤ 배수수직관의 관경은 이와 접속하는 배수수평지관의 최대관경 이상으로 한다.

---

10 ② ① 각개통기관은 각 위생기구마다 통기관을 세우는 것으로 가장 이상적인 통기방식이다.

　③ 도피통기관은 회로통기배관에서 통기능률을 촉진시키기 위한 통기관으로 최하류 기구배수관과 배수수직관 사이에 설치한다.

　④ 습식통기관은 최상류 기구의 회로통기관(루프통기관)에 연결되어 통기와 배수의 역할을 함께 하는 통기관이며, 대기 중에 개구하는 통기관이다.

　⑤ 공용통기관은 2개의 위생기구가 같은 레벨로 설치되어 있을 때 배수관의 교점에서 접속되어 수직으로 세운 통기관을 말한다.

11 ⑤ 통기관과 실내환기용 덕트와 연결해서는 안 된다.

12 ④ 오물정화조의 개구부는 단독으로 대기 중에 개구하고, 오수 피트나 잡배수 피트는 각개(개별)통기관을 설치한다.

13 배관의 시험과 검사에 관한 내용으로 옳지 않은 것은?

① 건물 내의 배수·통기관 시공 후, 보온시공 이후 또는 은폐 이후에 수압시험 또는 기압시험을 한다.

② 위생기구 등의 설치가 완료된 후에는 모든 트랩을 봉수하여 연기시험 또는 박하시험을 한다.

③ 수압시험은 모든 개구부를 막고 최고위치의 개구부로 3m 이상의 수두에 해당하는 압력(0.03MPa)을 가하여 30분간 견디면 된다.

④ 기압시험은 모든 개구부를 막고 한 개구부로 0.035MPa의 압력이 될 때까지 올려 15분간 압력변화가 없으면 된다.

⑤ 기밀시험은 연기시험과 박하시험이 있으며, 배관시험이 끝나고 위생기구가 설치되면 통수시험을 하여 누수를 검사하고 그 후 방로피복 등을 한다.

14 하수도법령상 용어의 내용으로 옳지 않은 것은? 제23회

① '하수'라 함은 사람의 생활이나 경제활동으로 인하여 액체성 또는 고체성의 물질이 섞이어 오염된 물(이하 '오수'라 한다)을 말하며, 건물·도로 그 밖의 시설물의 부지로부터 하수도로 유입되는 빗물·지하수는 제외한다.

② '하수도'라 함은 하수와 분뇨를 유출 또는 처리하기 위하여 설치하는 하수관로·공공하수처리시설 등 공작물·시설의 총체를 말한다.

③ '분류식 하수관로'라 함은 오수와 하수도로 유입되는 빗물·지하수가 각각 구분되어 흐르도록 하기 위한 하수관로를 말한다.

④ '공공하수도'라 함은 지방자치단체가 설치 또는 관리하는 하수도를 말한다. 다만, 개인하수도는 제외한다.

⑤ '배수설비'라 함은 건물·시설 등에서 발생하는 하수를 공공하수도에 유입시키기 위하여 설치하는 배수관과 그 밖의 배수시설을 말한다.

15 다음은 하수도법령상의 내용이다. (   ) 안에 들어갈 용어로 옳은 것은? 제24회

> - (㉠)란 건물·시설 등의 설치자 또는 소유자가 해당 건물·시설 등에서 발생하는 하수를 유출 또는 처리하기 위하여 설치하는 배수설비·개인하수처리시설과 그 부대시설을 말한다.
> - (㉡)란 오수와 하수도로 유입되는 빗물·지하수가 함께 흐르도록 하기 위한 하수관로를 말한다.
> - (㉢)란 오수와 하수도로 유입되는 빗물·지하수가 각각 구분되어 흐르도록 하기 위한 하수관로를 말한다.

① ㉠ 하수관로, ㉡ 공공하수도, ㉢ 개인하수도
② ㉠ 개인하수도, ㉡ 공공하수도, ㉢ 합류식 하수관로
③ ㉠ 공공하수도, ㉡ 개인하수도, ㉢ 합류식 하수관로
④ ㉠ 공공하수도, ㉡ 분류식 하수관로, ㉢ 개인하수도
⑤ ㉠ 개인하수도, ㉡ 합류식 하수관로, ㉢ 분류식 하수관로

정답 | 해설

13 ① 건물 내의 배수·통기관 시공 후, 보온시공 <u>이전</u> 또는 은폐 <u>이전</u>에 수압시험 또는 기압시험을 한다.

14 ① 하수는 사람의 생활이나 경제활동으로 인하여 액체성 또는 고체성의 물질이 섞이어 <u>오염된 물(오수)과 건물·도로 그 밖의 시설물의 부지로부터 하수도로 유입되는 빗물·지하수를 말한다.</u> 다만, <u>농작물의 경작으로 인한 것은 제외한다.</u>

15 ⑤ ㉠은 개인하수도, ㉡은 합류식 하수관로, ㉢은 분류식 하수관로에 대한 설명이다.

제 4 장 위생기구 및 배관용 재료

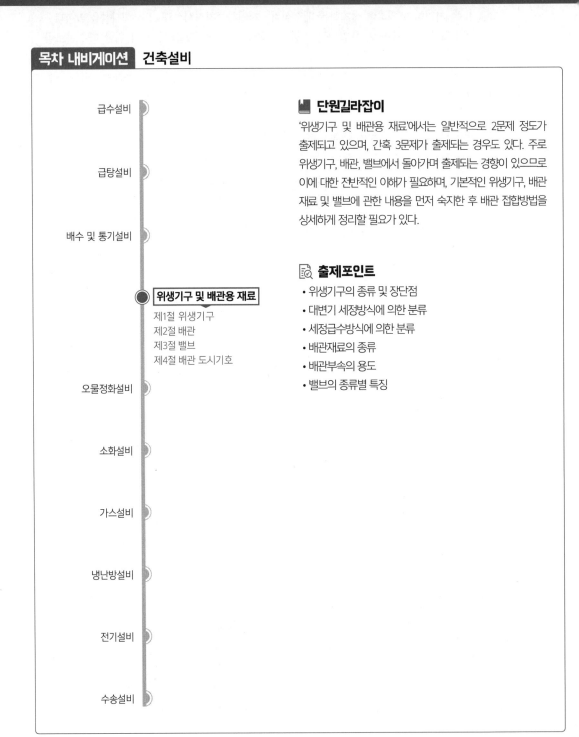

📖 단원길라잡이

'위생기구 및 배관용 재료'에서는 일반적으로 2문제 정도가 출제되고 있으며, 간혹 3문제가 출제되는 경우도 있다. 주로 위생기구, 배관, 밸브에서 돌아가며 출제되는 경향이 있으므로 이에 대한 전반적인 이해가 필요하며, 기본적인 위생기구, 배관 재료 및 밸브에 관한 내용을 먼저 숙지한 후 배관 접합방법을 상세하게 정리할 필요가 있다.

🔍 출제포인트

- 위생기구의 종류 및 장단점
- 대변기 세정방식에 의한 분류
- 세정급수방식에 의한 분류
- 배관재료의 종류
- 배관부속의 용도
- 밸브의 종류별 특징

01 개요

(1) 정의

위생기구란 급수(給水) · 급탕(給湯) · 배수(排水) 등의 설비에 쓰이는 용기를 말한다.

(2) 위생기구가 갖추어야 할 조건

① 흡수성이 없고 내구성과 내식성이 있는 재료일 것

② 외관이 깨끗하고 위생적일 것

③ 기구의 제작 · 제조가 용이할 것

④ 오염 방지가 가능할 것

⑤ 조립이 간단할 것

02 위생기구의 장단점

장점	단점
① **산 · 알칼리**에 침식되지 않으며 내구성이 풍부하다.	① 탄력성이 없고, 충격에 약하므로 파손되기 쉽다.
② 흡수성이 없어 오수나 악취 등이 흡수되지 않으며, 변질이 되지 않는다.	② 파손되면 보수할 수 없다.
③ 청소하기 쉬워 위생적이다.	③ 팽창계수가 아주 작으므로 금속기구나 콘크리트와의 접속에는 특수공법이 요구된다.
④ 매우 **복잡한 형태**의 기구도 제작할 수 있다.	④ 정밀한 치수를 기대하기 어렵다.

03 위생기구의 종류

(1) 대변기

① 대변기 세정방식에 따른 분류

　㉠ 세출식(wash out type)

　　ⓐ 오물을 변기 바닥의 얕은 수면에 일시적으로 받아 변기 가장자리의 여러 곳에서 토출되는 세정수로 오물을 씻어내리는 방식이다.

　　ⓑ 악취가 심하며 오물이 부착하기 쉽다.

　　ⓒ 동양식 변기에 많이 사용한다.

ⓛ 세락식(wash down type)
  ⓐ 오물을 직접 트랩 내의 유수부에 낙하시켜 물의 낙차에 의하여 오물을 배출하는 방식이다.
  ⓑ 오물은 유수 중에 매몰하기 때문에 취기의 발산은 비교적 적지만, 용변시 물이 튀고 유수면이 좁아 오물이 부착하기 쉽다.
  ⓒ 보급형 양식 변기에 주로 사용한다.
ⓒ 사이펀식(syphon type)
  ⓐ 양식 대변기로서 변기에 앉아 용변을 보며 오물을 직접 유수 중에 낙하시켜 굴곡된 배수로의 저항에 따라 세정수에 의하여 배수로 내를 만수하여 사이펀작용을 일으켜 흡인 배출되는 방식이다.
  ⓑ 세락식보다 배출능력이 우수하며, 유수면을 약간 넓혀 취기의 발산도 적고 오물이 부착되지 않는다.
  ⓒ 트랩의 유효봉수깊이: 65mm 이상
ⓔ 사이펀제트식(syphon jet type)
  ⓐ 트랩 입구 측에 제트구멍이 있어 급수구에서 유입될 물의 일부가 제트구멍에서 분출하여 배수로 관 내를 빠르게 만수시켜 사이펀식의 자기사이펀작용을 보다 촉진시켜 흡인작용으로 세정하는 방식이다.
  ⓑ 취기의 발산이나 오물이 부착하는 경우가 거의 없고 성능이 가장 우수하다.
  ⓒ 트랩의 유효봉수깊이: 75mm 이상
ⓜ 블로우아웃식(blow-out type)
  ⓐ 변기 가장자리에서 세정수를 적게 내뿜고 분수구멍에서 높은 압력으로 물을 뿜어내어 오물을 배출하는 방식이다.
  ⓑ 배수로가 크고 굴곡도 작아서 막힐 염려가 없으나 높은 급수압력을 필요로 하기 때문에 세정소리가 크다.
  ⓒ 주택이나 호텔 등에서의 사용은 바람직하지 않다.
ⓗ 사이펀볼텍스식(siphon vortex type)
  ⓐ 사이펀작용에 물의 회전운동을 주어 와류작용을 가한 방식이다.
  ⓑ 유수면이 넓고 취기의 발산 및 오물의 부착이 적으며, 세정시 공기가 혼입되지 않기 때문에 세정소리가 작다.
  ⓒ 근래에 도입된 방식이다.

대변기의 종류

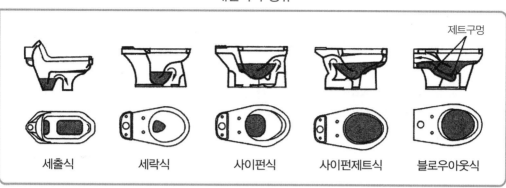

세출식　　세락식　　사이펀식　　사이펀제트식　　블로우아웃식

기출예제

01 위생기구에 관한 내용으로 옳은 것을 모두 고른 것은? 　제25회

> ㉠ 세출식 대변기는 오물을 직업 유수부에 낙하시켜 물의 낙차에 의하여 오물을 배출하는
>   방식이다.
> ㉡ 위생기구설비의 유닛(unit)화는 공기단축, 시공정밀도 향상 등의 장점이 있다.
> ㉢ 사이펀식 대변기는 분수구로부터 높은 압력으로 물을 뿜어내어 그 작용으로 유수를
>   배수관으로 유인하는 방식이다.
> ㉣ 위생기구는 흡수성이 작고, 내식성 및 내마모성이 우수하여야 한다.

① ㉠, ㉢　　　　　　② ㉡, ㉣　　　　　　③ ㉠, ㉡, ㉣
④ ㉡, ㉢, ㉣　　　　⑤ ㉠, ㉡, ㉢, ㉣

해설

㉠ 오물을 직업 유수부에 낙하시켜 물의 낙차에 의하여 오물을 배출하는 방식은 세락식 대변기이다.
㉢ 분수구로부터 높은 압력으로 물을 뿜어내어 그 작용으로 유수를 배수관으로 유인하는 방식은 블
　로우아웃식 대변기이다. 　정답: ②

02 위생기구설비에 관한 내용으로 옳지 않은 것은? 　제22회

① 위생기구는 청소가 용이하도록 흡수성, 흡습성이 없어야 한다.
② 위생도기는 외부로부터 충격이 가해질 경우 파손 가능성이 있다.
③ 유닛화는 현장 공정이 줄어들면서 공기단축이 가능하다.
④ 블로우아웃식 대변기는 사이펀볼텍스식 대변기에 비해 세정음이 작아 주택이나 호텔
　등에 적합하다.
⑤ 대변기에서 세정밸브방식은 연속사용이 가능하기 때문에 사무소, 학교 등에 적합하다.

해설

블로우아웃식 대변기는 사이펀볼텍스식 대변기에 비해 세정음이 커서 주택이나 호텔 등에 부적합하다.
　정답: ④

② 대변기 세정장치에 따른 분류

　㉠ 세정밸브식(flush valve system)

　　ⓐ 정의: 급수관에서 세정밸브를 거쳐 변기 급수구에 직결되고, 세정밸브의 핸들을 작동함으로써 일정량의 물이 분사되어 세정하는 방식이다.

　　ⓑ 급수관의 최소관경: 25mm 이상

　　ⓒ 급수관의 최소수압: 0.07MPa 이상(표준압력 0.1MPa 이상)

　　ⓓ 특징

　　　• 크로스커넥션(cross connection)을 방지하기 위하여 진공방지기를 설치하여야 한다.

　　　• 학교, 사무실, 호텔 등에 적합하다.

대변기용 세정밸브

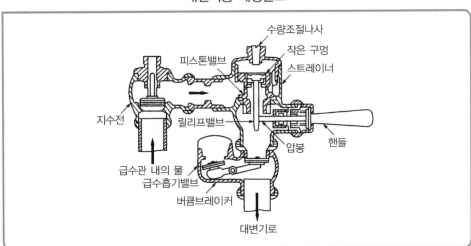

　㉡ 하이탱크식(high tank system)

　　ⓐ 정의: 높은 곳에 세정탱크를 설치하고 급수관을 통하여 물을 채운 다음 세정관을 통하여 변기에 분사하여 세정하는 방식으로, 고수조식 또는 하이시스턴식이라고도 한다.

　　ⓑ 하이탱크의 표준높이: 1.9m 이상(최소 1.6m)

　　ⓒ 탱크용량: 15ℓ

　　ⓓ 급수관의 최소관경: 15mm 이상

　　ⓔ 세정관의 최소관경: 32mm 이상

　　ⓕ 특징

　　　• 설치면적을 적게 할 수 있다.

　　　• 세정시 소음이 크다.

　　　• 수리가 곤란하고, 단수시 사용이 곤란하다.

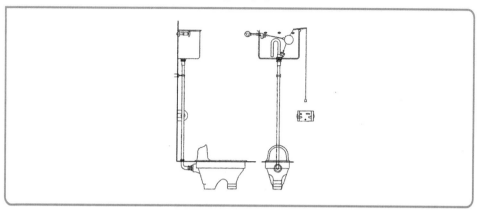

ⓒ 로우탱크식(low tank system)

ⓐ 정의: 세정수의 수압이 낮으므로 세정관을 굵게 하여 저항을 줄이고 단시간에 소요량의 물을 분사하여 세정하는 방식으로, 저수조식 또는 로우시스턴식이라고도 한다.

ⓑ 급수관의 최소관경: 15mm 이상

ⓒ 세정관의 최소관경: 50mm 이상

ⓓ 특징

• 세정시 소음이 작아 주택 · 호텔 등에 적합하다.

• 고장시 수리가 쉽다.

• 설치면적이 넓고 세정수량이 많다.

• 저압의 지역에서도 사용할 수 있다.

로우탱크식 구조

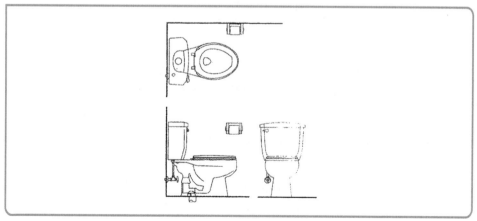

구분	세정밸브식	하이탱크식	로우탱크식
최저수압	0.07MPa 이상	없음	없음
급수관경	25mm 이상	15mm	15mm
설치면적	보통	작음	큼
소음	보통	큼	작음
구조	복잡	간단	간단
수리	곤란	곤란	용이
연속사용	가능	불가능	불가능

(2) 소변기

① 소변기의 종류

ⓒ 벽걸이 소변기

ⓐ 벽면에 부착하는 방식으로, 여러 개를 연속하여 설치할 경우에는 칸막이판(screen)을 함께 설치한다.

ⓑ 최근에는 거의 사용하지 않는다.

ⓒ 벽걸이 스톨 소변기

ⓐ 벽면에 부착하여 사용하는데, 연립하여 사용하는 경우에도 칸막이판을 설치할 필요가 없다.

ⓑ 대형은 호텔이나 오피스 빌딩의 화장실에 사용되는 경우가 많다.

ⓒ 스톨 소변기

ⓐ 바닥설치식이기 때문에 벽면에 하중이 걸리지 않고 크고 호화로운 소변기이다.

ⓑ 흘림받이가 낮아 키에 관계없이 사용 가능하며, 칸막이판을 설치할 필요가 없다.

② 소변기의 세정방식

ⓒ 자동세정방식: 감지세정방식과 정시세정방식으로 구별된다.

ⓐ 인체감지식 자동세정방식: 적외선으로 사용자를 감지하여 소변기를 세정하는 것으로 절수효과가 있다.

ⓑ 뇨(尿)감지식 자동세정방식: 소변기의 트랩 부분에 전극을 설치하여 소변이 유입되는 것을 감지하여 자동으로 소변기에 세정수를 급수하는 방식이다.

ⓒ 세정밸브식: 세정밸브의 누름단추를 누름으로써 일정시간 물을 흘려서 소변기를 세정하는 방식이며, 급수압력에 따라서 유량이 변한다.

(3) 위생설비의 유닛(unit)화

① 목적
  ㉠ 공정을 단순화 및 합리화시킨다.
  ㉡ 공사기간을 단축시킨다.
  ㉢ 시공의 정밀도를 향상시킨다.
  ㉣ 재료비와 인건비를 절감할 수 있다.

② 유닛의 필수조건
  ㉠ 대량생산이 가능하고 제작공정이 단순할 것
  ㉡ 운반이 편리하고 견고할 것
  ㉢ 현장에서 조립과 설치가 간단할 것
  ㉣ 본관과의 배관접속이 쉽고 유닛 배관도 복잡하지 않을 것
  ㉤ 배관이 방수를 관통하지 않고 바닥 위에서 처리할 수 있을 것

제2절 | 배관

배관은 유체의 이송을 위하여 관을 배치하는 일의 총칭이다.

01 개요

(1) 관의 분류

유체의 수송에 사용되는 관은 재질에 따라 강관 · 주철관 · 동관 · 연관 · 합성수지관 · 콘크리트관 등으로 크게 분류되며, 용도 및 사용압력 등에 따라 다양한 종류로 세분화된다.

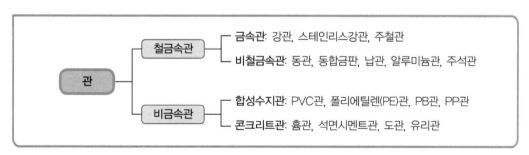

(2) 관의 굵기와 호칭법

① 관의 굵기는 일반적으로 호칭지름이 사용된다.

② 계열에 따라 미터단위(mm)와 인치단위(″)의 2가지 단위로 표시된다.

③ 호칭지름의 기호

　⊙ A: mm

　ⓛ B: ″

단위	기호	호칭지름 기호 표시의 예									
미터계열 (mm)	A	15A	20A	25A	32A	40A	50A	65A	80A	100A	… 200A
인치계열 (″)	B	1/2B	3/4B	1B	11/4B	11/2B	2B	21/2B	3B	4B	… 8B

02 배관재료의 종류와 특성

(1) 강관(steel pipe)

① 특징

　⊙ 많이 사용하는 관으로 주철관에 비하여 가볍고 인장강도가 크다.

　ⓛ 충격에 강하고 굴곡성이 좋다.

　ⓒ 시공이 용이하여 관의 접합이 비교적 쉽다.

　ⓔ 다른 관에 비하여 내식성이 작아 수명이 짧다.

　ⓜ 가격이 비교적 저렴하다.

② 용도: 1MPa 이하의 증기·물·기름·가스·공기 등을 사용하는 배관에 사용된다.

③ 접합방법

　⊙ 나사접합

　ⓛ 플랜지접합

　ⓒ 용접접합

④ 강관이음쇠의 종류

　⊙ 직관을 접속할 때: 소켓, 유니온, 플랜지, 니플

　ⓛ 구경이 다른 관을 접속할 때: 리듀서, 부싱, 이경소켓, 이경엘보, 이경티

　ⓒ 분기관을 낼 때: 티, 크로스, 와이(45°, 90°)

　ⓔ 배관을 굴곡할 때: 엘보, 벤드(90°)

　ⓜ 배관의 말단부: 플러그, 캡

배관의 이음쇠류

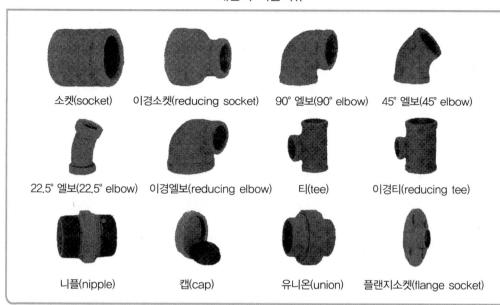

소켓(socket)　　이경소켓(reducing socket)　　90° 엘보(90° elbow)　　45° 엘보(45° elbow)

22.5° 엘보(22.5° elbow)　　이경엘보(reducing elbow)　　티(tee)　　이경티(reducing tee)

니플(nipple)　　캡(cap)　　유니온(union)　　플랜지소켓(flange socket)

기출예제

배관설비 계통에 설치하는 부속이 아닌 것은?　　　　　　　　　　제19회

① 흡입 베인(suction vane)　　　　② 스트레이너(strainer)
③ 리듀서(reducer)　　　　　　　　④ 벨로즈(bellows)이음
⑤ 캡(cap)

해설

흡입 베인(suction vane)은 덕트설비 계통에 설치하는 부속이다.　　　　정답: ①

(2) 스테인리스강관(stainless steel pipe)

스테인리스강관은 용도에 따라 배관용 · 구조용 · 열교환기용으로 제조된다.

① 특징

　㉠ 내식성이 우수하고 위생적이다.

　㉡ 강관에 비하여 기계적 성질이 우수하다.

　㉢ 두께가 얇아 운반 및 시공이 쉽다.

② 용도: 급수관, 급탕관, 냉 · 온수관 등에 사용된다.

③ 접합방법

    ㉠ 나사접합

    ㉡ 용접접합

    ㉢ 프레스접합

(3) 주철관(cast tron pipe)

① 특징

    ㉠ 내식성 · 내구성 · 내마모성이 우수하다.

    ㉡ 압축에 강하고, 인장과 충격에 약하다.

② 용도: 급수관, 오배수관, 가스공급관, 지중매설배관, 화학공업용 배관 등에 사용된다.

③ 접합방법

    ㉠ 소켓접합

    ㉡ 플랜지접합

    ㉢ 메커니컬접합

    ㉣ 빅토리접합

주철관의 접합

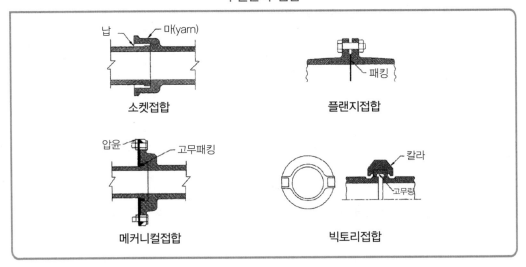

소켓접합   플랜지접합

메커니컬접합   빅토리접합

(4) 연관(lead pipe)

① 특징

    ㉠ 산에는 강하나 알칼리에 약하므로 콘크리트 속에 매설시 방식피복을 하여야 한다.

    ㉡ 내식성이 크고 굴곡이 용이하며, 점성이 좋아 가공이 쉽다.

    ㉢ 열에 약하며, 급탕 및 난방배관에 적합하지 않다.

② 용도: 가정용 수도인입관, 기구배수관, 가스배관 등에 사용된다.

③ 접합방법

ㄱ 플라스턴접합

ㄴ 납땜접합

ㄷ 용접접합

(5) 동관(copper pipe)

① 특징

ㄱ 수명이 길고 가벼우며, 마찰손실이 작다.

ㄴ 염류, 산, 알칼리 등에 대하여 내식성이 있다.

ㄷ 전성과 연성이 좋아 배관의 가공이나 시공이 용이하다.

ㄹ 두께는 K·L·M형이 있으며, K형이 가장 두껍고 M형이 가장 얇다.

② 용도: 급수관, 급탕관, 난방관, 냉·온수관 등에 사용된다.

③ 접합방법

ㄱ 납땜접합

ㄴ 압축접합

ㄷ 용접접합

동관의 접합

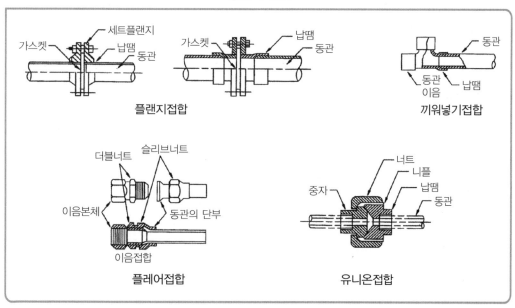

(6) 경질염화비닐관(PVC관)

① 특징

　ⓐ 산·알칼리성에 강하고 내식성이 크다.

　ⓑ 가격이 싸고 가벼우며, 마찰손실이 작다.

　ⓒ 열과 충격에 약하다.

　ⓓ 열팽창률이 크다.

② 용도: 급수관, 배수관, 통기관 등에 사용된다.

③ 접합방법

　ⓐ 냉간공법

　ⓑ 열간공법

(7) 폴리에틸렌관(PE관)

① 특징

　ⓐ PVC관의 3분의 2 정도로 가볍다.

　ⓑ 충격에 강하고 내한성이 우수하다.

　ⓒ 내약품성·위생성이 우수하다.

② 용도: 일반용, 수도용, 가스용, 하수도용 등에 사용된다.

③ 접합방법

　ⓐ 메커니컬접합

　ⓑ 열융착접합

　ⓒ 전기융착접합

(8) 콘크리트관(concrete pipe)

① 특징

　ⓐ 가격이 싸다.

　ⓑ 내식성이 강하다.

② 용도: 배수관, 해수수송관 등에 사용된다.

③ 접합방법

　ⓐ 칼라접합

　ⓑ 기볼트접합

　ⓒ 심플렉스접합

　ⓓ 모르타르접합

03 배관의 부식원인

① 이종금속간의 부식
② 전류가 관으로 유입되어 일어나는 부식
③ 용존산소에 의한 부식
④ 철합금·동합금·알루미늄합금의 산화로 인한 부식

제3절 밸브

(1) 슬루스밸브(sluice valve)

① 게이트밸브라고도 하며, 유체의 마찰저항이 가장 작다.
② 급수·급탕용으로 가장 많이 사용되는 밸브이다.
③ 대형 및 고압밸브로 사용된다.

슬루스밸브

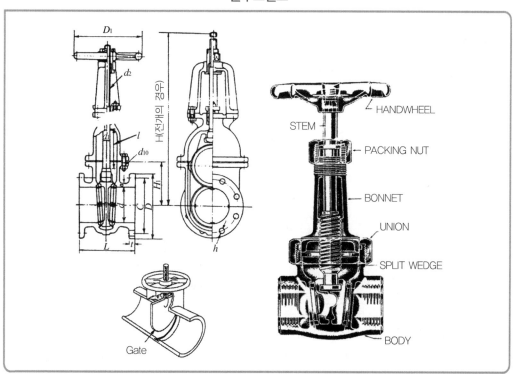

배관의 부속품에 관한 설명으로 옳지 않은 것은?　　　　　　　　　　제25회

① 볼밸브는 핸들을 90° 돌림으로써 밸브가 완전히 열리는 구조로 되어 있다.
② 스트레이너는 배관 중에 먼지 또는 토사, 쇠부스러기 등을 걸러내기 위해 사용한다.
③ 버터플라이밸브는 밸브 내부에 있는 원판을 회전시킴으로써 유체의 흐름을 조절한다.
④ 체크밸브에는 수평·수직배관에 모두 사용할 수 있는 스윙형과 수평배관에만 사용하는 리프트형이 있다.
⑤ 게이트밸브는 주로 유량조절에 사용하며 글로브밸브에 비해 유체에 대한 저항이 큰 단점을 가지고 있다.

해설

게이트밸브는 주로 유량조절에 사용하며 글로브밸브에 비해 유체에 대한 저항이 작은 장점을 가지고 있다.

정답: ⑤

(2) 글로브밸브(globe valve)

① 스톱밸브·구형밸브라고도 하며, 마찰저항이 가장 크다.
② 구조상 유량 조절과 흐름의 개폐용으로 사용된다.

(3) 앵글밸브(angle valve)

글로브밸브의 일종으로 유체의 입구와 출구가 이루는 각이 90°가 되는 밸브이다.

글로브밸브 · 앵글밸브 · Y형 밸브

글로브밸브　　　　앵글밸브　　　　Y형 밸브

(4) 버터플라이밸브(butterfly valve)

① 원통형 몸체 속에서 밸브봉을 축으로 원형판이 회전함으로써 개폐되는 밸브로, 나비밸브라고도 한다.
② 구조가 간단하고 압력손실이 적으며 조작이 용이하다.
③ 저압공기와 수도용으로 사용된다.

버터플라이밸브

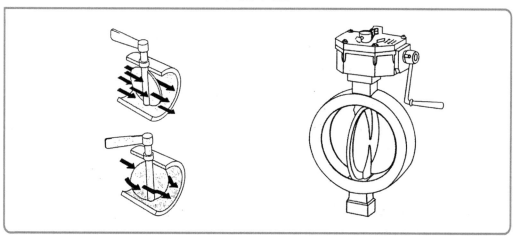

(5) 콕밸브(cock valve)

① 플러그밸브라고도 하며, 원추형의 꼭지를 $90°$ 회전하여 유로를 급속히 개폐하는 장치이다.

② 유체저항이 작고, 개폐시간도 적다.

③ 종류에는 글래드콕, 메인콕 등이 있다.

(6) 볼밸브(ball valve)

① 통로가 연결된 파이프와 같은 모양과 단면으로 되어 있는 중간에 둥근 볼(ball)의 회전에 의하여 유체의 흐름을 조절하는 밸브이다.

② 밸브 몸체가 크기 때문에 넓은 공간이 필요하며, $90°$ 회전에 의하여 완전개폐작용이 되는 구조이다.

③ 유체저항이 작고, 밸브의 조작이 간단하다.

볼밸브

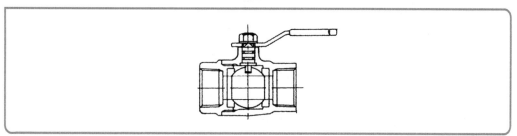

(7) 볼탭밸브(balltap valve)

급수관의 끝에 부착된 동제의 부자(浮子)에 의하여 수조 내의 수면이 상승하였을 때 자동적으로 수전을 멈추고 수면이 내려가면 부자가 내려가 수전을 여는 장치이다.

(8) 플로트밸브(float valve)

① 보일러의 급수탱크와 용기의 액면을 일정한 수위로 유지하기 위하여 플로트를 수면에 띄워 수위가 내려가면 플로트에 연결되어 있는 레버를 작동시켜서 밸브를 열어 급수한다.

② 일정한 수위로 되면 플로트도 부상하여 레버를 밀어내려 밸브가 닫히는 구조이며, 일종의 자력식 조정밸브이다.

(9) 체크밸브(check valve, 역지밸브)

① 유체를 한 방향으로만 흐르게 하는 역류방지용 밸브로, 유량 조절이 불가능하다.

② 종류

   ㉠ 리프트형: 수평배관에 사용한다.

   ㉡ 스윙형: 수평·수직배관에 모두 사용할 수 있다.

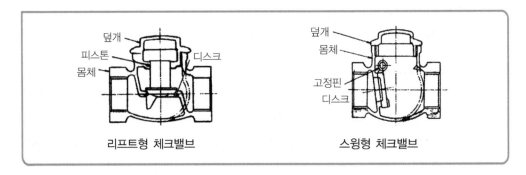

| 리프트형 체크밸브 | 스윙형 체크밸브 |

기출예제

배관 내 유체의 역류를 방지하기 위하여 설치하는 배관부속은?　　　　제26회

① 체크밸브　　　　　　　　　② 게이트밸브
③ 스트레이너　　　　　　　　④ 글로브밸브
⑤ 감압밸브

해설

배관 내 유체의 역류를 방지하기 위하여 설치하는 배관부속은 체크밸브이다.
● 체크밸브의 종류에는 리프트형과 스윙형이 있는데, 리프트형은 수평배관에만 사용하고, 스윙형은 수평과 수직배관에 모두 사용한다.

정답: ①

(10) 스트레이너(strainer)

밸브류 앞에 설치하여 배관 내의 흙, 모래, 쇠부스러기 등을 제거하기 위한 장치로 Y형·
U형·V형·T형이 있다.

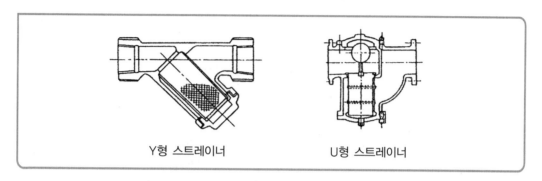

Y형 스트레이너   U형 스트레이너

(11) 감압밸브(pressure reducing valve)

고압배관과 저압배관 사이에 설치하여 압력을 낮추어 일정하게 유지할 때에 사용하는 것
으로 벨로즈식, 파이롯트식 등이 있다.

감압밸브 주위의 배관도

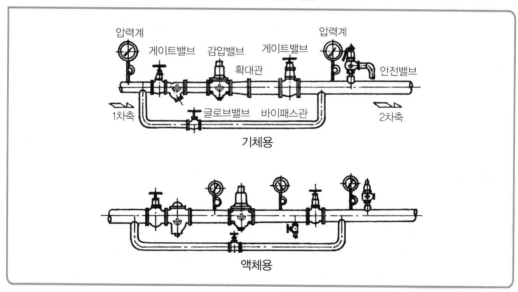

(1) 색채에 의한 배관의 식별

배관 속을 흐르는 유체의 종류를 알려주기 위하여 배관의 표면 마감색을 유체의 종류별로 다음과 같이 다르게 한다.

물질의 종류와 식별색

종류	식별색	종류	식별색
물	청색	산 · 알칼리	회자색
증기	진한 적색	기름	진한 황적색
공기	백색	전기	엷은 황적색
가스	황색	–	–

(2) 배관의 도시기호

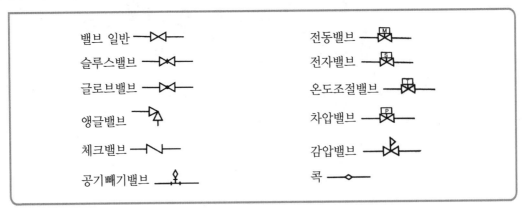

(3) 밸브의 도시기호

(4) 연결부속 도시기호

플랜지 ————┤├————	슬리브형 신축이음 ————▭————
유니온 ————┤├————	벨로스형 신축이음 ————ⳤ————
곡관형 신축이음 ————Ω————	티 ┴ (————◧————)
90° 엘보 ┗	

(5) 위생기구 · 소화기구 도시기호

볼탭 ●——○	송수구 ⋏
샤워 人	청소구 ————┤

01 세정밸브에는 오수의 역류를 방지하기 위하여 역류방지기를 설치하고, 급수관의 최소관경은 25mm 이상으로 하며, 최소수압은 0.07MPa 이상으로 한다. ( )

02 연관은 산에는 약하나 알칼리에 강하므로 콘크리트 속에 매설시 방식피복을 하여야 하고, 굴곡이 용이하며 점성이 좋아 가공이 쉽다. ( )

03 경질염화비닐관은 산성과 알칼리성에 강하고 내식성이 크며, 가격이 싸고 가벼우며 마찰손실이 작다. ( )

04 스테인리스강관은 철에 크롬 등을 함유하여 만들어지기 때문에 강관에 비하여 기계적 강도가 우수하다. ( )

05 슬루스밸브는 게이트밸브라고도 하며, 유체에 대한 마찰저항이 가장 크다. ( )

---

01 ○

02 ✕ 연관은 산에는 강하나 알칼리에 약하므로 콘크리트 속에 매설시 방식피복을 하여야 하고, 굴곡이 용이하며 점성이 좋아 가공이 쉽다.

03 ○

04 ○

05 ✕ 슬루스밸브는 게이트밸브라고도 하며, 유체에 대한 마찰저항이 가장 작다.

06 플로트밸브는 보일러의 급수탱크와 용기의 액면을 일정한 수위로 유지하기 위하여 사용되며 자력식 조정밸브이다.　　　　　　　　　　　　　　　　　　　　　　　(　)

07 동관은 내식성 및 가공성이 우수하며, 관 두께에 따라 K · L · M형으로 구분된다.　(　)

08 스트레이너는 밸브류 뒤에 설치하여 배관 내의 흙, 모래, 쇠부스러기 등을 제거하기 위하여 사용된다.　　　　　　　　　　　　　　　　　　　　　　　　　　　　(　)

09 리프트형은 수평 · 수직배관에 사용하고, 스윙형은 수평배관에만 사용할 수 있다.　(　)

10 체크밸브는 유체를 한 방향으로만 흐르게 하는 역류방지용 밸브로 유량 조절이 불가능하다.　　　　　　　　　　　　　　　　　　　　　　　　　　　　　　(　)

4장

---

06 ○

07 ○

08 ✕ 스트레이너는 밸브류 앞에 설치하여 배관 내의 흙, 모래, 쇠부스러기 등을 제거하기 위하여 사용된다.

09 ✕ 리프트형은 수평배관에 사용하고, 스윙형은 수평 · 수직배관에 모두 사용할 수 있다.

10 ○

01 위생기구설비에 관한 내용으로 옳지 않은 것은?

제22회

① 위생기구는 청소가 용이하도록 흡수성, 흡습성이 없어야 한다.
② 위생도기는 외부로부터 충격이 가해질 경우 파손 가능성이 있다.
③ 유닛화는 현장 공정이 줄어들면서 공기단축이 가능하다.
④ 블로우아웃식 대변기는 사이펀볼텍스식 대변기에 비해 세정음이 작아 주택이나 호텔 등에 적합하다.
⑤ 대변기에서 세정밸브방식은 연속사용이 가능하기 때문에 사무소, 학교 등에 적합하다.

02 세정밸브식 대변기에 관한 설명으로 옳지 않은 것은?

제18회

① 소음이 작아서 일반주택에서 많이 사용한다.
② 급수관의 관 지름은 25mm 이상으로 한다.
③ 연속사용이 가능한 화장실에 많이 사용된다.
④ 급수관이 부압이 되면 오수가 급수관 내로 역류할 위험이 있어 진공방지기를 설치한다.
⑤ 학교, 사무실 등에 적합하다.

03 위생기구의 세정(플러시)밸브에 관한 설명으로 옳지 않은 것은? 제23회

① 플러시밸브의 2차측(하류측)에는 버큠브레이커(vacuum breaker)를 설치한다.

② 버큠브레이커(vacuum breaker)의 역할은 이미 사용한 물의 자기사이펀작용에 의해 상수계통(급수관)으로 역류하는 것을 방지하기 위한 기구이다.

③ 플러시밸브에는 핸들식, 전자식, 절수형 등이 있다.

④ 소음이 크고, 단시간에 다량의 물을 필요로 하는 문제점 등으로 인해 일반 가정 용으로는 거의 사용하지 않는다.

⑤ 급수관의 관경은 25mm 이상 필요하다.

04 수도법령상 절수설비와 절수기기에 관한 내용으로 옳은 것을 모두 고른 것은? 제23회

㉠ 별도의 부속이나 기기를 추가로 장착하지 아니하고도 일반 제품에 비하여 물을 적게 사 용하도록 생산된 수도꼭지 및 변기를 절수설비라고 한다.

㉡ 절수형 수도꼭지는 공급수압 98kPa에서 최대토수유량이 1분당 6.0ℓ 이하인 것. 다만, 공중용 화장실에 설치하는 수도꼭지는 1분당 5ℓ 이하인 것이어야 한다.

㉢ 절수형 대변기는 공급수압 98kPa에서 사용수량이 8ℓ 이하인 것이어야 한다.

㉣ 절수형 소변기는 물을 사용하지 않는 것이거나, 공급수압 98kPa에서 사용수량이 3ℓ 이하인 것이어야 한다.

---

① ㉢

② ㉣

③ ㉠, ㉡

④ ㉠, ㉢

⑤ ㉡, ㉢, ㉣

정답 | 해설

01 ④ 블로우아웃식 대변기는 사이펀볼텍스식 대변기에 비해 세정음이 커서 주택이나 호텔 등에 부적합하다.

02 ① 세정밸브식 대변기는 세정시 소음이 크다.

03 ② 버큠브레이커는 단수시 급수관 내에 일시적인 부압이 형성되어 역사이펀작용이 일어나 상수계통(급수관) 으로 배수가 역류하는 것을 방지하기 위한 기구이다.

04 ③ ㉢ 절수형 대변기는 공급수압 98kPa에서 사용수량이 6ℓ 이하인 것이어야 한다.
㉣ 절수형 소변기는 물을 사용하지 않는 것이거나, 공급수압 98kPa에서 사용수량이 4ℓ 이하인 것이어야 한다.

05 수도법령상 절수설비와 절수기기의 종류 및 기준에 관한 일부 내용이다. ( ) 안에 들어갈 내용으로 옳은 것은? 제26회

> 가. 수도꼭지
>   1) 공급수압 98kPa에서 최대토수유량이 1분당 (㉠)ℓ 이하인 것. 다만, 공중용 화장실에 설치하는 수도꼭지는 1분당 (㉡)ℓ 이하인 것이어야 한다.
>   2) 샤워용은 공급수압 98kPa에서 해당 수도꼭지에 샤워호스(hose)를 부착한 상태로 측정한 최대토수유량이 1분당 (㉢)ℓ 이하인 것이어야 한다.

① ㉠: 5, ㉡: 5, ㉢: 8.5
② ㉠: 6, ㉡: 5, ㉢: 7.5
③ ㉠: 6, ㉡: 6, ㉢: 7.5
④ ㉠: 6, ㉡: 6, ㉢: 8.5
⑤ ㉠: 7, ㉡: 7, ㉢: 9.5

06 위생기구설비에 관한 설명으로 옳지 않은 것은? 제20회

① 위생기구의 재질은 흡습성이 적어야 한다.
② 로우탱크식 대변기는 탱크에 물이 저장되는 시간이 불필요하므로 연속사용이 많은 화장실에 주로 사용한다.
③ 세출식 대변기는 유수면의 수심이 얕아서 냄새가 발산되기 쉽다.
④ 위생기구설비의 유닛(unit)화는 공기단축, 시공정밀도 향상 등의 장점이 있다.
⑤ 사이펀식 대변기는 세락식에 비해 세정능력이 우수하다.

07 위생도기에 관한 특징으로 옳지 않은 것은? 제18회

① 팽창계수가 작다.
② 오수나 악취 등이 흡수되지 않는다.
③ 탄력성이 없고 충격에 약하여 파손되기 쉽다.
④ 산이나 알칼리에 쉽게 침식된다.
⑤ 복잡한 형태의 기구로도 제작이 가능하다.

08 다음에서 설명하고 있는 배관의 이음방식은? 제25회

> 배관과 밸브 등을 접속할 때 사용하며, 교체 및 해체가 자주 발생하는 곳에 볼트와 너트 등을 이용하여 접합시키는 방식

① 플랜지이음 ② 용접이음
③ 소벤트이음 ④ 플러그이음
⑤ 크로스이음

09 스테인리스강관 접합방법으로 옳지 않은 것은? 제18회

① 프레스식 접합 ② 압축식 접합
③ 클립식 접합 ④ 신축 가동식 접합
⑤ T.S식 접합

정답 | 해설

05 ② 1) 공급수압 98kPa에서 최대토수유량이 1분당 6ℓ 이하인 것. 다만, 공중용 화장실에 설치하는 수도꼭지는 1분당 5ℓ 이하인 것이어야 한다.
　　　　 2) 샤워용은 공급수압 98kPa에서 해당 수도꼭지에 샤워호스(hose)를 부착한 상태로 측정한 최대토수유량이 1분당 7.5ℓ 이하인 것이어야 한다.

06 ② 로우탱크식 대변기는 탱크에 물이 저장되는 시간이 필요하므로 연속사용하는 화장실에는 부적합하다.

07 ④ 위생도기는 산이나 알칼리에 침식되지 않는다.

08 ① 배관과 밸브 등을 접속할 때 사용하며, 교체 및 해체가 자주 발생하는 곳에 볼트와 너트 등을 이용하여 접합시키는 방식은 플랜지이음이다.

09 ⑤ T.S(Taper Solvent)식 접합은 경질염화비닐의 냉간식 이음방법으로, 접착제에 의한 용해와 경질염화비닐관의 탄성을 이용하여 접합하는 방법이다.

10 배관재료 및 용도에 관한 설명으로 옳지 않은 것은? 제15회

① 플라스틱관은 내식성이 있으며, 경량으로 시공성이 우수하다.

② 폴리부틸렌관은 무독성 재료로서 상수도용으로 사용이 가능하다.

③ 가교화 폴리에틸렌관은 온수 온돌용으로 사용이 가능하다.

④ 배수용 주철관은 건축물의 오배수배관으로 사용이 가능하다.

⑤ 탄소강관은 내식성 및 가공성이 우수하며, 관 두께에 따라 K · L · M형으로 구분
된다.

정답 | 해설

10 ⑤ 관 두께에 따라 K · L · M형으로 구분하는 것은 <u>동관</u>이다.

house.Hackers.com

제 5 장 오물정화설비

단원길라잡이

'오물정화설비'에서는 매년 1문제가 출제되고 있으며, 용어와 오수처리방식에 관한 문제가 번갈아 출제되는 경향이 있다. 이 단원에서는 수질에 관련된 용어의 정의, 정화조의 구조와 원리, 간단한 계산문제(BOD제거율, 부패조 용량)의 풀이방법을 숙지해 둘 필요가 있다.

출제포인트

- 오염지표에 관한 용어
- 오수정화 순서 및 구성
- 오수처리방법에 의한 분류

용어

01 개요

오수처리설비는 설비의 처리범위에 따라 단독정화조와 오수처리시설로 구분된다. 단독정화조는 수세식 대·소변기에서 배출되는 오수를 정화하는 시설을 말하고, 오수처리시설은 대·소변기뿐만 아니라 욕조, 싱크 등에서 배출되는 잡배수까지 처리하는 시설을 말한다.

02 수질오염의 지표

(1) BOD와 COD

① BOD(Biochemical Oxygen Demand): 생물화학적 산소요구량

㉠ 주로 미생물이 포함된 생활하수의 유기물 농도를 측정하고자 할 때에 사용한다.

㉡ 수질오염의 정도를 측정하는 지표이며, 측정 소요시간은 5일이다.

② COD(Chemical Oxygen Demand): 화학적 산소요구량

㉠ 주로 중금속이 포함되어 미생물이 살 수 없는 공장폐수의 유기물 농도를 측정하고자 할 때에 사용한다.

㉡ 측정 소요시간은 3시간 이내이다.

◉ BOD와 COD가 낮을수록 깨끗한 물을 의미하며, 단위는 ppm(parts per million)이라는 백만분율을 사용한다.

③ BOD제거율

㉠ 오물정화조의 성능을 나타내는 지표로, 다음 식에 의하여 구할 수 있다.

$$\text{BOD제거율(\%)} = \frac{\text{유입수 BOD} - \text{유출수 BOD}}{\text{유입수 BOD}} \times 100$$

㉡ BOD제거율은 높을수록, 유출수(방류수) BOD는 낮을수록 성능이 우수한 정화조이다.

(2) DO와 SS

① DO(Dissolved Oxygen): 용존산소량

㉠ 오수 중에 녹아 있는 산소량으로, DO가 클수록 정화능력이 우수한 수질이다.

㉡ 용존산소는 주로 공기 중의 산소에 의하여 수면을 통해 공급된다.

② SS(Suspended Solids): 부유물질

㉠ 오수 속에 포함되어 있는 $0.1\mu m$ 이상의 고형물질로서, 물에 용해되지 않는 것을 말한다.

㉡ 부유물질은 탁도를 유발하는 원인물질이다.

오수처리설비에 관한 설명으로 옳지 않은 것은?   제25회

① DO는 용존산소량으로 DO값이 작을수록 오수의 정화능력이 우수하다.
② COD는 화학적 산소요구량, SS는 부유물질을 말한다.
③ BOD제거율이 높을수록 정화조의 성능이 우수하다.
④ 오수처리에 활용되는 미생물에는 호기성 미생물과 혐기성 미생물 등이 있다.
⑤ 분뇨란 수거식 화장실에서 수거되는 액체성 또는 고체성 오염물질을 말한다.

해설

DO는 용존산소량으로 DO값이 클수록 오수의 정화능력이 우수하다.   정답: ①

(3) 스컴(scum)

정화조 내의 오수 표면 위에 떠오르는 오물 찌꺼기를 말한다.

(4) 활성오니(activated sludge)

하수나 폐수에 생기는 세균 등의 미생물로 이루어진 침전물을 말한다.

(5) pH(수소이온농도)

① 물의 액성(液性), 즉 산성 또는 알칼리성의 정도를 나타내는 지표를 말한다.
② pH 7이면 중성, 7보다 크면 알칼리성, 7보다 작으면 산성이다.

오수의 수질을 나타내는 지표를 모두 고른 것은?   제19회

ⓐ VOCs(Volatile Organic Compounds)
ⓑ BOD(Biochemical Oxygen Demand)
ⓒ SS(Suspended Solid)
ⓓ PM(Particulate Matter)
ⓔ DO(Dissolved Oxygen)

① ⓐ, ⓑ   ② ⓑ, ⓒ
③ ⓐ, ⓒ, ⓓ   ④ ⓑ, ⓒ, ⓓ
⑤ ⓑ, ⓒ, ⓔ

해설

오수의 수질을 나타내는 지표는 BOD(생물화학적 산소요구량), SS(부유물질량), DO(용존산소량)이다.

정답: ⑤

(1) 물리적 처리방식

① **스크린(screen)**: 일종의 여과장치로서 거칠고 큰 부유물질을 제거하는 정화 전 처리방법이다.

② **침전(sedimentation)**: 오수 중의 부유성 고형물을 가라앉혀 부패시키는 방법이다.

③ **교반(agitation)**: 폭기조 등에서 오수 중에 공기를 혼입시키기 위하여 기계적으로 휘저어 섞어 산화시키는 방법이다.

④ **여과(filtration)**: 공극이 있는 매개층을 통하여 물을 통과시켜서 부유물을 제거하는 방법으로, 여과재에는 모래, 활성탄, 규조토, 섬유 등의 다공질 여재가 있다.

(2) 화학적 처리방식

① **중화**: 오수의 수질이 산성이나 알칼리성이 강할 때 산성제나 알칼리제를 혼입하여 중화하는 방식이다.

② **소독**: 처리수를 방류하기 전의 최종적인 처리방식으로 차아염소산 소다, 차아염소산 칼슘 및 액체염소 등을 처리수에 투입하여 소독하는 방식이다.

(3) 생물학적 처리방식

미생물 활동을 이용하여 처리하는 정화방식이다.

① **호기성 처리방법**

　㉠ **정의**: 산소가 있는 장소에서 생존하고 생존에 필요한 산소를 오수 중 혹은 공기 중에서 받아 증식하는 미생물을 호기성 미생물이라 하고, 이 미생물을 이용하여 정화하는 방식을 호기성 처리방식이라고 한다.

　㉡ **특징**

　　ⓐ 짧은 시간에 양호한 처리수를 얻을 수 있는 고급설비이다.

　　ⓑ 공간을 적게 차지하지만 운전상 기술을 요하고 운전유지비가 많이 소요된다.

　　ⓒ 호기성 분해의 산물로서 초산성 질소, 초산염, 탄산가스 등이 방출된다.

　㉢ **종류**: 표준활성오니법, 접촉산화법, 살수여상법, 회전원판법 등

② **혐기성 처리방법**

　㉠ **정의**: 슬러지(하수처리 또는 정수과정에서 생긴 침전물) 또는 하수 중의 유기물을 산소 공급 없이 혐기성 상태에서 처리하는 방법으로, 하수처리장에서는 하수처리가 아닌 슬러지의 처리에 혐기성 소화방식이 일반적으로 채용되고 있다.

ⓛ 특징

ⓐ 산소 공급이 필요 없어 유지비가 적게 소요된다.

ⓑ 처리공간이 많이 필요하다.

ⓒ 악취 발생의 문제가 있다.

ⓓ 혐기성 분해의 산물로서 암모니아, 질소, 메탄가스, 유화수소가스 등의 유화물이 방출된다.

ⓒ 종류: 부패탱크, 임호프탱크 등

제3절 **오물정화설비의 종류**

01 정화조

오수만을 처리하며 건물 내 배수방식은 오수와 잡배수가 분류식이어야 한다. 설치대상은 공공하수처리시설이 설치되지 않은 지역의 1일 오수발생량이 $2m^3$ 이하이거나, 공공하수처리시설이 설치된 지역이라도 분류식 하수관거가 설치되지 않은 지역 내의 건물이다.

(1) 부패탱크방식

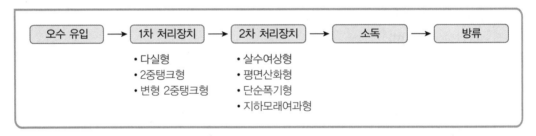

(2) 장기폭기방식

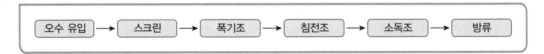

02 오수처리시설

(1) 개요

오수 및 잡배수를 합병하여 처리하는 장치이며 처리성능이 정화조보다 우수하다. 설치대상은 공공하수처리시설이 설치되지 않은 지역의 1일 오수발생량이 $2m^3$를 초과하는 건축물이다.

(2) 종류

① 장기폭기방식

② 표준활성오니방식

③ 회전원판접촉방식

④ 살수여상방식

⑤ 접촉안정방식

⑥ 접촉산화방식

⑦ 임호프탱크방식

⑧ 이외에도 오니재폭기방식, 순환수로폭기방식, 분수폭기방식 등이 있다.

제4절 **부패탱크식 오물정화조**

01 **오물정화조의 정화순서**

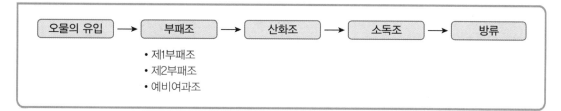

부패탱크식 오물정화조

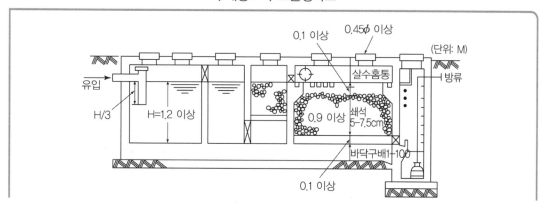

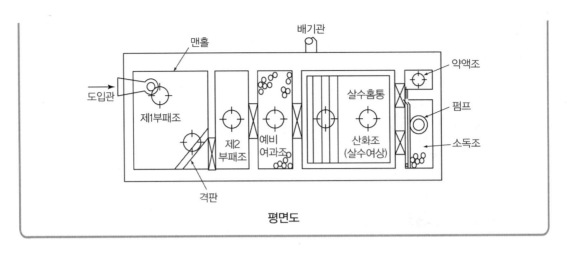

평면도

기출예제

부패탱크방식의 정화조에서 오수의 처리순서로 옳은 것은?   제27회

㉠ 산화조	㉡ 소독조	㉢ 부패조

① ㉠ ⇨ ㉡ ⇨ ㉢   ② ㉠ ⇨ ㉢ ⇨ ㉡
③ ㉡ ⇨ ㉢ ⇨ ㉠   ④ ㉢ ⇨ ㉠ ⇨ ㉡
⑤ ㉢ ⇨ ㉡ ⇨ ㉠

해설

부패탱크방식의 정화조에서 오수의 처리순서는 '부패조 ⇨ 산화조 ⇨ 소독조' 순이다.   정답: ④

02 부패탱크식 오물정화조의 구조

(1) 일반사항

① 정화조구조물은 방수재료로 만들거나 방수제를 사용하여 누수가 되지 않도록 하여야
한다.

② '부패조 ⇨ 여과조 ⇨ 산화조 ⇨ 소독조'의 순서로 조합한다.

③ 부패조 · 산화조 · 소독조에는 각각 내경 45cm 이상의 맨홀을 설치한다.

④ 부패탱크식 오물정화조는 세균작용에 의하여 오물을 부패 · 분해시켜 처리한다.

(2) 부패조

① 혐기성균을 생육시켜 소화작용과 침전작용이 일어나는 곳이다.

② 2개 이상의 부패조와 예비여과조로 구성한다.

③ 제1 · 2부패조와 예비여과조의 용적비는 4 : 2 : 1 또는 4 : 2 : 2로 한다.

④ 공기를 차단하여 혐기성균으로 하여금 오물을 소화시킨다(10~15℃에서 활동이 가장 활발하다).

⑤ 오수 저유깊이는 1.2m 이상 3m 이내로 한다.

⑥ 부패조의 유효용량은 유입오수량의 2일분(48시간) 이상을 기준으로 한다.

부패조 용량 산정식

(n: 사용인원수)

처리대상인원	용량 산정식
5인 이하	$V = 1.5m^3$
5~500인	$V = 1.5 + 0.1(n - 5)m^3$
500인 이상	$V = 51 + 0.075(n - 500)m^3$

부패조의 종류

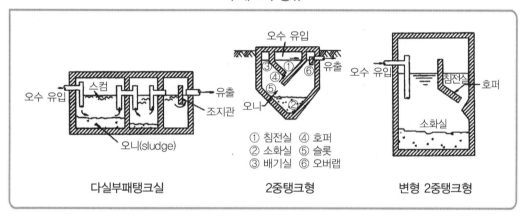

① 침전실 ④ 호퍼
② 소화실 ⑤ 슬롯
③ 배기실 ⑥ 오버랩

다실부패탱크실　　　　　2중탱크형　　　　　변형 2중탱크형

(3) 여과조

① 오수 속의 부유물을 걸러 제거하는 탱크이다.

② 부패조와 산화조 사이에 설치된다.

③ 오수는 하부에서 상부로 흐르게 한다.

④ 오수 속의 부유물이 쇄석층에서 제거된다.

⑤ 쇄석층의 깊이는 수심의 2분의 1(또는 3분의 1)로 하고, 쇄석층 윗면은 오수면보다 10cm 낮게 한다.

(4) 산화조

① 부패조에서 1차 처리된 오수를 호기성균을 생육시켜 안정된 물질로 산화(분해)처리한다.

② 산소의 공급으로 호기성균에 의하여 산화(분해)처리시킨다.

③ 살수홈통의 밑면과 쇄석층 윗면과의 거리는 10cm 이상, 쇄석층의 두께는 0.9m 이상 2m 이내, 쇄석층의 밑면과 정화조의 바닥과의 간격은 10cm 이상으로 한다.

④ 배기관의 높이는 지상 3m 이상으로 한다.

⑤ 산화조는 살수여상형으로 하고, 배기관 및 송기구를 설치하여 통기설비를 한다.

⑥ 산화조의 밑면은 소독조를 향해 100분의 1 정도로 내림구배로 한다.

⑦ 산화조의 용량은 부패조 용량의 2분의 1 이상으로 한다.

산화조의 종류

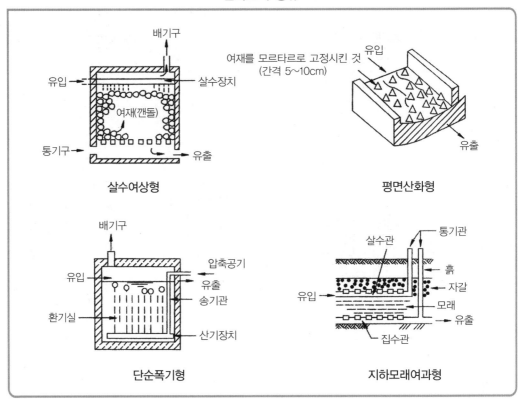

살수여상형

평면산화형

단순폭기형

지하모래여과형

(5) 소독조

① 산화조에서 나오는 오수를 멸균시킨다.

② **소독액**: 차아염소산 나트륨, 표백분

③ **약액조의 용량**: 25ℓ 이상(10일분 이상)

01 정화조 처리방식에 의한 분류

(1) 오물 단독처리

① BOD제거율이 65% 이상이고, 방류수의 BOD가 90ppm 이하인 단독처리시설이다.

② 처리방식

  ㉠ 부패탱크식: 처리대상인원 200~300명

  ㉡ 장기폭기방식: 처리대상인원 500명 이하

(2) 오물과 잡배수 합류처리(중급)

① BOD제거율이 70% 이상이고, 방류수의 BOD가 60ppm 이하인 합류처리시설이다.

② 처리방식: 살수여상방식, 고속살수여상방식, 장기폭기방식, 순환수로폭기방식

(3) 오물과 잡배수 합류처리(고급)

① BOD제거율이 85% 이상이고, 방류수의 BOD가 30ppm 이하인 합류처리시설이다.

② 처리방식: 장기폭기방식, 표준활성오니방식, 분수폭기방식, 오니재폭기방식, 순환수로폭기방식, 표준살수여상방식

02 오수처리시설의 종류

(1) 활성오니법

① 하수에 공기를 불어넣어 산화균을 증식시키면 하수 중의 보유물이 침전·응집하고, 응집한 오니가 하수 중의 오탁성분을 흡착한다. 이러한 작용으로 하수를 정화하는 방법을 활성오니법이라 한다.

② 산소의 공급으로 미생물을 가속 증식시키는 특징이 있다.

③ 장단점

구분	장점	단점
표준활성오니방식	㉠ 장기폭기방식에 비하여 건설비가 적게 든다. ㉡ 처리시스템 변형이 용이하다.	㉠ 유지관리가 어렵고 비용이 많이 든다. ㉡ 슬러지(sludge) 발생량이 많다.
장기폭기방식	㉠ 안정적 처리가 가능하다. ㉡ 유지관리가 용이하다. ㉢ 슬러지 발생량이 적다.	㉠ 시설비가 많이 든다. ㉡ 넓은 면적이 필요하다.

(2) 생물막법

① 활성오니법은 호기성 미생물을 오수 중에 떠돌아다니게 하면서 오수를 처리하지만, 생물막법은 고체 표면에 호기성 미생물을 번식시키면서 미생물의 막을 형성시켜 오수 속 유기물을 산화 분해하는 방법이다.

② 장단점

구분	장점	단점
살수여상방식	㉠ 안정적 처리가 가능하다. ㉡ 수온이 낮아도 처리가 가능하다.	㉠ 대량처리가 어렵다. ㉡ 장애 발생요인이 많다. ㉢ 악취가 발생한다.
회전원판접촉방식	㉠ 효율이 비교적 높다. ㉡ 유지비가 저렴하고, 관리가 용이하다. ㉢ 슬러지 발생량이 적다.	㉠ 기계장치의 점검을 자주 할 필요가 있다. ㉡ 외기온이나 수온이 저하되면 효율이 떨어진다.
접촉폭기방식 (접촉산화방식)	㉠ 안정적 처리가 가능하다. ㉡ 슬러지 발생량이 적다. ㉢ 처리효율이 높다.	㉠ 접촉제 비용이 많이 든다. ㉡ 폭기가 너무 강하면 생물이 부유하게 되므로 그에 대한 세밀한 조정이 필요하다.

(3) 임호프탱크방식

① 침전실·소화실·스컴실로 구성된 폐수처리탱크이다.

② 독일의 칼 임호프(Karl Imhoff)가 종래의 2단식조 혐기성 소화조를 개량하여 만든 것으로, 하나의 조를 칸막이로 분리하여 부유물질을 침강시키는 침전실을 위쪽에, 침강 분리한 고형물을 혐기성 분해하는 소화실을 아래쪽에 배치하여 오수의 침전작용을 각각 동시에 진행하도록 한 것이다.

③ 상부에서는 침전처리, 하부에서는 슬러지 소화처리를 한다.

④ 최초의 완전한 소화조 형태로 이층탱크라고도 불린다.

⑤ 소규모 하수처리장 혹은 단지의 하수처리장에서 사용되어 왔으나 다른 방법에 비하여 처리효율이 낮아 지금은 거의 사용하지 않는다.

01 BOD제거율은 높을수록, 유출수(방류수) BOD는 낮을수록 성능이 우수한 정화조이다. (   )

02 호기성 처리방법은 짧은 시간에 양호한 처리수를 얻을 수 있는 고급설비이며 공간을 적게 차지하지만, 운전상 기술을 요하고 운전유지비가 많이 소요된다. (   )

03 부패탱크방식 처리과정은 '부패조 ⇨ 산화조 ⇨ 여과조 ⇨ 소독조'의 순서이다. (   )

04 부패조는 혐기성균을 생육시켜 소화작용과 침전작용이 일어나는 곳이며, 2개 이상의 부패조와 예비여과조로 구성한다. (   )

05 산화조는 부패조에서 1차 처리된 오수를 혐기성균을 생육시켜 안정된 물질로 산화(분해)처리한다. (   )

06 산화조는 배기관 및 송기구를 설치하여 통기설비를 하고, 배기관의 높이는 지상 3m 이상으로 한다. (   )

07 장기폭기방식 처리과정은 '스크린 ⇨ 침전조 ⇨ 폭기조 ⇨ 소독조'의 순이다. (   )

08 스크린은 일종의 여과장치로서, 거칠고 큰 부유물질을 제거하는 정화 전 처리방법이다. (   )

---

01 ○

02 ○

03 × 부패탱크방식 처리과정은 '부패조 ⇨ 여과조 ⇨ 산화조 ⇨ 소독조'의 순서이다.

04 ○

05 × 산화조는 부패조에서 1차 처리된 오수를 호기성균을 생육시켜 안정된 물질로 산화(분해)처리한다.

06 ○

07 × 장기폭기방식 처리과정은 '스크린 ⇨ 폭기조 ⇨ 침전조 ⇨ 소독조'의 순이다.

08 ○

제2편 건축설비

5장

01 오수의 BOD제거율이 90%인 정화조에서 정화조로 유입되는 오수의 BOD 농도가 250ppm일 경우, 정화 후의 방류수 BOD 농도는? 제15회

① 25ppm ② 75ppm ③ 125ppm
④ 175ppm ⑤ 225ppm

02 오수처리방법 중 물리적 처리방법이 아닌 것은? 제18회

① 스크린 ② 침사 ③ 침전
④ 여과 ⑤ 중화

03 오수처리정화설비에 관한 설명으로 옳지 않은 것은? 제17회

① 오수정화조의 성능은 BOD제거율이 높을수록, 유출수의 BOD는 낮을수록 우수하다.
② SS는 부유물질, COD는 화학적 산소요구량을 말한다.
③ 부패탱크방식의 처리과정은 부패조, 여과조, 산화조, 소독조의 순이다.
④ 살수여상형, 평면산화형, 지하모래여과형 방식은 호기성 처리방식이다.
⑤ 장시간 폭기방식의 처리과정은 스크린, 침전조, 폭기조, 소독조의 순이다.

04 1일 처리용량이 50m^3 이상인 개인하수처리시설의 방류수처리기준 항목이 아닌 것은?

① BOD ② 부유물질 ③ pH
④ 총대장균군수 ⑤ 총질소

05 하수도법령상 개인하수처리시설의 관리기준에 관한 내용의 일부분이다. (   ) 안에 들어갈 내용으로 옳은 것은? 제23회

> 제33조【개인하수처리시설의 관리기준】① … 생략 …
> 1. 다음 각 목의 구분에 따른 기간마다 그 시설로부터 배출되는 방류수의 수질을 자가측정하거나 환경분야 시험·검사 등에 관한 법률 제16조에 따른 측정대행업자가 측정하게 하고, 그 결과를 기록하여 3년 동안 보관할 것
>   가. 1일 처리용량이 200m³ 이상인 오수처리시설과 1일 처리대상인원이 2천 명 이상인 정화조: (㉠) 회 이상
>   나. 1일 처리용량이 50m³ 이상 200m³ 미만인 오수처리시설과 1일 처리대상인원이 1천 명 이상 2천 명 미만인 정화조: (㉡)회 이상

① ㉠: 6개월마다 1, ㉡: 2년마다 1
② ㉠: 6개월마다 1, ㉡: 연 1
③ ㉠: 연 1, ㉡: 연 1
④ ㉠: 연 1, ㉡: 2년마다 1
⑤ ㉠: 연 1, ㉡: 3년마다 1

정답 | 해설

01 ①
$$BOD제거율(\%) = \frac{유입수\ BOD - 유출수\ BOD}{유입수\ BOD} \times 100$$

$$90\% = \frac{250 - 방류수\ BOD\ 농도}{250} \times 100$$

방류수 BOD 농도 = 250 × (1 - 0.9) = 25ppm

02 ⑤ 중화는 화학적 처리방법에 속하며 pH 5.8~pH 8.5 내에 있도록 조정하는 것이다.

03 ⑤ 장시간 폭기방식의 처리과정은 스크린, 폭기조, 침전조, 소독조의 순이다.

04 ③ 1. 방류수처리기준 항목(50m³ 이상): BOD, 부유물질, 총질소(N), 총인(P), 총대장균군수
　　 2. 방류수처리기준 항목(50m³ 미만): BOD, 부유물질
　　 3. 정화조(11인 이상)
　　　 • 수변구역 및 특정 지역: BOD제거율, BOD
　　　 • 기타 지역: BOD제거율

05 ② 가. 1일 처리용량이 200m³ 이상인 오수처리시설과 1일 처리대상인원이 2천 명 이상인 정화조: 6개월마다 1회 이상
　　 나. 1일 처리용량이 50m³ 이상 200m³ 미만인 오수처리시설과 1일 처리대상인원이 1천 명 이상 2천 명 미만인 정화조: 연 1회 이상

제 6 장 소화설비

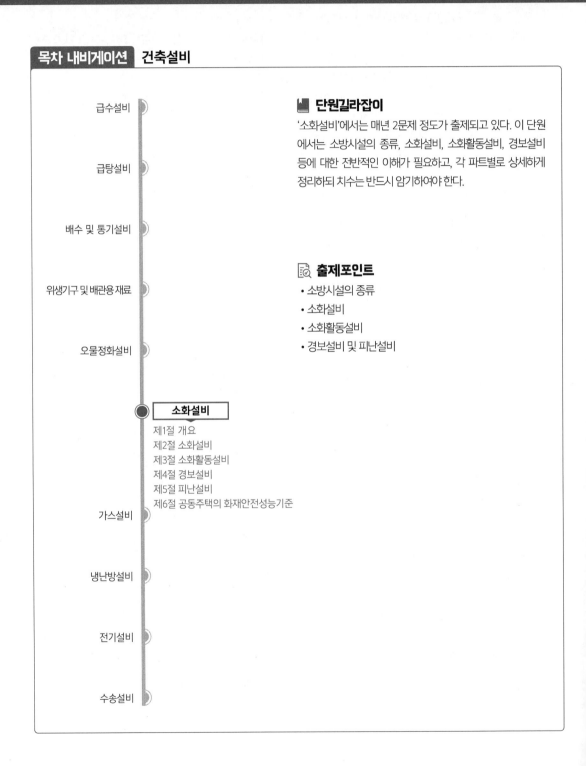
📔 **단원길라잡이**

'소화설비'에서는 매년 2문제 정도가 출제되고 있다. 이 단원에서는 소방시설의 종류, 소화설비, 소화활동설비, 경보설비 등에 대한 전반적인 이해가 필요하고, 각 파트별로 상세하게 정리하되 치수는 반드시 암기하여야 한다.

🔍 **출제포인트**
- 소방시설의 종류
- 소화설비
- 소화활동설비
- 경보설비 및 피난설비

01 소화의 원리

연소는 '가연물·산소·열'의 세 조건이 만족될 때 일어나며, 소화는 이들 세 요소 중 하나 이상을 제거 또는 희석함으로써 연소를 정지 및 억제시키는 것이다.

냉각소화	액체 또는 고체를 사용하여 열을 내리는 방법이다.
질식소화	포말이나 불연성 기체 등으로 연소물을 감싸 산소를 차단하는 방법이다.
제거소화	가연물을 제거하는 방법이다.
희석소화	산소농도와 가연물의 조성을 연소한계점보다 묽게 하는 방법이다.

02 화재의 종류

(1) 일반화재(A급 화재)

나무, 섬유, 종이, 고무, 플라스틱류와 같은 일반 가연물이 타고 나서 재가 남는 화재를 말한다.

(2) 유류화재(B급 화재)

인화성 액체, 가연성 액체, 석유 그리스, 타르, 오일, 유성도료, 솔벤트, 래커, 알코올 및 인화성 가스와 같은 유류가 타고 나서 재가 남지 않는 화재를 말한다.

(3) 전기화재(C급 화재)

전류가 흐르고 있는 전기기기, 배선과 관련된 화재를 말한다.

(4) 금속화재(D급 화재)

금속과 관련된 화재로 산업현장에서 철, 리튬 등 가연성 금속으로 인해 화재가 발생하기 때문에 물과 접촉하면 수소가스가 발생하여 더욱 위험해진다.

(5) 주방화재(K급 화재)

주방에서 동식물유를 취급하는 조리기구에서 일어나는 화재를 말한다.

03 소방시설의 종류

소방시설은 소화설비 · 경보설비 · 피난설비 · 소화용수설비 · 소화활동설비로 나뉜다.

소방에 필요한 설비	소화설비	① 소화기 및 간이소화용구, 자동식 소화기 ② 옥내소화전설비 ③ 스프링클러설비 및 간이스프링클러설비 ④ 물분무소화설비 · 포소화설비 · 이산화탄소소화설비 · 할로겐화합물설비 · 청정소화약제소화설비 · 분말소화설비 ⑤ 옥외소화전설비
	경보설비	① 비상경보설비 ② 비상방송설비 ③ 누전경보기 ④ 자동화재탐지설비: 감지기, 수신기, 발신기 등 ⑤ 자동화재속보설비
	피난설비	① 피난기구: 미끄럼대, 공기안전매트, 완강기, 피난교, 피난밧줄 등 ② 인명구조기구: 방열복, 공기호흡기 등 ③ 피난구유도등, 통로유도등, 유도표지, 비상조명등
소화용수설비		① 소화수조 · 저수지 기타 소화용수설비 ② 상수도 소화용수설비
소화활동설비		① 제연설비 ② 연결송수관설비 ③ 연결살수설비 ④ 비상콘센트설비 ⑤ 무선통신보조설비 ⑥ 연소방지설비

기출예제

01 소방시설 설치 및 관리에 관한 법령상 화재를 진압하거나 인명구조활동을 위하여 사용하는 소화활동설비에 해당하는 것은?

제26회

① 이산화탄소소화설비
② 비상방송설비
③ 상수도 소화용수설비
④ 자동식 사이렌설비
⑤ 무선통신보조설비

해설

① 이산화탄소소화설비 – 소화설비
② 비상방송설비 – 경보설비
③ 상수도 소화용수설비 – 소화용수설비
④ 자동식 사이렌설비 – 경보설비

정답: ⑤

02 화재예방, 소방시설 설치 · 유지 및 안전관리에 관한 법령에서 정하고 있는 소방시설에 관한 내용으로 옳지 않은 것은? 제22회

① 비상콘센트설비, 연소방지설비는 소화활동설비이다.
② 연결송수관설비, 상수도 소화용수설비는 소화설비이다.
③ 옥내소화전설비, 옥외소화전설비는 소화설비이다.
④ 시각경보기, 자동화재속보설비는 경보설비이다.
⑤ 인명구조기구, 비상조명등은 피난구조설비이다.

해설

연결송수관설비는 소화활동설비이다. 정답: ②

제2절 **소화설비**

01 **소화기**

소화기에는 수동식 소화기, 자동식 소화기 및 간이소화용구가 있다.

① **수동식 소화기**: 방화대상물로부터 보행거리 20m(대형소화기의 경우 30m) 이내가 되도록 설치하여야 한다.
② **자동식 소화기**: 화재 발생 또는 가연성 가스의 누출을 자동으로 경보하고 소화약제를 방출하여 자동으로 소화하는 것으로, 아파트의 주방(가스레인지 상부)에 설치한다.

분말소화기

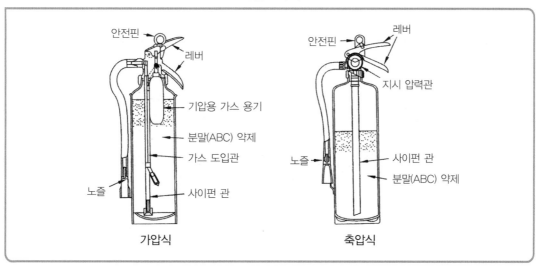

① **정의**: 건물 각 층 벽면에 호스, 노즐, 소화전 밸브를 내장한 소화전함을 설치하고, 화재시 화재 발생지점에 물을 뿌려 소화시키는 설비이다.

② **방수압력**: 0.17MPa 이상(노즐 끝)

③ **방수량**: $130\ell/min$

④ **노즐의 구경**: 13mm

⑤ **호스의 구경**: 40mm

⑥ **호스의 길이**: 15m × 2개 또는 30m

⑦ **소화전의 설치높이**

  ㉠ 송수구: 지면으로부터 0.5m 이상 1m 이하

  ㉡ 방수구: 바닥으로부터 1.5m 이하

⑧ **설치간격**: 건물의 각 부분에서 소화전까지의 수평거리는 25m 이하

⑨ **소화수량(수원의 수량)**

> 소화수량(수원의 수량) = 옥내소화전 1개의 방수량 × 동시개구수 × 20(분)
> = $130(\ell/min) \times N(개) \times 20(min)$
> = $2.6N(m^3)$, N은 최대 2개

⑩ **소화펌프의 양수량**

> 소화펌프의 양수량 = 옥내소화전 1개의 방수량 × 동시개구수(N)
> = $130(\ell/min) \times N(최대 2개)$

기출예제

옥내소화전설비의 화재안전기준상 옥내소화전설비에 관한 내용으로 옳은 것을 모두 고른 것은?

제24회

㉠ 옥내소화전설비의 수원은 그 저수량이 옥내소화전의 설치개수가 가장 많은 층의 설치개수(2개 이상 설치된 경우에는 2개)에 2.6m³(호스릴 옥내소화전설비를 포함한다)를 곱한 양 이상이 되도록 하여야 한다.
㉡ 옥내소화전 송수구의 설치높이는 바닥으로부터의 높이 1.5m에 설치하여야 한다.
㉢ 고가수조란 소화용수와 공기를 채우고 일정 압력 이상으로 가압하여 그 압력으로 급수하는 수조를 말한다.
㉣ 옥내소화전함의 상부 또는 그 직근에 설치하는 가압송수장치의 기동을 표시하는 표시등은 적색등으로 한다.

① ⓛ   ② ㉠, ㉢
③ ㉠, ㉣   ④ ⓛ, ㉢, ㉣
⑤ ㉠, ⓛ, ㉢, ㉣

옥내소화전의 구조

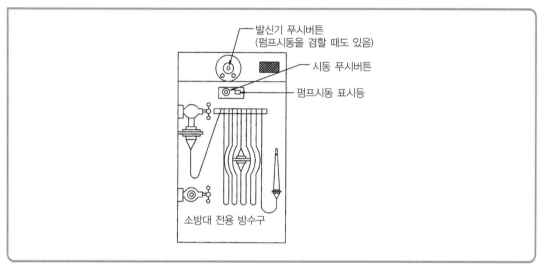

03 옥외소화전

① **정의**: 건축물과 옥외설비의 화재진압용으로 옥외에 설치하는 소화설비이며, 1 · 2층 바닥
   면적의 합계가 $9,000m^2$ 이상일 때 설치대상이 된다. 호스 및 노즐을 내장한 옥외소화전
   함은 옥외소화전으로부터 5m 이내의 거리에 설치하여야 한다.

② **표준방수압력**: 0.25MPa

③ **표준방수량**: $350\ell/min$

④ **설치간격**: 건물 외부 각 부분에서 소화전까지 수평거리 40m 이하

⑤ **소화수량(수원의 수량)**

$$소화수량(수원의 수량) = 350\ell/min \times N(개) \times 20(min)$$
$$= 7N(m^3),\ N은\ 최대\ 2개$$

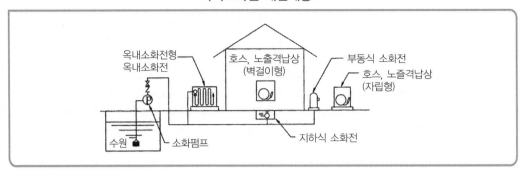

옥외소화전 배관계통도

04 스프링클러설비

(1) 스프링클러의 특징

① 스프링클러헤드를 실내 천장에 설치하여, 67~75℃ 정도에서 가용합금편이 녹으면 자동적으로 화염에 물을 분사하는 자동소화설비이다.

② 동시에 화재경보장치가 작동하여 화재 발생을 알림으로써 신속히 대피를 하거나 화재를 초기에 진압할 수 있다.

③ 장단점

장점	㉠ 자동소화설비이므로 **초기 화재에 절대적**이다. ㉡ 사람이 없는 야간에도 화재를 감지하여 소화한다. ㉢ 감지부의 구조가 기계적이므로 오동작 · 오보가 적다.
단점	㉠ 초기 시공비가 많이 든다. ㉡ 물로 인한 **2차 피해**가 발생할 수 있다.

(2) 스프링클러헤드의 구조

① 프레임(frame), 가용합금편(fusible link), 디플렉터(deflector)로 구성된다.

② 스프링클러헤드는 평상시에 가용편에 의해 관 내 압력수의 유출을 막고 있다가 화재가 발생하면 실내온도의 상승으로 가용합금편이 용해되어 관 속의 물이 살수된다.

③ 물이 디플렉터에 부딪쳐 화면(火面)에 균일하게 살수되는 구조로 되어 있다.

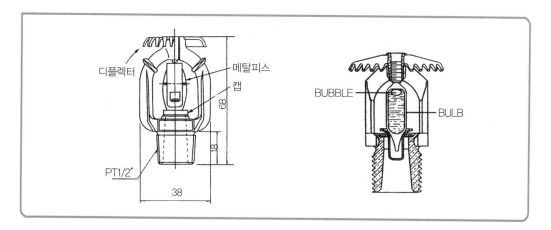

(3) 스프링클러헤드의 종류

① 가용합금편의 유무에 따라: 폐쇄형, 개방형

② 헤드의 외형에 따라: 일반형, 유리벌브형, 원형(환형), 컨실드형, 플러쉬형

③ 헤드의 설치위치에 따라: 하향형, 상향형, 측벽형

(4) 스프링클러헤드의 설치간격(정방형 배치)

구분	각 부분에서의 수평거리(m)	헤드의 간격(m)	방호면적(m²)
무대부, 특수가연물 취급장소	1.7	2.40	5.76
내화구조가 아닌 건축물	2.1	2.96	8.76
내화구조 건축물	2.3	3.25	10.56
아파트	2.6	4.52	20.43

(5) 스프링클러의 종류

사용되는 스프링클러헤드의 종류에 따라 폐쇄형과 개방형으로 대별되며, 폐쇄형에는 습식 배관방식과 건식배관방식이 있다. 일반실에는 주로 폐쇄형 습식배관방식이 사용된다.

① 폐쇄형 스프링클러헤드의 사용

  ㉠ 습식배관방식(wet pipe system): 가압된 물이 스프링클러 배관의 헤드까지 차 있어 화재시에는 헤드의 개구와 동시에 자동적으로 살수되며, 알람밸브가 이를 감지하여 경보를 울리고 스프링클러펌프를 가동하여 헤드에 급수하게 된다.

  ㉡ 건식배관방식(dry pipe system)

  ⓐ 스프링클러 배관에 물 대신 압축공기가 차 있어 화재의 열로 헤드가 열리면 배관 내의 공기압이 저하되며, 건식밸브가 이를 감지하여 경보를 울리고 스프링클러 펌프를 가동하여 헤드에 급수하게 된다.

ⓑ 이 방식은 화재시 소화활동시간이 다소 지연되지만, 물이 동결할 우려가 있는 한랭지에서 사용되고 있다.

　ⓒ 준비작동식(preaction system)

　　ⓐ 스프링클러 배관에 대기압상태의 공기가 차 있으며, 화재감지기가 화재를 감지하면 준비작동밸브를 개방함과 동시에 경보를 울리고 스프링클러펌프를 가동하여 헤드에 급수하게 된다.

　　ⓑ 이 방식은 물이 동결할 우려가 있는 한랭지에 많이 사용되고 있는데, 주차장 등에 사용되는 스프링클러설비는 대부분 이 방식이다.

② 개방형 스프링클러헤드의 사용

　㉠ 스프링클러헤드에 가용합금편이 없는 개방형 헤드를 사용하므로 화재감지기를 설치하여야 하며, 이 화재감지기가 화재를 감지하면 일제개방밸브를 개방함과 동시에 경보를 울리고 스프링클러펌프를 가동하여 헤드에 일제살수식으로 급수하게 된다.

　㉡ 이 방식은 무대부처럼 천장이 높아 화재시에 열기류가 옆으로 흘러 폐쇄형 스프링클러헤드로는 효과를 기대할 수 없는 경우에 사용된다.

　㉢ 천장이 높은 무대부를 비롯하여 공장, 창고, 준위험물 저장소 등 급격한 화재 확산의 우려가 있는 곳에 채택하면 효과적이다.

종류별 스프링클러설비의 비교

구분		1차측	유수감지장치	2차측	감지기 유무	수동기동장치	적용장소
폐쇄형	습식	가압수	알람밸브	가압수	없음	없음	일반 거실
	건식	가압수	건식밸브	가압공기	없음	없음	주차장 (동결 우려)
	준비작동식	가압수	프리액션밸브	대기압	있음	있음	주차장 (동결 우려)
개방형	일제살수식	가압수	일제개방밸브	개방상태	있음	있음	무대부, 공장

종류별 스프링클러의 배관계통도

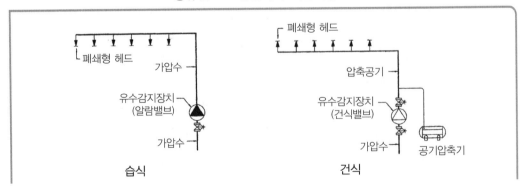

습식　　　　　　　　　　건식

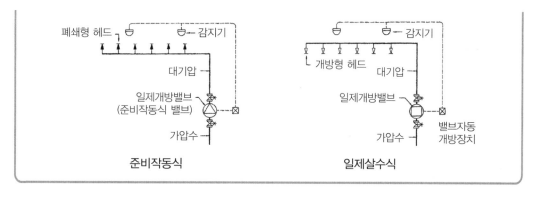

준비작동식	일제살수식

(6) 스프링클러의 설치기준

① 방수압력: 0.1MPa

② 방수량: 80ℓ/min 이상

③ 설치간격: 건물의 구조 및 용도에 따라 1.7~3.2m

④ 소화수량(수원의 수량)

> **소화수량(수원의 수량)** $= 80(\ell/\mathrm{min}) \times \mathrm{N}(개) \times 20(\mathrm{min})$
> $= 1.6\mathrm{N}(\mathrm{m}^3)$
>
> ⊙ N은 기준개수로 아파트는 10개, 판매시설·복합상가 및 11층 이상인 소방대상물은 30개이다.

기출예제

스프링클러설비에 관한 내용으로 옳지 않은 것은?
제26회

① 충압펌프란 배관 내 압력손실에 따른 주펌프의 빈번한 기동을 방지하기 위하여 충압역할을 하는 펌프를 말한다.

② 건식 스프링클러헤드란 물과 오리피스가 분리되어 동파를 방지할 수 있는 스프링클러헤드를 말한다.

③ 유수검지장치란 유수현상을 자동적으로 검지하여 신호 또는 경보를 발하는 장치를 말한다.

④ 가지배관이란 헤드가 설치되어 있는 배관을 말한다.

⑤ 체절운전이란 펌프의 성능시험을 목적으로 펌프 토출측의 개폐밸브를 개방한 상태에서 펌프를 운전하는 것을 말한다.

[해설]

체절운전이란 펌프의 성능시험을 목적으로 펌프 토출측의 개폐밸브를 밀폐한 상태에서 펌프를 운전하는 것을 말한다.
정답: ⑤

05 드렌처설비

(1) 드렌처설비는 건축물의 외벽, 창, 지붕 등에 설치하여 인접 건물에 화재가 발생하였을 때 수막을 형성함으로써 화재의 연소를 방지하는 방화설비이다.

(2) 층간 방화구획을 관통하는 에스컬레이터, 컨베이어 등의 주위로서 연소할 우려가 있는 개구부와 같이 방화구획이 되어 있지 않은 부분에 스프링클러 대신 설치하기도 한다.

① **방수량:** $80\ell/\min$ 이상
② **방수압력:** 0.1MPa
③ **설치간격:** 2.5m 이하
④ **소화수량(수원의 수량):** $1.6N(m^3)$

   ● N은 기준개수를 나타낸다.

드렌처헤드

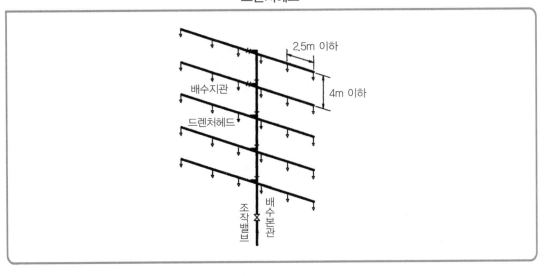

06 물분무 등 소화설비

물분무 등 소화설비의 종류와 방화대상

방화대상 \ 종류	물분무 소화설비	포소화설비	이산화탄소 소화설비	청정소화약제 소화설비	분말소화설비
비행기 격납고		○			○
자동차수리·정비공장		○	○	○	○
위험물 저장·취급소, 주차장, 기계식 주차장 (20대 이상)	○	○	○	○	○
발전기실, 전기실, 통신기계실, 전산실			○	○	○

제3절 소화활동설비

01 연결송수관설비(siamese connection)

(1) 개요

① 7층 이상의 건축물이나 5층 이상의 연면적 $6,000\text{m}^2$ 이상의 건축물에 소화활동을 용이하게 하기 위하여 설치하는 소방대 전용 소화설비이다.

② 연결송수관의 송수구를 통하여 옥내로 송수하고, 옥내의 방수구에서 방수하여 소화작용을 한다.

③ 일반적으로 배관 내에 물이 항상 차 있는 습식배관방식이 이용되고 있지만, 동결의 우려가 있는 곳에서는 건식배관방식을 채택한다.

(2) 설치기준

① 방수구의 방수압력: 0.35MPa 이상

② 방수구의 방수량: 2400ℓ/min

   ● 연결송수관설비 방수구의 방수량은 화재안전기준에 정해져 있지 않으나 70m 이상 고층건물의 연결송수관설비 가압송수장치(중계펌프) 토출량 기준에 의하면 펌프의 토출량은 2,400ℓ/min 이상으로 하되, 방수구가 3개를 초과하면 초과하는 방수구 1개마다 800ℓ/min을 가산하도록 되어 있다.

③ 쌍구형 송수구가 부착된 주관의 구경: 100mm

④ 방수구와 송수구의 연결 구경: 65mm

⑤ 소방대 사용 호스: 65mm

⑥ 방수구의 설치높이: 바닥면으로부터 0.5~1.0m

⑦ 송수구의 설치높이: 지반면으로부터 0.5~1.0m

⑧ 방수구의 설치간격: 건물의 각 부분에서 방수구까지의 수평거리는 50m 이하

기출예제

01 화재안전기준상 연결송수관설비에 관한 내용으로 옳지 않은 것은? 제19회

① 송수구는 지면으로부터 높이가 0.5m 이상 1m 이하의 위치에 설치해야 한다.

② 송수구는 화재층으로부터 지면으로 떨어지는 유리창 등이 송수 및 그 밖의 소화작업에 지장을 주지 아니하는 장소에 설치해야 한다.

③ 송수구는 구경 65mm의 쌍구형으로 해야 한다.

④ 주배관의 구경은 80mm로 해야 한다.

⑤ 방수구는 개폐기능을 가진 것으로 설치하여야 하며, 평상시 닫힌 상태를 유지해야 한다.

해설

연결송수관설비에서 주배관의 구경은 100mm 이상으로 해야 한다. 정답: ④

02 옥내소화전설비의 화재안전성능기준상 배관에 관한 내용이다. (   ) 안에 들어갈 내용으로 옳은 것은? 제27회

옥내소화전설비의 배관을 연결송수관설비와 겸용하는 경우 주배관은 구경 (㉠)mm 이상, 방수구로 연결되는 배관의 구경은 (㉡)mm 이상의 것으로 해야 한다.

① ㉠: 60, ㉡: 40   ② ㉠: 65, ㉡: 40

③ ㉠: 65, ㉡: 45   ④ ㉠: 100, ㉡: 45

⑤ ㉠: 100, ㉡: 65

해설

옥내소화전설비의 배관을 연결송수관설비와 겸용하는 경우 주배관은 구경 100mm 이상, 방수구로 연결되는 배관의 구경은 65mm 이상의 것으로 해야 한다. 정답: ⑤

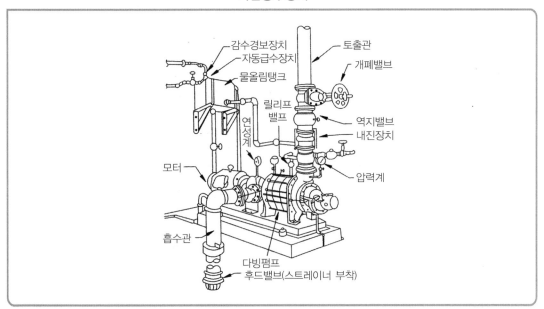

가압송수장치

02 연결살수설비

소방대 전용 소화전인 송수구를 통하여 소방차로 실내에 물을 공급하여 소화활동을 하는 것
으로, 주로 지하층 등의 화재진압을 위한 설비이며 설치대상 건축물은 다음과 같다.

① 판매시설로서 바닥면적의 합계가 1,000m² 이상인 것
② 지하층으로서 바닥면적의 합계가 150m² 이상인 것
  ● 단, 국민주택규모 이하 아파트와 학교의 지하층에 있어서는 700m² 이상인 것

소방시설의 설치기준

구분	연결송수관	옥외소화전	옥내소화전	스프링클러	드렌처
표준방수량(ℓ/min)	2,400	350	130	80	80
방수압력(MPa)	0.35	0.25	0.17	0.1	0.1
수원의 수량(m³)	–	7N[2]	2.6N[2]	1.6N	1.6N
설치거리(m)	50	40	25	1.7~3.2	2.5

● N은 동시개구수이며, (   ) 안은 최대기구수를 나타낸다.

경보설비는 화재 발생을 신속하게 알리기 위한 설비로서 자동화재탐지설비, 누전경보기, 자동화재속보설비, 비상경보설비(비상벨, 자동식 사이렌, 방송설비) 등으로 분류되며, 자동화재탐지설비(감지기, 발신기, 수신기) 중 감지기의 종류는 다음과 같다.

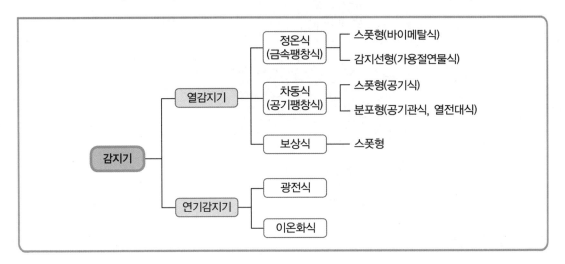

(1) 정온식

주위 온도가 일정 온도 이상이 되면 작동하는 것으로, 보일러실·주방과 같이 다량의 열을 취급하는 곳에 설치한다.

(2) 차동식

① 주위 온도가 일정 온도상승률 이상이 되면 작동하는 것으로, 사무실·연구실·학교와 같이 부착높이가 8m 미만인 장소에 주로 설치한다.
② 차동식 스폿형이 주로 사용되며, 차동식 분포형은 15m 미만의 장소에 설치한다.

(3) 보상식

차동식과 정온식의 장점을 합한 것이다.

(4) 연기식

층고가 높은 곳, 계단, 복도 등에 사용된다.

자동화재탐지설비

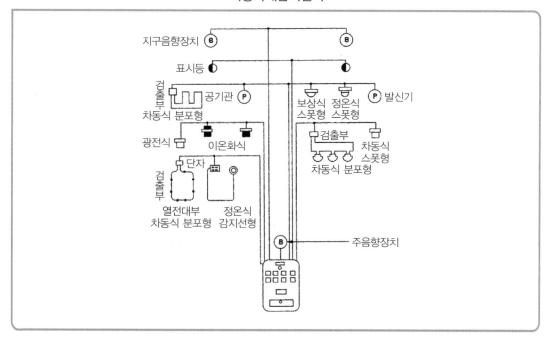

감지기

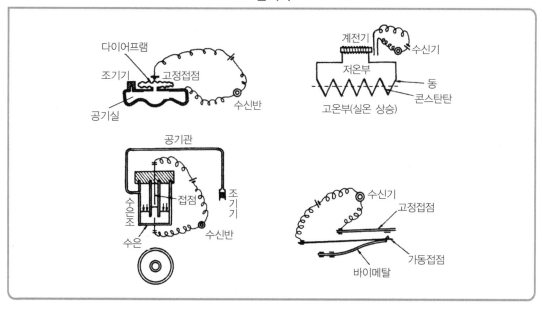

화재안전기준상 자동화재탐지설비의 발신기 위치를 표시하는 표시등 설치기준으로 옳은 것은?

제20회

① 불빛은 부착면으로부터 15° 이상의 범위 안에서 부착지점으로부터 10m 이내의 어느 곳에서도 쉽게 식별할 수 있는 적색등으로 하여야 한다.
② 불빛은 부착면으로부터 15° 이상의 범위 안에서 부착지점으로부터 10m 이내의 어느 곳에서도 쉽게 식별할 수 있는 황색등으로 하여야 한다.
③ 불빛은 부착면으로부터 20° 이상의 범위 안에서 부착지점으로부터 5m 이내의 어느 곳에서도 쉽게 식별할 수 있는 적색등으로 하여야 한다.
④ 불빛은 부착면으로부터 20° 이상의 범위 안에서 부착지점으로부터 20m 이내의 어느 곳에서도 쉽게 식별할 수 있는 황색등으로 하여야 한다.
⑤ 불빛은 부착면으로부터 20° 이상의 범위 안에서 부착지점으로부터 20m 이내의 어느 곳에서도 쉽게 식별할 수 있는 녹색등으로 하여야 한다.

해설

화재안전기준상 자동화재탐지설비의 발신기 위치를 표시하는 표시등의 불빛은 부착면으로부터 15° 이상의 범위 안에서 부착지점으로부터 10m 이내의 어느 곳에서도 쉽게 식별할 수 있는 적색등으로 하여야 한다.

정답: ①

제5절 피난설비

01 유도등 및 유도표지

(1) 피난구유도등

① 피난구의 바닥으로부터 높이 1.5m 이상인 곳에 설치한다.
② 조명도는 피난구로부터 30m 거리에서 문자와 색채를 쉽게 식별할 수 있는 것으로 한다.

(2) 통로유도등

① 구부러진 모퉁이 및 보행거리 20m마다 설치할 것
② 바닥으로부터 높이 1m 이하의 위치에 설치할 것. 다만, 지하층 또는 무창층의 용도가 도매시장·소매시장·여객자동차터미널·지하역사 또는 지하상가인 경우에는 복도·통로 중앙부분의 바닥에 설치하여야 한다(거실통로유도등은 1.5m 이상).
③ 조도는 통로유도등의 바로 밑의 바닥으로부터 수평으로 0.5m 떨어진 지점에서 측정하여 1lx 이상으로 하여야 한다.
④ 통로유도등은 백색 바탕에 녹색으로 피난방향을 표시한 등으로 하여야 한다.

유도등 및 유도표지의 화재안전기준상 통로유도등 설치기준의 일부분이다. (　　) 안에 들어갈 내용으로 옳은 것은?

> 제6조【통로유도등 설치기준】① 통로유도등은 특정소방대상물의 각 거실과 그로부터 지상에 이르는 복도 또는 계단의 통로에 다음 각 호의 기준에 따라 설치하여야 한다.
> 　1. 복도통로유도등은 다음 각 목의 기준에 따라 설치할 것
> 　　가. 복도에 설치할 것
> 　　나. 구부러진 모퉁이 및 (㉠)마다 설치할 것
> 　　다. 바닥으로부터 높이 (㉡)의 위치에 설치할 것. 다만, 지하층 또는 무창층의 용도가 도매시장·소매시장·여객자동차터미널·지하역사 또는 지하상가인 경우에는 복도·통로 중앙부분의 바닥에 설치하여야 한다.

① ㉠: 직선거리 10m, ㉡: 1.5m 이상
② ㉠: 보행거리 20m, ㉡: 1m 이하
③ ㉠: 보행거리 25m, ㉡: 1.5m 이상
④ ㉠: 직선거리 30m, ㉡: 1m 이상
⑤ ㉠: 보행거리 30m, ㉡: 2m 이하

해설

나. 구부러진 모퉁이 및 보행거리 20m마다 설치할 것
다. 바닥으로부터 높이 1m 이하의 위치에 설치할 것. 다만, 지하층 또는 무창층의 용도가 도매시장·소매시장·여객자동차터미널·지하역사 또는 지하상가인 경우에는 복도·통로 중앙부분의 바닥에 설치하여야 한다.

정답: ②

(3) 객석유도등

객석의 통로·바닥 또는 벽에 설치하고 그 조도는 통로 바닥의 중심선 0.5m 높이에서 측정하여 0.2lx 이상이어야 한다.

화재안전기준상 유도등 및 유도표지에 관한 내용으로 옳지 않은 것은?

① 피난구유도등은 피난구의 바닥으로부터 높이 1.5m 이상으로서 출입구에 인접하도록 설치해야 한다.
② 복도통로유도등은 바닥으로부터 높이 1.2m의 위치에 설치해야 한다.
③ 피난구유도표지란 피난구 또는 피난경로로 사용되는 출입구를 표시하여 피난을 유도하는 표지를 말한다.
④ 계단통로유도등은 바닥으로부터 높이 1m 이하의 위치에 설치해야 한다.
⑤ 거실통로유도등은 구부러진 모퉁이 및 보행거리 20m마다 설치해야 한다.

(4) 유도표지

① 계단에 설치하는 것을 제외하고는 각 층마다 복도 및 통로의 각 부분으로부터 하나의 유도표지까지의 보행거리가 15m 이하가 되는 곳과 구부러진 모퉁이의 벽에 설치할 것

② 피난구유도표지는 출입구 상단에 설치하고, 통로유도표지는 바닥으로부터 높이 1m 이하의 위치에 설치할 것

③ 주위에는 이와 유사한 등화(燈火)·광고물·게시물 등을 설치하지 아니할 것

④ 유도표지는 부착판 등을 사용하여 쉽게 떨어지지 아니하도록 설치할 것

⑤ 측광방식의 유도표지는 외광 또는 조명장치에 의하여 상시 조명이 제공되거나 비상조명등에 의한 조명이 제공되도록 설치할 것

(5) 비상전원

① 축전지로 할 것

② 유도등을 20분 이상 유효하게 작동시킬 수 있는 용량으로 할 것. 다만, 다음의 소방대상물의 경우 그 부분에서 피난층에 이르는 부분의 유도등을 60분 이상 유효하게 작동시킬 수 있는 용량으로 하여야 한다.

  ㉠ 지하층을 제외한 층수가 11층 이상의 층

  ㉡ 지하층 또는 무창층으로서 용도가 도매시장·소매시장·여객자동차터미널·지하역사 또는 지하상가

기출예제

유도등 및 유도표지의 화재안전기준상 유도등의 전원에 관한 기준이다. (   ) 안에 들어갈 내용이 순서대로 옳은 것은?

제22회

비상전원은 다음 각 호의 기준에 적합하게 설치하여야 한다.

1. 축전지로 할 것

2. 유도등을 (㉠)분 이상 유효하게 작동시킬 수 있는 용량으로 할 것

   다만, 다음 각 목의 특정소방대상물의 경우에는 그 부분에서 피난층에 이르는 부분의 유도등을 (㉡)분 이상 유효하게 작동시킬 수 있는 용량으로 하여야 한다.

   가. 지하층을 제외한 층수가 11층 이상의 층

   나. 지하층 또는 무창층으로서 용도가 도매시장·소매시장·여객자동차터미널·지하역사 또는 지하상가

---

① ㉠: 10, ㉡: 20 　　　　　　　② ㉠: 15, ㉡: 30

③ ㉠: 15, ㉡: 60 　　　　　　　④ ㉠: 20, ㉡: 30

⑤ ㉠: 20, ㉡: 60

해설

유도등을 20분 이상 유효하게 작동시킬 수 있는 용량으로 할 것. 다만, 다음 각 목의 특정소방대상물의 경우에는 그 부분에서 피난층에 이르는 부분의 유도등을 60분 이상 유효하게 작동시킬 수 있는 용량으로 하여야 한다.

정답: ⑤

02 비상조명등

① 소방대상물의 각 거실과 그로부터 지상에 이르는 복도·계단 및 그 밖의 통로에 설치할 것

② 조도는 비상조명등이 설치된 장소의 각 부분의 바닥에서 1lx 이상이 되도록 할 것

③ 비상전원은 비상조명등을 20분 이상 유효하게 작동시킬 수 있는 용량으로 할 것. 다만, 다음 소방대상물의 경우에는 그 부분에서 피난층에 이르는 부분의 비상조명등을 60분 이상 유효하게 작동시킬 수 있는 용량으로 하여야 한다.

㉠ 지하층을 제외한 층수가 11층 이상의 층

㉡ 지하층 또는 무창층으로서 용도가 도매시장·소매시장·여객자동차터미널·지하역사 또는 지하상가

기출예제

01 화재안전기준상 피난기구에 관한 용어의 정의로 옳지 않은 것은?

제20회

① '다수인피난장비'란 화재시 2인 이상의 피난자가 동시에 해당층에서 지상 또는 피난층으로 하강하는 피난기구를 말한다.

② '구조대'란 포지 등을 사용하여 자루형태로 만든 것으로서 화재시 사용자가 그 내부에 들어가서 내려옴으로써 대피할 수 있는 것을 말한다.

③ '피난사다리'란 화재시 긴급대피를 위해 사용하는 사다리를 말한다.

④ '간이완강기'란 사용자의 몸무게에 따라 자동적으로 내려올 수 있는 기구 중 사용자가 교대하여 연속적으로 사용할 수 있는 것을 말한다.

⑤ '승강식 피난기'란 사용자의 몸무게에 의하여 자동으로 하강하고 내려서면 스스로 상승하여 연속적으로 사용할 수 있는 무동력 승강식 피난기를 말한다.

해설

간이완강기란 사용자의 몸무게에 따라 자동적으로 내려올 수 있는 기구 중 사용자가 연속적으로 사용할 수 없는 것을 말한다.

정답: ④

02 다음은 피난기구의 화재안전기준상 피난기구에 관한 내용이다. (   ) 안에 들어갈 내용으로 옳은 것은? 제24회

> - (㉠)란 사용자의 몸무게에 따라 자동적으로 내려올 수 있는 기구 중 사용자가 교대하여 연속적으로 사용할 수 있는 것을 말한다.
> - (㉡)란 포지 등을 사용하여 자루형태로 만든 것으로서 화재시 사용자가 그 내부에 들어가서 내려옴으로써 대피할 수 있는 것을 말한다.
> - (㉢)란 화재시 2인 이상의 피난자가 동시에 해당층에서 지상 또는 피난층으로 하강하는 피난기구를 말한다.

① ㉠ 간이완강기, ㉡ 구조대, ㉢ 하향식 피난구용 내림식 사다리
② ㉠ 간이완강기, ㉡ 공기안전매트, ㉢ 다수인피난장비
③ ㉠ 완강기, ㉡ 구조대, ㉢ 다수인피난장비
④ ㉠ 완강기, ㉡ 간이완강기, ㉢ 하향식 피난구용 내림식 사다리
⑤ ㉠ 승강식 피난기, ㉡ 간이완강기, ㉢ 다수인피난장비

[해설]

㉠은 완강기, ㉡은 구조대 ㉢은 다수인피난장비에 대한 설명이다. 정답: ③

제6절 **공동주택의 화재안전성능기준**

⬤ **다른 화재안전성능기준과의 관계:** 공동주택에 설치하는 소방시설 등의 설치기준은 이 기준에서 규정하지 아니한다. 소방시설 등의 설치기준은 개별 화재안전성능기준에 따라 설치해야 한다.

01 소화기구 및 자동소화장치

(1) 소화기의 설치기준

① 바닥면적 100m²마다 1단위 이상의 능력단위를 기준으로 설치할 것
② 아파트 등의 경우 각 세대 및 공용부(승강장, 복도 등)마다 설치할 것
③ 아파트 등의 세대 내에 설치된 보일러실이 방화구획되거나, 스프링클러설비·간이스프링클러설비·물분무 등 소화설비 중 하나가 설치된 경우에는 적용하지 않을 수 있다.
④ 아파트 등의 경우 소화기의 감소규정을 적용하지 않을 것

(2) 주거용 주방자동소화장치는 아파트 등의 주방에 열원(가스 또는 전기)의 종류에 적용한 것으로 설치하고, 열원을 차단할 수 있는 차단장치를 설치해야 한다.

특정소방대상물		소화기구의 능력단위	내화구조 (불연재료, 준불연재료, 난연재료인 경우)
위락시설		1단위/30m²	1단위/60m²
• 공연장 • 관람장 • 의료시설	• 집회장 • 문화재 • 장례식장	1단위/50m²	1단위/100m²
• 근린생활시설 • 숙박시설 • 전시장 • 업무시설 • 공장 • 운수시설 • 항공기 및 자동차 관련시설	• 판매시설 • 노유자시설 • 공동주택 • 방송통신시설 • 창고시설 • 관광휴게시설	1단위/100m²	1단위/200m²
그 밖의 것		1단위/200m²	1단위/400m²

02 옥내소화전설비의 설치기준

① 호스릴(horse reel) 방식으로 설치할 것

② 복층형 구조인 경우에는 출입구가 없는 층에 방수구를 설치하지 아니할 수 있다.

③ 감시제어반 전용실은 피난층 또는 지하 1층에 설치할 것. 다만, 상시 사람이 근무하는 장소 또는 관계인이 쉽게 접근할 수 있고 관리가 용이한 장소에 감시제어반 전용실을 설치할 경우에는 지상 2층 또는 지하 2층에 설치할 수 있다.

　◉ 옥내소화전설비 감시제어반의 설치기준: 피난층 또는 지하 1층에 설치할 것

03 스프링클러설비의 설치기준

(1) 폐쇄형 스프링클러헤드를 사용하는 아파트 등은 기준개수 10개에 1.6m³를 곱한 양 이상의 수원이 확보되도록 할 것. 다만, 아파트 등의 각 동이 주차장으로 서로 연결된 구조인 경우 해당 주차장 부분의 기준개수는 30개로 할 것

(2) 아파트 등의 경우 화장실 반자 내부에는 적합한 소방용 합성수지배관으로 배관을 설치할 수 있다. 다만, 소방용 합성수지배관 내부에 항상 소화수가 채워진 상태를 유지할 것

(3) 하나의 방호구역은 2개 층에 미치지 아니하도록 할 것. 다만, 복층형 구조의 공동주택에는 3개 층 이내로 할 수 있다.

(4) 아파트 등의 세대 내 스프링클러헤드를 설치하는 경우 천장·반자·천장과 반자 사이·덕트·선반 등의 각 부분으로부터 하나의 스프링클러헤드까지의 수평거리는 2.6m 이하로 할 것

(5) 외벽에 설치된 창문에서 0.6m 이내에 스프링클러헤드를 배치하고, 배치된 헤드의 수평거리 이내에 창문이 모두 포함되도록 할 것. 다만, 다음의 어느 하나에 해당하는 경우에는 그러하지 아니하다.

> ① 창문에 트랜치 설비가 설치된 경우
> ② 창문과 창문 사이의 수직부분이 내화구조로 90cm 이상 이격되어 있거나, 발코니 등의 구조변경절차 및 설치기준에서 정하는 구조와 성능의 방화판 또는 방화유리창을 설치한 경우
> ③ 발코니가 설치된 부분

(6) 거실에는 조기 반응형 스프링클러헤드를 설치할 것

(7) 감시제어반 전용실은 피난층 또는 지하 1층에 설치할 것. 다만, 상시 사람이 근무하는 장소 또는 관계인이 쉽게 접근할 수 있고 관리가 용이한 장소에 감시제어반 전용실을 설치할 경우에는 지상 2층 또는 지하 2층에 설치할 수 있다.

(8) 대피공간에는 헤드를 설치하지 않을 수 있다.

(9) 세대 내 실외기실 등 소규모 공간에서 해당 공간 여건상 헤드와 장애물 사이에 60cm 반경을 확보하지 못하거나 장애물 폭의 3배를 확보하지 못하는 경우에는 살수 방해가 최소화되는 위치에 설치할 수 있다.

> **더 알아보기**

1. 폐쇄형 헤드의 설치장소별 기준개수

설치장소			기준개수
• 지하가 • 지하역사 • 지하층을 제외한 11층 이상(아파트는 제외) • 아파트 등의 각 동이 주차장으로 서로 연결된 경우 해당 주차장 부분			30
지하층을 제외한 10층 이하	공장		
	근린생활시설, 판매시설, 운수시설, 복합건축물	판매시설, 복합건축물 (판매시설이 포함된 경우)	30
		기타	20
	기타	헤드의 부착 높이 8m 이상	20
		헤드의 부착 높이 8m 미만	10
아파트 등			

2. 배관을 소방용 합성수지배관으로 설치할 수 있는 경우
   - 배관을 지하에 매설하는 경우
   - 다른 부분과 내화구조로 구획된 덕트 또는 피트의 내부에 설치하는 경우
   - 천장과 반자를 불연재료 또는 준불연재료로 설치하고 소화배관 내부에 항상 소화수가 채워진 상태로 설치하는 경우

3. 스프링클러헤드의 설치장소별 배치기준

설치장소	배치기준(R)
• 무대부 • 특수가연물을 저장 또는 취급하는 장소(랙식 창고 포함)	수평거리 1.7m 이하
기타구조(랙식 창고, 일반 물품 포함)	수평거리 2.1m 이하
내화구조(랙식 창고, 일반 물품 포함)	수평거리 2.3m 이하
아파트 등의 세대 내	수평거리 **2.6m 이하**

4. 조기 반응형 스프링클러헤드의 설치장소
   - 공동주택의 거실
   - 노유자시설의 거실
   - 오피스텔의 침실
   - 숙박시설의 침실
   - 병원의 입원실

기출예제

공동주택의 화재안전성능기준에 관한 내용으로 옳지 않은 것은?   제27회

① 소화기는 바닥면적 100m²마다 1단위 이상의 능력단위를 기준으로 설치해야 한다.
② 주거용 주방자동소화장치는 아파트 등의 주방에 열원(가스 또는 전기)의 종류에 적합한 것으로 설치하고, 열원을 차단할 수 있는 차단장치를 설치해야 한다.
③ 아파트 등의 경우 실내에 설치하는 비상방송설비의 확성기 음성입력은 2W(와트) 이상이어야 한다.
④ 세대 내 거실(취침용도로 사용될 수 있는 통상적인 방 및 거실을 말한다)에는 연기감지기를 설치해야 한다.
⑤ 아파트 등의 세대 내 스프링클러헤드를 설치하는 경우 천장 · 반자 · 천장과 반자 사이 · 덕트 · 선반 등의 각 부분으로부터 하나의 스프링클러헤드까지의 수평거리는 3.2m 이하로 해야 한다.

해설

아파트 등의 세대 내 스프링클러헤드를 설치하는 경우 천장 · 반자 · 천장과 반자 사이 · 덕트 · 선반 등의 각 부분으로부터 하나의 스프링클러헤드까지의 수평거리는 2.6m 이하로 해야 한다.   정답: ⑤

(1) 피난기구의 설치기준

① 아파트 등의 경우 각 세대마다 설치할 것

② 피난장애가 발생하지 않도록 하기 위하여 피난기구를 설치하는 개구부는 동일 직선상이 아닌 위치에 있을 것. 다만, 수직 피난 방향으로 동일 직선상인 세대별 개구부에 피난기구를 엇갈리게 설치하여 피난장애가 발생하지 않는 경우에는 그렇지 않다.

③ '의무관리대상 공동주택'의 경우에는 하나의 관리주체가 관리하는 공동주택 구역마다 공기안전매트 1개 이상을 추가로 설치할 것. 다만, 옥상으로 피난이 가능하거나 수평 또는 수직 방향의 인접 세대로 피난할 수 있는 구조인 경우에는 추가로 설치하지 않을 수 있다.

(2) 갓 복도식 공동주택 또는 해당하는 구조 또는 시설을 설치하여 수평 또는 수직 방향의 인접 세대로 피난할 수 있는 아파트는 피난기구를 설치하지 않을 수 있다.

(3) 승강식 피난기 및 하강식 피난구용 내림식 사다리가 방화구획된 장소(세대 내부)에 설치될 경우에는 해당 방화구획된 장소를 대피실로 간주하고 대피실의 면적 규정과 외기에 접하는 구조로 대피실을 설치하는 규정을 적용하지 않을 수 있다.

더 알아보기

1. 피난기구의 설치개수
   - **층마다** 설치
   - 피난기구의 설치장소별 설치개수

설치장소	설치개수
숙박시설, 노유자시설, 의료시설	500m²마다
위락시설, 문화 및 집회시설, 운동시설, 판매시설, 복합용도의 층	800m²마다
그 밖의 용도의 층(사무실)	1,000m²마다
아파트 등	각 세대마다

   - 숙박시설(휴양 콘도미니엄 제외): 추가로 객실마다 **완강기** 또는 2 이상의 **간이완강기** 설치
   - 의무관리대상 공동주택: 하나의 관리주체가 관리하는 공동주택 구역마다 공기안전매트 **1개 이상**을 추가로 설치
   - 4층 이상의 층에 설치된 노유자시설 중 장애인 관련시설: 주된 사용자 중 스스로 피난이 불가한 자가 있는 경우에는 층마다 구조대를 **1개 이상** 추가로 설치

2. 건축법 시행령에 해당하는 구조 또는 시설

아파트의 4층 이상인 층에서 발코니에 다음의 어느 하나에 해당하는 구조 또는 시설을 갖춘 경우에는 대피공간을 설치하지 않을 수 있다.

- 발코니의 인접 세대 외의 경계벽이 파괴하기 쉬운 경량구조 등인 경우
- 발코니의 경계벽에 피난구를 설치한 경우
- 발코니의 바닥에 국토교통부령으로 정하는 하향식 피난구를 설치한 경우
- 국토교통부장관이 대피공간과 동일하거나 2 이상의 성능이 있다고 인정하여 고시하는 구조 또는 시설을 갖춘 경우. 이 경우 국토교통부장관은 대체시설의 성능에 대해 한국건설기술연구원의 기술검토를 받은 후 고시해야 한다.

05 특별피난계단의 계단실 및 부속실 제연설비

특별피난계단의 계단실 및 부속실 제연설비는 성능확인을 해야 한다. 다만, 부속실을 단독으로 제연하는 경우에는 부속실과 면하는 옥내출입문 개방상태로 방연풍속을 측정할 수 있다.

◉ 시험, 측정 및 조정 등: 부속실과 면하는 옥내 및 계단실의 출입문을 동시에 개방할 경우, 유입공기의 풍속이 방연풍속에 적합한지 여부를 확인하고, 적합하지 아니한 경우에는 급기구의 개구율과 송풍기의 풍량조절 댐퍼 등을 조정하여 적합하게 할 것. 이 경우 유입공기의 풍속은 출입문의 개방에 따른 개구부를 대칭적으로 균등분할하는 10 이상의 지점에서 측정하는 풍속의 평균치로 할 것

06 연결송수관설비

(1) 방수구의 설치기준

① 층마다 설치할 것. 다만, 아파트 등의 1층과 2층(또는 피난층과 그 직상층)에는 설치하지 않을 수 있다.

② 아파트 등의 경우 계단의 출입구로부터 5m 이내에 방수구를 설치하되, 그 방수구로부터 해당 층의 각 부분까지의 수평거리가 50m를 초과하는 경우에는 방수구를 추가로 설치할 것

③ 쌍구형으로 할 것. 다만, 아파트 등의 용도로 사용되는 층에는 단구형으로 설치할 수 있다.

④ 송수구는 동별로 설치하되, 소방차량의 접근 및 통행이 용이하고 잘 보이는 장소에 설치할 것

(2) 펌프의 토출량은 2,400ℓ/min 이상으로 하고, 방수구 개수가 3개를 초과(방수구가 5개 이상인 경우에는 5개)하는 경우에는 1개마다 800ℓ/min을 가산해야 한다.

1. 연결송수관설비의 방수구는 그 특정소방대상물의 층마다 설치할 것. 다만, 다음에 해당하는 층에는 설치하지 아니할 수 있다.
   ① 아파트의 1층 및 2층
   ② 소방차의 접근이 가능하고 소방대원이 소방차로부터 각 부분에 쉽게 도달할 수 있는 피난층
   ③ 송수구가 부설된 옥내소화전을 설치한 특정소방대상물(집회장, 관람장, 백화점, 도매시장, 소매시장, 판매시설, 공장, 창고시설 또는 지하가를 제외)로서 다음에 해당하는 층
      • 지하층을 제외한 층수가 4층 이하이고 연면적이 6,000m² 미만인 특정소방대상물의 지상층
      • 지하층의 층수가 2 이하인 특정소방대상물의 지하층

2. 방수구는 아파트 또는 바닥면적이 1,000m² 미만인 층에 있어서는 계단으로부터 5m 이내에, 바닥면적 1,000m² 이상인 층(아파트를 제외)에 있어서는 각 계단으로부터 5m 이내에 설치하되, 그 방수구로부터 그 층의 각 부분까지의 거리가 다음 기준을 초과하는 경우에는 그 기준 이하가 되도록 방수구를 추가하여 설치할 것
   ① 지하가 또는 지하층의 바닥면적의 합계가 3,000m² 이상인 것은 수평거리 25m
   ② ①에 해당하지 아니하는 경우는 수평거리 50m

3. 11층 이상의 부분에 설치하는 방수구는 쌍구형으로 할 것. 다만, 다음에 해당하는 층에는 단구형으로 설치할 수 있다.
   ① 아파트의 용도로 사용하는 층
   ② 스프링클러설비가 유효하게 설치되어 있고, 방수구가 2개소 이상 설치된 층

4. 송수구는 연결송수관의 수직배관마다 1개 이상을 설치할 것

5. 연결송수관설비 펌프의 토출량(방수량), 토출압(방수압)

토출량(방수량)	• 2,400ℓ/min 이상 • 해당 층에 설치된 방수구가 3개 초과(최대 5개)시: 방수구 1개마다 800ℓ/min을 가산
토출압(방수압)	0.35MPa

01 소화기 설치위치는 소방대상물 각 부분에서 보행거리 20m 이내 및 바닥에서 1.5m 이내이다.

( )

02 소방시설은 소화설비 · 경보설비 · 피난설비 · 소화용수설비 · 소화활동설비로 나누고 있다.

( )

03 옥내소화전은 방수압력 0.17MPa 이상, 방수량은 80ℓ/min 이하이다. ( )

04 옥내소화전설비의 위치를 표시하는 적색표시등의 설치기준에서 불빛은 부착면으로부터 15° 이상의 범위 안에서 부착지점으로부터 15m 이내의 어느 곳에서도 쉽게 식별할 수 있어야 한다.

( )

05 옥외소화전은 표준방수압력이 0.25MPa이고, 표준방수량은 350ℓ/min이다. ( )

---

01 ○

02 ○

03 ✕ 옥내소화전은 방수압력 0.17MPa 이상, 방수량은 130ℓ/min 이상이다.

04 ✕ 옥내소화전설비의 위치를 표시하는 적색표시등의 설치기준에서 불빛은 부착면으로부터 15° 이상의 범위 안에서 부착지점으로부터 10m 이내의 어느 곳에서도 쉽게 식별할 수 있어야 한다.

05 ○

06 스프링클러설비는 자동소화설비이므로 초기 화재에 절대적이고, 사람이 없는 야간에도 화재를 감지하여 소화한다. ( )

07 내화구조 건축물에서 스프링클러헤드의 수평거리는 3.2m이고, 방호면적은 20.43m²이다. ( )

08 스프링클러헤드의 방수 최소압력은 0.1MPa이고, 방수량은 80ℓ/min 이상이다. ( )

09 스프링클러설비는 동파의 우려가 있는 장소의 경우에는 건식 또는 준비작동식 설비가 설치되며, 스프링클러헤드를 하향형 또는 측벽형으로 설치하는 경우 건식 스프링클러헤드를 설치한다. ( )

10 연결송수관설비는 건축물의 외벽, 창, 지붕 등에 설치하여 인접 건물에 화재가 발생하였을 때 수막을 형성함으로써 화재의 연소를 방지하는 방화설비이다. ( )

11 객석유도등은 객석의 통로, 바닥 또는 벽에 설치하고, 그 조도는 통로 바닥의 중심선 0.5m 높이에서 측정하여 0.2lx 이상이어야 한다. ( )

---

06 ○
07 × 내화구조 건축물에서 스프링클러헤드의 수평거리는 2.3m이고, 방호면적은 10.56m²이다.
08 ○
09 ○
10 × 드렌처설비는 건축물의 외벽, 창, 지붕 등에 설치하여 인접 건물에 화재가 발생하였을 때 수막을 형성함으로써 화재의 연소를 방지하는 방화설비이다.
11 ○

12 옥외소화전에서 소방대상물의 각 부분으로부터 하나의 호스접결구까지의 수평거리는 50m 이하로 한다.　　　　　　　　　　　　　　　　　　　　　　　　　　　　　　　(　)

13 소화설비 중 알람밸브(alarm valve)를 사용하는 스프링클러설비는 건식 스프링클러설비이다.
　　　　　　　　　　　　　　　　　　　　　　　　　　　　　　　　　　(　)

14 소화분말은 질식 및 억제작용에 의한다.　　　　　　　　　　　　　　　　(　)

15 자동화재경보설비에서 부엌, 보일러실 등 열을 취급하는 장소에는 차동식 감지기가 적당하다.
　　　　　　　　　　　　　　　　　　　　　　　　　　　　　　　　　　(　)

16 일정한 온도상승률에 따라 동작하며 공장, 창고, 강당 등 넓은 지역에 설치하는 화재감지기는 정온식 분포형 감지기이다.　　　　　　　　　　　　　　　　　　　　　　(　)

---

12 ✕ 옥외소화전에서 소방대상물의 각 부분으로부터 하나의 호스접결구까지의 수평거리는 40m 이하로 한다.

13 ✕ 소화설비 중 알람밸브(alarm valve)를 사용하는 스프링클러설비는 습식 스프링클러설비이다.

14 ○

15 ✕ 자동화재경보설비에서 부엌, 보일러실 등 열을 취급하는 장소에는 정온식 감지기가 적당하다.

16 ✕ 일정한 온도상승률에 따라 동작하며 공장, 창고, 강당 등 넓은 지역에 설치하는 화재감지기는 차동식 분포형 감지기이다.

01 **화재안전기준상 소화기구에 관한 설명으로 옳지 않은 것은?** 제18회

① 소형소화기란 능력단위가 1단위 이상이고 대형소화기의 능력단위 미만인 소화기를 말한다.

② 대형소화기란 A급 10단위 이상, B급 20단위 이상인 소화기를 말한다.

③ 가스식 자동소화장치란 열, 연기 또는 불꽃 등을 감지해 분말의 소화약제를 방사하여 소화하는 소화장치를 말한다.

④ 자동소화장치를 제외한 소화기구는 거주자 등이 손쉽게 사용할 수 있는 장소에 바닥으로부터 높이 1.5m 이하의 곳에 비치한다.

⑤ 아파트의 각 세대별 주방의 가스차단장치는 주방배관의 개폐밸브로부터 2m 이하의 위치에 설치한다.

02 **소화활동설비의 종류로 옳지 않은 것은?**

① 제연설비

② 연결송수관설비

③ 비상콘센트설비

④ 무선통신보조설비

⑤ 스프링클러설비

03　소화기구 및 자동소화장치의 화재안전기준상 용어의 정의로 옳지 않은 것은?

① '대형소화기'란 화재시 사람이 운반할 수 있도록 운반대와 바퀴가 설치되어 있고 능력단위가 A급 10단위 이상, B급 20단위 이상인 소화기를 말한다.

② '소형소화기'란 능력단위가 1단위 이상이고 대형소화기의 능력단위 미만인 소화기를 말한다.

③ '주거용 주방자동소화장치'란 주거용 주방에 설치된 열발생 조리기구의 사용으로 인한 화재 발생시 열원(전기 또는 가스)을 자동으로 차단하며 소화약제를 방출하는 소화장치를 말한다.

④ '유류화재(B급 화재)'란 인화성 액체, 가연성 액체, 석유 그리스, 타르, 오일, 유성도료, 솔벤트, 래커, 알코올 및 인화성 가스와 같은 유류가 타고 나서 재가 남지 않는 화재를 말한다.

⑤ '주방화재(C급 화재)'란 주방에서 동식물유를 취급하는 조리기구에서 일어나는 화재를 말한다. 주방화재에 대한 소화기의 적응 화재별 표시는 'C'로 표시한다.

04　소방시설 중 경보설비에 해당되지 않는 것은?　　

① 자동화재탐지설비　　　　② 자동화재속보설비

③ 누전경보기　　　　　　　④ 비상콘센트설비

⑤ 비상방송설비

정답 | 해설

01 ③　열, 연기 또는 불꽃 등을 감지해 분말의 소화약제를 방사하여 소화하는 장치는 <u>분말식 소화장치</u>이다.

02 ⑤　스프링클러 설비는 <u>소화설비</u>이다.

03 ⑤　주방화재(<u>K급 화재</u>)란 주방에서 동식물유를 취급하는 조리기구에서 일어나는 화재를 말한다. 주방화재에 대한 소화기의 적응 화재별 표시는 '<u>K</u>'로 표시한다.

04 ④　비상콘센트설비는 <u>소화활동설비</u>에 해당한다.

05 소방시설 중 피난구조설비에 해당하지 않는 것은? 제25회

① 완강기　　　　　　　　　② 제연설비
③ 피난사다리　　　　　　　④ 구조대
⑤ 피난구유도등

06 화재예방, 소방시설 설치·유지 및 안전관리에 관한 법령에서 정하고 있는 소방시설에 관한 내용으로 옳지 않은 것은? 제22회

① 비상콘센트설비, 연소방지설비는 소화활동설비이다.
② 연결송수관설비, 상수도 소화용수설비는 소화설비이다.
③ 옥내소화전설비, 옥외소화전설비는 소화설비이다.
④ 시각경보기, 자동화재속보설비는 경보설비이다.
⑤ 인명구조기구, 비상조명등은 피난 구조설비이다.

07 옥내소화전설비에 관한 내용으로 옳지 않은 것은?

① 건물 각 층 벽면에 호스, 노즐, 소화전 밸브를 내장한 소화전함을 설치하고, 화재시 화재 발생지점에 물을 뿌려 소화시키는 설비이다.
② 노즐 끝 방수압력은 0.17MPa 이상으로 한다.
③ 분당 방수량은 130ℓ 이상으로 한다.
④ 수원의 소화수량 = $2.6(m^3) \times$ N개(N은 최대 5개)
⑤ 건물의 각 부분에서 소화전까지의 수평거리는 25m 이하로 한다.

08 옥내소화전설비에 관한 설명으로 옳지 <u>않은</u> 것은? 제16회

① 옥내소화전함의 문짝 면적은 $0.5m^2$ 이상으로 한다.

② 옥내소화전 노즐 선단에서의 방수압력은 0.1MPa 이상으로 한다.

③ 옥내소화전 방수구 높이는 바닥으로부터 1.5m 이하가 되도록 한다.

④ 소방대상물 각 부분으로부터 하나의 방수구까지의 수평거리는 25m 이하로 한다.

⑤ 소화전 내에서 설치하는 호스의 구경은 40mm(호스릴 옥내소화전설비의 경우에는 25mm) 이상으로 한다.

09 다음은 옥내소화전설비의 화재안전기준에 관한 내용이다. (   ) 안에 들어갈 내용으로 옳은 것은? 제25회

> • 특정 소방대상물의 어느 층에서도 해당 층의 옥내소화전(두 개 이상 설치된 경우에는 두 개의 옥내소화전)을 동시에 사용할 경우 각 소화전의 노즐 선단에서 (㉠)MPa 이상의 방수압력으로 분당 130ℓ 이상의 소화수를 방수할 수 있는 성능인 것으로 할 것
> • 옥내소화전 방수구의 호스는 구경 (㉡)mm(호스릴 옥내소화전설비의 경우에는 25mm) 이상인 것으로서 특정 소방대상물의 각 부분에 물이 유효하게 뿌려질 수 있는 길이로 설치할 것

① ㉠: 0.12, ㉡: 35 　　　② ㉠: 0.12, ㉡: 40

③ ㉠: 0.17, ㉡: 35 　　　④ ㉠: 0.17, ㉡: 40

⑤ ㉠: 0.25, ㉡: 35

정답 | 해설

05 ② 제연설비는 <u>소화활동설비</u>이다.

06 ② 연결송수관설비는 <u>소화활동설비</u>이다.

07 ④ 옥내소화전설비의 수원은 그 저수량이 옥내소화전의 설치개수가 가장 많은 층의 설치개수(2개 이상 설치된 경우에는 <u>2개</u>)에 2.6m³(호스릴 옥내소화전설비를 포함한다)를 곱한 양 이상이 되도록 하여야 한다.

08 ② 옥내소화전 노즐 선단에서의 방수압력은 <u>0.17MPa 이상</u>으로 한다.

09 ④ • 특정 소방대상물의 어느 층에서도 해당 층의 옥내소화전(두 개 이상 설치된 경우에는 두 개의 옥내소화전)을 동시에 사용할 경우 각 소화전의 노즐 선단에서 <u>0.17MPa</u> 이상의 방수압력으로 분당 130ℓ 이상의 소화수를 방수할 수 있는 성능인 것으로 할 것
> • 옥내소화전 방수구의 호스는 구경 <u>40mm</u>(호스릴 옥내소화전설비의 경우에는 25mm) 이상인 것으로서 특정 소방대상물의 각 부분에 물이 유효하게 뿌려질 수 있는 길이로 설치할 것

10 스프링클러설비의 특징에 관한 내용으로 옳지 않은 것은?

① 스프링클러헤드를 실내 천장에 설치하여, 67~75℃ 정도에서 가용합금편이 녹으면 자동적으로 화염에 물을 분사하는 자동소화설비이다.
② 동시에 화재경보장치가 작동하여 화재 발생을 알림으로써 신속히 대피를 하거나 화재를 초기에 진압할 수 있다.
③ 감지부의 구조가 기계적이므로 오동작·오보가 적다.
④ 초기 시공비가 많이 든다.
⑤ 물로 인한 2차 피해가 발생하지 않는다.

11 스프링클러설비에 관한 설명으로 옳은 것은? 제15회

① 교차배관은 스프링클러헤드가 설치되어 있는 배관이며, 가지배관은 주배관으로부터 교차배관에 급수하는 배관이다.
② 폐쇄형 스프링클러설비의 헤드는 개별적으로 화재를 감지하여 개방되는 구조로 되어 있다.
③ 폐쇄형 습식 스프링클러설비는 별도로 설치되어 있는 화재감지기에 의해 유수검지장치가 작동되어 물이 송수되는 구조로 되어 있다.
④ 폐쇄형 건식 스프링클러설비는 헤드가 화재의 열을 감지하면 헤드를 막고 있던 감열체가 녹으면서 헤드까지 차 있던 물이 곧바로 뿌려지는 구조로 되어 있다.
⑤ 폐쇄형 준비작동식 스프링클러설비는 헤드가 화재의 열을 감지하여 헤드를 막고 있던 감열체가 녹으면 압축공기 등이 빠져나가면서 배관계 도중에 있는 유수검지장치가 개방되어 물이 분출되는 구조로 되어 있다.

12 소화설비의 방수압력에 대한 설명 중 옳지 않은 것은?

① 옥내소화전설비는 각 노즐 선단의 방수압력이 0.17MPa 이상이어야 한다.

② 드렌처설비는 각 헤드 선단의 방수압력이 0.1MPa 이상이어야 한다.

③ 옥외소화전설비는 각 노즐 선단의 방수압력이 0.25MPa 이상이어야 한다.

④ 연결송수관설비는 지면으로부터의 높이가 31m 이상인 소방대상물 또는 지상 11층 이상인 소방대상물에 있어서는 건식설비로 한다.

⑤ 스프링클러설비는 각 헤드 선단의 방수압력이 0.1MPa 이상이어야 한다.

13 온도 상승에 의한 바이메탈의 완곡을 이용하는 감지기로서, 특히 불을 많이 사용하는 보일러실과 주방 등에 가장 적합한 것은?

① 정온식 감지기   ② 차동식 스폿형 감지기

③ 보상식 감지기   ④ 차동식 분포형 감지기

⑤ 광전식 감지기

6장

정답 | 해설

10 ⑤ 물로 인한 2차 피해가 발생할 수 있다.

11 ② ① 가지배관은 스프링클러헤드가 설치되어 있는 배관이며, 교차배관은 주배관으로부터 가지배관에 급수하는 배관이다.
③ 폐쇄형 습식 스프링클러설비는 별도로 화재감지기를 설치하지 않는다.
④ 폐쇄형 습식 스프링클러설비는 헤드가 화재의 열을 감지하면 헤드를 막고 있던 감열체가 녹으면서 헤드까지 차 있던 물이 곧바로 뿌려지는 구조로 되어 있다.
⑤ 폐쇄형 건식 스프링클러설비는 헤드가 화재의 열을 감지하여 헤드를 막고 있던 감열체가 녹으면 압축공기 등이 빠져나가면서 배관계 도중에 있는 유수검지장치가 개방되어 물이 분출되는 구조로 되어 있다.

12 ④ 연결송수관설비는 지면으로부터의 높이가 31m 이상인 소방대상물 또는 지상 11층 이상인 소방대상물에 있어서는 습식설비로 한다.

13 ① 온도 상승에 의한 바이메탈의 완곡을 이용하는 감지기로서, 특히 불을 많이 사용하는 보일러실과 주방 등에 가장 적합한 것은 정온식 감지기이다.

14 피난설비 중 유도등에 관한 내용으로 옳지 않은 것은?

① 피난구유도등은 피난구의 바닥으로부터 높이 1.5m 이상인 곳에 설치한다.

② 통로유도등은 구부러진 모퉁이 및 보행거리 20m마다 설치한다.

③ 피난구유도등의 조명도는 피난구로부터 20m 거리에서 문자와 색채를 쉽게 식별할 수 있는 것으로 한다.

④ 통로유도등은 바닥으로부터 높이 1m 이하의 위치에 설치한다.

⑤ 통로유도등의 조도는 통로유도등의 바로 밑의 바닥으로부터 수평으로 0.5m 떨어진 지점에서 측정하여 1lx 이상으로 하여야 한다.

15 유도등 및 유도표지의 화재안전기준상 유도등의 전원에 관한 기준이다. (   ) 안에 들어갈 내용이 순서대로 옳은 것은?

제22회

비상전원은 다음 각 호의 기준에 적합하게 설치하여야 한다.

1. 축전지로 할 것
2. 유도등을 (㉠)분 이상 유효하게 작동시킬 수 있는 용량으로 할 것
   다만, 다음 각 목의 특정소방대상물의 경우에는 그 부분에서 피난층에 이르는 부분의 유도등을 (㉡)분 이상 유효하게 작동시킬 수 있는 용량으로 하여야 한다.
   가. 지하층을 제외한 층수가 11층 이상의 층
   나. 지하층 또는 무창층으로서 용도가 도매시장·소매시장·여객자동차터미널·지하역사 또는 지하상가

① ㉠: 10, ㉡: 20
② ㉠: 15, ㉡: 30
③ ㉠: 15, ㉡: 60
④ ㉠: 20, ㉡: 30
⑤ ㉠: 20, ㉡: 60

16 다음은 화재예방, 소방시설 설치·유지 및 안전관리에 관한 법령상 소방시설들의 자체점검시 점검인력 배치기준에 관한 내용의 일부이다. (   ) 안에 들어갈 내용으로 옳은 것은?

제25회

> 제2호로부터 제4호까지의 규정에도 불구하고 아파트(공용시설, 부대시설 또는 복리시설은 포함하고, 아파트가 포함된 복합건축물의 아파트 외의 부분은 제외한다. 이하 이 표에서 같다)를 점검할 때에는 다음 각 목의 기준에 따른다.
> 가. 점검인력 1단위가 하루 동안 점검할 수 있는 아파트의 세대수(이하 '점검한도 세대수'라 한다)는 다음과 같다.
> 　　1) 종합정밀점검: (　㉠　)세대
> 　　2) 작동기능점검: (　㉡　)세대[소규모점검의 경우에는 (　㉢　)세대]

① ㉠: 250, ㉡: 300, ㉢: 100
② ㉠: 250, ㉡: 350, ㉢: 90
③ ㉠: 250, ㉡: 350, ㉢: 100
④ ㉠: 300, ㉡: 250, ㉢: 90
⑤ ㉠: 300, ㉡: 350, ㉢: 90

정답 | 해설

14 ③ 피난구유도등의 조명도는 피난구로부터 30m 거리에서 문자와 색채를 쉽게 식별할 수 있는 것으로 한다.

15 ⑤ 유도등을 20분 이상 유효하게 작동시킬 수 있는 용량으로 할 것. 다만, 다음 각 목의 특정소방대상물의 경우에는 그 부분에서 피난층에 이르는 부분의 유도등을 60분 이상 유효하게 작동시킬 수 있는 용량으로 하여야 한다.

16 ⑤ 점검인력 1단위가 하루 동안 점검할 수 있는 아파트의 세대수(이하 '점검한도 세대수'라 한다)는 다음과 같다.
1) 종합정밀점검: 300세대
2) 작동기능점검: 350세대[소규모점검의 경우에는 90세대]

제 **7** 장 가스설비

📖 단원길라잡이

'가스설비'에서는 매년 1문제가 출제되고 있으며 가스의 종류
및 특성, 가스배관 설치시 주의사항에서 자주 출제되고 있다.
새로운 문제보다는 전통적으로 자주 출제되었던 문제가 반
복출제되는 경향이 있으므로 기출문제 중심의 학습이 필요
하다.

🔍 출제포인트

- 가스의 종류 및 특성
- 가스배관 설치시 주의사항

도시가스

01 도시가스의 종류

(1) 제조가스

석탄 · 코크스 · 나프타 · 원유 · 천연가스 · LPG 등을 원료로 사용하여 제조한 가스를 정제 · 혼합해서 소정의 발열량을 조정한 것이다.

(2) 천연가스

천연가스는 지하로부터 발생하는 메탄 등을 주성분으로 하는 가연성 가스이며, 연료용에서 화학공업의 원료용에 이르기까지 다양하게 사용되고 있다.

02 도시가스의 공급방식

구분	공급압력
고압공급	1MPa 이상
중압공급	0.1MPa 이상~1MPa 미만
저압공급	0.1MPa 미만

도시가스 공급계통도

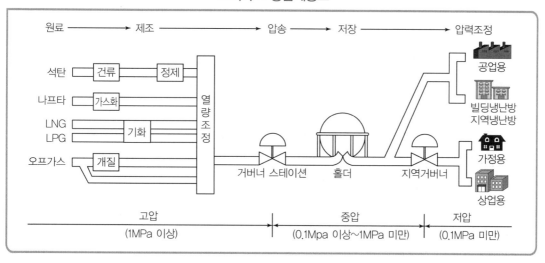

03 가스연료의 특성

① 무공해 연료이다.

② 무색·무취이므로 누설시 감지가 어렵다.

③ 폭발 위험이 있다.

④ 연소시 재나 그을음이 생기지 않는다.

제2절 도시가스의 원료와 특성

01 LPG(Liquefied Petroleum Gas, 액화석유가스)

(1) 특성

① 석유의 정제과정에서 채취된 가스를 압축냉각하여 액화시킨 것이다.

② 주성분은 프로판(C_3H_8), 부탄(C_4H_{10}), 부틸렌(C_4H_8), 프로필렌(C_3H_6) 등이다.

③ 액화하면 부피가 약 250분의 1로 감소한다.

④ 무색·무미·무취이지만 프로판에 부탄을 배합하여 냄새를 만든다.

⑤ 공기보다 무거우므로 가스경보기는 바닥 위 30cm에 설치한다.

⑥ 발열량이 크고, 연소할 때 많은 공기량을 필요로 한다.

⑦ 액화 및 기화가 용이하다.

⑧ 생성가스에 의한 중독위험이 있으므로 완전연소시켜 사용하여야 한다(연소시 환기 필요).

(2) 일반사항

① **용량표시**: kg/h

② **공급방법**: 배관 공급과 용기(봄베) 공급방식이 있다.

③ **봄베 설치시 주의사항**

　　㉠ 봄베는 통풍이 양호한 옥외에 설치한다.

　　㉡ 반경 2m 이내에는 화기의 접근을 피한다.

　　㉢ 직사광선을 피해 40℃ 이하로 보관한다.

　　㉣ 충격을 주어서는 안 된다.

　　㉤ 습기로 인한 부식을 방지한다.

02 LNG(Liquefied Natural Gas, 액화천연가스)

(1) 특성

① 메탄(CH_4)을 주성분으로 하는 천연가스를 냉각하여 액화한 것이다.

② 1기압하, $-162℃$에서 액화하며, 이때 부피가 580분의 1~600분의 1로 감소한다.

③ 공기보다 가볍기 때문에 누설되어도 공기 중에 흡수되어 안전성이 높다.

④ 가스경보기는 천장에서 30cm 아래에 설치한다.

⑤ 발열량이 크고, 무공해이다.

(2) 일반사항

① 용량표시: m^3/h

② 공급방법: 배관을 통하여 공급하기 때문에 대규모 저장시설이 필요하다.

가스 연소시 소요공기량, 배기량

구분	가스발열량 (kJ/m^3)	가스 $1m^3$ 연소시	
		소요공기량(m^3)	배기량(m^3)
도시가스	15,000	4~5	5~6
	21,000	6~7	7~8
천연가스	38,000	11~14	12~14
LP가스	92,000	26~32	27~33

제3절 도시가스의 배관 설계

01 가스기구 설치위치

① 용도에 적합하고 사용하기 쉬울 것
② 열에 의한 주위의 손상 등이 없을 것
③ 연소에 의한 급·배기가 가능할 것
④ 가스기구의 손질이나 점검이 용이할 것

02 배관시 주의사항

① 2인치 이하는 가스관(강관)을 사용하고, 3인치 이상은 주철관을 사용한다.
② 수평배관은 100분의 1 정도의 구배를 주고, 낮은 곳에는 수취기를 설치한다.
③ 공급관이 하중에 견디기 위하여 관 지름을 20mm 이상으로 한다.

④ 배관에 신축이음을 한다.

⑤ 배관의 굴곡부에는 어느 곳에나 90° 엘보를 사용한다.

⑥ 가스배관의 매설깊이

　　㉠ 차량이 통행하는 폭 8m 이상의 도로: 120cm 이상

　　㉡ 폭 8m 이하의 도로 또는 공동주택 외의 부지: 100cm 이상

　　㉢ 공동주택 등의 부지 내: 60cm 이상

⑦ 유량표시는 도시가스의 경우 m³/h, 액화석유가스의 경우 kg/h를 사용한다.

⑧ 배관위치

　　㉠ 가스 누출시 환기를 위하여 노출배관으로 할 것

　　㉡ 시공 및 관리가 용이한 곳에 배관할 것

　　㉢ 필요한 콕과 물빼기장치 등의 설치가 가능할 것

　　㉣ 건물의 주요 구조부를 관통하지 않을 것

　　㉤ 인접 전기설비와는 충분한 거리를 유지할 것

⑨ 가스미터기의 설치위치

　　㉠ 가스미터의 성능에 영향을 주는 장소가 아닐 것

　　㉡ 가스미터의 검침, 검사, 교환 등이 용이하고 미터기의 조작에 지장이 없는 장소일 것

　　㉢ 전기미터기에서는 60cm 이상 떨어질 것

가스관과 전기설비의 이격거리

구분	이격거리
저압 옥내 · 옥외배선	15cm 이상
전기점멸기, 전기콘센트	30cm 이상
전기개폐기, 전기계량기, 전기안전기	60cm 이상
고압 옥내배선	60cm 이상
저압 옥상전선로	1m 이상
특별고압 지중 · 옥내배선	1m 이상
피뢰설비	1.5m 이상

⑩ 가스용기(봄베)의 설치

　　㉠ 용기는 옥외에 두고, 2m 이내에는 화기의 접근을 금할 것

　　㉡ 용기는 40℃ 이하로 보관할 것

　　㉢ 통풍이 잘되게 할 것

　　㉣ 직사광선을 피할 것

01 다음은 도시가스설비에서 가스계량기 설치에 관한 내용이다. ( ) 안에 들어갈 숫자로 옳은 것은?

> 가스계량기와 전기계량기 및 전기개폐기와의 거리는 (㉠)cm 이상, 절연조치를 하지 아니한 전선과의 거리는 (㉡)cm 이상의 거리를 유지할 것

① ㉠ 15, ㉡ 30
② ㉠ 30, ㉡ 15
③ ㉠ 30, ㉡ 60
④ ㉠ 60, ㉡ 15
⑤ ㉠ 60, ㉡ 30

해설

가스계량기 설치시 가스계량기와 전기계량기 및 전기개폐기와의 거리는 60cm 이상, 절연조치를 하지 아니한 전선과의 거리는 15cm 이상의 거리를 유지해야 한다.
정답: ④

02 도시가스설비에 관한 내용으로 옳지 않은 것은?

① 가스의 공급압력은 고압, 중압, 저압으로 구분되어 있다.
② 건물에 공급하는 가스의 압력을 조정하고자 할 때는 정압기를 이용한다.
③ 가스계량기와 화기(그 시설 안에서 사용하는 자체화기는 제외)는 2m 이상 거리를 유지해야 한다.
④ 압력조정기의 안전점검은 1년에 1회 이상 실시한다.
⑤ 가스계량기와 전기개폐기와의 거리는 30cm 이상으로 유지해야 한다.

해설

가스계량기와 전기개폐기와의 거리는 60cm 이상으로 유지해야 한다.
정답: ⑤

03 도시가스설비 배관에 관한 설명으로 옳지 않은 것은?

① 배관은 부식되거나 손상될 우려가 있는 곳은 피해야 한다.
② 배관의 신축을 흡수하기 위해 필요시 배관 도중에 이음을 설치한다.
③ 건물의 규모가 크고 배관 연장이 긴 경우에는 계통을 나누어 배관한다.
④ 배관은 주요 구조부를 관통하지 않도록 배관해야 한다.
⑤ 초고층건물의 상층부로 공기보다 가벼운 가스를 공급할 경우, 압력이 떨어지는 것을 고려해야 한다.

해설

초고층건물의 상층부로 공기보다 가벼운 가스를 공급할 경우, 압력이 떨어지는 것을 고려하지 않는다.
정답: ⑤

01 배치기준

① 가스계량기는 다음 기준에 적합하게 설치할 것

    ㉠ 가스계량기와 화기 사이에 유지하여야 하는 거리: 2m 이상

    ㉡ 설치장소: 다음의 요건을 모두 충족하는 곳. 다만, ⓓ의 요건은 주택의 경우에만 적용한다.

> ⓐ 가스계량기의 교체 및 유지관리가 용이할 것
> ⓑ 환기가 양호할 것
> ⓒ 직사광선이나 빗물을 받을 우려가 없을 것. 다만, 보호상자 안에 설치하는 경우에는 그러하지 아니하다.
> ⓓ 가스사용자가 구분하여 소유하거나 점유하는 건축물의 외벽. 다만, 실외에서 가스사용량을 검침을 할 수 있는 경우에는 그러하지 아니하다.

    ㉢ 설치금지장소: 공동주택의 대피공간, 방·거실 및 주방 등으로서 사람이 거처하는 곳 및 가스계량기에 나쁜 영향을 미칠 우려가 있는 장소

② 가스계량기의 설치높이는 바닥으로부터 1.6m 이상 2m 이내에 수직·수평으로 설치하고 밴드·보호가대 등 고정장치로 고정시킬 것. 다만, 격납상자에 설치하는 경우, 기계실 및 보일러실에 설치하는 경우와 문이 달린 파이프 덕트 안에 설치하는 경우에는 설치높이의 제한을 하지 아니한다.

③ 가스계량기와 전기계량기 및 전기개폐기와의 거리는 60cm 이상, 굴뚝·전기점멸기 및 전기접속기와의 거리는 30cm 이상, 절연조치를 하지 아니한 전선과의 거리는 15cm 이상의 거리를 유지할 것

④ 입상관과 화기 사이에 유지해야 하는 거리는 우회거리 2m 이상으로 하고, 환기가 양호한 장소에 설치해야 하며, 입상관의 밸브는 바닥으로부터 1.6m 이상 2m 이내에 설치할 것. 다만, 보호상자에 설치하는 경우에는 그러하지 아니하다.

02 가스설비기준

① 가스사용시설에는 그 가스사용시설의 안전확보와 정상작동을 위하여 지하공급차단밸브, 압력조정기, 가스계량기, 중간밸브, 호스 등 필요한 설비와 장치를 적절하게 설치할 것

② 가스사용시설은 안전을 확보하기 위하여 기밀성능을 가지도록 할 것

03 배관설비기준

① 배관 등의 재료와 두께는 그 배관 등의 안전성을 확보하기 위하여 사용하는 도시가스의 종류 및 압력, 사용하는 온도 및 환경에 적절한 것일 것

② 배관은 그 배관의 강도 유지와 수송하는 도시가스의 누출방지를 위하여 적절한 방법으로 접합하여야 하고, 이를 확인하기 위하여 용접부에 대하여 비파괴시험을 하여야 하며, 접합부의 안전을 유지하기 위하여 필요한 경우에는 응력 제거를 할 것

③ 배관은 그 배관의 유지관리에 지장이 없고, 그 배관에 대한 위해의 우려가 없도록 설치하며, 배관의 말단에는 막음조치를 하는 등 설치환경에 따라 적절한 안전조치를 마련할 것

④ 배관을 지하에 매설하는 경우에는 지면으로부터 0.6m 이상의 거리를 유지할 것

⑤ 배관을 실내에 노출하여 설치하는 경우에는 다음 기준에 적합하게 할 것

> ㉠ 배관은 누출된 도시가스가 체류(滯留)되지 않고 부식의 우려가 없도록 안전하게 설치할 것
> ㉡ 배관의 이음부와 전기계량기 및 전기개폐기, 전기점멸기 및 전기접속기, 절연전선, 절연조치를 하지 않은 전선 및 단열조치를 하지 않은 굴뚝 등과는 적절한 거리를 유지할 것

⑥ 배관을 실내의 벽 · 바닥 · 천정 등에 매립 또는 은폐 설치하는 경우에는 다음 기준에 적합하게 할 것

> ㉠ 배관은 못 박음 등 외부 충격 등에 의한 위해의 우려가 없는 안전한 장소에 설치할 것
> ㉡ 배관 및 배관이음매의 재료는 그 배관의 안전성을 확보하기 위하여 도시가스의 압력, 사용하는 온도 및 환경에 적절한 기계적 성질과 화학적 성분을 갖는 것일 것
> ㉢ 배관은 수송하는 도시가스의 특성 및 설치 환경조건을 고려하여 위해의 우려가 없도록 설치하고, 배관의 안전한 유지관리를 위하여 필요한 조치를 할 것
> ㉣ 매립 설치된 배관에서 가스가 누출될 경우 매립배관 내부의 가스누출을 감지하여 자동으로 가스공급을 차단하는 안전장치나 다기능가스안전계량기를 설치할 것

⑦ 배관은 움직이지 않도록 고정부착하는 조치를 하되, 그 호칭지름이 13mm 미만의 것에는 1m마다, 13mm 이상 33mm 미만의 것에는 2m마다, 33mm 이상의 것에는 3m마다 고정장치를 설치할 것. 다만, 호칭지름 100mm 이상의 것에는 적절한 방법에 따라 3m를 초과하여 설치할 수 있다.

⑧ 배관은 도시가스를 안전하게 사용할 수 있도록 하기 위하여 내압성능과 기밀성능을 가지도록 할 것

⑨ 배관은 안전을 확보하기 위하여 배관임을 명확하게 알아볼 수 있도록 다음 기준에 따라 도색 및 표시를 할 것

> ㉠ 배관은 그 외부에 사용가스명, 최고사용압력 및 도시가스 흐름방향을 표시할 것. 다만, 지하에 매설하는 배관의 경우에는 흐름방향을 표시하지 아니할 수 있다.
> ㉡ 지상배관은 부식방지도장 후 표면색상을 황색으로 도색하고, 지하매설배관은 최고사용압력이 저압인 배관은 황색으로, 중압 이상인 배관은 붉은색으로 할 것. 다만, 지상배관의 경우 건축물의 내·외벽에 노출된 것으로서 바닥에서 1m의 높이에 폭 3cm의 황색띠를 2중으로 표시한 경우에는 표면색상을 황색으로 하지 아니할 수 있다.

⑩ 가스용 폴리에틸렌관은 그 배관의 유지관리에 지장이 없고 그 배관에 대한 위해의 우려가 없도록 설치하되, 폴리에틸렌관을 노출배관용으로 사용하지 아니할 것. 다만, 지상배관과 연결을 위하여 금속관을 사용하여 보호조치를 한 경우로서 지면에서 30cm 이하로 노출하여 시공하는 경우에는 노출배관용으로 사용할 수 있다.

⑪ 고압배관은 매설배관 보호판으로 안전조치를 할 것

⑫ 배관은 건축물의 기초 밑에 설치하지 않을 것

기출예제

도시가스사업법령상 도시가스설비에 관한 내용으로 옳은 것은?   제27회

① 가스계량기와 전기개폐기 및 전기점멸기와의 거리는 30cm 이상의 거리를 유지하여야 한다.
② 지하매설배관은 최고사용압력이 저압인 배관은 황색으로, 중압 이상인 배관은 붉은색으로 도색하여야 한다.
③ 가스계량기와 화기(그 시설 안에서 사용하는 자체화기는 제외한다) 사이에 유지하여야 하는 거리는 1.5m 이상으로 하여야 한다.
④ 가스계량기와 절연조치를 하지 아니한 전선과의 거리는 10cm 이상의 거리를 유지하여야 한다.
⑤ 가스배관은 움직이지 않도록 고정부착하는 조치를 하되, 그 호칭지름이 13mm 미만의 것에는 2m마다 고정장치를 설치하여야 한다.

해설

① 가스계량기와 전기개폐기와의 거리는 60cm 이상, 전기점멸기와의 거리는 30cm 이상의 거리를 유지하여야 한다.
③ 가스계량기와 화기(그 시설 안에서 사용하는 자체화기는 제외한다) 사이에 유지하여야 하는 거리는 2.0m 이상으로 하여야 한다.
④ 가스계량기와 절연조치를 하지 아니한 전선과의 거리는 15cm 이상의 거리를 유지하여야 한다.
⑤ 가스배관은 움직이지 않도록 고정부착하는 조치를 하되, 그 호칭지름이 13mm 미만의 것에는 1m마다 고정장치를 설치하여야 한다.

정답: ②

01 도시가스 공급과정은 '원료 ⇨ 제조 ⇨ 압송 ⇨ 저장 ⇨ 압력조정 ⇨ 공급' 순이다. (　　)

02 가스연료는 무공해연료이며 무색 · 무취이므로 누설시 감지가 어렵고 폭발위험이 있다.

(　　)

03 프로판과 부탄이 주성분으로 구성되어 있는 가스연료는 LNG(액화천연가스)이며, LPG(액화석유가스)의 주성분은 메탄이다. (　　)

04 LPG는 발열량이 작고 연소할 때 많은 공기량을 필요로 하며, 공기보다 무거워서 가스경보기는 바닥 위 30cm에 설치한다. (　　)

05 가스수평배관은 100분의 1 정도의 구배를 주고, 낮은 곳에는 수취기를 설치하며 배관에 신축이음을 한다. (　　)

---

01 ○

02 ○

03 ✕ 프로판과 부탄이 주성분으로 구성되어 있는 가스연료는 LPG(액화석유가스)이며, LNG(액화천연가스)의 주성분은 메탄이다.

04 ✕ LPG는 발열량이 크고 연소할 때 많은 공기량을 필요로 하며, 공기보다 무거워서 가스경보기는 바닥 위 30cm에 설치한다.

05 ○

제2편 건축설비

7장

06 건물 외부의 가스배관은 노출배관을 하고, 건물 내부는 지중매설배관을 한다. ( )

07 가스배관은 건물의 주요 구조부를 관통하고, 인접 전기설비와는 충분한 거리를 유지하여야 한다. ( )

08 가스계량기는 전기개폐기로부터 0.6m 이상 이격하여 설치한다. ( )

09 봄베는 옥외에 설치하고, 2m 이내에는 화기의 접근을 금하며 40℃ 이하로 보관한다. 또한 직사광선을 피하고, 통풍이 잘되게 하여야 한다. ( )

10 고(위)발열량은 연소시 발생되는 수증기의 잠열을 포함하지 않은 것이다. ( )

---

06 ✕ 건물 외부의 가스배관은 지중매설배관을 하고, 건물 내부는 노출배관을 한다.

07 ✕ 가스배관은 건물의 주요 구조부를 관통하지 않고, 인접 전기설비와는 충분한 거리를 유지하여야 한다.

08 ○

09 ○

10 ✕ 고(위)발열량은 연소시 발생되는 수증기의 잠열을 포함한 것이다.

01 가스설비에 관한 설명으로 옳지 않은 것은?

① 고(위)발열량 또는 총발열량은 연소시 발생되는 수증기의 잠열을 제외한 것이다.

② 도시가스의 공급압력 분류에서 고압은 게이지압력으로 1MPa 이상인 경우를 말한다.

③ 가스계량기와 전기계량기 및 전기개폐기와의 거리는 60cm 이상을 유지해야 한다.

④ 정압기는 가스사용기기에 적합한 압력으로 공급할 수 있도록 가스압력을 조정하는 기기이다.

⑤ 발열량은 통상 $1Nm^3$당의 열량으로 나타내는데, 여기에서 N은 표준상태를 나타내는 것으로, 가스에서의 표준상태란 0℃, 1atm을 말한다.

02 가스설비에 관한 설명으로 옳지 않은 것은?

① 중압은 0.1kPa 이상 1kPa 미만의 압력을 말한다.

② 호칭지름이 13mm 미만의 배관은 1m마다, 13mm 이상 35mm 미만의 배관은 2m마다 고정장치를 설치한다.

③ 가스계량기와 전기점멸기와의 이격거리는 30cm 이상을 유지한다.

④ 입상관의 밸브는 보호상자에 설치하지 않는 경우 바닥으로부터 1.6m 이상 2m 이내에 설치한다.

⑤ 배관은 도시가스를 안전하게 사용할 수 있도록 하기 위하여 내압성능과 기밀성능을 가지도록 한다.

정답 | 해설

01 ① 고(위)발열량 또는 총발열량은 연소시 발생되는 수증기의 잠열을 <u>포함</u>한 것이다.

02 ① 중압은 <u>0.1MPa 이상 1MPa 미만</u>의 압력을 말한다.

03 도시가스설비에 관한 내용으로 옳은 것은? 제25회

① 가스계량기는 절연조치를 하지 않은 전선과는 10cm 이상 거리를 유지한다.

② 가스사용시설에 설치된 압력조정기는 매 2년에 1회 이상 압력조정기의 유지 · 관리에 적합한 방법으로 안전점검을 실시한다.

③ 가스배관은 움직이지 않도록 고정 부착하는 조치를 하되, 그 호칭지름이 13mm 미만의 것에는 2m마다 고정장치를 설치한다.

④ 가스계량기와 화기(그 시설 안에서 사용하는 자체화기는 제외) 사이에 유지하여야 하는 거리는 2m 이상이다.

⑤ 가스계량기와 전기계량기 및 전기개폐기와의 거리는 30cm 이상 유지한다.

04 LPG(Liquefied Petroleum Gas, 액화석유가스)의 특성으로 옳지 않은 것은?

① 메탄(CH_4)을 주성분으로 하는 천연가스를 냉각하여 액화한 것이다.

② 액화하면 부피가 약 250분의 1로 감소한다.

③ 발열량이 크고, 연소할 때 많은 공기량을 필요로 한다.

④ 무색 · 무취이지만 프로판에 부탄을 배합하여 냄새를 만든다.

⑤ 공기보다 무거우므로 가스경보기는 바닥 위 30cm에 설치한다.

05 LNG의 특성에 관한 설명으로 옳지 않은 것은? 제18회

① 프로판과 부탄이 주성분으로 구성되어 있다.

② 공기보다 가벼워 LPG보다 상대적으로 안전하다.

③ 무공해 · 무독성이다.

④ 대규모의 저장시설을 필요로 하며, 공급은 배관을 통하여 이루어진다.

⑤ 천연가스를 −162℃까지 냉각하여 액화시킨 것이다.

06 LPG와 LNG에 관한 설명으로 옳지 않은 것은? 제23회

① 일반적으로 LNG의 발열량은 LPG의 발열량보다 크다.

② LNG의 주성분은 메탄이다.

③ LNG는 무공해, 무독성 가스이다.

④ LNG는 천연가스를 −162℃까지 냉각하여 액화시킨 것이다.

⑤ LNG는 냉난방, 급탕, 취사 등 가정용으로도 사용된다.

07 도시가스설비에 관한 내용으로 옳지 않은 것은? 제22회

① 가스의 공급압력은 고압, 중압, 저압으로 구분되어 있다.

② 건물에 공급하는 가스의 압력을 조정하고자 할 때는 정압기를 이용한다.

③ 가스계량기와 화기(그 시설 안에서 사용하는 자체화기는 제외)는 2m 이상 거리를 유지해야 한다.

④ 압력조정기의 안전점검은 1년에 1회 이상 실시한다.

⑤ 가스계량기와 전기개폐기와의 거리는 30cm 이상으로 유지해야 한다.

정답 | 해설

03 ④ ① 가스계량기는 절연조치를 하지 않은 전선과는 15cm 이상 거리를 유지한다.

② 가스사용시설에 설치된 압력조정기는 매 1년에 1회 이상 압력조정기의 유지 · 관리에 적합한 방법으로 안전점검을 실시한다.

③ 가스배관은 움직이지 않도록 고정 부착하는 조치를 하되, 그 호칭지름이 13mm 미만의 것에는 1m마다 고정장치를 설치한다.

⑤ 가스계량기와 전기계량기 및 전기개폐기와의 거리는 60cm 이상 유지한다.

04 ① LPG(Liquefied Petroleum Gas, 액화석유가스)는 석유의 정제과정에서 채취된 가스를 압축 냉각하여 액화시킨 것이다.

05 ① 프로판과 부탄이 주성분으로 구성되어 있는 가스연료는 LPG(액화석유가스)이며, LNG(액화천연가스)의 주성분은 메탄이다.

06 ① LNG(38,000kJ/m³)의 발열량은 LPG(92,000kJ/m³)의 발열량보다 작다.

07 ⑤ 가스계량기와 전기개폐기와의 거리는 60cm 이상으로 유지해야 한다.

제 8 장 냉난방설비

📖 **단원길라잡이**

'냉난방설비'에서는 기본적으로 난방설비 2문제, 공기조화설비 1문제, 냉방설비 1문제가 매년 출제되었으며, 최대 7문제까지도 출제되고 있다. 출제범위가 광범위하여 부담을 느낄 수 있는데, 암기보다는 전체적인 내용을 이해하고 정리하는 것이 필요한 단원이다.

🔎 **출제포인트**
• 공기조화부하 산정
• 공기조화기 및 공기조화방식
• 냉동기의 종류
• 난방방식과 부속기기
• 보일러설비
• 환기량 산정 및 환기방법

01 온도의 종류

(1) 섭씨온도(℃)

표준대기압 상태에서 순수한 물의 빙점을 0으로 하고 물의 비등점을 100으로 하여 그 사이를 100등분한 온도이다.

(2) 화씨온도(℉)

표준대기압 상태에서 빙점을 32로 하고 물의 비등점을 212로 하여 그 사이를 180등분한 온도이다.

(3) 절대온도(K)

물체의 분자운동에너지가 0이 되는 상태를 0˚로 정한 온도이며, 0K로 표시한다.

● 0K는 −273.15℃에 해당되며, 절대온도 K = 273.15 + ℃이다.

> **더 알아보기** | **온도의 관계**
>
> - 섭씨온도(℃) = $\dfrac{5}{9}$ × [화씨온도(℉) − 32]
>
> - 화씨온도(℉) = $\dfrac{9}{5}$ × 섭씨온도(℃) + 32
>
> - 절대온도(K) = 273.15 + 섭씨온도(℃)

02 난방도일(HD; Heating Degree Day)

① 어느 지방의 추운 정도를 나타내는 지표이다.

② 실내의 평균기온과 실외의 평균기온과의 차에 일수(days)를 곱한 것이다.

③ 난방도일의 값은 실외의 평균기온에 따라 그 값이 변화된다.

④ 난방도일의 값이 크면 클수록 연료의 소비량이 많아진다.

⑤ 연료소비량을 추정하는 데 사용된다.

$$HD = \Sigma(t_i - t_o) \times \text{days}[℃ \cdot \text{days}]$$

t_i: 실내평균기온(℃), t_o: 실외평균기온(℃)

냉난방도일

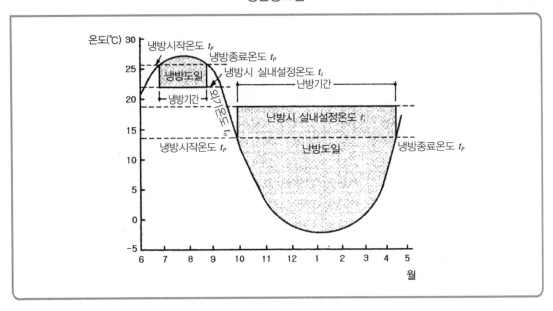

03 열량(heat quantity)

물의 온도를 높이는 데 소요되는 열의 양으로, 표준기압하에서 순수한 물 1kg을 1℃ 올리는 데 필요한 열량을 4.19kJ라 한다.

$$Q = G \cdot c \cdot \Delta t \text{(kJ)}$$
G: 질량(kg), c: 비열(kJ/kg·K), Δt: 가열 전후의 온도차(℃)

(1) 비열(specific heat)

어떤 물질 1kg을 1K 올리는 데 필요한 열량을 비열(kJ/kg·K)이라 한다.

> **더 알아보기** 단위관계
>
> • 1kcal = 4.2kJ, 1kJ = 0.24kcal
> • 1kW = 1kJ/s = 860kcal/h
> • 물의 비열: 4.2kJ/kg·K
> • 공기의 비열: 1kJ/kg·K

기출예제

20℃의 물 3kg을 100℃의 증기로 만들기 위해 필요한 열량(kJ)은? (단, 물의 비열은 4.2kJ/kg · K, 100℃ 온수의 증발열은 2,257kJ/kg으로 한다)

제27회

① 3,153
② 3,265
③ 6,771
④ 7,779
⑤ 8,031

해설

(1) 20℃의 물 3kg을 100℃의 물로 변화하는 데 필요한 열량(현열)
= 3kg × 4.2kJ/kg · K × (100 − 10)℃ = 1,008(kJ)
(2) 100℃의 물이 100℃의 증기로 변화하는 데 필요한 열량(잠열)
= 3kg × 2,257kJ/kg = 6,771(kJ)
∴ (1) + (2) = 1,008 + 6,771 = 7,779(kJ)

정답: ④

(2) 열용량(heat capacity)

어떤 물질의 온도를 1K 변화시키기 위하여 필요한 열량을 말한다. 따라서 열용량이 크다는 것은 온도변화에 많은 열량이 필요하다는 것을 의미한다.

$$\text{열용량(kJ/K)} = \text{질량(kg)} \times \text{비열(kJ/kg · K)}$$

물의 온도변화 및 상태변화

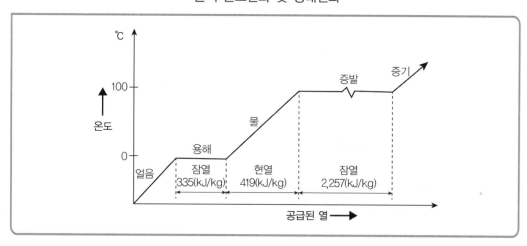

(3) 현열(sensible heat)

상태는 변하지 않고, 온도변화에 따라 출입하는 열을 말한다.

(4) 잠열(latent heat)

온도는 변하지 않고, 상태변화에 따라 출입하는 열을 말한다.

04 전열

(1) 전열의 기본원리

① 전도(conduction): 고체 또는 정지한 유체에서 분자 또는 원자의 열에너지 확산에 의하여 열이 전달되는 형태를 의미한다.

② 대류(convection): 유체의 이동에 의하여 열이 전달되는 형태를 의미한다.

③ 복사(radiation)
 ㉠ 고온의 물체 표면에서 저온의 물체 표면으로 공간을 통해 전자파에 의해 열이 전달되는 형태로, 진공에서도 일어난다.
 ㉡ 보통 전열현상은 이들 전열형태의 하나가 단독으로 일어나는 것이 아니고 복합된 형태로 일어난다.

(2) 건물 내의 전열과정

① 열전도: 고체 벽 내부의 고온측에서 저온측으로 열이 이동하는 현상이다.
 ㉠ **열전도율 λ(W/m · K)**: 물체의 고유성질로서 전도에 의한 열의 이동 정도를 표시하며, 두께 1m의 재료 양쪽의 온도차가 1K일 때 단위시간 동안에 흐르는 열량을 말한다.
 ㉡ 작은 공극이 많을수록 열전도율이 작고 따라서 같은 종류의 재료일 경우 비중이 작으면 열전도율은 작다.
 ㉢ 재료에 습기가 차면 열전도율은 커진다.

② 열전달: 고체 벽과 이에 접하는 공기층과의 전열현상을 나타낸다.
 ㉠ **열전달률 α(W/m² · K)**: 벽 표면과 유체간의 열의 이동 정도를 표시하며, 벽 표면적이 1m², 벽과 공기의 온도차가 1K일 때 단위시간 동안에 흐르는 열량을 말한다.

> 열전달률 α = 대류열전달률(α_c) + 복사열전달률(α_r)

 ㉡ 풍속이 커지면 대류열전달률은 커진다.

③ 열관류: 외벽과 같은 고체로 격리된 공간의 한쪽에서 다른 한쪽으로의 전열을 말하며, 열통과라고도 한다.
 ㉠ **열관류율 K(W/m² · K)**: 열이 통과되는 정도를 열관류율이라 하며, 이 값이 작을수록 열성능상 유리하다.
 ㉡ 열관류율의 역수(1/K)를 열관류저항(기호: R, 단위: m² · K/W)이라 한다.

$$\text{열관류율 } K = \cfrac{1}{\cfrac{1}{\alpha_i} + \Sigma\cfrac{d}{\lambda} + \gamma_a + \cfrac{1}{\alpha_o}} \, (\text{W/m}^2 \cdot \text{K})$$

α_i: 내표면열전달률(W/m$^2 \cdot$ K), d: 재료의 두께(m)

λ: 재료의 열전도율(W/m $\cdot$ K), γ_a: 공기층이 있을 경우 그 공기층의 열저항

α_o: 재료의 열전달률(W/m$^2 \cdot$ K)

단위요약

구분	기호	단위
열전도율	λ	W/m $\cdot$ K
열전달률	α	W/m$^2 \cdot$ K
열관류율	K	W/m$^2 \cdot$ K

◉ 열성능상 작을수록 유리하다.

기출예제

01 기존 벽체의 열관류율을 0.25W/m$^2 \cdot$ K에서 0.16W/m$^2 \cdot$ K로 낮추고자 할 때, 추가해야 할 단열재의 최소 두께(mm)는 얼마인가? (단, 단열재의 열전도율은 0.04W/m $\cdot$ K 이다)

제26회

① 25 ② 30
③ 60 ④ 90
⑤ 120

해설

• 열관류율(K) = $\cfrac{1}{\cfrac{1}{\alpha_i} + \Sigma\cfrac{d}{\lambda} + \gamma_a + \cfrac{1}{\alpha_o}}$ (W/m$^2 \cdot$ K)

α_i: 내표면 열전달률(W/m$^2 \cdot$ K), d: 재료의 두께(m)

λ: 재료의 열전도율(W/m $\cdot$ K), γ_0: 공기층이 있을 경우 그 공기층의 열저항

α_o: 외표면 열전달률(W/m$^2 \cdot$ K)

• 열관류율(K) = $\cfrac{\text{열전도율}}{\text{벽체의 두께(단열재 두께)}}$

(1) $0.25 = \cfrac{0.04}{x}$

$x = \cfrac{0.04}{0.25} = 0.16(\text{m})$

(2) $0.16 = \dfrac{0.04}{x}$

$x = \dfrac{0.04}{0.16} = 0.25(\text{m})$

$\therefore$ (2) $-$ (1) $= 0.25 - 0.16 = 0.09(\text{m}) = 90(\text{mm})$

정답: ④

02 열관류저항이 $3.5\text{m}^2 \cdot \text{K/W}$인 기존 벽체에 열전도율 $0.04\text{W/m} \cdot \text{K}$인 두께 60mm의 단열재를 보강하였다. 이때 단열이 보강된 벽체의 열관류율($\text{W/m}^2 \cdot \text{K}$)은? 제27회

① 0.15   ② 0.20

③ 0.25   ④ 0.30

⑤ 0.35

> **해설**
>
> (1) 기존 벽체의 열관류저항 $= 3.5\text{m}^2 \cdot \text{K/W}$
>
> (2) 보강된 단열재의 열관류저항 $= \dfrac{\text{단열재 두께}}{\text{열전도율}}$
>
> $= \dfrac{60\text{mm}}{0.04\text{W/m} \cdot \text{K}} = \dfrac{0.06\text{m}}{0.04\text{W/m} \cdot \text{K}} = 1.5\text{m}^2 \cdot \text{K/W}$
>
> (3) 열관류저항 $=$ (1) $+$ (2) $= 5\text{m}^2 \cdot \text{K/W}$
>
> $\therefore$ 열관류율 $= \dfrac{1}{\text{열관류저항}} = \dfrac{1}{5} = 0.2(\text{W/m}^2 \cdot \text{K})$
>
> 정답: ②

05 단열

(1) 단열재의 구비조건

① 열전도율과 열관류율이 낮아야 한다.

② 흡수율이 낮아야 한다.

③ 재료가 밀실하여 비중이 커지면 열전도율도 커지는 경향이 있다.

④ 내화성이 커야 한다.

(2) 단열부위

① 내단열

ㄱ 빠른 시간 안에 더워지므로 간헐난방을 하는 곳에 쓰인다.

ㄴ 내부결로를 방지하기 위하여 단열재의 고온측에 방습막을 설치하는 것이 좋다.

ㄷ 표면결로는 발생하지 않으며, 한쪽의 벽돌벽이 차가운 상태로 있기 때문에 외단열보다 결로가 발생할 가능성이 크다.

ㄹ 강당이나 집회장에 유리하다.

② 외단열

    ⊙ 지속난방에 유리하며, 내단열보다 결로의 위험을 반감시킬 수 있다.

    ⓛ 내단열보다 공사비가 비싸며, 한랭지 시공에 적합하다.

    ⓒ 벽체의 습기 문제뿐만 아니라 열적 문제에서도 유리한 방법이다.

    ⓔ 단열재를 건조한 상태로 유지시켜야 하며, 내단열보다 단열효과가 우수하다.

    ⓜ 내구성과 외부충격에 견디고 외관의 표면처리도 보기 좋아야 한다.

    ⓗ 내단열에 비하여 시공이 어렵다.

06 열교

① 벽이나 바닥, 지붕 등의 건축물 부위에 단열이 연속되지 않는 부분이 있을 때, 이 부분이 열적 취약부위가 되어 이 부위를 통한 열의 이동이 많아지는데 이것을 열교(heat bridge) 또는 냉교(cold bridge)라고 한다.

② 단열재가 연속되지 않는 곳이 없도록 철저한 단열시공이 이루어져야 한다.

③ 열교가 발생하는 부위는 표면온도가 낮아지므로 결로가 쉽게 발생한다.

④ 구조체 단열구조의 지지부재들, 중공벽의 연결철물이 통과하는 구조체, 벽체와 지붕 또는 바닥과의 접합부위, 창틀 등에서 많이 발생한다.

07 결로

공기 중의 수증기에 의하여 발생되는 일종의 습윤상태를 말하는 것으로, 습공기가 차가운 벽이나 천장, 바닥 등에 닿으면 공기 중의 수증기가 응축되어 물방울로 맺히는데 이것을 결로라고 한다.

(1) 결로의 발생원인

    ① 실내 · 외 온도 차이(실내 · 외 온도차가 클수록 심하다)

    ② 실내습기의 과다발생

    ③ 생활습관에 의한 환기 부족

    ④ 구조체의 열적 특성

    ⑤ 불완전한 단열시공 등 시공상의 불량

    ⑥ 시공 직후의 미건조상태에 따른 결로

(2) 원인 제거방법

    ① 습한 공기를 제거하는 환기에 의한 방법

    ② 건물 내부의 표면온도를 올리는 난방에 의한 방법

    ③ 구조체를 통한 열손실 방지와 보온역할에 의한 단열에 의한 방법

(3) 결로의 분류

① 표면결로

㉠ 표면결로는 건물의 표면온도가 접촉하고 있는 공기의 노점온도보다 낮을 때 그 표면에 발생한다.

㉡ 방지대책으로 벽의 표면온도를 실내공기의 노점온도보다 높게 하거나, 실내 · 외 수증기 발생 억제 및 환기를 통하여 발생습기를 배제시키는 방법이 있다.

② 내부결로

㉠ 실내가 외부보다 습도가 높고 벽체에 투습력이 있으면 벽체 내에 수증기압구배(기울기)가 발생한다.

㉡ 겨울철에 창문을 항상 닫고 있고, 외부온도가 실내온도보다 낮으면 벽체 내에 온도구배가 생긴다.

㉢ 벽체 내의 어느 부분의 건구온도가 그 부분의 노점온도보다 낮을 때 내부결로가 발생한다.

㉣ 방지대책으로는 벽체 내부온도를 그 부분의 노점온도보다 높게 하거나, 적절한 투습저항을 갖춘 방습층을 벽의 내측(고온측)에 설치하는 방법이 있다.

㉤ 벽체 내부의 수증기압을 포화수증기압보다 낮게 한다.

(4) 결로 방지대책

① 실내측 벽의 표면온도를 실내공기의 노점온도보다 높게 한다.

② 벽에 방습층을 설치한다.

③ 난방에 의한 수증기 발생을 억제한다.

④ 벽체의 열관류저항을 크게 한다.

⑤ 벽체의 열관류율을 작게 한다.

⑥ 환기를 잘 한다.

⑦ 각 실간의 온도차를 작게 한다.

01 습공기선도(psychrometric chart)

(1) 개요

① 대기 중의 공기는 습공기로서 건조공기와 수증기가 혼합된 상태이다.

② 습공기선도는 습공기의 여러 가지 특성치를 나타내는 그림으로서 인간의 쾌적범위 결정, 결로 판정, 공기조화부하 계산 등에 이용된다.

> 더 알아보기
>
> 1. 습공기선도의 구성요소: 건구온도, 습구온도, 노점온도, 절대습도, 상대습도, 포화도, 수증기(분)압, 엔탈피, 비용적(비체적), 현열비, 열수분비
>
> 2. 습공기를 구성하고 있는 요소들 중 2가지만 알면 상태점이 정해지므로 나머지 요소들을 구할 수 있다(단, 현열비와 열수분비는 계산에 의하여 구한다).

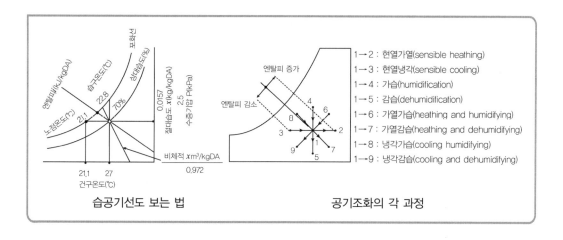

1→2 : 현열가열(sensible heathing)
1→3 : 현열냉각(sensible cooling)
1→4 : 가습(humidification)
1→5 : 감습(dehumidification)
1→6 : 가열가습(heathing and humidifying)
1→7 : 가열감습(heathing and dehumidifying)
1→8 : 냉각가습(cooling humidifying)
1→9 : 냉각감습(cooling and dehumidifying)

습공기선도 보는 법   공기조화의 각 과정

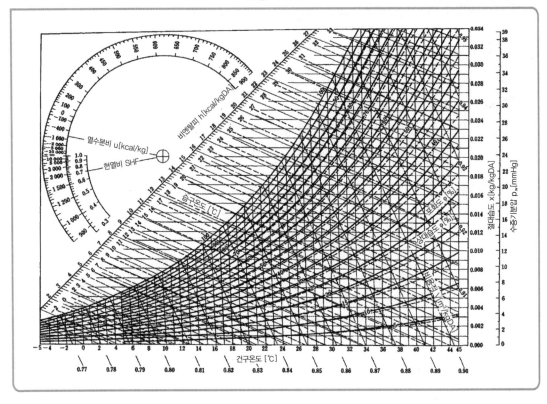

(2) 건구온도(DB; Dry Bulb temperature) - ℃

온도계의 온감부가 건조한 상태로 측정한 공기의 온도를 건구온도라 한다.

(3) 습구온도(WB; Wet Bulb temperature) - ℃

① 건구온도의 감온부를 천으로 싸고 물을 적셔 증발의 냉각효과를 고려한 온도로, 감온부 주위의 기류에 따라 변한다.

② 습구온도는 주변이 건조할수록 낮아지며 습할수록 높아지는데, 건구온도보다 항상 낮으며 포화상태에서만 건구온도와 동일하다.

(4) 노점온도(dew point temperature) - ℃

① 습공기가 냉각될 때 어느 온도에 다다르면 공기 속의 수분이 수증기의 형태로 존재할 수 없어 이슬로 맺히는 온도, 즉 습공기가 포화상태일 때의 온도이다.

② 공기 중의 수증기량이 많을수록 노점온도는 높아지며 결로 발생이 쉬워진다.

③ 어떤 온도의 공기를 냉각하면 상대습도가 점차로 높아진다.

④ 물체의 표면온도가 노점온도 이하이면 표면에 결로를 발생시킨다.

(5) 수증기분압(vapour pressure) – P_w(kPa)

대기압은 건공기의 압력과 수증기 압력의 합으로 표시되는데 이 중 수증기만의 압력을 말하는 것으로, 수증기량이 많을수록 커진다.

(6) 포화수증기압(saturated vapour pressure) – P_s(kPa)

포화상태의 습공기 수증기압을 말한다.

(7) 절대습도(AH; Absloute Humidity) – x[kg/kg(DA)]

습공기를 구성하고 있는 건조공기 1kg당의 수증기량을 말한다. 공기를 가열하거나 냉각하여도 절대습도는 변함이 없다.

(8) 상대습도(RH; Relative Humidity) – Φ(%)

대기 중의 수증기 비율은 어느 일정 용량의 공기가 포함되어 있는 수증기압과 이때 기온에 대하여 최대로 함유된 포화수증기압과의 비이다.

$$\Phi = \frac{p_w}{p_{ws}} \times 100$$

Φ: 상대습도(%), p_w: 습공기의 수증기분압 (mmHg, kg/cm^2)
p_{ws}: 포화습공기의 수증기분압 (mmHg, kg/cm^2)

(9) 비교습도(포화도) – Ψ(%)

상대습도에서의 수증기분압 대신 절대습도를 적용시킨 것을 비교습도 또는 포화도라 한다.

$$\Psi = \frac{x}{x_s} \times 100$$

Ψ: 비교습도(포화도) [%], x: 습공기의 절대습도[kg/kg(DA)]
x_s: 포화습공기의 절대습도[kg/kg(DA)]

(10) 현열비(SHF; Sensible Heat Factor) – SHF(%)

습공기의 상태변화시 현열 변화량($C_{pa} \times \Delta x$)에 대한 엔탈피 변화량(Δi)의 비율을 현열비라 한다.

$$\text{SHF} = \frac{C_{pa} \cdot \Delta t}{\Delta i} = \frac{q_s}{q_s + q_L}$$

C_{pa}: 공기의 정압비열(kJ/kg·K), Δt: 온도 변화량(℃)
Δi: 엔탈피의 변화량(kJ/kg·K), q_s: 현열부하(kJ/h), q_L: 잠열부하(kJ/h)

(11) 엔탈피(enthalpy) - H(kJ/kgDA)

① 건조공기 1kg당의 습공기 속에 현열 및 잠열의 형태로 포함되는 열량으로, 건공기의 엔탈피와 습공기의 엔탈피를 더한 것이다.

② 절대습도 x[kg/kg(DA)]의 습공기의 엔탈피는 건조공기 1kg의 엔탈피와 x kg의 수증기 엔탈피의 합이다.

$$H = (건공기의 엔탈피) + (수증기의 엔탈피)$$
$$= C_{pa} \cdot t + \gamma \cdot x$$
$$= 1.01t + x(1.85t + 2,501)$$

H: 습공기의 엔탈피(kJ/kg), C_{pa}: 건조공기의 정압비열(kJ/kg · K), t: 건구온도(℃)
γ: 0℃ 증발잠열(kJ/kg), x: 건공기 1kg 속에 포함되어 있는 수증기량[kg/kg(DA)]

(12) 열수분비(熱水分比) - U(%)

열수분비란 엔탈피 변화량(온도 및 습도의 상태가 변화된 공기)과 수분 변화량(절대습도)의 비율을 나타낸 것이다.

$$U = \frac{\Delta i}{\Delta x}$$

Δi: 엔탈피 변화량(kJ/kg), Δx: 절대습도 변화량[kg/kg(DA)]

기출예제

다음의 용어에 관한 설명으로 옳은 것은?

제19회

① 열용량은 어떤 물질 1kg을 1℃ 올리기 위하여 필요한 열량을 의미하며, 단위는 kJ/kg · K 이다.
② ppm은 농도를 나타내는 단위로, 1ppm은 1g/L와 같다.
③ 엔탈피는 어떤 물질이 가지고 있는 열량을 나타내는 것으로, 현열량과 잠열량의 합이다.
④ 노점온도는 어떤 공기의 상대습도가 100%가 되는 온도로, 공기의 절대습도가 낮을수록 노점온도는 높아진다.
⑤ 크로스커넥션(cross connection)은 급수, 급탕배관을 함께 묶어 필요에 따라 급수와 급탕을 동시에 공급할 목적으로 하는 배관이다.

해설

① 비열은 어떤 물질 1kg을 1℃ 올리기 위하여 필요한 열량을 의미하며, 단위는 kJ/kg·K이다.
② ppm은 농도를 나타내는 단위로, 1ppm = 1mg/L = 1g/m³와 같다.
④ 노점온도는 어떤 공기의 상대습도가 100%가 되는 온도로, 공기의 절대습도가 낮을수록 노점온도는 낮아진다.
⑤ 크로스커넥션(cross connection)은 급수계통과 급수계통이 아닌 부분을 잘못 연결하여 급수계통이 오염되는 것을 말한다.

정답: ③

01 정의

공기조화란 주어진 실내공간에서 사람 또는 물품을 대상으로 온도, 습도, 기류 및 청정도 등을 그 실의 사용목적에 적합한 상태로 유지시키는 것을 말한다.

02 공기조화부하

냉방부하 및 난방부하는 공기조화 단계에 따라 포함되는 부하의 요소가 다르며, 각 단계별 부하는 실내부하, 장치부하 및 열원부하로 분류된다. 공기조화부하에는 냉방부하와 난방부하가 모두 포함되며, 1년 중 가장 큰 부하인 최대부하와 일정기간 또는 1년 동안의 부하를 누적한 기간부하로 구분된다.

(1) 실내부하

여름철 실내의 온·습도를 직접적으로 올라가게 하는 요소 및 겨울철 실내의 온·습도를 직접적으로 내려가게 하는 요소를 실내부하라 한다.

① 냉방부하

구분		내용	그림의 번호	열
실내부하	외피부하	㉠ 전열부하(온도차에 의하여 외벽, 천장, 바닥, 유리 등을 통한 관류열량)	①~⑥	현열
		㉡ 일사에 의한 부하	⑦	현열
		㉢ 틈새바람에 의한 부하	⑧	현열, 잠열
	내부부하	실내 발생열 ㉠ 조명기구	⑨	현열
		㉡ 인체	⑩	현열, 잠열
		㉢ 기타 열원기기	⑪~⑫	현열, 잠열
외기부하		환기부하(신선 외기에 의한 부하)	⑬	현열, 잠열
장치부하		㉠ 송풍기부하	⑭	현열
		㉡ 덕트의 열획득	⑮	현열
		㉢ 재열부하	⑯	현열
		㉣ 혼합손실(2중 덕트의 냉·온풍 혼합손실)		현열
열원부하		㉠ 배관 열획득	⑰	현열
		㉡ 펌프에서의 열획득	⑱	현열

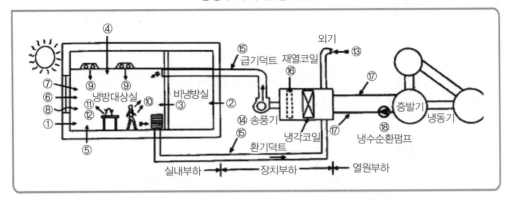

냉방부하의 발생요인

② 난방부하

    ⊙ 난방부하도 냉방부하와 같이 계산을 하나 유리창을 통한 일사의 취득, 인체나 기기의 발열은 실온을 상승시키는 요인으로 작용하기 때문에 안전율로 생각하고 일반적으로는 고려하지 않는다.

    ⓒ 구조체(벽, 바닥, 지붕, 창, 문)를 통한 열손실과 환기를 통한 열손실의 합이 난방부하가 된다.

(2) 장치부하

    ① 실내에서 직접 발생되는 요소는 아니지만 실내를 쾌적한 상태로 유지하기 위하여 공조기 등과 같은 장치에서 처리하여야 하는 요소가 있으며, 상기 실내부하에 이러한 요소까지 포함시킨 것을 장치부하라 한다.

    ② 장치부하에 포함되는 요소에는 이외에도 공조기 내 송풍기에서 발생되는 송풍기 발열, 공조기에서 발생된 냉·온풍이 덕트 속을 통과하면서 발생되는 덕트 열손실 등이 있다.

(3) 열원부하

열원기기와 공조기를 연결하는 배관에서의 열손실과 열원기기에서 만들어진 냉·온수를 공조기에 보내는 역할을 하는 펌프에서의 발열까지 포함시킨 것을 열원부하라고 한다.

(4) 부하 계산

    ① 냉방부하 계산

        ⊙ 유리창을 통한 일사열부하

        ⓒ 구조체(벽, 바닥, 지붕, 유리)를 통한 열관류부하(상당외기온도 고려)

            ◉ 상당외기온도는 일사의 영향을 받은 벽체의 온도가 올라가면서 부하에 영향을 미치는 것으로, 냉방부하 산정시 상당외기온도를 적용하여야 한다.

ⓒ 실내발생열부하
    ⓐ 인체
    ⓑ 조명
    ⓒ 기기로부터의 발생열: 사무기기, 전동기, 커피포트
  ⓔ 틈새바람에 의한 외기부하
② 난방부하 계산
  ㉠ 벽, 바닥 등 구조체를 통한 열손실량
  ㉡ 환기에 의한 열손실량

03 공기조화방식

(1) 공조방식의 종류와 특징

구분	열원방식	시스템 명칭
중앙방식	전공기방식	• 정풍량 단일덕트방식 • 변풍량 단일덕트방식 • 이중덕트방식 • 멀티존유닛방식 • 각층유닛방식
	공기 · 수방식	• 덕트병용 팬코일유닛방식 • 유인(인덕션)유닛방식 • 복사냉난방방식
	전수방식	팬코일유닛방식
개별방식	냉매방식	• 룸에어컨 • 패키지유닛방식(중앙식) • 패키지유닛방식(터미널유닛방식)

① 전공기방식
  ㉠ 실내에 열을 공급하는 매체로 공기를 사용한 것이 전공기방식이다.
  ㉡ 중앙공조기에서 온도 · 습도 · 청정도 등이 조절된 공기를 만들고, 이 공기를 공조가 요구되는 각 실에 송풍하여 공조를 행하는 방식이다.
  ㉢ 냉방의 경우 실내에 공급되어 온도가 올라간 공기는 중앙공조기로 되돌아와 차갑게 된 후 다시 실내로 공급된다.

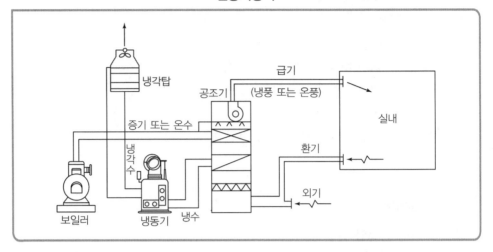

전공기방식

② 특징

장점	ⓐ 모든 공기가 공조기 필터를 통과하여 청정도가 높은 공조로, 냄새 및 소음 제어가 용이하다.
	ⓑ 장치가 집중되어 운전 및 유지·보수가 용이하다.
	ⓒ 열회수가 용이하다.
	ⓓ 겨울철 가습이 용이하다.
	ⓔ 외기냉방이 용이하다.
단점	ⓐ 덕트크기가 커지므로 설치공간이 많이 필요하다.
	ⓑ 다른 방식에 비하여 반송동력이 크다.
	ⓒ 대형의 공조기계실이 필요하다.
적용	ⓐ 고도의 청정도가 요구되는 클린룸, 병원의 수술실 등
	ⓑ 고도의 온·습도 조절이 필요한 컴퓨터실
	ⓒ 유해가스나 냄새의 배출을 위하여 배기풍량을 많이 설정하여야 하는 연구실, 레스토랑 등

② 공기·수방식

㉠ 중앙장치에서 가열 및 냉각된 물과 공기가 각 실에 설치되어 있는 기기(터미널유닛)로 반송되어 실내 온·습도를 조절하는 방식이다.

㉡ 열원장치에서 만든 냉·온수 또는 증기를 실내에 설치한 열교환유닛으로 보내서 실내 공기를 냉각 또는 가열한다.

㉢ 공기방식과 마찬가지로 공조기에서 냉각감습 또는 가열가습한 외기를 실내로 송풍한다.

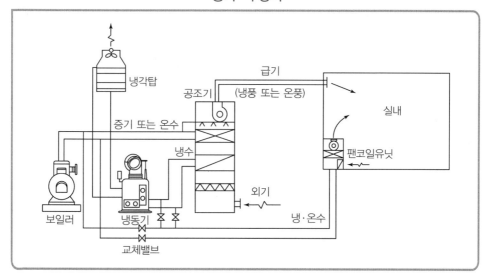

공기 · 수방식

ⓔ **특징**

장점	ⓐ 각 실에 설치된 유닛별로 제어하면 개별제어가 가능하다. ⓑ 전공기방식에 비하여 덕트공간, 공조실공간 및 반송동력이 작다.
단점	ⓐ 전공기방식보다 상대적으로 실내 송풍량이 적으므로 전공기방식에 비하여 실내 청정도가 떨어진다. ⓑ 실내 수(水)배관이 필요하므로 누수 우려가 있다. ⓒ 외기냉방 · 폐열회수가 곤란하다. ⓓ 필터 보수, 기기 점검이 증대하여 관리가 어렵다. ⓔ 실내 기기를 바닥에 설치할 경우 바닥 유효면적이 감소한다.
적용	다수의 공간을 가지면서 고도의 온 · 습도 조절이 필요하지 않은 사무소 · 병원 · 호텔 등 대다수의 건물에서 널리 이용되고 있다.

③ **전수방식**

　㉠ 중앙장치에서 처리된 냉수 또는 온수를 실내에 설치된 기기(팬코일유닛, 컨벡터 등)에 순환시켜 냉난방하는 방식이다.

　㉡ 실내의 열은 처리가 가능하지만 외기를 공급하지 못하기 때문에 공기의 정화 및 환기를 충분히 할 수 없다.

　㉢ 냉 · 온수가 이송되는 배관의 수에 따라 2관식과 4관식 등이 있다.

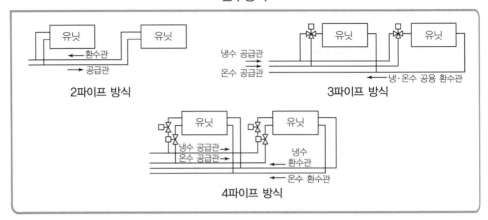

전수방식

2파이프 방식 · 3파이프 방식 · 4파이프 방식

② 특징

장점	ⓐ 많은 개수의 팬코일유닛, 컨벡터 등을 모두 개별적으로 조정할 수 있으므로 개별제어 · 개별운전이 용이하다. ⓑ 덕트공간 및 공조기 설치공간이 불필요하여 공간에 대한 활용도에 여유가 있다. ⓒ 열매(열을 옮겨주는 매체)의 반송은 주로 송풍기가 아닌 펌프에 의하여 이루어지므로 반송동력이 작다. ⓓ 장래의 부하증가 · 증축 등에 대해서는 유닛을 증설함에 따라 쉽게 대응할 수 있어 융통성이 있다.
단점	ⓐ 기기가 분산되어 있으므로 유지보수가 어렵다. ⓑ 습도 · 청정도 · 실내 기류분포에 대한 제어가 곤란하다. ⓒ 덕트가 없어 외기냉방이 불가능하다. ⓓ 실내에 물배관, 전기배선, 필터 등이 필요하며, 이에 대한 정기적인 점검이 필요하다.
적용	높은 청정도 및 습도 조절이 불필요한 사무소, 호텔 등

④ 냉매방식

㉠ 냉매에 의하여 실내공기를 냉각 · 가열하는 방법으로, 옥외의 공기나 물과 열교환하여 배열 또는 흡열한다.

㉡ 여름에는 냉매와 직접 팽창에 의해 실내공기를 냉각감습하지만, 겨울에는 열펌프로 가열하는 경우와 다른 열원장치에서 만든 증기, 온수 또는 전열에 의해 가열하는 경우가 있다.

© 특징

장점	ⓐ 유닛에 냉동기가 내장되어 있으므로 유닛별 개별운전이 가능하다. ⓑ 장래의 부하증가·증축 등에 대하여 유닛을 증설함에 따라 쉽게 대응할 수 있어 융통성이 있다. ⓒ 취급이 간단하다.
단점	ⓐ 습도·청정도·기류제어가 곤란하다. ⓑ 유닛에 냉동기가 내장되어 있으므로 소음·진동이 발생하기 쉽다. ⓒ 타 방식에 비하여 기기의 수명이 짧다.
적용	ⓐ 주택, 호텔의 객실, 점포 등 비교적 소규모 건물 ⓑ 24시간 계통인 전산실, 경비실

(2) 공조방식별 특징

① 정풍량 단일덕트방식(constant air volume single duct system)

㉠ 전공기방식 중 가장 기본적이고 단순한 공조방식으로 구조가 간단하다.

㉡ 중앙공조기로부터 각 실에 이르기까지 풍량을 조절하는 기구가 없으므로 실내에 공급되는 풍량은 항상 일정하며, 실내에서 부하가 변동되면 송풍공기의 온도를 변화시켜 대응한다.

㉢ 단일덕트방식에는 덕트의 풍속에 따라 저속덕트방식과 고속덕트방식이 있다. 일반적으로 저속덕트방식이 채택되고 있으나, 건축적으로 덕트 설치공간이 제한되는 경우에는 고속덕트방식을 적용한다.

정풍량 단일덕트방식

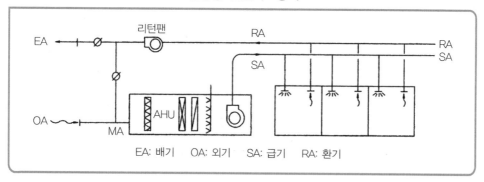

EA: 배기   OA: 외기   SA: 급기   RA: 환기

㉣ 특징

장점	ⓐ 설비비는 일반적으로 계통 수가 적을 경우 다른 방식보다 적게 든다. ⓑ 공조기가 중앙에 집중되므로 보수관리가 용이하다.
단점	ⓐ 존별 부하가 심한 곳은 정확한 실내온도를 유지하기가 어렵다. ⓑ VAV방식보다 송풍동력이 커서 전기사용량이 증가한다. ⓒ 실내부하 증가에 대한 처리성이 불리하다. ⓓ 최대부하로 장비를 선정하므로 기기용량이 크다.

적용	ⓐ 전공기방식과 같다. ⓑ 부하변동이 균일하지 않은 경우에도 체류시간이 짧고, 엄밀한 온도제어가 필요하지 않은 장소, 즉 건물의 공용부분(로비, 엘리베이터 홀, 복도 등), 전시실, 휴게실 등에 사용한다.

② **변풍량 단일덕트방식(VAV방식; Variable Air Volume system)**

    ㉠ 정풍량방식이 풍량을 일정하게 하여 송풍온도를 변화시켜 부하의 변동에 대처하는 데 반하여, 변풍량방식은 취출온도를 일정하게 하여 부하에 따라 송풍량을 변화시키는 방식이다.

    ㉡ 취출공기의 양을 조절함으로써 송풍기 동력을 줄일 수 있어 최근 에너지 절약방식의 하나로 채택되고 있다.

변풍량 단일덕트방식

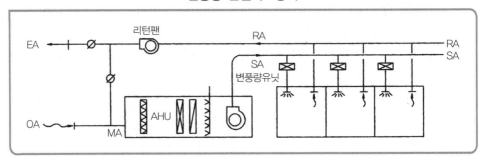

VAV유닛 구성도

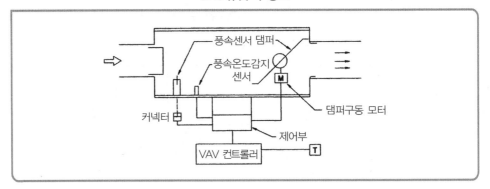

    ㉢ **장단점**

장점	ⓐ 각 실, 각 존마다 변풍량유닛을 설치하여 부하변동에 따라 송풍량을 조절하게 되는 등 에너지 절약을 할 수 있다. ⓑ 부하변동에 대해 제어응답이 신속하게 이루어져 적절한 송풍량이 공급되므로 쾌적감이 향상된다.
단점	ⓐ 부하가 감소되면 송풍량이 작아지므로 그로 인하여 환기(換氣)가 충분하게 이루어지지 않을 염려가 있다. ⓑ 자동제어가 복잡하고, 부속기기류가 필요하여 설치비가 많이 든다.

③ 이중덕트방식(dual duct system)

　㉠ 중앙의 공조기에서 냉풍과 온풍을 동시에 제조하여 각 실 또는 각 존에 공급하고, 각 실, 각 존마다의 부하에 따라 혼합유닛에서 냉풍과 온풍을 적절히 혼합하여 송풍온도를 조절하는 방식이다.

　㉡ 에너지 절약문제로 최근에는 이중덕트방식을 이용하는 건물이 매우 적다.

이중덕트방식

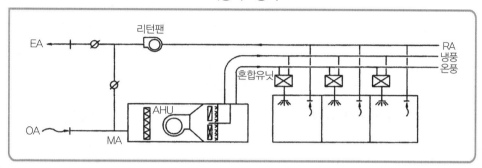

　㉢ 특징

장점	ⓐ 개별조절이 가능하다.
	ⓑ 냉난방을 동시에 할 수 있으므로 계절마다 냉난방의 전환이 필요하지 않다.
	ⓒ 온도, 공기정화, 환기효과 등에 대하여 고도의 처리가 가능하다.
	ⓓ 일정량의 급기량이 확보되므로 실내의 기류분포가 양호하다.
	ⓔ 실내에 열매수(熱媒水) 배관이나 공조용 동력배선이 불필요하다.
단점	ⓐ 설비비·운전비가 많이 든다.
	ⓑ 덕트가 이중이므로 차지하는 면적이 넓다.
	ⓒ 습도의 완전한 조절이 어렵다.
	ⓓ 중간기에는 냉온풍 혼합에 의한 에너지 낭비가 발생한다.
적용	고급 사무소건물, 냉난방부하 분포가 복잡한 건물

④ 멀티존유닛방식

장점	㉠ 각 존마다 제어할 수 있다.
	㉡ 연간을 통해 냉난방이 가능하다.
단점	㉠ 각 존마다 독립된 덕트가 필요하므로 덕트공간이 커진다.
	㉡ 부하변동에 따라 혼합손실이 많아진다.

⑤ 각층유닛방식

장점	㉠ 송풍덕트가 짧고 주덕트의 수평이동은 각 층의 복도 부분에 한정되므로 설치가 용이하다. ㉡ 사무실과 병원 등의 각 층에 대하여 시간차 운전 등 부분운전에 적합하다. ㉢ 각 층 슬래브의 관통덕트가 없게 되므로 방재상 유리하다. ㉣ 중앙기계실의 면적을 적게 차지하고, 송풍기 동력도 적게 든다. ㉤ 외기용 공조기가 있는 경우에는 습도제어가 쉽다.
단점	㉠ 공조기가 각 층에 설치되므로 설비비가 높아지며 관리가 불편하다. ㉡ 각 층마다 공조기를 설치하여야 할 공간이 필요하다. ㉢ 각 층의 공조기로부터 소음 및 진동이 발생한다. ㉣ 각 층에 수배관을 하여야 하므로 누수의 우려가 있다.

⑥ 덕트병용 팬코일유닛방식

㉠ 실내의 외주부(perimeter zone)에 팬코일유닛을 설치하여 외벽을 통해 들어오는 일사부하 및 실내·외 온도차에 의하여 발생되는 전도열부하 등을 담당하게 하고, 실내의 내주부(interior zone)에서 발생하는 부하는 VAV방식으로 담당하게 한다.

㉡ 사무소건물을 비롯한 다양한 용도의 건물에서 현재 가장 많이 채택하고 있는 시스템이다.

단일덕트 + 팬코일유닛방식

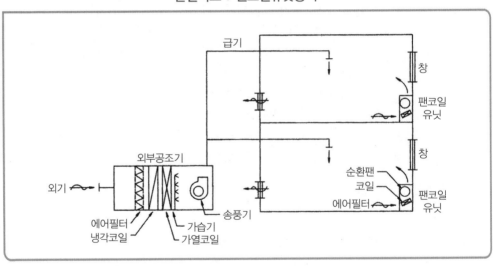

ⓒ 특징

장점	ⓐ 외주부의 창문 밑에 설치하면 콜드 드래프트(cold draft)를 방지할 수 있다. ⓑ 개별제어가 가능하므로 부분부하가 많은 건물에서 경제적인 운전이 가능하다. ⓒ 실내부하 변경에 대하여 팬코일유닛의 증감으로 쉽게 대응할 수 있다. ⓓ 전공기방식에 비하여 외주부 부하에 상당하는 풍량을 줄일 수 있으므로 덕트 설치공간이 작아도 된다. ⓔ 열매로서 물을 이용하므로 공기를 이용할 때보다 이송동력이 작다.
단점	ⓐ 수배관으로 인한 누수의 염려가 있다. ⓑ 부분부하시 도입외기량이 부족하여 실내공기의 오염이 심하다. ⓒ 실내에 설치된 팬코일유닛 내의 팬으로부터 소음이 있다.
적용	현재 사무소건물을 비롯한 다양한 용도의 건물에서 많이 사용된다.

⑦ 유인유닛방식(induction unit system)

　ⓐ 중앙에 설치된 1차 공조기에서 냉각감습 또는 가열가습한 1차 공기를 고속·고압으로 실내의 유인유닛에 보내어 유닛의 노즐에서 불어내고, 그 압력으로 실내의 2차 공기를 유인하여 혼합 분출한다.

　ⓑ 유인된 2차 공기는 유닛 내의 코일에 의하여 냉각·가열하는 방식이다. 이 방식은 열매에 따라 전공기식과 수·공기식이 있다.

　ⓒ 특징

장점	ⓐ 각 유닛마다 제어가 가능하므로 개별실 제어가 가능하다. ⓑ 고속덕트를 사용하므로 덕트공간을 작게 할 수 있다. ⓒ 1차 공기와 2차 냉·온수를 공급하므로 실내환경변화에 대응이 용이하다. ⓓ 유인유닛에는 회전 부분이 없어 동력(전기)배선이 필요 없다. ⓔ 1차 공기량이 타 방식의 3분의 1 정도이며, 3분의 2는 실내환기가 유인되므로 덕트공간이 작다.
단점	ⓐ 각 유닛마다 수배관을 하여야 하므로 누수의 염려가 있다. ⓑ 냉각·가열을 동시에 하는 경우 혼합손실이 발생한다. ⓒ 유인성능 및 공간의 문제 등으로 고성능필터의 사용이 곤란하다. ⓓ 송풍량이 적어서 외기냉방의 효과가 적다. ⓔ FCU와 같이 개별운전을 할 수 없고 노즐에서의 공기분출소음이 크다.
적용	방이 많은 건물의 외부존 사무실, 호텔, 병원

⑧ 복사냉난방방식(panel air system)

　ⓐ 복사냉난방방식은 천장 패널 및 바닥 등에 매설한 배관에 냉수 또는 온수를 보내어 실내 현열부하의 50~70%를 처리한다.

ⓛ 동시에 외기를 포함한 공기를 냉각감습하거나 가열가습하여 송풍함으로써 잔여 실내 현열부하와 잠열부하를 처리한다.

ⓒ 특징

장점	ⓐ 복사를 이용하므로 쾌적도를 높일 수 있다. ⓑ 냉방시 조명부하나 일사에 의한 부하를 쉽게 처리할 수 있어 실내온도의 제어성을 높일 수 있다. ⓒ 건물의 축열(蓄熱)을 기대할 수 있다. ⓓ 실내 바닥 위에 기기가 없으므로 공간의 유효이용률을 높일 수 있다.
단점	ⓐ 방열면 및 그에 따르는 배관설비 · 제어설비가 필요하다. ⓑ 제어가 부적당하게 되면 냉각면에 결로가 생길 염려가 있다. 특히 잠열부하가 많은 공간에는 부적당하다. ⓒ 배관을 건물에 매입하는 경우 단열을 완벽히 하여야 한다. ⓓ 방의 모양을 바꿀 때에 융통성이 적다. ⓔ 공기식에 비하여 풍량이 적으므로 보통 이상의 환기량을 필요로 하는 건물에는 부적당하다.
적용	구미에서 고층건물의 고급 사무실에 많이 이용되고 있다.

⑨ 팬코일유닛방식(FCU)

㉠ 중앙공조기로부터 공급되는 공기 없이 팬코일유닛만으로 부하를 처리하는 방식이다.

ⓛ 외기의 공급 없이 실내공기만이 계속 팬코일유닛으로 흡입되고 다시 토출되는 것을 반복하게 되므로 원리적으로 환기가 불가능하다. 이 방식은 건물의 등급이 그다지 높지 않은 사무소건물 등에 많이 채택된다.

팬코일유닛방식

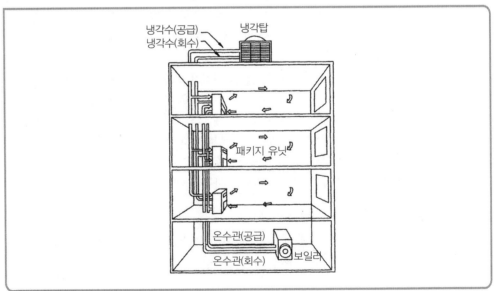

⑩ 패키지방식

　㉠ 패키지유닛이란 열원기기인 냉동기와 공조기기인 공조기 역할을 겸한 것이다.

　㉡ 소용량의 냉동기, 송풍기, 필터, 가습기, 자동제어기기를 일체화시킨 것을 말한다.

　㉢ 패키지유닛에는 가정용 에어컨이라 불리는 소용량부터 대형 회의실이나 강당에 사용되는 대용량까지 다양한 기종이 있다.

　㉣ 설치방법에 대해서도 바닥설치형, 벽걸이형, 천장매입형 등 다양하게 있어 건축물의 조건에 맞추어 선택할 수 있다.

04 공기조화기

(1) 개요

① 공기조화기는 냉동기, 보일러 등의 열원기기로부터 냉수·온수·증기를 공급받아 냉풍·온풍을 생산하는 기기이다.

② 이러한 과정에서 공기 온도 외에도 가습·감습과 같은 습도 조절, 필터를 이용한 청정도 조절 등도 동시에 행하게 된다.

③ 공조기에는 이런 목적을 달성하기 위하여 냉·온수코일, 송풍기, 필터 등이 내장되어 있다.

④ 공조기에는 넓은 범위의 공조를 담당할 수 있는 중앙식 공기조화기로 흔히 에어핸들링 유닛(AHU; Air Handling Unit)과 좁은 범위의 공조를 담당하게 되는 팬코일유닛(FCU; Fan Coil Unit) 등이 있다.

⑤ 대형 에어컨 및 소형 가정용 에어컨과 같은 패키지 에어컨은 냉동기가 내장되어 있는 공기조화기라고 할 수 있다.

(2) AHU의 종류와 구성요소

AHU의 구성요소와 기능

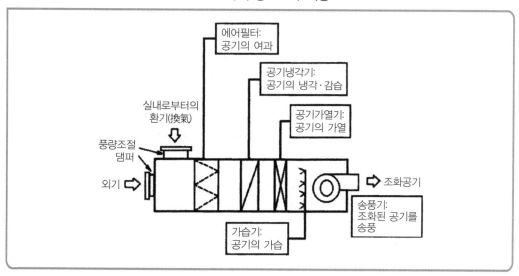

① 내부형태별 공조기의 종류
  ㉠ 수평형: 각 구성요소가 수평적으로 배열되어 있어 공조실의 면적에 여유가 있을 때 적용하며 천장 높이가 비교적 낮아도 무방하다.
  ㉡ 수직형: 공조실 조건이 ㉠과 반대인 경우에 적용한다.
  ㉢ 복합형: 수직형과 수평형의 복합형태를 하고 있다.
② 주요 구성요소

공기여과기(air filter)	정전식, 여과식, 충돌점착식
공기가열기(air heater)	온수코일, 증기코일, 전기히터
공기냉각기(air cooler)	공기코일(냉수형, 직접팽창형 또는 DX형)
공기가습기(air humidifier)	증기취출식, 물분무식, 기화식
공기감습기(air dehumidifier)	공기세정기(Air Washer), 공기코일(냉수형, 직접팽창형 또는 DX형)
송풍기(blower)	㉠ 다익송풍기[시로코팬(sirrocco fan)] ㉡ 익형 송풍기(air foil fan) ㉢ 리미트로드팬(limit load fan)

05 공기분배장치

(1) 개요

① 공기분배장치는 실내공간의 공기조화를 위하여 중앙의 공기조화장치에서 잘 조절된 공기를 실내로 보내기 위한 제반장치를 말한다.
② 송풍기, 덕트, 외기 출입구, 취출구, 흡입구, 댐퍼 등으로 구성되어 있다.

(2) 외기 취입구

① 루버는 유효개구율이 45% 이상 되도록 하여야 한다.
  ● 유효개구율은 루버의 전체 면적에 대한 실제로 공기가 통과하는 면적의 비율을 말한다.
② 보행자 통로에 접해 있는 배기용 루버는 풍속이 0.5m/s 이하가 되도록 유지하여야 한다.

(3) 취출구(분출구)와 흡입구

① 취출구는 조화된 공기를 충분히 혼합하고 적당한 기류를 발생시켜 대상장소에 도달하도록 하는 공기분포장치이다.
  ㉠ 재실자를 위한 거주지역은 바닥에서 1.5~1.8m 높이까지 적당한 온도·습도의 분포와 적당한 속도의 기류를 유지할 수 있도록 취출구를 설치한다.
  ㉡ 기류속도는 여름에는 0.5m/s, 겨울에는 0.3m/s 정도가 적당하고, 최소 0.1m/s 정도가 필요하다.

② 흡입구는 실내공기를 흡입하여 외기 취입구에 의해 들어온 외기와 함께 공조기기로 내보내기 위하여 실내에 낮게 설치한다. 흡입구의 흡입속도는 2.0~3.0m/s 정도이다.

③ 복류취출구

㉠ 복류취출구는 주로 천장에 설치하여 기류를 방사형태로 취출시키는 것으로, 아네모스탯(anemostat)형과 팬(pan)형이 있다.

㉡ 기류의 유인성 및 확산성능면에서 아네모스탯형이 더 우수하여 일반적인 건물에서 가장 많이 사용되고 있다.

④ 축류취출구

㉠ 기류를 축과 같이 직선상으로 취출하는 것으로, 주로 벽이나 천장에 설치한다.

㉡ 축류취출구에는 노즐형·펑커루버형·라인형과 격자모양으로 되어 있는 베인격자형이 있다.

> ⓐ 노즐형(nozzle)
> - 노즐을 분기덕트에 접속하여 급기를 취출한다.
> - 노즐은 구조가 간단하여 도달거리가 길고 다른 형식에 비하여 소음 발생이 적다.
> - 극장, 로비, 공장 등에서 취출풍속 5m/s 이상으로도 사용되고 있다.
> ⓑ 펑커루버형(punkah louver)
> - 취출 부분이 움직여지므로 기류의 추출방향을 자유롭게 조절할 수 있어 차량, 주방 및 공장 등에서 국소냉방에 주로 사용된다.
> - 운송수단에서와 같이 사람이 열을 발산하면서 장시간 체류하는 곳을 대상으로 한다.
> ⓒ 라인형(line)
> - 취출 부분이 가늘고 길기 때문에 건축계획상 천장 디자인이 선형일 경우 조화시키기 쉽다.
> - 가늘고 긴 형태로 인하여 창 부분의 천장에 설치하게 되면 창을 통해 일사부하를 신속하게 제거할 수 있어 효과적이다.
> ⓓ 베인(vane)격자형
> - 천장이나 벽뿐 아니라 패키지 에어컨의 취출구에도 일반적으로 적용된다.
> - 날개의 각도를 조절함으로써 기류의 방향 및 도달거리를 조정할 수 있다.

⑤ 흡입구

㉠ 베인(vane)격자형: 흡입구로 많이 사용되지만, 취출구가 복류형인 경우 천장 디자인을 위하여 흡입구도 같은 복류형을 사용하는 것이 일반적이다.

㉡ 머시룸형(mushroom)

ⓐ 천장이 높은 건물에서 상하 온도분포를 개선하기 위하여 바닥에 설치하는 흡입구이다.

ⓑ 영화관이나 극장 등에 사용한다.

06 덕트(duct)

(1) 개요

① 덕트는 공조기에서 제조된 냉풍 및 온풍을 각 공조구역까지 이송시키는 것을 주목적으로 하는데, 이러한 역할을 하는 설비를 공조용 덕트라고 한다.

② 덕트에는 공조용 이외에도 환기를 주목적으로 하는 환기용 덕트, 화재가 발생하였을 때 연기를 배출시키는 것을 목적으로 하는 배연(排煙)용 덕트 등이 있다.

덕트의 설치형태

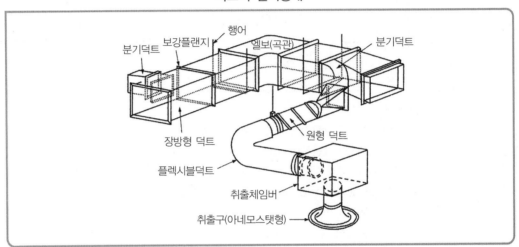

(2) 덕트의 종류

① 풍속에 의한 분류

⊙ 고속덕트: 주덕트 속의 풍속이 15m/s 이상, 정압이 50mmAq 이상, 송풍용 덕트

⊙ 저속덕트: 주덕트 속의 풍속이 15m/s 이하, 정압이 50mmAq 이하, 송풍용 덕트 및 환기용 덕트

② 형상에 의한 분류

⊙ 장방형 덕트: 저속용으로 사용한다.

⊙ 원형 덕트: 고속용으로 사용한다.

③ 덕트의 배치방식

⊙ 간선덕트방식: 가장 간단한 방식이며 설비비가 싸고 덕트공간이 작아도 된다.

⊙ 개별덕트방식

ⓐ 취출구마다 덕트를 단독으로 설비하는 방식으로, 가정용 온풍로에 많이 사용되고 있다.

ⓑ 풍량 조절이 용이하며, 설비비가 간선덕트방식보다 비싸다.

© 환상덕트방식

ⓐ 덕트 끝을 연결하여 루프를 만드는 형식으로, 말단 취출구의 압력 조절이 용이하다.

ⓑ 말단부 취출구 풍량의 불균형을 개량한 방식인데, 제각기 주덕트를 단독으로 사용할 수 없는 단점이 있다.

덕트의 배치방식

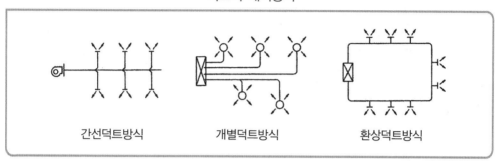

| 간선덕트방식 | 개별덕트방식 | 환상덕트방식 |

(3) 덕트의 부속기기

① 댐퍼: 덕트 도중에 설치하여 풍량 조절 및 유체 흐름의 개폐 등에 사용하는 것으로, 배관계에서의 밸브에 해당된다.

㉠ 풍량조절댐퍼(VD; Volume Damper): 공조용 덕트 도중에 설치하고 풍량 조절에 사용한다.

㉡ 방화댐퍼(FD; Fire Damper): 화재시 화염 및 연기의 확산을 방지하기 위하여 사용하며, 건물의 방화구획을 관통하는 부분이나 불을 사용하는 주방의 배기후드 흡입구 등에 설치한다.

댐퍼의 종류

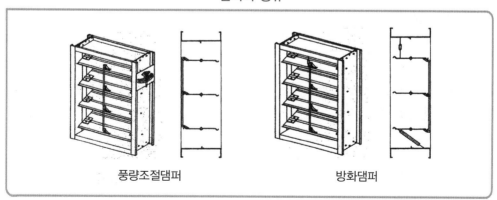

| 풍량조절댐퍼 | 방화댐퍼 |

② 캔버스이음(canvas connection): 송풍기의 진동이 덕트나 장치에 전달되는 것을 방지하기 위하여 송풍기의 추출측과 흡입측에 설치한다.

01 냉동기

(1) 개요

① 난방을 위한 증기 및 온수를 제조하는 것을 보일러라 하고, 냉방을 위한 냉수를 생산하는 것을 냉동기라 한다.

② 냉동기에서 냉수가 제조되는 원리는 어떤 물체가 증발할 때 그 주변으로부터 증발에 필요한 증발열을 빼앗는 잠열을 이용한 것이다.

③ 증발을 하는 물체로 주로 이용되는 것이 프레온가스 또는 물이다.

④ 냉동기에는 냉동방식에 따라 크게 압축식 냉동기와 흡수식 냉동기가 있다.

공조용 냉동기의 종류와 적용

구분	종류	적용
압축식	왕복식 냉동기	가정용 에어컨, 패키지 에어컨, 냉장고, 중 · 소규모 건물용
	원심(터보)냉동기	대규모 건물용
	로터리냉동기	가정용 에어컨, 자동차에어컨
	스크롤냉동기	소형 패키지 에어컨, 자동차에어컨
	스크류냉동기	중 · 대규모 건물용
흡수식	흡수식 냉동기	중 · 대규모 건물용, 공장용
	흡수식 냉 · 온수기	일반 건축물

(2) 압축식 냉동기

① 구성 및 원리

㉠ 압축식 냉동기는 압축기 · 응축기 · 팽창밸브 · 증발기의 4가지 주요 요소로 구성되어 있다.

㉡ 액체상태로 증발기에 들어온 냉매는 증발기에서 증발하면서 증발기로 들어온 냉방용 냉수를 냉각시키고 자신은 기체가 되어 압축기로 간다.

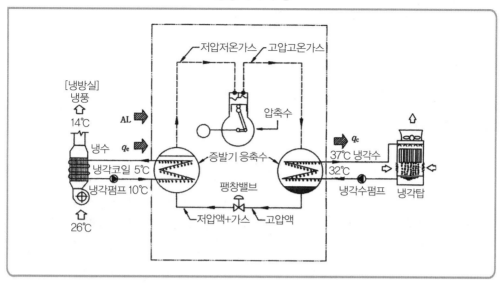

냉동기의 구성

② 압축식 냉동기의 주요 구성

    ⊙ 압축기(compressor)

        ⓐ 압축기로 들어간 기체냉매는 압축기의 작용에 의하여 압축되면서 고온·고압의 기체가 된다.

        ⓑ 압축기는 응축기에서 쉽게 응축할 수 있도록 온도 및 압력을 높이는 역할을 한다.

    ⓛ 응축기(condenser)

        ⓐ 압축기에서 고온·고압의 기체냉매를 상온의 물 또는 공기를 접촉시켜 열을 제거하고 응축·액화하는 일을 한다.

        ⓑ 응축용으로 물을 사용할 경우 그 물을 냉각수라 한다.

    ⓒ 팽창밸브(expansion valve)

        ⓐ 응축기에서 응축·액화하여 넘어온 고온·고압의 냉매액이 팽창밸브를 통과하면서 고압인 냉매를 팽창시켜 저압으로 만든다.

        ⓑ 저압이 되는 과정에서 액체인 냉매가 증발열을 빼앗기면서 냉매를 저온으로 만들게 된다.

    ⓔ 증발기(evaporator): 팽창밸브에서 압력과 온도를 내린 저온·저압의 냉매가 피냉각물질로부터 열을 빼앗아 증발하여 냉동목적을 달성한다.

③ 압축식 냉동기의 종류

    ⊙ 왕복식 냉동기: 압축기가 피스톤과 실린더 구조로 되어 있어 피스톤이 실린더 내에서 왕복운동을 하면서 냉매를 압축하는 형식이다.

ⓛ 회전냉동기: 회전식은 냉매의 압축을 기기의 회전운동에 의하여 행하는 형식으로, 압축기 형태에 따라 로터리형 · 스크롤형 · 스크류형이 있다.

ⓒ 원심냉동기: 원심냉동기는 날개 형태의 기기(임펠러)가 돌면서 생기는 원심력으로 냉매를 압축하는 원리에 따라 그 이름이 원심냉동기로 되어 있지만, 압축기 분류상 터보압축기의 한 종류이므로 터보냉동기라고도 한다.

(3) 흡수식 냉동기

① 원리

ⓖ 물이 표준대기압(760mmHg) 100℃에서 끓어 수증기가 되지만, 진공상태(6.5mmHg)에서는 5℃에서 증발되는 특성과 흡수제인 리튬브로마이드(LiBr) 용액의 비등점이 1,265℃가 되어 냉매와는 엄청난 차이가 있어 리튬브로마이드 용액과 냉매와의 분리가 용이하다.

ⓛ LiBr 용액이 냉매를 흡수하는 흡수력이 강한 점을 이용한 것이다.

② 흡수식 냉동기의 주요 구성: 주요 구성 부분은 증발기 · 흡수기 · 재생기 및 응축기의 4가지로 되어 있고, 냉매 이외에도 흡수제가 필요하다.

흡수식 냉동사이클

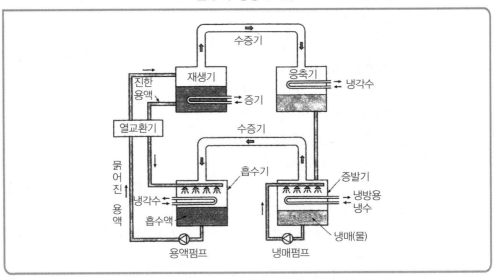

ⓖ 증발기

ⓐ 냉매(물)를 넣은 밀폐된 용기의 내부에 전열관을 설치하여 냉수를 흐르게 하고 용기 내부를 6.5mmHg 정도의 진공으로 유지하면 냉매는 5℃에서 증발한다.

ⓑ 그 증발잠열에 의하여 전열관 내부의 냉수가 냉각된다.

ⓛ 흡수기

　　ⓐ 증발기에서 증발이 계속되면 수증기 분압이 점점 높아져 증발온도도 상승하게 된다.

　　ⓑ LiBr 수용액을 넣은 용기(흡수기)를 증발기와 연결하면 증발된 냉매가 LiBr 수용액에 흡수되어 증발압력 및 온도는 일정하게 유지된다.

ⓒ 재생기

　　ⓐ 흡수액이 냉매인 물을 많이 흡수하게 되면 흡수액의 농도가 묽어져서 흡수가 원활하게 이루어지지 않으므로 주기적으로 농도를 원래 상태로 복귀시켜야 한다.

　　ⓑ 흡수액을 재생기로 보내 고온으로 가열하여 흡수액에 포함되어 있던 수분을 증발시켜 제거함으로써 흡수액의 농도를 환원시킨다.

　　ⓒ 재생기에서 농도가 환원된 흡수액은 다시 흡수기로 보내진다.

ⓔ 응축기 : 흡수액으로부터 증발·제거된 수증기는 응축기로 보내져 상온의 물(냉각수)과 접촉함으로써 물로 환원되어 증발기로 되돌려지면서 냉매로서의 순환이 다시 이루어지게 된다.

③ 흡수식 냉동기의 장단점

장점	㉠ 전력 소비가 적고 수변전설비는 적어도 된다. ㉡ 진동·소음이 적다. ㉢ 10% 가까이 용량 제어가 가능하다.
단점	㉠ 압축식에 비하여 설치면적·높이·중량이 크다. ㉡ 압축식에 비하여 예냉시간이 길다.

더 알아보기 **냉동능력·냉동톤**

1. 냉동능력(refrigerating capacity)
　① 냉동기가 단위시간 동안 증발기에서 흡수할 수 있는 열량을 말한다.
　② 단위 : kJ/h, 냉동톤(RT), Btu/min 등이 있다.

2. 1냉동톤
　① 표준기압에서 0℃의 물 1t을 24시간 안에 0℃의 얼음으로 만들 수 있는 냉동기의 능력을 말한다.
　② 미터계의 냉동톤(RT)과 미국 냉동톤(US RT) 및 영국 냉동톤(BS RT)이 있다.

　　　• $1RT = \dfrac{1,000 \times 79.68}{24} = 3,320 \text{kcal/h} \fallingdotseq 3,860 \text{W} \fallingdotseq 3.86 \text{kW}$

　　　• $1US\ RT = 2,000 \text{Btu/h} = 3,024 \text{kcal/h} \fallingdotseq 3.52 \text{kW}$

(4) 몰리에르선도와 성적계수

몰리에르선도상의 냉동사이클은 가로축에 엔탈피를, 세로축에 압력을 표시하여 나타낸다.

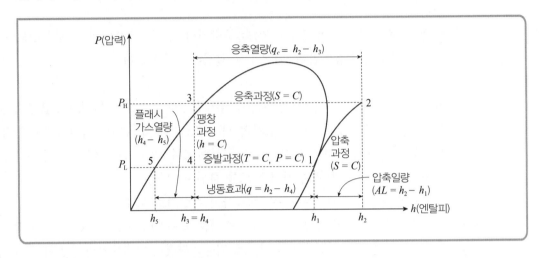

① 성적계수(COP): 냉동기의 능력을 표시한다.

- 냉동기의 성적계수(COP) $= \dfrac{냉동효과(q)}{압축일(AL)} = \dfrac{냉동능력}{소요마력}$

- 열펌프의 성적계수(COP$_h$) $= \dfrac{응축기의\ 방출열량}{압축일} = \dfrac{q + AL}{AL} = \dfrac{q}{AL} + 1$

  ○ 열펌프를 이용한 성적계수(COP$_h$)가 냉동기를 이용한 성적계수(COP)보다 1만큼 크다.
  즉, '냉동기 성적계수(COP) + 1 = 열펌프 성적계수(COP$_h$)'이다.

기출예제

냉동설비에 관한 내용으로 옳지 않은 것은?   제19회

① 일반적으로 압축식 냉동기는 전기, 흡수식 냉동기는 가스 또는 증기와 같은 열을 주에너지원으로 사용한다.
② 히트펌프의 성적계수(COP)는 냉방시보다 난방시가 낮다.
③ 흡수식 냉동기의 냉매는 주로 물이 사용된다.
④ 증발기에서 냉매는 주변 물질로부터 열을 흡수하여 그 물질을 냉각시킨다.
⑤ 흡수식 냉동기의 주요 구성요소는 증발기, 흡수기, 재생기, 응축기이다.

해설

히트펌프의 성적계수(COP)는 냉방시보다 난방시가 높다(히트펌프의 성적계수 = 냉동기 성적계수 + 1).

정답: ②

② 성적계수(COP)를 향상시키는 방안

　　㉠ 냉동효과(q)를 크게 한다.

　　　⇨ 증발기의 증발온도를 높게 하거나 증발기에서 피냉각물질의 온도를 높게 한다.

　　㉡ 압축일(AL)을 작게 한다.

　　㉢ 냉각수의 온도를 낮게 한다.

　　㉣ 냉매의 과냉각도를 크게 한다(냉매액 – 가스 열교환기를 설치).

　　㉤ 배관에서의 플래시가스 발생을 최소화한다(냉매증기의 증발기 공급 방지).

(5) 히트펌프(heat pump, 열펌프)

① 저온의 열원으로부터 열을 흡수하여 보다 높은 온도를 가진 또 다른 공간으로 열을 방출하는 시스템이다.

② 열펌프는 여름에는 압축식 냉동사이클을 냉방용으로 운전하고, 겨울에는 4방밸브에 의해 냉매의 흐름방향을 바꾸어 난방용으로 운전하는 것이다.

③ 냉매의 흐름방향을 바꾸면 증발기는 응축기로, 응축기는 증발기로 그 기능이 바뀐다.

02 냉각탑

(1) 개요

① 응축기에서 발생한 응축잠열은 냉각수에 흡수된다. 응축잠열로 고온이 된 냉각수는 대기 중에 버려야 하는데, 이때 냉각수에 공기를 직접 접촉시켜 방열하는 장치를 냉각탑이라 한다.

② 응축기에서 냉각수가 빼앗은 열량을 냉각시켜 주는 역할을 하는 장치이다.

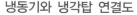

냉동기와 냉각탑 연결도

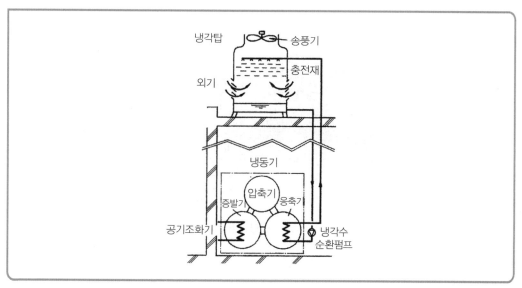

(2) 냉각탑의 종류

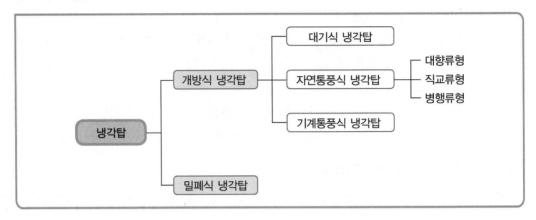

① **개방식 냉각탑:** 냉각수가 냉각탑 내에서 대기에 노출되는 개방회로방식으로, 공기조화에서는 대부분 이 방식이 사용된다.

    ③ **대향류형**

        ⓐ 공기를 아래에서 위로 흐르게 하여 냉각수와 공기가 서로 마주보는 형태로 접촉하게 된다.

        ⓑ 설치면적을 작게 차지하고, 효율이 가장 높다는 장점 때문에 가장 널리 사용되고 있다.

    © **직교류형**

        ⓐ 공기를 수류와 직각으로 흐르게 하여 냉각수와 공기가 직각방향으로 접촉한다.

        ⓑ 설치면적 및 중량은 대향류형에 비하여 크지만, 높이가 낮아서 고도를 제한하고 싶을 경우에 적합하다.

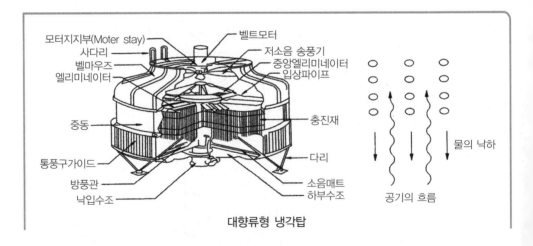

대향류형 냉각탑

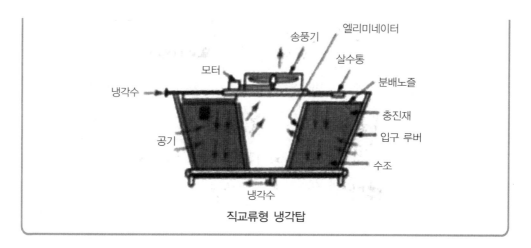

직교류형 냉각탑

② 밀폐식 냉각탑

　　㉠ 냉각수 배관이 밀폐된 것으로서, 폐회로 수열원 열펌프방식과 같이 냉각수배관의 길
　　　이가 길고 건축물 내에 널리 분포되어 있는 경우에 사용된다.

　　㉡ 대기오염이 아주 심하거나 외부에 노출시켜 설치할 수 없을 때에 주로 사용한다.

(3) 냉각탑의 설치장소

　① 충분한 통풍이 확보될 수 있는 장소로 냉각탑의 급기와 배기가 혼합되지 않도록 계획
　　한다.

　② 연돌의 배기, 주방의 배기 등으로 냉각수가 오염되지 않는 장소에 계획한다.

　③ 기계 통풍 냉각탑은 소음이 발생하므로 주변의 영향을 고려한다.

　④ 냉각탑으로부터 흩어지는 물방울이 주위에 낙하하므로 사람이 모이는 곳으로부터 거리와
　　풍향을 고려한다.

　⑤ 주위의 조형물과의 관계를 고려하여 결정한다.

03 열교환기

(1) 열교환기의 종류

　① 쉘앤튜브(shell and tube)형 열교환기

　② 판형 열교환기

　③ 스파이럴(spiral)형 열교환기

(2) 전열교환기와 현열교환기

　① 전열교환기: 현열과 잠열을 교환하는 교환기를 말한다.

　② 현열교환기: 현열을 교환하는 것으로, 쉘앤튜브형·판형·스파이럴형 교환기 등이 있다.

04 축열(축냉)시스템

(1) 개요

① 냉방부하는 하루 종일 일정한 것이 아니라 오후 2~4시경에 최대피크를 이루며, 난방은 아침에 운전을 시작할 때가 최대를 이룬다.

② 축열시스템은 열원설비와 공기조화기 사이에 축열조를 둔 열원방식으로, 값이 저렴한 심야전력을 이용하여 축열조에 에너지를 축열하고 최대부하 때 활용하기 때문에 설비용량을 작게 하며 에너지 절약적이다.

③ 축열매체가 물일 경우에는 수축열시스템, 얼음일 경우에는 빙축열시스템이라 한다.

(2) 수축열시스템

① 수축열시스템이란 야간에 심야전력(pm 11시~am 9시)으로 냉동기를 가동하여 냉수를 생성한 뒤 축열 및 저장하였다가 주간에 이 냉수를 이용하여 건물의 냉방에 활용하는 방식이다.

② 축열재로서 물은 비용이 저렴하고 입수가 용이하며 독성 및 폭발성이 없다.

③ 축열조는 제한된 용적에 가능한 한 많은 열량을 저장할 수 있도록 설계함과 동시에 저장한 열을 유효하게 방열할 수 있는 운전방법을 선정하여야 한다.

(3) 빙축열시스템

① 빙축열시스템이란 야간에 심야전력(pm 11시~am 9시)으로 냉동기를 가동하여 얼음을 생성한 뒤 축열 및 저장하였다가 주간에 이 얼음을 녹여서 냉방에 활용하는 방식이다.

② 빙축열시스템에 활용되는 저온냉동기는 얼음을 생성하기 위하여 영하의 온도에서 운전이 가능한 냉동기로서, 제빙시에는 영하의 온도로 가동되고, 주간에는 일반 냉동기와 동일한 상태로 운전된다.

③ 빙축열방식은 냉수의 현열뿐 아니라 얼음의 잠열까지도 이용할 수 있기 때문에 동일한 부피의 수축열방식보다 최대 12배까지 축열량을 크게 하므로 경제적이다.

④ 빙축열방식은 주·야간의 전력 불균형 해소로 주간 냉동기 가동시간이 줄게 되며, 운전비가 다른 시스템보다 매우 저렴하다.

01 개요

(1) 난방방식의 분류

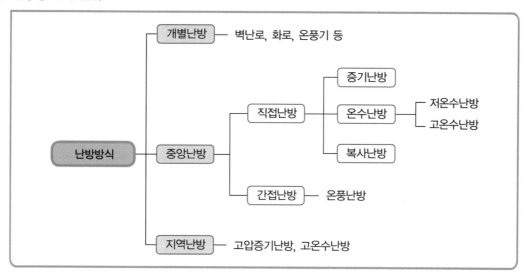

(2) 난방방식의 특징

① **개별난방**: 열원기기(예 난로, 페치카, 스토브)를 실내에 설치하여 난방하는 방식이다.

② **중앙난방**: 건물의 중앙기계실에서 온수나 증기 등의 열매를 만들어 실내의 난방장치로 공급하여 난방하는 방식이다.

    ㉠ **직접난방**

        ⓐ 난방하는 실내에 직접 방열장치를 설치하여 그 방열장치에 의하여 실내의 온도를 조절하는 방식이다.

        ⓑ 방열체의 방열형식에 따라 대류난방 · 복사난방으로 구분한다.

        ⓒ 사용열매에 따라 증기난방 · 온수난방 · 온풍난방으로 구분한다.

    ㉡ **간접난방**: 중앙기계실의 공기가열장치에서 가열한 공기를 덕트를 통해 실내로 송풍하는 방식이다.

③ **지역난방**: 도시 혹은 일정 지역 내에 대규모 고효율의 열원플랜트를 설치하여 여기에서 생산된 열매(증기 또는 온수)를 지역 내의 각 주택, 상가, 사무실, 병원 등 수용가에 공급함으로써 효율적인 에너지 사용을 도모하는 난방방식이다.

(1) 증기난방(steam heating)

증기난방배관

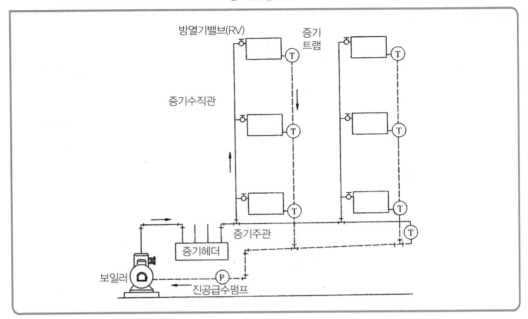

① 증기난방의 장단점

장점	단점
㉠ 증발잠열을 이용하므로 열의 운반능력이 크다.	㉠ 방열기의 방열량 제어가 어렵다.
㉡ 방열기의 방열면적이 작아도 된다.	㉡ 방열기의 표면온도가 높아 접촉하면 화상의 우려가 있다.
㉢ 설비비가 싸다.	㉢ 먼지 등의 상승으로 난방의 쾌적감이 나쁘다.
㉣ 열용량이 작기 때문에 예열시간이 짧고 증기순환이 빠르다.	㉣ 스팀해머가 발생할 우려가 있다.
㉤ 한랭지에서 동결에 의한 파손의 위험이 적다.	㉤ 응축수관이 부식하기 쉽다.
	㉥ 증기트랩의 고장 및 응축수 처리에 배관상 기술을 요한다.

② 증기난방의 분류

    ㉠ 사용 증기압력에 의한 분류

        ⓐ 저압증기난방: 0.1MPa 이하

        ⓑ 고압증기난방: 0.1MPa 이상

ⓛ 응축수 환수방법에 의한 분류

ⓐ 중력환수식

• 응축수를 펌프를 사용하지 않고 중력만으로 보일러에 환수하는 방식이다.

• 방열기는 보일러 수면보다 상부에 설치하여야 한다.

• 공기빼기밸브를 반드시 설치하여야 한다.

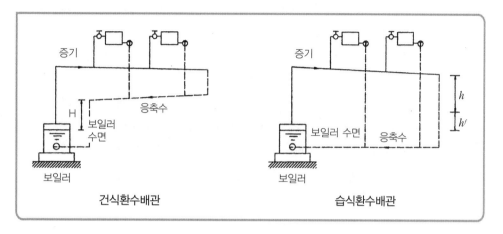

건식환수배관   습식환수배관

ⓑ 기계환수식

• 환수관을 수수탱크에 접속하여 응축수를 이 탱크에 모아 펌프로 보일러에 송수하는 방식이다.

• 보일러의 위치는 방열기와 동일한 바닥면 또는 높은 위치가 되어도 지장이 없다.

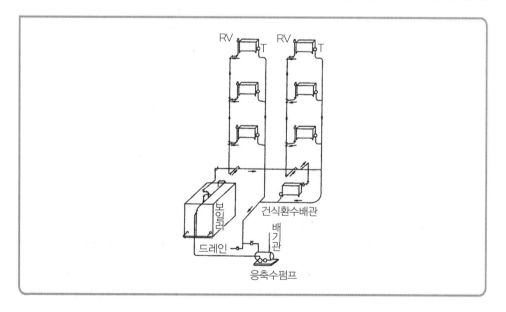

ⓒ 진공환수식
- 환수관의 말단에 진공펌프를 설치하여 응축수와 공기를 흡인해서 보일러에 급수하는 방식이다.
- 환수의 흐름이 원활해지므로 환수관의 관경이 작아도 되고, 공기빼기밸브가 필요하지 않다.
- 증기의 순환이 가장 빠르며 방열기, 보일러 설치위치에 제한을 받지 않는다.
- 대규모 난방에서 많이 사용된다.

ⓒ 배관방식에 의한 분류
ⓐ 단관식: 별도의 환수관을 설치하지 않아 증기와 응축수가 동일관 내에 흐르도록 한 것으로, 방열기 하부 태핑에 연결되며 증기트랩을 사용하지 않는다.
ⓑ 복관식: 증기관과 환수관을 별개의 관으로 하고 방열기마다 증기트랩을 설치하여 응축수만을 환수관을 통하여 보일러로 환수시킨다.

ⓔ 증기의 공급방식에 의한 분류
ⓐ 상향공급식
ⓑ 하향공급식

③ 증기난방의 배관법
㉠ 냉각다리(cooling leg)
ⓐ 완전한 응축수를 트랩에 보내는 역할을 한다.
ⓑ 보온피복을 하지 않는다.
ⓒ 냉각면적을 넓히기 위하여 1.5m 이상의 길이가 되도록 한다.
ⓓ 증기주관보다 한 치수 작은 관을 사용한다.

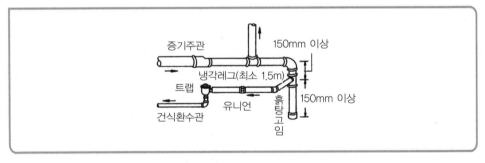

㉡ 하트포드 접속법(hartford connection)
ⓐ 원리: 저압증기난방장치에 있어서 환수주관을 보일러 하단에 직접 접속하면 보일러 내의 증기압력에 의해 보일러 내의 수면이 안전수위 이하로 내려간다. 또한 환수관의 일부가 파손되어 누수될 경우 보일러 내의 물이 유출되어 안전수위 이하가 되고 보일러는 빈 상태로 된다. 이 경우에 보일러 내의 안전수위를 확보하기 위한 배관법을 하트포드 접속법이라고 한다.

ⓑ 설치목적
- 보일러의 안전수위 확보
- 빈불때기 방지
- 증기압과 환수압의 균형 유지
- 환수관으로부터 유입되는 찌꺼기 배제

하트포드 접속법

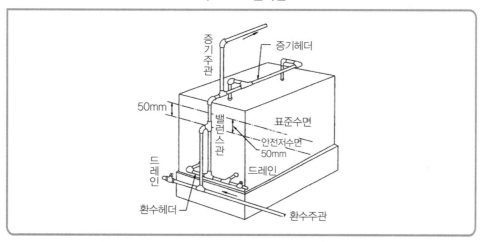

ⓒ **리프트이음(lift fitting)**

ⓐ 진공환수식 난방에서 방열기보다 높은 곳에 환수관을 설치할 때 또는 환수주관 보다 높은 곳에 진공펌프를 설치할 때 환수관의 응축수를 끌어올릴 수 있는 배관 방법이다.

ⓑ 입상관(lift pipe)의 길이는 1.5m 이내로 하고, 주관보다 한 치수 작은 관을 사용한다.

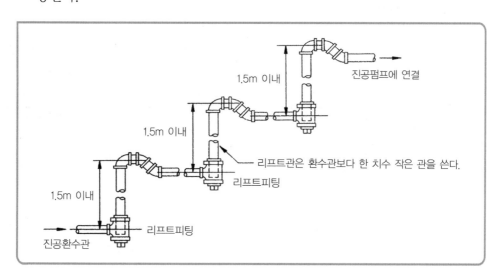

㉣ 증기헤더(steam header): 보일러에서 발생한 증기를 각 계통으로 고르게 분배하기 위한 장치이다.

기출예제

증기난방설비의 구성요소가 아닌 것은?   제22회

① 감압밸브   ② 응축수탱크
③ 팽창탱크   ④ 응축수펌프
⑤ 버킷트랩

해설

팽창탱크는 온수난방이나 급탕설비의 구성요소이다.   정답: ③

핵심 콕! 콕! 증기난방과 온수난방의 비교

구분	증기난방	온수난방
열매온도	높음	낮음
열용량	작음	큼
예열시간	짧음	긺
난방지속시간	짧음	긺
열운반능력	큼	작음
방열기면적	작음	큼
설치유지비	작음	큼
수격작용 (steam hammer)	발생	발생하지 않음
난방부하 제어성	어려움	용이
쾌적감	불쾌 (사무소·학교·백화점 등)	쾌적 (아파트·호텔·병원)
열방식	잠열	현열
보일러 취급	복잡	간단
소음	큼	작음
관 부식	큼	작음

(2) 온수난방(hot water heating)

① 온수난방의 장단점

장점	단점
㉠ 난방부하의 변동에 따라 온도조절이 용이하다.	㉠ 증기난방에 비하여 방열면적이 커서 설비비가 비싸다.
㉡ 현열을 이용하므로 증기난방에 비하여 쾌적감이 좋다.	㉡ 공기의 정체에 의하여 순환을 저해하는 원인이 생길 수가 있다.
㉢ 방열기 표면온도가 낮기 때문에 화상을 입을 우려가 없다.	㉢ 예열시간이 길다.
㉣ 보일러 취급이 용이하다.	㉣ 한랭시 난방을 정지하는 경우 동결이 우려된다.
㉤ 증기난방에 비하여 관의 부식이 적다.	㉤ 온수순환시간이 길다.
㉥ 스팀해머(steam hammer)가 생기지 않아 소음이 없다.	

제2편 건축설비

8장

기출예제

01 난방방식에 관한 설명으로 옳지 않은 것은? 제22회

① 증기난방은 온수난방에 비해 열의 운반능력이 크다.
② 온수난방은 증기난방에 비해 방열량 조절이 용이하다.
③ 온수난방은 증기난방에 비해 예열시간이 짧다.
④ 복사난방은 바닥구조체를 방열체로 사용할 수 있다.
⑤ 복사난방은 대류난방에 비해 실내온도 분포가 균등하다.

해설

온수난방은 증기난방에 비해 예열시간이 길다. 정답: ③

02 온수난방에 관한 설명으로 옳은 것은? 제20회

① 증기난방에 비해 보일러 취급이 어렵고, 배관에서 소음이 많이 발생한다.
② 관 내 보유수량 및 열용량이 커서 증기난방보다 예열시간이 길다.
③ 증기난방에 비해 난방부하의 변동에 따라 방열량 조절이 어렵고 쾌감도가 낮다.
④ 잠열을 이용하는 방식으로 증기난방에 비해 방열기나 배관의 관경이 작아진다.
⑤ 겨울철 난방을 정지하였을 경우에도 동결의 우려가 없다.

해설

① 증기난방에 비해 보일러 취급이 쉽고, 배관에서 소음이 적게 발생한다.
③ 증기난방에 비해 난방부하의 변동에 따라 방열량 조절이 쉽고 쾌감도가 높다.
④ 현열을 이용하는 방식으로 증기난방에 비해 방열기나 배관의 관경이 커진다.
⑤ 겨울철 난방을 정지하였을 경우에는 동결의 우려가 있다. 정답: ②

② 온수난방의 분류
　㉠ 환수방식에 의한 분류
　　ⓐ 중력순환식
　　　• 펌프를 이용하지 않고 온수의 온도차에 의한 밀도차에 따라 배관 내를 온수가 자연순환하는 방식이다.
　　　• 방열기는 항상 보일러보다 높은 위치에 설치하여야 한다.
　　　• 장치가 간단하고 취급이 간편하기 때문에 주택 등 소규모 건축에 많이 사용되며, 자연순환력이 약하기 때문에 큰 건축물에는 사용할 수 없다.
　　ⓑ 강제순환식: 순환펌프를 환수주관의 보일러측 말단에 부착하여 관 내 온수가 강제적으로 순환하는 방식으로, 대규모 건축물에 사용된다.

강제순환식 온수난방

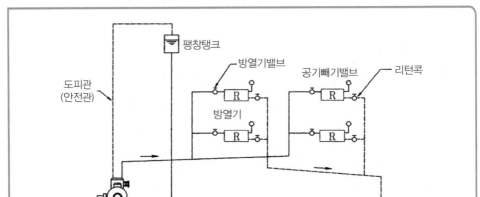

　㉡ 배관방식에 의한 분류
　　ⓐ 단관식: 온수공급관과 환수관이 하나의 관으로 되어 있는 방식이다.
　　ⓑ 복관식: 온수공급관과 환수관이 별도의 관으로 되어 있는 방식으로, 직접환수방식과 역환수방식으로 분류된다.

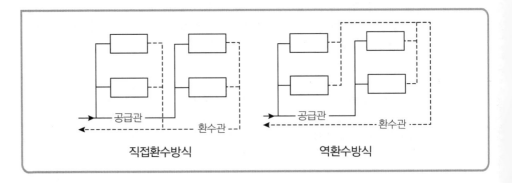

난방방식에 관한 설명으로 옳지 않은 것은?   제27회

① 온수난방은 증기난방에 비해 방열량을 조절하기 쉽다.
② 온수난방에서 직접환수방식은 역환수방식에 비해 각 방열기에 온수를 균등히 공급할 수 있다.
③ 증기난방은 온수난방에 비해 방열기의 방열면적을 작게 할 수 있다.
④ 온수난방은 증기난방에 비해 예열시간이 길다.
⑤ 지역난방방식에서 고온수를 열매로 할 경우에는 공동주택단지 내의 기계실 등에서 열교환을 한다.

해설

온수난방에서 역환수방식은 직접환수방식에 비해 각 방열기에 온수를 균등히 공급할 수 있다.   정답: ②

© 공급방식에 의한 분류: 상향식, 하향식, 상·하향 혼용방식으로 분류된다.
② 사용온도에 의한 분류
　　ⓐ 보통온수난방: 100℃ 이하(85~90℃)의 온수 사용
　　ⓑ 고온수난방
　　　• 100℃ 이상의 온수 사용
　　　• 강판제 보일러와 밀폐식 팽창탱크의 사용이 필수적이다.

더 알아보기 **고온수난방의 특징과 문제점**

특징	문제점
• 고압증기의 흡입으로 온수순환력이 커지므로 관경을 가늘게 할 수 있다. • 보일러와 동일 높이의 방열기에도 온수의 순환이 가능하다. • 열매온도가 높기 때문에 방열기의 면적이 작아도 된다. • 지역난방이나 배관의 총길이가 길고 아파트와 같이 분산된 건물의 난방에 적합하다.	• 순환펌프의 용량이 커진다. • 높은 건물에 공급이 곤란하다. • 유황분이 많은 연료를 사용할 때 부식의 염려가 있다. • 예열시간이 길어 연료소비량이 크다.

난방설비에 관한 내용으로 옳지 않은 것은?   제19회

① 온수난방은 현열을, 증기난방은 잠열을 이용하는 개념의 난방방식이다.
② 100℃ 이상의 고온수난방에는 개방식 팽창탱크를 주로 사용한다.
③ 응축수만을 보일러로 환수시키기 위하여 증기트랩을 설치한다.
④ 수온변화에 따른 온수의 용적 증감에 대응하기 위하여 팽창탱크를 설치한다.
⑤ 개방식 팽창탱크에는 안전관, 오버플로우(넘침)관 등을 설치한다.

해설
100℃ 이상의 고온수난방에는 밀폐식 팽창탱크를 사용한다.   정답: ②

③ 팽창탱크
   ㉠ 목적: 물의 온도변화에 따른 체적의 증감에 대처하기 위하여 설치한다.
   ㉡ 종류
      ⓐ 개방식
         • 방열기보다 높은 위치에 설치한다.
         • 최상단부의 배관에서 팽창탱크까지의 높이는 1m 이상으로 설치한다.
         • 팽창탱크의 용량은 온수팽창량의 2~2.5배가 되도록 한다.
         • 보통온수난방에 사용된다.
      ⓑ 밀폐식
         • 일정한 압력으로 하고 펌프흡입측 가까이에 접속한다.
         • 강판제 보일러를 사용한다.
         • 지역난방·고온수난방에 쓰인다.

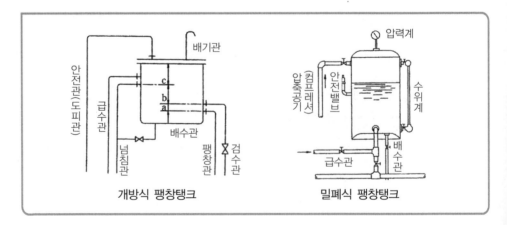

개방식 팽창탱크   밀폐식 팽창탱크

④ 온수의 순환수량(G_w)

> • $Q = G \cdot c \cdot (t_2 - t_1)[\text{kJ/h}]$
>
> • $Q = \dfrac{G_w \cdot c \cdot (t_2 - t_1)}{3,600}[\text{kW}]$
>
> • $G_w = \dfrac{3,600\,Q}{c \cdot (t_2 - t_1)}[\text{kg/h}]$
>
> Q: 방열기의 방열량(kW), G: 질량, c: 물의 비열(4.2kJ/kg·K)
> t_2: 방열기 출구의 온수온도(℃), t_1: 방열기 입구의 온수온도(℃)

(3) 복사난방(panel heating)

바닥, 천장, 벽 등에 관을 매설하고 온수를 공급하여 그 복사열에 의해서 실내를 난방하는 방법이다.

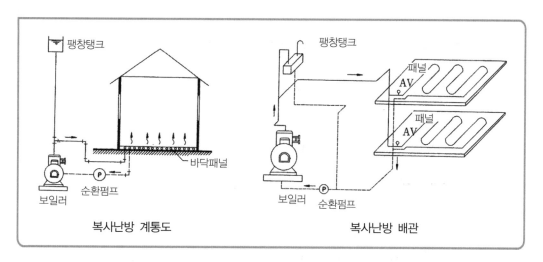

복사난방 계통도   복사난방 배관

① 복사난방의 장단점

장점	단점
㉠ 실내의 온도 분포가 균일하고 쾌적감이 좋다.	㉠ 열용량이 크기 때문에 외기온도의 급변에 따른 방열량 조절이 곤란하다.
㉡ 방열기를 설치하지 않으므로 바닥의 이용도가 높다.	㉡ 시공이 어렵고, 수리비·시설비가 비싸다.
㉢ 방을 개방상태로 하여도 난방효과가 높다.	㉢ 매입배관이므로 고장요소를 발견하기 어렵다.
㉣ 실온이 낮아도 난방효과가 높다.	㉣ 열손실을 막기 위한 단열층을 필요로 한다.
㉤ 대류현상이 적으므로 바닥면의 먼지가 상승하지 않는다.	㉤ 바닥하중이 증대한다.
㉥ 천장이 높아도 난방이 가능하다.	

01 난방설비에 관한 내용으로 옳지 않은 것은?
제26회

① 증기난방에서 기계환수식은 응축수 탱크에 모인 물을 응축수 펌프로 보일러에 공급하는 방법이다.
② 증기트랩의 기계식 트랩은 플로트트랩을 포함한다.
③ 증기배관에서 건식환수배관방식은 환수주관이 보일러 수면보다 위에 위치한다.
④ 관경결정법에서 마찰저항에 의한 압력손실은 유체밀도에 비례한다.
⑤ 동일 방열량에 대하여 바닥복사난방은 대류난방보다 실의 평균온도가 높기 때문에 손실열량이 많다.

해설

동일 방열량에 대하여 바닥복사난방은 대류난방보다 실의 평균온도가 낮기 때문에 손실열량이 작다.
정답: ⑤

02 대류난방과 비교한 바닥복사난방에 관한 내용으로 옳지 않은 것은?
제19회

① 실내 먼지의 유동이 적다.
② 실내 상·하부의 온도차가 작다.
③ 예열시간이 오래 걸린다.
④ 외기온도변화에 따른 방열량 조절이 쉽다.
⑤ 고장시 발견과 수리가 어렵다.

해설

외기온도변화에 따른 방열량 조절이 어렵다.
정답: ④

03 대류난방과 비교한 복사난방에 관한 설명으로 옳은 것을 모두 고른 것은?
제27회

㉠ 실내 상하 온도분포의 편차가 작다.
㉡ 배관이 구조체에 매립되는 경우 열매체 누설시 유지보수가 어렵다.
㉢ 저온수를 이용하는 방식의 경우 일시적인 난방에 효과적이다.
㉣ 실(室)이 개방된 상태에서도 난방효과가 있다.

① ㉠, ㉡
② ㉠, ㉢
③ ㉡, ㉣
④ ㉠, ㉡, ㉣
⑤ ㉠, ㉡, ㉢, ㉣

해설

㉢ 저온수를 이용하는 방식의 경우 지속적인 난방에 효과적이다.
정답: ④

② 패널

　　㉠ 패널의 종류: 바닥·벽·천장 패널 등 3가지 종류가 있다.

　　㉡ 패널의 배관방식: 강관, 동관 등을 사용한다.

패널용 파이프 코일

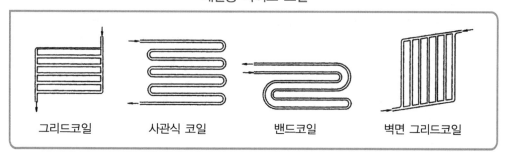

| 그리드코일 | 사관식 코일 | 밴드코일 | 벽면 그리드코일 |

③ 평균복사온도(MRT; Mean Radiant Temperature): 복사난방에서 복사면을 포함한 실내 표면온도의 평균온도를 말한다.

기출예제

바닥복사난방에 관한 설명으로 옳지 않은 것은?　제20회

① 난방코일이 바닥에 매설되어 균열이나 누수시 수리가 어렵다.

② 각 방으로 연결된 난방코일의 길이가 달라지면, 그 저항손실도 달라진다.

③ 난방코일의 간격은 열손실이 많은 측에서는 넓게, 적은 측에서는 좁게 해야 한다.

④ 난방코일의 매설 깊이는 바닥표면 온도분포와 균열 등을 고려하여 결정한다.

⑤ 열손실을 막기 위해 방열면 반대측에 단열층 설치가 필요하다.

해설

난방코일의 간격은 열손실이 많은 측에서는 좁게 하고, 열손실이 적은 측에서는 넓게 해야 한다.

정답: ③

(4) 온풍난방(hot air heating system)

① 정의: 온풍난방은 온풍로로 가열한 공기를 직접 실내로 공급하는 난방방식이다.

② 온풍난방의 장단점

장점	단점
㉠ 열효율이 좋아 연료비가 적게 든다. ㉡ 증기·온수난방에 비하여 장치도 간단하며 설비비도 적게 든다. ㉢ 예열시간이 짧아 실온 상승이 빠르다. ㉣ 누수나 동결의 우려가 없다. ㉤ 온도·습도·풍량 조절이 가능하다. ㉥ 시공이 간편하며 장치의 조작이 쉽다. ㉦ 기계실의 면적이 작아진다.	㉠ 소음과 온풍로의 내구성이 문제가 된다. ㉡ 덕트에 의한 공기의 감염이 우려된다. ㉢ 실내의 상하 온도차가 커서 불쾌감을 줄 수 있다. ㉣ 정밀한 온도제어가 곤란하다.

(5) 지역난방(district heating)

① 정의: 지역난방이란 도시 혹은 일정 지역 내에 대규모 고효율의 열원플랜트를 설치하여 여기에서 생산된 열매(증기 또는 온수)를 지역 내의 각 주택, 상가, 사무실, 병원 등 수용가에 공급함으로써 효율적인 에너지 사용을 도모하는 난방방식을 말한다.

② 지역난방의 장단점

장점	단점
㉠ 열원장치가 1개소에 대규모로 집중되어 설치되므로 대용량 기기의 사용에 따른 기기효율이 증대되고 연료비가 절감된다. ㉡ 각 건물의 기계실 넓이를 대폭 축소하고 유효면적을 넓힐 수 있다. ㉢ 열원설비를 집중관리하므로 관리인원의 감소, 연료의 대량구매를 통한 비용절감이 가능하다. ㉣ 도시의 대기오염이 감소하고 자연보호효과도 기대된다. ㉤ 화재의 위험을 줄일 수 있다.	㉠ 초기 시설투자비가 많아진다. ㉡ 열원기기의 용량제어가 어렵다. ㉢ 배관에서의 열손실이 많다. ㉣ 열의 사용량이 적으면 기본요금이 높아진다. ㉤ 고도의 숙련된 기술자가 필요하다.

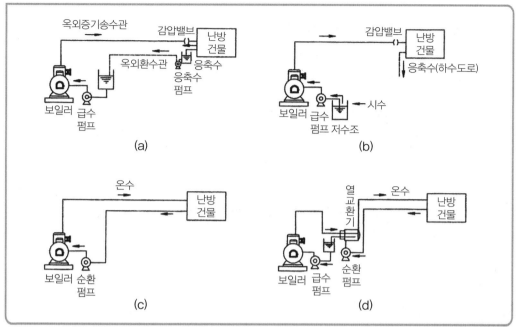

지역냉난방의 배관

③ **열병합발전방식**

　㉠ 코제너레이션시스템(cogeneration system)이라고 하며, 석유 · 가스 등의 연료를
　　에너지원으로 하여 터빈 또는 엔진을 구동시켜서 발전하고 그 배열을 이용하여 냉방 ·
　　난방 · 급탕을 행하는 방식이다.

　㉡ 에너지 절약성이 높아서 최근 많은 분야에 보급 · 이용되고 있다.

④ **열매의 유량제어**

　㉠ **정유량식**

　　ⓐ 열수요의 변화에 대해서 공급열매온도를 변화시켜 유량을 일정하게 보내는 방식
　　　이다.

　　ⓑ 정유량식은 지역배관의 압력분포가 일정하게 되므로 공급열량은 안정되지만 저
　　　부하시에도 펌프 동력비가 변하지 않고 열원측에서 바이패스(bypass) 제어를
　　　하지 않으면 저부하시의 경제운전을 기대할 수 없다.

　㉡ **변유량식**

　　ⓐ 공급열매온도를 일정하게 하고 열매 유량을 변화시키는 방식이다.

　　ⓑ 변유량식은 지역배관의 압력변화가 있으므로 시스템에 압력조절장치를 도입할
　　　필요가 있지만, 열원기기의 저부하시 경제운전이 가능하고, 에너지 절약면에서
　　　현재는 변유량식이 많이 사용되고 있다.

지역난방방식의 특징에 관한 내용으로 옳지 않은 것은? 제24회

① 열병합발전인 경우에 미활용 에너지를 이용할 수 있어 에너지 절약효과가 있다.
② 단지 자체에 중앙난방 보일러를 설치하는 경우와 비교하여 단지의 난방 운용 인원수를 줄일 수 있다.
③ 건물이 밀집되어 있을수록 배관매설비용이 줄어든다.
④ 단지에 중앙난방 보일러를 설치하지 않으므로 기계실 면적을 줄일 수 있다.
⑤ 건물이 플랜트로부터 멀리 떨어질수록 열매 반송동력이 감소한다.

해설

건물이 플랜트로부터 멀리 떨어질수록 열매 반송동력이 증가한다. 정답: ⑤

제6절 보일러설비

01 보일러(boiler)

(1) 보일러의 종류

① 주철제보일러
　㉠ 정의: 주철제의 단위부재(section)를 니플 또는 볼트로 연결·조립하며, 섹션수를 증가시키면 간단히 용량에 따라 그 크기를 구성할 수 있다.
　㉡ 사용압력
　　ⓐ 증기인 경우: 0.1MPa 이하
　　ⓑ 온수인 경우: 50mAq 이하의 저압용
　㉢ 특징
　　ⓐ 내식성이 우수하여 수명이 길다.
　　ⓑ 취급이 간편하고 분할 반입이 용이하다.
　　ⓒ 섹션의 증감에 의하여 보일러의 능력변경이 가능하다.
　　ⓓ 가격이 싸다.
　　ⓔ 내압력이 낮아 중·소규모 건축의 난방·급탕용, 증기보일러, 온수보일러로서 널리 사용된다.

주철제보일러

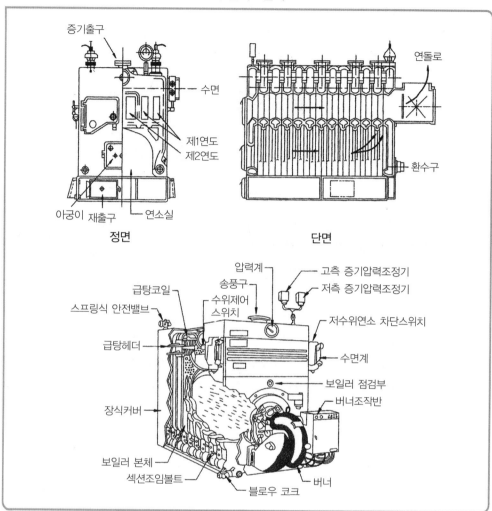

정면 　　　　　　 단면

② 노통연관식 보일러

　㉠ 정의: 강판제 보일러의 일종으로 강판으로 된 원통 속에 노통(爐桶, 연소통)과 다수
　　의 연관을 배치한 것으로, 연소 가스는 수중의 연관을 2~3회 흐름방향을 바꾸어 통
　　과하여 물에 열을 주고 연돌로 흐른다.

　㉡ 사용압력: 0.7~1.0MPa

　㉢ 특징

　　ⓐ 보유수량이 많아 부하변동에도 안전하다.

　　ⓑ 설치가 간단하나 수명이 짧고 가격이 고가이다.

　　ⓒ 중·대규모 건축물의 난방용 증기 및 온수 보일러로 채용되고 있다(예 아파트, 학교,
　　　사무소 등).

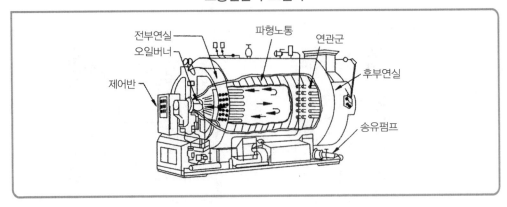

노통연관식 보일러

③ 수관식 보일러

　　㉠ **정의**: 드럼에 여러 개의 수관을 설치하여 복사열이 크게 전달되도록 하는 방식이다.

　　㉡ **사용압력**: 증기압력 1MPa 이상

　　㉢ **특징**

　　　　ⓐ 보유수량이 적어 증기 발생속도가 빠르며, 예열시간이 짧다.

　　　　ⓑ 연소상태가 좋고, 보일러의 열효율이 좋다.

　　　　ⓒ 설치면적이 넓고 다른 보일러에 비하여 고가이며, 급수처리가 까다롭다.

　　　　ⓓ 고압 · 고온형에 알맞으며, 고압증기를 대량으로 사용하는 대규모 건축물에 적합하다.

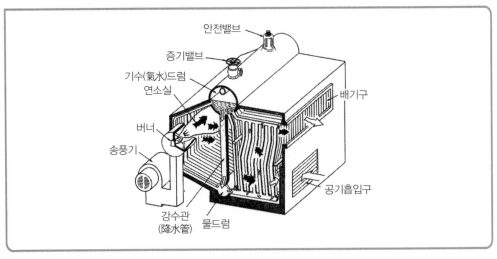

수관식 보일러

01 지역난방이나 고압증기가 다량으로 필요한 곳에 주로 사용하는 보일러는? 제19회

① 전기보일러 ② 노통연관보일러
③ 주철제보일러 ④ 수관보일러
⑤ 입형보일러

해설

지역난방이나 고압증기가 다량으로 필요한 곳에 주로 사용하는 보일러는 수관보일러이다. 정답: ④

02 난방용 보일러에 관한 설명으로 옳은 것은? 제27회

① 상용출력은 난방부하, 급탕부하 및 축열부하의 합이다.
② 환산증발량은 100℃의 물을 102℃의 증기로 증발시키는 것을 기준으로 하여 보일러의 실제증발량을 환산한 것이다.
③ 수관보일러는 노통연관보일러에 비해 대규모 시설에 적합하다.
④ 이코노마이저(economizer)는 보일러 배기가스에서 회수한 열로 연소용 공기를 예열하는 장치이다.
⑤ 저위발열량은 연료 연소시 발생하는 수증기의 잠열을 포함한 것이다.

해설

① 상용출력은 난방부하, 급탕부하 및 손실부하(배관손실)의 합이다.
② 100℃의 물을 102℃의 증기로 증발시키는 것을 기준증발량이라 하고, 실제증발량을 기준증발량으로 환산한 증발량(kg/h)을 환산증발량(상당증발량)이라 하는데, 이는 보일러의 출력을 나타낸다.
④ 이코노마이저(economizer)는 응축기에서 응축 액화된 냉매 일부를 보조팽창변을 사용해 이코노마이저(중간냉각기)에서 팽창시켜 응축기에서 증발기로 향하는 액냉매를 과냉각시켜 냉각효율을 증대시키는 역할을 한다.
⑤ 저위발열량은 연료 연소시 발생하는 수증기의 잠열을 제외한 것이다. 정답: ③

④ 관류식 보일러
㉠ 긴 관을 코일 모양으로 만든 가열관을 설치하고, 순환펌프에 의해 물이 관 내를 흐르는 동안에 '예열 ⇨ 증발부 ⇨ 과열부'의 순서로 관류하면서 과열증기를 얻기 위한 것이다.
㉡ 보유수량이 적기 때문에 가동시간이 짧고 부하변동에 따라 압력변동을 일으키므로 응답이 빠른 자동제어기기를 필요로 하나, 보일러수의 보유량이 극히 적어도 되고 증기 발생이 빨라 소형이어도 충분하기 때문에 난방용으로 널리 사용된다.

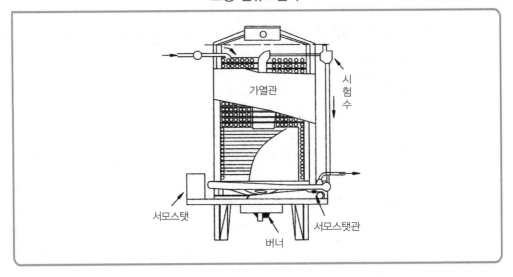

소형 관류보일러

(2) 보일러의 능력과 효율 표시방법

① **보일러 마력(B.H.P; Boiler Horse Power)**: 1시간에 100℃의 물 15.65kg을 전부 증기로 증발시키는 능력을 1보일러 마력이라 한다.

$$1보일러 \ 마력 = 15.65kg/h \times 2,257kJ/kg = 35,322kJ/h = 9.8kW$$

② **보일러톤**: 1시간에 100℃의 물 1,000ℓ를 완전히 증발시킬 수 있는 능력을 1보일러톤이라 한다.

③ **상당방열면적(EDR, m²)**: 보일러의 출력을 방열기의 표준방열량으로 나누어 방열면적으로 환산한 것이다.

④ **전열면적(heating surface)**: 보일러의 연소실에서 연료를 연소하는 경우 발생하는 열에 따라서 한쪽이 가열되고, 그 반대쪽에 물이 접근하여 열을 물에 전하는 면적(m²)을 말한다. 전열면적 0.929m²를 1마력이라 한다.

⑤ **증발량(quantity of evaporation)**

    ㉠ **실제증발(kg/h)**: 단위시간에 발생하는 증발량이다.

    ㉡ **상당증발량(환산증발량)**: 실제증발량이 흡수한 전열량을 가지고 100℃의 온수에서 같은 온도의 증기로 만들 수 있는 증발량으로서, 즉 실제증발량을 기준증발량으로 환산한 증발량(kg/h)를 말하며, 보일러의 출력을 나타낸다.

$$G_e = \frac{G(h_2 - h_1)}{2,257} [\text{kg/h}]$$

G_e: 증발량(kg/h), G: 실제증발량(kg/h)

h_2: 발생증기의 엔탈피(kJ/kg), h_1: 급수 엔탈피(kJ/kg)

(3) 보일러의 용량 결정

① 보일러의 부하

$$H_B = H_r + H_h + H_p + H_a$$

H_B: 보일러부하, H_r: 방열기부하(난방부하), H_h: 급탕부하

H_p: 배관계통의 열손실부하, H_a: 예열부하

② 보일러의 출력

- **정미출력** = 난방부하 + 급탕부하
- **상용출력** = 난방부하 + 급탕부하 + 배관부하
- **정격출력** = 난방부하 + 급탕부하 + 배관부하 + 예열부하

기출예제

01 난방설비에 관한 내용으로 옳지 않은 것은? 제22회

① 보일러의 정격출력은 난방부하와 급탕부하의 합이다.

② 노통연관보일러는 증기나 고온수 공급이 가능하다.

③ 표준상태에서 증기방열기의 표준방열량은 약 756W/m^2이다.

④ 온수방열기의 표준방열량 산정시 실내온도는 18.5℃를 기준으로 한다.

⑤ 지역난방용으로 수관식 보일러를 주로 사용한다.

해설

보일러의 정격출력은 상용출력(난방부하 + 급탕부하 + 손실부하)과 예열부하의 합이다. 정답: ①

02 보일러에 관한 용어의 설명으로 옳은 것을 모두 고른 것은? 제26회

> ㉠ 정격출력은 난방부하, 급탕부하, 예열부하의 합이다.
> ㉡ 보일러 1마력은 1시간에 100℃의 물 15.65kg을 증기로 증발시킬 수 있는 능력을 말한다.
> ㉢ 저위발열량은 연소 직전 상변화에 포함되는 증발 잠열을 포함한 열량을 말한다.
> ㉣ 이코노마이저(economizer)는 에너지 절약을 위하여 배열에서 회수된 열을 급수 예열에 이용하는 방법을 말한다.

① ㉠, ㉡   ② ㉠, ㉢
③ ㉡, ㉣   ④ ㉡, ㉢, ㉣
⑤ ㉠, ㉡, ㉢, ㉣

해설

㉠ 정격출력은 난방부하, 급탕부하, 배관손실(손실부하), 예열부하의 합이다.
㉢ 저위발열량은 연소 직전 상변화에 포함되는 증발 잠열을 제외한 열량을 말한다.   정답: ③

③ **보일러의 효율(E, %):** 보일러의 연소실에 공급된 연료 중 몇 %가 유효한 열로서 증기 혹은 물에 전해주었는가를 나타내는 비율이다.

$$\cdot\ \eta = \frac{Wa(i_2 - i_1)}{G \cdot He}$$

η: 보일러 효율, Wa: 실제증발량(kg/h), i_2: 발생증기의 엔탈피(kJ/kg)
i_1: 급수의 엔탈피(kJ/kg), G: 연료소비량(kg/h), He: 연료의 발열량(kJ/kg)

$$\cdot\ \text{효율} = \frac{\text{정격출력}}{\text{연료소비량} \times \text{발열량} \times \text{비중}} \times 100(\%)$$

④ **연료소비량:** 석탄·가스·증기를 열원으로 하는 가열장치의 연료소비량은 다음과 같다.

$$G_f = \frac{H_m}{H_o \cdot \eta}$$

G_f: 연료소비량(kg/h), H_m: 보일러의 정격출력(kcal/h), H_o: 발열량(kJ/kg), η: 보일러 효율(%)

(4) 보일러실의 조건

① 보일러의 위치

㉠ 건물 중앙부 난방부하 중심에 위치하는 것이 좋다.
㉡ 굴뚝 위치는 보일러에 가깝게 설치한다.
㉢ 연료의 반·출입이 편리한 위치이어야 하며, 충분한 공간을 가져야 한다.

    ⓔ 가능한 한 보일러 기사실 · 전기실을 보일러실에 가깝게 두어 조직상 연락이 편하

       도록 한다.

② 보일러실의 구조

    ㉠ 내화구조이어야 한다.

    ㉡ 2개 이상의 출입구가 있어야 하며, 하나는 보일러의 반 · 출입이 용이하여야 한다.

    ㉢ 천장의 높이는 보일러의 최상부에서 1.2m 이상이어야 한다.

    ㉣ 보일러 외벽에서 벽까지의 거리는 0.45m 이상이어야 한다.

    ㉤ 채광 · 통풍이 용이하여야 한다.

    ㉥ 정온식 감지기를 부착한다.

02 방열기(radiator)와 난방용 부속

(1) 방열기의 종류

① 형태에 따른 분류

    ㉠ **주형(柱形) 방열기**: 2주형, 3주형, 3세주형, 5세주형 등이 있다.

    ㉡ **벽걸이 방열기**: 가로형과 세로형이 있다.

    ㉢ **길드 방열기**: 파이프에 방열면적을 증가시키기 위하여 열전도율이 좋은 금속핀을
       여러 개 끼운 것이다.

    ㉣ **대류 방열기**: 대류작용의 촉진을 위하여 사용되는 것으로, 밑에서 유입된 공기를 가
       열하면 상부의 개구부로 유출하여 자연대류에 의하여 실내를 순환하는 구조로 되어
       있다.

    ㉤ **베이스보드 방열기**: 대류 방열기를 낮은 바닥에 설치한 방열기이다.

    ㉥ **관 방열기**: 관의 표면적을 방열면적으로 한 것으로, 고압에도 잘 견딘다.

베이스보드 히터

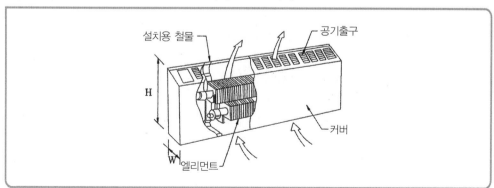

② 재료에 따른 분류

　　㉠ **주철제 방열기**: 주철제의 단위 섹션(section)을 조합하여 방열기를 만들 수 있으며 주형 방열기, 벽걸이형 방열기 등이 있다.

　　㉡ **강판제 방열기**: 2 · 3 · 4주형의 3종류가 있고, 외형은 강판을 프레스로 형성하고 용접한 것으로 한번 설치하면 증감이 곤란하다.

　　㉢ **특수금속제 방열기**: 알루미늄 제품의 방열기로, 화장실 등의 소용량에 이용된다.

③ **방열기 표시법**: 원을 평행선으로 3등분하여 원 중앙에는 방열기의 종류와 높이를 표시하고 상단에는 섹션수(절수)를, 하단에는 유입관과 유출관의 관경을 각각 기입한다.

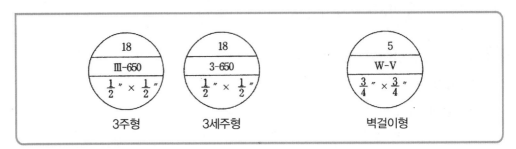

④ **방열기의 방열량과 응축수량**

　　㉠ **표준방열량**: 열매온도와 실내온도가 표준상태일 때 방열기 표면적 $1m^2$당 1시간 동안의 방열량을 말한다.

열매	표준상태의 온도(℃)		표준온도차(℃)	표준방열량(kW/m^2)
	열매온도	실내온도		
증기	102	18.5	83.5	0.756
온수	80	18.5	61.5	0.523

1. 표준방열량
   - 증기난방: $0.756kW/m^2 = 650kcal/m^2h$
   - 온수난방: $0.523kW/m^2 = 450kcal/m^2h$
2. kcal와 kW와의 관계
   - $1kJ = 0.238kcal$, $1kcal = 4.2kJ$
   - $1kW = 1kJ/s = 0.238kcal/s$
   - $1kW = 3,600kJ/h = 3,600 \times 0.238kcal/s = 856.8kcal/h \fallingdotseq 860kcal/h$

ⓛ 상당방열면적(EDR: Equivalent Direct Radiation)

- 증기난방의 경우: $\text{EDR} = \dfrac{H_L}{0.756}(\text{m}^2)$

- 온수난방의 경우: $\text{EDR} = \dfrac{H_L}{0.523}(\text{m}^2)$

  H_L: 손실열량(kW)

ⓒ 방열기의 절수(section)

방열기 절수 $= \dfrac{\text{손실열량(난방부하)}}{\text{표준방열량} \times 1\text{절의 면적}}(\text{개})$

- 증기난방의 경우: $\text{N}_S = \dfrac{H_L}{0.756\,a}(\text{개})$

- 온수난방의 경우: $\text{N}_W = \dfrac{H_L}{0.523\,a}(\text{개})$

  N_S: 증기난방의 방열기 절수, N_W: 온수난방의 방열기 절수
  H_L: 손실열량(kW), a: 방열기의 섹션당(1절당) 방열면적(m^2)

ⓔ 응축수량

$$Q_c = \frac{Q_f}{L} = \frac{0.756}{0.6267} = 1.21(\text{kg/m}^2 \cdot \text{h})$$

Q_c: 응축수량($\text{kg/m}^2 \cdot \text{h}$), Q_f: 방열기의 방열량($\text{kg/m}^2 \cdot \text{h}$)
L: 100℃ 증발잠열($\text{kg/m}^2 \cdot \text{h}$)

⑤ 방열기의 주변 배관

ⓐ 방열기 설치위치: 외기에 면한 창문 아래의 벽과 5~6cm 거리를 두고 설치한다.

ⓑ 절(section)수: 1개의 방열기 절수는 15~20절 정도가 적당하며, 절수가 많을수록 난방부하는 커진다.

ⓒ 온수난방은 유입관경과 유출관경이 같으나, 증기난방은 유입관경보다 유출관경을 작게 설치한다.

ⓓ 방열기의 배관은 열에 의한 배관의 신축을 고려하여 유입관과 유출관은 스위블이음으로 한다.

ⓔ 유출관에는 방열기트랩을 부착하여 응축수 유출이 용이하게 한다.

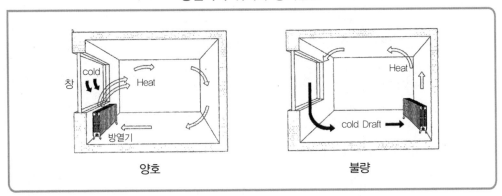

방열기의 위치와 공기순환

양호   불량

(2) 난방용 부속품

① 방열기밸브(radiator valve)

ㄱ 방열기 입구를 개폐하여 방열량을 조절하기 위하여 설치한다.

ㄴ 증기용은 디스크밸브를 사용한 스톱밸브형이 많고, 온수용은 유체의 마찰저항을 감소시키기 위하여 콕(cock)식이 많이 사용된다.

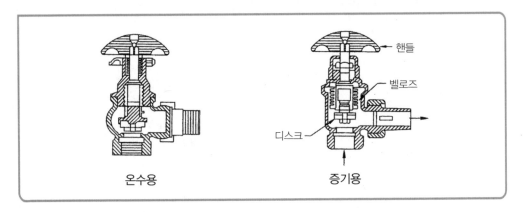

온수용   증기용

② 공기빼기밸브(air vent valve)

ㄱ 방열기와 배관의 굴곡부 등에 설치하여 공기를 제거한다.

ㄴ 하부 방열기 높이의 3분의 2 지점에 공기빼기밸브를 부착하여 순환이 잘되게 한다(진공환수식은 제외).

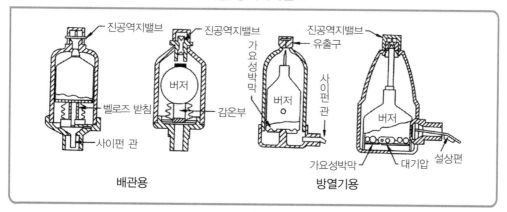

각종 공기빼기밸브

배관용

방열기용

③ **방열기트랩**(radiator trap, 증기트랩, 열동트랩)

　㉠ 증기와 응축수를 공학적 원리 및 내부구조에 의해 구별하여 자동적으로 밸브를 개폐 또는 조절함으로써 응축수만을 배출하는 일종의 자동밸브이다.

　㉡ **설치목적**: 방열기의 환수구 또는 배관의 최말단부에 설치하여 증기관 내에 생긴 응축수만을 보일러에 환수시키기 위하여 설치한다.

　㉢ **종류**

　　ⓐ **온도조절식 트랩**: 증기와 응축수의 온도 차이를 이용하여 응축수를 배출하는 타입이다.

　　　• 압력평형식(벨로즈식, 다이어프램식): 소형이고 공기배출이 용이하여 저압증기에 사용한다.

　　　• 바이메탈식

　　ⓑ **기계식 트랩**: 증기와 응축수 사이의 밀도차, 즉 부력 차이에 의해 작동되는 타입이다.

　　　• 플로트트랩: 다량의 응축수를 처리할 때 또는 열교환기 등에 사용한다.

　　　• 버킷트랩: 주로 고압증기의 관말트랩으로 사용한다.

　　ⓒ **열역학적 트랩**: 증기와 응축수의 속도차, 즉 운동에너지의 차이에 의해 작동된다.

　　　• 디스크트랩

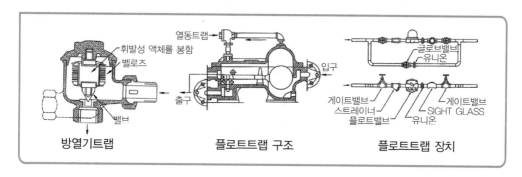

방열기트랩　　　　　플로트트랩 구조　　　　　플로트트랩 장치

난방설비에 사용되는 부속기기에 관한 설명으로 옳지 않은 것은? 제26회

① 방열기밸브는 증기 또는 온수에 사용된다.

② 공기빼기밸브는 증기 또는 온수에 사용된다.

③ 리턴콕(return cock)은 온수의 유량을 조절하는 밸브이다.

④ 2중 서비스밸브는 방열기밸브와 열동트랩을 조합한 구조이다.

⑤ 버킷트랩은 증기와 응축수의 온도 및 엔탈피 차이를 이용하여 응축수를 배출하는 방식이다.

해설

버킷트랩은 버킷의 부력을 이용해 밸브를 개폐하여 응축수를 배출하는 것으로, 주로 고압증기의 관말트랩 등에 사용한다. 정답: ⑤

④ 감압밸브

　㉠ 설치목적

　　ⓐ 고압증기를 저압증기로 감압시키기 위하여 설치한다.

　　ⓑ 증기유량과 저압측의 압력을 일정하게 유지하기 위하여 설치한다.

　㉡ 종류: 스프링식, 다이어프램식

⑤ 2중 서비스밸브

　㉠ 한랭지 배관에서 응축수의 동결을 막기 위하여 사용한다.

　㉡ 방열기밸브와 열동트랩을 조합한 형태이다.

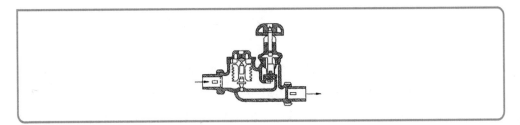

⑥ 리턴콕(return cock): 온수의 유량을 조절하기 위하여 사용하는 것으로, 주로 온수방열기의 환수밸브로 사용된다.

⑦ 인젝터(injector)

　㉠ 증기보일러의 급수장치로 이용된다.

　㉡ 증기노즐, 혼합노즐, 방출노즐로 구성된다.

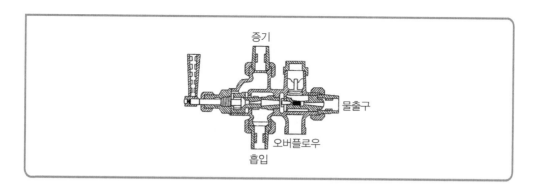

증기

물출구

오버플로우

흡입

제2편 건축설비

8장

제7절 | 환기설비

01 환기방식의 종류

(1) 자연환기

① 바람 및 실내·외 온도차에 의한 실내·외의 압력차로 환기하는 방식으로서, 환기량이
일정하지 않다.

② 개구부를 통한 자연환기량은 개구부 면적 및 유속에 비례하며 실내·외 압력차, 공기밀
도차, 온도차, 개구부간 수직거리의 차의 제곱근에 비례한다.

풍압에 의한 자연환기, 온도차에 의한 자연환기

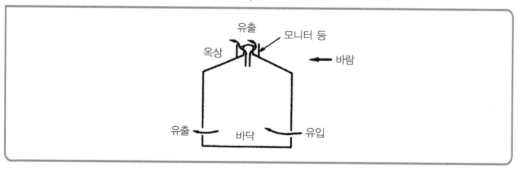

유출   모니터 등

옥상   ← 바람

유출   바닥   유입

(2) 기계환기

송풍기 등의 기계를 이용하여 확실한 환기를 하는 방식이다.

환기방식의 비교

구분	급기구	배기구	사용장소
제1종 환기	송풍기	배풍기	병원의 수술실
제2종 환기	송풍기	자연배기	반도체 공장, 무균실
제3종 환기	자연 급기	배풍기	주방, 화장실 등(수증기, 열기, 취기 등이 발생하는 장소)

① 제1종 환기
  ㉠ 급기팬·배기팬을 모두 이용하여 강제적으로 외기를 실내에 도입하고, 강제적으로 배출하는 방식이다.
  ㉡ 가장 우수한 환기방식으로, 주변 실내공간과의 공기 이동이 필요하지 않은 대부분의 실내에 적용된다.

② 제2종 환기
  ㉠ 급기팬만 사용하여 강제적으로 외기를 도입하고, 자연적으로 배출하는 방식이다.
  ㉡ 공기의 이동방향이 항상 실내에서 실외로 이루어진다.
  ㉢ 다른 실의 오염된 공기나 먼지 등이 그 실내로 들어오지 못하게 하여야 하는 클린룸, 자동차공장의 도장(塗裝)공장 등에 적용한다.

③ 제3종 환기: 배기팬만 사용하여 실내공기를 강제적으로 배출하고, 외기는 자연적으로 도입하는 방식으로 주방이나 화장실, 쓰레기처리실 등에서 적용한다.

환기방식의 종류

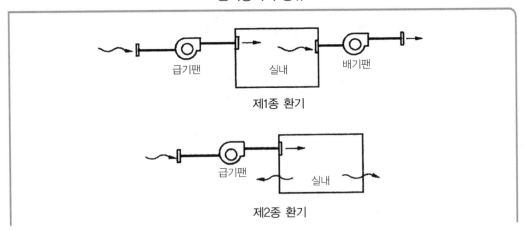

제1종 환기

제2종 환기

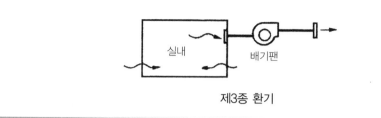

제3종 환기

다음은 건축물의 설비기준 등에 관한 규칙상 신축 공동주택 등의 기계환기설비의 설치기준에 관한 내용의 일부이다. (   ) 안에 들어갈 내용으로 옳은 것은?

제25회

> 외부에 면하는 공기흡입구와 배기구는 교차오염을 방지할 수 있도록 (㉠)m 이상의 이격거리를 확보하거나, 공기흡입구와 배기구의 방향이 서로 (㉡)도 이상 되는 위치에 설치되어야 하고 화재 등 유사시 안전에 대비할 수 있는 구조와 성능이 확보되어야 한다.

① ㉠: 1.0, ㉡: 45 　　　　　　② ㉠: 1.0, ㉡: 90
③ ㉠: 1.5, ㉡: 45 　　　　　　④ ㉠: 1.5, ㉡: 90
⑤ ㉠: 3.0, ㉡: 45

해설

외부에 면하는 공기흡입구와 배기구는 교차오염을 방지할 수 있도록 1.5m 이상의 이격거리를 확보하거나, 공기흡입구와 배기구의 방향이 서로 90도 이상 되는 위치에 설치되어야 하고 화재 등 유사시 안전에 대비할 수 있는 구조와 성능이 확보되어야 한다.

정답: ④

02 환기량 결정방법

(1) 허용치에 의한 계산방법

실내환경 유지를 위한 환경요인의 허용치와 오염량이 제시된 경우, 그 허용치를 지키기 위하여 필요한 환기량을 다음의 계산에 의하여 구한다.

$$Q = \frac{k}{P_i - P_o}(\text{m}^3/\text{h})$$

Q: 환기량(m^3/h), k: 유해가스 발생량(m^3/m^3), P_i: 허용농도(ppm), P_o: 외기가스농도(ppm)

6인이 근무하는 공동주택 관리사무실에서 실내의 CO_2 허용농도는 1,000ppm, 외기의 CO_2 농도는 400ppm일 때 최소 필요환기량(m^3/h)은? (단, 1인당 CO_2 발생량은 0.015m^3/h이다)

제25회

① 30
② 90
③ 150
④ 300
⑤ 400

해설

$$Q = \frac{K}{P_i - P_o} = \frac{6 \times 0.015}{0.001 - 0.0004} = 150(m^3/h)$$

정답: ③

(2) 환기횟수에 의한 계산방법

환기량은 실의 크기와 상관없이 절대량만을 사용하는 경우도 많으나, 실의 크기와 관련하여 표현하는 경우 환기횟수 n을 다음 식으로 표현한다.

$$n = \frac{Q}{V} (회/h)$$

Q: 환기량(m^3/h), V: 실의 용적(m^3)

제8절 **방음설계**

01 방음설계시 기본사항

① 발생소음 자체를 줄인다.
② 음의 투과량을 줄인다.
③ 기계실 등을 방음이 필요한 주요 공간과 떨어뜨린다.
④ 덕트, 배관 등의 관통부를 차음처리한다.

02 방음계획시 유의사항

① 덕트 내 풍속을 가급적 낮춘다.
② 덕트는 소음이 발생하는 장소나 소음을 꺼리는 장소를 통하지 않게 한다.
③ 댐퍼와 셔터류는 소음이 발생하므로 주의한다.

④ 취출구와 흡입구는 발생소음이 작은 기구를 선정한다.

⑤ 송풍기는 동적 균형이 있고, 정압이 작고, 효율이 좋은 것을 선정한다.

⑥ 각 기기, 덕트, 배관류는 될 수 있는 한 방진구조로 한다.

⑦ 공조기계실의 위치와 구조는 방음상 유효하게 건축계획에서 결정한다.

03 공동주택 층간소음의 범위와 기준

(1) 층간소음의 범위

공동주택 층간소음의 범위는 입주자 또는 사용자의 활동으로 인하여 발생하는 소음으로서, 다른 입주자 또는 사용자에게 피해를 주는 다음의 소음으로 한다. 다만, 욕실, 화장실 및 다용도실 등에서 급수·배수로 인하여 발생하는 소음은 제외한다.

① 직접충격소음: 뛰거나 걷는 동작 등으로 인하여 발생하는 소음

② 공기전달소음: 텔레비전, 음향기기 등의 사용으로 인하여 발생하는 소음

(2) 층간소음의 기준

층간소음의 구분		층간소음의 기준[단위: dB(A)]	
		주간 (06:00~22:00)	야간 (22:00~06:00)
직접충격소음	1분간 등가소음도(Leq)	39	34
	최고소음도(Lmax)	57	52
공기전달소음	5분간 등가소음도(Leq)	45	40

① 직접충격소음은 1분간 등가소음도(Leq) 및 최고소음도(Lmax)로 평가하고, 공기전달 소음은 5분간 등가소음도(Leq)로 평가한다.

② 층간소음의 측정방법은 소음·진동 관련 공정시험기준 중 동일 건물 내에서 사업장 소 음을 측정하는 방법을 따르되, 1개 지점 이상에서 1시간 이상 측정하여야 한다.

③ 1분간 등가소음도(Leq) 및 5분간 등가소음도(Leq)는 측정한 값 중 가장 높은 값으로 한다.

④ 최고소음도(Lmax)는 1시간에 3회 이상 초과할 경우 그 기준을 초과한 것으로 본다.

01 실내에서 사람의 온열감각에 영향을 미치는 4가지 요소는 기온 · 습도 · 기류 · 복사열이다.

( )

02 가열하거나 냉각하여도 공기의 절대습도와 노점온도는 변하지 않는다. ( )

03 포화공기상태에서 건구온도 · 습구온도 · 노점온도는 다르다. ( )

04 외단열은 내단열보다 결로가 잘 발생되지 않으나 설비비가 비싸고, 내단열은 내부결로로 구조체를 손상시킬 수 있다. ( )

05 벽체 내 공기층의 단열효과는 공기층의 기밀성이 좋고, 두께가 두꺼울수록 좋다. ( )

06 내단열시 내부결로를 방지하기 위하여 실외측(저온측)에 방습층을 설치한다. ( )

07 인체 · 조명 · 열원기기 · 외기는 현열과 잠열을 모두 포함하고 있다. ( )

---

01 ○

02 ○

03 ✕ 포화공기상태에서 건구온도 · 습구온도 · 노점온도는 같다.

04 ○

05 ○

06 ✕ 내단열시 내부결로를 방지하기 위하여 실내측(고온측)에 방습층을 설치한다.

07 ✕ 인체 · 틈새바람 · 열원기기 · 외기는 현열과 잠열을 모두 포함하고 있다.

08 냉방부하 계산에서 인체, 조명, 열원기기, 유리창을 통한 일사 등의 발열은 실내의 온도를 상승시키는 요인으로 작용하므로 냉방부하 계산에 반드시 포함시켜야 하지만, 난방부하 계산에는 포함시키지 않는다. ( )

09 공기조화조닝을 상세하게 할수록 설비비용은 감소하나 에너지는 증가된다. ( )

10 공기조화설비에서 에너지 절약방안에는 건물의 조닝, 변풍량방식 채택, 열회수장치, 외기냉방 등을 이용하는 방법이 있다. ( )

11 팬코일유닛방식은 개별제어가 불가능하지만, 열운반동력이 크고 실내배관에 의한 누수의 염려가 없다. ( )

12 AHU 구성요소에는 공기여과기(에어필터), 공기냉각기(냉각코일), 공기가열기(가열코일), 가습기, 송풍기 등이 있다. ( )

13 단일덕트 가변풍량방식은 개별제어가 가능하고, 칸막이 변경 또는 부하변동에 유연하며 에너지 절약에 좋다. ( )

14 압축식 냉동기와 흡수식 냉동기에서 냉수의 냉각이 이루어지는 부분은 응축기이다. ( )

15 이중덕트방식은 중간기에 냉·온풍 혼합에 의한 에너지 낭비가 발생하지만 실온 조절이 가장 우수하다. ( )

---

08 ○

09 × 공기조화조닝을 상세하게 할수록 설비비용은 증가하나 에너지는 절약된다.

10 ○

11 × 팬코일유닛방식은 개별제어가 가능하고 열운반동력이 작지만, 실내배관에 의한 누수의 염려가 있다.

12 ○

13 ○

14 × 압축식 냉동기와 흡수식 냉동기에서 냉수의 냉각이 이루어지는 부분은 증발기이다.

15 ○

16 팬코일유닛방식은 외주부의 창문 밑에 설치하면 콜드 드래프트(cold draft)를 방지할 수 있다.
( )

17 유인유닛방식은 중앙공조실에서 1차 공기를 유닛에 공급하고, 실내에서 유인되는 2차 공기와 함께 실내에 공급된다.
( )

18 압축식 냉동기의 주요 구성요소는 흡수기·응축기·팽창밸브·증발기이다.
( )

19 온수난방은 열용량이 커서 예열시간이 길고, 증기난방에 비하여 방열면적이 커야 한다.
( )

20 복사난방은 실내의 상부와 하부의 온도차가 커서 쾌적감이 좋다.
( )

21 증기트랩(방열기트랩)은 완전한 응축수를 트랩에 되돌려주는 역할을 한다.
( )

22 역환수방식은 온수난방이나 급탕설비에서 온수의 양을 균일하게 분배한다.
( )

23 증기난방은 현열을 이용하는 방식이고, 온수난방은 잠열을 이용하는 방식이다.
( )

24 온수의 표준방열량은 0.756kW이고, 증기의 표준방열량은 0.523kW이다.
( )

---

16 ○

17 ○

18 ✕ 압축식 냉동기의 주요 구성요소는 압축기·응축기·팽창밸브·증발기이다.

19 ○

20 ✕ 복사난방은 실내의 상부와 하부의 온도차가 작아서 쾌적감이 좋다.

21 ✕ 증기트랩(방열기트랩)은 완전한 응축수를 보일러에 되돌려주는 역할을 한다.

22 ○

23 ✕ 증기난방은 잠열을 이용하는 방식이고, 온수난방은 현열을 이용하는 방식이다.

24 ✕ 온수의 표준방열량은 0.523kW이고, 증기의 표준방열량은 0.756kW이다.

25 외기냉방은 중간기에 외기의 엔탈피가 실내공기의 엔탈피보다 낮을 경우 외기를 이용하여 냉방하는 방식이다. ( )

26 보일러의 대수분할운전은 보일러를 여러 대 설치하여 부하상태에 따라 최적운전상태를 유지할 수 있도록 운전하는 방식을 말한다. ( )

27 가이드베인은 덕트 분기부에서 풍량 조절에 사용되고, 스프릿댐퍼는 굴곡부에서 기류를 안정시키기 위하여 사용된다. ( )

28 송풍기의 풍량은 회전속도에 비례하고, 압력은 회전속도의 제곱에 비례하며, 동력은 회전속도의 세제곱에 비례한다. ( )

29 빙축열시스템을 채용하는 목적은 부하의 시간을 이동시켜서 피크부하를 증가시키는 것이다. ( )

30 냉동기의 성적계수가 클수록 냉방능력이 좋고, 히트펌프의 성적계수는 냉동기의 성적계수에 1을 더한 값이다. ( )

25 ○

26 ○

27 ✕ 스프릿댐퍼는 덕트 분기부에서 풍량 조절에 사용되고, 가이드베인은 굴곡부에서 기류를 안정시키기 위하여 사용된다.

28 ○

29 ✕ 빙축열시스템을 채용하는 목적은 부하의 시간을 이동시켜서 피크부하를 감소시키는 것이다.

30 ○

01 열관류저항이 $2.5m^2 \cdot K/W$인 벽체를 열전도율 $0.03W/m \cdot K$인 단열재로 보강하여 열관류율 $0.25W/m^2 \cdot K$인 벽체로 만들고자 할 때, 단열재의 보강두께(mm)는 얼마인가?
제18회

① 25
② 30
③ 35
④ 40
⑤ 45

02 기존 열관류저항이 $3.0m^2 \cdot K/W$인 벽체에 열전도율 $0.04W/m \cdot K$인 단열재 40mm를 보강하였다. 이때 단열이 보강된 벽체의 열관류율$(W/m^2 \cdot K)$은 약 얼마인가?
제23회

① 0.10
② 0.15
③ 0.20
④ 0.25
⑤ 0.30

03 난방도일(HD; Heating Degree Day)에 관한 내용으로 옳지 않은 것은?

① 어느 지방의 더운 정도를 나타내는 지표이다.
② 실내의 평균기온과 실외의 평균기온과의 차에 일수(days)를 곱한 것이다.
③ 난방도일의 값은 실외의 평균기온에 따라 그 값이 변화된다.
④ 난방도일의 값이 크면 클수록 연료의 소비량이 많아진다.
⑤ 연료소비량을 추정하는 데 사용된다.

04 외단열의 특징으로 옳지 않은 것은?

① 지속난방에 유리하며, 내단열보다 결로의 위험을 반감시킬 수 있다.

② 내단열보다 공사비가 비싸며, 간헐난방에 적합하다.

③ 벽체의 습기 문제뿐만 아니라 열적 문제에서도 유리한 방법이다.

④ 단열재를 건조한 상태로 유지시켜야 하며, 내단열보다 단열효과가 우수하다.

⑤ 내구성과 외부충격에 견디고 외관의 표면처리도 보기 좋아야 한다.

05 습공기에 관한 설명으로 옳지 않은 것은?   제18회

① 현열비는 전열량에 대한 현열량의 비율이다.

② 습공기의 엔탈피는 습공기의 현열량이다.

③ 건구온도가 일정한 경우, 상대습도가 높을수록 노점온도는 높아진다.

④ 절대습도가 커질수록 수증기분압은 커진다.

⑤ 습공기의 비용적은 건구온도가 높을수록 커진다.

정답 | 해설

01 ⑤ • 단열재 보강벽체의 열관류율 = 0.25W/m² · K
 • 열관류저항(열관류율의 역수) = 1/0.25 = 4m² · K/W
 • 단열재 보강두께 = 4 − 2.5 = 1.5m² · K/W
 • 열관류저항 = 단열재 두께 ÷ 열전도율
 • 단열재 두께 = 열관류저항 × 열전도율 = 1.5m² · K/W × 0.03W/m · K = 0.045m = 45(mm)

02 ④ ㉠ 기존 벽체의 열관류저항: 3.0m² · K/W

ㄴ 보강단열재의 열관류저항 = $\dfrac{\text{단열재 두께}}{\text{열전도율}}$ = $\dfrac{40mm}{0.04W/m \cdot K}$ = 1m² · K/W

ㄷ 열관류저항 = ㉠ + ㄴ = 4m² · K/W

∴ 벽체의 열관류율 = $\dfrac{1}{\text{열관류저항}}$ = $\dfrac{1}{4}$ = 0.25(W/m² · K)

03 ① 난방도일은 어느 지방의 <u>추운 정도</u>를 나타내는 지표이다.

04 ② 내단열보다 공사비가 비싸며, <u>한랭지 공사</u>에 적합하다.

05 ② 공기의 엔탈피는 습공기의 <u>현열량과 잠열량의 합</u>이다.

06 난방부하의 산정에 관한 설명으로 옳지 않은 것은? 제16회

① 외기부하는 현열과 잠열을 고려하여 산정한다.

② 외벽 및 창문의 열관류율이 클수록 손실열량이 증가한다.

③ 지하층의 손실열량은 실내온도와 지중온도를 고려하여 산정한다.

④ 외벽의 손실열량을 산정하는 경우 상당외기온도를 적용해야 한다.

⑤ 틈새바람에 의한 손실열량을 고려하여 산정한다.

07 공기조화설비에 관한 설명으로 옳지 않은 것은?

① 공기조화란 주어진 실내공간에서 사람 또는 물품을 대상으로 온도, 습도, 기류 및 청정도 등을 그 실의 사용목적에 적합한 상태로 유지시키는 것을 말한다.

② 상당외기온도는 일사의 영향을 받은 벽체온도가 올라가면서 부하에 영향을 미치는 것으로, 난방부하 산정시 상당외기온도를 적용하여야 한다.

③ 공기조화부하에는 냉방부하와 난방부하가 모두 포함되며, 1년 중 가장 큰 부하인 최대부하와 일정 기간 또는 1년 동안의 부하를 누적한 기간부하로 구분된다.

④ 구조체(벽, 바닥, 지붕, 창, 문)를 통한 열손실과 환기를 통한 열손실의 합이 난방부하가 된다.

⑤ 장치부하에 포함되는 요소에는 공조기 내 송풍기에서 발생하는 송풍기 발열, 공조기에서 발생한 냉·온풍이 덕트 속을 통과하면서 발생하는 덕트 열손실 등이 있다.

08 다음에서 공조방식에 대한 설명으로 옳은 항목을 모두 고른 것은? 제11회

> ㉠ 정풍량 단일덕트방식은 부하특성이 다른 여러 개의 실이나 존이 있는 건물에 적합하다.
> ㉡ 정풍량 단일덕트방식은 외기냉방이 가능하다.
> ㉢ 가변풍량 단일덕트방식은 개별제어가 가능하고, 칸막이 변경 또는 부하변동시 유연성이 있다.
> ㉣ 가변풍량 단일덕트방식은 정풍량 단일덕트방식에 비해 시스템이 간단하다.
> ㉤ 팬코일유닛방식은 각 유닛마다 조절할 수 있으므로 실별 조절에 적합하다.

① ㉠, ㉣
② ㉢, ㉣
③ ㉡, ㉢, ㉤
④ ㉠, ㉢, ㉤
⑤ ㉠, ㉡, ㉣, ㉤

09 단일덕트 변풍량방식에 관한 설명으로 옳지 않은 것은?

① 필요에 따라 송풍량을 조절할 수 있다.
② 부하변동에 대해 안정적이다.
③ 칸막이나 부하의 변경에 대응하기 쉽다.
④ 개별제어가 어렵다.
⑤ 자동제어가 복잡하고 설치비가 비싸다.

정답 | 해설

06 ④ 상당외기온도를 적용해야 하는 경우는 <u>냉방부하</u>를 산정하는 경우이다.

07 ② 상당외기온도는 일사의 영향을 받은 벽체온도가 올라가면서 부하에 영향을 미치는 것으로, <u>냉방부하</u> 산정시 상당외기온도를 적용하여야 한다.

08 ③ ㉠ 부하특성이 다른 여러 개의 실이나 존이 있는 건물에 적합한 것은 <u>가변풍량 단일덕트방식</u>이다.
㉣ 가변풍량 단일덕트방식은 정풍량 단일덕트방식에 비해 <u>시스템이 복잡하다</u>.

09 ④ 개별제어가 <u>용이하고</u> 부하변동에 쉽게 대응할 수 있다.

10 이중덕트방식(dual duct system)에 관한 내용으로 옳지 않은 것은?

① 냉난방을 동시에 할 수 있으므로 계절마다 냉난방의 전환이 필요하지 않다.

② 개별조절이 불가능하다.

③ 설비비·운전비가 많이 든다.

④ 중간기에는 냉온풍 혼합에 의한 에너지 낭비가 발생한다.

⑤ 온도, 공기정화, 환기효과 등에 대하여 고도의 처리가 가능하다.

11 압축식 냉동기의 성적계수에 관한 설명으로 옳지 않은 것은?　　　　제16회

① 성적계수가 높을수록 냉동기 성능이 우수하다.

② 히트펌프의 성적계수는 냉방시보다 난방시가 높다.

③ 증발기의 냉각열량을 압축기의 투입에너지로 나눈 값이다.

④ 증발압력이 낮을수록, 응축압력이 높을수록 성적계수는 높아진다.

⑤ 냉매의 압력과 엔탈피의 관계를 나타낸 몰리에르선도를 이용하여 산정할 수 있다.

12 냉동기의 압축기를 압축방법에 따라 분류할 때, 케이싱 안에 설치된 회전날개의 고속 회전운동을 이용하는 압축기는?　　　　제18회

① 왕복식 압축기　　　　　　　　② 흡수식 압축기

③ 터보압축기　　　　　　　　　　④ 스크류압축기

⑤ 피스톤식 압축기

13 난방방식에 관한 설명으로 옳지 않은 것은? 제22회

① 증기난방은 온수난방에 비해 열의 운반능력이 크다.
② 온수난방은 증기난방에 비해 방열량 조절이 용이하다.
③ 온수난방은 증기난방에 비해 예열시간이 짧다.
④ 복사난방은 바닥구조체를 방열체로 사용할 수 있다.
⑤ 복사난방은 대류난방에 비해 실내온도 분포가 균등하다.

14 증기난방에 관한 설명으로 옳지 않은 것은?

① 증발잠열을 이용하므로 열의 운반능력이 크다.
② 방열기의 방열면적이 작아도 된다.
③ 설비비가 싸다.
④ 열용량이 크기 때문에 예열시간이 짧고 증기순환이 빠르다.
⑤ 한랭지에서 동결에 의한 파손의 위험이 적다.

15 증기난방설비의 구성요소가 아닌 것은? 제22회

① 감압밸브   ② 응축수탱크
③ 팽창탱크   ④ 응축수펌프
⑤ 버킷트랩

정답 | 해설

10 ② 개별조절이 <u>가능하다</u>.
11 ④ 증발압력이 <u>높을수록</u>, 응축압력이 <u>낮을수록</u> 성적계수는 높아진다.
12 ③ <u>터보압축기</u>(원심펌프)는 임펠러의 고속회전에 의하여 생기는 원심력을 이용하는 압축기이다.
13 ③ 온수난방은 증기난방에 비해 예열시간이 <u>길다</u>.
14 ④ 열용량이 <u>작기</u> 때문에 예열시간이 짧고 증기순환이 빠르다.
15 ③ 팽창탱크는 <u>온수난방이나 급탕설비</u>의 구성요소이다.

16 난방방식에 관한 설명으로 옳지 않은 것은? 제25회

① 온수난방은 증기난방과 비교하여 예열시간이 짧아 간헐운전에 적합하다.

② 난방코일이 바닥에 매설되어 있는 바닥복사난방은 균열이나 누수시 수리가 어렵다.

③ 증기난방은 비난방시 배관이 비어 있어 한랭지에서도 동결에 의한 파손 우려가 적다.

④ 바닥복사난방은 온풍난방과 비교하여 천장이 높은 대공간에서도 난방효과가 좋다.

⑤ 증기난방은 온수난방과 비교하여 난방부하의 변동에 따른 방열량 조절이 어렵다.

17 바닥복사난방에 관한 설명으로 옳지 않은 것은? 제18회

① 증기난방과 비교하여 열용량이 작아 발열량 조절이 쉽다.

② 매설배관이 고장나면 수리가 어렵다.

③ 증기난방과 비교하여 쾌적감이 높다.

④ 실내에 방열기를 설치하지 않으므로 바닥면의 이용도가 높다.

⑤ 증기난방과 비교하여 실내 층고가 높은 경우에 상하 온도차가 작다.

18 바닥복사난방방식에 관한 설명으로 옳지 않은 것은? 제24회

① 온풍난방방식보다 천장이 높은 대공간에서도 난방효과가 좋다.

② 배관이 구조체에 매립되는 경우 열매체의 누설시 유지보수가 어렵다.

③ 대류난방, 온풍난방방식보다 실의 예열시간이 길다.

④ 실내의 상하 온도분포 차이가 커서 대류난방방식보다 쾌적성이 좋지 않다.

⑤ 바닥에 방열기를 설치하지 않아도 되므로 실의 바닥면적 이용도가 높아진다.

19 난방설비에 관한 설명으로 옳지 않은 것은? 제18회

① 방열기는 열손실이 많은 창문 내측 하부에 위치시킨다.
② 증기난방은 증발잠열을 이용하기 때문에 열의 운반능력이 작다.
③ 방열기 내에 공기가 있으면 열전달과 유동을 방해한다.
④ 증기난방방식은 온수난방에 비교하여 설비비가 낮다.
⑤ 증기난방 방열기에는 벨로즈트랩 또는 다이아프램트랩을 사용한다.

20 난방방식에 관한 설명으로 옳지 않은 것은? 제23회

① 대류(온풍)난방은 가습장치를 설치하여 습도조절을 할 수 있다.
② 온수난방은 증기난방에 비해 예열시간이 길어서 난방감을 느끼는 데 시간이 걸려 간헐운전에 적합하지 않다.
③ 온수난방에서 방열기의 유량을 균등하게 분배하기 위하여 역환수방식을 사용한다.
④ 증기난방은 응축수의 환수관 내에서 부식이 발생하기 쉽다.
⑤ 증기난방은 온수난방보다 열매체의 온도가 높아 열매량 차이에 따른 열량조절이 쉬우므로, 부하변동에 대한 대응이 쉽다.

정답 | 해설

16 ① 온수난방은 증기난방과 비교하여 <u>예열시간이 길고 지속운전에 적합하다.</u>
17 ① 바닥복사난방은 증기난방에 비하여 <u>열용량이 크다.</u>
18 ④ 실내의 상하 온도분포 차가 <u>작아서</u> 대류난방방식보다 쾌적성이 <u>좋다.</u>
19 ② 증기난방은 증발잠열을 이용하기 때문에 <u>열의 운반능력이 크다.</u>
20 ⑤ 증기난방은 온수난방보다 열매체의 온도가 높아 열매량 차이에 따른 열량조절이 <u>어렵고,</u> 부하변동에 대한 대응이 <u>어렵다.</u>

21 난방설비에 관한 내용으로 옳지 않은 것은? 제22회

① 보일러의 정격출력은 난방부하와 급탕부하의 합이다.
② 노통연관보일러는 증기나 고온수 공급이 가능하다.
③ 표준상태에서 증기방열기의 표준방열량은 약 $756W/m^2$이다.
④ 온수방열기의 표준방열량 산정시 실내온도는 18.5℃를 기준으로 한다.
⑤ 지역난방용으로 수관식 보일러를 주로 사용한다.

22 아파트단지 내 상가 1층에 실용적 $720m^3$인 은행을 환기횟수 1.5회/h로 계획했을 때의 필요풍량(m^3/min)은? 제17회

① 18
② 90
③ 270
④ 540
⑤ 1,080

23 설비시스템과 관련한 방음 또는 방진 대책에 관한 설명으로 옳지 않은 것은? 제18회

① 기계와 기초 사이에는 방진재를 설치하고, 바닥 또는 실 전체를 뜬바닥구조로 한다.
② 실내 공기전달음은 흡음처리한다.
③ 송풍계통에는 플레넘(plenum)이나 소음기(silencer)를 설치한다.
④ 벽체를 관통하는 배관은 구조체에 직접 고정하여 일체화되도록 시공한다.
⑤ 급배수설비에는 당해층(층상)배관방식을 도입한다.

24 공동주택 층간소음의 범위와 기준에 관한 규칙상 층간소음에 관한 설명으로 옳지 않은 것은?

제25회

① 직접충격소음은 뛰거나 걷는 동작 등으로 인하여 발생하는 층간소음이다.

② 공기전달소음은 텔레비전, 음향기기 등의 사용으로 인하여 발생하는 층간소음이다.

③ 욕실, 화장실 및 다용도실 등에서 급수·배수로 인하여 발생하는 소음은 층간소음에 포함한다.

④ 층간소음의 기준 시간대는 주간은 06시부터 22시까지, 야간은 22시부터 06시까지로 구분한다.

⑤ 직접충격소음은 1분간 등가소음도(Leq) 및 최고소음도(Lmax)로 평가한다.

정답 | 해설

21 ① 보일러의 정격출력은 상용출력(난방부하 + 급탕부하 + 손실부하)과 예열부하의 합이다.

22 ① $n = \dfrac{Q}{V}$ (회/h)   n: 환기횟수(회/h), Q: 환기량(m^3/h), V: 실의 용적(m^3)

$Q = n \times V = 1.5 \times 720 = 1,080 m^3/h$

∴ 필요풍량 = 1,080 ÷ 60 = $\underline{18(m^3/min)}$

23 ④ 벽체를 관통하는 배관은 슬리브를 설치하고 구조체에 고정하여 시공한다.

24 ③ 욕실, 화장실 및 다용도실 등에서 급수·배수로 인하여 발생하는 소음은 층간소음에서 제외한다.

제 **9** 장 전기설비

목차 내비게이션　건축설비

📖 단원길라잡이

'전기설비'에서는 기본적으로 전기설비 1~2문제, 홈네트워크
설비 1~2문제가 출제되었으며 평균 3문제 정도가 출제되고
있다. 수변전설비, 옥내배선설비, 방재설비, 조명설비 등 출
제범위가 광범위하지만, 암기보다 전체적인 내용을 이해하고
정리하는 것이 필요한 단원이다.

🔎 출제포인트

- 전기설비
- 전력설비
- 엘리베이터

01 기본단위

(1) 전압(voltage)

① 도체 안에 있는 두 점 사이의 전기적인 위치에너지의 차를 말한다.

② 단위는 'V(volt, 볼트)'를 쓴다.

(2) 전류(electric current)

① 전하가 도선(導線)을 따라 흐르는 현상을 말한다.

② 단위는 'A(ampere, 암페어)'를 쓴다.

(3) 저항(resistance)

① 도체에 전류가 흐를 때 전류의 흐름을 방해하는 요소를 말한다.

② 단위는 'Ω(ohm, 옴)'을 쓴다.

③ 전선의 저항은 전선의 길이에 비례하고, 전선의 단면적에 반비례한다.

$$저항 R = \rho \frac{L}{A} (\Omega)$$

ρ: 도선의 고유저항(도체의 재질과 온도로써 정해지는 고유저항)
A: 도선의 단면적(cm^2), L: 도선의 길이(cm)

기출예제

전기설비에 관한 설명으로 옳지 않은 것은? 제20회

① 전선의 저항은 전선의 단면적에 비례한다.

② 전선의 저항은 전선길이가 길수록 커진다.

③ 단상 교류의 유효전력은 전압, 전류, 역률의 곱이다.

④ 역률은 유효전력을 피상전력으로 나눈 값이다.

⑤ 역률을 개선하기 위해 콘덴서를 설치한다.

해설

전선의 저항은 전선의 단면적에 반비례하고, 전선의 길이에 비례한다. 정답: ①

(4) 옴의 법칙(Ohm's law)

'전류(I)는 전압(V)에 비례하고 저항(R)에 반비례한다'는 법칙이다.

$$I = \frac{V}{R}(\text{A}), \ R = \frac{V}{I}(\Omega), \ V = IR(\text{V})$$

02 직류와 교류

(1) 직류(DC; Direct Current)

① 시간에 관계없이 세기와 방향이 일정한 전기를 직류라 한다.

② 전화, 전기시계, 고속 엘리베이터 등에 이용된다.

(2) 교류(AC; Alternating Current)

① 시간에 따라 세기와 방향이 주기적으로 변하는 것을 교류라 한다.

② 일반 전열설비, 전등설비, 동력설비, 저속 엘리베이터 등에 이용된다.

(3) 주파수(frequency)

① 1초 동안에 전류의 같은 위상차가 반복되는 횟수를 말한다.

② 주파수의 단위는 'Hz(헤르쯔)'를 쓴다.

③ 우리나라는 60Hz를 사용하고 있다.

03 전력(電力)

(1) 전력의 의미

① 전기가 하는 일의 양을 의미한다.

② 단위는 'W(와트)' 또는 'kW(kilowatt, 킬로와트)' 등을 쓴다.

(2) 전력의 종류

① 직류

$$P(\text{W}) = V \times I = I^2R = V^2/R$$

② 단상 교류

$$P(\text{W}) = V \times I \times 역률(\cos\theta)$$

③ 3상 교류

$$P(\text{W}) = \sqrt{3} \times V \times I \times 역률(\cos\theta)$$

04 역률

(1) 역률의 의미

① 전기기기에 실제로 걸리는 전압과 전류가 얼마나 유효하게 일을 하는가 하는 비율을 의미한다.

② 역률이란 공급된 전기가 의도한 목적에 얼마나 효율적으로 쓰여지는지를 나타내는 수치이다.

③ 공급된 전기의 100%를 해당 목적에 소모하는 경우를 1로 보았을 때, 1에 가까우면 효율이 높은 제품이다.

④ 역률은 피상전력과 유효전력과의 비이다.

$$역률 = \frac{유효전력}{피상전력}$$

(2) 역률의 개선

① **역률 개선의 방법**: 역률을 개선하기 위하여 각 기기마다 콘덴서를 설치하고, 대형 건물에서는 변전실 내에 고압용 콘덴서(진상용 콘덴서)를 두어 일괄하여 역률을 개선한다.

② **역률 개선의 효과**: 전력손실의 감소, 수변전설비의 용량 감소, 한국전력공사의 송전능력 확대

제2절 | **강전설비(强電設備)**

송배전 계통

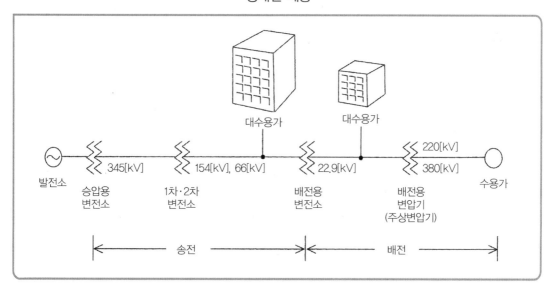

01 수변전설비

(1) 설계순서

① 부하설비의 용량을 각 부하별로 산출한다.

② 최대수용전력에 따라 수변전설비 용량(변압기 용량)을 산출한다.

③ 계약전력과 수전 전압을 결정한다.

④ 인입방식과 배선방식을 작성한다.

⑤ 주회로의 결선도를 작성한다.

⑥ 변전설비의 형식을 작성한다.

⑦ 제어방식을 결정한다.

⑧ 변전실의 위치와 면적을 결정한다.

⑨ 기기의 배치를 결정한다.

(2) 부하설비 용량의 산출

① 부하설비 용량

　㉠ 부하설비 용량산출

$$\text{부하설비 용량(VA)} = \text{부하밀도}(VA/m^2) \times \text{연면적}(m^2)$$

　㉡ 부하밀도: 전등, 일반동력, 냉방동력을 포함한 부하설비 용량의 일반적인 평균치를 나타낸다.

각종 건물의 부하밀도

(단위: VA/m^2)

부하 종별 건물의 종류	전등	일반동력	냉방동력	합계
사무실	37	60	37	134
백화점(상점)	60	45	55	160
주택	25	20	25	70
학교	25	15	20	60

② 수변전설비 용량: 부하설비 용량이 산출되어 그 값을 그대로 사용하면 과다한 설비가 될 수 있으므로 수변전설비 용량은 수용률(수요율), 부등률, 부하율을 고려하여 최대수용전력을 구하고, 부하의 역률과 장래 부하 증가를 고려하여 변압기 총용량을 결정한다.

　㉠ 수용률(demand factor): 수용장소에 설치된 총설비용량에 대하여 실제 사용하고 있는 부하의 최대수용전력과의 비율을 백분율로 표시한 것이다.

$$수용률 = \frac{최대수용전력\ 합계(kVA)}{총부하설비\ 용량\ 합계(kVA)} \times 100(\%)$$

ⓛ 부하율(load factor)

ⓐ 부하율은 전기설비가 어느 정도 유효하게 사용되고 있는가를 나타내는 척도이고, 어떤 기간 중에 최대수용전력과 그 기간 중에 평균전력과의 비율을 백분율로 표시한 것이다.

$$부하율 = \frac{부하의\ 평균전력(kVA)}{최대수용전력(kVA)} \times 100(\%)$$

ⓑ 부하율은 기준에 따라 일 부하율, 월 부하율, 연 부하율 등으로 나타내며, 부하율이 클수록 전기설비가 유효하게 사용되고 있음을 나타낸다.

기출예제

수변전설비에 관한 내용으로 옳지 않은 것은? 제26회

① 공동주택 단위세대 전용면적이 $60m^2$ 이하인 경우, 단위세대 전기부하용량은 $3.0kW$로 한다.
② 부하율이 작을수록 전기설비가 효율적으로 사용되고 있음을 나타낸다.
③ 역률개선용 콘덴서라 함은 역률을 개선하기 위하여 변압기 또는 전동기 등에 병렬로 설치하는 커패시터를 말한다.
④ 수용률이라 함은 부하설비 용량 합계에 대한 최대수용전력의 백분율을 말한다.
⑤ 부등률은 합성 최대수용전력을 구하는 계수로서 부하종별 최대수용전력이 생기는 시간차에 의한 값이다.

[해설]

부하율은 기준에 따라 일 부하율, 월 부하율, 연 부하율 등으로 나타내며, 부하율이 클수록 전기설비가 효율적으로 사용되고 있음을 나타낸다.
❷ 부하율은 전기설비가 어느 정도 유효하게 사용되고 있는가를 나타내는 척도이고, 어떤 기간 중에 최대수용전력과 그 기간 중에 평균전력과의 비율을 백분율로 표시한 것이다. 정답: ②

ⓒ 부등률(diversity factor)

ⓐ 수용가의 설비부하는 각 부하의 부하특성에 따라 최대수용전력 발생시각이 다르게 나타나므로 부등률을 고려하면, 변압기 용량을 적정 용량으로 낮추는 효과를 가지게 된다.

$$부등률 = \frac{각\ 부하의\ 최대수용전력의\ 합(kVA)}{합성최대수용전력(kVA)}$$

ⓑ 부등률은 항상 1보다 크며, 이 값이 클수록 일정한 공급설비로 큰 부하설비에 전력을 공급할 수 있다는 것이다. 부등률이 크다는 것은 공급설비의 이용률이 높다는 것을 뜻한다.

기출예제

전력설비에 관한 설명으로 옳지 않은 것은?   제20회

① 분전반은 보수나 조작에 편리하도록 복도나 계단 부근의 벽에 설치하는 것이 좋다.
② 분전반은 배전반으로부터 배선을 분기하는 개소에 설치한다.
③ UPS는 교류 무정전 전원장치를 말한다.
④ 전선의 굵기 선정시 허용전류, 전압강하, 기계적 강도 등을 고려한다.
⑤ 부등률이 높을수록 설비이용률이 낮다.

해설

부등률이 높을수록 설비이용률이 높다.   정답: ⑤

---

(3) 전압의 종별과 계약전력

수전전압은 대부분 22.9kVA인 다중접지식 3상 4선식의 특별고압으로 되어 있으나, 실제로는 수전지점과 수전 용량 및 사용조건 등에 따라 한국전력공사의 공급전압이 정하여지기 때문에 직접 협의하여 결정하도록 하여야 한다.

① 수전전압의 분류
　㉠ 저압: 220V, 380V
　㉡ 특별고압: 22,900V, 154,000V, 345,000V
② 공급전압의 결정: 한국전력공사의 전기기본공급약관에 의하면 전기를 공급하는 공급방식 및 공급전압은 전기사용장소 내의 계약전력의 합계를 기준으로 공급한다.

계약전력과 공급방식 및 공급전압

계약전력	공급방식 및 공급전압
100kW 미만	교류 단상 2선식 220V 또는 삼상 380V 중 한국전력공사에서 적당하다고 결정한 한 가지 공급방식 및 공급전압
100kW 이상 10,000kW 이하	교류 삼상 22,900V

구분		
10,000kW 초과 300,000kW 이하	교류 삼상 154,000V	
300,000kW 초과	교류 삼상 345,000V 이상	

전압의 종별

구분	직류	교류
저압	1,500V 이하	1,000V 이하
고압	1,500V 초과 7,000V 이하	1,000V 초과 7,000V 이하
특별고압	7,000V 초과	7,000V 초과

기출예제

전기설비의 전압 구분에서 교류의 저압기준에 해당하는 것은? 제19회

① 600V 이하　　　　　　　　② 700V 이하
③ 750V 이하　　　　　　　　④ 800V 이하
⑤ 1,000V 이하

해설

전기설비의 전압 구분에서 저압기준은 교류는 1,000V 이하, 직류는 1,500V 이하이다. 　정답: ⑤

(4) 수전방식(인입방식)

① **1회선 수전방식**: 소규모·중규모 빌딩에 널리 사용되며, 간단하고 경제적이나 정전에 대한 대책이 없다.

② **평행 2회선 수전방식**: 한쪽 배전선 사고에 대비할 수 있고 신뢰성이 높으나, 투자비가 많고 보호계전방식이 복잡하다.

③ **예비회선 수전방식**: 2곳의 변전소로부터 수전하며, 점검 또는 정전시에는 예비회선으로 바꾸어 전원공급이 가능하다. 신뢰성이 높은 반면 건설비·유지비가 많이 든다.

④ **루프(loop)회선 수전방식**: 부하밀도가 크고 공급신뢰도가 높게 요구되는 장소에 적용하며, 전압변동이 적고 경제적이나 인근에 루프 수용가가 없는 경우에 곤란하다.

⑤ **Spot-Network 방식**: 여러 가지 수전방식 중에서 가장 신뢰성이 높으며 설비비가 가장 많이 들고, 정전시간이 거의 없어 중요한 시설에 사용된다.

(5) 변전설비

① 위치

ⓐ 부하의 중심에 있어야 한다.

ⓑ 수전 및 배전에 유리하여야 한다.

ⓒ 장래의 증설이나 크기의 확장성이 좋은 곳을 선정하여야 한다.

② 구조

　㉠ 벽은 내화구조로 할 것

　㉡ 출입문은 방화문으로 할 것

　㉢ 바닥은 충분한 하중에 견디도록 설계할 것

　㉣ 높이를 고려할 것

　　ⓐ 고압: 보 밑에서 3m 이상일 것

　　ⓑ 특별고압: 보 밑에서 4.5m 이상일 것

③ 면적

$$A = 3.3 \times \sqrt{변압기\ 용량(\mathrm{kVA})} \times \alpha\,(\mathrm{m}^2)$$

○ α

- 2.66: 연면적 6,000m^2 미만
- 3.55: 연면적 10,000m^2 미만
- 4.30: 연면적 10,000m^2 이상 큐비클식
- 5.50: 연면적 10,000m^2 이상 형식구분 없을 때

(6) 변전설비용 기기

① 변압기(變壓器)

　㉠ 보통 고압의 전압을 저압의 전압으로 바꾸는 장치이다.

　㉡ 부하의 종류(동력용, 전등용), 총용량에 따라 대수가 정해지며 2차측 전기방식을 단상 3선식, 3상 3선식, 3상 4선식 등으로 하여 적절한 소요전압을 얻는다.

　㉢ 절연방식에 따라 유입변압기, 건식 변압기, 몰드변압기, 아몰퍼스변압기, 가스절연변압기 등이 있다.

② 차단기(Circuit Breaker): 보통의 부하전류를 개폐함과 동시에 회로에서 단락사고 및 지락사고 발생시 각종 계전기와 조합으로 신속히 회로를 차단하여, 사고점으로부터 계통을 분리하여 회로에 접속된 전기기기 · 전선류를 보호하고 안전하게 유지하는 역할을 수행하는 장치이다.

　㉠ 차단기의 기능

　　ⓐ 부하전류의 개폐

　　ⓑ 고장전류, 특히 단락전류와 같은 대전류의 차단

　　ⓒ 아크(arc) 소멸기능

ⓛ 차단기의 종류

    ⓐ 특고압용 차단기: GCB, VCB, ABB

    ⓑ 고압차단기: VCB, GCB, MCB

    ⓒ 저압차단기: ACB, MCCB

> **더 알아보기**   **각종 차단기**
>
> 1. 가스차단기(GCB; Gas Circuit Breaker)
> 2. 진공차단기(VCB; Vacuum Circuit Breaker)
> 3. 유입차단기(OCB; Oil Circuit Breaker)
> 4. 자기차단기(MCB 또는 MBCB; Magnetic Circuit Breaker)
> 5. 공기차단기(ABB 또는 ABCB; Air Blast Breaker)

진공차단기

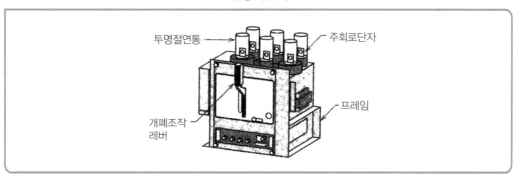

③ **전력퓨즈(PF)**: 회로 및 기기의 단락 보호용으로서 변압기, 전동기, 회로 등의 사고시 단
락전류 차단에 쓰인다.

④ **개폐기**: 스위치라고도 하며, 전기회로를 닫거나(ON) 열기(OFF) 위한 장치이다.

    ㉠ **부하개폐기(LBS; Load Break Switch)**: 수변전설비의 인입구 개폐기로 많이 사용
되며, 전력퓨즈의 용단시 결상을 방지할 목적으로 채용되고 있다.

    ㉡ **선로개폐기(LS; Line Switch)**: 보안상 책임 분계점에서 보수 점검시 전로 개폐를
위하여 설치한다. 반드시 무부하 상태에서 개폐하여야 하며, 단로기와 비슷한 용도로
사용한다.

    ㉢ **컷아웃스위치(COS; Cut Out Switch)**: 주로 변압기 1차측의 각 상에 설치하여 변
압기의 보호와 개폐를 위하여 단극으로 제작되었다.

⑤ **단로기(DS; Disconnecting Switch)**

    ㉠ 개폐기의 일종으로 수용가의 인입구 부근에 설치하여 무부하(회로분리) 상태의 전로
(電路)를 개폐하는 역할을 한다.

    © 변압기, 차단기 등 고전압기기의 1차측에 설치하여 기기를 점검·수리할 때 그 부분을 전원으로부터 개방하거나 또는 회로의 접속을 변경하는 경우에도 사용한다.

    © 단로기는 부하전류를 개폐할 능력이 없기 때문에 부하전류가 흐르는 상태에서 개폐하면 매우 위험하다. 따라서 단로기는 차단기를 열고 나서 개폐할 필요가 있다.

        ⓐ 변압기, 차단기 등의 보수·점검을 위하여 설치하는 회로분리용

        ⓑ 전력계통 변환을 위한 회로분리용

⑥ **피뢰기**(LA; Lightning Arrester): 수변전설비가 있는 변전실의 입구에 설치하며, 낙뢰나 혼촉사고 등에 의하여 이상전압이 발생하였을 때 선로 및 기기 등을 보호하기 위하여 설치한다.

⑦ **계기용 변성기**: 수변설비 등 고압회로에서는 취급하는 전압이 높고 전류가 많아 배전반 등에 직접 전압계와 전류계 등의 계기·계전기를 접속하는 것은 취급상 굉장히 위험하다. 따라서 고압회로에 계기 등을 설치할 경우에는 계기용 저전압이나 소전류로 변성하여야 한다. 이를 위하여 필요한 장치를 계기용 변성기 또는 변성기라고 한다. 변성기는 변압기와 동일한 것이지만 사용목적의 차이에 따라 변성기라고 불리며, 다음과 같은 것들이 있다.

    ③ **계기용 변압기**(PT; Potential Transformer): 특고압회로의 전압을 이에 비례하는 낮은 전압으로 변성하는 것(병렬로 접속하여 사용)으로 배전반의 전압계, 전력계, 주파수계, 역률계, 표시등 및 부족 전압트립코일(UVC)의 전원으로 사용된다.

    © **계기용 변류기**(CT; Current Transformer): 고압회로의 대전류를 저압의 소전류로 변성하는 것(직렬로 접속하여 사용)으로 배전반의 전류계, 전력계, 계전기의 입력전원으로 사용한다.

    © **계기용 변압변류기**(MOF; Metering OutFit or PCT): 계기용 변압기와 계기용 변류기를 조합한 것으로, 변압(PT) 및 변류(CT)시켜서 최대수용전력량계에 전달해 주는 장치이다.

    ② **영상변류기**(ZCT; Zero-phase Current Transformer): 전기회로의 지락사고를 검출하기 위하여 설치하는 것으로, 지락사고 발생시 흐르는 영상전류를 검출하여 지락계전기에 의하여 차단기를 동작시켜 사고를 방지한다.

⑧ **진상 콘덴서**(SC; Static Condencer): 역률 개선을 목적으로 사용한다.

⑨ **보호계전기**: 전력계통에서 단락과 지락 등의 이상전류와 전압이 발생한 경우, 영상변류기 등의 검출단이 이를 검출하는 것이다. 이 검출신호에 의해 작동하여 차단기를 개방시켜 지락사고 등에서 기기와 전로를 적절히 보호하며, 피해를 최소한으로 줄이기 위한 '자동스위치'의 역할을 하는 계전기의 총칭이 보호계전기이다.

    ③ **과전류계전기**(OCR): 부하에서의 단락사고와 과부하에 의해 흐르는 과전류를 변류기가 검출하였을 때 차단기를 개방한다.

ⓒ **지락계전기(GR, 접지계전기):** 지락사고 발생시 영상전류검출의 신호에 의하여 동작한다.

ⓒ **과전압계전기(OVR):** 회로의 전압이 소정치보다 지나치게 클 때 작동한다.

ⓔ **부족전압계전기(UVR):** 전압의 이상저하시 동작한다.

ⓜ **비율차동계전기(Diff. R; Differential Relay):** 변압기나 조상기의 내부 고장시 1차와 2차의 전류비 차이로 동작하는 계전기이다.

02 예비전원설비

상용전력이 돌발사태로 인하여 단전되었을 때에 사용하는 전기설비이다.

비상용 예비전원설비의 개념도

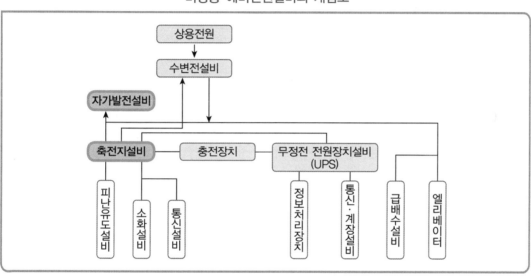

(1) 예비전원이 필요한 장소

병원의 수술실, 사람의 출입이 많은 건물, 소화설비, 비상조명설비, 소화전용 펌프, 엘리베이터, 환기팬, 각종 경보장치, 확성장치, 도난경보장치 등에 필요하다.

(2) 예비전원이 갖추어야 할 조건

① **축전지:** 정전 후 충전하지 않고 30분 이상을 방전할 수 있을 것

② **자가발전설비:** 비상사태 발생 후 10초 이내에 가동하여 규정 전압을 유지하여 30분 이상 전력 공급이 가능할 것

③ **축전지와 자가발전설비 병용:** 자가발전설비는 사태 발생 후 45초 이내에 시동해서 30분 이상 안정된 전력공급을 할 수 있어야 하며, 축전지설비는 충전하지 않고 20분 이상을 방전할 수 있을 것

(3) 자가발전설비

① **정의:** 전력회사로부터 공급받는 상용전원의 정전 등 돌발사고에 대처하기 위하여 스스로 최소한의 보안전력을 확보하기 위한 설비를 말한다.

② **장점:** 비교적 장기간의 정전에도 전원의 공급이 가능하다.

③ **종류:** 전류의 종류에 따라 직류·교류 발전기, 사용하는 엔진에 따라 가솔린과 디젤방식이 있으며, 디젤 기관에 의해 구동되는 3상 교류 발전기가 많이 이용된다.

④ **용량:** 보통 수전설비 용량의 10~20% 정도를 발전한다.

⑤ **위치**
   - ㉠ 기기의 반·출입이 쉽고 운전 및 보수가 용이한 곳
   - ㉡ 배기 배출구에 가까운 곳
   - ㉢ 변전실에서 가까운 곳
   - ㉣ 급배수와 연료의 보급이 손쉬운 곳

⑥ **구조**
   - ㉠ 내화구조일 것
   - ㉡ 방음·방진설비를 할 것
   - ㉢ 바닥은 충분한 하중에 견디도록 설계할 것

(4) 축전지설비

① 축전지설비는 축전지, 충전장치, 보안장치, 제어장치 등으로 구성되어 있고, 수변전설비의 차단기 등과 같이 직류전원이며 경제적이고 보수가 용이한 특성을 가지고 있다.

② 축전지설비는 예비전원으로서 상용전원이 불시에 정전되었을 때 자가발전설비를 가동시켜 정격전압으로 확보될 때까지 예비전원으로 사용되는 경우가 많다.

③ **용도:** 주로 직류전원의 공급에 이용되며 유도등, 전기시계, 화재경보장치, 비상용 전원, 병원의 수술실, 비상방송, 방재용 설비 등에 이용된다.

④ **종류:** 연 축전지와 알칼리 축전지가 있으며, 성능은 알칼리 축전지가 우수하다.

⑤ **용량**

> **축전지의 용량** = 방전전류(A) × 방전시간(h)

⑥ **수명:** 정격 용량의 80% 이하로 감소하였을 때를 전지의 수명으로 본다.

⑦ **충전방법:** 교류 전류를 이용하여 직류로 변환하여 충전한다.

⑧ **위치**
   - ㉠ 기기의 반·출입이 쉽고 운전 및 보수가 용이한 곳
   - ㉡ 변전실에서 가까운 곳

ⓒ 배기 배출구에 가까운 곳

ⓓ 급배수가 손쉬운 곳

⑨ 구조 및 배치

ⓐ 축전지와 벽면과의 간격은 1m 이상

ⓑ 축전지와 보수하지 않은 쪽의 벽면과의 간격은 0.1m 이상

ⓒ 천장 높이는 2.6m 이상

ⓓ 축전지와 부속기기와의 간격은 1m 이상

ⓔ 축전지와 입구 사이의 간격은 2.6m 이상

⑩ 축전지실 시공시 주의사항

ⓐ 내진성을 고려할 것

ⓑ 충전 중 수소가스의 발생이 있으므로 배기설비를 할 것

ⓒ 축전지실 내의 배선은 비닐전선을 사용할 것

ⓓ 개방형 축전지를 사용할 경우 조명기구는 내산성으로 할 것

ⓔ 충전기 및 부하에 가까울 것

ⓕ 실내에 급배수시설을 할 것

> **더 알아보기 | 무정전전원장치(UPS; Uninterruptible Power System)**
>
> 변환장치, 축전지 및 필요에 따라서 스위치를 조합함으로써 교류입력전원의 연속성을 확보할 수 있는 교류전원시스템을 말한다.

03 감시 · 어설비

(1) 감시설비

건물 내의 일반 동력설비, 공조설비, 약전설비, 수전설비 등 각종 전기설비의 작동상태를 확인 · 점검하는 기능을 한다.

구분	용도	표시방법
전원 표시	전원이 살아 있는지의 여부	백색 램프
운전 표시	작동상태를 표시	적색 램프
정지 표시	정지상태를 표시	녹색 램프
고장 표시	고장의 유무를 표시	오렌지색 램프(버저, 벨)
경보 표시	경보신호	백색 램프(버저, 벨)

(2) 제어설비

각종 전기설비를 제어하는 기능을 한다.

(3) 구성

감시·제어설비는 보통 중앙집중방식을 많이 이용하며, 조작반과 표시반으로 구성되어 있다.

(4) 위치

건물 내의 모든 설비의 작동을 감시·조작하므로 충분한 공간 확보와 더불어 항상 수평을 유지하고 진동 등이 없는 곳이어야 한다.

04 배전설비(distribution)

송전되어 온 전력을 각 수용가에 분배하는 것을 배전이라 하며, 중·소건물은 저압으로, 대규모 건물은 고압 또는 특고압으로 전력을 인입하여 건물 내에서 간선, 분전반, 분기회로를 거쳐 배전한다.

(1) 배전계통도

① 소규모 건물

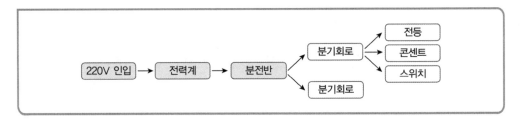

② 대규모 건물

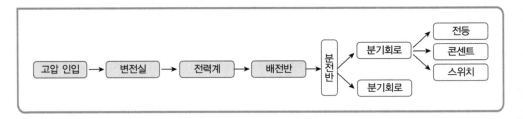

(2) 간선의 설계순서

① 간선부하용량 산출
② 전기방식 결정
③ 배선방식 결정
④ 전선의 굵기 결정

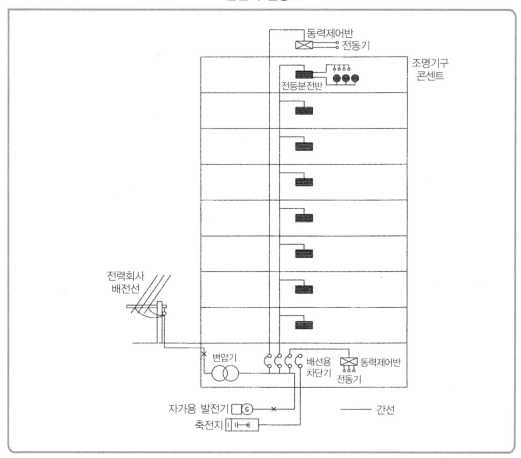

간선의 설명도

(3) 배전방식(전기방식)

① 단상 2선식(220V/110V): 보통 일반 주택 등의 소규모 건물에서 많이 사용하는 방식이다.

② 단상 3선식(220V/110V)

   ⊙ 3kW 이상의 일반 전등, 40W 이상의 형광등, 0.75kW(1마력) 이하의 단상전동기 등과 같이 용량이 비교적 큰 부하의 배선에 사용한다.

   ⓒ 중성선과 본선은 전원이 각각 110V, 본선 2개를 연결하면 220V이므로 두 종류의 전압을 얻을 수 있다(중·대규모 건물의 간선으로 이용된다).

③ 3상 3선식(220V/380V)

   ⊙ 모든 전압이 220V 또는 380V이다.

   ⓒ 효율이 좋고, 전기적 안정성이 우수하다.

   ⓒ 주로 동력(전동기)의 전원으로 많이 이용된다.

④ 3상 4선식(220V/380V)
　　㉠ 대규모 건물이나 공장 등의 전등, 동력의 전원으로 여러 종류의 전압이 필요할 때 선택된다.
　　㉡ 우리나라에서는 주로 220V/380V를 사용한다.
　　㉢ 중성선은 백색과 회색으로 사용한다.

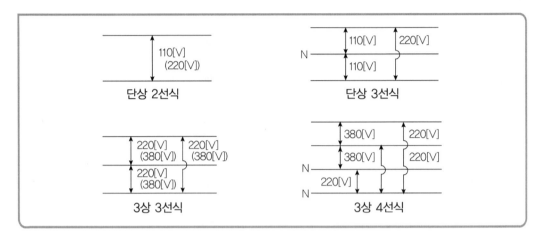

(4) 간선의 배선방식

① 정의: 건물로의 인입개폐기(배선용 차단기)로부터 각 층마다 설치된 분전반의 분기개폐기까지의 배선을 말한다.
② 나뭇가지식(수지상식)
　　㉠ 1개의 간선이 각각의 분전반을 거쳐 가며 배전되므로 말단 분전반은 전압이 떨어질 수 있다.
　　㉡ 부하가 감소됨에 따라 간선의 굵기도 감소하지만, 굵기가 변하는 접속점에는 보안장치가 요구된다.
　　㉢ 간선의 굵기를 줄여 감으로써 배선비는 적게 드는 편이다.
　　㉣ 분전반간의 단자 전압에 불균형이 있어 중·소규모 건물의 배전방식으로 적합하다.
③ 평행식
　　㉠ 각 분전반마다 배전반으로부터 단독으로 배선되어 있으므로 전압강하가 적고, 사고가 발생하여도 그 범위를 좁힐 수 있는 것이 특징이다.
　　㉡ 배선비가 많아지므로 설비비는 많이 드는 편이다.
　　㉢ 의료기기, 공장 등과 같은 특수부하의 경우나 대규모 건물에 사용한다.
④ 평행식과 나뭇가지식 병용식: 평행식과 나뭇가지식을 병용한 것으로, 부하의 중심에 분전반을 설치하고 이 분전반에서 각 분전반으로 배선하는 방식으로 대부분의 사무용 빌딩이나 주거용 공동주택 등에 이 방식이 가장 많이 쓰인다.

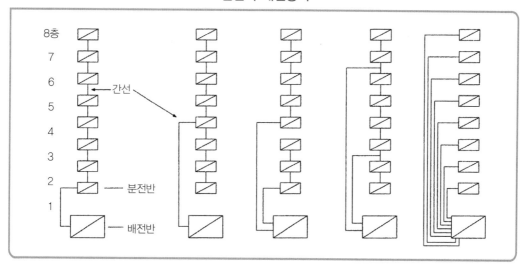

간선의 배선방식

(5) 전선의 굵기 결정

① **방법**: 분기회로의 굵기는 전선의 허용전류, 기계적 강도, 전압 강하 등을 고려하여 결정한다.

② **전선의 허용전류(안전전류)**: 회로의 전선에 전류가 흐르면 열이 발생한다. 이 열이 어느 한도 이상에 이르면 절연력이 약해진다. 그 한도의 전류용량은 전선의 굵기에 따라 정해지는데 이것이 전선의 허용전류이다.

③ **전압강하**

   ㉠ 회로에 전류가 흐르면 공급전압이 전선의 저항에 의해서 떨어지는 현상이다.

   ㉡ 전압강하가 크면 불필요한 전력의 손실과 전구와 전등이 규정의 빛을 내지 못하며, 분전반 부근과 회로의 말단에서 전압의 불균형이 생긴다.

   ㉢ 전압강하는 회로에 나쁜 영향을 미치게 되므로 보통 분기회로에서 허용전압 강하율은 공급전압의 2% 이내로 하지만, 간선의 전압 강하율을 포함한 합산전압 강하율은 5% 이내가 바람직하다.

   ㉣ **수용가설비에서의 전압강하**

설비의 유형	조명(%)	기타(%)
A형(저압으로 수전하는 경우)	3	5
B형(고압 이상으로 수전하는 경우)	6	8

   ● 가능한 한 최종회로 내의 전압강하가 A유형의 값을 넘지 않도록 하는 것이 바람직하다. 사용자의 배선설비가 100m를 넘는 부분의 전압강하는 m당 0.005% 증가할 수 있으나 이러한 증가분은 0.5%를 넘지 않아야 한다.

④ 기계적 강도: 배선공사 중 단선 등의 어려움이 있거나 특수한 경우를 제외하고는 직경이 1.6mm 이상인 연동선이나 동등 이상의 기계적 강도를 가지는 전선을 사용한다.

05 분전반과 분기회로

(1) 분전반(panel board)

① 정의: 분기 보안장치로 퓨즈류를 모아 놓은 장치로서, 배전반으로부터의 각 전선에서 필요로 하는 부하에 배선을 분기하는 개소에 설치한 것으로 배전반의 일종이다.

② 설치장소
  ㉠ 가능한 한 부하의 중심에 가까울 것
  ㉡ 조작이 편리하고 안전한 곳에 설치할 것
  ㉢ 고층건물은 가능한 한 파이프 샤프트 부근에 설치할 것
  ㉣ 가능한 한 각 층에 설치하고 그 분기회로수는 20회선 정도(예비회로 포함 40회선) 까지를 한도로 한다.
  ㉤ 전화용 단자함이나 소화전 박스와의 조화를 고려하여 배치할 것

③ 설치간격: 분기회로의 길이가 30m 이하가 되도록 설치한다.

④ 설치내용: 주개폐기, 분기개폐기(나이프스위치, 서킷브레이커, 퓨즈)

⑤ 분전반 공급면적
  ㉠ 분전반 1개의 공급면적은 1,000m² 이하로 한다.
  ㉡ 1개 층 1개소 이상 설치한다.

(2) 분기회로

① 정의: 분기회로는 건물 내의 저압 옥내 간선으로부터 분기하여 전등이나 콘센트 등의 전기기기에 이르는 저압 옥내 전로와 분전반으로부터의 전선 등을 말한다.

② 설치목적
  ㉠ 모든 전기기기를 안전하게 사용
  ㉡ 고장시 신속한 보수
  ㉢ 고장범위를 줄이는 것

분전반 접속도의 예

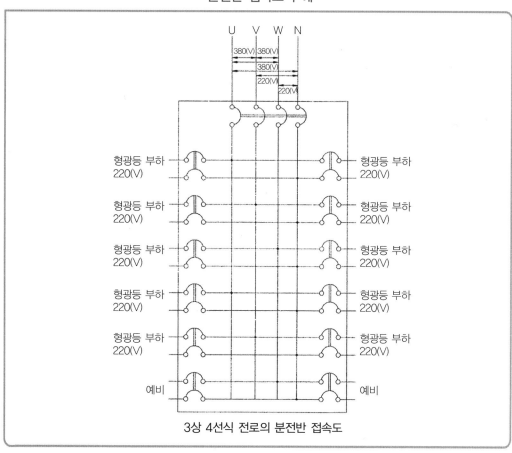

3상 4선식 전로의 분전반 접속도

③ 분기회로 설치시 고려사항

　ㄱ 건물의 평면계획과 구조를 고려하여 배선이 쉽도록 회로를 나눈다.

　ㄴ 같은 실이나 같은 방향의 아웃렛은 가능하면 동일회로로 만들어 교차하지 않도록 한다.

　ㄷ 전등 및 아웃렛회로, 콘센트회로는 되도록 15A 분기회로로 하고, 특별히 용량이 큰 전기기기는 전용회로로 하여 용량에 따라 20A, 30A, 50A, 50A 초과 회로로 한다.

　ㄹ 복도, 계단 등은 될 수 있는 대로 동일회로로 한다.

　ㅁ 습기가 있는 장소의 아웃렛은 별도의 회로로 설치한다.

　ㅂ 3상 4선식 배선에서는 중성선 이외의 각 선의 부하가 같도록 분기회로의 부하를 균형 있게 한다.

　ㅅ 같은 스위치로 점멸되는 전등은 같은 회로로 한다.

구분	시설의 가부(옥내)					
	노출장소		은폐장소			
			점검 가능		점검 불가능	
	건조한 장소	습기가 많은 장소 또는 물기가 있는 장소	건조한 장소	습기가 많은 장소 또는 물기가 있는 장소	건조한 장소	습기가 많은 장소 또는 물기가 있는 장소
애자 사용	○	○	○	○	×	×
금속관	○	○	○	○	○	○
합성수지관	○	○	○	○	○	○
가요전선관(2종)	○	○	○	○	○	○
금속몰드	○	×	○	×	×	×
플로어덕트	×	×	×	×	○	×
금속덕트	○	×	○	×	×	×
라이팅덕트	○	×	○	×	×	×
버스덕트	○	×	○	×	×	×

합성수지몰드공사

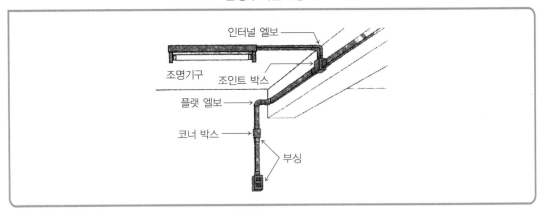

(1) **애자 사용공사**

클리트, 노브 등의 애자로 절연전선을 지지하여 배선하는 것으로, 전선 상호간의 간격은 6cm 이상으로 한다.

(2) **목재몰드공사**

목재에 홈을 파서 홈에 절연전선을 넣고 뚜껑을 덮어 실시하는 공사이다.

(3) 금속몰드공사

① 폭 5cm 이하, 두께 0.5mm 이상의 철재 홈통의 바닥에 전선을 넣고 뚜껑을 덮은 것이다.

② 금속몰드공사에는 접속심이 없는 절연전선을 사용하고, 접속은 기계적·전기적으로 완전히 접속되어야 한다.

③ 바닥·벽에 많이 이용되나, 습기가 많은 곳에는 부적당하다.

④ 주로 철근콘크리트건물에서 이미 설치된 금속관 배선에서 증설 배선하는 경우에 이용된다.

기출예제

옥내배선공사에 관한 내용으로 옳지 않은 것은?   제24회

① 금속관공사는 철근콘트리트구조의 매립공사에 사용된다.

② 합성수지관공사는 옥내의 점검할 수 없는 은폐장소에도 사용이 가능하다.

③ 버스덕트공사는 공장, 빌딩 등에서 비교적 큰 전류가 통하는 간선을 시설하는 경우에 사용된다.

④ 금속몰드공사는 매립공사용으로 적합하고, 기계실 등에서 전동기로 배선하는 경우에 사용된다.

⑤ 라이팅덕트공사는 화랑의 벽면조명과 같이 광원을 이동시킬 필요가 있는 경우에 사용된다.

해설

금속몰드공사는 옥내의 외상을 받을 우려가 없는 건조한 노출장소 및 점검할 수 있는 은폐장소에 사용된다.

정답: ④

---

(4) 금속관공사

① 특징

㉠ 전선이 기계적으로 완전히 보호된다.

㉡ 단락사고, 접지사고 등에 있어서 화재의 우려가 적다.

㉢ 접지공사를 완전히 하면 감전의 우려가 없다.

㉣ 방습장치를 할 수 있으므로 전선을 내수적으로 시설할 수 있다.

㉤ 배관과 배선을 따로 시공하므로 건축 도중에 전선의 피복이 손상을 받지 않는다.

㉥ 전선 교체가 용이하다.

② 전선

㉠ 금속관 배선에는 절연전선을 사용한다.

㉡ 전선의 지름이 3.2mm(알루미늄전선은 4.0mm)를 초과하는 경우에는 연선이어야 한다.

㉢ 금속관 내에서는 전선에 접속점을 만들어서는 안 된다.

(5) 합성수지관공사

① 특징
  ㉠ 누전의 우려가 없다.
  ㉡ 내식성이다.
  ㉢ 접지가 불필요하다.
  ㉣ 중량이 가볍고 시공이 용이하다.
  ㉤ 기계적 강도가 약하다.
  ㉥ 파열될 염려가 있다.
  ㉦ 열에 약하다.

② 전선
  ㉠ 합성수지관 배선에는 절연전선을 사용한다.
  ㉡ 전선의 지름이 3.2mm(알루미늄전선은 4.0mm)를 초과하는 경우에는 연선이어야
     한다.
  ㉢ 합성수지관 내에서는 전선에 접속점을 만들어서는 안 된다.

③ **시설장소의 제한:** 합성수지관 배선은 중량물의 압력 또는 심한 기계적 충격을 받는 장소에
  시설하여서는 안 된다. 다만, 적당한 방호장치를 시설한 경우에는 그러하지 아니하다.

(6) 가요전선관공사

건조하고 전개된 장소, 건조하고 점검할 수 있는 은폐장소로 작은 증설공사, 금속관공사의
어려운 벤딩 가공을 하는 부분이나 접속하는 박스, 기기 등이 다소 움직이거나 진동하는 장
소로 전동기에 이르는 공사, 엘리베이터의 공사, 기차, 전차 안의 배선공사에 이용된다.

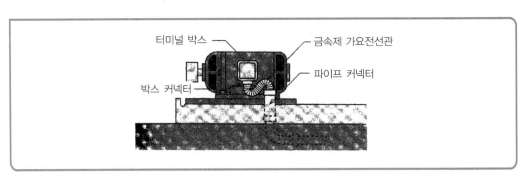

다음에서 설명하고 있는 배선공사는? 제22회

> • 굴곡이 많은 장소에 적합하다.
> • 기계실 등에서 전동기로 배선하는 경우나 건물의 확장부분 등에 배선하는 경우에 적용된다.

① 합성수지몰드공사   ② 플로어덕트공사
③ 가요전선관공사   ④ 금속몰드공사
⑤ 버스덕트공사

해설

자유롭게 굽힐 수 있어 금속관 배선 대신에 사용할 수가 있으며, 엘리베이터의 배선이나 공장 등의 전동기에 이르는 짧은 배선을 사용하는 것은 가요전선관공사이다. 정답: ③

(7) 금속덕트공사

① 금속관에 의한 간선의 개수가 많아져 경로의 단면적이 커지는 경우에 시설되는 공사이다.
② 덕트는 전선 시공상 극히 융통성이 있으며, 금속관공사보다 건물의 공간 점유면적이 작다.
③ 덕트 내에 세퍼레이터를 설치하면 강약전 회로 양쪽의 배선을 할 수 있다.
④ 금속관공사보다 증설시 편리하다.
⑤ 많은 전선을 인출하는 간선공사, 미래에 증설이나 변경이 예정된 간선공사에 유리하다.

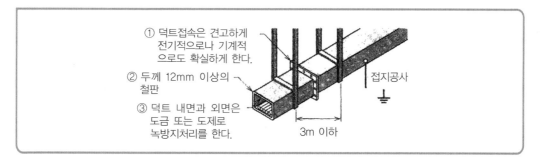

(8) 버스덕트공사

① 콤팩트하며 대용량의 배전을 할 수 있다.
② 간선 계통을 간소화할 수 있다.
③ 부설이 용이하며, 특히 알루미늄제는 경량으로 취급이 용이하다.
④ 보수 점검이 용이하다.

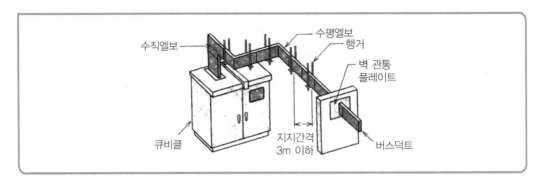

(9) 플로어덕트 배선

① 옥내의 건조한 콘크리트 바닥 내의 매설에 한하여 시설할 수 있다.

② 플로어덕트는 주로 빌딩의 일반 사무실 바닥에 설비되고 있는데, 최근에 사무실에서는 고정된 칸막이를 하지 않고 간이칸막이에 의하여 필요에 따라 적시에 실의 크기 및 책상의 배치를 변경하는 경향이 많아짐에 따라 콘센트, 전화의 아웃렛을 바닥면에 시설하면 불편하므로 플로어덕트가 설치되어 온 것이다.

> **더 알아보기 | 전선관**
>
> 1. 전선의 굵기는 **안전전류, 기계적 강도, 전압강하**의 조건에 의하여 결정된다.
> 2. 전선관 내에 전선을 4본 이상 삽입하여 공사를 할 경우에는 전선 단면적이 파이프 내 단면적 (전선관 단면적)의 **40% 이하**가 되도록 파이프의 굵기를 결정한다.
> 3. 전선관 내에 배선할 수 있는 전선의 수는 10본 이하로 한다.

(10) 배선기구

① **과전류보호기(자동차단기):** 과전류가 흐르면 자동적으로 전로를 차단하는 것으로 퓨즈 브레이커, 서킷브레이커 등이 있다.

    ㉠ **퓨즈(fuse):** 과부하 또는 단락시에 자동적으로 가용체(fuse)를 녹여 회로를 차단한다.

    ㉡ **배선용 차단기(MCCB):** 전류가 흐를 때 자동적으로 회로를 끊어서 보호하는 것으로, 퓨즈와는 달리 그 자체에 아무런 손상을 입지 않고 다시 원상태로 복귀하여 재사용할 수 있으며 노퓨즈브레이커(NFB; No Fuse Breaker)라고도 한다.

    ㉢ **누전차단기(ELCB):** 분전반에 설치하여 전로에 지락(누전)이 발생하였을 때, 이를 감지하여 자동으로 회로를 차단하는 장치이다.

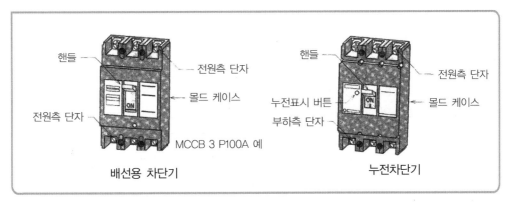

<table>
<tr><td>배선용 차단기</td><td>누전차단기</td></tr>
</table>

② **개폐기**: 옥내 배선에 있어 전로를 조작하거나 보수하기에 편리할 목적으로 각종 개폐기를 설치한다.

    ㉠ 나이프스위치(knife switch)

        ⓐ 대리석, 베이클라이트, 사기 등의 절연대 위에 칼, 칼받이 및 퓨즈 등으로 구성되어 있는 개폐기로 커버가 없는 나이프스위치는 감전의 우려가 있다.

        ⓑ 배전반·분전반에 이용된다.

    ㉡ 컷아웃스위치(cut-out switch)

        ⓐ 스위치와 보안장치를 겸비한 소용량의 보안개폐기이며 안전기 또는 두꺼비집, 베이비스위치라 부른다.

        ⓑ 감전을 다소 방지할 수 있도록 뚜껑이 있으며, 퓨즈를 이용한다.

        ⓒ 주택 등의 소용량에 이용되었지만, 요즘은 NFB로 대치되어 사용되고 있다.

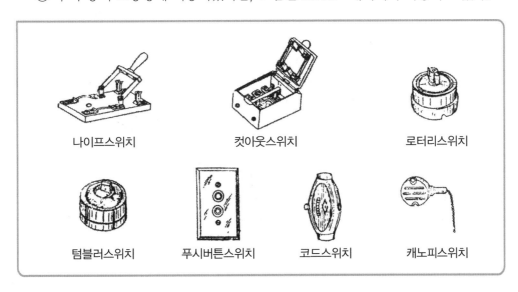

<table>
<tr><td>나이프스위치</td><td>컷아웃스위치</td><td>로터리스위치</td></tr>
<tr><td>텀블러스위치</td><td>푸시버튼스위치</td><td>코드스위치</td><td>캐노피스위치</td></tr>
</table>

③ 점멸기
  ㉠ 로터리스위치(rotary switch)
    ⓐ 손잡이를 시계방향으로 회전시켜 점멸한다.
    ⓑ 노출형으로 많이 이용된다.
  ㉡ 텀블러스위치(tumbler switch)
    ⓐ 노출형·매입형이 있으며, 상하 또는 좌우로 점멸한다.
    ⓑ 사무실, 아파트, 주택 등의 출입구에 전등의 점멸장치로 가장 많이 이용된다.
  ㉢ 푸시버튼스위치(push-button switch)
    ⓐ 두 개의 버튼 중에서 하나를 누르면 켜지고 다른 하나를 누르면 소등이 되도록 되어
      있다.
    ⓑ 대부분 매입형이다.
  ㉣ 풀스위치(pull switch): 천장 또는 높은 곳에 설치하여 내려뜨려진 끈을 잡아 당겨
    점멸한다.
  ㉤ 코드스위치(cord switch): 코드 중간에 접속하여 점멸하는 것이다.
  ㉥ 캐노피스위치(canopy switch): 전등기구의 플랜지 내부에 끈을 설치하여 끈으로
    점멸한다.
  ㉦ 3로스위치: 3개의 단자를 구비한 전환용 용수철스위치로서 복도의 양 끝, 계단의 상하
    어느 곳에서도 전등을 점멸할 수 있도록 하는 스위치이다.
  ㉧ 타임스위치(time switch)
    ⓐ 일정한 시간 동안만 점등이 되도록 하는 데 이용된다.
    ⓑ 아파트, 호텔 객실 등의 현관에 주로 설치한다.
  ㉨ 오토매틱스위치(automatic switch): 외부 조도 등에 따라 자동으로 점멸되는 스위
    치이다. 옥외 가로등에 많이 이용된다.
  ㉩ 플로트스위치(float switch)
    ⓐ 수위(水位)에 의한 부자(浮子)의 움직임에 따라 작동하는 스위치이다.
    ⓑ 옥상 물탱크의 수량을 조절하는 전동기 제어용으로 이용된다.
  ㉪ 마그네틱스위치(magnetic switch)
    ⓐ 펌프의 부하에 따라 자력의 성질이 바뀌는 원리로 작동한다.
    ⓑ 펌프의 전동기 제어용으로 이용된다.

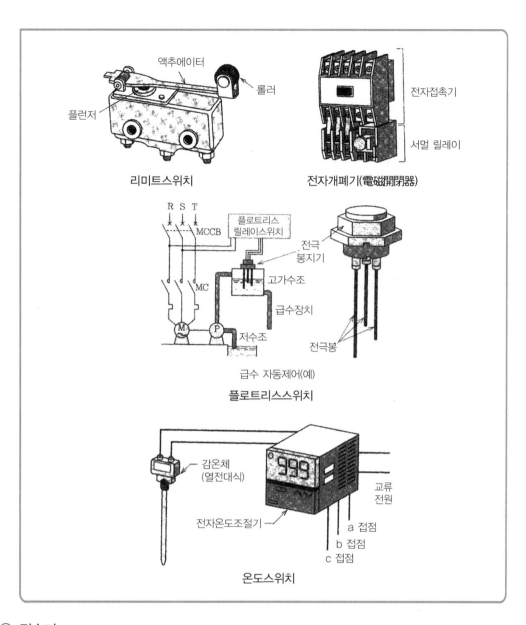

리미트스위치

전자개폐기(電磁開閉器)

급수 자동제어(예)

플로트리스스위치

온도스위치

④ 접속기

  ㉠ 콘센트

    ⓐ 전기기구의 플러그를 꽂을 수 있도록 되어 있는 것이다.

    ⓑ 매입형과 노출형이 있다.

    ⓒ 일반적으로 바닥 위 30cm 정도의 높이에 설치한다. 사무실의 경우 벽 길이 5m
       정도마다 설치하며, 복도에는 청소용 등으로 20~30m마다 설치한다.

  ㉡ 로제트 : 옥내 배선과 코드를 접속할 때에 이용된다.

  ㉢ 코드커넥터 : 코드와 코드의 연결을 위하여 사용한다.

② 소켓, 분기소켓 : 전구와 코드를 접속할 때에 이용된다.

⑩ 리셉터클 : 옥내 배선에 백열전등을 연결할 때에 이용된다.

접속기구

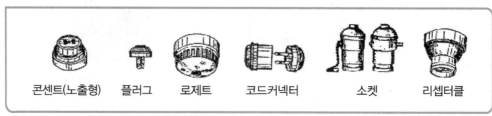

| 콘센트(노출형) | 플러그 | 로제트 | 코드커넥터 | 소켓 | 리셉터클 |

07 전동기

(1) 전동기의 종류

구분	형식		
교류	유도전동기	단상	분상기동형
			콘덴서기동형
			반발기동형
		3상	농형 유도전동기
			권선형 유도전동기
	동기전동기		
	정류자전동기		
직류	직권전동기		
	분권전동기		
	복권전동기		

(2) 전동기의 용도

① 목적: 전동기는 대규모 건물에 설비되는 공조시설, 급배수시설, 엘리베이터, 에스컬레이터 등에 필요한 전력을 공급하기 위하여 필요하다.

② 유도전동기: 취급이 매우 간단하고 기계적으로도 견고하며 가격이 싸다.

㉠ 분상기동형 : 얕은 우물펌프나 세탁기용

㉡ 반발기동형: 깊은 우물펌프용

㉢ 콘덴서기동형: 역률과 효율이 양호하여 많이 사용한다.

㉣ 농형 유도전동기: 견고하고 고장이 적으며, 가격이 저렴하다. 공장이나 빌딩 등의 동력설비로 가장 많이 이용된다.

㉤ 권선형 유도전동기: 큰 시동토크나 속도 제어가 필요한 곳에 이용된다.

③ 동기전동기

    ㉠ 구조·취급이 복잡하며, 시동·정지가 빈번한 용도에는 부적합하다.

    ㉡ 대형 공기압축기, 송풍기 등에 사용한다.

④ 정류자전동기: 송풍기, 방적용

⑤ 직류용 전동기

    ㉠ 속도 조절이 간단하고, 고도의 제어가 요구되는 장소에 사용한다.

    ㉡ 큰 시동토크를 필요로 하는 엘리베이터, 전차 등에 사용한다.

    ㉢ 가격이 비싸다.

    ㉣ 전원이 교류이므로 교류를 직류로 바꾸는 장치(정류자)가 필요하다.

제3절   약전(弱電) 및 방재설비

01 인터폰설비

구내 상호간 통화하는 구내 전용 전화로 전화기형과 확성형(마이크로폰＋스피커)이 있다.

(1) 통화방식에 의한 분류

① 상호식: 상호간에 상대를 호출·통화할 수 있는 방식이다(10회선 이내가 적당하다).

② 모자식(친자식): 한 대의 모기(母機)에 여러 대의 자기(子機)를 접속한 방식이다.

③ 복합식: 상호식과 모자식을 복합한 방식이다.

인터폰의 접속방식

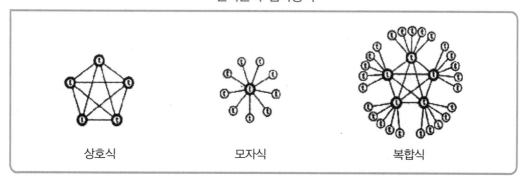

상호식   모자식   복합식

(2) 작동원리에 의한 분류

① 프레스 토크(press talk)방식: 말할 때에는 통화 버튼을 누르고, 들을 때에는 버튼을 놓는 방식이다.

② 도어 폰(door phone): 전화기와 같은 방식으로 통화하는 방식이다.

(3) 시공

① 설치 높이는 바닥에서부터 1.5m 정도로 한다.

② 전원장치는 보수가 용이하고 안전한 장소에 시설한다.

③ 전화배선과는 별도 계통으로 한다.

02 안테나설비

(1) 시공시 주의사항

① 안테나는 풍속 40m/s 정도에 견디도록 고정시킨다.

② 피뢰침 보호각 내에 들어가도록 설치한다.

③ 강전류로부터 3m 이상 띄어서 설치한다.

④ 정합기(整合器)는 바닥에서 30cm 높이에 설치한다.

⑤ 아파트, 사무실, 병원 등의 건물은 공용 안테나를 설치하여야 한다.

(2) 구성

정합기, 분배기, 증폭기

03 접지와 피뢰침설비

(1) 접지공사

① 목적: 전기 누설에 의한 화재 및 감전의 피해를 줄이고자 접지공사를 실시한다.

② 접지시스템의 종류

　㉠ 계통 접지: 전력계통의 한전 선로를 의도적으로 접지하는 것이다.

　　ⓐ 낙뢰 또는 기타 서지(surge)에 의하여 전선로에 발생할 수 있는 과전압을 억제한다.

　　ⓑ 정상운전시 발생하는 전력계통의 최대 대지전압을 억제한다.

　　ⓒ 지락사고 발생시 사고전류를 원활히 흐르게 하여 과전류 보호장치를 신속 정확하게 동작시킴으로써 전기설비의 손상을 예방한다.

　㉡ 보호 접지: 누전시 사람과 전기설비기기의 안전을 확보하기 위한 접지로 외함 접지라고도 한다.

　　ⓐ 인체에 가해지는 전기충격을 감소시켜 감전사고를 예방한다.

　　ⓑ 지락사고시 사고전류를 원활히 흐르게 하여 사고전류에 의한 과열 및 아크를 억제함으로써 화재나 폭발을 방지하고 과전류 보호장치를 신속히 동작시킨다.

　㉢ 피뢰시스템 접지: 피뢰설비에 흐르는 뇌격전류를 안전하게 대지로 흘려보내기 위해 접지극을 대지에 접속하는 설비를 말한다.

③ 계통 접지방식
  ㉠ TN 계통 접지
    ⓐ TN−S
    ⓑ TN−C
    ⓒ TN−C−S
  ㉡ TT 계통 접지
  ㉢ IT 계통 접지
  ㉣ TN/TT 계통 접지

(2) 피뢰설비(避雷設備)

① 목적: 보호하고자 하는 대상물에 접근하는 낙뢰(落雷)를 확실하게 피뢰도선을 통해 대지에 흐르게 함으로써 건축물의 파괴 또는 화재 발생을 사전에 방지하기 위하여 설치한다.

② 설치대상물
  ㉠ 법적 설치대상물
    ⓐ 높이가 20m 이상인 건축물이나 공작물
    ⓑ 소방관계법에서 정하는 위험물 제조소, 옥외탱크 저장소
    ⓒ 총포·도검·화약류 등의 안전관리에 관한 법률에 규정한 화약류 저장소
  ㉡ 임의 설치대상물
    ⓐ 낙뢰의 가능성이 많은 대상물
    ⓑ 낙뢰의 피해가 큰 건축물

③ 보호각: 보통 일반 건물은 60°이고, 위험물은 45°이다.

④ 피뢰설비의 4등급

피뢰설비의 방식

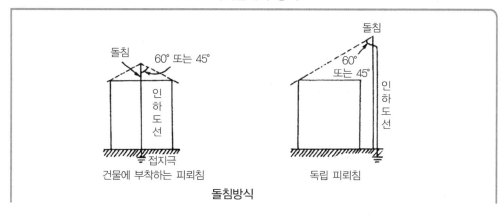

돌침방식

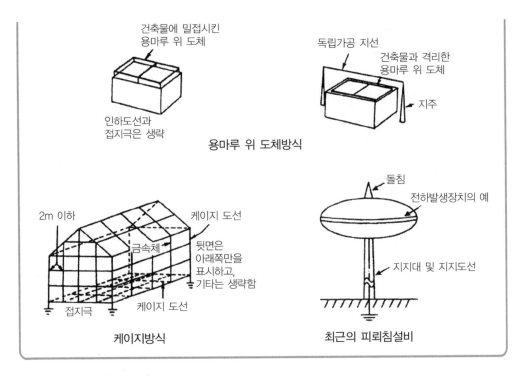

건축물에 밀접시킨 용마루 위 도체

독립가공 지선

건축물과 격리한 용마루 위 도체

인하도선과 접지극은 생략

지주

용마루 위 도체방식

2m 이하

케이지 도선

금속체

뒷면은 아래쪽만을 표시하고, 기타는 생략함

접지극

케이지 도선

케이지방식

돌침

전하발생장치의 예

지지대 및 지지도선

최근의 피뢰침설비

⊙ **보통보호**: 일반적으로 많이 사용하고 있는 피뢰보호방식으로 돌침으로만 건축물 전체를 보호하는 방식이다. 증강보호가 바람직하고 철근콘크리트 건축물로서 옥상에 난간이 있는 경우에는 보통보호로 충분하다.

⊙ **증강보호**: 건축물에서 60° 이내의 보호각 내에 있을지라도 낙뢰한 사례가 있어서 60° 보호각으로는 충분한 보호효과를 기대할 수 없다. 따라서 건축물 윗면의 모서리 부분, 뾰족한 형상을 한 부분의 위쪽에 수평 도체식 피뢰설비를 보강하면 전체 보호능력은 향상된다.

⊙ **완전보호**: 높은 산 위에 있는 관측소, 건물, 매점, 휴게소, 골프장 등에 시설하여야 하며 어떠한 뇌격에 대해서도 뇌해가 가장 적은 방식이다. 케이지방식, 이온방사형 피뢰방식이 이에 해당한다.

⊙ **간이보호**: 보통보호보다 간단하며, 특히 뇌해가 많은 지방에서 높이 20m 이하의 건물에서 자주적인 피뢰설비로 시설할 때 이용한다.

⑤ **피뢰침 설치규정**

⊙ 피뢰설비는 한국산업표준이 정하는 피뢰레벨등급에 적합한 피뢰설비일 것. 다만, 위험물 저장 및 처리시설에 설치하는 피뢰설비는 한국산업표준이 정하는 피뢰시스템 레벨Ⅱ 이상이어야 한다.

⊙ 돌침은 건축물의 맨 윗부분으로부터 25cm 이상 돌출시켜 설치하되, 건축물의 구조 기준 등에 관한 규칙 제9조에 따른 설계하중에 견딜 수 있는 구조일 것

ⓒ 피뢰설비의 재료는 최소단면적이 피복이 없는 동선을 기준으로 수뢰부, 인하도선 및 접지극은 50mm² 이상이거나 이와 동등 이상의 성능을 갖출 것

ⓔ 피뢰설비의 인하도선을 대신하여 철골조의 철골구조물과 철근콘크리트조의 철근구조체 등을 사용하는 경우에는 전기적 연속성이 보장될 것. 이 경우 전기적 연속성이 있다고 판단되기 위하여는 건축물 금속구조체의 최상단부와 지표레벨 사이의 전기저항이 0.2Ω 이하이어야 한다.

ⓜ 측면 낙뢰를 방지하기 위하여 높이가 60m를 초과하는 건축물 등에는 지면에서 건축물 높이의 5분의 4가 되는 지점부터 최상단 부분까지의 측면에 수뢰부를 설치하여야 하며, 지표레벨에서 최상단부의 높이가 150m를 초과하는 건축물은 120m 지점부터 최상단 부분까지의 측면에 수뢰부를 설치할 것. 다만, 건축물의 외벽이 금속부재(部材)로 마감되고, 금속부재 상호간에 위 ⓔ 후단에 적합한 전기적 연속성이 보장되며 피뢰시스템레벨등급에 적합하게 설치하여 인하도선에 연결한 경우에는 측면 수뢰부가 설치된 것으로 본다.

ⓗ 접지(接地)는 환경오염을 일으킬 수 있는 시공방법이나 화학첨가물 등을 사용하지 아니할 것

ⓢ 급수ㆍ급탕ㆍ난방ㆍ가스 등을 공급하기 위하여 건축물에 설치하는 금속배관 및 금속재설비는 전위(電位)가 균등하게 이루어지도록 전기적으로 접속할 것

ⓞ 전기설비의 접지계통과 건축물의 피뢰설비 및 통신설비 등의 접지극을 공용하는 통합접지공사를 하는 경우에는 낙뢰 등으로 인한 과전압으로부터 전기설비 등을 보호하기 위하여 한국산업표준에 적합한 서지보호장치(SPD)를 설치할 것

ⓩ 그 밖에 피뢰설비와 관련된 사항은 한국산업표준에 적합하게 설치할 것

(3) 항공장애등설비

① 야간에 비행하는 항공기에 대하여 항공에 장애가 되는 물건의 존재를 시각으로 인식시키기 위한 것이다.

② 지표면 또는 수면으로부터 60m 이상 높이의 건축물이나 공작물 등에 설치한다.

③ 고광도ㆍ중광도ㆍ저광도 항공장애등이 있다.

01 조명의 용어와 단위

① **광속(F):** 1초 동안에 어떤 면을 통과하는 빛의 양으로, 단위는 lm(lumen, 루멘)이다.

② **광도(I):** 광원에서 나오는 빛의 세기로, 단위는 cd(candela, 칸델라)이다.

③ **휘도(B):** 물체 표면의 밝기로, 단위는 nit(cd/m^2, 니트)이다.

④ **조도(E):** 단위면적당 입사광속으로, 단위는 lx(lux, 럭스)이다.

⑤ **광속발산도:** 광원의 발광면에서 단위면적당 발산되는 광속으로, 단위는 rlx(radlux, 라드럭스)이다.

⑥ **연색성:** 광원이 색을 어느 정도 충실하게 나타내고 있는가의 척도를 광원의 연색성이라고 하고, 이는 평균 연색평가수로 나타낸다.

각종 광원의 연색평가수

광원의 종류	평균 연색평가수
백열전구	100
할로겐전구	100
형광램프 주광색(D)	76~77
형광램프 백색(W)	62~65
형광램프 자연색(D-DSL)	94~96
형광램프 3파장 형광램프(EX)	84
메탈할라이드램프(M)	70
고압수은램프(HF-XW)	45~46
고압나트륨램프(NH)	27

02 광원(光源)

전력을 빛으로 바꾸는 기구로서 발광원리에 의하여 구분되며, 전등 조명에 있어서는 그 종류 및 용도에 따라 가장 적절한 광원을 사용하여야 한다.

(1) 백열전등

① 휘도가 높고 연색성이 가장 좋다.

② 눈부심이 강하다.

③ 발광효율이 낮고 열을 많이 발산한다.

④ 점등이 빠르다.

⑤ 백열등의 광색은 온도가 높을수록 주광색에 가깝다.

⑥ 수명은 1,000시간 정도이다.

⑦ 일반 조명용으로 사용된다.

(2) 형광등

① 원리: 방전관 내에 수은 및 아르곤가스를 봉입하고 관의 내면에 형광물질을 균일하게 도포하여 전극을 방전시킬 때 형광빛을 발산한다.

② 특징

　㉠ 발광효율이 높다.

　㉡ 연색성이 좋다.

　㉢ 휘도가 낮아 눈부심이 없다.

　㉣ 수명이 길다(약 7,500~10,000시간).

　㉤ 주위 온도의 영향을 많이 받는다.

　㉥ 기동에 시간이 걸린다(점등이 늦다).

　㉦ 임의의 광색을 얻을 수 있다.

　㉧ 옥내·외 전반, 국부조명, 간접조명의 용도로 사무실 및 공장 등에 가장 널리 사용된다.

(3) 수은등

① 정의: 유리관 내에 봉입된 수은증기 중의 방전을 이용한 것으로, 수은 증기압력에 따라 저압·고압·초고압 수은등의 3종류로 나누어진다.

② 가스압에 따른 분류

　㉠ **저압수은등**: 살균용

　㉡ **고압수은등**: 도로, 공원, 광장, 큰 공장의 조명에 사용

　㉢ **초고압수은등**: 영화 촬영, 영사 등에 사용

③ 특징

　㉠ 점등이 가장 늦다.

　㉡ 수명이 길다(약 6,000~12,000시간).

　㉢ 수은증기압이 높을수록 발광효율이 좋다.

　㉣ 연색성이 나쁘다.

　㉤ 휘도가 높다.

수은등의 구조

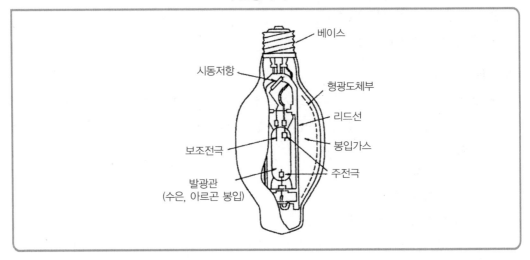

(4) 메탈할라이드램프

① 수은등과 비슷한 원리로 조명효율이 수은등에 비하여 좋다.

② 색상은 자연색과 유사하며 연색성이 수은등에 비하여 좋다.

③ 경기장, 은행, 백화점 등 수은등의 용도와 같다.

메탈할라이드램프의 구조

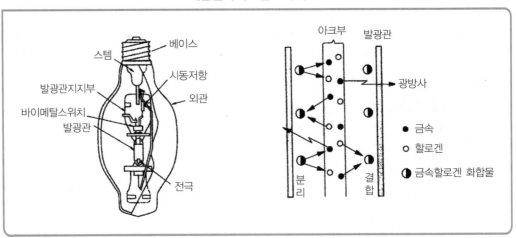

(5) 나트륨등

① 발광효율성이 가장 좋다.

② 연색성이 나쁘다.

③ 수명은 9,000~12,000시간 정도이다.

④ 가로등, 터널조명, 정원 및 주위 표시등에 사용된다.

(6) 네온사인

① 다양한 광색을 얻을 수 있다.

② 색채가 선명하여 유효가시거리가 크다.

③ 설비비가 비싸다.

④ 상업 광고용으로 사용된다.

각종 광원의 성능

구분	백열전구	형광등	(고압)수은등	메탈할라이드등	(고압)나트륨등
크기(W)	2~2,000	6~110	40~1,000	200~1,500	20~400
효율	좋지 않음	비교적 양호	비교적 양호	양호	매우 양호
수명 (시간)	짧음 (1,500~7,500)	비교적 긺 (7,500~10,000)	긺 (6,000~12,000)	비교적 긺 (6,000~9,000)	긺 (9,000~12,000)
연색성	매우 좋음 (붉은색이 많음)	비교적 좋음	그다지 좋지 않음	좋음	좋지 않음
특징	• 비교적 좁은 장소의 전반조명 • 엑센트조명 • 빛은 집광성 • 값이 싸고 즉시 점등한다. • 광원의 휘도는 높다. • 광원 표면온도가 높고 발생열도 높다.	• 옥내·외 전반조명, 국부조명 • 고효율, 긴 수명 • 빛은 확산성 • 광원의 휘도는 낮다. • 점등에 시간이 걸린다. • 광색, 연색성의 종류가 풍부하다. • 값이 싸다.	• 천장이 높은 옥내·외 조명 • 공장·도로조명에 적합하다. • 수명이 길다. • 점등이 늦다 (5~10분). • 비교적 값이 싸다.	• 고효율과 고연색성을 겸비하고 있다. • 연색성이 좋아 경기장·은행, 백화점 등 고연색성이 요구되는 곳에 적당하다. • 점등이 늦다 (5~10분).	• 발광효율이 높다. • 광의 특성 때문에 도로조명·터널조명에 적합하다.

핵심 콕! 콕! 전등의 특성

1. 발광효율이 좋은 순서

나트륨등 > 메탈할라이드램프 > 형광등 > 수은등 > 백열등

2. 연색성이 좋은 순서

백열등 > 주광색 형광등 > 메탈할라이드램프 > 형광등 > 수은등 > 나트륨등

3. 나트륨등

황색광으로 도로·터널 조명으로 사용한다.

4. LED(Light Emitting Diode)조명
① 정의: 화합물 반도체인 LED에 전압이 흐르면 이를 빛으로 전환하여 나오는 조명을 말한다.
② 특징
- 소비전력이 낮다.
- 수명이 길다.
- 다양한 색상을 만들 수 있다.
- 친환경적이다.
- 가격이 일반 조명등에 비하여 높다.

03 조명방식

(1) 조명기구의 배치에 의한 분류

① 전반조명
- ㉠ 작업면 전반에 실내의 조도가 균일하게 되도록 조명기구를 일정하게 분산 배치하는 방식이다.
- ㉡ 광원이 일정한 높이와 간격으로 배치된다.
- ㉢ 명시조명을 요하는 사무실, 학교, 공장 등에 사용된다.

② 국부조명
- ㉠ 작업면의 국부적인 장소에만 높은 조도가 필요할 때 쓰이는 방식이다.
- ㉡ 특정한 장소에 조명기구를 밀집해서 설치하거나 또는 스탠드 등을 사용한다.
- ㉢ 밝고 어두움의 차이가 크기 때문에 눈이 피로하기 쉬운 결점이 있다.
- ㉣ 주로 정밀공장의 기계 부분, 전시장, 조립공장 등에 사용된다.

③ 전반·국부 병용 조명
- ㉠ 전반조명하에 특정한 장소에 국부조명을 하는 방식이다.
- ㉡ 조도의 변화를 적게 하여 명시효과를 높이기 위한 것이다.
- ㉢ 정밀한 작업을 요하는 곳에 사용된다.
- ㉣ 정밀공장, 수술실, 실험실, 조립 및 가공공장 등에 주로 사용된다.

(2) 조명기구의 배광(配光)에 의한 분류

① 직접조명
- ㉠ 간단하고 적은 전력으로 높은 조도를 얻을 수 있다.
- ㉡ 조명능률이 좋으나 조도 차이가 심하다.

② 간접조명
  ㉠ 그늘이 적고, 차분하고 균일한 조도와 안정된 분위기를 얻을 수 있다.
  ㉡ 비경제적이며 입체감이 약하다.
  ㉢ 눈부심이 적으나, 효율이 낮다.

조명방식

구분	기구의 형태	배광분류	특징	용도
직접조명		(%) 10~0 90~100	• 광의 손실이 적고, 효율이 높다. • 천장이 어둡고, 진한 그늘이 생기며, 눈부심 방지책이 필요하다.	공장
반직접조명		10~40 60~90	기구 상부를 반투명의 것으로 하여, 직접조명의 결점을 보완한다.	일반사무실, 주택
전반확산조명		60~40 40~60	광손실이 50% 전후, 빛이 상하좌우로 나가므로 부드러운 조명이 된다.	고급사무실, 상점, 고급주택
반간접조명		60~90 10~40	천장, 벽 전체가 광원으로 되므로 부드러운 빛이 얻어지나, 효율은 나빠진다.	병실, 침실
간접조명		90~100 10~0	매우 부드러운 빛이기는 하나 효율이 나쁘고, 특수한 장소 이외에는 추천이 곤란하다.	대합실, 회의실, 임원실

04 건축화조명

조명기구로서의 형태를 취하지 않고 건물의 내부와 일체로 하여 조합시키는 형식으로서, 특별한 조명기구를 사용하지 않고 천장, 벽, 기둥 등의 건축 부분에 광원을 만들어 실내를 조명하는 방식이다.

(1) 다운라이트

① 천장에 작은 구멍을 뚫어 그 속에 기구를 매입한 것으로, 매입기구는 설계자의 의도로서 여러 가지의 것이 사용된다.

② 개구부가 극히 적은 것을 핀홀라이트, 천장면에 반원구의 구멍을 뚫어서 거기에 기구를 설치한 것을 코퍼라이트라 한다.

(2) 광천장조명

건축구조상 천장에 기구를 설치하여 그 밑에 루버와 확산투과 플라스틱판을 천장마감으로 설치한 방식으로, 천장 전면을 낮은 휘도로 빛나게 하는 방법이다.

(3) 코브라이트

광원은 눈가림판 등으로 가리고 빛을 천장에 반사시켜 간접조명하는 방법이다.

(4) 벽면조명

코니스라이트, 밸런스라이트 등이 있다.

건축화조명

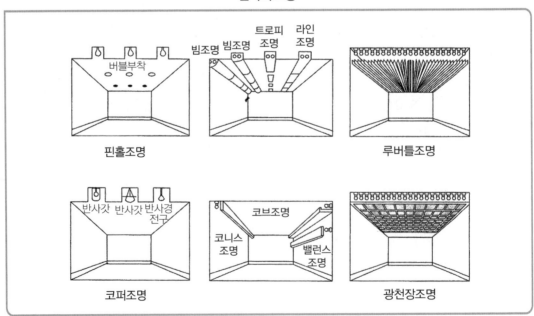

기출예제

조명설비에 관한 설명으로 옳지 않은 것은? 제20회

① 명시조명을 위해서는 목적에 적합한 조도를 갖도록 하고 현휘(glare) 발생을 적게 해야 한다.
② 연색성은 광원 선정시 고려사항 중 하나이다.
③ 코브조명은 건축화조명의 일종이며, 직접조명보다 조명률이 높다.
④ 조명설계 과정에는 소요조도 결정, 광원 선택, 조명방식 및 기구 선정, 조명기구 배치 등이 있다.
⑤ 전반조명과 국부조명을 병용할 경우, 전반조명의 조도는 국부조명 조도의 10분의 1 이상이 바람직하다.

해설

코브조명은 건축화조명의 일종이며, 직접조명보다 조명률이 낮다. 정답: ③

05 조명설계순서

(1) 설계순서

① 소요조도의 결정
② 광원의 선정
③ 조명방식의 선정
④ 조명기구의 선정
⑤ 조명 계산에 의한 기구수의 산출
⑥ 기구의 배열 및 배치의 결정
⑦ 점멸방식의 선정 및 배치
⑧ 조명 요건의 확인 · 점검
⑨ 콘센트 배치
⑩ 배선설계

(2) 광속법에 의한 조도 계산

① 광속 · 조도 · 광원수 계산: 조도, 전등의 종류 및 조명기구의 형식이 결정된 후 그 실내에서 필요한 총광속을 광속법에 따라 결정한다.

• 소요램프수
$$N = \frac{E \times A}{F \times U \times M} \text{(개)}$$

- 소요광속

$$N \times F = \frac{E \times A}{M \times U} = \frac{E \times A \times D}{U}(\text{lm})$$

- 소요평균조도

$$E = \frac{N \times F \times U \times M}{A}(\text{lx})$$

N: 램프의 개수, F: 램프 1개당 광속(lm), E: 평균수평면조도(lx)
A: 실면적(m^2), D: 감광보상률, U: 조명률, M: 보수율(유지율)

○ 감광보상률과 유지율과의 관계: $D \times M = 1$

기출예제

01 실내에 설치할 광원의 수를 광속법으로 결정하는 데 필요한 요소를 모두 고른 것은?

제20회

> ㉠ 실의 면적   ㉡ 광원의 광속
> ㉢ 조명기구의 조명률   ㉣ 조명기구의 보수율
> ㉤ 평균수평면조도(작업면의 평균조도)

① ㉠, ㉤   ② ㉢, ㉣
③ ㉠, ㉡, ㉢   ④ ㉡, ㉢, ㉣, ㉤
⑤ ㉠, ㉡, ㉢, ㉣, ㉤

[해설]

광원의 수를 광속법으로 결정하는 데에는 ㉠㉡㉢㉣㉤ 모두 필요하다.

$$광속(F) = \frac{실면적(A) \times 조도(E) \times 감광보상률(D)}{광원개수(N) \times 조명률(U)}[\text{km}], \ 단\ 감광보상률(D) = \frac{1}{유지보수율(M)}$$

정답: ⑤

02 바닥면적이 100m²인 공동주택 관리사무소에 설치된 25개의 조명기구를 광원만 LED로 교체하여 평균조도 400럭스(lx)를 확보하고자 할 때, 조명기구의 개당 최소 광속(lm)은? (단, 조명률은 50%, 보수율은 0.8로 한다)

제24회

① 3,000   ② 3,500
③ 4,000   ④ 4,500
⑤ 5,000

[해설]

$$F = \frac{A \cdot E}{N \cdot U \cdot M} = \frac{100 \times 400}{25 \times 0.5 \times 0.8} = 4,000(\text{lm})$$

정답: ③

03 바닥면적 100m², 천장고 2.7m인 공동주택 관리사무소의 평균조도를 480럭스(lx)로 설계하고자 한다. 이때 조명률을 0.5에서 0.6으로 개선할 경우 줄일 수 있는 조명기구의 개수는? [단, 조명기구의 개당 광속은 4,000루멘(lm), 보수율은 0.8로 한다]

제26회

① 3개   ② 5개

③ 7개   ④ 8개

⑤ 10개

해설

- $A \cdot E \cdot D = F \cdot N \cdot U$
- 감광보상률과 유지율과의 관계: $D \times M = 1$
- $N = \dfrac{A \cdot E \cdot D}{F \cdot U} = \dfrac{A \times E}{F \times U \times M}$

(1) $\dfrac{100 \times 480}{4,000 \times 0.5 \times 0.8} = 30$개

(2) $\dfrac{100 \times 480}{4,000 \times 0.6 \times 0.8} = 25$개

∴ (1) − (2) = 30 − 25 = 5개

정답: ②

② 실지수(방지수) 계산: 큰 방은 바닥면에 비하여 빛을 흡수하는 벽면이 작으므로 작은 방보다 효율이 높다. 또한 천장의 높이도 같은 이유로 작은 쪽이 효율이 좋게 된다. 이와 같이 방의 크기·모양, 광원의 위치에 의하여 결정되는 계수를 실지수(방지수, Room Index)라 한다.

$$K = \frac{X \cdot Y}{H(X + Y)}$$

K: 실지수, X: 방의 가로(m), Y: 방의 세로(m), H: 작업면에서 광원까지의 높이(m)

(3) 조명기구의 배치

① **광원의 높이**: 광원의 높이가 너무 높으면 조명률이 나빠지고, 너무 낮으면 조도의 분포가 불균일하게 된다.

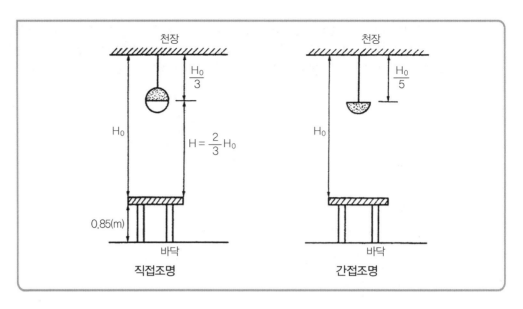

② 등기구 배치간격 및 벽과의 거리

 ㉠ 조명 계산에서 구한 등의 수를 적절히 배치하여 실내 전체가 명도 차가 없는 조명이
  되도록 기구를 배치한다.

 ㉡ 일반적으로 기구의 간격 S, 벽과 기구 사이의 간격 S_0, 작업면에서 광원까지의 높이
  H와의 관계는 다음과 같다.

$$S \leqq 1.5H$$

 ㉢ 벽과 가장 가까운 기구와의 거리 S_0는 다음과 같다.

  • 벽 가까이에서 작업을 하지 않는 경우: $S_0 \leqq H/2$
  • 벽 가까이에서 작업하는 경우: $S_0 \leqq H/3$

 ㉣ 벽 가까이에 있는 기구로부터 벽까지의 거리 S_0와 기구까지의 거리 S와의 관계는
  '$S_0 = S/2$'가 되도록 한다.

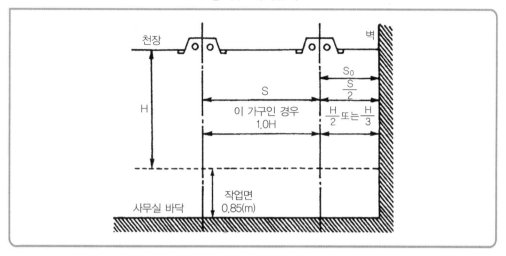

등기구 배치간격

홈네트워크

01 개요

홈네트워킹은 다양한 유·무선 네트워킹 기술을 적용하여 가정의 모든 가전기기는 물론 사용자가 항상 휴대하고 다니는 휴대전화기 혹은 이 기능을 지원하는 PDA 등을 하나의 네트워크로 연결하여 가전기기를 실내 혹은 실외에서 제어할 수 있을 뿐만 아니라, 비상상황이 발생할 경우 사용자의 위치에 상관없이 이를 통보하고 이에 대한 적절한 조치를 취할 수 있게 해줌으로써 개개인의 생활을 더 편리하고 안전하게 해주는 핵심적인 기술이다.

02 홈네트워킹의 시스템

'가입자망 – 홈게이트웨이 – 홈네트워킹 – 홈네트워킹 접속기기 – 홈네트워킹서비스'로 구성된다.

(1) 가입자망

실내에서 외부 인터넷으로 접속을 가능하게 해주는 부분으로, 기술의 개념과 서비스의 형태에 따라 크게 유선과 무선망으로 분류될 수 있다.

① 유선을 이용한 가입자망: 전화선을 이용한 PSTN, xDSL, ISDN, 케이블 TV망을 이용한 케이블모뎀서비스, 광케이블망, 전력선을 이용한 가입자망

② 무선기술에 의한 가입자망: 위성을 이용한 방식, B-WLL방식 등

(2) 홈게이트웨이

가입자망과 홈네트워킹 사이에서 각각의 통신망에 대한 종단기능과 함께 양쪽 통신망 사이의 인터페이스 역할을 하는 연동장치이다.

> **더 알아보기**
>
> 1. 게이트웨이(gateway)
>   - 두 개의 서로 다른 네트워크를 연결할 때 사용하는 장비로, 서로 다른 네트워크의 특성을 상호 변환시켜 정보를 전송할 수 있게 해준다.
>   - 게이트웨이는 특히 인터네트워킹 환경에서 광범위한 통신기능을 네트워크에 제공하는 유익한 장치이다.
>   - 그러나 게이트웨이는 특정한 활용분야에만 사용할 수 있으며, 상당히 많은 양의 데이터를 처리하기 때문에 라우터보다 비교적 처리속도가 느리다.
> 2. 홈서버
>   홈서버는 위성, 케이블 TV, 지상파 등의 다양한 종류의 방송 프로그램을 사용자의 기호에 맞게 원하는 시간에 시청할 수 있도록 대용량의 하드웨어적인 저장장치를 가지고 다음과 같은 역할을 수행할 수 있다.
>   - 관리기능: 홈서버의 주요한 기능은 네트워크와 네트워크에 접속된 각 디바이스(기기)를 관리하는 일이다.
>   - 축적기능: 가정의 네트워크를 돌아다니는 정보를 저장해 주는 역할을 한다. 화상이나 영상을 빈번하게 사용하게 되면 정보량이 급격하게 늘어나기 때문에 개개의 디바이스에 저장하면 효율이 떨어질 수 있다. 따라서 홈서버에 대용량의 기록장치를 갖추고 필요에 따라 각 디바이스로 이를 전송해 사용하는 방식이 일반화될 것이다.

(3) 홈네트워킹(LAN 영역)

① 가정 내의 인터넷 정보단말기기와 초고속 인터넷 등 가입자 네트워크를 연결하여 데이터 송수신, 멀티미디어 제어 등의 기능을 제공한다.

② 이더넷, 전화선, 전력선 등의 유선망과 Home RF, 무선랜, 블루투스 등의 무선망으로 구분되며, 홈네트워킹에 연동된 각종 정보가전기기의 제어 및 관리를 담당한다.

(4) 홈네트워킹 접속기기

가정 내에 존재하는 디지털 통신 및 가전제품으로서, 외부망과의 정보 공유를 위한 네트워크 기능을 갖춘 단말기를 의미한다.

(5) 홈네트워킹서비스

홈네트워킹 접속매체를 이용하여 시간과 공간의 제약을 받지 않고 누구나 가정관리, 여가, 오락, 교육, 학습, 업무지원 등의 정보생활능력을 향상시킴으로써 가정의 발전 및 삶의 질을 제고하고, 국민의 정보수요 격차를 해소하는 수단을 제공하는 서비스로 정의된다.

03 유선 네트워킹기술

(1) 홈 PNA(Home PNA; Home Phone line Networking Alliance)

① 구내에 이미 설치된 전화선로를 이용하여 구내의 정보통신기기들을 하나의 망에 연결하여 별도의 장비 없이 구내에 LAN을 설치하는 것을 목표로 하고 있다.

② 장단점

장점	기존의 실내에 설치된 선로를 그대로 사용함으로써 장치 설치시 선로에 대한 추가 부담이 없다.
단점	다수의 분기탭(bridged tap)이 존재하기 때문에 사용하는 선로의 특성이 좋지 않다.

(2) 전력선통신 전송기술(PLC; Power Line Communication)

① 전력선통신이란 가정이나 사무실에 이미 깔려 있는 전력선을 통하여 통신신호를 $100kHz \sim 30MHz$의 고주파 신호로 변조하여 실어 보내고 이를 고주파 필터를 이용하여 따로 분리해 신호를 수신하는 방식을 말한다.

② 장단점

장점	㉠ 별도의 통신선로 불필요 ㉡ 많은 콘센트를 통하여 간편하게 접근 가능
단점	㉠ 제한된 전송전력 ㉡ 높은 부하간섭과 잡음 ㉢ 가변 감쇄 및 임피던스 레벨과 잡음이 시간에 따라 변동 ㉣ 주파수 선택적인 특성

(3) IEEE1394

오디오와 비디오 기기의 디지털화가 이루어지고 멀티미디어 환경이 부상함에 따라 이들간의 공통된 새로운 인터페이스방식의 필요에 의하여 발생한 직렬버스방식을 이용한 디지털 인터페이스기술로, 고속의 실시간 데이터 전송을 가능하게 해주는 차세대 핵심기술이다.

04 무선 LAN과 무선 홈네트워킹

(1) 무선 LAN

① 옥내 · 외 환경에서 유선 케이블 대신 무선 주파수 또는 적외선을 사용하는 통신방식이다.

② 무선 LAN이 출현하게 된 것은 케이블의 설치, 유지보수, 재배치, 이동의 어려움 등 문제점이 커지고 노트북(notebook) 등 이동단말사용자가 증가하면서 이동의 중요성이 대두되었기 때문이다.

③ 장단점

장점	㉠ 배선이 불필요하고 네트워크 변경이나 확장시 장비 재배치가 용이하다. ㉡ 단말기의 이동이 가능하고 설치, 확장 및 유지보수가 단순하다.
단점	초기 구축비용이 고가이고, 유선에 비하여 상대적으로 저속이다.

(2) Bluetooth와 UWB

① Bluetooth

㉠ IEEE 802.15WG에서 표준화한 것으로 저렴하고 사용하기 쉽고 신뢰성이 있고 소형이며, 저전력인 근거리 무선통신기술이다.

㉡ 디지털기기간의 유선연결을 무선으로 대체하기 위하여 제안된 무선 접속규격을 말하며, 이 규격(IEEE 802.15.1)을 이용하여 구현되는 근거리 무선통신기술 및 제품을 총칭한다.

㉢ 데이터 전송률은 24Mbps까지 확장되었으며 앞으로 Bluetooth 기술은 현재의 헤드셋(headset)이나 기기간의 정보교환에서 원폰, 네트워크게임, 텔레메틱스, 홈네트워크까지 적용될 것이다.

㉣ 또한 단말을 게이트웨이화하는 데 이용되고 Bluetooth 기능을 내장한 디바이스들 사이에 무선링크를 형성하여 데이터와 음성을 송수신하며 이것을 이용한 신규서비스가 나타나고 있다.

② UWB(Ultra Wide Band)

㉠ UWB는 기존에 사용 중인 주파수대역(3.1~10.6GHz)에 걸쳐 광대역 무선방식에 의하여 고속으로 데이터를 전송하는 기술이다.

㉡ 이 방식은 10m 내외의 거리에서 100Mbps 이상의 속도로 전송하는 기술로서, IEEE 702.15.3a에서 표준화되었다.

㉢ UWB는 기존 무선국 운용에 간섭을 주지 않을 정도의 매우 낮은 출력과 500MHz 이상의 초광대역주파수를 이용하여 가정 내 PC, 휴대폰과 TV 등 AV기기간의 무선접속이 가능하여 앞으로 디지털 홈네트워크의 핵심기술로 발전할 것이다.

ⓔ UWB의 활용분

    ⓐ PC의 대용량 데이터를 인쇄가 가능한 프린터로 고속으로 전송하는 데 이용된다.

    ⓑ 디지털 비디오 카메라로 찍은 영상을 홈게이트웨이를 통하여 TV나 PC로 무선 전송하거나 TV영상 전송, 다채널 오디오 등 홈네트워크 무선기기시스템에도 이용된다.

(3) 기타

① HomeRF: 무선네트워크에서 블루투스와 경쟁관계인 기술로 적외선이 아닌 RF방식을 사용하여 가정 내의 네트워크 구축을 타깃으로 잡고 있다. 아직은 1~2Mbps의 다소 느린 속도밖에 내지 못하고 있지만, 신규격에서 10Mbps급으로 전송속도를 높인다는 전망이다.

② 802.11B/Wi-Fi: 현재 무선네트워크에서 가장 빠른 속도의 제품을 내놓고 있는 Wi-Fi 그룹에서 기존의 2Mbps 규격을 발전시켜 내놓은 11Mbps급 제품으로 판매되고 있다.

05 공동주택의 자동화시스템

건물관리시스템	① 설비기기의 제어 ② 엘리베이터 관리 ③ 시설별 이용 체크 ④ 주차장 자동관리 ⑤ 설비의 상태 감시 ⑥ 정보계측에 의한 관리계획
안전관리시스템	① 방범관리 ② 소화 · 방화 감시 ③ 방재 감시 ④ 엘리베이터 방재관리
에너지절약시스템	① 조명설비 제어 ② 전력설비 효율화 ③ 에너지절약 공조 ④ 태양열 이용 ⑤ 절수시스템

01 용어 정의

홈네트워크설비	① 주택의 성능과 주거의 질 향상을 위하여 세대 또는 주택단지 내 지능형 정보통신 및 가전기기 등의 상호 연계를 통하여 통합된 주거서비스를 제공하는 설비이다. ② 홈네트워크망, 홈네트워크장비, 홈네트워크사용기기로 구분한다.	
홈네트워크망	홈네트워크장비 및 홈네트워크사용기기를 연결하는 것을 말한다.	
	단지망	집중구내통신실에서 세대까지를 연결하는 망
	세대망	전유부분(각 세대 내)을 연결하는 망
홈네트워크장비	홈네트워크망을 통해 접속하는 장치를 말한다.	
	홈게이트웨이	전유부분에 설치되어 세대 내에서 사용되는 홈네트워크사용기기들을 유무선 네트워크로 연결하고 세대망과 단지망 혹은 통신사의 기간망을 상호 접속하는 장치
	세대단말기	세대 및 공용부의 다양한 설비의 기능 및 성능을 제어하고 확인할 수 있는 기기로 사용자인터페이스를 제공하는 장치
	단지 네트워크장비	세대 내 홈게이트웨이와 단지서버간의 통신 및 보안을 수행하는 장비로서, 백본(back-bone), 방화벽(Fire Wall), 워크그룹스위치 등 단지망을 구성하는 장비
	단지서버	홈네트워크설비를 총괄적으로 관리하며, 이로부터 발생하는 각종 데이터의 저장·관리·서비스를 제공하는 장비
홈네트워크 사용기기	홈네트워크망에 접속하여 사용하는 장비를 말한다.	
	원격제어기기	주택 내부 및 외부에서 가스, 조명, 전기 및 난방, 출입 등을 원격으로 제어할 수 있는 기기
	원격검침 시스템	주택 내부 및 외부에서 전력, 가스, 난방, 온수, 수도 등의 사용량 정보를 원격으로 검침하는 시스템
	감지기	화재, 가스누설, 주거침입 등 세대 내의 상황을 감지하는 데 필요한 기기
	전자출입 시스템	비밀번호나 출입카드 등 전자매체를 활용하여 주동출입 및 지하주차장 출입을 관리하는 시스템
	차량출입 시스템	단지에 출입하는 차량의 등록 여부를 확인하고 출입을 관리하는 시스템
	무인택배 시스템	물품배송자와 입주자간 직접대면 없이 택배화물, 등기우편물 등 배달물품을 주고받을 수 있는 시스템
	기타	영상정보처리기기, 전자경비시스템 등 홈네트워크망에 접속하여 설치되는 시스템 또는 장비

홈네트워크설비 설치공간		홈네트워크설비가 위치하는 곳을 말한다.
	세대단자함	세대 내에 인입되는 통신선로, 방송공동수신설비 또는 홈네트워크설비 등의 배선을 효율적으로 분배·접속하기 위하여 이용자의 전유부분에 포함되어 실내공간에 설치되는 분배함
	통신배관실 (TPS실)	통신용 파이프 샤프트 및 통신단자함을 설치하기 위한 공간
	집중구내통신실 (MDF실)	국선·국선단자함 또는 국선배선반과 초고속통신망장비, 이동통신망장비 등 각종 구내통신선로설비 및 구내용 이동통신설비를 설치하기 위한 공간
	기타	방재실, 단지서버실, 단지네트워크센터 등 단지 내 홈네트워크설비를 설치하기 위한 공간

기출예제

01 지능형 홈네트워크설비 설치 및 기술기준에서 구분하고 있는 홈네트워크사용기기가 아닌 것은?

제24회

① 무인택배시스템
② 세대단말기
③ 감지기
④ 전자출입시스템
⑤ 원격검침시스템

해설

세대단말기는 홈네트워크장비이다.
정답: ②

02 지능형 홈네트워크설비 설치 및 기술기준에서 명시하고 있는 원격검침시스템의 검침 정보가 아닌 것은?

제27회

① 전력
② 가스
③ 수도
④ 난방
⑤ 출입

해설

원격검침시스템은 주택 내부 및 외부에서 전력, 가스, 난방, 온수, 수도 등의 사용량 정보를 원격으로 검침하는 시스템이다.
정답: ⑤

02 홈네트워크 필수설비

(1) 공동주택이 다음의 설비를 모두 갖추는 경우에는 홈네트워크설비를 갖춘 것으로 본다.

> ① **홈네트워크망**: 단지망, 세대망
> ② **홈네트워크장비**
>   ⊙ 홈게이트웨이(단, 세대단말기가 홈게이트웨이 기능을 포함하는 경우는 세대단말기로 대체
>   가능)
>   ⓛ 세대단말기
>   ⓒ 단지네트워크장비
>   ⓔ 단지서버(클라우드컴퓨팅 서비스로 대체 가능)

(2) 홈네트워크 필수설비는 상시전원에 의한 동작이 가능하고, 정전시 예비전원이 공급될 수 있도록 하여야 한다. 단, 세대단말기 중 이동형 기기(무선망을 이용할 수 있는 휴대용 기기)는 제외한다.

03 홈네트워크설비의 설치기준

홈네트워크망	배관·배선 등은 방송통신설비의 기술기준에 관한 규정 및 접지설비·구내통신설비·선로설비 및 통신공동구 등에 대한 기술기준에 따라 설치하여야 한다.
홈게이트웨이	① 세대단자함에 설치하거나 세대단말기에 포함하여 설치할 수 있다. ② 이상전원 발생시 제품을 보호할 수 있는 기능을 내장하여야 하며, 동작상태와 케이블의 연결상태를 쉽게 확인할 수 있는 구조로 설치하여야 한다.
세대단말기	세대 내의 홈네트워크사용기기들과 단지서버간의 상호 연동이 가능한 기능을 갖추어 세대 및 공용부의 다양한 기기를 제어하고 확인할 수 있어야 한다.
단지 네트워크장비	① 집중구내통신실 또는 통신배관실에 설치하여야 한다. ② 홈게이트웨이와 단지서버간 통신 및 보안을 수행할 수 있도록 설치하여야 한다. ③ 외부인으로부터 직접적인 접촉이 되지 않도록 별도의 함체나 랙(rack)으로 설치하며, 함체나 랙에는 외부인의 조작을 막기 위한 잠금장치를 하여야 한다.
단지서버	① 집중구내통신실 또는 방재실에 설치할 수 있다. 다만, 단지서버가 설치되는 공간에는 보안을 고려하여 영상정보처리기기 등을 설치하되, 관리자가 확인할 수 있도록 하여야 한다. ② 외부인의 조작을 막기 위한 잠금장치를 하여야 한다. ③ 상온·상습인 곳에 설치하여야 한다. ④ 클라우드컴퓨팅 서비스를 이용하는 것으로 할 수 있으며 정보통신 보안문제, 통신망 이상 발생에 따른 홈네트워크사용기기 운영 불안정문제 사항이 발생하지 않도록 하여야 한다.

홈네트워크 사용기기	원격 제어기기	전원공급, 통신 등 이상 상황에 대비하여 수동으로 조작할 수 있어야 한다.
	원격검침 시스템	각 세대별 원격검침장치가 정전 등 운용시스템의 동작 불능시에도 계량이 가능해야 하며, 데이터값을 보존할 수 있도록 구성하여야 한다.
	감지기	① 가스감지기는 LNG인 경우에는 천장쪽에, LPG인 경우에는 바닥쪽에 설치하여야 한다. ② 동체감지기는 유효감지반경을 고려하여 설치하여야 한다. ③ 감지기에서 수집된 상황정보는 단지서버에 전송하여야 한다.
	전자출입 시스템	① 지상의 주동현관 및 지하주차장과 주동을 연결하는 출입구에 설치하여야 한다. ② 화재발생 등 비상시, 소방시스템과 연동되어 주동현관과 지하주차장의 출입문을 수동으로 여닫을 수 있게 하여야 한다. ③ 강우를 고려하여 설계하거나 강우에 대비한 차단설비(날개벽, 차양 등)를 설치하여야 한다. ④ 접지단자는 프레임 내부에 설치하여야 한다.
	차량출입 시스템	① 단지 주출입구에 설치하되, 차량의 진·출입에 지장이 없도록 하여야 한다. ② 관리자와 통화할 수 있도록 영상정보처리기기와 인터폰 등을 설치하여야 한다.
	무인택배 시스템	① 휴대폰·이메일을 통한 문자서비스(SMS) 또는 세대단말기를 통한 알림서비스를 제공하는 제어부와 무인택배함으로 구성하여야 한다. ② 설치 수량은 소형주택의 경우 세대수의 약 10~15%, 중형주택 이상은 세대수의 15~20% 정도로 설치할 것을 권장한다.
	영상정보 처리기기	① 영상은 필요시 거주자에게 제공될 수 있도록 관련 설비를 설치하여야 한다. ② 렌즈를 포함한 영상정보처리기기장비는 결로되거나 빗물이 스며들지 않도록 설치하여야 한다.
홈네트워크설비 설치공간	세대 단자함	① 접지설비·구내통신설비·선로설비 및 통신공동구 등에 대한 기술기준에 따라 설치하여야 한다. ② 별도의 구획된 장소나 노출된 장소로서 침수 및 결로 발생의 우려가 없는 장소에 설치하여야 한다. ③ '500mm×400mm×80mm(깊이)' 크기로 설치할 것을 권장한다.

통신 배관실	① 유지관리를 용이하게 할 수 있도록 하여야 하며, 통신배관을 위한 공간을 확보하여야 한다. ② 트레이(tray) 또는 배관, 덕트 등의 설치용 개구부는 화재시 층간 확대를 방지하도록 방화처리제를 사용하여야 한다. ③ 출입문은 폭 0.7m, 높이 1.8m 이상(문틀의 내측치수)이어야 하며, 잠금장치를 설치하고 관계자의 출입통제 표시를 부착하여야 한다. ④ 외부의 청소 등에 의한 먼지, 물 등이 들어오지 않도록 50mm 이상의 문턱을 설치하여야 한다. 다만, 차수판 또는 차수막을 설 치하는 때에는 그러하지 아니하다.	
집중구내 통신실	① 방송통신설비의 기술기준에 관한 규정에 따라 설치하되, 단지네 트워크장비 또는 단지서버를 집중구내통신실에 수용하는 경우 에는 설치면적을 추가로 확보하여야 한다. ② 독립적인 출입구와 보안을 위한 잠금장치를 설치하여야 한다. ③ 적정온도의 유지를 위한 냉방시설 또는 흡배기용 환풍기를 설치 하여야 한다.	

기출예제

01 지능형 홈네트워크설비 설치 및 기술기준으로 옳은 것은? 제26회

① 무인택배함의 설치수량은 소형주택의 경우 세대수의 약 15~20% 정도 설치할 것을 권장
한다.
② 단지네트워크장비는 집중구내통신실 또는 통신배관실에 설치하여야 한다.
③ 홈네트워크사용기기의 예비부품은 내구연한을 고려하고, 3% 이상 5년간 확보할 것을 권
장한다.
④ 전자출입시스템의 접지단자는 프레임 외부에 설치하여야 한다.
⑤ 차수판 또는 차수막을 설치하지 아니한 경우, 통신배관실은 외부의 청소 등에 의한 먼지,
물 등이 들어오지 않도록 30mm 이상의 문턱을 설치하여야 한다.

해설

① 무인택배함의 설치수량은 소형주택의 경우 세대수의 약 10~15% 정도 설치할 것을 권장한다.
③ 홈네트워크사용기기의 예비부품은 내구연한을 고려하고, 5% 이상 5년간 확보할 것을 권장한다.
④ 전자출입시스템의 접지단자는 프레임 내부에 설치하여야 한다.
⑤ 차수판 또는 차수막을 설치하지 아니한 경우, 통신배관실은 외부의 청소 등에 의한 먼지, 물 등이 들
어오지 않도록 50mm 이상의 문턱을 설치하여야 한다. 정답: ②

02 지능형 홈네트워크설비 설치 및 기술기준에서 정하고 있는 홈네트워크사용기기에 해당하는 것을 모두 고른 것은?

제26회

㉠ 무인택배시스템	㉡ 홈게이트웨이
㉢ 차량출입시스템	㉣ 감지기
㉤ 세대단말기	㉥ 원격검침시스템

① ㉠, ㉡, ㉣
② ㉠, ㉡, ㉤
③ ㉠, ㉢, ㉣, ㉥
④ ㉡, ㉢, ㉤, ㉥
⑤ ㉢, ㉣, ㉤, ㉥

해설

홈게이트웨이와 세대단말기는 홈네트워크장비이다.

정답: ③

04 홈네트워크설비의 기술기준

연동 및 호환성 등	홈게이트웨이	단지서버와 상호 연동할 수 있어야 한다.
	홈네트워크 사용기기	홈게이트웨이와 상호 연동할 수 있어야 하며, 각 기기간 호환성을 고려하여 설치하여야 한다.
	홈네트워크 설비	타 설비과 간섭이 없도록 설치하여야 하며, 유지보수가 용이하도록 설치하여야 한다.
기기인증 등		① 홈네트워크사용기기는 산업통상자원부와 과학기술정보통신부의 인증규정에 따른 기기인증을 받은 제품이거나 이와 동등한 성능의 적합성 평가 또는 시험 성적서를 받은 제품을 설치하여야 한다. ② 기기인증 관련 기술기준이 없는 기기의 경우 인증 및 시험을 위한 규격은 산업표준화법에 따른 한국산업표준(KS)을 우선 적용하며, 필요에 따라 정보통신단체표준 등과 같은 관련 단체표준을 따른다.
하자담보 등		① 홈네트워크사용기기는 하자담보기간과 내구연한을 표기할 수 있다. ② 홈네트워크사용기기의 예비부품은 5% 이상, 5년간 확보할 것을 권장하며, 규정에 따른 내구연한을 고려하여야 한다.

05 행정사항

규제의 재검토	국토교통부장관은 행정규제기본법 및 훈령·예규 등의 발령 및 관리에 관한 규정에 따라 2017년 1월 1일을 기준으로 매 3년이 되는 시점마다 그 타당성을 검토하여 개선 등의 조치를 하여야 한다.

01 옴의 법칙은 전류는 전압에 비례하고, 전기저항에 반비례한다. ( )

02 전선의 저항은 전선의 단면적에 반비례하고, 전선의 길이에 비례한다. ( )

03 고유저항이 일정할 경우 전선의 굵기와 길이를 각각 2배로 하면 저항은 2배가 된다. ( )

04 분전반은 부하의 중심에서 멀리 있어야 하고, 조작이 편리하며 안전한 곳에 설치한다.

( )

05 전동기의 역률을 향상시키기 위하여 진상콘덴서를 사용한다. ( )

06 변압기의 용량을 결정할 때 부하설비 용량의 합계, 수용률, 부등률, 예비율을 적용하여 계산한다. ( )

07 부등률이 높을수록 설비이용률이 낮다. ( )

---

01 ○

02 ○

03 ✕ 고유저항이 일정할 경우 전선의 굵기를 2배로 하면 저항은 2분의 1배가 되며, 전선의 길이를 2배로 하면 저항은 2배가 된다.

04 ✕ 분전반은 부하의 중심에 있어야 하고, 조작이 편리하며 안전한 곳에 설치한다.

05 ○

06 ○

07 ✕ 부등률이 높을수록 설비이용률이 높다.

08 옥내전선 굵기 결정의 3요소는 허용전류, 전압강하, 기계적 강도이다. ( )

09 습기가 있는 장소의 분기회로는 별도의 회로를 하고 같은 방, 같은 방향의 아웃렛은 가능한 한 같은 회로로 한다. ( )

10 평행식 배선방식은 배전반에서 분전반까지 단독배선으로 전압강하가 평준화되고, 사고범위가 축소되는 장점이 있지만 설비비는 고가이다. ( )

11 3상 4선식은 3상 동력과 단상 전등부하를 동시에 사용할 수 있는 방식으로, 대형 빌딩이나 공장 등에서 사용되는 3상 4선식은 380/220(V)이다. ( )

12 금속덕트배선은 옥내의 건조한 곳으로 노출된 장소나 점검할 수 없는 은폐된 장소에 시설한다. ( )

13 금속몰드공사는 주로 철근콘크리트건물에서 이미 설치된 금속관 배선을 증설할 경우에 사용된다. ( )

14 버스덕트공사는 수변전실에서 간선 부분, 공장의 다수 기계장치의 배선과 같이 다수의 저압배선을 인출하는 경우에 실시한다. ( )

---

08 ○
09 ○
10 ○
11 ○
12 × 금속덕트배선은 옥내의 건조한 곳으로 노출된 장소나 점검할 수 있는 은폐된 장소에 시설한다.
13 ○
14 ○

15 합성수지몰드공사에서 합성수지몰드 안에는 원칙적으로 전선에 접속점이 있어도 된다.

( )

16 코브조명은 건축화조명의 일종이며, 직접조명보다 조명률이 높다. ( )

17 조명설계 순서는 '소요조도 결정 - 조명기구 선정 - 조명기구수량 산출 - 조명기구 배치 - 조도 확인'이다. ( )

18 측면낙뢰를 방지하기 위하여 높이가 60m를 초과하는 건축물 등에는 지면에서 건축물 높이의 5분의 4가 되는 지점부터 최상단 부분까지의 측면에 수뢰부를 설치하여야 하며, 지표레벨에서 최상단부의 높이가 150m를 초과하는 건축물은 120m 지점부터 최상단 부분까지의 측면에 수뢰부를 설치하여야 한다. ( )

19 서지보호장치(SPD)는 전기설비, 피뢰설비 및 통신설비 등의 접지극을 하나로 하는 통합접지공 사시 낙뢰 등에 의한 과전압으로부터 전기설비를 보호하기 위해 설치하여야 하는 기계·기구이다.

( )

20 조명 관련 용어 중 광원에서 나온 광속이 작업면에 도달하는 비율을 나타내는 것은 조명률이다.

( )

---

15 × 합성수지몰드공사에서 합성수지몰드 안에는 원칙적으로 전선에 접속점이 없도록 하여야 한다.

16 × 코브조명은 건축화조명의 일종이며, 직접조명보다 조명률이 낮다.

17 ○

18 ○

19 ○

20 ○

21 각 세대별 원격검침장치는 운용시스템의 동작 불능시에도 계속 동작이 가능하도록 하여야 한다.
( )

22 홈게이트웨이는 내부망의 방식에 관계없이 주택 내부의 네트워크와 연결시켜 외부에서도 제어가 가능하도록 한다.
( )

23 홈네트워크설비는 홈서버, 정보단말기, 유·무선통신네트워크 및 제어기 등으로 구성된다.
( )

24 통신배관실(TPS실)이란 통신용 파이프 샤프트 및 통신단자함을 설치하기 위한 공간을 말한다.
( )

25 개폐감지기는 현관출입문 상단에 설치하며, 원격제어용 기기와 통합배선하여야 한다. ( )

26 백본(back-bone), 방화벽, 워크그룹스위치 등과 같이 세대 내 홈게이트웨이와 단지서버간의 통신 및 보안을 수행하는 것은 단지네트워크장비이다.
( )

27 단지서버실과 방재실의 바닥은 이중바닥방식으로 설치하여야 한다. ( )

---

21 ○
22 ✕ 홈게이트웨이는 외부망의 방식에 관계없이 주택 내부의 네트워크와 연결시켜 외부에서도 제어가 가능하도록 한다.
23 ○
24 ○
25 ✕ 개폐감지기는 현관출입문 상단에 설치하며, 단독배선하여야 한다.
26 ○
27 ○

01 전기설비에 관한 설명으로 옳지 않은 것은? 제22회

① 변압기 1대의 용량산정은 건축물 내의 설치장소에 따라 건축의 장비 반입구, 반입통로, 바닥강도 등을 고려한다.

② 전류는 전압에 비례하고 저항에 반비례한다.

③ 공동주택의 세대당 부하용량은 단위세대의 전용면적이 $85m^2$ 이하의 경우 3kW로 한다.

④ 전압구분상 직류의 고압기준은 1,500V 초과 7,000V 이하이다.

⑤ 전동기의 역률을 개선하기 위해 콘덴서를 설치한다.

02 전기의 기초에 관한 설명으로 옳지 않은 것은?

① 전압은 도체 안에 있는 두 점 사이의 전기적인 위치에너지의 차를 말한다.

② 저항은 도체에 전류가 흐를 때 전류의 흐름을 방해하는 요소를 말한다.

③ 옴(Ω)의 법칙은 '전류는 전압에 반비례하고, 저항에 비례한다'는 법칙이다.

④ 교류는 시간에 따라 세기와 방향이 주기적으로 변하며 일반 전열설비, 전등설비, 동력설비, 저속 엘리베이터 등에 이용된다.

⑤ 주파수는 1초 동안에 전류의 같은 위상차가 반복되는 횟수를 말하며, 우리나라는 60Hz를 사용하고 있다.

03 전기설비에서 아래 식이 나타내는 것은?

$$\frac{\text{최대수용전력(kW)}}{\text{부하설비 용량(kW)}} \times 100(\%)$$

① 부하율

② 수용률

③ 부등률

④ 허용압력강하율

⑤ 역률

04 전기설비용 명칭과 도시기호의 연결이 옳지 않은 것은?

① 천장은폐배선: ——————————

② 노출배선: - - - - - - - - - - - - - - - - - -

③ 적산전력계: ☐ S ☐

④ 접지: ⏚

⑤ 발전기: Ⓖ

정답 | 해설

01 ③ 단위세대의 전용면적 60m²까지는 일괄적으로 세대당 3kW를 적용하고, 60m² 이상일 경우 60m²를 초과하는 10m²당 0.5kW를 가산한다.
전기용량 산정 = 주택법 부하계산법 + 가산부하(내선규정)
= 3kW + [(85 − 60)/10 × 0.5] = 4.25kW
따라서 단위세대의 전용면적이 85m² 이하인 경우 공동주택의 세대당 부하용량은 4.25kW이다.

02 ③ 옴(Ω)의 법칙은 '전류는 전압에 비례하고, 저항에 반비례한다'는 법칙이다.

03 ② ② 수용률(demand factor) = $\dfrac{\text{최대수용전력 합계(kVA)}}{\text{총부하설비 용량 합계(kVA)}} \times 100(\%)$

① 부하율(load factor) = $\dfrac{\text{부하의 평균전력(kVA)}}{\text{최대수용전력(kVA)}} \times 100(\%)$

③ 부등률(diversity factor) = $\dfrac{\text{각 부하의 최대수용전력의 합(kVA)}}{\text{합성최대수용전력(kVA)}}$

04 ③ ☐ S ☐ 는 개폐기 표시이며, 적산전력계 표시는 ☐ WH ☐ 이다.

05 전기배선기호 중 지중매설 배선을 나타낸 것은? 제26회

① ————————————
② · · · · · · · · · · ·
③ — — — — — — — —
④ —·—·—·—·—·—·
⑤ —··—··—··—··—

06 분전반 설치장소로 옳지 않은 것은?

① 가능한 한 부하의 중심에 가까울 것
② 조작이 편리하고 안전한 곳에 설치할 것
③ 고층건물은 가능한 한 파이프 샤프트 부근에서 멀리 설치할 것
④ 가능한 한 각 층에 설치하고 그 분기회로수는 20회선 정도(예비회로 포함 40회선)까지를 한도로 할 것
⑤ 전화용 단자함이나 소화전 박스와의 조화를 고려하여 배치할 것

07 분기회로 설치시 고려사항으로 옳지 않은 것은?

① 같은 실이나 같은 방향의 아웃렛은 가능하면 동일회로로 만들어 교차하지 않도록 한다.
② 전등 및 아웃렛회로, 콘센트회로는 되도록 15A 분기회로로 하고, 특별히 용량이 큰 전기기기는 전용회로로 한다.
③ 습기가 있는 장소의 아웃렛은 별도의 회로로 설치한다.
④ 같은 스위치로 점멸되는 전등은 같은 회로로 한다.
⑤ 복도, 계단 등은 될 수 있는 대로 분리회로로 한다.

08 전기배선공사에 관한 설명으로 옳지 않은 것은? 제15회

① 플로어덕트공사는 옥내의 건조한 콘크리트 바닥 내에 매입할 경우에 사용된다.
② 라이팅덕트공사는 굴곡장소가 많아서 금속관공사가 어려운 부분에 많이 사용된다.
③ 버스덕트공사는 빌딩, 공장 등에서 비교적 큰 전류가 통하는 간선에 많이 사용된다.
④ 합성수지몰드공사에서 합성수지몰드 안에는 원칙적으로 전선에 접속점이 없도록 해야 한다.
⑤ 금속몰드공사는 철제 홈통의 바닥에 전선을 넣고 뚜껑을 덮는 배선방법이다.

09 다음에서 설명하고 있는 배선공사는? 제22회

• 굴곡이 많은 장소에 적합하다.
• 기계실 등에서 전동기로 배선하는 경우나 건물의 확장부분 등에 배선하는 경우에 적용된다.

---

① 합성수지몰드공사
② 플로어덕트공사
③ 가요전선관공사
④ 금속몰드공사
⑤ 버스덕트공사

정답 | 해설

05 ④ 지중매설 배선은 일점쇄선으로 표시한다.
06 ③ 고층건물은 가능한 한 파이프 샤프트 부근에 설치할 것
07 ⑤ 복도, 계단 등은 될 수 있는 대로 동일회로로 한다.
08 ② 굴곡장소가 많아서 금속관공사가 어려운 부분에 많이 사용하는 것은 가요전선관공사이다.
09 ③ 자유롭게 굽힐 수 있어 금속관 배선 대신에 사용할 수가 있으며, 엘리베이터의 배선이나 공장 등의 전동기에 이르는 짧은 배선을 사용하는 것은 가요전선관공사이다.

10 간선의 부설방식에 관한 설명으로 옳지 않은 것은?

① 금속덕트 내에 부설하는 전선 및 케이블의 절연피복을 포함한 단면적의 총합은 덕트 단면적의 20% 이하가 되도록 한다.

② 케이블 래크는 덮개가 없이 노출되어 있으며, 방열효과와 시공성이 좋아 절연전선 및 케이블의 부설에 많이 쓰인다.

③ 금속덕트 배선은 옥내의 건조한 곳으로 노출된 장소나 점검할 수 있는 은폐된 장소에 시설한다.

④ 금속관의 두께는 콘크리트 내에 묻어서 사용할 경우 1.2mm 이상, 그 외의 경우는 1mm 이상이어야 한다.

⑤ 금속관공사는 건조한 곳, 습기나 물기가 있는 곳, 개방된 곳, 은폐된 곳 등에 공사가 가능하다.

11 피뢰설비에 관한 설명으로 옳지 않은 것은? 제12회

① 높이 20m 이상의 건축물에는 피뢰설비를 설치한다.

② 피뢰설비의 보호등급은 한국산업표준에 따른다.

③ 돌침은 건축물의 맨 윗부분으로부터 25cm 이상 돌출시켜 설치한다.

④ 피뢰설비의 인하도선을 대신하여 철골조의 철골구조물과 철근콘크리트조의 철근구조체를 사용할 수 없다.

⑤ 접지는 환경오염을 일으킬 수 있는 시공방법이나 화학첨가물 등을 사용하지 않는다.

12 **피뢰침 설치규정으로 옳지 않은 것은?**

① 피뢰설비는 한국산업표준이 정하는 피뢰시스템레벨Ⅱ 이상일 것

② 돌침은 건축물의 맨 윗부분으로부터 25cm 이상 돌출시켜 설치하되, 건축물의 구조기준 등에 관한 규칙에 따른 설계하중에 견딜 수 있는 구조일 것

③ 피뢰설비의 재료는 최소단면적이 피복이 없는 동선을 기준으로 수뢰부, 인하도선 및 접지극은 $30mm^2$ 이상이거나 이와 동등 이상의 성능을 갖출 것

④ 피뢰설비의 인하도선을 대신하여 철골조의 철골구조물과 철근콘크리트조의 철근구조체 등을 사용하는 경우에는 전기적 연속성이 보장될 것

⑤ 전기설비의 접지계통과 건축물의 피뢰설비 및 통신설비 등의 접지극을 공용하는 통합접지공사를 하는 경우에는 낙뢰 등으로 인한 과전압으로부터 전기설비 등을 보호하기 위하여 한국산업표준에 적합한 서지보호장치(SPD)를 설치할 것

정답 | 해설

10 ① 금속덕트 내에 부설하는 전선 및 케이블의 절연피복을 포함한 단면적의 총합은 덕트 단면적의 <u>40% 이하가</u> 되도록 한다.

11 ④ 피뢰설비의 인하도선을 대신하여 철골조의 철골구조물과 철근콘크리트조의 철근구조체를 <u>사용할 수 있다.</u>

12 ③ 피뢰설비의 재료는 최소단면적이 피복이 없는 동선을 기준으로 수뢰부, 인하도선 및 접지극은 <u>$50mm^2$ 이</u>상이거나 이와 동등 이상의 성능을 갖추어야 한다.

13 전기설비기술기준의 판단기준상 전기설비에 관한 내용으로 옳지 않은 것은? 제23회

① 저압 옥내간선은 손상을 받을 우려가 없는 곳에 시설한다.

② 주택용 분전반은 노출된 장소(신발장, 옷장 등의 은폐된 장소는 제외한다)에 시설한다.

③ 전력용 반도체소자의 스위칭 작용을 이용하여 교류전력을 직류전력으로 변환하는 장치를 '인버터'라고 한다.

④ '분산형 전원'이란 중앙급전 전원과 구분되는 것으로서 전력소비지역 부근에 분산하여 배치 가능한 전원(상용전원의 정전시에만 사용하는 비상용 예비전원을 제외한다)을 말하며, 신·재생에너지 발전설비, 전기저장장치 등을 포함한다.

⑤ '단순 병렬운전'이란 자가용 발전설비를 배전계통에 연계하여 운전하되, 생산한 전력의 전부를 자체적으로 소비하기 위한 것으로서 생산한 전력이 연계계통으로 유입되지 않는 병렬 형태를 말한다.

14 공동주택의 에너지절약을 위한 방법으로 옳지 않은 것은? 제24회

① 지하주차장의 환기용 팬은 이산화탄소(CO_2) 농도에 의한 자동(on-off)제어방식을 도입한다.

② 부하특성, 부하종류, 계절부하 등을 고려하여 변압기의 운전대수제어가 가능하도록 뱅크를 구성한다.

③ 급수가압펌프의 전동기에는 가변속제어방식 등 에너지절약적 제어방식을 채택한다.

④ 역률개선용 콘덴서를 집합 설치하는 경우에는 역률자동조절장치를 설치한다.

⑤ 옥외등은 고효율에너지기자재인증제품으로 등록된 고휘도방전램프 또는 LED램프를 사용한다.

15 면적이 100m²인 어느 강당의 야간 소요평균조도가 300lx이다. 광속이 2,000lm인 형광등을 사용할 경우 필요한 개수는? (단, 조명률은 60%이고, 감광보상률은 1.5이다)

① 25개 ② 29개

③ 34개 ④ 38개

⑤ 42개

16 바닥면적이 120m²인 공동주택 관리사무실에서 소요조도를 400럭스(lx)로 확보하기 위한 조명기구의 최소개수는? [단, 조명기구의 개당 광속은 4,000루멘(lm), 실의 조명률은 60%, 보수율은 0.8로 한다]

제25회

① 9개   ② 13개

③ 16개   ④ 20개

⑤ 25개

정답 | 해설

13 ③ 인버터는 전력용 반도체소자의 스위칭 작용을 이용하여 <u>직류전력</u>을 <u>교류전력</u>으로 <u>변환</u>하는 장치이다.

14 ① 지하주차장의 환기용 팬은 대수제어 또는 풍량조절(가변익 · 가변속도), 일산화탄소(CO) 농도에 의한 자동 (on-off)제어방식을 도입한다.

15 ④

광속의 계산 $F = \dfrac{E \cdot A \cdot D}{N \cdot U} = \dfrac{E \cdot A}{N \cdot U \cdot M}$

F: 램프 1개당 광속(lm), E: 평균수평면조도(lx), A: 실면적(m²)
D: 감광보상률, N: 소요램프수, U: 조명률, M: 보수율(유지율)

$N = \dfrac{E \cdot A \cdot D}{F \cdot U} = \dfrac{300 \times 100 \times 1.5}{2,000 \times 0.6} = 37.5$

따라서 38개가 필요하다.

16 ⑤

$N = \dfrac{A \cdot E}{F \cdot U \cdot M} = \dfrac{120 \times 400}{4,000 \times 0.6 \times 0.8} = 25개$

17 조명설비에 관한 설명으로 옳은 것은? 제27회

① 광도는 광원에서 발산하는 빛의 양을 의미하며, 단위는 루멘(lm)을 사용한다.

② 어떤 물체의 색깔이 태양광 아래에서 보이는 색과 동일한 색으로 인식될 경우, 그 광원의 연색지수를 Ra50으로 한다.

③ 밝은 곳에서 어두운 곳으로 들어갈 때 동공이 확대되어 감광도가 높아지는 현상을 암순응이라고 한다.

④ 수은등은 메탈할라이드등보다 효율과 연색성이 좋다.

⑤ 코브조명은 천장을 비추어 현휘를 방지할 수 있는 직접조명 방식이다.

18 최근 공동주택에 전기자동차 충전시설의 설치가 확대되고 있다. 다음은 '환경친화적 자동차의 개발 및 보급 촉진에 관한 법령'의 일부분이다. (   ) 안에 들어갈 내용으로 옳은 것은? 제23회

> 제18조의4 【충전시설 설치대상 시설 등】 법 제11조의2 제1항 각 호 외의 부분에서 '대통령령으로 정하는 시설'이란 다음 각 호에 해당하는 시설로서 주차장법 제2조 제7호에 따른 주차단위구획을 100개 이상 갖춘 시설 중 전기자동차 보급현황·보급계획·운행현황 및 도로여건 등을 고려하여 특별시·광역시·특별자치시·도·특별자치도의 조례로 정하는 시설을 말한다.
> 1. … 생략 …
> 2. 건축법 시행령 제3조의5 및 [별표 1] 제2호에 따른 공동주택 중 다음 각 목의 시설
>   가. (   )세대 이상의 아파트
>   나. 기숙사
> 3. 시·도지사, 특별자치도지사, 특별자치시장, 시장·군수 또는 구청장이 설치한 주차장법 제2조 제1호에 따른 주차장

① 100   ② 200

③ 300   ④ 400

⑤ 500

19 홈네트워크설비에 관한 설명으로 옳지 않은 것은? 제12회

① 취사용 가스밸브제어기가 여러 개인 경우에는 이를 통합제어할 수 있어야 한다.

② 세대단말기에서 원격제어되는 조명제어기와 난방제어기는 수동으로 조작하는 스위치를 설치하지 아니한다.

③ 동체감지기는 유효감지반경을 고려하여 설치하여야 한다.

④ 각 세대별 원격검침장치는 운용시스템의 동작불능시에도 계속 동작이 가능하도록 하여야 한다.

⑤ 세대 내 홈네트워크설비에는 정전시 예비전원이 공급될 수 있도록 하여야 한다.

정답 | 해설

17 ③ ① 광도는 광원에서 나오는 빛의 세기로, 단위는 cd(candela, 칸델라)이다.
② 어떤 물체의 색깔이 태양광 아래에서 보이는 색과 동일한 색으로 인식될 경우, 그 광원의 연색지수를 Ra100으로 나타내고 색 차이가 크게 나면 Ra 값이 작아진다(100에 가까울수록 연속성이 좋은 것을 의미한다).
④ 수은등은 메탈할라이드등보다 효율과 연색성이 나쁘다.
⑤ 코브조명은 광원을 눈가림판 등으로 가리고 빛을 천장에 반사시켜 간접조명하는 방식이다.

18 ① 건축법 시행령 제3조의5 및 [별표 1] 제2호에 따른 공동주택 중 다음 각 목의 시설
가. 100세대 이상의 아파트
나. 기숙사

19 ② 세대단말기에서 원격제어되는 조명제어기와 난방제어기는 수동으로 조작하는 스위치를 설치하여야 한다.

20 홈네트워크설비에 대한 설명으로 옳지 않은 것은?

① 세대단말기는 세대 내의 홈네트워크시스템을 제어할 수 있는 기기이다.

② 홈서버란 비디오, 전화, 웹, 전자우편, 팩스 등 가정에 있는 각종 미디어의 정보들을 저장·통합·분배하는 일종의 컴퓨터 장치이다.

③ LAN이란 2개 이상의 통신망을 상호 접속하여 통신망간에 정보를 주고받을 수 있게 하는 장치이다.

④ Home PNA는 가정에서 전화선을 이용하여 2대 이상의 컴퓨터들을 서로 공유할 수 있도록 하는 네트워킹솔루션이다.

⑤ 미들웨이는 여러 개의 기기를 홈네트워크에 연결시 기기간의 인터페이스 역할을 한다.

21 지능형 홈네트워크설비 설치 및 기술기준으로 옳지 않은 것은?

① 단지서버는 세대 내 홈게이트웨이와 단지서버간의 통신 및 보안을 수행하는 장비로서 백본(back-bone), 방화벽(Fire Wall), 워크그룹 스위치 등 단지망을 구성하는 장비이다.

② 홈네트워크망은 홈네트워크장비 및 홈네트워크사용기기를 연결하는 것을 말한다.

③ 홈게이트웨이는 전유부분에 설치되어 세대 내에서 사용되는 홈네트워크사용기기들을 유무선 네트워크로 연결하고 세대망과 단지망 혹은 통신사의 기간망을 상호 접속하는 장치이다.

④ 세대단말기는 세대 및 공용부의 다양한 설비의 기능 및 성능을 제어하고 확인할 수 있는 기기로 사용자인터페이스를 제공하는 장치이다.

⑤ 홈네트워크설비는 주택의 성능과 주거의 질 향상을 위하여 세대 또는 주택단지 내 지능형 정보통신 및 가전기기 등의 상호 연계를 통하여 통합된 주거서비스를 제공하는 설비이다.

22 홈네트워크설비에 관한 설명으로 옳지 않은 것은? 제14회

① 세대단말기는 세대 내의 홈네트워크시스템을 제어할 수 있는 기기를 말한다.

② 단지서버는 단지 내에 설치하여 홈네트워크설비를 총괄·관리하는 기기이다.

③ 홈네트워크망 중 단지망은 집중구내통신실에서 세대까지를 연결하는 망을 말한다.

④ 예비전원장치는 전원 공급이 중단될 경우 무정전 전원장치 또는 발전기 등에 의한 비상전원을 공급하는 홈네트워크설비 등을 보호하기 위한 장치를 말한다.

⑤ 홈게이트웨이는 세대 내 홈네트워크기기와 단지서버간의 통신 및 보안을 수행하는 기본적인 네트워크를 구성하는 기기로, 백본, 방화벽, 워크그룹스위치 등을 말한다.

23 지능형 홈네트워크설비 설치 및 기술기준상 홈네트워크를 설치하는 경우 홈네트워크 장비에 해당하지 않는 것은? 제22회

① 세대단말기   ② 단지서버

③ 예비전원장치   ④ 홈게이트웨이

⑤ 원격검침시스템

정답 | 해설

20 ③ LAN은 근거리 통신망이고, 2개 이상의 통신망을 상호 접속하여 통신망간에 정보를 주고받을 수 있게 하는 장치는 <u>홈게이트웨이</u>이다.

21 ① 단지서버는 홈네트워크설비를 총괄적으로 관리하며, 이로부터 발생하는 각종 데이터의 저장·관리·서비스를 제공하는 장비이다.

22 ⑤ 홈게이트웨이는 세대망과 단지망을 상호 접속하는 장치로서, 세대 내에서 사용되는 홈네트워크기기들을 유·무선네트워크를 기반으로 연결하고 홈네트워크서비스를 제공하는 기기를 말한다.

23 ⑤ 원격검침시스템은 <u>공유부분 홈네트워크설비</u>의 설치기준이다.

24 지능형 홈네트워크설비 설치 및 기술기준에 관한 설명으로 옳지 않은 것은? 제17회

① 홈게이트웨이는 세대단자함 또는 세대통합관리반에 설치할 수 있다.

② 개폐감지기는 현관출입문 상단에 설치하며 단독배선하여야 한다.

③ 원격제어가 가능한 조명제어기를 세대 안에 1구 이상 설치하여야 한다.

④ 무인택배함의 설치수량은 소형주택의 경우 세대수의 20~30%로 설치하도록 의무화한다.

⑤ 통신배관실의 출입문은 최소 폭 0.7m, 높이 1.8m 이상(문틀의 내측치수)의 잠금장치가 있는 출입문으로 설치하여야 한다.

25 지능형 홈네트워크설비 설치 및 기술기준에 관한 내용으로 옳은 것은? 제25회

① 가스감지기는 LNG인 경우에는 바닥쪽에, LPG인 경우에는 천장쪽에 설치하여야 한다.

② 차수판 또는 차수막을 설치하지 않은 통신배관실에는 최소 30mm 이상의 문턱을 설치하여야 한다.

③ 통신배관실 내의 트레이(tray) 또는 배관, 덕트 등의 설치용 개구부는 화재시 층간 확대를 방지하도록 방화처리제를 사용하여야 한다.

④ 통신배관실의 출입문은 폭 0.6m, 높이 1.8m 이상이어야 한다.

⑤ 집중구내통신실은 TPS실이라고 하며, 통신용 파이프 샤프트 및 통신단자함을 설치하기 위한 공간을 말한다.

26 **지능형 홈네트워크설비 설치 및 기술기준에 관한 내용으로 옳지 않은 것은?** 제23회

① 세대단말기는 홈네트워크장비에 포함된다.

② 원격제어가 가능한 조명제어기를 세대 안에 1구 이상 설치하여야 한다.

③ 홈네트워크기기의 예비부품은 5% 이상 5년간 확보할 것을 권장한다.

④ 무인택배함의 설치수량은 소형주택의 경우 세대수의 약 10~15% 정도 설치할 것을 권장한다.

⑤ 집중구내통신실은 TPS라고 하며, 통신용 파이프 샤프트 및 통신단자함을 설치하기 위한 공간을 말한다.

정답 | 해설

24 ④ 무인택배함의 설치수량은 소형주택의 경우 세대수의 약 10~15%, 중형주택 이상은 세대수의 15~20%로 설치할 것을 권장한다.

25 ③ ① 가스감지기는 LNG인 경우에는 천장쪽에, LPG인 경우에는 바닥쪽에 설치하여야 한다.
② 차수판 또는 차수막을 설치하지 않은 통신배관실에는 최소 50mm 이상의 문턱을 설치하여야 한다.
④ 통신배관실의 출입문은 폭 0.7m, 높이 1.8m 이상이어야 한다.
⑤ 통신배관실은 TPS실이라고 하며, 통신용 파이프 샤프트 및 통신단자함을 설치하기 위한 공간을 말한다.

26 ⑤ 통신배관실(TPS)은 통신용 파이프 샤프트 및 통신단자함을 설치하기 위한 공간을 말한다.

제 10 장 수송설비

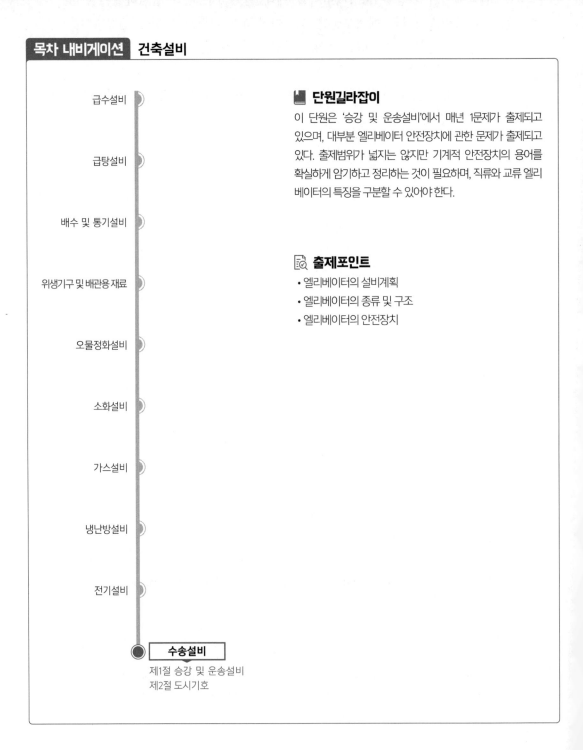

📖 단원길라잡이

이 단원은 '승강 및 운송설비'에서 매년 1문제가 출제되고 있으며, 대부분 엘리베이터 안전장치에 관한 문제가 출제되고 있다. 출제범위가 넓지는 않지만 기계적 안전장치의 용어를 확실하게 암기하고 정리하는 것이 필요하며, 직류와 교류 엘리베이터의 특징을 구분할 수 있어야 한다.

🔍 출제포인트

- 엘리베이터의 설비계획
- 엘리베이터의 종류 및 구조
- 엘리베이터의 안전장치

01 엘리베이터

(1) 엘리베이터의 분류

① 용도에 의한 분류

ㄱ 승용 엘리베이터

ㄴ 화물용 엘리베이터

ㄷ 승화 겸용 엘리베이터

ㄹ 침대용 엘리베이터

ㅁ 자동차용 엘리베이터

ㅂ 전동 덤웨이터(dumbwaiter, 부엌용 리프트)

② 속도에 의한 분류

구분	속도(m/min)	구동방식
저속	15, 20, 30, 45	교류 1단, 교류 2단
중속	60, 70, 90, 105	교류 2단, 직류 기어드
고속	120, 150, 180, 210, 240, 300	직류 기어리스

③ 구동방식에 의한 분류

ㄱ 교류 엘리베이터 제어

ⓐ 교류 1단 속도: 가장 간단한 제어방식이나 착층(着層) 오차가 커서 최고 30m/min 정도 이하에서만 적용이 가능하다.

ⓑ 교류 2단 속도: 2단 속도 모터를 이용하여 감속과 착층을 저속권선으로 하고 기동과 주행을 고속권선으로 하여 카를 제어한다. 중규모 이하 건물에서 사용하고, 간단한 속도 조절이 가능하다.

ⓒ 교류 귀환제어: 2단 속도 제어방식에 비하여 승차감 및 착층 정밀도가 대폭 개선되었으며 착층시간도 짧아졌다.

ⓓ VVVF(3VF제어, 가변전압 가변주파수제어)

- 인버터제어라고도 불리며, 유도전동기에 가해지는 전압과 주파수를 동시에 변환시켜 직류전동기와 동등한 제어성능을 가지도록 하는 방식이다.

- DC영역인 초고속 엘리베이터까지 적용이 가능하며, 유도전동기의 특성상 직류전동기보다 유지보수가 용이하고 소비전력이 절감된다.

- 귀환제어방식에 비하여 승차감 외에 소비전력 및 전원설비용량도 약 50% 정도로 줄어든다.

공동주택에서 난방설비, 급수설비 등의 제어 및 상태감시를 위해 사용되는 현장제어장치는?

제22회

① SPD
② PID
③ VAV
④ DDC
⑤ VVVF

해설

④ DDC(Direct Digital Control): 프로세스 제어계에서 디지털 컴퓨터를 제어계에 직접 결합시켜 제어하는 방식으로, 공동주택에서 난방설비, 급수설비 등의 제어 및 상태감시를 위해 사용되는 현장제어장치를 말한다.
① SPD(Surge Protective Device; 서지보호장치): 600V 이하의 전력선이나 전화선, 데이터 네트워크, CCTV 회로, 케이블TV 회로 및 전자장비에 연결된 전력선 및 전력선과 제어선에 나타나는 매우 짧은 순간의 위험한 과도전압과 노이즈를 감쇄시키도록 설계된 장치이다.
② PID(Proportion Integral Differential): 제어변수와 기준입력 사이의 오차에 근거하여 계통의 출력이 기준전압을 유지하도록 하는 피드백 제어의 일종에 해당한다.
③ VAV(Variable Air Volume): 송풍온도를 일정하게 유지하고, 부하변동에 따라 송풍량을 변화시켜 실온을 제어하는 방식을 말한다.
⑤ VVVF(Variable Voltage Variable Frequency; 가변전압 가변주파수제어): 교류전동기(특히 유도전동기)를 가변속구동하기 위한 인버터의 제어기술을 말한다.

정답: ④

ⓒ **직류 엘리베이터 제어**

ⓐ 속도제어가 용이하고 승차감이 양호하여 주로 고급의 중·고속 엘리베이터에 적용된다.

ⓑ 교류를 직류로 바꾸는 방식에 따라 워드-레오나드(Ward-Leonard)방식과 정지형 레오나드방식이 있다.

ⓒ 속도 90m/min, 105m/min에는 기어드(geared)방식이, 120m/min 이상에는 기어리스(gearless)방식이 적용된다. 하중이 큰 대형병원 승강기 같은 곳에는 직류기어드를, 대형 사무실빌딩·백화점·초고속 엘리베이터같이 승차감과 속도제어가 요구되는 곳은 직류 기어리스방식이 적용된다.

(2) 엘리베이터의 구조

기계실, 카(car), 승강로(hatchway), 승강장(landing entrance) 등으로 구성되어 있다.

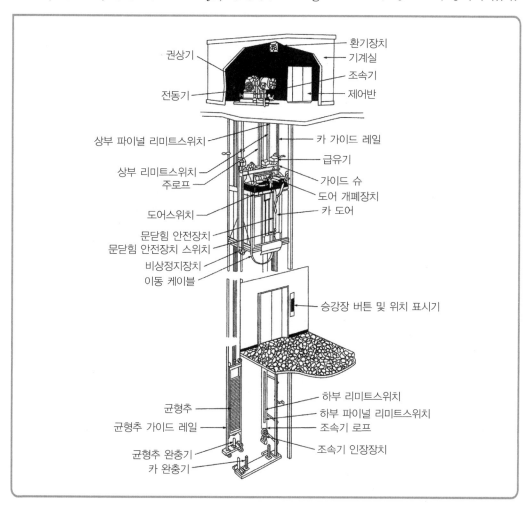

① **권상기**(traction machine): 권상기는 전동기축의 회전력을 로프차에 전달하는 기구로 전동기, 제동기, 감속기, 견인구차, 로프, 균형추 등으로 구성되어 있다.

  ㉠ **전동기**(motor): 엘리베이터 카를 들어 올리는 역할을 수행한다. 사용전원의 종류에 따라 교류용 전동기, 직류용 전동기의 2종이 있다.

  ㉡ **제동기**(brake): 엘리베이터 정지시 사용된다.

    ⓐ **전기적 제동기**: 역회전력을 이용하여 감속시킨다.

    ⓑ **기계적 제동기**: 기계의 마찰력을 이용하여 전동기의 제동바퀴를 브레이크로 조인다.

ⓒ **감속기:** 엘리베이터의 속도를 줄이는 데 이용된다.

  ⓐ **기어식:** 웜기어를 사용하여 전동기를 회전하여 감속시킨다.

  ⓑ **기어리스식:** 웜기어 없이 직류 전동기로 감속한다.

권상기

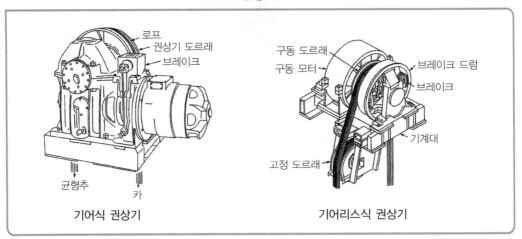

기어식 권상기   기어리스식 권상기

기출예제

엘리베이터에 관한 설명으로 옳지 않은 것은?   제19회

① 기어리스식 감속기는 교류 엘리베이터에 주로 사용된다.

② 슬로다운(스토핑)스위치는 해당 엘리베이터가 운행되는 최상층과 최하층에서 카(케이지)를 자동으로 정지시킨다.

③ 전자브레이크는 엘리베이터의 전기적 안전장치에 속한다.

④ 직류 엘리베이터는 속도제어가 가능하다.

⑤ 도어인터록(interlock) 장치는 엘리베이터의 기계적 안전장치에 속한다.

해설

기어리스식 감속기는 120m/min 이상인 직류 엘리베이터에 주로 사용된다.   정답: ①

ⓓ **견인구차(sheave):** 로프를 감는 도르래로, 로프에 무리를 주지 않기 위하여 로프 지름의 40~48배 정도의 직경을 이용한다.

ⓜ **로프(rope)**

  ⓐ 내구성 면에서 안전율 20 이상이어야 한다.

  ⓑ 승용 엘리베이터의 카와 균형추를 매단 로프는 3본 이상, 직경 12mm 이상이 되어야 한다.

ⓗ 균형추(counter weight, 중추): 권상기의 부하를 가볍게 하여 전기를 절약할 목적으로 승강 카(car)의 반대측 로프(rope)에 장치한다.

> 균형추의 중량 = 승강 카의 중량 + 적재 중량 × (0.4~0.6)

② 승강 카(car cage)

ⓐ 성인 1인당 기준: 바닥면적 0.2m², 무게는 75kg을 기준으로 한다.

ⓑ 이상적인 비율 = 10 : 7

③ 가이드 레일(guide rail): 승강로 내의 양 측면에 케이지용, 균형추용 각각 1조씩 2조가 있다.

(3) 안전장치

① 조속기(governor): 카와 같은 속도로 움직이는 조속기 로프에 의하여 회전되어 항상 카의 속도를 검출하는 장치이다.

ⓐ 제1동작

ⓐ 카의 속도가 정격속도의 1.3배를 초과하지 않는 범위에서 과속스위치 동작 후 전원을 끊고 브레이크된다.

ⓑ 브레이크의 고장이나 주로프가 끊어지면 정지할 수 없고 제2동작으로 넘어간다.

ⓒ 상승 · 하강 양 방향에 유효하다.

ⓑ 제2동작

ⓐ 카의 속도가 정격속도의 1.4배를 초과하지 않는 범위에서 조속기 로프를 기계적으로 파지하고 비상정지장치를 구동시킨다.

ⓑ 하강방향에서만 작동하여야 한다.

조속기

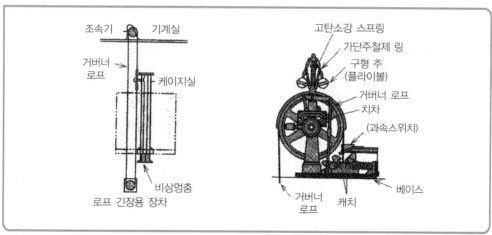

② 비상정지장치(safety device): 엘리베이터가 로프의 절단 및 기타 예측할 수 없는 원인으로 규정속도 이상(정격속도의 1.4배 이내)으로 카의 하강속도가 급격히 증가한 경우 그 하강을 제지하는 장치가 비상정지장치이다.

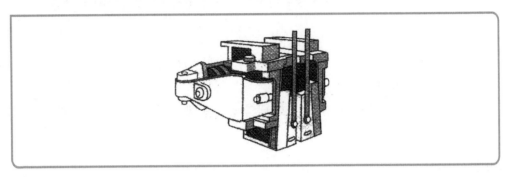

③ **완충기**: 카가 어떤 원인으로 최하층을 통과하여 피트로 떨어졌을 때 충격을 완화하기 위하여 혹은 카가 밀어 올렸을 때를 대비하여 균형추의 바로 아래에도 완충기를 설치한다.

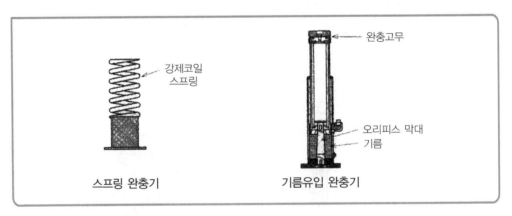

강제코일 스프링   완충고무   오리피스 막대   기름

스프링 완충기   기름유입 완충기

④ 도어인터로크 및 클로저 · 세이프티 슈
- ㉠ 도어인터로크(door interlock): 카가 정지하지 않는 층의 도어는 전용 열쇠를 사용하지 않으면 열리지 않는 도어로크와, 도어가 닫혀 있지 않으면 운전이 불가능하도록 하는 도어스위치로 구성된다. 엘리베이터의 안전장치 중에서 가장 중요한 것 중의 하나이다.
- ㉡ 클로저(closer): 승강장의 문이 열린 상태에서 모든 제약이 해제되면 자동적으로 닫히도록 하여 문의 개방상태에서 생기는 2차 재해를 방지하는 문의 안전장치이다.
- ㉢ 세이프티 슈: 도어의 끝에 설치하여 이 물체가 접촉하면 도어의 닫힘을 중지하며 도어를 반전시키는 접촉식 보호장치이다.
⑤ 파이널 리미트스위치(final limit switch): 엘리베이터가 리미트스위치를 지나쳐서 현저하게 초과 승강하는 경우 엘리베이터를 정지시키는 스위치이다.

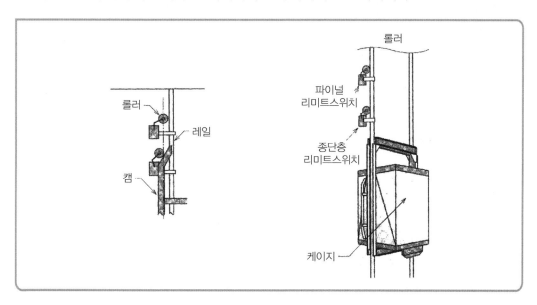

기출예제

엘리베이터에 관한 설명으로 옳지 않은 것은? 제22회

① 교류 엘리베이터는 저속도용으로 주로 사용된다.
② 파이널 리미트스위치는 엘리베이터가 정격속도 이상일 경우 전동기에 공급되는 전기회로를 차단시키고 전자브레이크를 작동시키는 기기이다.
③ 과부하 계전기는 전기적인 안전장치에 해당된다.
④ 기어리스식 감속기는 직류 엘리베이터에 사용된다.
⑤ 옥내에 설치하는 비상용 승강기의 승강장 바닥면적은 승강기 1대당 $6m^2$ 이상으로 해야 한다.

파이널 리미트스위치는 엘리베이터가 최상층 또는 최하층에서 정상 위치를 초과하여 운행하는 것을 방지하는 기기이다. 엘리베이터가 정격속도 이상일 경우 전동기에 공급되는 전기회로를 차단시키고 전자브레이크를 작동시키는 기기는 조속기이다. 정답: ②

(4) 기계실

① 기계실의 천장 높이: 2m 이상

② 바닥면적: 승강로 수평 단면적의 2배 이상(교류: 2배, 직류: 3~3.5배)

③ 기계실과 기계실 벽면과의 간격: 0.5m 이상

(5) 승강로(elevator shaft)

① 카가 상하로 움직이는 공간이다.

② 매 층에는 리미트스위치, 자동착상장치를 설치한다.

③ 지하 피트(pit)에는 완충기를 설치한다.

> **더 알아보기** | 기계적 안전장치 · 전기적 안전장치
>
> 1. 기계적 안전장치
>   - 비상정지장치
>   - 조속기
>   - 완충기
>   - 승강장 문틱 보호판
>   - 도어인터록
>   - 세이프티 슈
>   - 더블브레이크 및 로프제동장치
>
> 2. 전기적 안전장치
>   - 과속제한스위치
>   - 과전류 차단기
>   - 중량초과제한스위치
>   - 파이널 리미트스위치
>   - 비상전원장치
>   - 역결상 안전센서
>   - 비상구출전원장치
>   - 도어스위치

비상용 승강기의 승강장 기준에 관한 내용으로 옳지 않은 것은? 제20회

① 벽 및 반자가 실내에 접하는 부분의 마감재료(마감을 위한 바탕을 포함한다)는 난연재료로 할 것

② 채광이 되는 창문이 있거나 예비전원에 의한 조명설비를 할 것

③ 승강장의 바닥면적은 비상용 승강기 1대에 대하여 $6m^2$ 이상으로 할 것. 다만, 옥외에 승강장을 설치하는 경우에는 그러하지 아니하다.

④ 승강장 출입구 부근의 잘 보이는 곳에 당해 승강기가 비상용 승강기임을 알 수 있는 표지를 할 것

⑤ 피난층이 있는 승강장의 출입구(승강장이 없는 경우에는 승강로의 출입구)로부터 도로 또는 공지(공원, 광장 기타 이와 유사한 것으로서 피난 및 소화를 위한 당해 대지에의 출입에 지장이 없는 것을 말한다)에 이르는 거리가 30m 이하일 것

해설

벽 및 반자가 실내에 접하는 부분의 마감재료(마감을 위한 바탕을 포함한다)는 불연재료로 한다.

정답: ①

더 알아보기 | 피난용 승강기

1. **설치대상:** 초고층건축물(단, 준초고층건축물 중 공동주택은 제외)
2. **설치기준:** 승용 승강기 중 1대 이상
3. **구조제한**

승강장	• 승강장의 출입구를 제외한 부분은 해당 건축물의 다른 부분과 내화구조의 바닥 및 벽으로 구획할 것 • 승강장은 각 층의 내부와 연결될 수 있도록 하되, 그 출입구에는 갑종 방화문을 설치할 것. 이 경우 방화문은 언제나 닫힌 상태를 유지할 수 있는 구조이어야 한다. • 실내에 접하는 바닥, 벽 및 반자의 마감(마감을 위한 바탕을 포함)은 불연재료로 할 것 • 예비전원으로 작동하는 조명설비를 설치할 것 • 승강장의 바닥면적은 피난용 승강기 1대에 대하여 $6m^2$ 이상으로 할 것 • 승강기의 출입구 부근에는 피난용 승강기임을 알리는 표지를 설치할 것 • 배연설비를 설치할 것(제연설비 설치시 제외)

승강로	• 승강로는 해당 건축물의 다른 부분과 내화구조로 구획할 것 • 각 층으로부터 피난층까지 이르는 승강로를 단일구조로 연결하여 설치할 것 • 배연설비를 설치할 것
승강기 기계실	• 출입구를 제외한 부분은 해당 건축물의 다른 부분과 내화구조의 바닥 및 벽으로 구획할 것 • 출입구에는 갑종방화문을 설치할 것
전용예비전원	• 정전시 피난용 승강기, 기계실, 승강장 및 폐쇄회로텔레비전 등의 설비를 작동할 수 있는 별도의 예비전원을 설치할 것 • 예비전원은 초고층건축물의 경우에는 2시간 이상, 준초고층건축물의 경우에는 1시간 이상 작동이 가능한 용량일 것 • 상용전원과 예비전원의 공급을 자동 또는 수동으로 전환이 가능한 설비를 갖출 것 • 전선관 및 배선은 고온에 견딜 수 있는 내열성 자재를 사용하고 방수조치할 것

기출예제

건축물의 피난·방화구조 등의 기준에 관한 규칙상 피난용 승강기의 설치기준의 일부이다. ( ) 안에 들어갈 내용으로 옳은 것은? 제27회

제30조【피난용 승강기의 설치기준】
  4. 피난용 승강기 전용 예비전원
    가. 정전시 피난용 승강기, 기계실, 승강장 및 폐쇄회로텔레비전 등의 설비를 작동할 수 있는 별도의 예비전원설비를 설치할 것
    나. 가목에 따른 예비전원은 초고층건축물의 경우에는 (㉠) 이상, 준초고층건축물의 경우에는 (㉡) 이상 작동이 가능한 용량일 것

① ㉠: 30분, ㉡: 1시간　　　　② ㉠: 1시간, ㉡: 30분
③ ㉠: 2시간, ㉡: 30분　　　　④ ㉠: 2시간, ㉡: 1시간
⑤ ㉠: 3시간, ㉡: 30분

[해설]

가목에 따른 예비전원은 초고층건축물의 경우에는 2시간 이상, 준초고층건축물의 경우에는 1시간 이상 작동이 가능한 용량이어야 한다.
정답: ④

02 에스컬레이터의 기준

① 경사도는 30°를 초과하지 않아야 한다. 다만, 높이 6m 이하, 속도 30m/min 이하는 35° 까지 가능하다.

② 디딤판의 정격속도는 경사도가 30° 이하인 경우 45m/min 이하이어야 하고, 30° 초과 35° 이하인 경우 30m/min 이하이어야 한다.

③ 사람 또는 화물이 끼거나 장해물에 충돌하지 않도록 해야 한다.

④ 디딤판의 양측에 이동 손잡이를 설치하고 이동 손잡이의 상단부가 디딤판과 동일 방향, 동일 속도로 연동하도록 해야 한다.

⑤ 디딤판에서 60cm의 높이에 있는 이동손잡이의 거리(내측판간의 거리)는 1.2m 이하로 해야 한다.

03 덤웨이터(dumb waiter)

사람은 타지 않고 소형화물(서적, 음식물 등)을 운반하기 위한 설비이다.

① 케이지의 바닥면적: $1m^2$ 이하

② 천장 높이: 1.2m 이하

③ 적재량: 300kg 이하

④ 속도: 1, 20, 39m/min 이하

⑤ 전동기 용량: 최대 3마력(HP)

제2절 도시기호

구분	명칭	기호
전등	샹들리에	Ⓒ️Ⓗ
	형광등(20W×1)	
	형광등(20W×2)	
	형광등(20W×3)	
	벽등(백열등)	
	비상용 조명등	●
	외등	

콘센트	콘센트	◖⋮◗
	콘센트(3극)	◖⋮◗ **3P**
	콘센트(방수용)	◖⋮◗ **WP**
	비상콘센트	⊡⊙ ⊙⊡
기기	전동기	Ⓜ
	발전기	Ⓖ
	전열기	Ⓗ
	선풍기(환기선풍기 포함)	⊛
	룸 에어컨디셔너	RC
	축전지	⊞∣∣∣⊟
	콘덴서	⊥⊤
전선	천장은폐배선	————
	지중매설선	–·–·–·–
	전선수 표시(3가닥)	⫫
	전선접속 표시	⊥○
	접지	⏚
분배전반	배전반 또는 분전반	▱
	전등용	◪
	동력용	⊠
기타	개폐기	S
	적산전력계	WH

01 직류 전동기는 교류 엘리베이터에 비하여 가격이 비싸지만 기동토크가 크며, 착상오차가 적다.

( )

02 엘리베이터 최대정원은 1인당 하중을 65kg으로 하여 구한다. ( )

03 엘리베이터의 전기적 안전장치에는 주접촉기, 과부하계전기, 역결상릴레이, 종점스위치 등이 있다. ( )

04 홀도어는 각 층의 복도와 승강로를 차단하여 승객의 안전을 도모하기 위한 것이다. ( )

05 권상기의 부하를 줄이기 위하여 카의 반대쪽 로프에 장치하는 것은 균형추이다. ( )

06 파이널 리미트스위치는 카가 최상층이나 최하층에서 정상운행위치를 벗어나 그 이상으로 운행하는 것을 방지하는 안전장치이다. ( )

제2편 건축설비

10장

---

01 ○

02 ✕ 엘리베이터 최대정원은 1인당 하중을 75kg으로 하여 구한다.

03 ○

04 ○

05 ○

06 ○

07 제한스위치는 정격속도 1.3배 이내에서 작동하여 엘리베이터의 과속을 방지한다. ( )

08 전동기측의 회전동력을 로프에 전달하는 기기를 권상기라고 한다. ( )

09 여러 대의 승강기가 설치되는 경우에는 군관리운행방식을 채택한다. ( )

10 권상기의 중량은 '엘리베이터 카 중량 + 최대적재량 × (0.4~0.6)'이다. ( )

07 × 정격속도 1.3배 이내에서 작동하여 엘리베이터의 과속을 방지하는 것은 조속기이다.

08 ○

09 ○

10 ○

01 엘리베이터의 카(케이지)가 과속했을 때 작동하는 기계적 안전장치는? 제18회

① 과부하계전기　　　　　　② 전자브레이크
③ 슬로다운스위치　　　　　　④ 조속기
⑤ 주접촉기

02 엘리베이터에 관한 설명으로 옳은 것은? 제17회

① 지연스위치는 멈춤스위치가 동작하지 않을 때 제2단의 동작으로 주회로를 차단한다.
② 비상용 승강기의 승강로 구조는 각 층으로부터 피난층까지 이르는 승강로를 단일구조로 연결하여 설치한다.
③ 최종제한스위치는 종단층에서 엘리베이터 카를 자동적으로 정지시킨다.
④ 비상용 승강기의 승강장 바닥면적은 옥외에 승강장을 설치하는 경우를 제외하고 비상용 승강기 1대에 대하여 $3m^2$ 이상으로 한다.
⑤ 비상멈춤장치는 전동기의 토크 소실시 엘리베이터 카를 정지시킨다.

제2편 건축설비

10장

정답│해설

01 ④　조속기는 카의 정격속도 1.3배 이내에서 과속이 될 때 카를 정지시키는 장치이다.

02 ②　① 지연스위치는 멈춤스위치가 동작하지 않을 때 제1단의 동작으로 주회로를 차단한다.
　　　　③ 최종제한스위치는 종단층을 넘어서면 엘리베이터 카를 자동적으로 정지시킨다.
　　　　④ 비상용 승강기의 승강장 바닥면적은 옥외에 승강장을 설치하는 경우를 제외하고 비상용 승강기 1대에 대하여 $6m^2$ 이상으로 한다.
　　　　⑤ 비상멈춤장치는 조속기에 의해 정격속도 1.3배 이내에서 작동된 뒤 아래쪽으로 계속 과속운행이 되는 경우, 1.4배 이내에서 브레이크 슈를 작동시켜 카를 강제로 정지시키는 장치이다.

03 엘리베이터의 안전장치에 관한 설명으로 옳은 것은? 제23회

① 완충기는 스프링 또는 유체 등을 이용하여 카, 균형추 또는 평형추의 충격을 흡수하기 위한 장치이다.

② 파이널 리미트스위치는 전자식으로 운전 중에는 항상 개방되어 있고, 정지시에 전원이 차단됨과 동시에 작동하는 장치이다.

③ 과부하감지장치는 정전시나 고장 등으로 승객이 갇혔을 때 외부와의 연락을 위한 장치이다.

④ 과속조절기는 승강기가 최상층 이상 및 최하층 이하로 운행되지 않도록 엘리베이터의 초과운행을 방지하여 주는 장치이다.

⑤ 전자·기계 브레이크는 승강기 문에 승객 또는 물건이 끼었을 때 자동으로 다시 열리게 되어 있는 장치이다.

04 엘리베이터에 관한 설명으로 옳지 않은 것은?

① 홀도어는 각 층의 복도와 승강로를 차단하여 승객의 안전을 도모하기 위한 것이다.

② 권상기의 부하를 줄이기 위하여 카의 반대쪽 로프에 장치하는 것은 완충기이다.

③ 파이널 리미트스위치는 카가 최상층에서 정상운행위치를 벗어나 그 이상으로 운행하는 것을 방지하는 안전장치이다.

④ 조속기는 정격속도 1.3배 이내에서 작동하여 엘리베이터의 과속을 방지한다.

⑤ 전동기측의 회전동력을 로프에 전달하는 기기를 권상기라고 한다.

05 엘리베이터에 관한 설명으로 옳지 않은 것은? 제22회

① 교류 엘리베이터는 저속도용으로 주로 사용된다.

② 파이널 리미트스위치는 엘리베이터가 정격속도 이상일 경우 전동기에 공급되는 전기회로를 차단시키고 전자브레이크를 작동시키는 기기이다.

③ 과부하 계전기는 전기적인 안전장치에 해당된다.

④ 기어리스식 감속기는 직류 엘리베이터에 사용된다.

⑤ 옥내에 설치하는 비상용 승강기의 승강장 바닥면적은 승강기 1대당 $6m^2$ 이상으로 해야 한다.

06 승강기, 승강장 및 승강로에 관한 설명으로 옳지 않은 것은? 제25회

① 비상용 승강기의 승강로 구조는 각 층으로부터 피난층까지 이르는 승강로를 단일구조로 연결하여 설치한다.

② 옥내에 설치하는 피난용 승강기의 승강장 바닥면적은 승강기 1대당 5m² 이상으로 해야 한다.

③ 기어리스 구동기는 전동기의 회전력을 감속하지 않고 직접 권상도르래로 전달하는 구조이다.

④ 승강로, 기계실·기계류 공간, 풀리실의 출입문에 인접한 접근통로는 50lx 이상의 조도를 갖는 영구적으로 설치된 전기조명에 의해 비춰야 한다.

⑤ 완충기는 스프링 또는 유체 등을 이용하여 카, 균형추 또는 평형추의 충격을 흡수하기 위한 장치이다.

정답 | 해설

03 ① ② 파이널 리미트스위치는 승강기가 리미트스위치를 지나쳐서 현저하게 초과 승강하는 경우 승강기를 정지시키는 스위치이다.

③ 과부하감지장치는 카 바닥 하부 또는 와이어 로프 단말에 설치하여 카 내부의 승차인원 또는 적재하중을 감지하여 승차인원이 정원을 초과하였을 때 경보음을 발생시켜 카 내에 정원이 초과되었음을 알려 주는 동시에 카 도어의 닫힘을 저지하여 카를 출발시키지 않도록 하는 장치이다.

④ 과속조절기는 주로프가 파단되어 카가 자유낙하하게 되면 1차적으로 전기적 작동을 통해 전동기로 인입되는 전원을 차단하고 권상기 브레이크를 작동시켜 정지시키는 장치이다.

⑤ 승강기 문에 승객 또는 물건이 끼었을 때 자동으로 다시 열리게 되어 있는 장치는 출입문 안전장치(문 닫힘 안전장치)이다.

04 ② 권상기의 부하를 줄이기 위하여 카의 반대쪽 로프에 장치하는 것은 <u>균형추</u>이다.

05 ② 파이널 리미트스위치는 엘리베이터가 최상층 또는 최하층에서 정상 위치를 초과하여 운행하는 것을 방지하는 기기이다. 엘리베이터가 정격속도 이상일 경우 전동기에 공급되는 전기회로를 차단시키고 전자브레이크를 작동시키는 기기는 <u>조속기</u>이다.

06 ② 옥내에 설치하는 피난용 승강기의 승강장 바닥면적은 승강기 1대당 <u>6m² 이상</u>으로 해야 한다.

07 공동주택에서 난방설비, 급수설비 등의 제어 및 상태감시를 위해 사용되는 현장제어
장치는?

제22회

① SPD
② PID
③ VAV
④ DDC
⑤ VVVF

정답 | 해설

07 ④ ④ DDC(Direct Digital Control): 프로세스 제어계에서 디지털 컴퓨터를 제어계에 직접 결합시켜 제어
하는 방식으로, 공동주택에서 난방설비, 급수설비 등의 제어 및 상태감시를 위해 사용되는 현장제어
장치를 말한다.

① SPD(Surge Protective Device; 서지보호장치): 600V 이하의 전력선이나 전화선, 데이터 네트워
크, CCTV 회로, 케이블TV 회로 및 전자장비에 연결된 전력선 및 전력선과 제어선에 나타나는 매우
짧은 순간의 위험한 과도전압과 노이즈를 감쇄시키도록 설계된 장치이다.

② PID(Proportion Integral Differential): 제어변수와 기준입력 사이의 오차에 근거하여 계통의 출력이
기준전압을 유지하도록 하는 피드백 제어의 일종에 해당한다.

③ VAV(Variable Air Volume): 송풍온도를 일정하게 유지하고, 부하변동에 따라 송풍량을 변화시켜 실
온을 제어하는 방식을 말한다.

⑤ VVVF(Variable Voltage Variable Frequency; 가변전압 가변주파수제어): 교류 전동기(특히 유도
전동기)를 가변속구동하기 위한 인버터의 제어기술을 말한다.

house.Hackers.com

2025 해커스 주택관리사(보)
house.Hackers.com

부록

제27회 기출문제 및 해설

01 창호 및 부속철물에 관한 설명으로 옳지 않은 것은?

① 풍소란은 마중대와 여밈대가 서로 접하는 부분에 방풍 등의 목적으로 사용한다.

② 레버토리힌지는 문이 저절로 닫히지만 15cm 정도 열려 있도록 하는 철물이다.

③ 주름문은 도난방지 등의 방범목적으로 사용한다.

④ 피벗힌지는 주로 중량문에 사용한다.

⑤ 도어체크는 피스톤장치가 있지만 개폐속도는 조절할 수 없다.

해설 도어체크는 피스톤장치가 있고 개폐속도를 조절할 수 있다.

02 유리의 종류에 관한 설명으로 옳지 않은 것은?

① 강화유리는 판유리를 연화점 이상으로 가열 후 서서히 냉각시켜 열처리한 유리이다.

② 로이유리는 가시광선 투과율을 높인 에너지 절약형 유리이다.

③ 배강도유리는 절단이 불가능하다.

④ 유리블록은 보온, 채광, 의장 등의 효과가 있다.

⑤ 접합유리는 파손시 유리파편의 비산을 방지할 수 있다.

해설 강화유리는 판유리를 연화점 이상으로 가열 후 급냉시켜 열처리한 유리이다.

03 방수공사에 관한 설명으로 옳지 않은 것은?

① 아스팔트 프라이머는 바탕면과 방수층을 밀착시킬 목적으로 사용한다.
② 안방수는 바깥방수에 비해 수압이 작고 얕은 지하실 방수공사에 적합하다.
③ 멤브레인방수는 불투수성 피막을 형성하는 방수공사이다.
④ 시멘트액체방수시 치켜올림 부위의 겹침폭은 30mm 이상으로 한다.
⑤ 백업재는 실링재의 줄눈깊이를 소정의 위치로 유지하기 위해 줄눈에 충전하는 성형 재료이다.

해설 시멘트액체방수시 치켜올림 부위의 겹침폭은 <u>100mm 이상</u>으로 한다.

04 신축성 시트계 방습자재에 해당하는 것을 모두 고른 것은?

| ㉠ 비닐필름 방습지 | ㉡ 폴리에틸렌 방습층 |
| ㉢ 아스팔트필름 방습지 | ㉣ 방습층 테이프 |

① ㉠, ㉣
② ㉡, ㉢
③ ㉠, ㉡, ㉣
④ ㉡, ㉢, ㉣
⑤ ㉠, ㉡, ㉢, ㉣

해설 ㉢ 아스팔트필름 방습지는 <u>박판시트계 방습재료</u>이다.

05 도장공사에 관한 설명으로 옳은 것은?

① 바니시(varnish)는 입체무늬 등의 도막이 생기도록 만든 에나멜이다.
② 롤러도장은 붓도장보다 도장속도가 느리지만 일정한 도막두께를 유지할 수 있다.
③ 도료의 견본품 제출시 목재 바탕일 경우 100mm × 200mm 크기로 제출한다.
④ 수지는 물이나 용체에 녹지 않는 무채 또는 유채의 분말이다.
⑤ 철재면 바탕만들기는 일반적으로 가공장소에서 바탕재 조립 후에 한다.

해설 ① 바니시(varnish)는 건조가 느리고 내후성이 떨어지므로 외부용으로 사용하지 않으며 투명 피막
이므로 목부 칠용으로 사용된다.
② 롤러도장은 붓도장보다 도장속도가 빠르지만, 일정한 도막두께 유지가 어렵다.
④ 수지는 도막을 형성하는 주요소로 용융이 가능하고 가연성이 있는 것이 보통이며, 천연수지와
합성수지(플라스틱)로 크게 구분한다. 천연수지는 일반적으로 물에는 녹지 않고 알코올, 에테르
등 유기 용매에는 잘 녹는다. 투명 또는 반투명성이며 황색 또는 갈색을 띠는 것이 많다.
⑤ 철재면 바탕만들기는 일반적으로 가공장소에서 바탕재 조립 전에 한다.

06 건축적산 및 견적에 관한 설명으로 옳지 않은 것은?

① 비계, 거푸집과 같은 가설재는 간접재료비에 포함된다.
② 직접노무비에는 현장감독자의 기본급이 포함되지 않는다.
③ 개산견적은 과거 유사건물의 견적자료를 참고로 공사비를 개략적으로 산출하는 방
법이다.
④ 공사원가는 일반관리비와 이윤을 포함한다.
⑤ 아파트 적산의 경우 단위세대에서 전체로 산출한다.

해설 공사원가는 순공사비와 현장경비의 합을 말한다.

07 길이 6m, 높이 2m의 벽체를 두께 1.0B로 쌓을 때 필요한 표준형 시멘트벽돌의
정미량은? (단, 줄눈 너비는 10mm를 기준으로 하고, 모르타르 배합비는 1 : 3이다)

① 1,720매　　　　② 1,754매　　　　③ 1,788매
④ 1,822매　　　　⑤ 1,856매

해설 시멘트벽돌의 정미량 = 6m × 2m × 149매 = 1,788매

08 지반특성 및 지반조사에 관한 설명으로 옳은 것은?

① 액상화는 점토지반이 진동 및 지진 등에 의해 압축저항력을 상실하여 액체와 같이 거동하는 현상이다.

② 사운딩(sounding)은 로드의 선단에 설치된 저항체를 지중에 넣고 관입, 회전, 인발 등을 통해 토층의 성상을 탐사하는 시험이다.

③ 샌드벌킹(sand bulking)은 사질지반의 모래에 물이 배출되어 체적이 축소되는 현상이다.

④ 간극수압은 모래 속에 포함된 물에 의한 하향수압을 의미한다.

⑤ 압밀은 사질지반에서 외력에 의해 공기가 제거되어 체적이 증가되는 현상이다.

해설 ① 액상화는 사질지반이 진동 및 지진 등에 의해 압축저항력을 상실하여 액체와 같이 거동하는 현상이다.
③ 샌드벌킹(sand bulking)은 건조한 모래나 실트가 약간의 물(5~6%)을 흡수할 경우 건조한 경우에 비해 체적이 증가하는 현상이다.
④ 간극수압은 지하 흙 중에 포함된 물에 의한 상향수압을 의미하며, 특징은 지반 내 유효응력 감소, 지반 내 전단강도 저하, 물이 깊을수록 간극수압이 커진다는 것이다.
⑤ 압밀은 사질지반에서 외력에 의해 공기가 제거되어 체적이 감소하는 현상이다.

09 철근콘크리트 독립기초의 기초판 크기(면적) 결정에 큰 영향을 미치는 것은?

① 허용휨내력   ② 허용전단내력
③ 허용인장내력   ④ 허용부착내력
⑤ 허용지내력

해설 철근콘크리트 독립기초의 기초판 크기(면적) 결정에 큰 영향을 미치는 것은 허용지내력이다.

10 철근콘크리트구조에 관한 설명으로 옳지 않은 것은?

① 2방향 슬래브의 경우 단변과 장변의 양 방향으로 하중이 전달된다.
② 복근 직사각형보의 경우 보 단면의 인장 및 압축 양측에 철근이 배근된다.
③ T형보는 보와 슬래브가 일체화되어 슬래브의 일부분이 보의 플랜지를 형성한다.
④ 내력벽은 자중과 더불어 상부층의 연직하중을 지지하는 벽체이다.
⑤ 내력벽의 철근 배근간격은 벽두께의 5배 이하, 500mm 이하로 한다.

해설 | 내력벽의 철근 배근간격은 벽두께의 3배 이하, 450mm 이하로 한다.

11 철근콘크리트구조의 철근배근에 관한 설명으로 옳지 않은 것은?

① 보부재의 경우 휨모멘트에 의해 주근을 배근하고, 전단력에 의해 스터럽을 배근한다.
② 기둥부재의 경우 띠철근과 나선철근은 콘크리트의 횡방향 벌어짐을 구속하는 효과가 있다.
③ 주철근에 갈고리를 둘 경우 인장철근보다는 압축철근의 정착길이 확보에 더 큰 효과가 있다.
④ 독립기초판의 주근은 주로 휨인장응력을 받는 하단에 배근된다.
⑤ 보 주근의 2단 배근에서 상하철근의 순간격은 25mm 이상으로 한다.

해설 | 주철근에 갈고리를 둘 경우 압축철근보다는 인장철근의 정착길이 확보에 더 큰 효과가 있다.

12 철근콘크리트구조물의 균열 및 처짐에 관한 설명으로 옳은 것은?

① 보 단부의 사인장균열은 압축응력과 휨응력의 조합에 의한 응력으로 발생한다.
② 보 단부의 사인장균열을 방지하기 위해 주로 수평철근으로 보강한다.
③ 연직하중을 받는 단순보의 중앙부 상단에서 휨인장응력에 의한 수직방향의 균열이 발생한다.
④ 압축철근비가 클수록 장기처짐은 증가한다.
⑤ 1방향 슬래브의 장변방향으로는 건조수축 및 온도변화에 따른 균열방지용 철근을 배근한다.

해설 ① 보 단부의 사인장균열은 <u>전단력에 의한 응력</u>으로 발생한다.
   ② 보 단부의 사인장균열을 방지하기 위해 주로 <u>수직철근(늑근)</u>으로 보강한다.
   ③ 연직하중을 받는 단순보의 중앙부 하단에서 휨인장응력에 의한 수직방향의 균열이 발생한다.
   ④ 압축철근비가 클수록 장기처짐은 <u>감소한다</u>.

13 구조용 강재에 관한 설명으로 옳지 않은 것은?

① 강재의 화학적 성질에서 탄소량이 증가하면 강도는 감소하나, 연성과 용접성은 증가한다.
② SN은 건축구조용 압연강재를 의미한다.
③ TMCP강은 극후판의 용접성과 내진성을 개선한 제어열처리강이다.
④ 판두께 16mm 이하인 경우 SS275의 항복강도는 275MPa이다.
⑤ 판두께 16mm 초과, 40mm 이하인 경우 SM355의 항복강도는 345MPa이다.

해설 강재의 화학적 성질에서 탄소량이 증가하면 <u>강도는 증가하나, 연성과 용접성은 감소한다</u>.

14 철골구조의 접합에 관한 설명으로 옳은 것은?

① 고장력볼트 F10T-M24의 표준구멍지름은 26mm이다.
② 고장력볼트의 경우 표준볼트장력은 설계볼트장력을 10% 할증한 값으로 한다.
③ 플러그용접은 겹침이음에서 전단응력보다는 휨응력을 주로 전달하게 해준다.
④ 필릿용접의 유효단면적은 유효목두께의 2배에 유효길이를 곱한 것이다.
⑤ 용접을 먼저 한 후 고장력볼트를 시공한 경우 접합부의 내력은 양쪽 접합내력의 합으로 본다.

해설 ① 고장력볼트 F10T-M24의 표준구멍지름은 <u>27mm</u>이다.
   ③ 플러그용접은 겹침이음에서 <u>휨응력보다는 전단응력</u>을 주로 전달하게 해준다(겹침이음의 전단응력을 전달할 때 겹침부분의 좌굴 또는 분리를 방지).
   ④ 필릿용접의 유효단면적은 <u>유효목두께(a)</u>에 용접유효길이(L_e)를 곱한 것이다.
   ⑤ 용접을 먼저 한 후 고장력볼트를 시공한 경우 접합부의 내력은 <u>용접이 전 응력을 부담한다</u>.

15 건물 구조형식에 관한 설명으로 옳지 않은 것은?

① 건식구조는 물을 사용하지 않는 구조로 일체식 구조, 목구조 등이 있다.

② 막구조는 주로 막이 갖는 인장력으로 저항하는 구조이다.

③ 현수구조는 케이블의 인장력으로 하중을 지지하는 구조이다.

④ 벽식 구조는 벽체와 슬래브에 의해 하중이 전달되는 구조이다.

⑤ 플랫플레이트슬래브는 보와 지판이 없는 구조이다.

해설▌ 건식구조는 물을 사용하지 않는 구조로 <u>철골구조, 목구조</u> 등이 있으며 일체식 구조는 <u>습식구조</u>이다.

16 고열에 견디는 목적으로 불에 직접 면하는 벽난로 등에 사용하는 벽돌은?

① 시멘트벽돌   ② 내화벽돌

③ 오지벽돌   ④ 아치벽돌

⑤ 경량벽돌

해설▌ ② 고열에 견디는 목적으로 불에 직접 면하는 벽난로, 보일러실, 굴뚝 등에 사용하는 벽돌은 <u>내화벽돌</u>이다.

  ① 시멘트벽돌은 시멘트와 골재를 배합하여 성형 제작한 벽돌이다.

  ③ 오지벽돌은 벽돌에 유약을 칠하여 구운 벽돌로 고급 치장벽돌로 사용된다.

  ④ 아치벽돌은 이형(異形)벽돌의 한 종류이며, 특수한 형상으로 만든 벽돌로 출입구, 창문, 벽의 모서리, 아치쌓기 등에 사용된다.

  ⑤ 경량벽돌은 가벼운 골재를 사용하여 만든 벽돌로, 소리와 열의 차단성이 우수하고 흡수율이 크다.

17 미장공사에 관한 설명으로 옳은 것은?

① 소석회, 돌로마이트플라스터 등은 수경성 재료로서 가수에 의해 경화한다.

② 바탕처리시 살붙임바름은 한꺼번에 두껍게 바르는 것이 좋다.

③ 시멘트모르타르 바름시 초벌바름은 부배합, 재벌 및 정벌바름은 빈배합으로 부착력을 확보한다.

④ 석고플라스터는 기경성으로 경화속도가 느려 작업시간이 자유롭다.

⑤ 셀프레벨링재 사용시 통풍과 기류를 공급해 건조시간을 단축하여 표면평활도를 높인다.

해설 ① 소석회, 돌로마이트플라스터 등은 기경성 재료이며 공기 중의 이산화탄소(탄산가스)와 반응하여 경화한다.

② 바탕처리시 살붙임바름은 한꺼번에 두껍게 바르는 것은 좋지 않다.

④ 석고플라스터는 수경성으로 경화속도가 빠르지만 작업시간이 자유롭지 않다.

⑤ 셀프레벨링재(자동수평몰탈) 사용시 표면에 불필요한 물결무늬 등이 생기는 것을 방지하기 위해 창문 등을 밀폐하여 통풍과 기류를 차단하여 표면평활도를 높여야 한다.

18 타일공사에 관한 설명으로 옳지 않은 것은?

① 자기질 타일은 물기가 있는 곳과 외부에는 사용할 수 없다.

② 벽체타일이 시공되는 경우 바닥타일은 벽체타일을 먼저 붙인 후 시공한다.

③ 접착모르타르의 물·시멘트비를 낮추어 동해를 방지한다.

④ 줄눈누름을 충분히 하여 빗물침투를 방지한다.

⑤ 접착력 시험은 타일시공 후 4주 이상일 때 실시한다.

해설 자기질 타일은 흡수율이 작기 때문에 물기가 있는 곳과 외부에 사용할 수 있다.

19 지붕 및 홈통공사에 관한 설명으로 옳은 것은?

① 지붕면적이 클수록 물매는 작게 하는 것이 좋다.

② 되물매란 경사가 30°일 때의 물매를 말한다.

③ 지붕 위에 작은 지붕을 설치하는 것은 박공지붕이다.

④ 수평 거멀접기는 이음방향이 배수방향과 평행한 방향으로 설치한다.

⑤ 장식홈통은 선홈통 하부에 설치되며, 장식기능 이외에 우수방향을 돌리거나 넘쳐흐름을 방지한다.

해설 ① 지붕면적이 클수록 물매는 크게 하는 것이 좋다.

② 되물매란 경사가 45°일 때의 물매를 말한다.

③ 환기나 채광을 목적으로 지붕 위에 작은 지붕을 설치하는 것은 솟을지붕이다.

⑤ 장식홈통은 선홈통 상부에 설치되며, 장식기능 이외에 우수방향을 돌리거나 넘쳐흐름을 방지한다.

15. ① 16. ② 17. ③ 18. ① 19. ④ **정답**

20 건축물 주요 실의 기본등분포활하중(kN/m^2)의 크기가 가장 작은 것은?

① 공동주택의 공용실
② 주거용 건축물의 거실
③ 판매장의 상점
④ 도서관의 서고
⑤ 기계실의 공조실

해설

구분	기본등분포활하중(kN/m^2)의 크기
공동주택의 공용실	5.0
주거용 건축물의 거실	2.0
판매장의 상점	5.0
도서관의 서고	7.5
기계실의 공조실	5.0

21 수도법령상 절수설비와 절수기기의 종류 및 기준에 관한 내용으로 옳은 것은? (단, 공급수압은 98kPa이다)

① 소변기는 물을 사용하지 않는 것이거나, 사용수량이 2ℓ 이하인 것
② 공중용 화장실에 설치하는 수도꼭지는 최대토수유량이 1분당 6ℓ 이하인 것
③ 대변기는 사용수량이 9ℓ 이하인 것
④ 샤워용 수도꼭지는 해당 수도꼭지에 샤워호스(hose)를 부착한 상태로 측정한 최대 토수유량이 1분당 9ℓ 이하인 것
⑤ 대·소변 구분형 대변기는 평균사용수량이 9ℓ 이하인 것

해설 ② 공중용 화장실에 설치하는 수도꼭지는 최대토수유량이 1분당 <u>5ℓ</u> 이하인 것
③ 대변기는 사용수량이 <u>6ℓ</u> 이하인 것
④ 샤워용 수도꼭지는 해당 수도꼭지에 샤워호스(hose)를 부착한 상태로 측정한 최대토수유량이 1분당 <u>7.5ℓ</u> 이하인 것
⑤ 대·소변 구분형 대변기는 평균사용수량이 <u>6ℓ</u> 이하인 것

22 **급수설비에 관한 설명으로 옳은 것은?**

① 고가수조방식은 타 급수방식에 비해 수질오염 가능성이 낮다.

② 수도직결방식은 건물 내 정전시 급수가 불가능하다.

③ 초고층건물의 급수조닝방식으로 감압밸브방식이 있다.

④ 배관의 크로스커넥션을 통해 수질오염을 방지한다.

⑤ 동시사용률은 위생기기의 개수가 증가할수록 커진다.

해설 ① 고가수조방식은 타 급수방식에 비해 수질오염 가능성이 <u>가장 크다</u>.
② 수도직결방식은 건물 내 정전시 급수가 <u>가능하다</u>.
④ 배관의 크로스커넥션을 <u>차단해</u> 수질오염을 방지한다.
⑤ 동시사용률은 위생기기의 개수가 증가할수록 <u>작아진다</u>.

23 **부패탱크방식의 정화조에서 오수의 처리순서로 옳은 것은?**

㉠ 산화조	㉡ 소독조	㉢ 부패조

① ㉠ ⇨ ㉡ ⇨ ㉢   ② ㉠ ⇨ ㉢ ⇨ ㉡

③ ㉡ ⇨ ㉢ ⇨ ㉠   ④ ㉢ ⇨ ㉠ ⇨ ㉡

⑤ ㉢ ⇨ ㉡ ⇨ ㉠

해설 부패탱크방식의 정화조에서 오수의 처리순서는 '<u>부패조 ⇨ 산화조 ⇨ 소독조</u>' 순이다.

24 급수펌프의 회전수를 증가시켜 양수량을 10% 증가시켰을 때, 펌프의 양정과 축동력의 변화로 옳은 것은?

① 양정은 10% 증가하고, 축동력은 21% 증가한다.
② 양정은 21% 증가하고, 축동력은 10% 증가한다.
③ 양정은 21% 증가하고, 축동력은 약 33% 증가한다.
④ 양정은 약 33% 증가하고, 축동력은 10% 증가한다.
⑤ 양정은 약 33% 증가하고, 축동력은 21% 증가한다.

해설 급수펌프의 회전수를 증가시켜 양수량을 10% 증가시켰을 때 양정은 회전수의 제곱에 비례하고 축동력은 세제곱에 비례하므로 <u>양정은 약 21% 증가</u>하고, <u>축동력은 약 33% 증가한다.</u>

25 급탕설비의 안전장치에 관한 설명으로 옳지 않은 것은?

① 팽창관 도중에는 배관의 손상을 방지하기 위해 감압밸브를 설치한다.
② 급탕온도를 일정하게 유지하기 위해 자동온도조절장치를 설치한다.
③ 안전밸브는 저탕조 등의 내부압력이 증가하면 온수를 배출하여 압력을 낮추는 장치이다.
④ 배관의 신축을 흡수 처리하기 위해 스위블조인트, 벨로즈형 이음 등을 설치한다.
⑤ 팽창탱크의 용량은 급탕계통 내 전체 수량에 대한 팽창량을 기준으로 산정한다.

해설 팽창관 도중에는 <u>절대로 밸브를 설치해서는 안 되며</u>, 팽창관은 급탕수직주관을 연장하여 팽창탱크에 자유개방한다.

26 배수배관에서 청소구의 설치장소로 옳지 않은 것은?

① 배수수직관의 최하단부
② 배수수평지관의 최하단부
③ 건물 배수관과 부지 하수관이 접속하는 곳
④ 배관이 45° 이상의 각도로 구부러지는 곳
⑤ 수평관 관경이 100mm 초과시 직선길이 30m 이내마다

해설 배수배관에서 배수수평지관의 청소구는 <u>최상단부에 설치</u>한다.

27 대류난방과 비교한 복사난방에 관한 설명으로 옳은 것을 모두 고른 것은?

> ㉠ 실내 상하 온도분포의 편차가 작다.
> ㉡ 배관이 구조체에 매립되는 경우 열매체 누설시 유지보수가 어렵다.
> ㉢ 저온수를 이용하는 방식의 경우 일시적인 난방에 효과적이다.
> ㉣ 실(室)이 개방된 상태에서도 난방효과가 있다.

① ㉠, ㉡
② ㉠, ㉢
③ ㉡, ㉣
④ ㉠, ㉡, ㉣
⑤ ㉠, ㉡, ㉢, ㉣

해설 ㉢ 저온수를 이용하는 방식의 경우 지속적인 난방에 효과적이다.

28 난방방식에 관한 설명으로 옳지 않은 것은?

① 온수난방은 증기난방에 비해 방열량을 조절하기 쉽다.
② 온수난방에서 직접환수방식은 역환수방식에 비해 각 방열기에 온수를 균등히 공급할 수 있다.
③ 증기난방은 온수난방에 비해 방열기의 방열면적을 작게 할 수 있다.
④ 온수난방은 증기난방에 비해 예열시간이 길다.
⑤ 지역난방방식에서 고온수를 열매로 할 경우에는 공동주택단지 내의 기계실 등에서 열교환을 한다.

해설 온수난방에서 역환수방식은 직접환수방식에 비해 각 방열기에 온수를 균등히 공급할 수 있다.

24. ③ 25. ① 26. ② 27. ④ 28. ② | 정답

29 난방용 보일러에 관한 설명으로 옳은 것은?

① 상용출력은 난방부하, 급탕부하 및 축열부하의 합이다.
② 환산증발량은 100°C의 물을 102°C의 증기로 증발시키는 것을 기준으로 하여 보일러의 실제증발량을 환산한 것이다.
③ 수관보일러는 노통연관보일러에 비해 대규모 시설에 적합하다.
④ 이코노마이저(economizer)는 보일러 배기가스에서 회수한 열로 연소용 공기를 예열하는 장치이다.
⑤ 저위발열량은 연료 연소시 발생하는 수증기의 잠열을 포함한 것이다.

해설 ① 상용출력은 난방부하, 급탕부하 및 손실부하(배관손실)의 합이다.
② 100°C의 물을 102°C의 증기로 증발시키는 것을 기준증발량이라고 하고, 실제증발량을 기준증발량으로 환산한 증발량(kg/h)을 환산증발량(상당증발량)이라 하는데, 이는 보일러의 출력을 나타낸다.
④ 이코노마이저(economizer)는 응축기에서 응축 액화된 냉매 일부를 보조팽창변을 사용해 이코노마이저(중간냉각기)에서 팽창시켜 응축기에서 증발기로 향하는 액냉매를 과냉각시켜 냉각효율을 증대시키는 역할을 한다.
⑤ 저위발열량은 연료 연소시 발생하는 수증기의 잠열을 제외한 것이다.

30 배관에 흐르는 유체의 마찰손실수두에 관한 설명으로 옳지 않은 것은?

① 배관의 길이에 비례한다.
② 배관의 내경에 반비례한다.
③ 중력가속도에 반비례한다.
④ 배관의 마찰계수에 비례한다.
⑤ 유체의 속도에 비례한다.

해설 배관에 흐르는 유체의 마찰손실수두는 유체 속도의 제곱에 비례한다.

31 20℃의 물 3kg을 100℃의 증기로 만들기 위해 필요한 열량(kJ)은? (단, 물의 비열은 4.2kJ/kg·K, 100℃ 온수의 증발열은 2,257kJ/kg으로 한다)

① 3,153　　　　　　　　② 3,265

③ 6,771　　　　　　　　④ 7,779

⑤ 8,031

해설 (1) 20℃의 물 3kg을 100℃의 물로 변화하는 데 필요한 열량(현열)
= 3kg × 4.2kJ/kg·K × (100 − 10)℃ = 1,008(kJ)
(2) 100℃의 물이 100℃의 증기로 변화하는 데 필요한 열량(잠열)
= 3kg × 2,257kJ/kg = 6,771(kJ)
∴ (1) + (2) = 1,008 + 6,771 = 7,779(kJ)이 필요하다.

32 급탕설비에 관한 설명으로 옳지 않은 것은?

① 중앙식에서 온수를 빨리 얻기 위해 단관식을 적용한다.
② 중앙식은 국소식(개별식)에 비해 배관에서의 열손실이 크다.
③ 대형 건물에는 간접가열식이 직접가열식보다 적합하다.
④ 배관의 신축을 고려하여 배관이 벽이나 바닥을 관통하는 경우 슬리브를 사용한다.
⑤ 간접가열식은 직접가열식에 비해 저압의 보일러를 적용할 수 있다.

해설 중앙식 급탕설비에서 온수를 빨리 얻기 위해 복관식(순환식)을 적용한다.

33 배수수직관 내의 압력변동을 방지하기 위해 배수수직관과 통기수직관을 연결하는 통기관은?

① 결합통기관　　　　　　② 공용통기관
③ 각개통기관　　　　　　④ 루프통기관
⑤ 신정통기관

해설 배수수직관 내의 압력변동을 방지하기 위해 배수수직관과 통기수직관을 연결하는 통기관은 결합통기관이다.

29. ③　30. ⑤　31. ④　32. ①　33. ① **정답**

34 건축물의 피난 · 방화구조 등의 기준에 관한 규칙상 피난용 승강기의 설치기준의 일부이다. (   ) 안에 들어갈 내용으로 옳은 것은?

제30조 【피난용 승강기의 설치기준】
　4. 피난용 승강기 전용 예비전원
　　가. 정전시 피난용 승강기, 기계실, 승강장 및 폐쇄회로텔레비전 등의 설비를 작동할 수 있는 별도의 예비전원설비를 설치할 것
　　나. 가목에 따른 예비전원은 초고층건축물의 경우에는 (㉠) 이상, 준초고층건축물의 경우에는 (㉡) 이상 작동이 가능한 용량일 것

---

① ㉠: 30분, ㉡: 1시간
② ㉠: 1시간, ㉡: 30분
③ ㉠: 2시간, ㉡: 30분
④ ㉠: 2시간, ㉡: 1시간
⑤ ㉠: 3시간, ㉡: 30분

해설 가목에 따른 예비전원은 초고층건축물의 경우에는 2시간 이상, 준초고층건축물의 경우에는 1시간 이상 작동이 가능한 용량일 것

35 지능형 홈네트워크설비 설치 및 기술기준에서 명시하고 있는 원격검침시스템의 검침 정보가 아닌 것은?

① 전력　　　　　　　　　　　② 가스
③ 수도　　　　　　　　　　　④ 난방
⑤ 출입

해설 원격검침시스템은 주택 내부 및 외부에서 전력, 가스, 난방, 온수, 수도 등의 사용량 정보를 원격으로 검침하는 시스템이다.

36 도시가스사업법령상 도시가스설비에 관한 내용으로 옳은 것은?

① 가스계량기와 전기개폐기 및 전기점멸기와의 거리는 30cm 이상의 거리를 유지하여야 한다.

② 지하매설배관은 최고사용압력이 저압인 배관은 황색으로, 중압 이상인 배관은 붉은 색으로 도색하여야 한다.

③ 가스계량기와 화기(그 시설 안에서 사용하는 자체화기는 제외한다) 사이에 유지하여야 하는 거리는 1.5m 이상으로 하여야 한다.

④ 가스계량기와 절연조치를 하지 아니한 전선과의 거리는 10cm 이상의 거리를 유지하여야 한다.

⑤ 가스배관은 움직이지 않도록 고정부착하는 조치를 하되, 그 호칭지름이 13mm 미만의 것에는 2m마다 고정장치를 설치하여야 한다.

해설 ① 가스계량기와 전기개폐기와의 거리는 60cm 이상, 전기점멸기와의 거리는 30cm 이상의 거리를 유지하여야 한다.
③ 가스계량기와 화기(그 시설 안에서 사용하는 자체화기는 제외한다) 사이에 유지하여야 하는 거리는 2.0m 이상으로 하여야 한다.
④ 가스계량기와 절연조치를 하지 아니한 전선과의 거리는 15cm 이상의 거리를 유지하여야 한다.
⑤ 가스배관은 움직이지 않도록 고정부착하는 조치를 하되, 그 호칭지름이 13mm 미만의 것에는 1m마다 고정장치를 설치하여야 한다.

37 옥내소화전설비의 화재안전성능기준상 배관에 관한 내용이다. (   ) 안에 들어갈 내용으로 옳은 것은?

옥내소화전설비의 배관을 연결송수관설비와 겸용하는 경우 주배관은 구경 (㉠)mm 이상, 방수구로 연결되는 배관의 구경은 (㉡)mm 이상의 것으로 해야 한다.

① ㉠: 60, ㉡: 40
② ㉠: 65, ㉡: 40
③ ㉠: 65, ㉡: 45
④ ㉠: 100, ㉡: 45
⑤ ㉠: 100, ㉡: 65

해설 옥내소화전설비의 배관을 연결송수관설비와 겸용하는 경우 주배관은 구경 100mm 이상, 방수구로 연결되는 배관의 구경은 65mm 이상의 것으로 해야 한다.

34. ④ 35. ⑤ 36 ② 37. ⑤ 정답

38 공동주택의 화재안전성능기준에 관한 내용으로 옳지 않은 것은?

① 소화기는 바닥면적 100m²마다 1단위 이상의 능력단위를 기준으로 설치해야 한다.

② 주거용 주방자동소화장치는 아파트 등의 주방에 열원(가스 또는 전기)의 종류에 적합한 것으로 설치하고, 열원을 차단할 수 있는 차단장치를 설치해야 한다.

③ 아파트 등의 경우 실내에 설치하는 비상방송설비의 확성기 음성입력은 2W(와트) 이상이어야 한다.

④ 세대 내 거실(취침용도로 사용될 수 있는 통상적인 방 및 거실을 말한다)에는 연기 감지기를 설치해야 한다.

⑤ 아파트 등의 세대 내 스프링클러헤드를 설치하는 경우 천장 · 반자 · 천장과 반자 사이 · 덕트 · 선반 등의 각 부분으로부터 하나의 스프링클러헤드까지의 수평거리는 3.2m 이하로 해야 한다.

> 해설 │ 아파트 등의 세대 내 스프링클러헤드를 설치하는 경우 천장 · 반자 · 천장과 반자 사이 · 덕트 · 선반 등의 각 부분으로부터 하나의 스프링클러헤드까지의 수평거리는 <u>2.6m 이하</u>로 해야 한다.

39 열관류저항이 3.5m² · K/W인 기존 벽체에 열전도율 0.04W/m · K인 두께 60mm의 단열재를 보강하였다. 이때 단열이 보강된 벽체의 열관류율(W/m² · K)은?

① 0.15 　　　　　② 0.20

③ 0.25 　　　　　④ 0.30

⑤ 0.35

> 해설 │ (1) 기존 벽체의 열관류저항 = 3.5m² · K/W
>
> (2) 보강된 단열재의 열관류저항 = $\dfrac{\text{단열재 두께}}{\text{열전도율}}$
>
> $= \dfrac{60mm}{0.04W/m \cdot K} = \dfrac{0.06m}{0.04W/m \cdot K} = 1.5m^2 \cdot K/W$
>
> (3) 열관류저항 = (1) + (2) = 5m² · K/W
>
> ∴ 열관류율 = $\dfrac{1}{\text{열관류저항}} = \dfrac{1}{5} = 0.2(W/m^2 \cdot K)$

40 조명설비에 관한 설명으로 옳은 것은?

① 광도는 광원에서 발산하는 빛의 양을 의미하며, 단위는 루멘(lm)을 사용한다.

② 어떤 물체의 색깔이 태양광 아래에서 보이는 색과 동일한 색으로 인식될 경우, 그 광원의 연색지수를 Ra50으로 한다.

③ 밝은 곳에서 어두운 곳으로 들어갈 때 동공이 확대되어 감광도가 높아지는 현상을 암순응이라고 한다.

④ 수은등은 메탈할라이드등보다 효율과 연색성이 좋다.

⑤ 코브조명은 천장을 비추어 현휘를 방지할 수 있는 직접조명 방식이다.

해설 ① 광도는 광원에서 나오는 빛의 세기로, 단위는 cd(candela, 칸델라)이다.

② 어떤 물체의 색깔이 태양광 아래에서 보이는 색과 동일한 색으로 인식될 경우, 그 광원의 연색지수를 Ra100으로 나타내고 색 차이가 크게 나면 Ra 값이 작아진다(100에 가까울수록 연속성이 좋은 것을 의미한다).

④ 수은등은 메탈할라이드등보다 효율과 연색성이 나쁘다.

⑤ 코브조명은 광원을 눈가림판 등으로 가리고 빛을 천장에 반사시켜 간접조명하는 방식이다.

해커스 합격 선배들의
생생한 합격 후기!

전국 최고 점수로 8개월 초단기합격
해커스 커리큘럼을 똑같이 따라가면 자동으로 반복학습을 하게 되는데요. 그러면서 자신의
부족함을 캐치하고 보완할 수 있었습니다. 또한 해커스 무료 모의고사로 실전 경험을 쌓는
것이 많은 도움이 되었습니다.

전국 수석합격생
최*석 님

해커스는 교재가 **단원별로 핵심 요약정리**가 참 잘되어 있습니다. 또한 커리큘럼도 매우
좋았고, 교수님들의 강의가 제가 생각할 때는 **국보급 강의**였습니다. 교수님들이 시키는 대로,
강의가 진행되는 대로만 공부했더니 고득점이 나왔습니다. 한 2~3개월 정도만 들어보면,
여러분들도 충분히 고득점을 맞을 수 있는 실력을 갖추게 될 거라고 판단됩니다.

해커스 합격생
권*섭 님

해커스는 주택관리사 커리큘럼이 되게 잘 되어있습니다. 저같이 처음 공부하시는 분들도
기본과정, 기본과정, 심화과정, 모의고사, 마무리 특강까지 이렇게 최소 5회독 반복하시면
몰랐던 것도 알 수 있을 것입니다. 모의고사와 기출문제 풀이가 도움이 많이 되었는데,
모의고사를 실제 시험 보듯이 시간을 맞춰 연습하니 실전에서 도움이 많이 되었습니다.

해커스 합격생
전*미 님

해커스 주택관리사가 **기본 강의와 교재가 매우 잘되어 있다고 생각**했습니다. 가장 좋았던
점은 가장 기본인 기본서를 뽑고 싶습니다. 다른 학원의 기본서는 너무 어렵고 복잡했는데, 그런
것을 다 빼고 엑기스만 들어있어 좋았고 교수님의 강의를 충실히 따라가니 공부하는 데 큰
어려움이 없었습니다.

해커스 합격생
김*수 님